住房和城乡建设领域“十四五”热点培训教材

城市更新项目全过程工程咨询理论与实务

组织编写　天津理工大学
　　　　　浙江建设职业技术学院
主　　编　杨　磊　何　辉　梁　华　辛　平
主　　审　尹贻林

中国建筑工业出版社

图书在版编目（CIP）数据

城市更新项目全过程工程咨询理论与实务 / 天津理工大学，浙江建设职业技术学院组织编写；杨磊等主编. — 北京：中国建筑工业出版社，2023.4
住房和城乡建设领域“十四五”热点培训教材
ISBN 978-7-112-28402-3

Ⅰ. ①城… Ⅱ. ①天… ②浙… ③杨… Ⅲ. ①城市建设-建筑工程-咨询服务-教材 Ⅳ. ①TU984

中国国家版本馆 CIP 数据核字（2023）第 033281 号

从国家新型城镇化发展要求看，城市更新受到中央政府、地方政府和全社会的高度重视，既是当前社会经济发展的重中之重，也是与人民群众福祉直接关联的民生工程。城市更新项目具有系统性强、专业化程度高等特点，其核心是坚持以人为本，引领高品质的生活方式。

本书是国内第一本以全过程工程咨询视角总结城市更新项目投资控制的著作，作者依据新时代城镇发展特点、城市更新项目投资控制特点，总结提炼以全过程投资控制为核心的城市更新项目精细化管理。本书结合国内顶层设计文件，从投资决策综合性咨询与工程建设全过程咨询角度切入，列举了城市更新项目的全过程工程咨询服务内容，又进一步分解为资金自平衡、设计管理、进度管理、运营管理等二十余项工作包，逐项进行深入阐述。本书突出实用性，可供从事城市更新咨询服务的同行参考，也可供相关工程技术人员、项目管理人员、社区建设者、非城市更新项目的工程咨询人员借鉴。

责任编辑：周娟华
责任校对：张辰双

住房和城乡建设领域“十四五”热点培训教材
城市更新项目全过程工程咨询
理论与实务
组织编写 天津理工大学
浙江建设职业技术学院
主　编 杨　磊　何　辉　梁　华　辛　平
主　审 尹贻林
*
中国建筑工业出版社出版、发行（北京海淀三里河路 9 号）
各地新华书店、建筑书店经销
北京鸿文瀚海文化传媒有限公司制版
天津安泰印刷有限公司印刷
*
开本：787 毫米×1092 毫米 1/16 印张：29½ 字数：730 千字
2023 年 8 月第一版 2023 年 8 月第一次印刷
定价：**128.00** 元
ISBN 978-7-112-28402-3
（40881）

本书编委会

主　　编： 杨　磊　何　辉　梁　华　辛　平

主　　审： 尹贻林

副 主 编： 朱　琨　国福旺　赵永斌　杨柏林

编　　委： 邵荣庆　张　民　曹仪民　袁　平

唐　燕　刘金霞　张菲菲　朱成爱

韩文静　顾钧越　卞继昌　王子婧

张　恒　李　芬　罗　宇

主编单位： 天津理工大学

浙江建设职业技术学院

参编单位： 山东新晨阳光建设咨询有限公司

广东财贸建设工程顾问有限公司

金中证项目管理有限公司

云南天衡工程咨询有限公司

天津泰达工程管理咨询有限公司

河北诚拓工程项目管理有限公司

龙达恒信工程咨询有限公司

江苏润泰工程项目管理咨询有限公司

智埔国际建设集团有限公司

天津维正工程造价咨询有限公司

尹塾培训学校（天津）有限公司

前　言

自2021年《政府工作报告》和《“十四五”规划纲要》共同提出要实施城市更新行动以来，在一些大中型工程咨询企业领导的强烈要求下，我们组织部分高校和工程咨询单位、管理部门的学者、专家共同编写了《城市更新项目全过程工程咨询理论与实务》，以弥补我国在城市更新项目全过程工程咨询方面的空缺。

本书吸收国际城市更新项目全过程咨询的新成果，结合我国工程建设实际，依照国内建设领域的法律法规和最新政策，编写一本系统性强、知识体系完整、突出重点、具有操作性、能涵盖城市更新项目全过程工程咨询服务内容的专业书，是撰写的初衷。

本书系统、全面地介绍了城市更新项目的理论起点与顶层设计以及城市更新项目全过程工程咨询的实务，具体包括城市更新项目理论起点、城市更新项目顶层设计、城市更新项目投资决策综合性咨询、城市更新项目工程建设全过程咨询、未来社区投资决策综合性咨询、未来社区项目工程建设全过程咨询等。本书文字精练、结构合理、体系完整、理论联系实际，便于读者掌握知识重点。本书既可作为城市更新项目全过程工程咨询的培训教材，也可作为城市更新项目建设领域工程咨询人员的工作参考书。

本书编写的具体分工如下：第一、二章由山东新晨阳光建设咨询有限公司杨磊编写；第三章由山东省建设培训与执业注册中心辛平编写；第四章第一节由云南天衡工程咨询有限公司朱琨编写，第四章第二节由天津泰达工程管理咨询有限公司国福旺编写，第四章第三节由河北诚拓工程项目管理有限公司赵永斌编写，第四章第四节由江苏润泰工程项目管理咨询有限公司邵荣庆编写；第五章由广东财贸建设工程顾问有限公司梁华编写；第六章第一节、第二节由天津维正工程造价咨询有限公司朱成爱撰写；第六章第三节、第四节、第五节由龙达恒信工程咨询有限公司杨柏林编写；第六章第六节由智埔国际建设集团有限公司张民编写。

本书由尹贻林教授提出编写大纲，在本书编写过程中，曹仪民、袁平、唐燕、刘金霞、张菲菲、韩文静、顾钧越、卞继昌、王子婧、张恒、李芬、罗宇做了大量组织与协调工作，也对部分稿件提出修改建议，在此表示感谢。

本书在编写过程中，参考了大量的文献资料，在此向已列入文献和未列入文献的作者表示感谢！任何专业书籍的编写都是在他人成果的基础上作出的改进与发展。没有学术同行多年的努力和现有的研究成果，编写一本好的专业书是根本不可能的。在此，对长期以来致力于建设项目工程咨询方面探索与研究的国内学术界、产业界和政府主管部门的同仁们表示感谢！

本书受到国家自然科学基金（72072126）、国家社会科学基金（21BGL029）、天津市智能制造专项资金项目（20201195）的资助。

书中难免存在疏漏和错误，敬请读者指正。

目　录

第一篇　城市更新项目理论起点与顶层设计

第二篇　城市更新项目全过程工程咨询

第一篇
城市更新项目理论起点与顶层设计

第一章　城市更新项目理论起点

第一节　概念起源

一、概念界定

(一) 问题提出

在中西方城市发展过程中，城市更新一直是人们关注的热点。在西方，城市更新的目的是使城市重新焕发生机，推动经济和社会的可持续发展。但以经济利益为主导的城市更新政策设计，往往会给城市发展带来消极的影响，例如，过分追求以地价、租金为中心的土地交换价值，从而导致忽略城市保护；或导致社会负外部性与空间非正义，包括社群排斥、社区割裂、邻里解构等。20世纪70年代以来单向度经济规划的资本逻辑被视为阻碍城市更新的“原罪”。马尔库塞认为，资本主义发达以前的社会是“双向度”的社会，个人可以合理地批判自己的需求；而现在的社会是“单向度”的社会，即失去了否定性与批判性。于是，拆除并重建了城市的衰落地带，换上了高端的住房和居住环境，很多具有悠久历史的古城在“都市更新”的大浪潮中被推翻。以“赢者通吃”为特征的投机性房地产开发的再城市化，催生了“精英城市”，同时也造成了贫富差距、发展不平衡，城市经济和社会不稳定。在不断改变的城市中，要实现长期的、持久的改善，需要从经济、社会、物质环境等各个方面采取全面的、整体性的行动，包括更加合理地保护、修复、再利用和再开发。在城市更新的概念体系中，不同的词汇体现了不同时期的政策和实践特点，国内外关于城市更新的认识已经从多个战略和体系的角度进行了重新思考和转换。从广义的城市更新观念出发，从更宽泛的视角，即处理非正规治理的视角，促进资本循环的经济视角、传统的历史文化保护视角、公共领域的政治视角扩展了城市更新的技术视角。

(二) 广义的城市更新

从广义上说，城市更新是指从第二次世界大战以来，西方各国的所有城市建设。城市更新的中文和英文表达方式因时间和侧重点而异，包括城市重建（Urban Reconstruction)、城市复苏（Urban Revitalization)、城市更新（Urban Renewal)、城市再开发（Urban Redevelopment)、城市再生（Urban Regeneration）以及城市复兴（Urban Renaissance)。与城市更新类似的词语还有城市改造、旧区改建、城市再开发、旧城整治等，这些术语通常被媒体甚至学术界视为相互可以替换的，但它们在特定的学界和政策讨论背景下有一些细微的差别。例如，英国不同时期的城市更新表述是由背后不同政党的政策差别所导致。《城市更新手册》(*Urban Regeneration: A Hand book*）对城市更新的定义是“用一种综合的整体性的观念和行为来解决各种各样的城市问题；致力于在经济、社会和物质环等各个方面对处于变化中的城市地区作出长远的、持续性的改善和提高”。

从国家政策的层面，城市更新起步较早的英国在1977年公布的关于城市更新的城市白皮书《内城政策》(*The Urban White Paper*: *Policy for the Inner City*) 中则指出，城市更新是一种以经济、社会、文化、政治和物质为一体的综合性解决方案。在环境等方面，城市更新工作既包括与环境有关的若干相关领域，也与非物质环境领域有着紧密的关系。法国《社会团结与城市更新法》于2000年通过，其把城市更新理解为：推广以节约利用空间和能源，复兴衰败城市地域，提高社会混合性为特点的新型城市发展模式。

随着城市更新问题的日益突出，世界各地的学者对“下城更新业”有了更加深入的了解和认识。克里斯·库奇在1990年把城市更新定义为由于经济和社会的介入而导致的以物理空间为基础的改变，土地和建筑使用的改变（从一个使用到另外一个更有好处的使用），或使用强度的改变。根据传统的物理空间概念，我们认为，城市的更新是由物理、社会、经济三个因素综合作用而产生的。普里欧斯和梅特赛拉尔对城市更新有一个更宽泛的认识：保护，修复，改善，重建，或在规划、社会、经济、文化等方面为消除行政区划内的建设用地而进行的有计划地介入，以便本地区人民生活达到所要求的生活标准。这个定义不仅仅是将城市更新视为传统的物质空间规划、住房政策和建筑领域的一部分。以社会、经济、文化为背景，将研究范围扩展到大都市、大城市、小城镇，甚至乡村。同一年，伦敦规划咨询委员会的利奇菲尔德（D. Lichfield）女士在其《1990年代的城市再生》(*Urban Regeneration for 1990s*) 中对“城市再生”进行了界定，即通过综合的视角和行为来处理城市问题，经济、物质、社会和自然环境等方面可以不断得到改善。

在中国城市更新的背景下，阳建强、吴明伟在《现代城市更新》一书中表示城市更新是整个社会变革的一个重要内容，在物质层面上，“从政策、行政体制、经济投入、组织实施、管理手段等诸多社会因素影响，在人文因素方面还与社区邻里等特定文化环境密切相关，其涉及的学科关系也与社区邻里等特定文化环境密切相关，其涉及的学科关系极广。”

根据上述文献研究发现，当前学界对城市更新使用较多的定义为“Urban Renewal”。广义的城市更新是为了解决城市问题从而借助社会与经济力量，系统性综合干预城市发展的动态过程，从而实现集约用地、功能提升与协同发展之初衷。

(三) 狭义的城市更新

狭义上的城市更新是指20世纪50年代以来为应对内城衰落而采用的一种城市发展方式。这个概念最初是美国的艾森豪威尔于1954年创立的一个咨询委员会提出的，它被纳入了美国的房屋条例，而关于它的早期和更具权威的定义是1958年在荷兰海牙举行的第一次城市更新讨论会提出的。对自己居住的房屋进行维修改造，以及街道、公园、绿地、不良住宅区等环境改造，尽早实施；特别是改善城市用地的使用形式，改善城市形态，推行大规模的都市计划，营造一个舒适的居住环境和优美的城市面貌，是非常有前途的。比森克认为，“城市更新就是一系列的建筑行为，目的在于修复老化的城市建筑，并使之达到现代化的功能需求。”近年来，中国许多城市纷纷开展了城市更新，学界将其界定为：“城市更新”与“新区开发”“历史保护”等概念相同，都是以“城市空间”为基础的城市发展。与传统的城市规划相比，城市更新是以存量建设用地为目标的，其核心问题是怎样以最低的代价将可利用的资源转移到能够为城市作出最大贡献的用户身上。

在此基础上，结合中国目前的城市发展状况，笔者提出以下几点认识：

整个城市的发展是一个新陈代谢的过程，不断地更新和改造。城市更新是一种由外部力量或自身调整的机制，它的作用是防止、阻止和消除城市老化（或衰退），并通过结构和功能的持续调整，以提高城市的整体功能，满足未来社会和经济发展的需求。在科学技术和人民物质文化生活水平不断提高的今天，伴随城镇化进程的加快，城市更新成为城市发展工作的重要组成部分，涉及内容日趋广泛，主要是面向改善人居环境，促进城市产业升级，提高城市功能，调整城市结构，改善城市环境，更新陈旧的设施，增强城市活力，提升城市品质，保障和改善民生，以及促进城市文明，推动社会和谐发展等更长远的全局性目标。

在城市建设实施中，城市更新是一项长期而复杂的社会系统工程，量大面广，综合性、全局性、政策性和战略性强，必须在城市总体规划指导下有步骤地进行。一般情况下，城市更新主要有整治、改善、修补、修复、保存、保护、复苏、再开发、再生及复兴等多种方式。其一般内容包括：①对城镇的结构与职能进行调整；②优化城市土地利用规划；③对城市的公共服务设施、市政基础设施进行改造和完善；④加强城市交通组织能力，完善城市道路的结构和体系；⑤维护和改善社区的邻里关系；⑥对历史文化和风景的保护与强化；⑦美化环境，改善空间环境；⑧对现有建筑物进行更新和维护。

城市更新的整个过程应建立在城市总体利益平衡和社会公平公正的基础上，要注意处理好局部与整体的关系、新与旧的关系、地上与地下的关系、单方效益与综合效益的关系，以及近期与远景的关系，区别轻重缓急，分期逐步实施，发挥集体智慧，加强多方的沟通与合作，保证城市更新工作的顺利进行和健康发展。与此同时，城市更新改建政策的制定也应在充分考虑旧城区的原有城市空间结构和原有社会网络及其衰退根源的基础上，针对各地段的个性特点，因地制宜，因势利导，运用多种途径和手段进行综合治理、再开发和更新改造。

二、类型划分

（一）根据改造对象划分

根据近年来发布的官方文件，可以从两大维度来理解城市更新的类型：一是根据城市更新的改造对象划分，可以分为“三区一村”：老旧小区、老旧厂区、老旧街区和城中村改造。这一分类依据主要是2021年4月国家发展改革委印发的《2021年新型城镇化和城乡融合发展重点任务》，该文件中明确：“在老城区推进以老旧小区、老旧厂区、老旧街区、城中村等‘三区一村’改造为主要内容的城市更新行动。”从规划目标来看，“十四五”规划首次在五年规划中为城市更新设立数量型指标，要求“完成2000年底前建成的21.9万个城镇老旧小区改造，基本完成大城市老旧厂区改造，改造一批大型老旧街区，因地制宜改造一批城中村”。结合国家发展改革委的定义不难发现，城市更新的涵盖范围以及驱动的投资规模远大于过往单一的旧城改造。

“旧村”指城乡建成区内人居环境较差、基础设施配套不完善，土地以集体所有性质为主的村集体成员聚居区域。对旧城区的改造，由村民自行决定是否继续使用，或者按照有关规定，由村民自行决定是否继续使用。在这些项目中，建设用地的转换可以采取划拨的方式进行，融资用地的转换可以通过招标或者协议的方式进行。

“旧城”指城乡建成区内人居环境较差、基础设施配套不完善，土地以国有性质为主的城镇居民生活生产区域。旧城改造的地块，一般在完成拆迁补偿后由市自然资源主管部门按国有土地公开出让程序出让。

“旧厂”指城乡建成区内建成较早的工业生产、产品加工制造用房和直接为工业生产服务的附属设施，以及工业物资存储用房等。旧厂用地包括工业用地和仓储用地。“旧厂”改造包括“工改工”“工改住、商”“工改 M0”等类型。

从项目周期来看，“旧厂”改造周期最短，且一般“工改工”项目短于“工改住、商”项目。“旧村”“旧城”改造周期长且不确定性高，主要原因是拆迁权利人数量众多、产权复杂，谈判周期长，同时在项目立项和审批阶段，房企需就项目容积率和规划等问题与政府沟通。以深圳标杆村改项目——“南山区大冲村”为例，项目从房企签订意向合作书到村民签约耗时 3 年、从签订意向合作书到项目首期开盘耗时 7 年。

“旧厂”改造结构相对简单，房企一般只需要与原业主做好协商，配合政府政策执行即可。其中，“工改住、商”项目变现能力更强、利润更高，是房企关注的重点，但由于在规划审批环节政企双方在容积率和项目规划上有一定的“博弈”时间，所以其项目周期比“工改工”项目更长。“工改工”项目周期短但销售流动性差，房企一般通过持有一定时期运营权的方式取得回报。近年来，主要城市“旧厂”改造项目占比呈现增高趋势，且“工改工”项目立项占比较高。

二是城市更新坚持“留改拆”并举，严管大拆大建，但注重提升城市质量。住房和城乡建设部于 2021 年正式发布《关于在实施城市更新行动中防止大拆大建问题的通知》（以下简称《通知》），并提出四项重点指导原则：一是严格控制大规模拆除，《通知》要求老城区更新单元（片区）或项目内拆除建筑面积不应大于现状总建筑面积的 20%。二是对大规模扩建进行严格管控，《通知》要求更新单元（片区）或项目内拆建比不宜大于 2（即新建/拆除比例不得超过 2，例如原项目面积 $100m^2$，拆除 $20m^2$，新建面积最高不得超过 $40m^2$）。三是严格控制大规模搬迁，《通知》要求更新项目居民就地、就近安置率不宜低于 50%。四是保证住房租赁市场的供求平衡，《通知》要求小规模、短时间内对城中村等老城区进行拆迁，造成房屋租赁市场供求不平衡。从《通知》本身来看，城市更新拆除、改扩建的比例均受到了严格限制，无法开展大规模施工，这一精神与习近平总书记于 2020 年 11 月在《求是》中发表的《国家中长期经济社会发展战略若干重大问题》中指出要控制大城市人口平均密度、以人为核心的精神一致。但“拆改建”规模受约束并不代表投资规模有限，城市更新的核心重在提升质量，有别于加装电梯、改造外立面等传统改造方式，投资思路从大面积向高质量靠拢。

（二）根据改造方式划分

按城市更新改造的方法，可以将其分为综合整治、功能改变、拆除再造三类。这一分类依据并无国家层面的统一标准，主要参照深圳市于 2022 年 2 月发布的《深圳市城市更新管理办法》（以下简称《办法》）。深圳是城市更新的先行城市，广东省的其他城市也基本沿用了这一分类体系。按照改造力度由弱到强，城市更新项目可分为整治类、改建类和拆建类三种类型。不同城市命名略有不同，但实质相近，例如深圳将城市更新工程划分为综合整治、功能改造、拆除改造（分别对应整治、改建和拆建）三类；广州市将城市更新划分为全面改造（对应拆建）和微改造（对应整治和改建）两类；珠海市将城市更新划分为整治类、改建类和拆建类，见表 1-1。

按改造方式划分类型 **表 1-1**

类型		整治类		改建类		拆建类	
城市	条例	命名	定义	命名	定义	命名	定义
深圳	2022 年 2 月《深圳市城市更新管理办法》	综合整治类	在不改变建筑物的主要结构、功能、消防设施、基础设施、临街立面等方面的情况下，总体上不增加建筑面积	功能改变类	在不变更产权主体及使用权年限的前提下，保持原有建筑主体结构；对建筑的局部或所有的功能进行改造	拆除改造类	可能变更权利主体、可能变更部分土地性质的，必须严格执行城市更新单元规划和城市更新年度规划，并满足两个前提
广州	2016 年 1 月《广州市城市更新管理办法》	微改造类	在保持现有建筑格局基本不改变的情况下，采取局部拆建、功能置换、保留修缮、整治改善、保护、活化、完善基础设施等方法进行改造、保护、活化、完善基础设施等措施，主要适用于建成区域中对城市总体格局没有太大影响，但现状用地功能与周边发展存在矛盾、用地效率低、人居环境差的地块			全面改造类	以拆除重建为主的更新方式，属于历史文化名村、名城范围的，不适用全面改造
珠海	2012 年 10 月《珠海市城市更新管理办法》	整治类	对更新单元内的基础设施、公共服务配套设施和环境进行更新完善，以及对既有建筑进行节能改造和修缮翻新等，但不改变建筑主体结构和使用功能；一般不加建附属设施	改建类	对更新单元内已确定登记的原有建筑物改变使用功能，实施土地用途变更，并可在不全部拆除的前提下进行局部拆除或者加建，但不改变权利主体和土地剩余使用期限；可增加建筑面积，增加的总建筑面积不得超过原合法建筑面积的百分之三十	拆建类	对城市更新单元内原有建筑物进行拆除并重新规划建设

整治类项目改造力度最弱，审批条件最宽松，房企参与相对较少。整治类项目不改变建筑主体结构和使用功能，以消除安全隐患、完善现状功能等为目的，一般不增加建筑面积。审批程序简化，主要由区政府负责审批、实施、竣工验收和后续监管。改造资金主要来自市/区政府、权利人等。城镇老旧小区改造可视为整治类城市更新的一种。整治类城市更新利润较薄，以装修修缮为主，房企参与相对较少。

改建类项目改造力度居中，一般需由市级城市更新管理部门审批，房企一般可通过改造、持有运营等方式参与项目，代表案例如万科上海哥伦比亚公园。改建类项目一般不改变土地使用权的权利主体和使用期限，在不全部拆除的前提下进行局部拆除或加建，可实施土地用途变更，部分城市可增加建筑面积（但一般会对建筑面积增幅设限，例如珠海要求不超过 30%）。

拆建类项目改造力度最强、审批最严格，是房企参与城市更新的主要形式。拆建类项目对城市更新单元内原有建筑物进行拆除并重新规划建设，可能改变土地使用权的权利主体、可能变更部分土地性质。拆建类项目流程较为复杂，审批机构涉及区、市城市更新管理部门，流程包括更新计划立项、专项规划审批、实施主体确认、用地出让等环节。拆建类项目分为政府主导、市场主导、政府和市场合作三种模式，每种模式下房企垫资压力和项目周期有所差异。

第二节　理论溯源

一、城市更新经济学理论

根据新制度经济学的观点，城市空间资源的重新分配是一个产权运作的问题。与增量时代不同，存量时代城市更新的关键在于利用规划手段来调整存量资源的所有权和形式，并利用政策手段来减少交易费用和提高总剩余效用，以促进空间资源的重新分配。具体来说，在城市更新过程中，改变城市空间资源的产权结构，或对产权规模进行重新划分，改变城市空间资源的产权形态，实现降低交易成本和增加收益的“产权激励”目标，从而激励空间资源交易市场行为，激励政府、资本市场及产权人公平公正、高效、主动地参与新一轮城市空间资源再配置。

中国特有的产权“公”与“私”并存，使得“旧改”过程中的“股权”难以实现，而“特色”城市化过程中遗留下来的众多混乱的“产权”，直接催生了“三大难题”。一是定义和重组。存量用地所有权、使用权、收益权、开发权的量化和定性，需要对产权重组的动态逻辑和法律保障机制进行深入的探讨；产权体制的背后是社会结构的组织和价值取向的变化，面对多个业主的城市更新，达成共识、运行手续的耗时成本均较高，超长流程下的批复方式往往与企业主体的转型战略存在时差，影响参与主体的积极性，如何从经济学的角度研究降低交易成本和提升综合效率，激发主体在资源再配置过程中的主观能动性成为关键一环；二是规则适宜性问题。老城区目前的高密度环境已不适应目前的城市规划标准及有关法规，针对新区的设施配置、消防等技术规范在老城区的改造中失效；三是由于城市更新单元、控规编制单元、国土空间编制单元等划分依据存在差异，导致区域边界重叠、解释逻辑矛盾，导致目标法定化、实施计划目标和城市发展目标不协调。

在产权明确的情况下，提高土地利用效率的方法有两个：一是通过产权制度的安排来降低交易费用，鼓励资本积极参与城市空间资源的重新配置；二是通过制度创新提升各主体在产权运行过程中的运行收益，解决利益激励不足的困境，以制度激励供给。在第一种制度创新的情况下，通过合理的产权安排，可以减少交易费用，但在总体效用没有提高的情况下，可以通过产权的合理配置，建立奖励条款，例如“允许功能转化或功能兼容性”（例如，工改为 M0）；在第二种制度情况下，通过系统的设计提高了整体的效用，从而获得了激励。由于期望利益的增加，各方参与的积极性得到提高，为更快地达成一致意见奠定了基础，降低了交易费用。

在一个没有交易费用的理想世界中，产权安排不会对原有的分配产生任何影响，因为通过重新分配所有权来达到最优的资源分配是很简单的，所以产权安排对原配置没有影响。而在现实世界中，交易费用的存在则会直接影响资源的分配。在中国特定的体制背景下，产权交易并非单纯的市场选择，它是由政府的积极介入和特定的政策来调控的。中国建立社会主义市场经济的历程，是从国家政府拥有安全权力为起点，以分权化、市场化为主要线索的转型过程。为适应土地市场化利用的需要，中央政府采取相应的制度设计，解除了束缚在城市土地所有权之下的复杂产权约束，形成了土地所有权、土地发展权、土地使用权可相互分离的产权格局。一方面，通过对国有土地产权进行市场化改革，市场主体可以在一级土地市场上进行有偿收购，从而使其成为土地使用权权利主体。而地方政府则通过对土地使用方式的控制，批准土地使用方式的变化，从而形成对土地开发的垄断。存量土地的产权结构与产权主体之间存在着制衡关系，存量土地的重新开发是一个产权交易与利益重组的过程，对存量土地产权关系的探究应当放在中国特定的体制背景和政策背景下进行。分权化、市场化的制度环境下，存量用地使用权和发展权的分离与制衡形成了一种新的利益格局。存量规划要解决存量再开发中的产权约束问题，必须丰富政策层面，以政策分区引导产权交易，以调控指标的设计实现多元利益的均衡，通过技术手段的拓展实现政策诉求与空间耦合。

二、物质空间形态设计思想及理论

（一）伊利尔·沙里宁：有机疏散思想

伊利尔·沙里宁（1873—1950），美籍芬兰建筑师和教育家，曾规划过芬兰首都赫尔辛基，他创办了美国匡溪艺术学院，倡导城市“有机秩序”（Organic Order）论，建构了融城市规划、城市设计、建筑、绘画、雕刻、工艺设计于一体的教学体系。在城市规划领域，伊利尔·沙里宁发表的主要著作有《城市：它的发展、衰败与未来》（*The City：Its Groth，Its Decay，Its Future*）和《形式的探索：艺术的基本途径》（*Search for Form：A Furdamerral Approach to Art*），这两本书可以说是他“体形环境”设计观的代表作。

在《城市：它的发展，衰败与未来》一书中，沙里宁认为导致城市衰败的主要原因之一在于城市中日益严重的混乱和拥挤状态，在拥挤的城市中，各种互不相关的活动彼此干扰，阻碍城市正常地发挥作用。而那些“只讲实用”的规划人员，却采取最简便的办法去应对困难。例如交通繁忙时便拓宽街道，导致更多的车辆涌入；而当人口增长、地价高涨时，就规划高层建筑，使得原本不良的居住条件更加恶劣。

为了寻找理想城市的模型，伊利尔·沙里宁重点回顾了中世纪城镇的发展历程。他认为中世纪城镇呈现出一种集中布置的、与自然相互协调的、扩张缓慢而审慎的基本特征。而这种类似于自然界树木年轮的生长方式与协调灵活的空间形式，充分体现了沙里宁口中的“有机秩序”理念。相比之下，19世纪城镇建设逐渐抛弃了“有机秩序”的思想，最终导致城镇无法保持有机统一的结构。

基于对城市衰败起因的分析以及对中世纪城镇有机秩序的解读，沙里宁提出了治疗城市疾病的“有机疏散”方法，具体策略包括：

（1）走向分散的策略：主要通过“有机分散”，把现在大城市里所有的人都聚集在一起，而不是把居民和他们的活动分散到互不相关的地步。例如，保证城区的适当密度来提高企业的工作效率。

（2）重新安排居住和工作场所：主要是将不适宜城市的重工业产业分散到伸缩性更大的地区，而腾出来的用地正好为城市重建工作提供了绝好的机会。

（3）经济与立法：第一，在扩大的分散区域内，重点考虑如何创造出新的城市使用价值。第二，在衰败地区的改造中，确保每一个步骤都在经济上具有积极意义。第三，尽量保持所有的新老使用价值，即稳定的经济价值，此外，任何的分散过程还应当与经济计划相配合。

(4) 新的形式秩序：追求在物质上、精神上、文化上的健康。例如，单体房屋之间良好的协调关系按照分散化的环境进行设计，满足居民对空气、阳光和空间的需要。

(5) 必要的清除工作：处理好“体面”的问题，例如清理沿街道和广场竖立的低劣的招牌和广告，避免形成低级趣味和文化上的退步。

(6) 全面的规划：重视城市问题的广泛牵涉面和关系全局的性质，在考虑某一个问题的同时考虑与其相关的其他问题。为了避免混乱，要对城市的整个局面进行彻底的研究，制定一份总体规划。

如果说赖特（Frank Lloyd Wright）、霍华德与柯布西耶的思想分别代表了城市分散主义、集中主义的两种极端模式，那么沙里宁的有机疏散理论就是介于两者之间的折中。1918 年，沙里宁为大赫尔辛基计划的基础是有机的撤离。他提倡在赫尔辛基周边建设几个半独立的小城，以此来控制城市的进一步发展。沙里宁的有机疏散思想主要是通过卫星城来疏散和重构大城市，缓解以城市拥挤为核心的大城市病，对于“二战”后的欧美城市重建工作起到了重要的指导作用。

(二) 勒·柯布西耶：现代功能主义

勒·柯布西耶（1887—1965）是 20 世纪知名的建筑师、规划师、设计师，是“现代建筑”的先锋和“功能主义”的代表性人物。柯布西耶认为，20 世纪初大城市面临的中心区衰退问题，只有通过运用工业社会的力量，我们才能更好地实现人类的创造性。因而，柯布西耶主张用全新的规划和建筑方式改造城市，通过彻底的城市更新，依靠现代技术力量重建更加高效的城市。因此，柯布西耶的规划理论也被称作“城市集中主义”，其中心思想主要体现在两部重要著作中，一部是 1922 年出版的《日之城市》，另一部是 1933 年出版的《光辉城市》。

其对都市计划的看法有四个方面：

(1) 随着人口的增加和人口密度的增加，传统的城市功能已经老化。随着城市的不断发展，中心区的交通压力日益增大，必须对其进行技术改造，以提高其聚集功能。

(2) 通过增加密度可以解决拥挤问题。在区域内，采用大量的高层建筑可以获得较高的密度，而在这些高层建筑的周围也会有更多的空间。他将摩天大楼视为“聚集人口、减少土地供应不足、提升城市内部效能的绝佳方法。”

(3) 提倡对市区人口密度进行合理的调节。降低市中心区的人口密集程度及工作密度，以减轻市区中心的压力，并使人口在市区内合理地分布。

(4) 证明了新的都市规划能够接纳新型、高效的都市运输体系，它是一种将轨道与人与车辆完全分开的高架公路，置于地表之上。

1922 年，勒·柯布西耶在《日之城市》一书中提出了 300 万人口的设想：中心是一座高楼林立的商业街区；高层建筑被一大片绿色包围，被一个环状的居住区包围着，60 万人住在多层的连续板里；周围有 200 万居民居住的花园房屋；这个平面是一个现代的几何结构，长方形和斜向的街道相互交错。规划的核心理念是疏散城区，提升交通、绿地、日照、空间，以达到“理想城市”的目的，必须彻底消除原有的历史肌理。

1925 年，柯布西耶为巴黎设计的中心区改建方案便充分体现了他的城市规划原则。在这个方案中，他将原有的巴黎城市肌理彻底推翻，取而代之以崭新高耸的现代城市，仅保留巴黎圣母院这类极少的重要传统建筑。

虽然方案最终没有实施，但是柯布西耶的规划思想却在大洋彼岸的美国生根发芽，对“二战”后的美国城市更新运动产生了巨大影响。当时的美国刚进入汽车主导的城市交通方式，柯布西耶的规划理念倾向于扫除现有的城市结构，代之以一种崭新的理性秩序，他的理念与时任纽约建设局长的罗伯特·摩西（Robert Moses）的雄心壮志一拍即合，开启了纽约城自上而下的大规模推倒重建。

总的来说，柯布西耶的现代主义思想较之以前纯艺术的城市规划增加了许多功能布局、系统规划的内容。但是，仍然没有摆脱由建筑设计主导的城市建设思想，从本质上无一例外地继承了传统规划的“形体决定论”，把城市看成是一个静止的事物，指望能通过整体的形体规划总图来摆脱城市发展中的困境，并通过田园诗般的图画来吸引拥有足够资金的人们去实现他们提出的蓝图。但是，在美国的实践中，大规模地推倒重建迫使成千上万的居民搬迁，并导致城市中心的小型商业倒闭，这都对邻里的社会和经济结构造成了极大破坏。随后，毁灭性的社区清理和拆除以及迟迟未见完成的重建，为美国城市埋下了社会与种族不安的种子。加之低收入阶层人的经济生活并未因城市即将重建而立刻获益，而其居住社区内的环境品质在政府主要资源投入中心商业区后也毫无改善，不满和无奈积成怨愤，很快便在各主要城市中蔓延开来，并引发了种族暴乱，产生了消极的社会影响。

（三）刘易斯·芒福德：有机规划与人文主义规划

刘易斯·芒福德（1895—1990）是美国城市理论家，是有机规划和人文主义规划思想的大师。在名人辞典中，他有时被介绍为“城市建筑与城市历史学家”，有时又是“城市规划与社会哲学家”。他作为城市理论家，在对历史城市及城市规划进行系统的分析批判上，在论述内容的广度与深度上，在学术见解的独到性上，都独树一帜。他最突出的理论贡献在于揭示了城市发展与文明进步、文化更新换代的联系规律。芒福德在欧洲的城市设计中起到了一定的推动作用，他的作品在“二战”期间被波兰、荷兰、希腊等国家的机构作为教科书，并培养出了一代规划师，芒福德对城市的发展作出了巨大的贡献。他荣获的重大科研奖项，包括1961年获英国皇家金奖，1971年获莱昂纳多·达·芬奇奖（Leonardo da Vinci Medal）和1962年获美国国家图书奖（National Book Award）。

芒福德论述城市文明最为著名的两部里程碑式代表作是《城市文化》（*The Cultures of Cities*）和《城市发展史》（*The City in History*），从他对城市起源和进化的开拓性研究开始，人们更加关注城市在西方文明发展中所发挥的组合作用，并确定了芒福德在城市研究领域中的重要地位。芒福德追求的目标从不限于仅仅记录历史，而是力图改变它，他给当代人提出的任务和难题，就是如何通过更新改造，创建出一种新的社区生活质量，同时造就新人。他警示说，这种更新改造任务成功的可能性有多大，取决于人类对于当今自身问题的深远根源有多少透彻的理解。芒福德高度关注人类生活需求，关注城市和建筑环境的人文尺度；他偏爱小型规划和小项目而不是大型的纪念性项目。由于这些主张，他在20世纪40年代至50年代谴责和抵制大规模的城市更新计划、高速公路和高楼建设项目。他认为，这样的大规模举措破坏了大城市中心地带的景观。他喜爱的城市是那种以邻里生活为中心的富有活力和朝气的城市，人们可以相约在街边咖啡馆或者树影婆娑的公园里见面谈心。

《城市发展史》一书对霍华德“田园城市”的概念给予了高度的肯定。为了将来的社会与都市，芒福德提出的总目标是把它们向有机状态改造，具体任务包括：努力创造条件来开发人类智慧多层面的潜在能力：重新振兴家庭、邻里、小城镇、农业区；以小流域为主体，在区域生态限度之内，构建几个相互独立、相互联系的、密度适中的社区，形成一个网络结构；以符合人类生活水平的乡村都市为核心；建立一个均衡的经济模型；复兴城市和区域的历史和文化，使之成为优秀的传统和生活理念的重要载体；技术革新，积极推广新的、小巧的及符合人性、生态原则的新技术。芒福德曾经深刻地指出了城市更新和改造过程中存在的突出问题和弊端："在20世纪，尤其是最近30年，城市的改革和纠正工作中，有很大一部分是通过清理贫民窟、建造样板房、美化城市、扩展郊区、重建城市"，这些都是表面上以一种新的形式出现，但实际上却在不断地进行着毫无目标的集中，破坏了有机体的功能，这就需要"医疗"来拯救。芒福德相信，"城市的主要作用是把力量变成形式，把权力变成文化，把腐朽的东西变成有生命的艺术，把动物的繁殖转化成社会的创新""城市是人的一部分，所以，最好的经济模型应该是关心人，培养人。"

芒福德是当代影响最广泛的伟大思想家之一，其论著涉猎范围广，成就显著。他对历史、哲学、文学、艺术、建筑评论、城市规划，以及城市科学和技术研究等众多领域都大有贡献，他的这些贡献开启了人类文明中一个更为宽广的领域，供读者重新思考。正如马尔科姆·考利（Malcolm Cowley）所评价的："很可能，刘易斯·芒福德就是人类历史上最后一位伟大的人文主义者了。"

三、中国城市更新代表人物及其思想理论

（一）梁思成和陈占祥：梁陈方案

梁思成（1901—1972）是中国著名的建筑学家、建筑教育家、建筑史学家、建筑文物保护专家和城市规划师，历任清华大学建筑系主任、中国科学院技术科学部学部委员、中国建筑学会理事长、建筑科学研究院建筑理论与历史研究室主任、北京市都市计划委员会副主任和北京市城市建设委员会副主任等职，参与了人民英雄纪念碑、中华人民共和国国徽等作品的设计。梁思成的学术成就也受到国外学术界的重视，从事中国科学史研究的英国学者李约瑟认为梁思成是研究"中国建筑历史的宗师"。1988年8月，梁思成教授及其团队合作完成了一项名为《中国古建筑与文物建筑的保护》的科研项目，获得了国家自然科学奖。1999年，建设部颁发"梁思成建筑奖"，以表彰对中国建筑事业作出贡献的建筑师。

陈占祥（1916—2001）是中国近现代的城市规划专家，师从国际著名的规划大师阿伯克隆比（Patrick Abercrombie）教授，与其导师合作了多个规划作品，享誉英、美等国。他毕生致力于城市规划和城市设计，勤奋读书，不断实践，总结国内外经验，研究适合我国国情的城市规划理论及方法，为我国城市规划走向世界作出了开拓性的贡献。1949年中华人民共和国成立，陈占祥应梁思成之邀赴京，任北京市都市计划委员会企划处处长，同时兼任清华大学建筑系教授，主讲都市规划学。

1950年初，梁思成与陈占祥一起向政府提出了新北京城的规划方案——《关于中央人民政行政中心位置的建议》，主张保护北京宝贵的文物古迹、城墙和旧北京城，建议在西郊建中央行政中心，保留传统的古城格局和风貌，史称"梁陈方案"。

新方案既可保护历史名城，又可与首都即将开始的大规模建设相衔接。虽然最终他们的建议没有被采纳，但"梁陈方案"中许多有益的规划建议被保留下来。这一方案从更大

的区域层面，解决了城市历史保护之间的矛盾，为后来整体性城市更新开启了新的思路。陈占祥在20世纪80年代曾任中国城市规划研究院总规划师，从事过城市更新方面的研究工作。他认为，城市的更新是一个“新陈代谢”的过程，包括推倒重来的改造，以及保存和恢复老建筑。重建的终极目的是使大城市中心区域的经济复苏、提高社区活力、改善建筑与环境。同时，也可以吸引中上阶层的居民回到城市，并借由土地增值来提高赋税，从而实现社会安定与环境改善的双赢。

（二）吴良镛：有机更新思想

吴良镛（1922—至今）是中国科学院和中国工程院两院院士，中国建筑学家、城乡规划学家和教育家，人居环境科学的创建者，先后获得“世界人居奖”、国际建筑师协会“屈米奖”“亚洲建筑师协会奖”“陈嘉庚科学奖”“何梁何利奖”以及美、法、俄等国授予的多个荣誉称号，荣获2011年度最高科学技术奖。吴良镛先生长期致力于建设和城乡规划基础理论、工程实践和学科发展，在中国城市化建设规模大、速度快、覆盖面大的特点下，建立了人居环境科学及其理论框架。该理论以有序空间和宜居环境为目标，提出了以人为核心的人居环境建设原则、层次和系统，发展了区域协调论、有机更新论、地域建筑论等创新理论；从整体的角度出发，提出了解决复杂问题、建立科学共同体、制定共同方案的技术路线：打破传统的专业机制局限，建立了以人居环境建设为核心的空间规划设计方法和实践模式。这一理论把人居环境学、城乡规划学、风景园林学等学科有机地结合起来，并在1999年《北京宪章》中得到了广泛的应用。在此基础上，他还出版了一本《世纪之交的凝思：建筑学的未来》。

在1979年的北京什刹海地区规划研究中，吴良镛首次提出了“有机更新”理论的构想。1982年，他在《北京市的旧城改造及有关问题》一文中提出了北京的旧城改造要遵循“整体保护、分级对待、高度控制、密度控制”四个基本原则。1987年，他正式提出“广义建筑学”的概念，并在出版的同名专著里，将建筑从单纯的“房子”概念扩展到“聚落”的概念，并从建筑的微观视角解析城市的细胞构成。

在菊儿胡同改造中，他在整体保护北京历史文化名城并对作为城市细胞的住宅与居住区的构成的理解基础之上，系统提出了“有机更新”理论。吴良镛认为，城市永远处于新陈代谢的过程中，城市更新应当自觉地顺应传统城市肌理，采取渐进式而非推倒重来的更新模式。因此，针对菊儿胡同的更新改造，首先需要探讨“新四合院”体系的建筑类型，使其既适用于传统城市肌理，又能满足现代化的生产、生活方式。菊儿胡同的改建工程，维护了北京老城区的肌理与有机有序，突出了城市的有机性、细胞与组织的更新，以及更新的有机性，使菊儿胡同在城市肌理、合院建筑、邻里交往、院落与小巷的审美四个方面，有机地更新了菊儿胡同。1992年，他领导的北京菊儿胡同危房改造试点项目，以其独特的“类四合院”系统及“有机更新”理念，获得了亚洲筑师协会金质奖和联合国颁发的世界人居奖。

可以说，“有机更新”思想与理论奠定了历史城市更新的基本原则，在“整体保护、有机更以人为本”的思想下，采取“小规模、渐进式”的更新手法，并鼓励居民“自下而上”的社会参与制，挖掘社区发展的潜力。这些规划原则与理念都收录在1994年出版的《北京旧城与菊儿胡同》中，其“有机更新”理论的主要思想与国外旧城保护与更新的种种理论方法，如“整体保护”“循序渐进”“审慎更新”“小而灵活地发展”等汇成一体。

第三节　更新脉络

一、更新阶段

近代城市更新是从工业革命开始的，至今已经有200多年的历史了。第二次世界大战之后，城市更新已经成为世界上最有影响的政策之一，欧洲国家、美国等的城市更新政策对城市的物质性和社会结构造成了深刻的影响。虽然由于各国的社会、经济、历史背景等原因，导致了各国城市更新的问题不尽相同，但总体上是一致的。西部城市更新发展历程可以划分为四个时期（表1-2），各个时期具有不同的历史背景、参与对象、更新途径和更新成果。这些发展过程在美国、英国以及其他欧洲国家都有，尽管它们的表现形式和发展的时机不同。

西方城市更新发展历程　　**表1-2**

	第一阶段	第二阶段	第三阶段	第四阶段
时期	20世纪60年代之前	20世纪60年代—20世纪70年代	20世纪80年代—20世纪90年代	20世纪90年代后期
发展背景	战后繁荣时期	经济的全面发展和社会的繁荣	经济发展趋缓，自由主义	以人为本，永续发展在人们心中根深蒂固
主要政策和计划	英国：格林伍德住宅法； 美国：住宅法	美国：现代城市计划； 英国：地方政府补助法案； 加拿大：邻里促进计划； 法国：邻里社会发展计划	英国：城市开发公司、企业开发区； 美国：税收激励：授权区，税收增值融资，商业改善区	英国：城市挑战计划 欧盟：结构基金
更新特点	推土机式重建	以国家福利为特色的社会改造	以房地产开发为基础的老城区改造	从物质、经济、社会等方面重新认识社区
战略目标	清理贫民窟：清除快速增长的城市中的破败建筑，提升城市物质形象	与贫困作斗争：改善现有住房的居住条件，改善社会福利，消除人口的社会问题	以市场为导向的老城区重新发展，在市中心建设地标性建筑和奢华的服务和娱乐设施，以吸引中产阶层重返老城区，恢复老城区的经济活力	我们十分重视居住环境，倡导多元化、多功能化，注重保护社区的历史文化价值，保持社会肌理
更新对象	贫民窟和物质衰退地区	被"选择的"旧城贫民社区	城市旧城区域	都市衰退和未受经济衰退影响的区域
空间尺度	强调地方性的宗地尺度	宗地和社区级别	宗地尺度向区域尺度转变	社区和区域尺度
参与者	中央政府主导	中央和地方之间的协作，社会和私人领域的双向伙伴关系以及私人部门的参与程度很低	政府和私人部门之间的合作，使社区居民的愿望被剥夺	政府、私有部门和社区的三方协作，强调社区参与和角色平衡
资金来源	公共部门投资和少量私人投资	政府财政收入的主要来源是地方政府的补充	私营公司和个体投资者的数量	政府补助，私营公司和个人的大量投资

续表

	第一阶段	第二阶段	第三阶段	第四阶段
管治特点	政府主导：自上而下	政府主导：自上而下	市场主导：自下而上	三方合作：自上而下与自下而上相结合

（一）第一阶段：清除贫民窟

第二次世界大战后，随着经济的高速发展，人们对破旧破败的生活环境的不满，为了提升城市的面貌，更好地利用市中心的土地，很多西部的城市都在进行大规模的“扫除”，他们选择了新建的购物中心、高级酒店和写字楼。

英国是全球第一个关注城市更新的国家。1930 年，格林伍德住宅法案就是对贫民区进行大规模的清理。美国的城市改造运动也从大规模的贫民区中开始。1937 年颁布的《住宅法案》旨在改进房屋。总的来说，这一时期的城市更新以推土机式的推倒重建为特征，大规模地拆掉城市中的残垣断壁，以整体提升城市的物质面貌。尽管一些地方有私人公司的投资，但是大部分的再生基金来自政府的公共部门，由政府为移民提供补助，并且在土地的更新和更新进程上拥有很高的决策权。

（二）第二阶段：福利色彩的邻里重建

20 世纪 60 年代，带有福利性质的住宅区改造逐步替代了推土机式的改造。首先，60 年代是西方国家经济迅速发展、社会总体富裕的黄金时代，他们想要在富裕的社会中找到并消灭贫困。其次，在西方国家，凯恩斯主义——新政城市的崛起，民众相信政府有能力和义务改善民众的公共服务，而社会公正与福祉也是备受瞩目的焦点。因此，在此背景下产生的都市更新制度，特别重视对弱势群体的关怀，强调在旧城改造中的原住居民可以享有更多的社会福利与公共服务。

美国的现代都市规划在 20 世纪 60 年代中期在大城市的若干具体区域制定了一系列旨在消除贫困的全面方案。英国政府亦于 60 年代中期及末期推行都市改造政策，以改善社会福利和物质环境。在欧洲其他一些国家，例如瑞士、荷兰、德国，福利化的社区更新已经被广泛采用，加拿大、法国、以色列等国家也仿效美国。

（三）第三阶段：市场导向的旧城再开发

20 世纪 80 年代，西方的城市更新政策发生了显著的变化，由以政府为主导的福利主义社区改造，变为以房地产开发为主的，即以市场为主导的老城区改造。这主要是由于 70 年代以来全球经济衰退和全球经济调整的影响，使西方国家的经济发展受到了很大的影响，因此，各国政府的工作重心转向了如何促进当地经济的发展；其次，政府的更迭也促进了城市更新政策的转型。新古典的发展模式强调了自由市场的功能，它是英国政府最主要的支柱，与美国在大洋西岸的自由市场制度形成了鲜明的对比，也是 20 世纪 80 年代西方城市更新政策的基础。

20 世纪 80 年代，英国各地被大量的房地产项目所覆盖，其中包括商业、办公楼和会展中心、贸易中心等。私人部门被视为挽救城市衰退地区经济的第一股力量，而政府机构则成为第一个在城市更新中扮演次要角色的部门，它的首要使命是为私人企业的投资活动和经济发展创造一个有利的、宽松的环境。在美国，联邦政府通过废除或者削减对“现代都市项目”的资金用于进行“城市复兴”，让州政府和当地的政府来承担他们的责任。

以市场为主导的城市更新，其最突出的特征是政府与私营部门之间的密切合作，鼓励私营部门在市区建设标志性建筑、豪华娱乐设施，以此来吸引中产阶层重返市区，同时也是促进老城区经济发展的催化剂。因而，大部分以市场为导向的老城区改造工程在商业上取得了巨大的成功，至今仍被大多数城市所普遍接受。

（四）第四阶段：注重人居环境的社区综合复兴

20 世纪 90 年代以来，以人为本、可持续发展理念逐步深入人心，强调从社会、经济、物质环境等多方面综合整治城市问题，强调社区角色参与，成为城市更新的重要指导思想。人们逐渐意识到，城市更新不仅要发展房地产，还要更新居住环境。保护社区的历史建筑，维护社区的社会肌理，与消除衰退、破败现象同等重要。这一概念在 1991 年英国“城市挑战”方案中首次反映出来，当时英国中央政府把 20 项与城市更新相关的资金整合在一起，组成了一个“全面的更新预算”。

社区全面恢复的一个重要特征是强调居民的参与，它的关键在于让拥有土地所有权的人能够把自己的所有权利结合起来，从而在所有的发展中获得一定的利益。罗伯特总结了当今西方城市更新的特征：“城市更新是以一种综合的、整体的思想和行动来处理各种城市问题；致力于经济、社会、物质环境等各方面的长期改善”。

二、发展趋向

（一）城市更新理论从形式主义向人本主义的转变

不论是以政府为主导、以福利为特色的社区改造，或是以商业性为基础的老城区发展，都以形式主义为指导。形式主义规划的基本理念是将城市的动态发展看作是一种静态的过程，它期望通过“从城市发展的困境中解放出来，通过对城市田园诗般的想象来激励那些有钱的人去实现自己的梦想。”形式主义计划的核心是形式决定论、功能主义和机器成长。“秩序”“唯美”成为早期“都市更新”的主导理念，而“以物质环境”改造为核心的“都市美化”运动，因缺少对“社会问题”的关注，而“破坏”了城市的“肌理”，从而导致了“内涵”的丧失。在形式主义的实践中，“人本”思想在当代社会中悄然崛起，并成为当代西方城市社区一体化改造的理论依据。“人本”理念强调城市发展要以人的物质和精神需要为主，突出城市更新过程中“利人原则”的中心作用。代替单纯的物理环境更新，社区的综合整治，社区经济的复兴，社区的自我建设，都是未来的发展趋势。如图 1-1 所示。

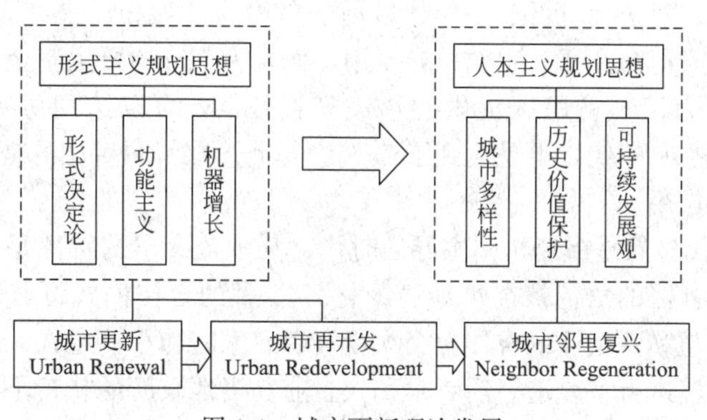

图 1-1　城市更新理论发展

（二）更新理念由推土机式重建逐渐变换为问题导向下的城市更新

推土机式的改造，使城市的物质面貌得以改善，使城市的功能更加完善，但也带来了更多的问题：迁入后，贫困人群的生活状况并没有得到改善，而城市更新仅仅是在空间上对贫民区的迁移，同时也带来了巨大的社会和经济压力。因此，在大部分国家，推土机式的城市更新受到了谴责。

为解决贫困地区的人口问题，西方各国逐渐推行并采用带有福利性质的社区更新，从而在一定程度上缩小了贫富差距，使被改造的社区居民能够享受到各种社会福利和公共服务。尽管最后的社区重建仍然是以房屋及基础设施的更新改造为主，但是，通过改善社会服务来处理人口的社会问题，这个方法已被提上日程。还有一些学者认为，更新后的利益仅限于社区居民，因此，当地难以从更新中获得“外部性”利益，而更新后的社区的社会经济状况并没有发生变化。但是，问题在于，越来越多的贫穷地区想要参与到这一项目中来，而政府的投资却很少，因此，“许诺与现实的落差越来越大”，让政府背负了沉重的财政包袱。

为刺激当地经济发展，鼓励私人投资，缓解政府财政压力，以市场为主导的老城区改造在商业上获得了很好的效果。市中心再次吸引了中产阶层，城市中心对商业投资、当地消费者和游客的吸引力也得到了极大的提升。与20世纪80年代的住宅区改造相比，土地发展模式明显改善了被改造区域的社会经济状况，但同时也引发了一系列的绅士化与人口迁移问题，“如果没有房屋的整修与再发展，这一区域的房屋将会持续衰弱；但当他们恢复过来的时候，他们就会面临着迁移的困境”。与此同时，由于“绅士化”和“人口更替”所造成的“门禁社区”，以及对社区长久以来的邻居关系的损害，也是一种致命的伤害。另外，由于城市更新的房地产发展，无疑使贫富差距进一步拉大，政策制定机构为了满足私营部门的投资意向，必须有意抑制民众和社会参与更新政策，使之缺少横向的协调和公共责任，忽略民众的真实愿望和需要，而社会底层民众也难以从“涓滴效应”中得到惠泽。在诸多批评中，以市场为主导的老城区重建必须对其进行重新思考，迎接人文关怀的回归，市民的意愿和参与逐渐受到重视，而更新与改造的焦点也由单一的物质环境层面扩展到社会、经济、环境、文化等层面，以弥补过去的问题和缺陷，而都市更新观念也在问题导向下逐渐发展和完善。

（三）城市更新运作模式的多方参与倾向

城市更新观念的演进，使其运行方式发生了改变，可以归纳为政府主导、公私合作、社区参与三种类型。对于20世纪70年代以前的贫民窟清理和以福利为特色的社区改造，中央政府和地方政府都起到了一定的领导作用，而且大部分的再生基金都是由公共部门提供的。比如英国，为清理贫民区提供的移民安置补助，可以达到房屋翻新改造费用的50%，而在20世纪70年代，更是达到了75%。与此形成鲜明对比的是，私人企业和社区居民只起到了辅助作用。

20世纪80年代显然是市场机制主导的时代，其中最突出的特征是公共部门和私有部门的深度协作，而社区的角色被严重地边缘化。公-私的合作模式可分为公营与私营单位的合作，以及公营与私营企业的合作。个人投资者、家庭和小业主在政府的扶持下，对其全部住房和居住环境进行了改造。后者是私人企业在当地政府的扶持下，对一个区域进行商业改造和整修。在美国，有些大的私人企业甚至会把政府的公共部门放在一边，为自己的城市改造计划画上自己的蓝图。直到今天，在很多城市中，政府与私营部门协作仍然是最有效的管理方式。

20世纪90年代以来，都市更新尝试改变以市场为导向的社会治理模式，强调社区在更新过程中扮演的角色：一是将社区居民的意愿与权益纳入更新规划之中，使其在政府与私有部门的双重角色之外，形成一个相互制衡的第三级；二是在政府与开发商的协调下，城镇居民通过自我改造实现了住宅小区的自我改造，共享了更新所带来的利益。政府、私人部门、社会三个层面的参与，使得我国城市更新管理模式由上至下逐步扩展为新的自下而上，各方面力量之间的制衡使得多维更新的目标得以实现。

三、更新启示

城市更新是为解决因城市建成环境日趋老化而产生的各类老城问题而进行的一项城市建设活动，它是从外延型发展转向内涵式发展的必然要求。

(一) 第一阶段：基本生活的需求与物质性空间供给

第二次世界大战后，城市中出现了大量的贫民区，这一阶段的住房和基础设施建设是最重要的，而供应则是由政府提供的公共和私人住宅。美国和德国为了解决低收入人群的经济负担问题，建立了公屋，为其提供了廉价的社会福利房。20世纪中叶，芝加哥老城区花园公园计划，将居民分为不同的阶层，包括公共住房、租赁住房和住房租赁住房，以解决750个家庭的住房问题（图1-2）。在美国，由于业主和业主的共同需求，1912～1918年，城市住宅的建造数目从25％增加到了50％以上。该住宅具有独立卫生间、厨房、自来水、集中供暖、住户入住等基础设施。不少居民反映，配套设施改善了他们的生活品质，也改善了社区的服务功能。从上述个案中可以看到，我国目前的低收入人群的需要仅仅是为了解决居住问题，而满足其基本的生存需要。面对有一定经济能力的社会居民，政府为其提供私有化住宅。20世纪40年代的洛杉矶猎人风景住区为典型的老旧住宅区，政府针对该区内住房需求，建设了公寓住宅、行列式住宅和独立住宅在内的多种住宅形式（图1-3）。

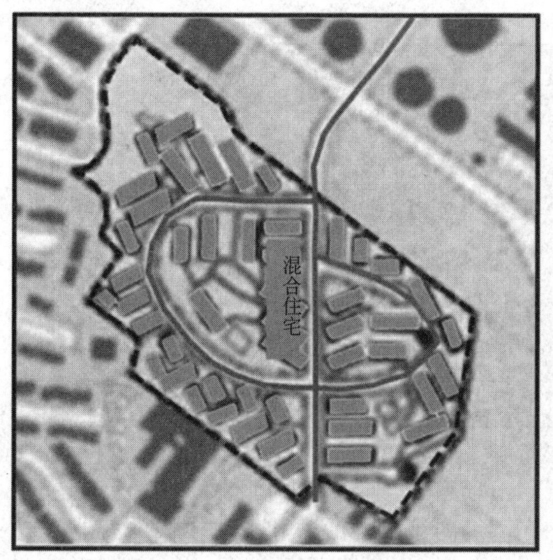

图1-2　芝加哥旧城园畔项目更新前后

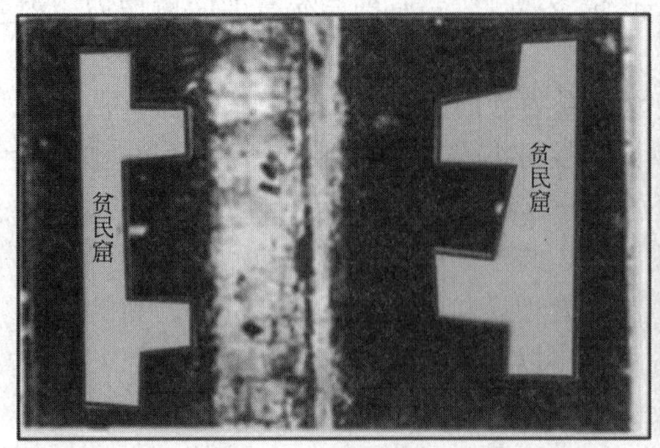

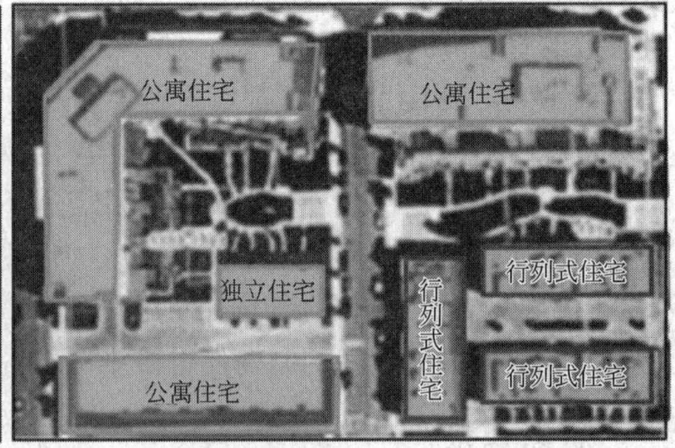

图 1-3　洛杉矶猎人风景区城市更新项目前后

从整体上看，针对不同的人群，政府采取了差别待遇，针对有经济实力的人，提供了私人住宅，但私人住房只是其中很少的一部分，更多的是公共住房。这两类住宅在某种程度上解决了居民的基本生活需要，缓解了住房短缺的问题。然而，在城市发展过程中，内城活力不足、居民失业等问题日益突出，因此，政府将重点转移到推动内城的振兴。

（二）第二阶段：城市复兴的经济需求与功能性空间供给

美国和英国的城市中，大量的低收入人群聚集在一起，这就导致了内城缺少经济的活力。因此，美国制定了一个现代化的城市消除贫穷的方案，而英国则把振兴内城列入了城市更新政策。然而，随着内城的复苏，市民受到商业的冲击，无法负担起房价上涨后的房租、上下班所需的交通、时间成本，而陷入了失业的境地。在此期间，美国伯明翰、曼彻斯特、利物浦等许多城市聚集了大批的失业者，而英国的低收入人群则纷纷寻找工作。为了解决以上的都市问题，欧美等国家试图通过制定一项经济政策来鼓励房地产开发商和公司到市区进行投资，并对当地居民进行就业培训。这一时期，在开发商和企业的参与下，城市更新实践按照类型划分为以大型商场为导向的空间改造、以零售为导向的空间改造、以商业街为主导的空间改造，见图 1-4。

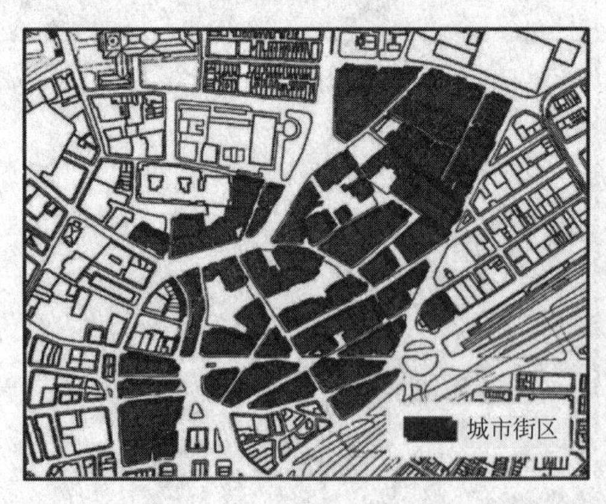

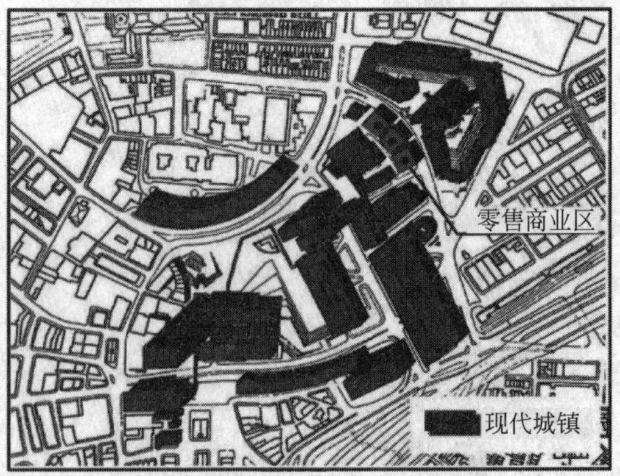

图 1-4　波士顿政府中心零售商业区更新改造前后

综合来看，这一阶段的市场需求主要集中在恢复内城区的活力和解决居民的就业问题上，提供由发展商和商业主导的购物中心、零售和商业街区。这一以经济为导向的城市更新，使内城重新焕发生机，并改善了市民的工作环境。然而，在过分重视企业的发展的同时，忽视了一些低收入人群的利益，社会排斥和社会责任的模糊使得社会的公平性成为人们关注的焦点。

（三）第三阶段：社会公平的需求与设施性空间供给

20世纪80年代，社会上出现了社会排斥、阶层隔离、忽略人性需求等社会问题。同时，政府对社会的关注也越来越多，到了70年代后期，政府对公共政策制定的法律数量已超过225项。政府、私营、社区三方面的三方协作受到社会的激励。美国建议照顾弱势人群，尽量让他们参加都市更新。这一时期涌现出大批的都市发展公司，促进了建筑设施性的空间，以提升区域居民的生活品质。这一时期，政府、开发公司、社区、居民等多方参与城市更新的实践活动，其包括教育、文化、交通、基础消费四个方面。

（四）第四阶段：多样化的需求与多元空间供给

能源短缺、气候变暖、新一轮信息技术革命加速了城市发展，“可持续”发展理念对城市发展提出了更高的要求。在新区域主义、新城市主义、再生等理念的影响下，城市的可持续发展已成为城市更新的重要内容，它需要对城市的协调性进行长期的改善与提升；比如，英国提出了“城市复兴”的主题，就是要着眼于未来的发展；美国政府采取了鼓励分区、分层分区等措施，以引导开发商进行社会需要的公共空间建设，以防止因个别项目需要而造成整体分区的调整。在政府、市场和社会的共同作用下，这一阶段的城市更新实践可以按照城市需要将其划分为四类：以促进土地集约利用为导向的空间功能融合、以历史文化为导向的地方特色挖掘、以新型科学技术为导向的智慧城市建设和以生态环境为导向的健康城市建设。

第二章　城市更新项目顶层设计

第一节　全面实施城市更新行动

推进城市更新工作，是以习近平同志为核心的党中央统筹全局、着眼于实现中华民族伟大复兴的战略目标，对我国城市发展的新形势作出了重要决策部署。深入认识城市更新的重要意义，正确把握其丰富内涵，是贯彻落实中央有关政策的重要要求。

一、城市化 2.0：存量开发阶段

城市的本质，就是“为公众提供商品的地方”。如果将“公共服务”视为一种商品，而将政府视为提供“公共服务”，则可以将其视为一种解释城市经济增长模型。与其他的商业模式一样，公共服务的供应也可以分为两个阶段：第一个阶段是“城市化 1.0”，第二个阶段是城市的“扩展”；“城市化 2.0”是城市的“内涵发展”阶段。

（一）城市化 1.0：土地财政引发的外延式扩张

能否成功地实现城市化 1.0，取决于是否能够在一定程度上解决投入和效益不匹配的问题。城市的公共设施（例如防御）需要投入大量的资金（例如围墙）。在信贷不足的时代，企业不能靠将来的收入获取充足的资金，只有通过积累、贸易或掠夺别人的剩余来弥补资金短缺。中国在改革开放之前，其积累方式还停留在以前的积累阶段。因为累积的实质就是削减支出，所以这一累积模型的效率非常低下。由于资金短缺，中国的城市化率在很长一段时间内一直处于 10%的水平。在 20 世纪 80 年代之前，中国的都市化程度只有 22%（1984 年为 23%）。中国城市化的外延扩展始于信贷体系的突破。20 世纪 90 年代，中国已经形成了一种以土地为基础的资本产生方式。与发达国家采用“税负”间接融资的方式不同，中国采用了以土地未来收入为信贷的方式，将未来公共物品的收益通过土地使用权转让直接融资方式进行贴现。土地财政一出现，就展现出了惊人的力量。中国的城市化 1.0 在 20 世纪 90 年代已经启动。进入 21 世纪，我国的城市化进程出现了爆炸式的发展。城市常住人口由 1978 年的 17000 万增至 1985.7 亿。1987 年，都市化率为 17.9%，至 1985 年为 56.1%。虽然这个数据很令人吃惊，但是还没有真正反映出中国城市化 1.0 进程的真正规模和速度。城市建成区的面积更能体现中国城市化“向外扩展”。

1981 年，国家建成区面积达 0.74 万 km^2，2015 年扩张到 5.2 万 km^2，远高于城市人口的增长。如果把矿山也算在内，这个数字就是 100000 平方公里。如果以目前城市的土地使用标准来看，这个区域可以满足 12 亿城市的人口，如果以 13.6 亿的人口来衡量，那么城市化率将会高达 88%。即便以每平方公里 1 万人为单位的标准来计算，也能容纳 10 亿人，城市化率高达 74%。鉴于城市新区建设已启动，但尚未竣工，中国城市化进程的 1.0 阶段可以说已接近尾声。这是中国从“外延”到“内涵”发展的宏观经济环境。中国 1.0 的城市化为何这么成功？这一成功的关键在于，地方政府通过土地融资的方式，实现

了对未来公共服务收入的资本化。在土地财政体制下，房地产取得的时间是有限的。因为房地产市场是在房地产价格基础上建立起来的，所以它隐含着一个交易条件：该权利持有者在使用权有效期内无须缴纳公共服务的费用。这使得中国各大城市的土地价格异常昂贵。而中国的高房价也为大型基础建设投资提供了支撑。在1.0阶段，政府通过土地财政的方式，设计了一系列的间接税制。在这种体制下，政府可以通过降低地价、减免未来税收等方式，对公司进行大量的投资。而补助的来源，则是那些非工业土地（尤其是商业和居住）异常高昂的土地价格，因为房价越高，政府对公司的补贴也就越大，而公司所产生的税收也会更多。由于巨额的补贴，中国制造业以低廉的价格在世界范围内享誉，其行业税收收入（尤其是增值税）逐年增长，已经成为中国的第一大税种。中国政府可以在很少的直接税收的前提下，为高级别的公共部门运作提供资金。

近三十年来的经验显示，土地财政产生资金的能力，是任何一种金融模型都无法比拟的。中国不但高速建造了世界上罕见的基础设施，还资助出了大量的制造业。不但国家债务远远低于发达国家，而且大量的过剩资本也外流，可以说，没有土地财政，中国不可能创造出如此丰沛的资本供给。但是，土地财政是一把双刃剑，因为土地财政会提前将大量的收益流投入资金的积累中，所以，在1.0阶段，土地财政尤其不利。从一定程度上说，1.0阶段的土地财政取得了巨大的成就，但这也成了2.0阶段的障碍。土地财政之所以能够取得成功，是因为它能够有效地产生大量的资金。但是，1.0阶段FC规模越大，折旧费用越高，则会产生更多的现金流量缺口，更有可能引发都市2.0阶段的庞氏周期。当资金无法从产出中产生新的现金流量时，庞氏周期将会由于资金短缺而引发一场金融危机。

（二）城市化2.0：存量开发弥补的现金流缺口问题

土地财政不是单纯地为地方政府提供公共服务的资金。通过国有银行和企业将政府信贷传导到民营企业、家庭乃至个人，是整个国家的初始信用体系。水可以承载一艘船，也可以让一艘船倾覆。在城市化进程达到2.0阶段的时候，基础设施建设已经不需要了，资金的需求量也在迅速减少。而为支持基础设施的运作，运营开支将会快速增长，因为更高标准的基础设施和更快速的建造，需要更多的资金。基建（地铁、道路、桥梁、学校等）的投资都是一次性投资，而维护这些设施的费用是固定的运营开支。根据非替代原则，土地收益是一笔资本收益，仅限于资本性开支，无法覆盖经营费用。在城市化2.0阶段，运营费用是最重要的一部分。如果不能迅速产生经常性的税收，那么出售土地（资本收入）就会产生更多的无效资产。一旦维持资产的开支超过了当前的现金流量，基础设施就变成了负资产，消耗了现金流量。如果说1.0的城市化是一个“扩展”的过程，2.0的城市化则是一个“内涵性”的过程。所谓的“经济转轨”，是指由资金驱动的经济向由资金流动的经济转变。所谓“内涵性增长”，是指把已有的存量资金回归到实际的现金流量收益。只有在城市的现金流量收入足以支付运营开支时，城市化进程才会真正结束。全球有很多城市已经完成了1.0的城市化进程，但是很少有城市能在2.0时代取得成功。其中一个重要的原因，就是从1.0到2.0的过渡，必然会导致资金短缺。“资金短缺”并非入不敷出，而是在收入和支出结构上出现了偏差，即大量的一次性资金面临着固定开支。土地财政主要是对公司的资本支出进行补贴，然后由公司的税收来实现。但是，当公司的资本积累达到2.0的时候，就不需要额外的资金补助（比如土地价格）了。它最大的开支项目是经营费用（例如薪水）。在非替代原则下，一次性资本收益仅用于资助资本开支，而现金流量用于资助运营开支。对于资金充裕的大型企业来说，运营费用是决定城市收益的重要因素。其中，人力成本是经营费用中最重要的一部分。高地价的一、二线城市正是造成高劳动成本的重要因素。这就意味着，不进行土地财政的转变，就无法实现工业化。

经济增长不只是规模上的改变，还包括结构上的改变。在1.0阶段，如果有更多的一次性资金（比如土地出售），那么在2.0阶段，资金流动会更多。中国1.0的城市化进程已经接近尾声，但是，中国的发展模式依然是以资本为主。如果土地财政不能从创造资金变换到产生资金，那么不仅城市化进程不可能实现，而且工业化进程也会中途停止。由1.0过渡到2.0的关键在于解决“资金短缺”，避免城市陷入庞氏循环。

在城市化2.0的过程中，应采取以下措施：①尽可能地通过资本市场来解决一次性投资；②维持经营费用不上升。城中村改造，可以通过征收物业税（物业管理费、城市维护费），将违法建设合法化，不需要对现有的资产进行改造，就能直接成为城市的资金来源。而一旦取得了合法的所有权，那些城中村的小产权房就会变成资本，逐步改造城中村，而不需要政府的帮助。

对那些还没有使用期限、不能征收房产税的老城区，也要尽量减少今后的经营开支。厦门旧城区的建筑更新，并不采用大面积的改造，而是由居民自行申请，按“五原”（原性质、原基底、原规模、原层数、原高度）颁发行政许可。这种改造方式的费用是由住户共同承担，不会增加政府的负担。厦门在改革开放以来大量的集中式住宅开发中，率先在申请、审批、建设、验收等方面进行了探索，为解决集体产权住宅的自我更新问题提供了一些有益的尝试。在过渡期内，若减少增量土地供应，将会怎样解决新的城镇功能用地？解决办法是从现有土地职能转变中挖掘潜力。在1.0阶段的时候，几乎在所有的城市，工业土地的比例都异常得高。以上海为例，2010年全国土地利用总量的46.3%和深圳40%左右。即便工业土地的净含量仅为50%计，也比其他同类城市要高得多。例如，纽约1988年的工业土地占7.5%，芝加哥、大阪、横滨分别为6.9%（1990年）、14.5%（1985年）和7.3%（1980年），东京1982年时为2.5%。在城市化进入2.0阶段后，城市土地利用中的工业用地比例将明显降低。大多数新的城市职能可以在不增加供应的情况下，通过回收闲置土地来解决。

二、实施城市更新行动的中国背景

城市建设是实现新发展理念和新发展模式的重要载体。推进城市更新、优化城市结构、提高城市发展质量、不断满足人民美好生活需要、促进经济社会持续健康发展，具有重要而深远的意义。

（一）实施城市更新行动，是适应城市发展新形势、推动城市高质量发展的必然要求

自改革开放以来，中国的城市化建设取得了辉煌的成就，在世界范围内也取得了巨大的成就。2020年，全国城市化率达63.89%，已进入快速发展的中后期，城市发展进入了一个关键阶段，从大规模的增量建设向存量提质和增量结构调整并重，从“有没有”转变为“好不好”，这是一个值得关注的问题。世界各国的经验显示，当城市化率达到60%以上，就会出现大量的城市问题。既要不断地解决城市化进程中出现的问题，又要重视城市自身发展所带来的问题。对世界各国城镇化的发展和城市规划面临的问题分析表明，城市化率在30%～50%处于快速发展阶段，50%～70%进入拐点阶段。城

市化各阶段如图 2-1 所示。

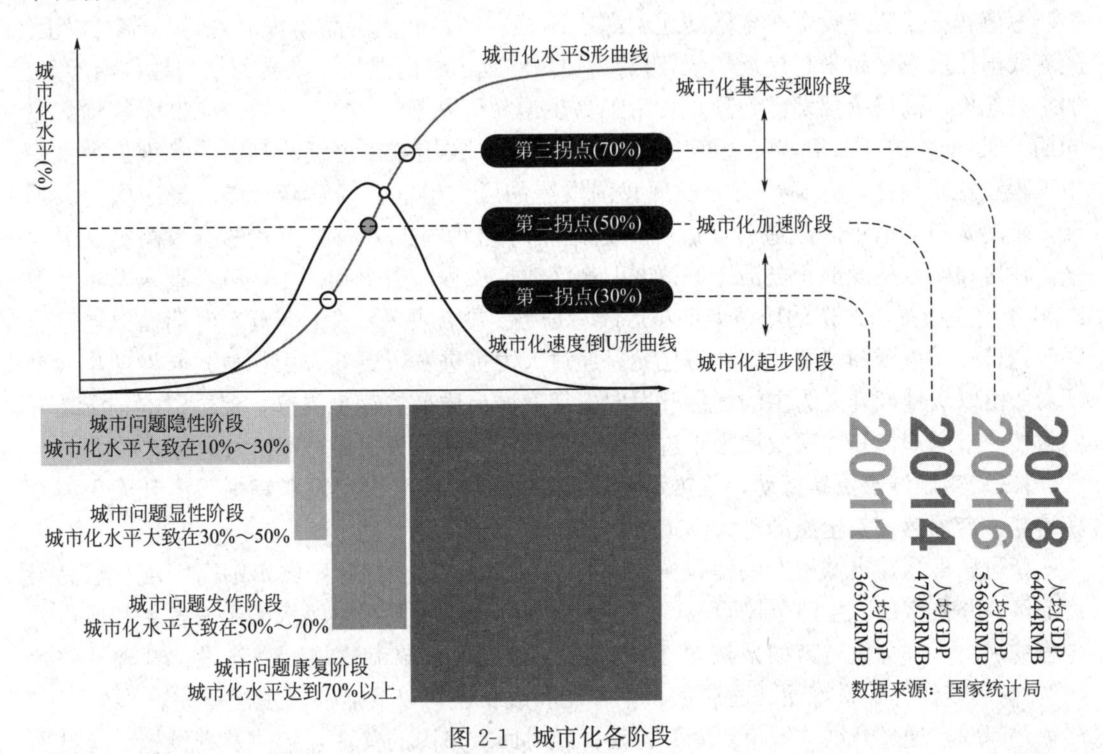

图 2-1　城市化各阶段

以世界各国为例：英国在 1870 年左右，城镇化率达到 60%，出现环境污染、住房短缺、公共卫生等问题；美国 1949 年暴露出交通环境和社会公平等一系列“城市病”问题；日本在 1960 年左右城镇化率达到 60%，面临东京等城市功能集聚、过度拥挤等问题。在全球的视角下，当城镇化率达到 60%，也是达到城市病集中暴发，需要结构性解决城市问题的重要阶段。西方城市更新发展问题见表 2-1。

西方城市更新发展问题　　**表 2-1**

国家	城镇化节点	城市问题	行动计划
英国	1870 年左右城镇化率达到 60%	环境污染、住房短缺、公共卫生	行动计划：通过了《消除污害法》《公共卫生法》《工人住房法》，致力于治理环境、建设可租赁住房、完善卫生设施、发展公共交通等
美国	1949 年左右城镇化率达到 60%	暴露出交通、环境和社会公平一系列“城市病”问题	20 世纪 60 年代开始实施模范城市计划，引入公共项目和福利项目，通过政府补贴解决教育、医疗、就业和公共安全等问题
日本	1960 年左右城镇化率达到 60%	出现东京等城市功能集聚、过度拥挤等问题	出台《第 1 次首都圈基本计划》，设立绿化带以抑制城市无序蔓延扩张；限制东京城市内新增工厂和大学；在周边建立卫星城疏解中心城区人口及产业

（二）实施城市更新行动，是坚定实施扩大内需战略、构建新发展格局的重要路径

城市是扩大内需、补短板、投资促进消费、建设强大国内市场的主要战场。城市建设是我国经济社会发展的一个重要动力，也是我国经济社会发展的一个重要支撑。我国城镇生产总值和固定资产投资在全国的比例都达到了90%，而消费品零售额占到了85%以上。随着我国住房总量越来越接近“天花板”，住房问题已经由总量短缺转为结构性供给不足。加之高地价、高房价预期已到顶，货币工具也遇“天花板”。近11年间，M2余额增幅是同期GDP增幅的2.3倍，资金使用效率越来越低。实施城市更新行动，统筹推进一批民生工程和发展项目，有利于充分发挥我国发展的巨大潜能。培育新动能、畅通国内大循环，推动城镇老旧小区改造、设施补短板是新时期我国扩大内需方式的有效路径。近年来，住房和城乡建设部积极推进城镇老旧小区改造工程，力争到“十四五”期末基本完成2000年前建成的需改造的城镇老旧小区改造任务。初步测算，“十四五”时期城镇老旧小区改造可拉动投资和消费约5.8万亿元。通过大力推进城市更新，由粗放式开发向集约型开发，由以房地产开发为主的增量开发向以提升城市质量的存量提升，促进资本、土地等要素按照市场规律和国家发展需求进行优化再配置，从源头上促进经济发展方式转变。

（三）实施城市更新行动，是推动解决城市发展中的突出问题和短板、提升人民群众获得感、幸福感、安全感的重大举措

新冠病毒暴露出城市发展建设亟须“补短板”和“补漏洞”。城市中高密度、超高层住宅区、办公室的卫生防范风险高，应急管理难度大。随着我国经济的迅速发展和城市化进程的加快，部分大城市的发展过于强调速度和规模，城市的规划、建设、管理“碎片化”，缺乏整体性、系统性、适居性、包容性和成长性，以及居住环境质量差、“城市病”严重等问题。通过开展“城市更新”行动，及时回应市民的关注，解决基础设施、公共服务等方面的不足，促进城市结构的调整和优化，提高城市的质量，使人们在城市生活得更方便、更舒心、更美好。

党的十九届五中全会提出推进以人为核心的新型城镇化。实施城市更新行动，有利于推进城市生态修复、功能完善工程，加强历史文化保护，塑造城市风貌，提高城市防洪排涝能力，建设海绵城市、韧性城市。在宏观层面上，推进城市更新，是推进城镇结构调整、提高质量、改变发展模式、促进社会经济健康发展的一项重大举措。

三、城市更新行动推进进程

《中共中央关于制定国民经济和社会发展第十四个五年规划和二〇三五年远景目标的建议》明确指出“实施城市更新行动”“推进以人为核心的新型城镇化”，这为“十四五”时期我国城市工作指明了前进的方向。中国城市化阶段划分如图2-2所示。

（一）第一阶段（1949—1989年）：政府主导下一元治理的城市更新

1. 更新背景

中华人民共和国成立之初，我国的总体经济水平较低，城镇居住区的建设水平较低，基础设施较差。1953年，中央提出了“以消费为生产的城市”“为生产服务”“为劳动人民服务”为中心的城市建设。城市建设资金的重点是发展生产、新建工业区，对老城区实行“综合利用，循序渐进”的方针。这一时期的老城区改造重点是北京龙须沟改造、上海肇嘉浜改造、南京秦淮河改造等。

改革开放以来，随着国民经济的恢复，城市建设的步伐越来越快，而城市的改造也逐渐成为城市建设的一个主要内容。旧城改造的主要特点是“全面规划、分批改造”，主要

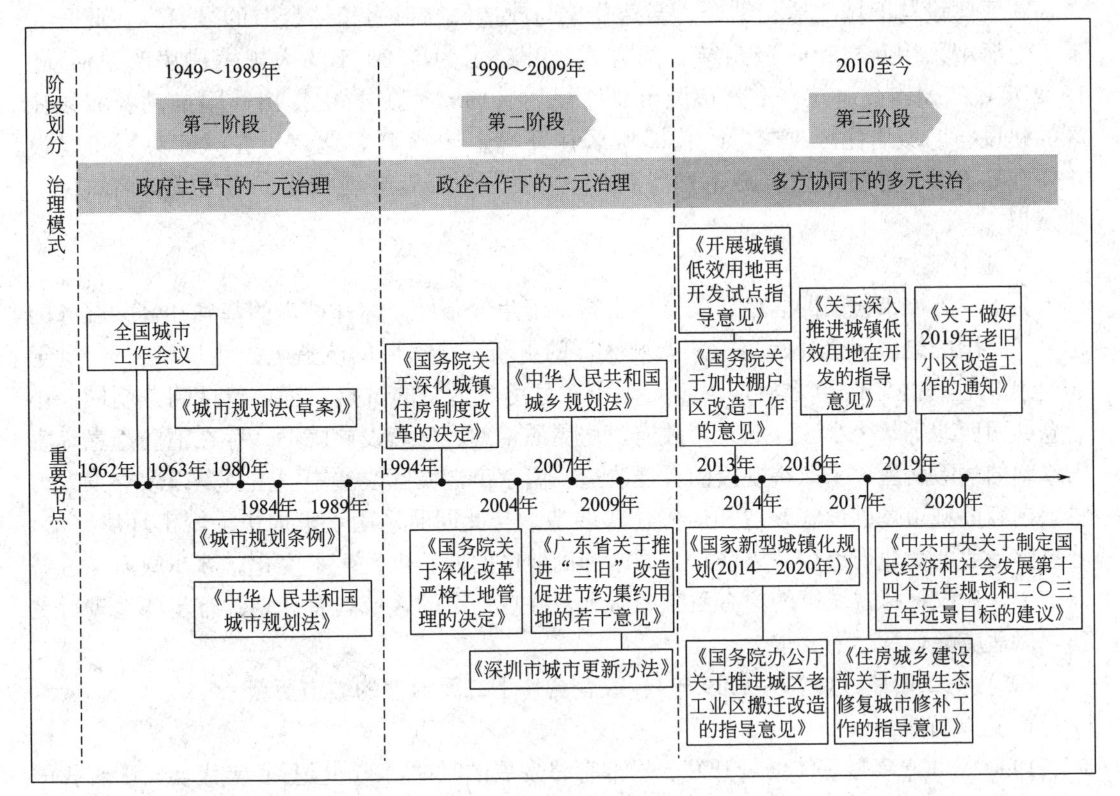

图 2-2　中国城市化阶段划分

体现在城市建设的基础上，解决城市职工的居住问题，注重住宅建设。

2. 治理特征

第一阶段，我国城市更新的主要目的是解决人民生活中最根本的问题。我国的城市更新方式仍以政府为主体，以单一的方式进行，其治理机制尚不完善，财政投入也十分有限，大部分的改革都是政府以自上而下的强制政策来推进。但在此阶段，由于缺乏健全的管理制度，忽略了社会、市场的力量，不注重各方的意愿，不注重产权的保护，不注重建设项目的自主性，导致标准低、配套不全、侵占绿地、破坏历史文化建筑等问题。

3. 相关政策

1978 年 3 月，党的十一届三中全会提出对国家的经济体制进行改革，社会经济环境的转变为城市发展创造了良好的契机。1984 年颁布的《城市规划条例》明确指出“旧城区的改建，应当遵循加强维护、合理利用、适当调整、逐步改造的原则”。其后，1989 年实施的《中华人民共和国城市规划法》进一步细化了“统一规划，分期实施，并逐步改善居住和交通条件，加强基础设施和公共设施建设，提高城市的综合功能”的要求，具有重要的指导意义。

在地方层面，各地也编制了一系列城市总体规划，以指导旧城区的建设。1963 年，上海市“三五”计划提出改善风貌拆迁、加层等地段建设控制导向，以及改善道路与扩建市政基础设施的工作重点。1980 年，上海市政府提出“将住宅建设与城市建设相结合、新区建设与旧城改造相结合、新建住宅与改造修缮旧房相结合”的号召。在此号召下，上海市采用新建和改造相结合的方式，开启了为期20年的大规模住房改善活动。1982年，广州市政府在《广州市城市总体规划（1984版）》中提出共同推动新城居住区的建设与旧城居住区改造，改善旧城居住环境。1983年，北京市在《北京城市建设总体规划方案》中强调严控城市发展规模，并加强对城市环境绿化、历史文化名城保护的认识。

4. 地方实践

为了改善城市居民的居住、安全、出行、卫生等条件，弥补城市的基础和公共服务的不足，我国的老城区已开始实施“老城区”的更新。在房屋的改造上，北京市在20世纪80年代的住房体制改革之后，逐步启动了“危房改造”的试点工程，包括菊儿胡同、小后仓、西四北等八个小区。北京市政府对房屋质量差、配套设施陈旧、存在消防隐患等急需修缮的危险房屋，采取小规模的拆迁改造。南京市老城区改造中，主要是以政府投入为主要内容的城市基础设施改造和居民住房改造。与此同时，南京市加快了城市环境整治，经过整治后的商业街市场得以恢复，城区和商业区的面貌也发生了变化。苏州政府在古城保护上，建议保持古城区的原有面貌和肌理，并在一定的区域内有计划、有步骤地进行更新，以适应现代社会的要求。

（二）第二阶段（1990—2009年）：政企合作下二元治理的城市更新

1. 更新背景

1990—2009年是总体增量开发、局部存量发展的时期。20世纪90年代初，随着我国市场经济体制的确立，我国城市的经济力量得到了极大的发展，而土地有偿利用、住宅市场化等方面的改革，使得以前发展速度较慢的老城区得到了极大的发展，从而激发了土地市场的活力与潜能。随着城市化的快速发展，部分大城市在建设、扩建过程中首先面对的是土地资源紧缺、已建设用地利用率低下的问题。同时，通过各种市场化的方式，通过政府和市场的联合，推进城中村、旧工业区、历史文化街区等方面的改造，解决了政府投资规模庞大、完全依靠政府投入难以持续的问题。

2. 治理特征

第二个阶段是以促进城市经济发展为目的的城市更新管理。在此阶段，政府与企业的双重管理模式是城市更新的重要组成部分。通过扩大资金来源，增加社会资金投入城中村改造、商业区改造、历史文化街区改造等，可以有效地减轻政府财政负担。政企合作模式具有多种投资主体，可以有效地分摊成本，减少由政府单独承担的不利风险。根据不同的更新方式所产生的效益、社会公平性、土地财政状况、土地开发需求等因素，可以将政企合作模式划分为“政府引导，市场运作”和“政府主导，市场参与”两大类型，主要采用PPP（政府和社会资本合作模式）、BOT（建造—运营—移交模式）、PUO（购买—更新—运营）等市场化运作手段。政府的政策扶持与社会资金的运营相结合，使得这一时期的城市更新发展速度明显加快。

3. 相关政策

20世纪90年代初期，中央陆续出台了《中华人民共和国城镇国有土地使用权出让和转让暂行条例》《国务院关于深化城镇住房制度改革的决定》《中华人民共和国招标投标法》《国务院关于深化改革严格土地管理的决定》《中华人民共和国城市房地产管理法》

等，拉开了市场经济推动下城市更新的序幕。在省级层面，各省也针对土地节约集约工作，发布省级政府文件，提出在科学统筹、因地制宜等理念的指导下，推进土地集约高效利用，完善土地要素市场，挖掘土地潜力，对新增建设用地进行控制，并对存量建设用地与新增建设用地进行差别化管理。相关文件有《江苏省人民政府关于切实加强土地集约利用工作的通知》《辽宁省人民政府关于深化改革土地管理的实施意见》《广东省人民政府关于推进“三旧”改造促进节约集约用地的若干意见》等。

在我国大城市土地资源短缺问题日益突出的今天，各地政府都在制定相应的政策，以引导各地的发展方向和具体的工作。2004 年深圳市颁布《深圳市城中村（旧村）改造暂行办法》，明确了实施的目标、方法和优惠政策。从那时起，深圳市政府为了推动老工业区的转型和升级，先后发布了《深圳市人民政府关于工业区升级改造的若干意见》和《深圳市人民政府办公厅关于推进我市工业区升级改造试点项目的意见》。

2009 年深圳市政府出台了我国第一个城市更新政府规定——《深圳市城市更新办法》，明确以政府引导、市场运作的方式开展城市更新。与此同时，广州市也相继出台了《中共广州市委办公厅广州市人民政府办公厅关于“城中村”改制工作的若干意见》《关于推进“城中村”整治改造的实施意见》《关于广州市区产业“退二进三”工作实施意见》等，加快推进广州市城市更新工作。

4. 地方实践

由于政府和企业的双重管理模式，深圳市、上海市、广州市等城市的老城区改造规模不断扩大，项目数量不断增多。以深圳市罗湖蔡屋围为例，罗湖政府与开发商共同努力，整合空间、产业、社会、文化等资源，打造一个集金融、商贸、文化为一体的“国际消费中心”；深圳市蛇口工业园区的改造工程，引入商业、住宅、创意产业等，将工业区改造为综合型城市；上海市思南公馆历史文化改造工程由政府主导、国有企业投资、社会融资、市场化运作，改造后的思南公馆历史街区将成为集酒店、办公、商业、居住于一体的高质量综合性住宅区；上海市“新天地”改造工程是一种创新的、以政府为主导、市场化运作的城市更新方案，既保持了原有的建筑形态，又将原有的居住功能转变为餐饮、娱乐、购物等商业功能。

但是，这一阶段政府与企业之间的合作却忽略了原有业主和社会各界的意愿，使得一些工程的实施出现了一些问题。比如，在《深圳市大涌旧村改造规划（1998 年版）》和《南山区大冲村旧村改造详细规划（2005）》编制过程中，深圳市大冲村改造工程经历了两次“博弈”，但政府、村民和市场的协调困难，使得推进“旧村改造”工程举步维艰；广州市永庆坊城区改造工程前期实施了大拆大建、小规模改造，但因与当地居民沟通不畅、历史文化建筑保护不力等原因，引起了社会的强烈反对，永庆坊第一阶段的大拆大建更新模式基本宣告失败。

（三）第三阶段（2010 年至今）：多方协同下多元共治的城市更新

1. 更新背景

我国的城市发展已由粗放式、外延式递增发展转向精细化、内涵式的存量提升发展。2011 年，中国城市化率第一次突破 50%，城市化水平持续提高，使得以往以市场为导向、以创造增值收入为主要特点的城市更新方式，已经不能很好地解决目前所面对的诸多问题。在这样的大环境下，保障民生、改善人居环境、加强社会治理已成为当前城市更新工作的重点。2020年，中国共产党第十九届五中全会通过了《中共中央关于制定国民经济和社会发展第十四个五年计划和二〇三五年远景目标的建议》，明确提出“实施城市更新行动”，这是党中央对进一步提升城市发展质量工作作出的重大决策部署。当前，我国的城市更新越来越注重城市的内涵发展，注重以人为本，注重改善居住环境，增强城市的生机。第三阶段的重点是改造旧小区，盘活低效工业用地，保护活化历史区域，改造城中村，修复城市。

2. 治理特征

第三阶段中，我国城市更新的主要目标是推进以人为中心的高质量发展。在此阶段，我国的城市更新是以多重管理的方式进行的。政府、专家、投资者、市民等多方参与的行为决策机制，采用“正式”和“非正式”的管理方式，实现政府从上到下的统一管理，采取容积率奖励、产权变更、功能区兼容混合、财政奖励等措施，实现政府与开发商、居民之间的利益分配，例如，《深圳市城市更新单元规划容积率审查规定》《上海市城市更新规划土地实施细则》《济南市既有住宅增设电梯财政补助资金实施细则》等相关文件。各种社会组织参与社区建设、活化历史文化遗产、公共空间设施改造等，并参与社会公益事业的改造。

但是，我国现行的“自下而上”的多层次协商机制还处于摸索阶段，缺乏政策、制度的支持与保障，对公众利益的保护也很薄弱。

3. 相关政策

2014年编制的《国家新型城镇化规划（2014—2020年）》明确指出“要按照改造更新与保护修复并重的要求，健全旧城镇改造机制，优化提升旧城功能，加快城区老工业区搬迁改造”。2020年，《中共中央关于国民经济和社会发展第十四个五年计划和二〇三五年远景目标的建议》强调了“实施城市更新行动”。另外，在棚户区改造、低效用地再开发、“城市双修”、老旧小区改造等领域，国家也出台了一系列的政策，如《国务院关于加快棚户区改造工作的意见》《关于深入推进城镇低效用地再开发的指导意见》《住房城乡建设部关于加强生态修复城市修补工作的指导意见》《国务院办公厅关于全面推进城镇老旧小区改造工作的指导意见》。各地政府也出台了一系列的规范性文件，并结合各自的具体情况制定了相应的指导意见。广东省人民政府相继发布了《广东省人民政府关于推进“三旧”改造促进节约集约用地的若干意见》《广东省旧城镇旧厂房旧村庄改造管理办法》《广东省人民政府办公厅关于全面推进城镇老旧小区改造工作的实施意见》等，并对此进行了进一步的改革。《深圳市城市更新办法》《珠海市旧住房综合改造管理办法》《杭州市老旧小区综合改造提升工作实施方案》等文件，明确了原权利人在项目申报和实施过程中的意向，以维护原权利人的权利和意愿。深圳市政府在2020年出台的《深圳经济特区城市更新条例》中将“政府统筹、规划引领、公益优先、节约集约、市场运作、公众参与”作为重要内容。同年，北京市出台了《北京市老旧小区综合整治工作手册》，并在此基础上建立了完善的社区规划师制度。上海市还提出了“社区参与计划”的试点工作。

4. 地方实践

当前，我国城市更新工程层出不穷，特别是在北上广深等一线城市，由于起步早、发展速度快、土地资源紧张等原因，对城市更新的需求越来越大。各大城市都对多元主体的参与进行了许多有益的探索。以上海市陆家嘴梅园公园为例，陆家嘴社区慈善基金会将举办一场规划设计发布会，政府、居民、设计师、专家协商并共同探讨；北京市劲松社区改造工程由社区党委牵头，以“居委会—小区—单元”为核心，广泛征求居民的需求和改造意见；以市场化的形式引入约3000万元社会资本，企业从设计规划、施工到后期物业管理，全流程参与老旧小区微改造；深圳市水围村城市更新工程由福田区住房和建设局牵头，由深业集团联合租赁深圳市水围工业有限公司的村民住宅，并根据当地的年轻人才需要，对其进行改建、运营，并将其出租，用于福田区政府的人才公寓；经过12年的努力，深圳市南山区大冲村的老改增工程在2010年的签约率达到97.1%，最终实现了政府、市场、村民三个主体的利益均衡；广州市永清坊改造工程抓住社员群众的多元需求，在方案编制、实施等各阶段，形成了一个“市—区—社区”的合力，打造了一个“共治共享”的历史文化街区。

第二节　中国城市更新总体介绍

一、城市更新的政策含义

自2019年12月中央经济工作会议首次强调“城市更新”概念起，我国进入了城市更新的快速发展期。在国家层面，2020年10月29日党的十九届五中全会通过的《中共中央关于制定国民经济和社会发展第十四个五年规划和二〇三五年远景目标的建议》明确提出“实施城市更新行动”，城市更新首次被写入国民经济和社会发展五年规划；2021年3月11日，十三届全国人大四次会议批准《中华人民共和国国民经济和社会发展第十四个五年规划和2035年远景目标纲要》，在国家层面明确提出转变城市发展方式，实施城市更新行动；2021年11月4日，住房和城乡建设部发布《关于开展第一批城市更新试点工作的通知》，明确开展第一批城市更新试点工作，并确定北京等21个城市作为第一批城市更新试点，第一批试点工作自2021年11月开始，为期两年。

在地方层面，2020年以来，各地基于前期实践，因地制宜构建城市更新政策体系。其中，上海、深圳两地分别颁布《上海市城市更新条例》《深圳经济特区城市更新条例》，在效力层面上，是截至目前关于城市更新的最高级别的两部地方性法规。广州、珠海两地以政府规章形式分别颁布《广州市城市更新办法》《珠海经济特区城市更新管理办法》。北京、青岛、无锡、重庆等地则以地方规范性文件等形式颁布各自适用的城市更新相关政策规定。城市更新的概念在国家层面尚无统一明确的定义，但以上海、深圳、北京、广州、成都、重庆、青岛、珠海等地为代表的地方发布的城市更新法规和政策，均对城市更新的概念作出了具体界定，具体定义如表2-2所示。

城市更新概念界定　　**表2-2**

序号	政策文件	城市更新概念
1	《上海市城市更新条例》(上海市人民代表大会常务委员会公告(15届)第77号)	本规定所称的城市更新，是指在城市建成区域内，不断地进行城市空间形态与功能改造的活动。(一)对区域的功能布局进行优化，塑造新的城市空间形态；(二)提高居民的居住质量，提高城市的生活质量；(三)加强对历史文化的保护，形成具有鲜明特色的城市风貌

续表

序号	政策文件	城市更新概念
2	《深圳经济特区城市更新条例》(深圳市第六届人民代表大会常务委员会公告第228号)	本条例所称的城市更新，是指依照本条例，在城市建成区内，对有下列情况之一的地区，进行拆除、改建和整修：(一)迫切需要改善市政基础设施和公共服务设施；(二)环境恶劣或有严重的安全风险；(三)现有土地用途、建筑物使用功能、资源、能源利用明显不能满足经济、社会发展需要，影响城市规划实施的；(四)经市人民政府批准的城市更新项目
3	《北京市人民政府关于实施城市更新行动的指导意见》(京政发〔2021〕10号)	城市更新主要是指对城市建成区(规划基本实现地区)城市空间形态和城市功能的持续完善和优化调整，是小规模、渐进式、可持续的更新
4	《广州市城市更新办法》(广州市人民政府令第134号)	本办法所称城市更新是指在"三旧"改造政策、棚户区改造政策、危旧房改造政策的指导下，对低效的存量建设用地进行盘活、改造、活化、提升的活动，由相关部门、土地所有者和其他符合条件的单位进行
5	《成都市人民政府办公厅关于印发成都市城市有机更新实施办法的通知》(成办发〔2020〕43号)	本办法所称城市有机更新，是指对建成区城市空间形态和功能进行整治、改善、优化，从而实现房屋使用、市政设施、公建配套等全面完善，产业结构、环境品质、文化传承等全面提升的建设活动
6	《重庆市城市更新工作方案》(渝建人居〔2020〕18号)	城市更新工作主要涉及以下五个方面：(一)老旧小区改造提升；(二)老旧工业片区转型升级；(三)传统商圈提档升级；(四)公共服务设施与公共空间优化升级；(五)其他城市更新情形
7	《青岛市人民政府关于推进城市更新工作的意见》(青政发〔2021〕8号)	本意见所称城市更新，是指对建成区内历史城区、老旧小区、旧工业区、城中村等片区，通过综合整治、功能调整、拆除重建等方式进行改造的活动
8	《珠海经济特区城市更新管理办法》(珠海市人民政府令第138号)	本办法所称城市更新，是指由符合规定的主体，对符合条件的城市更新区域，根据城市相关规划和规定程序，进行整治、改建或拆建

虽然各地关于城市更新具体含义的表述有所差异，但总体来看，各地规范性文件对城市更新的定义主要包括三个方面的内容，即城市更新的目的、范围和方式。

(1) 从城市更新的目的来看，城市更新的目的在于对城市空间形态和城市功能的提升和改善，不再局限于基础设施和公共设施等环境的改善，还包括对历史文化、城市风貌、产业结构等的优化和提升。

(2) 从城市更新的范围来看，主要包括在城市建成区内的历史城区、老旧小区、旧工业区、旧商业区、老旧楼宇、城中村等城市空间形态和功能区。当然，就城市更新的范围而言，各个城市根据自己的实际情况和切实需要，内容有所差别。

(3) 从城市更新的方式来看，城市更新主要是对于城市空间形态和功能区通过整治、改善、优化或拆除重建等方式进行一系列的建设活动。

城市更新是指通过整治、改善、优化或拆除重建等方式对城市建成区内的历史城区、老旧小区、旧工业区、旧商业区、老旧楼宇、城中村等城市空间形态和功能区的改善和提升。

二、城市更新的政策发展

（一）中央：由“实施城市更新行动”转变为“有序推进城市更新”

2022 年上半年，中央多次在高级别会议中提到要有序推进城市更新，并将实施城市更新行动作为推动城市高质量发展的重大战略举措。3 月 5 日，国务院总理李克强在政府工作报告中提出，有序推进城市更新，加强市政设施和防灾减灾能力建设，开展老旧建筑和设施安全隐患排查整治，再开工改造一批城镇老旧小区，推进无障碍环境建设和适老化改造。3 月 17 日，《2022 年新型城镇化和城乡融合发展重点任务》（发改规划〔2022〕371 号）提到要推进城市更新，加快改造城镇老旧小区。6 月 21 日，国家发展改革委发布《“十四五”新型城镇化实施方案》，再次提到有序推进城市更新改造，并强调推进老旧小区、厂区、街区、城中村等，防止大拆大建，进一步约束城市更新的改造方式。相关城市更新推进政策见表 2-3。

城市更新推进政策　表 2-3

时间	文件/会议	主要内容
2022 年 1 月 20 日	全国住房和城乡建设工作会议	三是实施城市更新行动。要把“城市更新”作为推进高质量发展的一项重要战略措施，要健全体制，优化布局，完善功能，控制底线，提升品质，提高效能，转变方式。对设区市的卫生健康状况进行了全面的评价。指导各地区制订和执行城市更新规划，有计划有步骤地进行
2022 年 3 月 5 日	政府工作报告	提升新型城镇化质量。有序推进城市更新，加强市政设施和防灾减灾能力建设，开展老旧建筑和设施安全隐患排查整治，再开工改造一批城镇老旧小区，支持加装电梯等设施，推进无障碍环境建设和公共设施适老化改造
2022 年 3 月 17 日	《2022 年新型城镇化和城乡融合发展重点任务》（发改规划〔2022〕371 号）	（十一）有序推进城市更新。加快城镇老旧住宅区的更新，大力推进水、路、气、信等基础设施的建设和建筑物屋面、外墙、楼梯等公共部位的维修，有条件地加装电梯，力争改善 840 万户居民基本居住条件。加大对大城市老厂房的改造，以市场为导向，培育新的产业，发展新的功能。对一批规模较大的老城区和城中村进行了因地制宜的改造。要重视现有建筑的维修和改建，避免大规模的拆迁。（住房城乡建设部、发展改革委、自然资源部、商务部、农业农村部、开发银行等负责）
2022 年 3 月 19 日	习近平总书记谈城市规划建设	习近平总书记在谈到城市规划和建设时指出，要注重人居环境改善，要多采用微改造这种绣花功夫，注重文明传承，文化延续，让城市留下记忆，让人们记住乡愁
2022 年 6 月 21 日	《“十四五”新型城镇化实施方案》（发改规划〔2022〕960 号）	（二十六）有序推进城市更新改造。重点在老城区推进以老旧小区、老旧厂区、老旧街区、城中村等“三区一村”改造为主要内容的城市更新改造，探索政府引导、市场运作、公众参与模式

2022 年上半年，中央在城市更新层面的发展方向从 2021 年的“实施城市更新行动”转变为“有序推进城市更新”及“防止大拆大建”。这意味着，我国城市更新进程已具备实质性的进展，随着政策的进一步落地，城市更新相关条例也逐渐细化，政策也从改造规划转变为实施方案。“十四五”期间，随着我国城市更新的不断推动，其战略地位也进一

步提高，中央的支持力度也在进一步提升。

（二）地方：全方位推进城市更新平稳发展

2021年以来已有近40个省市出台了百余条城市更新相关政策，并呈现出四大趋势：一是出台城市更新政策的城市不断增多，京津冀、长三角、珠三角、成渝等城市群的一二线城市为未来城市更新发展重点；二是实施意见等指导性文件政策进一步落地，对地方城市更新的开展具有规范和指导的关键作用；三是规划、土地、资金等支持性政策更加落地，确保企业有切实可行的盈利模式（规划调整更加灵活、土地政策更加市场化、融资及退出更加便利）；四是城市有机更新更受重视，更加关注城市更新过程中历史文化的保护，整体基调由“拆改建”转变为“留改建”，留、改的盈利空间逐步扩大，防止大拆大建成为地方城市更新的主旋律。

1. 各地政府工作报告聚焦城市更新

2022年上半年，北京、上海、天津、重庆、广东、福建、安徽、江西、湖北、湖南、广西、海南、四川、河北、河南、黑龙江、江苏、辽宁、山东、山西等省（市、区）均在2022年政府工作报告中提出要有序推进城市更新，积极推动老旧小区、棚户区、城中村等改造进程，见表2-4。其中，北京、上海、广东等省市的城市更新重点在于提升城市功能，防止大拆大建，进一步推动城市的高质量发展。

各地有关城市更新内容的政府工作报告梳理 **表2-4**

序号	省市	内容
1	北京	实施《城市更新方案》。加快实施老旧建筑、老厂房等6大类更新工程，新建老旧建筑加装电梯200部以上，并支持配合中央产权单位老旧小区改造。要积极探索以市场为导向的更新机制，促进各方面的主体参与街区的改造，以促进更多具有示范性、可推广性的城市更新模式
2	上海	进一步提高市民居住质量。坚持留改拆并举、以保留保护为主，深化城市有机更新，完成市区成片二级老宅以下的房屋改造，1000万平方米的老房子的更新。坚持“住不炒”的原则，坚持“租、购”相结合，建设和筹集17.3万套保障性租赁住房，完善稳地价、稳房价、稳预期的房地产精准调控机制，促进房地产市场平稳健康发展
3	天津	稳妥有序推进城市更新行动。扎实开展有条件的既有住宅加装电梯惠民工程；推进供热旧管网和503km燃气管网改造；实施中心城区内涝和积水片治理；推动历史文化街区保护性利用
4	重庆	深入实施城市更新行动。继续推进城市更新试点示范项目，新建1277个城镇老城区，15000户棚户区改造，以及城市管线改造、生命线等专项整治
5	广东	以绣花功夫、更多采用微改造方式推进城市更新，坚决防止出现急功近利、大拆大建等破坏性“建设”问题
6	福建	实施城市更新工程，重点推进老旧小区、街区、片区整体改造提升，基本完成2000年底前建成的老旧小区改造任务
7	江苏	统筹抓好城镇老旧小区改造、公共服务提升、安全隐患化解、停车资源共享、历史文化保护等工作，加快城市更新步伐
8	安徽	推进城市更新单元（片区）试点建设，改造提升老旧小区1000个以上，新增城市公共停车泊位5万个、充电桩1.8万个

续表

序号	省市	内容
9	江西	完成2021年纳入计划的城镇老旧小区改造任务，开工改造城镇老旧小区1062个、棚户区7.91万套，开工(筹集)保障性租赁住房6.28万套
10	湖北	改造棚户区4.8万套、老旧小区3053个
11	湖南	大力实施城市更新行动，加快城市燃气等管网改造升级，加强无障碍环境建设和改造，全力解决重点区域停车难问题，完善社区养老服务设施
12	广西	建立城市体检评估机制。改造城镇老旧小区12万套，推进既有住宅加装电梯
13	海南	加大城市更新力度，探索棚户区和旧城区改造新模式，开工改造608个城镇老旧小区
14	四川	加快老旧小区改造。成都将新启动30个片区更新项目，改造601个老旧小区、4394户城镇棚户区，增设1500台电梯

2. 指导性条例配合政府工作计划，保障城市更新平稳有序开展

2022年上半年，江苏、东莞、重庆、南昌、天津、南通等地先后发布城市更新指导性政策（表2-5），为各地城市更新的开展提供方向。其中，北京发布《北京市城市更新条例》（征求意见稿），成为继深圳、广州、上海之后，第四座针对城市更新出台指导性条例的一线城市。该条例还强调了“减量发展”，不搞“大拆大建”，意味着北京城市更新进入减量双控、以存量更新为主的新阶段。重庆发布的《重庆市城市更新技术导则》是在此前《重庆城市更新管理办法》的基础上更具体的技术支撑文件，细化了更新工作内容，规范了更新工作路径，为加强引导各方主体在更新过程中建立“全局意识”起到非常重要的作用。该导则是全国首部城市更新技术导则，是重庆有关城市更新政策技术体系的两个技术文件之一，进一步彰显其体制机制和模式创新的优势，有助于城市更新有序推进。此外，天津发布《天津市城市更新行动计划（2022—2025年）》（征求意见稿），在更新策略方面，津城区域分圈层推动城市更新工作；滨城区域重点围绕旧工业园区、旧城区、轨道交通站点周边、海河发展轴线两侧等区域开展；外围区以各区政府所在地为重点开展城市更新。各区域制定差异化的城市更新路径，因地制宜补齐短板弱项，进一步提升城市功能品质，平稳有序推动城市更新行动。

各地城市更新指导性条例　**表2-5**

地区	文件	主要内容
江苏	《关于实施城市更新行动的指导意见》	要对老旧小区、棚户区、城中村、危房进行综合整治，并对其进行合理的调整。支持“15分钟生活圈”老旧住宅区内的低效率用地重新开发和清理，优先用于教育、医疗、托育、养老等设施建设
北京	《北京市城市更新条例》（征求意见稿）	北京城市更新分为居住类、产业类、设施类、公共空间类、区域综合类等。要避免“大拆大建”，要突出“减量发展”。同时，根据首都的特色，“留拆改”相结合，采取小规模、渐进式、可持续更新的方式，对首都核心区域进行全面的更新，推动老城的全面保护

续表

地区	文件	主要内容
重庆	《重庆市城市更新技术导则》	导则对城市更新工作内容进行了细化,工作程序规范,是我国第一个《城市更新技术指南》。从整体上对更新区等10多个概念进行了界定,并将其分为老旧小区、老旧小区、历史文化区和公共空间
天津	《天津市城市更新行动计划(2022—2025年)》(征求意见稿)	城市更新的基本方针是:坚持以人为本,弥补基础设施的不足;坚持"底线思维",重视"有序"的更新;要坚持统筹规划,加强制度建设;要坚持节俭、转变发展模式;坚持保护第一、传承历史文化;要坚持政府主导、共建共享。其中,历史建筑类、商业办公类、低效资源类、老社区类、基础设施类、绿色低碳类。在更新战略上,津城将城市空间布局与发展的脉络相结合,按层次推进城市更新
东莞	《东莞市老旧小区改造工作实施方案》	进一步明确老旧小区改造范围、内容和改造的补贴标准。提出了对供水、供电、供气、排水、弱电、消防、安全、垃圾分类、道路改造、建筑外立面等项目的改造,按照项目实施成本的80%给予补贴。对其他项目的改造,按照项目实施成本的50%给予补贴。上述补贴按每人平均每人20000元的标准予以补贴

三、一线城市的城市更新条例对比

深圳、上海、广州均已发布城市更新条例或征求意见稿，此次北京就《北京市城市更新条例》向社会公开征求意见，标志着全国四个一线城市率先对城市更新进行立法，见表2-6。上海是“留改拆”政策发源地，北京与上海的城市更新均是减量发展背景下的城市更新，实行政府推动、市场运作，实施中更侧重于历史风貌保护和文化传承，进入“减量双控、以存量更新为主”的阶段。

(一) 更新内容及更新原则

从条例的适用范围，即条例认定的城市更新的范围看，四个城市对于城市更新活动的认定既有相同点，也有区别。相同的地方是都包含城市公共服务设施和城市基础设施。不同的地方是，深圳和广州更强调环境恶劣、有安全隐患、不符合社会发展要求的区域；上海则更关注区域功能布局、人居环境和城市风貌；北京则将其分为了居住、产业、设施、公共空间、区域综合五个类型，并强调不包括土地储备和房地产开发项目。一线城市更新内容对比见表2-7。

从条例的基本原则内容看，四个城市的更新原则内容（表2-8）随着公布时间往后越来越丰富，从基础的政府统筹、规划引领、公众参与等理念，逐渐拓展到包括数字科技、绿色低碳、共建共享等理念。上海和北京均明确提出了“留改拆”并举的城市更新原则。

(二) 管理机构

各个城市对于各级政府与部门职责的描述也略有不同（表2-9）。其中均明确市人民政府作为城市更新工作的统筹领导作用，但深圳未明确城市更新主管部门。广州、上海、北京的更新主管部门为市住房和城乡建设管理部门，规划和自然资源部门负责组织编制城市更新相关各层次规划与土地管理工作。

从管理的层级看，广州仅规定至区层面，深圳规定至街道办事处层面，上海规定至街道与镇层面，北京规定已经细化到街镇层面下一级的居委、村委层面。

一线城市城市更新条例对比 表 2-6

城市	基本原则	管理机构	资金保障	用地保障	监督体系	部门职责				立法进程
深圳	政府统筹、规划引领、公益优先、节约集约、市场运作、公众参与	市/区人民政府、市/区城市更新部门	市、区城市更新部门将工作经费纳入部门预算管理，各财政部门按照规定统筹保障资金需求	—	市、区城市更新部门对城市更新项目实施监督	市城市更新部门是城市化更新工作的主管部门	区城市更新部门负责本辖区城市更新组织实施体系	—	—	2021年3月《深圳经济特区城市更新条例》
广州	政府统筹、多方参与、规划引领、系统有序、民主优先、共治共享	市人民政府成立更新领导机构	将城市更新工作经费纳入部门预算管理，各财政部按规定统筹保障资金需求	城市更新项目涉及土地供应的，应当公开出让，但符合规定可以划拨或者协议方式出让的除外	区城市更新部门或者其他委托的单位应当按照项目实施监管协议的约定，对改造项目实行动态监管	市住房城乡建设行政主管部门是本市城市更新工作的主管部门	市规划和自然资源部门负责本市城市更新规划和用地管理工作	区人民政府负责城市更新工作的部门由区人民政府确定，负责组织本行政区域内的城市更新工作	—	2021年7月《广州市城市更新条例（征求意见稿）》
上海	规划引领、成片推进、政府推动、市场运作、数据赋能、绿色低碳、民主优先、共建共享	市人民政府、市住房城乡建设管理部门	市、区人民政府安排资金对相关城市更新项目予以支持，鼓励通过发行地方政府债券的方式筹集改造资金	供应土地采用招标、拍卖、挂牌、协议出让以及划拨等方式	政府监督、审计监督、社会监督、人大监督等全方位监督管理体系	规划资源部门负责编制城市更新指引，按照职责推进产业、商业、市政基础设施等工作	住房城乡建设管理部门按照职责推进相关工作，承担建设管理职责	经济信息化部门负责组织、协调、指导重点产业发展区域的城市更新相关工作	商务部负责根据本市商业发展规划、协调商业设施城市更新工作	2021年8月《上海市城市更新条例》
北京	政府统筹、市场运作、科技赋能、绿色发展、问题导向、问需于民，多元参与、共治共享	市人民政府、市住房城乡建设管理部门	在京中央单位、驻京部队应当履行在城市更新活动中物业权利人的主体责任，安排相应的更新资金	建设用地使用权依法采取租赁、出让、先租后让、作价出资（入股）等有偿方式或划拨方式配置	区人民政府（含北京经济技术开发区管委会）负责统筹推进、组织协调和监督管理本辖区城市更新工作	市规划资源部门负责编制城市更新指引，按照职责推进产业、商业、市政基础设施等相关工作	市住房城乡建设管理部门按照职责推进相关工作，承担建设管理职责	—	—	2022年6月《北京市城市更新条例（征求意见稿）》

更新内容对比 **表 2-7**

城市	更新内容	城市	更新内容
深圳	1. 城市基础设施 2. 城市公共服务设施 3. 环境恶劣区域 4. 有重大安全隐患区域 5. 不符合社会发展要求区域 6. 影响规划实施区域 7. 其他	广州	1. 历史文化遗产保护 2. 城市公共服务设施 3. 城市基础设施 4. 环境恶劣区域 5. 有安全隐患区域 6. 明显不符合经济社会发展要求 7. 其他
上海	1. 城市基础设施 2. 城市公共服务设施 3. 优化区域功能布局 4. 改善人居环境 5. 塑造城市风貌 6. 其他	北京	1. 保障房屋安全、提升居住品质的居住类 2. 存量空间资源提质增效的产业类 3. 保障安全、补齐短板的设施类 4. 提升环境品质的公共空间类 5. 统筹存量资源、优化功能布局的区域综合类 6. 其他(不包括土地储备,房地产开发项目)

更新原则对比 **表 2-8**

城市	更新基本原则	城市	更新基本原则
深圳	1. 政府统筹 2. 规划引领 3. 公益优先 4. 节约集约 5. 市场运作 6. 公众参与	广州	1. 新发展理念(系统观念、全生命周期管理) 2. 成片连片更新 3. 政府统筹、多方参与 4. 规划引领、系统有序 5. 民生优先、共治共享
上海	1. "留改拆"并举、以保护为主 2. 规划引领、统筹推进 3. 政府推动、市场运作 4. 数字赋能、绿色低碳 5. 民生优先、共建共享	北京	1. 人民为中心、统筹发展与安全 2. 敬畏历史、敬畏文化、敬畏生态 3. 坚持"留改拆"并举 4. 规划引领、有序推进 5. 政府统筹、市场运作 6. 科技赋能、绿色发展 7. 问题导向、问需于民 8. 多元参与、共治共享

管理机构对比 **表 2-9**

城市	行政部门	职责	城市	行政部门	职责
深圳	市人民政府	1. 统筹全市更新工作 2. 研究决定重大事项	广州	市人民政府	1. 领导工作 2. 成立更新领导机构 3. 研究审定重大事项 4. 作重大决策
	市更新部门	1. 作为更新主管部门 2. 组织、协调、指导、监督 3. 拟定城市更新政策 4. 组织编制全市更新专项规划、年度计划 5. 制定相关规范和标准		市住房和城乡建设管理部门	1. 城市更新主管部门 2. 组织实施本条例
	区人民政府	统筹推进区城市更新		区人民政府	统筹推进区城市更新工作

续表

城市	行政部门	职责
深圳	区更新部门	实施与统筹管理区城市更新
	街道办事处	1. 配合工作、维护秩序 2. 协调推进
上海	市人民政府	1. 协调推进 2. 统筹协调 3. 研究、审议重大事项 4. 办公室设在住房城乡建设部门
	住房城乡建设部门	1. 推进旧区改造、旧住房更新、城中村改造 2. 城市更新项目建设管理
	规划资源部门	1. 组织编制城市更新指引 2. 推进更新相关工作 3. 承担城市更新有关规划，土地管理
	区人民政府经济与信息化部门	协调、指导重点产业发展区的更新相关工作
	商务部门	协调指导重点商业办公设施的更新相关工作
	其他	协同开展更新工作
	区人民政府	1. 推进更新工作 2. 组织、协调、管理
	街道、镇	做好更新相关工作

城市	行政部门	职责
广州	市规划和自然资源部门	1. 城市更新规划 2. 城市更新用地管理
	区城市更新负责部门	组织城市更新工作
	其他部门	各自职责内相关工作
北京	市人民政府	1. 统筹全市更新工作 2. 研究、审议重大事项
	市住房城乡建设管理部门	1. 城市更新综合协调机构 2. 城市更新日常工作 3. 制定城市更新计划、监督实施 4. 跟踪指导示范项目 5. 建立维护信息系统
	规划资源部门	1. 组织编制市级城市更新专项规划 2. 研究制定城市更新有关规划、土地政策
	区人民政府	1. 统筹推进、组织协同、监督 2. 明确区主管部门
	区主管部门	推进实施更新工作
	街道、乡镇	1. 梳理整合资源 2. 搭建多方共建、共治共享平台 3. 调解纠纷
	居委、村委	1. 在指导下开展更新工作 2. 组织公众参与

四个城市的更新条例中，北京和上海明确指出要成立相关更新机构，并对机构和相关角色提出了明确的职责。《北京城市更新条例》提出成立专家委员会，并提出对责任规划师和建筑师的职责要求；《上海城市更新条例》则提出要成立城市更新中心和专家委员会，为上海城市更新活动提供支撑。

（三）更新体系

从四个城市的城市更新体系（图 2-3）看，更新体系均是基于国土空间总体规划体系，最终落点是具体城市更新项目的实施。不过各个城市在其自上而下的管理过程中有不同的环节。

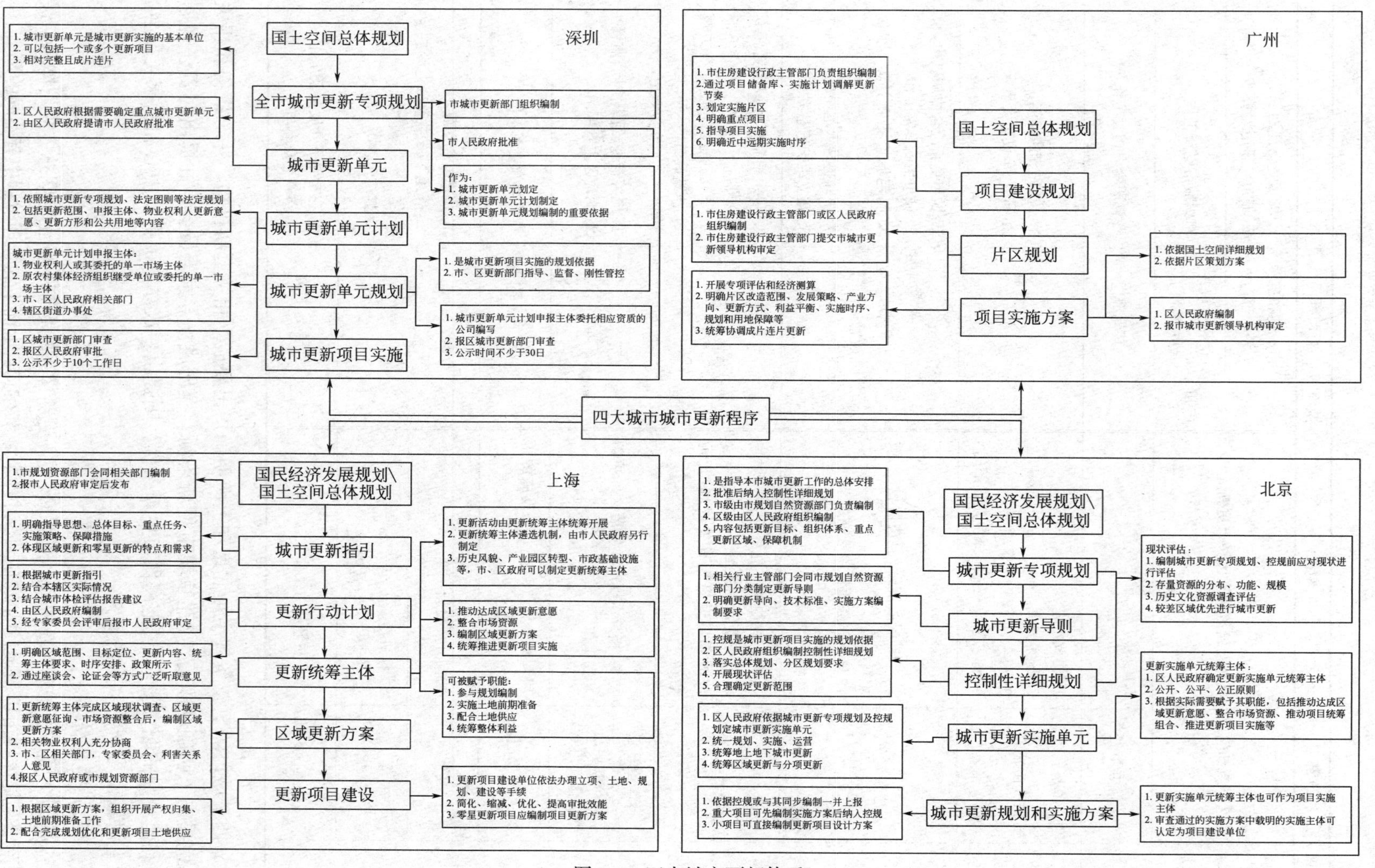

图 2-3　四大城市更新体系

第三节　中国城市更新政策解读

在我国城市建设与运营进入高质量发展阶段后，源于各地区发展不平衡和历史积淀情况不同，全国各地区城市的建成区仍面临一些补短板问题，如城市化不同阶段的建筑老化、防洪工程不到位、不适应绿色生态与碳排放新要求以及公共服务实施不足等现实情况。针对我国城市发展进入城市更新重要时期所面临的突出问题和短板，为严格落实城市更新底线要求，转变城市开发建设方式，推动城市结构优化、功能完善和品质提升，2021年11月4日，住房和城乡建设部发布了《关于开展第一批城市更新试点工作的通知》（建办科函〔2021〕443号），并决定在北京等21个城市（区）配套制度和政策等方面进行探索，形成可复制、可推广的经验做法，引导各地互学互鉴，科学有序地实施城市更新行动。

一、试点城市工作进展

自2019年12月17日，中央经济工作会议首次提出了“城市更新”的概念后，2021年3月，李克强总理在两会上提出：“十四五”期间要实施城市更新行动，完善住房市场体系，提升城镇化发展质量；3月12日，国家“十四五”规划中正式提出要实施城市更新行动。城市更新逐步上升为国家战略。据不完全统计，2021年全国绝大多数省市层面均提出城市更新发展目标，城市更新进入常态化发展阶段。本书梳理了目前20个试点城市政策发布情况，具体如表2-10所示。

试点城市政策发布情况　　**表2-10**

序号	时间	文件名称	主要内容
一	北京市		
1	2022年1月	《北京市城市更新专项规划〈北京市“十四五”时期城市更新规划〉》	会议强调，编制实施城市更新专项规划是贯彻党中央决策部署的重要举措，是落实北京城市总规的重要抓手
2	2021年8月	《北京市城市更新行动计划(2021—2025年)》	明确了首都功能核心区平房（院落）、老旧小区、危旧楼房和简易楼、老旧楼宇与传统商圈、低效产业园区和老旧厂房、城镇棚户区改造等类型项目城市更新的具体任务。北京市城市发展建设模式以街区为单元统筹、以轨道交通站城融合方式推进、以重点项目带动等有序推进
3	2021年6月	《北京市人民政府关于实施城市更新行动的指导意见》（京政发〔2021〕10号）	明确了北京市城市更新是小规模、渐进式、可持续的更新。强调规划在城市更新过程中的引领作用，提出圈层和街区的规划引导方式。明确了老旧小区、危旧楼房、老旧厂房、老旧楼宇、首都功能核心区平房（院落）以及其他等六类主要项目城市更新的方式
4	2021年6月	《关于首都功能核心区平房（院落）保护性修缮和恢复性修建工作的意见》（京规自发〔2021〕114号）	明确了首都功能核心区平房（院落）保护性修缮和恢复性修建的适用范围、工作原则、具体内容、工作流程、工作要求等内容
5		《关于老旧小区更新改造工作的意见》（京规自发〔2021〕120号）	明确了老旧小区更新改造的适用范围、工作原则、具体内容、工作流程、工作要求等内容

续表

序号	时间	文件名称	主要内容
6		《关于开展老旧厂房更新改造工作的意见》(京规自发〔2021〕139号)	明确了老旧厂房更新改造的适用范围、工作原则、具体内容、工作流程、工作要求等内容
7		《关于开展老旧楼宇更新改造工作的意见》(京规自发〔2021〕140号)	明确了老旧楼宇更新改造的适用范围、工作原则、具体内容、工作流程、工作要求等内容
8	2021年4月	《关于引入社会资本参与老旧小区改造的意见》(京建发〔2021〕121号)	八部门联合发文对社会资本参与老旧小区改造的方式、内容、财税政策支持、存量资源统筹利用、审批流程以及国家开发银行关于老旧小区改造的金融产品相关要求均进行了阐述
二		唐山市	
1	2021年12月	《唐山市城市更新实施办法(暂行)》	城市更新可单独或综合采用保护更新、优化改造、拆除重建等方式实施。依据城市体检结果，组织编制《唐山市城市更新"十四五"专项规划》，明确城市更新的重点片区及其更新方向、目标、计划和策略。明确城市更新的工作机制。规划编制程序、城市更新单元确定和资金筹措等内容
三		呼和浩特	
1	2021年9月	目前仅有公布内蒙古自治区文件，暂未查询到呼和浩特城市更新相关文件。《内蒙古自治区人民政府办公厅关于实施城市更新行动的指导意见》(内政办发〔2021〕40号)	政策重点在于确定了城市更新过程中的重点任务和实施效果，以建设宜居舒适、绿色低碳、安全韧性、智慧活力、人文特色城市要求进行城市更新工作
四		沈阳市	
1	2021年12月	《沈阳市城市更新管理办法》(沈政办发〔2021〕28号)	按照规划引领、问题导向、绿色低碳、提升品质、政府主导、市场运作、民生为本、共建共享的方针，以沈阳为核心，以促进城市结构优化、功能完善、品质提升、城市开发建设方式，建设宜居、绿色、低碳、智慧、韧性、人文、活力城市，走出一条集约型内涵式城市高质量发展新路，努力建设辽宁省城市更新示范区
五		南京市	
1	2020年6月	《开展居住类地段城市更新的指导意见》(宁规划资源〔2020〕339号)	着力解决居住类地段改造中遇到的土地、资金等瓶颈问题，推动城市更新从"征地"到"留改拆"，推动城市发展从增量扩张到存量增长。从规划政策、土地政策、资金支持政策、不动产登记政策四个方面提出政策保障措施，通过政府引导、市场运作、简化流程、降低成本，实现改善居住条件、激发市场活力、盘活存量资源、提升城市品质的综合效益最大化
2	2021年3月	《南京市国民经济和社会发展第十四个五年规划和二〇三五年远景目标纲要》(宁政发〔2021〕30号)	实施宜居住区工程，推动一批老城公共空间"微更新"，鼓励有条件地区打造多场景复合的"未来社区"。老旧小区和棚户区改造：完成棚户区改造600万m^2以上，改造小区达到600个。推进中心城区低效用地再利用，大力外迁区域性专业市场、区域性物流基地，推动工业用地、仓储用地等二次开发，鼓励土地混合使用开发。提高工业用地利用效率，推动城镇开发边界外和乡村地区工业用地向产业园区集中

续表

序号	时间	文件名称	主要内容
六	苏州市		
1	2021年3月	暂未查询到公开的城市更新管理办法，在《苏州市国民经济和社会发展第十四个五年规划和二〇三五年远景目标纲要》中提到	有序实施城市更新。推进古城渐进式和小规模更新，加强地上地下一体化建设，完善环古城慢行系统，加强古城公共资源配置，提升公共功能服务和宜居品质。鼓励引入社会力量参与历史街区改造提升，激活旧厂房、老公房、低效土地等“沉垂资产”，着力推进平江片区、桃花坞、虎丘等综合更新升级重点工程，优化传统商业生态和商业功能品质。鼓励古城升级发展文化旅游，积极完善旅游留宿体系，做强古城“慢”特质和精优势，促进古城人气商气集聚
七	宁波市		
1	2018年11月	《宁波市人民政府关于推进城市有机更新工作的实施意见》(甬政发〔2018〕76号)	按照综合整治类、功能改变类、拆除重建类和文化传承类等类别，推进城市有机更新工作。强化规划引领机制。以“城市有机更新单元”作为基本管理单位。着力推进老旧小区、低效空间、交通轴线、文化遗存、生态系统五大专项更新
八	滁州市		
1	2021年3月	《市住房和城乡建设局2021年工作计划》	市本级编制完成城市更新实施方案和行动计划，确定城市更新改造目标、时序和实施单元。做好棚户区改造、老旧小区改造、历史文化街区改造、危旧房屋和城市旧厂房改造四大改造
九	铜陵市		
1	2021年6月	《铜陵市城市更新专项规划(2021—2035年)》(铜规公示〔2021〕86号)	明确了铜陵市城市更新规划近期及远期目标，规划原则、规划时限与范围、主要规划内容
十	厦门市		
1	2021年10月	《厦门市城市更新专项规划及成片改造和开发策略》	《厦门市城市更新专项规划及成片改造和开发策略》目前已通过专家评审。该规划以“摸家底，强统筹，明原则，定路径，排计划”为重点，以实现历史文化地区保护活化利用、居住环境改善、城市功能优化、产业转型升级为目标，针对田村、旧城、旧工业，划定了128个更新片区。通过拆除重建、保留整治、历史保护活化等更新方式，实施综合更新、有机更新，为完善城市更新工作运行机制，加强城市更新统筹协调力度、保障城市更新工作有序进行打下坚实基础
2	2021年3月	《厦门市2021年城乡建设品质提升实施方案》(厦府办〔2021〕12号)	确定将实施6大类35项重点任务，内容涵盖居住、交通、水环境、风统品质等多个民生领域
十一	南昌市		
1		《南昌市中心城区城市更新(“三旧”改造)专项规划(2021—2025年)》①	—

① 暂未查询到公开文件

续表

序号	时间	文件名称	主要内容
十二	景德镇市		
1	2016年4月	《景德镇市中心城区城市更新改造实施办法(试行)》	对中心城区城市规划区范围内“三老三线一村”(老街区、老厂区、老窑址、城市出入口沿线、城区主干道路沿线、滨江景观带沿线、城中村)进行综合整治、改造或者拆除重建的活动。编制中心城区城市更新改造“1+5+N”规划体系
十三	烟台市		
1	2021年2月	《烟台市人民政府办公室关于烟台市区城市更新行动的实施意见》(烟政办发〔2021〕1号)	以“宜业宜居宜游现代化国际滨海城市”为目标,以“绿化、亮化、美化、治乱、治堵、治差”为主要内容,以提升公共服务和人文环境为重点,增强城市综合服务功能,为市民游客提供更加全面和优质的服务
十四	潍坊市		
1	2021年3月	《潍坊市城市更新实施办法(草案)》	城市更新主要是指对本市建成区城市空间形态和功能进行可持续改善的建设活动。城市更新工作实行专项规划编制、项目评估、项目管理相结合的实施制度。专项规划对城市更新工作进行整体引领和控制;项目评估要确定更新需求和更新项目;项目管理对每年实施的城市更新项目作出具体安排
十五	黄石市		
1	2021年3月	《进一步做好城镇老旧小区改造工作实施方案》(黄政办发〔2021〕14号)	制定城镇老旧小区改造五年计划。2021—2025年,改造城镇老旧小区约14万户,加大城镇老旧小区配套基础设施建设力度。城镇老旧小区改造按照基础类、完善类、提升类三类划分,编制专项改造规划和计划
十六	长沙市		
1	2021年3月	《长沙市人民政府办公厅关于全面推进城市更新工作的实施意见》(长政办发〔2021〕14号)	坚持分类施策,运用改、拆、补、建的方法,按照全面改造、综合整治、功能完善、历史文化保护四大类推进。城市重点功能区中对完善城市功能、提升产业结构、改善城市面貌有较大影响的更新项目,提倡采取全面改造方式。实现一年打基础、两年出形象,五年全面完成任务
2		《长沙市人民政府办公厅关于加强城市更新片区土地要素保障的通知》(长政办发〔2021〕27号)	对片区内各种类型用地供地方式、可经营性资源提供范式等进行了较为详细具体的约定
十七	重庆市		
1	2020年9月	《重庆市城市更新工作方案》(渝建人居〔2020〕18号)	重庆市城市更新主要涉及老旧小区提升改造、老旧工业片区转型升级、传统商圈提档升级、公共服务设施与公共空间优化升级和其他等五种情形,并就以上五个主要城市更新项目提出了更新的工作目标
十八	成都市		
1	2020年4月	《成都市城市有机更新实施办法》(成办发〔2020〕43号)	中心城区城市有机更新是指通过整治、改善、优化建成区的城市空间结构、功能,实现住宅使用、市政设施、公共建筑配套等方面的综合改善、产业结构、环境品质、文化传承等方面的综合发展

续表

序号	时间	文件名称	主要内容
2	2021年4月	《成都市人民政府办公厅关于进一步推进"中优"区域城市有机更新用地支持措施的通知》(成办发〔2021〕33号)	"中优"区域是指成都市五环路以内的区域(龙泉驿区部分以车城大道为界)。自有土地自主改造、地随房走方式整体改造、房屋征收与协议拆迁方式实施改造
十九	西安市		
1	2021年11月	《西安市城市更新办法》(西安市人民政府令第146号)	明确城市更新是根据本市国民经济和社会发展规划、国土空间规划,依法对城市空间形态和功能进行整治、改善、优化的活动。采取"留改拆"并举、保留利用提升为主的方式;并按照调查评估—专项规划—策划方案公众意见征集纳入年度实施计划—实施城市更新等步骤实施
二十	银川市		
1	2021年8月	《银川市城市更新三年行动实施方案(2021—2023年)》(银政办发〔2021〕47号)	以城市体检结果为导向,主动"开药方",对症下药,推动城市结构优化、功能完善和品质提升。实施城市更新三年行动,力争一年新提升、两年上台阶、三年大变样,并明确了银川市城市更新的重点任务

根据上述表格统计，除滁州市、苏州市、呼和浩特、重庆九龙坡、渝中区5个试点区域尚未发布本级政府专门的城市更新管理办法外，其他16个试点城市均发布了城市更新管理办法、专项规划或行动计划，对城市更新工作进行了专项安排。

二、试点城市政策亮点

住房和城乡建设部确定城市更新试点城市的深意之一为形成样板和示范效应，引导各地互相学习。根据上述试点城市发布的政策，梳理了五个方面的亮点。

1. 无体检不项目，无体检不更新

自2019年起，长沙已连续三年被列入国家第一批健康体检考核试点城市。长沙以"健康体检"为切入点，科学地建立了城市高质量发展体系，并启动了"健康体检评估信息系统"，通过城市体检查找城市病"根源"，注重前期评估、问题导向与目标导向原则。长沙首创城市更新"六步工作法"，树立了"无体检不项目，无体检不更新"的工作理念，并把城市体检作为片区建设的前置条件，为人居环境科学发展提供了实践样本，被住房和城乡建设部树立为城市更新的"长沙样板"。

在本次城市更新试点城市发布的管理办法中，西安、长沙、南昌、沈阳、内蒙古等地区均提出了城市更新工作开展需结合城市体检结果，一方面体现了城市更新工作重视规划与规划衔接的要求；另一方面体现了城市更新工作以人为本，重视解决"城市病"的理念。

2. 联合金融机构，创新机制，加强融资支持

2021年4月22日，北京市住房和城乡建设局联合发改委、自规局、财政局、国家开发银行等7个部门联合发文，发布了《关于引入社会资本参与老旧小区改造的意见》。政策中对社会资本参与老旧小区的方式、财税支持政策、项目实施可利用的存量资源等分门别类进行了介绍。此项政策发文的亮点在于附件中列明了国家开发银行参与老旧小区改造的金融产品类型和对应的要求，甚至标明了不同产品类型的借款人、贷款用途、资本金、

还款来源、贷款期限和利率等核心条件，投资人可对照项目情况核查是否满足开发性金融的放款要求，为北京市社会投资人参与老旧小区项目提供了金融支持。

根据住房和城乡建设部《关于在实施城市更新行动中防止大拆大建问题的通知》中对城市更新项目拆建比的要求来看，在一定程度上限制以城市更新的名义发展房地产，间接对投资人参与部分城市更新项目的回款来源产生了较大影响。而开发性金融机构明确的金融产品要求，可缓解投资人参与城市更新项目的资金压力，提振社会投资人参与城市更新项目的信心。目前的试点城市中，仅看到了北京市联合国家开发银行共同发布了上述政策，建议其他试点城市可加强与开发性金融机构的沟通，陆续发布明确具体的金融支持政策。

3. 创新政策支持，鼓励建立项目自平衡机制

由于本轮住房和城乡建设部倡导的城市更新坚持“留改拆”并举、以保留利用提升为主的方式，意味着本轮城市更新不会采用过度房地产化的开发建设方式，不会片面追求规模扩张带来的短期效益和经济利益，客观上大多数项目需要财政资金的支持或以长期运营收入平衡改造支出。

资金投入与资金平衡问题历来是影响基建投融资项目成败的关键问题，除规范了城市更新项目重点方向和实施流程外，部分试点城市还进一步探索了政府方在项目资金方面的支持政策和建立项目自身平衡机制。

以唐山市为例，《唐山市城市更新实施办法（暂行）》第二十条明确提出“鼓励策划、设计、运营一体化的运作模式，优化资源配置，充分利用政策支持，实施一片提升一片，力求实现项目自身或城市更新单元、多个城市更新单元盈亏平衡，受特殊控制区等影响的城市更新项目报经市城市更新工作领导小组同意后，可通过全域统筹、联动改造实现异地平衡”；其第六章为“资金筹措”，第二十九条至三十四条详述了城市更新项目资金来源和应用要求，在城市更新项目的资金支持和落地模式上进行了有益探索。

4. 结合城市特点，提出城市更新特色方向

大多数已发布城市更新政策的城市中，提出的城市更新重点方向主要为老旧小区、老旧工业区和传统商圈等几类。但本轮试点城市发布的城市更新政策中，部分城市开始结合自身城市面貌和历史积淀，提出了具有本城市特色的城市更新重点方向。例如，北京市在《关于实施城市更新行动的指导意见》中将首都功能核心区平房（院落）更新作为城市更新的六类主要方式之一；《宁波市人民政府关于推进城市有机更新工作的实施意见》提出的城市更新五大专项更新之一为“着力推进交通轴线更新”。坚持“基础设施为导向的城市空间开发模式（XOD）＋政府和社会资本合作（PPP）”发展理念；《成都市人民政府办公厅关于印发成都市城市有机更新实施办法的通知》中提出“城市有机更新与公园城市建设、TOD综合开发有机融合”。

5. 布局“未来社区”，为城市更新提供智慧解决方案

未来社区是以满足人们对美好生活的基本要求为基本目标，以人为本、生态化、数字化为价值导向，以未来邻里、教育、健康、创业、建筑、交通、能源、物业和治理九大场景创新为引领的新型城市功能单元。

南京是此次城市更新试点城市中仅有的一座在地方政府出台的城市更新规划中提到了“未来社区”的城市，并已经在玄武市老城区改造工程中得到了应用。在该项目的规划中，我们将未来的社区功能场景融入未来的规划之中，并在调研和分析的基础上，针对未来的邻里、教育、健康、创业、建筑、交通、低碳、服务 8 个方面，提出了以社区为切入点，

一方面，完善了社区服务的各种功能；另一方面，还为人居环境完善提出了智能化解决方案，是城市高质量发展的重要实践方向。

第四节　中国城市更新实践案例

一、老旧厂区改造

（一）理论背景梳理

工业园区更新问题不是一个新课题，以往的焦点集中于工业遗产保护、工业建筑再利用、宗地更新运营和旗舰工程。随着工业用地管理由“三无”划拨逐步转变为协议出让、“招拍挂”等，从细节出发探讨老旧工业区土地开发模式及更新盘活机制的相关研究刚刚兴起，并呈现出以下研究走向：①就工业用地产权关系及用地处置方法的探讨，如限制现有工业用地发展、处置划拨工业用地、二次开发用地发展权、模糊产权、工业用地提升计划等，多采用科斯的产权理论和新制度经济学的分析框架。②以业绩评估为基础，对产业用地管理机制进行了研究，比如，唐焱等人从企业的生命周期角度，构建了土地的绩效评估系统。③法律视野下的产业土地产权保护和法律法规的制定，包括土地法律管理、土地供应和土地价格的确定。④以个案为基础，从改善土地供应方式入手，包括改善土地供应方式，土地管理模式转变，土地更新与规划方法。

城市更新过程中老旧厂区盘活的关键问题主要有以下三点：

（1）工业用地流转制度。现行 50 年的土地使用权，使得很多土地使用效率低，甚至没有真正实现工业化发展的土地“固化”在了一些企业所有者的手里，不能有效“市场释放”和再开发。同时，由于没有明确的法律法规，部分业主作为“房东”，将“地”“房”租出去，从中牟利，造成了土地流转的混乱和公共利益的被侵占，从而造成了实际的产权界限变动和错综复杂的产权关系。

（2）工业土地的进入和退出。随着我国大城市的经济支柱由二类转移到三类，传统的工业园区面临着一个客观的挑战，即如何将低端的生产转移到高层次的服务业中去。为了适应我国大城市的发展需要和发展规律，必须建立清晰的行业准入与退出制度，才能使“劣企不能出，良企不能入”的普遍状况从根本上改变。

（3）政府和企业在工业土地经营中的关系。产业集聚发展是实现产业聚集、形成规模效应的重要手段。由于现行的行政体制不够健全，作为政府的开发区管委会往往只能在土地出让等环节中起到一定的作用，而在出让后，其后续的服务与经营功能也就形同虚设。因此，要重构园区政企关系，理顺政府与市场、服务与管理的关系，是促进工业园区健康持续发展的关键。

为解决上述问题，实施城市更新行动以来，老旧工业区改造目前主要形成了三种较为成熟的操作路径：

（1）将工业用地改为文创、商办、租赁住房等服务业场地；

（2）将工业用地改造为高效率的城市产业，如科研设计、新型产业场地；

（3）将工业用地转为城市公用空间。

表 2-11 为主要的改造方式对比。

主要的改造方式对比 **表 2-11**

类型	改造对象	实施主体	改造手法	改造目标	模式优势
工改商	只有少数有保存价值的大型工业厂房	万科、龙湖、中粮等一线地产，集商业、办公、住宅产品于一体，通过工改商的方式，扩大了自己的拿地能力	这些类型的土地规模较大，产业转型深刻，原有的工业厂房大多已不具备新的都市功能。通常要保留一些有特别历史价值的工厂，进行深层次的改造，注入新的功能，使之得以延续；拆除大多数没有保存价值的工厂，改建成可迅速降低成本并获得可持续租金收入的商业地产	为帮助政府完成地区振兴，取得土地性质变更后的工业用地，改造成商业、办公、公租房等复合空间，为片区经济提供延续人文环境、补充商业短板、促进产业转型、提升城市形象等方面全面提档，为片区重新注入活力	以市场为动力，全面改造传统产业区域，形成区域商务中心，是一种行之有效的获取方式
工改工	M1 土地不能满足城镇发展需求，工业产值低，税收少，土地利用不够集中	主要是地产开发商，万科和越秀等地产开发商也在积极布局，一些高技术制造业公司和地产公司进行了合作	为了获得经济利益，目前主要采取的措施是将老工业区拆迁、改建、更新，建成新型的产业用房、配套商业、配套公寓等	在有限的工业用地范围内，对现有的闲置产业用地进行有效的盘活，并进行产业升级，将其改造成新型产业用地、研发总部等	政府大力扶持，改造投资相对低廉；但是，它也面临着变现能力弱，产业导入要求高的问题
工改文创	以多层办公、生产厂房、仓库为主的轻工业园区或单体建筑，多数保存价值高	万科是创意园区的专业操作者，它们与原有的业主签订了长期的土地和房屋租赁合同，将旧有的厂房以低成本的方式进行改建，然后再进行租赁，从中赚取差价	工业楼宇具有更大的空间规模、更大的设计负荷、更灵活的改造空间，可以为功能重组提供多种复合空间，通过夹层、外立面装饰等低成本的改建方式，转型为 SOHO、LOFT 等产品，服务创意办公企业。同时，引入休闲娱乐场所，形成多种经营模式。总体上，土地性质不发生变化，可适当增大建筑面积	利用现有的资产进行盘活，让老厂房满足文创、创意企业、联合办公企业的入驻需求，从工业到服务业，同时引入具有吸引力的餐饮、娱乐业态作为补充，形成 7×24 小时的全天候吸引力	房地产开发商以轻质化的方式参与，不涉及土地的招拍挂，审批流程相对稳定、可控

（二）具体案例

1. “工改商”

“工改商”是指将城市旧工业厂区改造为商业空间的模式，强调服务于所处片区的居民，为他们提供商业、娱乐、休闲等生活空间，为片区经济注入活力，此类项目变现能力更强、利润更高，是房地产企业的关注重点。

例如：西安大华纱厂于1935年由石凤祥创办，历经近百年的时代变迁之后，为一代代西安人沉淀下厚重的记忆。图2-4为原厂区实景图。

图2-4　原厂区实景图

2011—2014年进行了首次更新，2017年复星集团特邀伍兹贝格建筑设计事务所（WoodsBagot）对大华·1935进行了二次更新，打造出全新的充满生机和活力的大华·1935。图2-5为改造后的厂区实景图。

西安大华·1935不但有良好的商业氛围，还具有鲜明的文化气质，看上去非常有工业风、年代感的感觉，但身处其中，又是一个全新的商业体验，从“品牌策划、建筑改造、室内设计”三方面一体化完成，成为城市更新项目的标杆作品。

2. “工改工”

“工改工”类城市更新是指按照政府的要求，将现有土地性质即普通工业用地改变为新型产业用地，因此“工改工”又称为“工改M0”，将旧工业区升级改造为新型产业园。

图 2-5　改造后厂区实景图

例如：上海宝山区似乎是很多工业城市的缩影，曾经破败的厂区、糟糕的环境成为普遍现象，如今由原三毛仓库升级而来的上海智慧湾却成了网红级产业创新典范。

这里之前有大量厂房、仓库、集装箱堆场闲置，噪声、粉尘污染严重，环境恶劣，且效益低下，周围居民有大量的投诉。如图 2-6 所示。

图 2-6　原三毛仓库中集装箱堆场的一角

经过转型改造以后，2016 年 9 月，上海智慧湾重新开园，租金收入一举达到 2500 万元/年，远超甲方 800 万元/年的心理预期。

如今，已成为宝山区创新经济产业带的排头兵，周围其他企业纷纷与其合作，规模已经从开始的 127 亩不断扩充，预计 2022 年达到 500 亩。

园区以个性化定制，科创与文创融合，使之成为 24 小时全天候、全面开放的新兴产业园区（图 2-7）。大量的科技型企业的入驻，彻底激发了本区域的城市活力，提升了城市形象，也为持久发展带来了动力，其长期效应远远超过一般的住宅区开发。

3. “工改文创”

“工改文创”指利用城市内的工业遗存打造新型文创园区。

例如：上海的上生·新所是一处具有丰富的历史地理空间和文化层级的城市更新样本，成为一个具有特点的个案，遵循“留、改、拆”的城市更新理念，将封闭的科研工业园区转型为复合的开放式城市公共空间（图 2-8）。

该地浓缩了一百多年来不同时期的多栋建筑，由万科进行更新改造，经过建筑修复、内容注入和市场推广，成为一个持续生长、不断推出最新番的市民打卡地，同时也是全新的文化艺术新地标。

园区内，对保护类建筑，如哥伦比亚乡村俱乐部、孙科别墅等，通过“修旧如旧”的

图 2-7　改造后三毛仓库实景图

(a) 2016年鸟瞰图(改造前)

(b) 2020年鸟瞰图(改造后)

图 2-8　上生·新所改造前、后鸟瞰图

手法，对建筑的立面与空间进行修复，最大化还原建筑原真性；对非保护类建筑，如麻腮风大楼、控压泵房等，则保护建筑自身的特色，结合其建筑功能进行局部新材料、新手法的植入和改变，赋予建筑以新面貌。

不仅如此，上生·新所将空间开放给周边的居民，如城市街面导入口的设计以及集会广场等，并引入多种业态，与周围生活空间连通，这样一来就形成很强的互动性。

二、老旧小区改造

（一）理论背景梳理

城市更新与老旧小区改造概念的产生可以追溯到 2020 年 11 月。那时，《中共中央关于制定国民经济和社会发展第十四个五年规划和二〇三五年远景目标的建议》（以下简称《“十四五”规划建议》）明确提出，实施城市更新行动，加强城镇老旧小区改造建设。此后，城市更新和老旧小区改造被陆续写入很多国家政策中。李克强总理在 2019 年、2020 年和 2021 年的两会政府工作报告上都强调推进棚户区改造，加大城镇老旧小区改造的力度等内容。2021 年 3 月，国家发展改革委明确提出“实施城市更新行动，全面推进城镇老旧小区改造”。这是我们现在常常挂在嘴边的一句话，当时是国家发展改革委最先提出来的。2021 年 3 月 12 日，新华社发布了我国《第十四个五年计划和 2035 远景规划的目标纲要》（以下简称《纲要》）。《纲要》第 29 章提出“全面提升城市品质”，其中第一节就是转变城市发展方式，提出加快推进城市更新，改造老旧小区、老旧厂区、老旧街区和城中村等存量片区的功能。《纲要》还特别提出了要保护和延续城市文脉，杜绝大拆大建，让城市留下记忆，让居民记住乡愁。广义的老旧小区改造又可以分成三类：一是重建（Redevelopment），即棚户区改造模式；二是提升（Rehabilitation），就是由国务院的指导意见提出的老旧小区改造模式。《国务院办公厅关于全面推进城镇老旧小区改造工作的指导意见》指出“城镇老旧小区是指城市或县城（城关镇）建成年代较早、失养失修失管、市政配套设施不完善、社区服务设施不健全、居民改造意愿强烈的住宅小区（含单栋住宅楼）。各地要结合实际，合理界定本地区改造对象范围，重点改造 2000 年底前建成的老旧小区。”三是建筑遗产保护。

我国棚户区改造由来已久，大规模的棚户区改造开始于 2005 年。棚户区改造成为保障性安居工程建设的主要内容和主要方式。棚户区改造的主要对象是以下三类：一是新中国成立前遗留下来的劳工房或工人、贫民搭建的房屋，也就是贫民窟的居住形态。二是新中国成立后在一些厂区、矿区、林区、垦区及其周边搭建的简易住房。这在工业城市里特别明显，比如天津市内就有一排排共用卫生间和自来水的住房。三是上述两类棚户区内的居民经政府许可或未经许可自行搭建的临时住房。2020 年，国务院明确提出：“2020 年是棚改收官之年、终结之年。拆迁模式成为历史，到 2021 年我们不再搞拆迁模式和棚改模式”。2020 年政府工作报告中明确提出：“城镇老旧小区量大面广，要大力进行改造”。改造的主要内容是更新水电路气等配套设施，支持加装电梯和无障碍环境建设，健全便民市场、便利店、步行街、停车场等生活服务设施。

棚户区改造（以下简称棚改）棚改与老旧小区改造（以下简称旧改）旧改的区别主要体现在以下三方面：

第一，改造程度不同。棚改是对具备棚户区特征的连片建筑所实施的改造类建设项目。总体而言，以征收拆迁这一“彻底拆除，重新建设”的形式为主。

旧改是对城市或县、镇建成时间较长、配套设施老化问题突出、公共服务建设缺项较多的城镇住宅小区进行翻新及修整，一般来讲不做大结构的改变。

第二，推动形式不同。棚改一般是由政府主导。在旧改中，政府主导变为政府引导，居民需要主动提出改造需求。这是很重要的一点，不是政府强制要改，而是居民有这个意愿。居民就改造事项达成共识以后，才进行改造。

第三，资金来源不同。棚改所产生的房屋价值补偿、搬迁安置补偿、补助和奖励金等一系列费用均由政府承担。旧改资金来源是政府资金补助、社会力量投资加上居民自掏腰包。

国务院办公厅于2020年7月颁布了《关于全面推进城镇老旧小区改造工作的指导意见》，对老旧小区改造提出了要求：城镇老旧小区的改造对象是2000年以前建成的老旧小区。目前行列式的多层住宅占据着城市的主体，老旧小区量大面广。粗略计算一下，50%～60%的城市地区都属于待改造的对象。改造内容分三类：一是基础类，指市政配套设施的改造，即煤水电气路的改造，这是要普遍做到的；二是完善类，比基础类再提升一点，包括拆除违建、照明绿化的改造，适老化设施、无障碍设施、停车设施的安装，节能改造等，不是每个小区都能达成完善类的改造；三是提升类，包括完善社区养老、托幼、医疗、助餐、保洁等公共服务设施。

（二）具体案例

杭州某小区建造于1998年，4.68万m^2，总用地面积2.39万m^2，年久失修的居住环境严重影响居民的生活质量。2020年7月，街道办事处与绿城理想生活集团达成场景方案设计共识，携手推进该老旧住宅小区的改造与数字化建设，以解决小区停车紧张、绿化空间无效、年龄段活动缺乏、现代设施不足、道路交通拥堵等诸多难题。

本次旧改从建筑类、景观类、智能类三大方面进行改造，具体包括社区微更新与数字化建设两大部分。

1. 社区微更新

社区微更新部分，主要对小区内部的建筑装饰、市政景观、消防照明进行“微更新”综合整治提升。结合居民意见，经绿化办审批同意后，对园区内的香樟树、广玉兰等大型树木进行了统一修剪，有效增加了1～4层住户的室内采光。同时，通过乔木、灌木、地表草皮等多品种植被的搭配，对原有的绿化区域进行整体修补翻新。398棵行道树的修建护理、8133m^2的绿化修缮补种，景观优化让植被以更优雅、亲民的姿态，为小区的美好生活锦上添花（图2-9）。

图2-9　改造后绿化景观图

2. 数字化建设

本次旧改构建出“街道—社区—小区（物业）—居民”四级数字化管理体系（图 2-10），围绕居民服务提升和街道精细化治理两大维度，展开“5”大类、“34”项服务，实现对高空抛物、消防通道被占等难题的“数智”破解。

图 2-10　数字化管理模式图

居民服务提升方面以居住安全感、生活幸福感、个人获得感为目标，全面提升居民社区生活体验。其中，居住安全感通过居民通行、访客通行、智慧停车等功能实现，生活幸福感通过社区信息大屏、社区 O2O、社区商业、智慧物业等功能实现，个人获得感则通过生活合伙人、社区文化、积分系统等功能实现。关于社区、物业和商业的服务功能，通过统一建设的居民服务平台集中实现。居民只需登录线上 APP，即可享受社区提供的各种综合服务，体验更便捷、智能的美好生活。街道精细化治理主要围绕社区安全管理加强、治理效率提升两个核心，全面提升综合管理水平。其中，安全管理通过社区周界防护、高空抛物监测、消防安全防护、设备故障检测、居民一键报警、社区老人关怀等功能实现；治理效率则通过社区 AI 管家、社区服务数据同步、网格员信息同步、居民调研管理等功能实现。作为城市大脑的末端神经建设，社区智慧运营 IOC 向下对数据进行采集、分析、研判，向上融合打通街道各业务平台，未来可以上接城市大脑、下连家庭小脑，通过“三位一体”打破信息孤岛，实现真正的“万物共生、连接美好”。

三、老旧街区改造

（一）理论背景梳理

我国正式提“历史街区”的概念，是在 1986 年国务院公布第二批国家级历史文化名城时。“作为历史文化名城，不仅要看城市的历史及其保存的文物古迹，还要看其现状格局和风貌是否保留着历史特色，并具有一定的代表城市传统风貌的街区”。其基础是此前由原建设部于1985年提出（设立）的“历史性传统街区”：对文物古迹比较集中或能较完整地体现出某一历史时期传统风貌和民族地方特色的街区等也予以保护，核定公布为地方各级“历史文化保护区”。

2002年《中华人民共和国文物保护法》将“历史文化区”作为法定概念，同以前的“历史文化保护区”的概念进行了整合。

2003年，原建设部颁布的《城市紫线管理办法》依据文物保护法采用了“历史文化街区”的名称。2005年颁布的《历史文化名城保护规划规范》采用了“历史文化街区”，并将其英文名称确定为“Historic Conservation Arca”，其定义为“经省、自治区、直辖市人民政府核定公布应予重点保护的历史地段，称为历史文化街区”。

2007年颁布的《历史文化名城名镇名村保护条例（草案）征求意见稿》也采用了“历史文化街区”的法定名词，至此文物和建设两个部门都统一使用了“历史文化街区”这一法定名词。

2008年颁布的《历史文化名城名镇名村保护条例》提出“历史文化街区是指经省、自治区、直辖市人民政府核定公布的保存文物特别丰富、历史建筑集中成片、能够较完整和真实地体现传统格局和历史风貌，并具有一定规模的区域”。

在国内学界，学者们依据国内外各种文献、法规文件，对不同类型的历史文化街区进行了界定。吴良镛认为，“历史文化街区”是一个具有一定历史文化意义的区域（尤其指城市)，具有一定的历史和文化的特征。杨新海认为，历史文化街区具有一定数量和规模的历史遗存，具有比较典型、比较完整的历史风貌，具有一定的都市功能和生活内涵。阮仪三则认为，历史文化街区的三大特点是：①风貌完整性：区域内有一定规模，且景观风貌较为完整或可修复；②真实性：具有一定比例的真实史迹，具有真实的历史资料；③生活的真实性：在城镇的生活中，历史街区仍然扮演着一个重要角色。王景慧认为，历史文化街区应具备以下几个方面：①具有较为完整的历史风貌；②具有一定的历史遗迹；③有一定的规模，景色和景色都是一样的。

根据住房和城乡建设部和国家市场监督管理总局联合发布的《历史文化名城保护规划标准》GB/T 50357—2018中对于历史文化街区的定义可知：历史文化街区是指经省、自治区、直辖市人民政府核定公布的保存文物特别丰富、历史建筑集中成片、能够较完整和真实地体现传统格局和历史风貌，并具有一定规模的历史地段。

其中并规定了历史文化街区应具备下列条件：

（1）应有比较完整的历史风貌；

（2）构成历史风貌的历史建筑和历史环境要素应是历史存留的原物；

（3）历史文化街区核心保护范围面积不应小于1hm^2；

（4）历史文化街区核心保护范围内的文物保护单位、历史建筑、传统风貌建筑的总用地面积不应小于核心保护范围内建筑总用地面积的60%。

（二）具体案例

1. 项目背景

田子坊是一座南北长420m的胡同，位于市中心泰康路210弄，是20世纪50年代最具代表性的胡同工场。自陈逸飞于1998年将画室迁至今，田子坊已逐渐成为视觉创意设计公司纷纷入驻的一块热土。2005年被授予上海创意产业集聚区。由于原先的厂房“人满为患”，北边的历史文化街区也成了创意企业的首选之地。2004年11月，田子坊自首次对外出租以来，逐步发展壮大，形成保护历史风貌、改善居住环境和发展创意产业和谐共存的新模式。占地面积：7.2万m^2；商业规模：营业面积3万多平方米；权属情况：由居民分散持有。

2. 区位分析

田子坊坐落在上海市卢湾区泰康路210弄，东临思南路、西至瑞金二路、南临泰康路、北抵建国中路。北、西相邻的地区是原法租界的高档住宅区、医疗、教育机构，而南部则分布着大量的临时建筑和密集的里弄。故田子坊所处的区域是各种里弄、花园住宅、里弄工厂的混合体，其建筑风格极具上海风情。如图2-11所示。

图2-11　田子坊区位图

3. 项目定位

（1）定位：国际化创意文化社区；创意田子坊——国际创意园区；数字田子坊——多维信息平台；活力田子坊——文化休闲乐园；海派田子坊——石库门博物馆；生活田子坊——都市和谐居所；遗产田子坊——历史文化街区。

（2）原则：保护濒危城市文化遗产，利用创意和文化艺术促进经济增长；保留海派里坊社区功能，改善社区形象吸引创意投资和商机；融合老建筑与新文化，营造一个城市创造性的产业集聚地。

（3）目标：创意产业聚集地、里坊风貌居住地、海派文化展示地、世博主题演绎地。

4. 规划设计理念

规划确立“以保为主、适量更新”的原则。改造的规划目标可概括为：保护上海近代社区发展的脉络，推动泰康路新型现代里坊社区的形象塑造；促进视觉创意产业的良性发展，推动上海文化产业群的形成；创造开放的社区型休闲空间，完善上海都市休闲消费体系。

5. 改造历程

第一个阶段：开始起步。1999年，著名画家陈逸飞在泰康路210弄得一处旧工厂区域成立了自己的工作室，陈逸飞工作室受到了极大的关注，泰康路210弄也吸引了不少艺术家，田子坊也渐渐变成了一个艺术街区，泰康路210弄就是其中的代表。

第二个阶段是快速发展的时期。2004年之后，由于各种利益的驱使，更多的人加入租房的行列中，很多商户都开始进行“居改非”。2005年，田子坊荣获“上海新文化地标”“上海十大创意产业聚集区”“中国最佳创意产业园区”，2008年被评为“AAA景区”，2009年成为上海市第一批文化产业园区、2010年成为上海世博会主题实践区、国家3A旅游景区，田子坊逐步发展成一个文化、商业、旅游、餐饮、休闲等多功能区域。

第三个阶段是综合和拓展。田子坊的影响力越来越大，田子坊的商人越来越多，田子坊的租金也在飞速上涨，田子坊的商铺也在不断地换新，吸引了更多的餐饮业，艺术家们在喧闹的环境中有两个选择：一是离开，二是利用室内的小餐馆，将艺术与餐饮结合在一起。游客络绎不绝，拥挤的街道、嘈杂的环境都会影响人们的生活。2008年，田子坊正式成立了管理委员会，政府对田子坊进行了全面的管理，出台了一系列的政策，保证了各项商业活动的有序发展，田子坊也逐渐走上了一条多元化的道路，并且开始向周围的土地进行扩展。21世纪末，田子坊的文化艺术区由泰康路210弄延伸到274弄、248弄、建国中路115弄等区域。

6. 改造内容

（1）完善交通组织

田子坊发展的十余年中，内部交通格局基本保持不变，但外部交通状况发生了较大的变化。地铁9号线二期线路的开通及南面设有大型地下停车场的日月光中心广场的建成，较大程度解决了田子坊的通达性和停车问题，为田子坊的发展带来了新的生机。

（2）丰富建筑形式

田子坊内原有建筑形式主要分为四类：厂房建筑、石库门建筑、传统居民和西式洋房，改造后的田子坊通过民俗怀旧风与中西方现代艺术的碰撞，设计了具有强烈视觉冲击力的墙画、橱窗、景观小品等，让游客流连忘返。

（3）业态优化提升

近年来，田子坊业态发生了巨大的变化，主要分为零售业（手工艺品居多）、艺术工作室、餐饮业、公共服务业，数量高达400余家。

四、城中村改造

（一）理论背景梳理

在市场经济条件下，城市化的迅速发展和城市规划遗留下来的二元结构之间的矛盾导致了城中村的产生。城中村是城乡二元结构明显的区域实体，农村向城镇的过渡不完全。城中村是一个不断加剧的社会问题，它的存在和发展前景受到了严峻的考验。但是，作为“灰色地带”的城中村，却在非正式环境下展现出了自身再生的独特魅力。受租赁利益的驱使，城中村居民通过“填满宅基地”“向上要面积”的办法，使城中村的居住面积达到最大，从而形成了高密度的城市。在“无缝”的城市村庄，公共空间成为一种奢侈。但是，城中村的一小部分公共空间是邻里交往、交通运输、商务活动的重要载体，在有限的公共空间中，大量的公共活动被堆砌在一起，这就造成了城中村的“脏乱差”。城中村的公共空间存在着“凌乱无序”“破旧杂乱”“功能过度复合”等特征，这些特征表现在城市公共空间中。

所以，城中村“拆”“不拆”“大改”或“小改”等问题都是困扰着城市发展的问题。纵观近20年城中村改造的困境，我们可以看到，政府、开发商、村委、村民、新迁入者等诸多利益交织的“绊脚石”。近几年，由于在城市建设中出现了大规模的拆迁和急功近利等问题。2021年，住房和城乡建设部在《关于在实施城市更新行动中防止大拆大建问题的通知（征求意见稿）》中提出“转变城市开发建设方式，坚持‘留改拆’并举”的重要性，认为“城中村为低收入困难群众提供低成本居住空间的积极作用，不鼓励大规模、短时间拆迁城中村”，建议“稳步实施城中村改造”。由此可见，城中村改造正面临着从“全面拆除”向“局部改良”的转型。

（二）具体案例

深圳南头古城已有1700多年的历史，在深圳加速城市化进程的推动下，它已成为珠三角城市的一个典型城中村。南头古城在不同的历史时期，有着不同的文化层次和历史烙印，既是古村在千年文化沉淀下的城市特色，也是在高速城市化的大环境下，城中村错落的空间。南头古城的整体更新遵循了保存和再生的理念，而整个改造的重点就是对南头古城的公共空间进行改造，如图2-12所示。

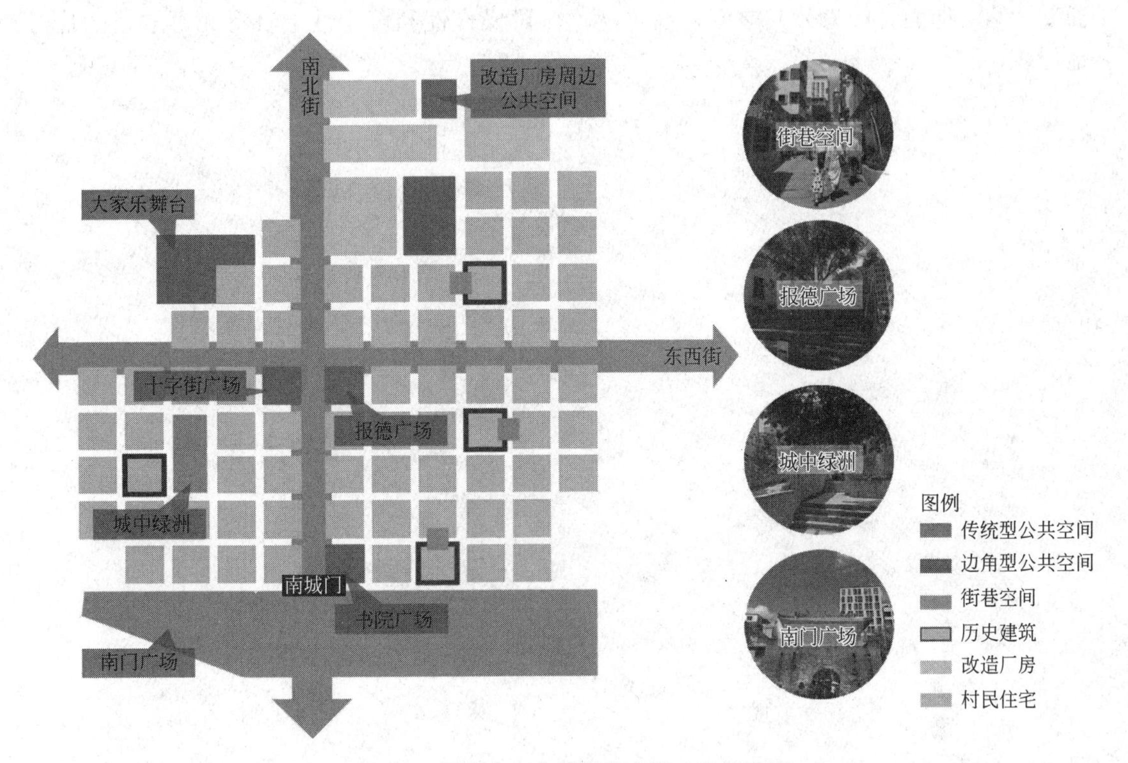

图2-12　深圳南头古城公共空间改造示意图

南头古城目前的公共空间系统是沿人口最稠密的十字形大街展开的，构成了一个明确的公共空间结构，改造后的公共空间由直线型交叉大街和两条主干道周围的公共空间节点组成，南头古城的线性公共空间改造重点是南北街、东西街这两条最为活跃的街区，"老"和"新"相融合。在立面改造上，既要对老旧的"脏乱差"进行改造，又要重新塑造历史风貌。所以，建筑立面设计非常注重新老材质和新老元素的结合，以形成新老对比，适度地保存城中村的生动、多元的历史记忆，并给人们以一种别具一格的体验。在商业形态的重构上，引进了一批具有调性、适应性的餐饮、创意空间、展览空间等新的经营形态，既能满足本地居民的日常生活需求，也能满足居民新的生活需求和消费习惯。南头古城的公共空间节点的更新是根据2017年深圳和香港地区两年展示空间的需要而进行的，以展示功能为主的公共空间布置在市民的日常生活中，在撤展之后，将会回到人们的日常生活中。报德广场的改建是最有特色的。报德广场原本是南头古村中央的一片小空地，以前是南头公社的粮仓，改建之前是城中村内各种公众活动的场所。报德广场是市民的重要公共活动场所，在进行改造时，首先应保持原有空间的生命力，保持其公共、开放的性质。其次，将现场周围的临时性建筑拆掉，并在新大楼中注入更多的功能。这座新楼曾作为“深港双年展”的资讯中心和展览场地，在撤展之后继续作为书店和文化中心，继续为市民提供服务。再次，注重材质延续和呼应。在报德广场改造过程中，新建建筑的立面材料及周围广场地面使用了定制陶砖，其色彩和花纹与现有的装饰材料相似，同时保持了广场中心原有的水磨石场地。最后，要注意的是公共空间的细节，比如在夏季的酷暑中，为户外提供阴凉的场所。南头古城的公共空间改造是以传统的户外建筑为对象，也就是“第一地面”。“第一地面”作为公共空间，在可达性、可操作性和可用性上具有无可取代的优势地位。

第二篇

城市更新项目全过程工程咨询

第三章　城市更新项目投资决策综合性咨询

通过在行业内以及网络上查找到国内典型工程咨询公司可开展的城市更新项目投资决策综合性咨询业务资料，梳理其业务范围，见表 3-1。

部分典型咨询公司可开展的投资决策综合性咨询业务范围　　表 3-1

序号	公司名称	投资决策综合性咨询服务范围
1	浙江五洲工程项目管理有限公司	投资决策阶段：规划选址、可行性研究、市场调研、产业定位、资金平衡、九大场景策划、申报方案、一级开发、实施方案、“带方案”出让、投融资
2	大岳咨询有限责任公司	政策和行业研究咨询；投资和融资咨询
3	北京荣邦瑞明投资管理有限责任公司	一、投融资规划； 二、投行服务：1. 投前决策支持；2. 项目推进顾问；3. 财务顾问及融资服务；4. 投后管理及增值服务。 三、PPP 咨询； 四、新型城镇化研究； 五、战略规划 & 项目策划； 六、开发方案设计
4	北京锐思维管理咨询有限公司	以财政、金融、法律专业的融合视角，为客户提供泛基础设施投融资咨询服务，包括但不限于片区开发投融资规划、城投公司转型重塑、财政收支结构优化，基金、PPP、ABS 等的结构设计以及债券底层资产结构设计等咨询服务
5	上海济邦投资咨询有限公司	基于济邦对基础设施和公用事业行业的深刻理解与其他战略资源的整合能力，提供涵盖交易全过程的投融资方案设计、财务咨询、法律咨询、融资安排等服务
6	南京睿立方投资咨询有限公司	一、政策和体制研究：1. 投融资体制改革研究：协助政府进行投融资体制顶层设计。2. 政策及行业研究：提供快速、全面的政策咨询与深度解读，进行基础设施及公共服务行业的市场调查、行业研究，发布行业研究报告。 二、城投类国有企业管理咨询服务。 三、PPP 咨询。 四、投资银行：1. 创新融资财务顾问；2. 片区投融资规划
7	源海项目管理咨询有限公司	针对投资决策综合性咨询开展，公司适时提出相关咨询业务以提升科学化决策。政策咨询；规划与策划咨询（规划与策划咨询、规划设计、投融资规划、项目策划）；工程咨询（投资机会研究、项目建议书、工程咨询成果复核和评价、项目申请报告、可行性研究报告）；投融资咨询；PPP 咨询
8	云南云岭工程造价咨询有限公司	规划咨询；投融资咨询；评估咨询
9	晨越建设项目管理集团股份有限公司	项目策划、项目可研、项目融资、办理项目报建手续
10	鼎正工程咨询股份有限公司	一、工程咨询：编制可行性研究报告；项目建议书；项目申请报告，资金申请报告；节能评估报告，评估咨询；工程项目管理。 二、PPP 咨询：项目识别包括项目建议书的编制；新建、改建项目的可行性研究报告编制；项目产出说明和初步实施方案；协助政府和社会资本合作中心、行业主管部门开展物有所值评价工作。项目准备包括协助政府搭建 PPP 项目管理架构；编制项目实施方案，具体包括风险分配基本框架、项目运作方式、交易结构设计、合同体系安排、监管架构、采购方式选择等

续表

序号	公司名称	投资决策综合性咨询服务范围
11	中量国际工程咨询有限公司	一、规划咨询：国民经济和社会发展总体规划以及专项规划； 二、投资咨询：项目建议书、可行性研究报告编制/审核，项目申请报告，资金申请报告，财务咨询，资金平衡方案，行业市场研究，投资机会研究； 三、评估咨询：项目建议书评估，项目可行性研究报告评估，项目申请报告评估，资金申请报告评估，环境影响评价，节能评估，社会稳定风险评估以及城市更新专项评估。 四、PPP咨询：PPP项目全过程策划，投融资策划及两评一案等

明确需求是业务开展的第一步，明确开展此项咨询业务的价值和方向，从而为进一步研究开展业务内容提供基础。如何将需求落实在项目咨询业务的具体运作与推进流程中，将是投资决策综合性咨询业务落地实施以及产品输出的要害与关键。另外，本章节参考了《工程造价咨询企业服务清单》CCEA/GC 11—2019、《房屋建筑和市政基础设施建设项目全过程工程咨询服务技术标准（征求意见稿）》《重庆市城市更新管理办法》《重庆市城市更新技术导则》等指引性文件。鉴于工程咨询公司应整合多专业人员在项目最开始就参与业主决策，避免碎片化咨询服务，我们提倡咨询公司从城市更新项目投资决策综合性咨询阶段的投融资咨询、规划咨询、可行性研究咨询、专项债实施咨询以及征迁安置咨询这五大咨询业务范围入手，探索优质化服务内容（具体流程及核心内容等），提供综合性、一站式的前期投资决策综合性咨询系列成果/产品。

第一节　投融资咨询

一、城市更新投融资模式

城市更新范围一般为城市建成区内旧小区、旧商业区、城中村等。广州市在此基础上还包括棚户区，而深圳市明确表示城市更新与棚户区改造是相互独立的政策体系；上海市的城市更新范围相对较窄，不包含政府已经认定的旧区改造、工业用地转型、城中村改造等地区。

城市更新的实施方式一般包括综合整治、有机更新和拆除重建三种方式，这三种方式的更新强度和更新内容各有不同。城市更新中不同实施方式特点见表3-2。

城市更新中不同实施方式特点　　**表3-2**

分类	更新强度	更新内容
综合整治	少拆或不拆	外观修缮、加建电梯等辅助性设施、完善公共服务设施、增设或改造养老等社区服务设施、保护活化利用文物或历史风貌区及历史建筑等
有机更新	部分拆除	介于综合整治和拆除重建之间
拆除重建	大面积拆除或全部拆除	建设商业住宅、商业办公、酒店、公共配套等，通过置入新的产业，提升区域发展能级

城市更新项目根据“更新程度”的不同，其投融资模式和资金来源也不同。一般而言，综合整治类项目，公益性较强，资金需求较小，主要由政府主导实施，其投融资模式

包括政府直接投资、政府专项债投资、政府授权国有企业等，资金来源主要为财政拨款、政府专项债等。

拆除重建和有机更新类项目，经营及收益性较明显，资金需求较大，一般根据其经营特性采取政府与社会资本联合或纯市场化运作。对于经营性较强、规划明确、收益回报机制清晰的项目，宜采用市场化模式引入社会资本主导实施。对于公益性要求高、收益回报机制还需要政府补贴、规划调整较复杂的项目，适宜采用政府与社会资本合作的模式，包括 PPP、投资人＋EPC、地方政府＋国企/房企＋村集体等方式。城市更新投融资模式见表 3-3。

城市更新投融资模式　　**表 3-3**

<table>
<tr><th>分类</th><th>资金来源</th><th>投融资模式</th></tr>
<tr><td rowspan="5">综合整治</td><td rowspan="5">政府主导</td><td>政府直接投资</td></tr>
<tr><td>政府专项债投资</td></tr>
<tr><td>政府授权国有企业</td></tr>
<tr><td>城市更新基金(创新型)</td></tr>
<tr><td>美国税收支持类模式(创新型)</td></tr>
<tr><td rowspan="2">有机更新</td><td rowspan="5">政府主导
政府引导
多方参与
市场主导</td><td>PPP 模式</td></tr>
<tr><td>地方政府＋国企/房企＋村集体</td></tr>
<tr><td rowspan="3">拆除重建</td><td>开发商主导模式</td></tr>
<tr><td>自主更新模式</td></tr>
<tr><td>投资人＋EPC 及变种模式(创新型)</td></tr>
</table>

（一）政府投资

1. 财政拨款

对于一些公益属性比较强、资金需求不大的城市更新项目，往往是以政府部门为实施主体，利用财政资金直接进行投资建设。其建设资金的主要来源是政府财政直接出资。这种模式适用对象为资金需求不大的综合整治项目，公益性较强的民生项目，收益不明确的土地前期开发项目。

其优势是项目启动速度快，政府容易进行整体把控；劣势是财政资金总量有限，更新强度一般不高。财政拨款流程见图 3-1。

【案例 3-1】 2018 年南京市玄武区香林寺沟片区环境综合整治工程

2018 年 10 月，为解决香林寺沟、黑臭河周边棚户区集中连片配套设施不全及交通拥堵等问题，改善环境面貌，南京市玄武区正式启动香林寺沟片区环境综合整治工程。项目包含河道景观工程、游园绿地工程、建筑立面出新、街巷整治工程等。

项目由玄武区建设房产和交通局负责实施，涉及征收非营业用房 1300m^2、营业用房 2300m^2。新增绿道 200m，新建绿化景观，道路硬质铺装改造 2.5km。项目总投资 4.1 亿元，全部来源于财政资金。截至 2021 年 2 月，项目拆迁和立面整治已基本完成。

2. 城市更新专项债

以政府为实施主体，通过城市更新专项债或财政资金＋专项债形式进行投资。城市更新专项债券主要收入来源包括商业租赁、停车位出租、物管等经营性收入以及土地出让收入等。该种模式适用对象为具有一定盈利能力，能够覆盖专项债本息、实现资金自平衡的项目。

其优势是专款专用，资金成本低，运作规范；劣势是专项债总量较少，投资强度受限，经营提升效率不高。财政拨款＋城市更新专项债流程见图 3-2。

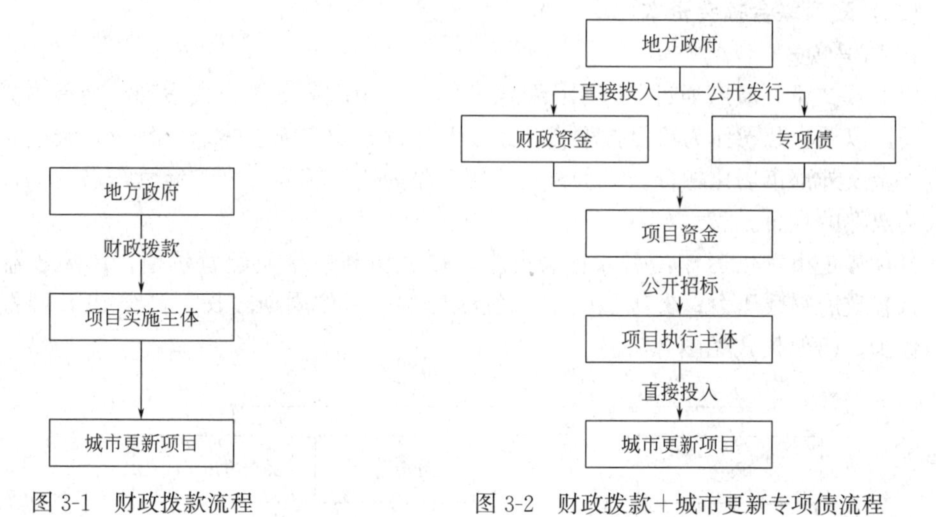

图 3-1　财政拨款流程　　图 3-2　财政拨款＋城市更新专项债流程

【案例 3-2】2020 年 9 月青岛市政府发行第二十六期政府专项债券

2020 年 9 月，青岛市政府发行第二十六期政府专项债券，其中涉及济南路片区历史文化街区城市更新项目。该项目概算总投资 11.6091 亿元，政府专项债券融资 8.50 亿元，占总投资的 73.32%。项目收入主要为客房出租收入、商业出租收入等，债券存续期内项目总收益 17.4554 亿元，项目可偿债收益对债务融资本息覆盖倍数为 1.31 倍。当期发行专项债利率为 3.82%，期限为 15 年。

3. 地方政府授权国企进行一、二级开发

该类项目一般以地方国企为实施主体，通过承接债券资金与配套融资、发行债券、政策性银行贷款、专项贷款等方式筹集资金。项目收入来源于项目收益、专项资金补贴等方面。该种模式适用对象为需要政府进行整体规划把控，有一定经营收入，投资回报期限较长，需要一定补贴的项目。

其优势是可有效利用国企资源及融资优势，多元整合城市更新各种收益，能承受较长期限的投资回报；劣势是收益平衡期限较长、较难，在目前国家投融资体制政策下融资面临挑战。政府授权国有企业流程见图 3-3。

【案例 3-3】南京石榴新村城市更新项目

2020 年 6 月，石榴新村作为南京市推行城市更新的首个试点项目正式启动。石榴新村位于新街口附近，小区多为 3 层小楼，年久失修，居住拥挤，设施落后，存在较大安全隐患。

南京市秦淮区政府明确由南京越城建设集团为项目实施主体。项目收益来源包括居民承担的改造投入，项目增加部分面积销售及开发

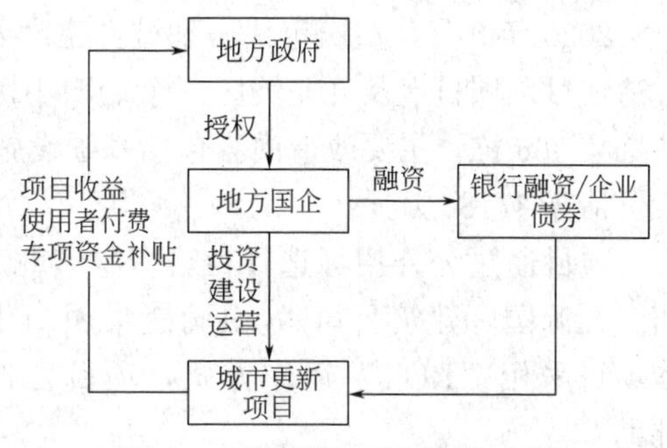

图 3-3　政府授权国有企业流程

收益，按规定可使用的住宅专项维修资金，相关部门争取到的国家及省老旧小区改造、棚改等专项资金，市、区财政安排的城市更新改造资金等。该项目由南京越城建设集团自筹资本金，并通过银行贷款进行融资。2021 年 1 月本项目成功获得中国建设银行首批项目前期贷款 3828 万元。

（二）政府联合社会资本

1. PPP 模式

PPP 模式下，政府通过公开引入社会资本方，由政府出资方代表和社会资本方成立项目公司，以项目公司作为项目投融资、建设及运营管理实施主体。项目投入资金有赖于股东资本金及外部市场化融资。该种模式适用对象为边界较为清晰，经营需求明确，回报机制较为成熟的项目。

其优势是市场化运作，引入社会资本，提高更新效率及经营价值，风险收益合理分摊，减轻政府财政压力；劣势是受 10%红线影响，运作周期较长，符合 PPP 回报机制的项目偏少。PPP 模式见图 3-4。

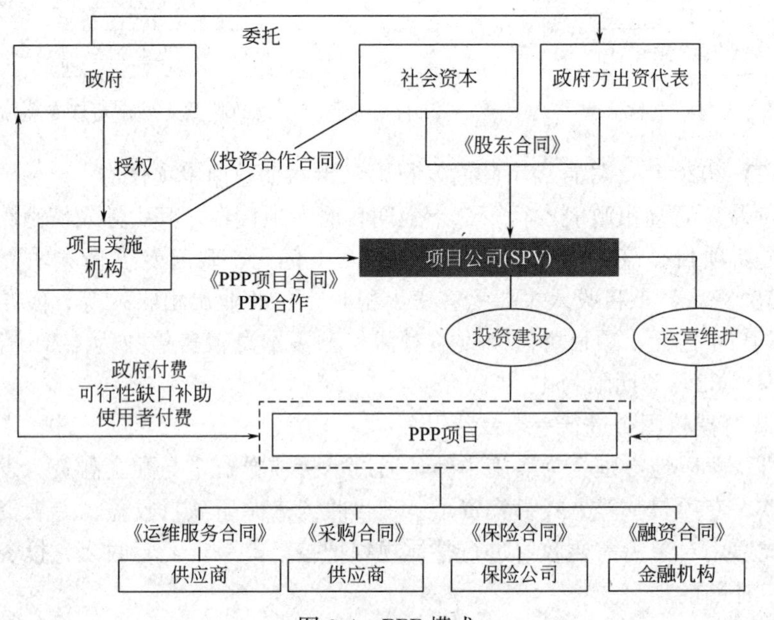

图 3-4　PPP 模式

【案例 3-4】重庆市九龙坡区城市有机更新老旧小区改造项目

2020 年 9 月，重庆市住房和城乡建设委员会正式启动九龙坡区城市有机更新老旧小区改造项目。项目涉及九龙坡区 6 个老旧小区改造，改造小区总建筑面积约 102 万 m^2，改造栋数 366 栋，主要改造内容包括基础设施改造、完善工程建设和提升工程建设，项目总投资估算 37180 万元。

项目通过公开招标选择社会资本（北京愿景华城复兴建设公司、核工业金华建设集团、九源国际建筑公司），由渝隆集团与中选的社会资本共同出资组建 SPV 项目公司。本项目采用“ROT”运作方式，项目合作期限为 11 年。项目回报机制为可行性缺口补助。

2. 地方政府+房地产企业+产权所有者三方合作模式

由地方政府负责公共配套设施投入，房地产企业负责项目改造与运营，产权所有者协调配合分享收益。通过三方合作，既能够有效加快项目进度，也能提升项目运营收益。该种模式适用对象为盈利能力较好，公共属性及配套要求较强，项目产权较为复杂的项目。

其优势是整合各方资源优势，较快解决更新区域产权问题，推进项目有效运营；劣势是涉及主体多，协调难度大，往往受村集体影响较大。地方政府+国有/房地产企业+产权所有者模式见图 3-5。

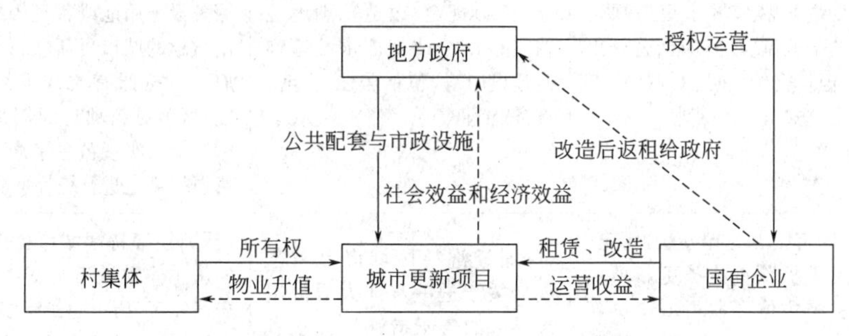

图 3-5 地方政府+国有/房地产企业+产权所有者模式

【案例 3-5】深圳市福田区水围村综合整治项目

深圳市福田区水围村综合整治项目规划面积约 8000m²，共 35 栋统建农民楼。项目 2016 年启动，2018 年完成，为福田区政府提供了 504 套人才公寓。

项目公共配套部分，由区政府投资，对管道燃气、给水排水管网、供电系统等配套设施进行综合整治。针对村民楼部分，由深业集团作为公寓改造和运营方，向水围股份公司（产权所有者）统租 29 栋村民楼，按照人才住房标准改造后出租给区政府，获得经营收益，实现各方共赢。

（三）社会资本自主投资

1. 开发商主导模式

开发商主导模式是指政府通过出让城市更新形成的出让用地，由开发商按规划要求负责项目的拆迁、安置、建设、经营管理。在城市更新过程中政府不具体参与，只履行规划审批职责，开发商自主实施。该种模式主要适用对象为商业改造价值较高，规划清晰，开发运营属性强的项目。

其优势是能较快推进项目建设及运营，政府只需进行规划、监管；劣势是开发商利益至上，可能疏于公共设施或空间建设，缺乏整体统筹；在地产融资受限的情况下，可持续融资面临挑战加大。开发商主导模式见图 3-6。

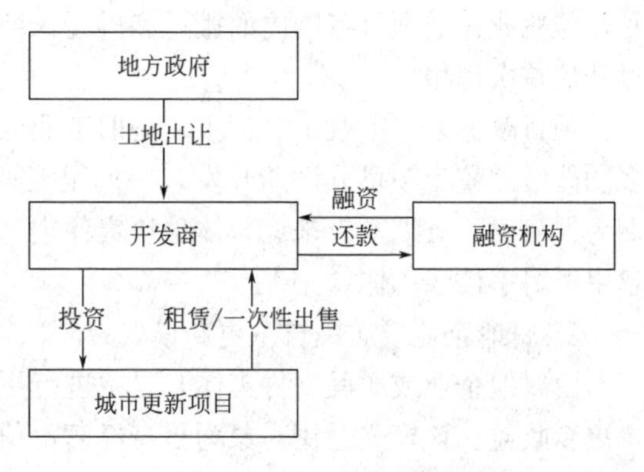

图 3-6 开发商主导模式

开发商主导模式的核心是能够顺利获取土地，并在更新改造过程中通过实现容积率的“突破”来平衡投入。否则开发商就没有实施动力，也不可持续。此前深圳、广州前期主要采取这种方式，但广州后期逐步走向政府主导的运作方式。目前部分城市出台了土地协议出让及容积率奖励政策（表 3-4），但尚无国家层面的引导规定，实施效果有限。

部分城市土地协议出让和容积率政策 **表 3-4**

城市	土地产权	土地用途变更	容积率奖励、转移与异地平衡
广州市	《广州市城市更新条例》(征求意见稿)规定，城市更新项目涉及土地供应的，应当公开出让，但符合规定可以划拨或者协议方式出让的除外	《广州市城市更新条例》(征求意见稿)规定，改造范围内地块可以结合改造需求统筹确定建设用途，包括居住、商业、商务、工业等	《广州市城市更新条例》(征求意见稿)规定，在规划可承载条件下，对无偿提供政府储备用地、超出规定提供公共服务设施用地或者对历史文化保护作出贡献的城市更新项目，市、区人民政府可以按照有关政策给予容积率奖励；城市更新项目因用地和规划条件限制无法实现盈亏平衡，符合条件的，可以按规定进行统筹平衡
深圳市	《深圳市城市更新办法》规定，权利人拆除重建类更新项目的实施主体在取得城市更新项目规划许可文件后，应当与市规划国土主管部门签订土地使用权出让合同补充协议或者补签土地使用权出让合同	《深圳经济特区城市更新条例》《关于进一步加大居住用地供应的若干措施》(征求意见稿)规定，以商业为主或法定图则的主导功能为商业的城市更新项目，可将更新方向调整为居住(公共住房为主)	《深圳经济特区城市更新条例》规定，实施主体在城市更新中承担文物、历史风貌区、历史建筑保护、修缮和活化利用，或者按规划配建城市基础设施和公共服务设施、创新型产业用房、公共住房以及增加城市公共空间等情形的，可以按规定给予容积率转移或者奖励
上海市	《上海市城市更新规划土地实施细则》规定，经区人民政府集体决策后，可以采取存量补地价的方式，由现有物业权利人或者现有物业权利人组成的联合体，按照批准的控制性详细规划进行改造更新	《上海市城市更新规划土地实施细则》规定，允许用地性质混合、兼容和转换	《上海市城市更新规划土地实施细则》规定，允许建筑容量调整，支持地块建筑面积调整和更新单元总量平衡、公共服务设施容量调整、商业商办建筑容量调整、基于风貌保护的容量调整、基于风貌保护的容量转移

【案例 3-6】深圳宝吉厂城市更新项目

深圳坂田街道的宝吉工艺品公司在 2008 年金融危机破产后厂房废弃。2010 年 1 月，佳兆业以 8.4 亿元价格完成对宝吉厂房等资产的整体收购，并向政府申请将用地性质更改为商业、住宅。2011 年 1 月，宝吉厂城市更新项目获得龙岗区人民政府批准。2011 年 9 月，佳兆业完成项目范围内的搬迁和拆迁谈判。2012 年 12 月，所有回迁户完成选房，项目开始首次销售。

项目改造以“工改工”为主，把旧工业区更新为集办公、酒店、商业和居住等一体的多功能区。整个项目分六期开发，一期至三期为 70 年产权纯居住的住宅和沿街商业，四期为保障房，五期及未来综合体地块集住宅、商务公寓、大型商业 MALL、五星级酒店和超甲级写字楼于一体。

2. 属地企业或居民自主更新模式

由属地企业或居民（村集体）自主进行更新改造，以满足诉求者的合理利益诉求，分享更新收益。该模式适用对象为自身经营价值高，主体自主诉求高的项目。

其优势是更新方式灵活，可满足多样化需求，减少政府财政压力；劣势是政府监管难度加大，项目进度无法把控，容易忽视公共区域的改善提升。属地企业或居民（村集体）自主更新模式见图 3-7。

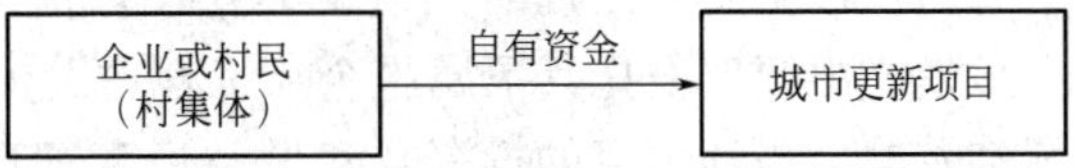

企业或村民（村集体） —自有资金→ 城市更新项目

图 3-7　属地企业或居民（村集体）自主更新模式

【案例 3-7】 广州黄埔沙步旧村改造项目

广州黄埔沙步旧村位于开发区黄埔临港经济区范围内。因公共配套设施存在设施不足、经营管理混乱等诸多问题，城市更新迫在眉睫。沙步旧村改造项目于 2016 年列入城市更新和资金计划预备项目。2021 年 7 月，沙步旧村改造实施方案获得区政府正式批复。因村民自主更新意愿强烈，最终批复由村集体自行更新。经测算，改造总成本为 125.51 亿元。

本项目规划复建安置区面积总计 87.98hm^2，净用地面积 48.08hm^2，计算容积率总面积 207.27 万 m^2，平均净容积率 4.31。融资区面积总计 70.29hm^2，土地由村集体在完成拆迁补偿安置后，按规定申请转为国有土地，协议出让给原村集体与万科组成的合作企业。由万科与市国土部门签订土地出让合同。

（四）创新型探索

1. 城市更新基金

城市更新项目资金投入量大，且项目运作特性决定了需要政府方的支持。目前由政府支持，国有企业牵头，联合社会资本设立城市更新基金，成为一种新的模式探索。城市更新基金适用对象为政府重点推进项目，资金需求量大、收益回报较为明确的项目。

其优势是能够整合各方优势资源，多元筹集资本金及实施项目融资，加快项目推进；劣势是目前城市更新投资回报收益水平、期限等与城市更新基金资金的匹配性不强，成本较高，退出机制不明确，面临实施上的诸多挑战。

目前城市更新基金的投资人以房地产和建筑施工企业为主，资金期限较短，对于投资回报及附加要求多。基金构架一般为母基金+子基金，子基金主要针对城市更新的各个阶段或子项目。广州市、上海市、无锡市均已经落地城市更新基金。北京市、重庆市等地发文鼓励和探索设立城市更新专项基金。部分城市更新基金概况见表 3-5。

部分城市更新基金概况　　**表 3-5**

成立日期	城市	落地规模	主导企业	参与企业	储备项目
2017 年 7 月	广州市	200 亿元	越秀集团（越秀产业基金）	广州地铁集团、珠江实业集团	轨道交通沿线项目
2021 年 6 月	上海市	800 亿元	上海地产集团	招商蛇口、中交集团、万科集团、国寿投资、保利发展、中国太保、中保投资	全市城市更新项目，根据规划，"十四五"期间计划完成中心城区零星二级旧里以下房屋改造约 48.4 万平方米
2021 年 7 月	无锡市	300 亿元	无锡城建发展集团	平安建投、中交投资、上海建工、上海城建置业、太保私募、民生银行、平安银行、招商银行、兴业银行、融创地产、华润置地	全市城市更新项目，包括运河湾、火车站、贡湖大道等 12 个重点城市更新单元

2. 投资人＋EPC

针对城市更新中出现的大量工程建设，由工程建设企业探索提出了投资人＋EPC模式。该模式由政府委托其下属国企与工程建设企业共同出资成立合资公司，由合资公司负责所涉及城市更新项目的投资、建设及运营管理。项目收益主要为运营收益及专项补贴。在投资人＋EPC模式基础上，还有类似的ABO＋投资人＋EPC方式。该模式适合于成片区域更新开发，通过整体平衡来实现城市更新的顺利实施。部分工程建设企业受资本金投入政策要求，采取联合产业基金进行投资的方式进行城市更新项目。

其优势是能够引入大型工程建设单位及专业运营商，整合资金优势，实现对大体量城市更新项目的推动实施；劣势是目前满足这种回报机制的片区开发项目较少，受土地政策限制，现有项目主要通过工程及政府补贴来实现回报，存在隐性债务风险，融资难度大、综合成本高。投资人＋EPC模式见图3-8。

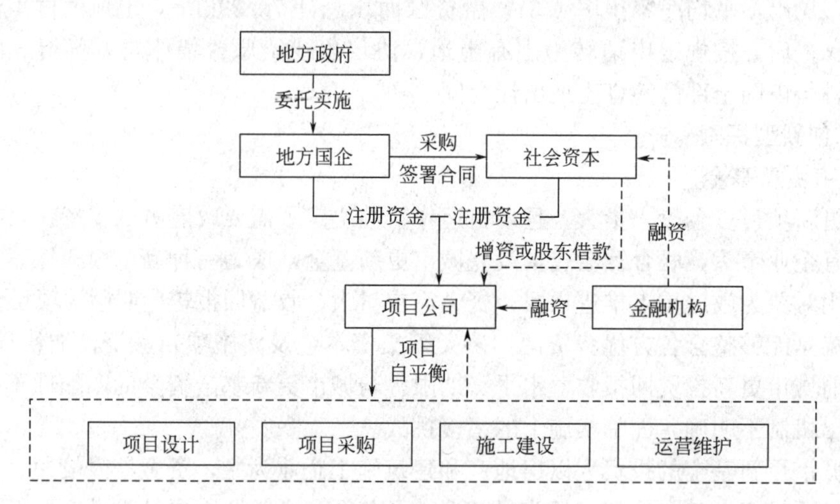

图3-8 投资人＋EPC模式

【案例3-8】广东东源县城乡基础环境综合提升工程项目

广东东源县城乡基础环境综合提升工程项目投资额约为409240万元，建设内容包括土地综合整治、饮水工程建设、环保基础设施建设、灾害治理、流域综合治理、市政及交通设施建设。其中土地综合整治涉及垦造水田和灯塔镇、顺天镇全域土地整治。

项目采用投资人＋EPC模式实施，由东源县政府授权东源县城乡建设投资公司作为项目投资主体，通过对外招标，与中标联合体（中铁二十三局集团、中铁建发展集团、中铁第五勘察设计院集团、广州南粤天德投资）组建项目公司。项目回报来源为农田垦造指标交易等。

3. 国外创新模式

（1）以美国税收增量融资为代表的财税支持类模式

税收增量融资（简称TIF），是指利用存量土地的增量收益来为公共项目提供融资支持的模式。税收增量融资的运作过程主要分为三个阶段：

第一阶段，为某一地区的发展制订规划。由当地政府划定某一特定区域作为税收增量融资实施区，设立TIF区的管理机构和专用账户，并制订一项针对区域的开发计划。

第二阶段，核定征税基准。先利用“均等化评估价值”方法确定TIF区内征收财产税的基准值，并冻结该部分存量税收；随着开发工作启动，被冻结的存量税收部分仍归原有征税主体，但新增税收部分归属于TIF区的管理机构，纳入专用账户用于支持区域开发。

第三阶段，推进TIF区开发。此类开发将持续长达20年，通过发行中长期的税收增量支持债券来为开发建设提供融资支持，并以未来增量税收来偿付债券本息。完成开发计划后，TIF区自行撤销，此前调整的征税安排回归正常秩序。

税收增量融资的逻辑是“政府、社会、市场”三者的良性互动，即通过政府投入，提高社会发展环境，吸引更多的社会资金和市场主体参与进来，进而引致更多新增的税收，反过来可以补偿初始的公共投资支出。

（2）以英国城市发展基金为代表的资金补贴类模式

英国城市发展基金，是英国政府专门用于城市更新的专项基金，所有的资金都来自国家的财政。城市发展基金的资助对象是支持老旧小区的基础设施更新项目，以改善老城区的投资环境。

城市发展基金主要通过资金资助对私人资本进行补贴，弥补私人资本实际收益差距，有效调动私人资本投资的积极性。

对城市发展基金的资助主要有三种：无偿资助、利润分配和低利率贷款。对于一些非营利性质的，但确实需要的城市发展，将免费提供资金。对未来效益良好、现金流量稳定的项目，可以采用收益分配与低利率贷款相结合的模式。在这些项目中，收益分配是由城市发展基金以资金的形式投入，然后按照投资比例享受业主的权益；而低利息贷款是由城市发展基金提供的一项优惠贷款来支持更新项目。

通过对美英城市更新的投融资方式的分析，可以看出，通过特殊的财税制度安排和政府专项资金支持，可以有效地解决城市更新的资金需求。

一是特殊的税收政策安排，使得城市更新工程向高质量转化，形成了长期、稳定的资金流。发达国家普遍实行财产税，主要是通过调整房地产税制、促进政府发行以增加税收为基础的中长期贷款、为城市更新项目提供资金支持、以超过核定征税基准的税收偿还债务，从而达到“政府—社会—市场”三者的良性有机运转。

二是通过政府的财政拨款，可以有效地吸引社会资本进入城市更新项目中来。从经济效益角度来看，我国城市更新工程的投资回报率存在着很大的不确定性，而且很多项目都存在着无法用未来收益来补偿投资的情况，无法充分利用社会资金进行投资。

在社会效益方面，城市更新项目对城市建设和中低收入居民的生活质量都有很大的帮助。为此，国家采取了一些政策上的支持措施，例如，使用专项资金对社会资本进行补贴，以补偿实际投入和平均投入产出的差额，以吸引社会资本投入到具有社会效益和经济效益双重效益的城市更新项目中来。

二、投融资规划咨询业务流程分析

从投资与融资规划的角度来看，主要仅是对资金运作的可持续性做出统筹；但从宏观上讲，投资与融资规划既要考虑资金，又要考虑政策、法规、制度、利益等因素，以达到内在各种要素的均衡。一般情况下，投融资计划的制订与执行必须是在具有一定复杂度、具有一定规模的基础上。本书所探讨的城市更新工程的投融资规则比较复杂，需要进行投融资规划咨询路径研究。

（一）投融资规划咨询的内涵及基本理论基础——系统工程理论方法

1982年，中国“导弹之父”钱学森发表《论系统工程》，旨在运用系统工程的理念，将自然与社会的科学技术有机结合起来，进行系统的理论研究，以强化国家的科学决策。这项技术最初应用于航天领域，即“两弹一星”，它解决了大型复杂工程的前期设计问题，保证了系统风险的降低和项目的顺利进行。

2006年，作为钱学森的接班人，李伟先生在中国的城市建设投融资中首创了“投融资规划方法”，在规划和建设之间架起了一座桥梁，并陆续在全国20余个省、自治区和直辖市的上百个项目中得到了应用，促进了社会各界理性地思考和科学地推进城乡建设的投融资工作。

投融资规划是系统工程方法在城市建设和管理领域的应用。作为一种咨询服务，与人们熟悉的to B、to C产品不同，只要被客户和用户接受，就是一种好的产品，这是一种面向政府的产品。所以，要提高“投融资规划”这一方法论的认识层次，将系统工程理论的引导功能推向一个新的高度。从系统视角来看，提高城市的价值是政府和企业的共同关注点。

（二）实施投融资规划咨询的目标与作用——“两个信，三个桥”

一是增强信心，提高信誉。在当今社会，信心和信用是非常宝贵的。所以，一个地区建设自信与信誉能否保持或提高，也是其活力的表现。

二是在城市更新工程投资与筹资计划中，有规划与施工、工程与资金、政府与市场三大“桥梁”。

投融资规划咨询模块的工作流程图如图3-9所示。

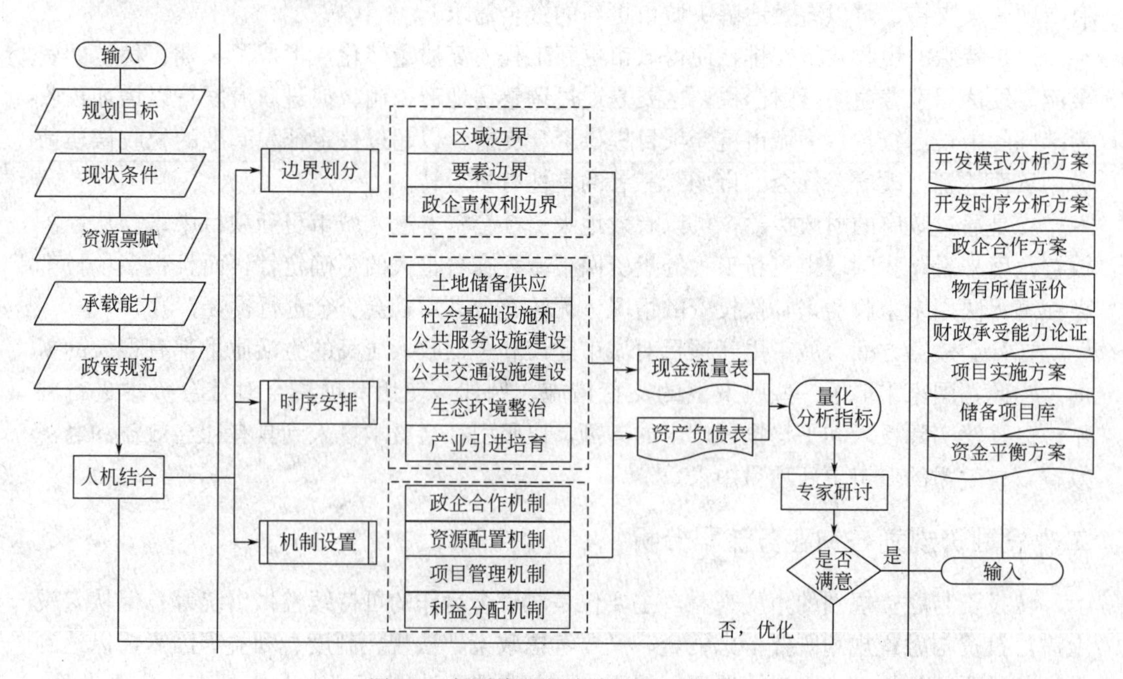

图3-9 投融资规划咨询业务工作流程

从图3-9可以看出，一是时序的安排。从土地储备供应、社会基础建设、公共服务设施建设、公共交通设施建设、生态环境整治、产业引进培育等方面综合考虑；二是边界划分，将柯布-道格拉斯的生产函数与边界（物理边界）相结合，根据中共中央、国务院发布的《关于构建更加完善的要素市场化配置体制机制的意见》，从土地、劳动力、资本、技术和数据生产要素五大方面来分析要素边界，另外，对政府、企业的权责利界限进行了剖析；三是政府与企业合作、资源匹配、项目管理、利益分配等机制的设置。四是现金流量表、资产负债表。五是得出一个满意的结果，使投资决策的综合顾问机构接受委托，提供一套系统方案（也就是顾问产品），其中包括资金平衡方案、政企合作方案、资金管理流程、储备项目库、债务化解方案、融资方案等。若有不满足，可以进行优化，这就是投融资规划的基本原理业务流程分析。

投资与融资是一种系统的方法论和实务技术，它是以系统工程的方式和资金筹集为基础的。它以现有的资源状况为先决条件，考虑政策、法规、资金运作等因素的变动；建立了一套包括财务模型、土地成熟度、土地价格模型在内的一套动态系统模型；在管理体制设计、项目进度安排、融资方式组合等方面进行了一系列的规划安排。在实际运用中，必须充分考虑到土地利用、区域城市规划、地方政府财政能力、市场需求、产业资源优势等诸多因素，从而制定出更为科学、合理的投资规划。

三、投融资规划咨询业务管理工作

在以上的业务过程中，《投融资规划书》的全套内容也包含了多种方案。其中，要着重解决的“业务成果”包括：开发模式选择及应用、开发时序分析、政企合作方案（PPP项目前期）等。表3-6是对具体工作的分析。

投融资规划咨询业务管理工作 **表3-6**

序号	核心工作	《投融资规划书》中输出产品/服务成果文件	服务质量
1	开发模式选择及应用	《开发模式选择及应用方案》	1. 符合咨询服务合同的约定； 2. 符合行业标准要求
2	开发时序分析	《开发时序分析方案》	1. 符合咨询服务合同的约定； 2. 符合行业标准要求
3	政企合作方案（PPP项目前期）	《PPP项目物有所值评价报告》 《PPP项目财政承受能力论证报告》 《PPP项目实施方案》	1. 符合咨询服务合同的约定； 2. 符合行业标准要求； 3. 符合财政部关于印发《政府和社会资本合作项目财政承受能力论证指引》的通知(财金〔2015〕21号)的要求； 4. 符合财政部关于印发《政府和社会资本合作项目财政管理暂行办法》的通知(财金〔2016〕192号)的要求； 5. 符合国家发展改革委关于印发《传统基础设施领域实施政府和社会资本合作项目工作导则》的通知(发改投资〔2016〕2231号)的要求； 6.《关于推进政府和社会资本合作规范发展的实施意见》(财金〔2019〕10号)； 7.《国家发展改革委关于依法依规加强PPP项目投资和建设管理的通知》(发改投资规〔2019〕1098号)

四、投融资规划咨询业务核心内容分析

（一）开发模式选择及应用分析

近年来，中共中央指出中国要“坚持走中国特色新型城镇化道路”，要“统筹居住空间、产业空间、商务空间、休闲空间等多种城市功能空间的融合”。习近平总书记对推动我国新型城镇化的进程方面作出了重要指示，他强调城镇化是现代化的必由之路。要坚持科学发展的原则，统筹推进相关配套设施的改革，鼓励各地因地制宜，大胆创新，积极引导城市基础设施建设，推动中国新型城市化的健康、可持续发展。以此为依据，建立以政府为主体的 TOD、EOD、SOD、XOD 等新的城市发展方式和各领域的新型开发模式（表 3-7）能够有效改变过去城市发展“摊大饼”式的单一发展格局，优化城市空间形态，提升城市生活品质与消费能级，缓解“大城市病”，因而受到积极实践。

常见城市开发模式对比表 表 3-7

模式	特点	释义	典型案例
TOD（Transit-Oriented Development）模式，以公共交通为导向的开发模式	通过公共交通来引导公交站点周边进行高密度开发的模式。 TOD 理念构建公共交通与土地使用的高度耦合	TOD 的概念由彼得·卡尔索普于 1993 年提出，大意如下：TOD 是一种密度大、功能多的社区，拥有优良的步行环境和空间尺度，然后以公共交通站点作为中心、在 400～800m（五到十分钟的步行路程）的半径内构建城市中心	日本的多摩新城利用铁路与市中心连接。 哥本哈根依据城市特点，采用了放射性的发展模式——“指状规划”。 多伦多被当作公交和用地协调利用的典范。 莘庄 TOD TOWN 天荟项目——上海首个 TOD 项目
EOD（Ecology-Oriented Development）模式，以生态为导向的开发模式	一种以生态为导向的城市空间发展模式。 EOD 理念限制城市无序拓展和提升城市生态环境	美国生态学家 Honachefsky 在 20 世纪 90 年代末首先提出了“生态导向”这个术语。他提倡“生态优化”的都市发展思想，即把生态价值和土地开发政策结合起来。这一理念受到众多有关人士的拥护，其思路也从简单的“保护”转向以生态为导向	新加坡已制订“蓝与绿计划”，充分利用城市道路与建筑物，来达到高品质的绿化。 蓟州蓟运河-全域水系管理生态修复、环境改善和一体化发展 EOD 工程
SOD（Service-Oriented Development）模式，以社会服务设施建设为导向的开发模式	近几年，在城市规划和建设过程中，出现了以医疗、教育、体育、文化等公共服务为主导，带动周边区域发展的新模式。 SOT 的概念是推动社会基础设施多元化和基本公共设施的均等化	这就是通过改善城市的公共服务，提高城市的整体功能，促进城市的发展，进而影响到整个城市的经济发展。同时，SOD 模式也克服了单纯的 TOD 模式依赖于交通导向的弊端，促进新城与城市之间的联系与互动，从而推动新城的快速发展	综合开发和建设。 杭州钱江新城，以核心区杭州大剧院为代表的公共服务设施，引进了市民中心等，促进周边住宅区和商业区发展，并引进行政区。 成都南片区的政府机构搬迁，对新区的发展起到了推动作用
IOD（Industry-Oriented Development）模式，以产业为导向的开发模式	以产业作为导向的城市空间的发展模式。 IOD 理念的关键是指产业专业化分工以及区域协同发展	以单一产业或产业集群作为区域发展的驱动力，其他资源和政策则是以主导产业和区域产业布局为核心，以促进区域经济发展。要在统筹全局的基础上，促进区域内要素的分享与流动，避免行业的同质化竞争，提高区域综合竞争力。提升整体竞争力	广州天河区产业集群的开发建设——最具代表性的就是软件产业集群

续表

模式	特点	释义	典型案例
XOD模式	XOD模式是从TOD模式发展的思路中汲取的，它的发展思路是“绿色发展”“多规合一”和“以人为本”。将“TOD模式”从单一交通设施领域延伸到城市的经济、社会和生态三个方面，根据基础设施的不同可将XOD模式具体划分为TOD、EOD、SOD、IOD等规划拓展模式导向，是一种以基础设施为导向的“紧凑开发”模式		

综上分析，本书以X市A新区为例进行产品输出分析，包括模式比选以及应用建议具体说明。

以中心城区为中心，规划面积为129km^2，以中央控制区89km^{2}为中心。它是一座生态新城。其发展目标是以生态建设、改善城市环境、优化城市空间布局等方式来提升城市的综合承载力。A新区的功能是旅游休闲、会展、金融、商贸、科教、居住、文化产业。《A新区十二五规划》提出，要把A新区打造成现代服务业、金融商务、财智经济、生态宜居示范城市。《X市旅游总体规划》提出，要将A区建成国际会议和生态旅游休闲中心。同时《A新区总体规划》中对于总体布局，采用“一心三翼”的布局形式。

① 开发模式方案比选

通过SWOT分析、X城市总体规划中的空间位置分析和民意调查的结果，归纳出了目前存在的一些主要困境。

一是土地利用结构不平衡，需要进行统筹。A新区现有城镇建设用地4449.62hm^2，占比约34.25%；其中，公共服务和公共服务设施用地的比例分别为1.08%和0.93%。从表3-8中可以看到，绝大多数的发达国家，生活用地都是占据了超过30%的土地。而A型生态新区的居民用地比重只有16.41%，与发达国家的平均水平相比有很大差距。由此可以看到，A新区目前土地利用的比例严重不平衡，相当大的一块土地仍然没有得到利用。城镇土地分布比较分散，大部分区域没有形成大规模的城市发展，导致了资源和环境的浪费。

部分发达国家城市建设用地结构一览表　表3-8

城市	生活用地(%)	工业用地(%)	交通用地(%)	绿地(%)
纽约	39.5	3.8	7.5	—
伦敦	36.5	6.5	20.1	18.1
巴黎	30	8	27	12
东京	46.5	3.5	18.3	11.4
新加坡	53.4	6.8	13.7	—
悉尼	33	12	23	8

二是交通联系不便，道路系统混乱。A新区的主要公路是市郊公路，交通设施相对匮乏，很难满足城市的交通需要，而且有两条铁路贯穿于此，导致了地块的分割。《城市用地分类与规划建设用地标准》GB 50137—2011中规定，城市道路与交通设施用地的比例

为 10%～25%（表 3-9），而 A 新区的道路用地面积只有 611.33hm^2，占城镇建设用地的 4.71%，远远低于标准，而且大部分郊区公路的服务水平都达不到要求，各区域之间缺少公路连接。但是，考虑到 A 新区未来的发展及旅游所产生的吸引力，必将产生大量的交通，人均道路面积也将大大提高。同时 A 新区公交路网的线路密度和面积密度也处于一个比较低的水平。

规划建设用地标准　　**表 3-9**

类别名称	占城市建设用地的比例
居住用地	25%～40%
公共管理与公共服务设施用地	5%～8%
工业用地	15%～30%
道路与交通设施用地	10%～25%
绿地与广场用地	10%～15%

此外，各地区的配套设施分布不均衡，急需建立一个系统；工业基础薄弱，没有形成聚集；生态环境遭到破坏，需要保存历史和文化；城市风景单调，缺少个性。

因此，总结其发展的现状，可以看出，A 新区在用地布局、生态保护、基础设施建设、交通系统、产业发展等方面均存在一定的发展困难，所以，本书从不同的空间发展角度，对 A 新区的空间优化起到了积极的促进作用，并指出不能以单一的要素来推进 A 新区的发展，最后得到融合多种空间开发导向为一体的 XOD 模式，也将成为 A 新区整个区域空间优化提升的必然选择，详见图 3-10。

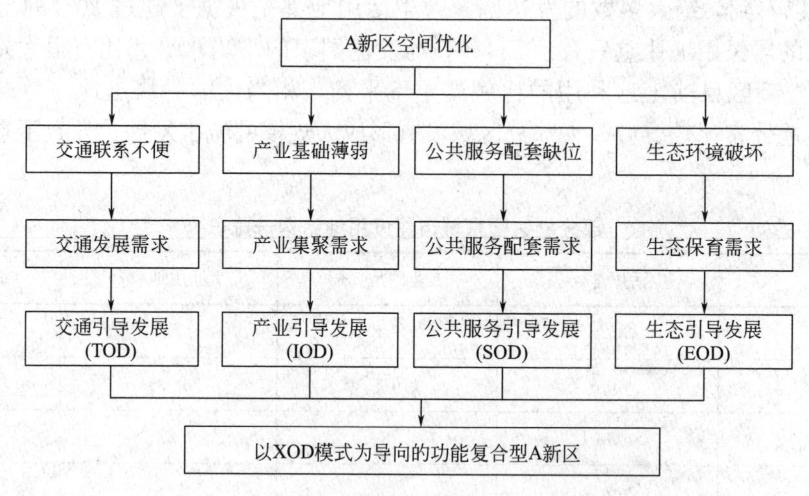

图 3-10　XOD 模式对 A 新区发展的适用性

② 开发模式具体应用措施

以 XOD 模式的发展理念，通过将城市公共基础设施与土地资源的有机结合，实现土地的开发与利用，有效组织城市公共基础设施，解决了新型城市化过程中存在的诸多问题，使城市的重要功能空间和品质功能空间得到了有效成长，快速提升土地价值，不断外延城市圈层，有效组织城市结构，保证人民高品质的生活品质，推进城市又好又快地发展，造福广大人民。因篇幅所限，本书仅对其应用措施进行了架构设计（图3-11），并未做详细的展开。

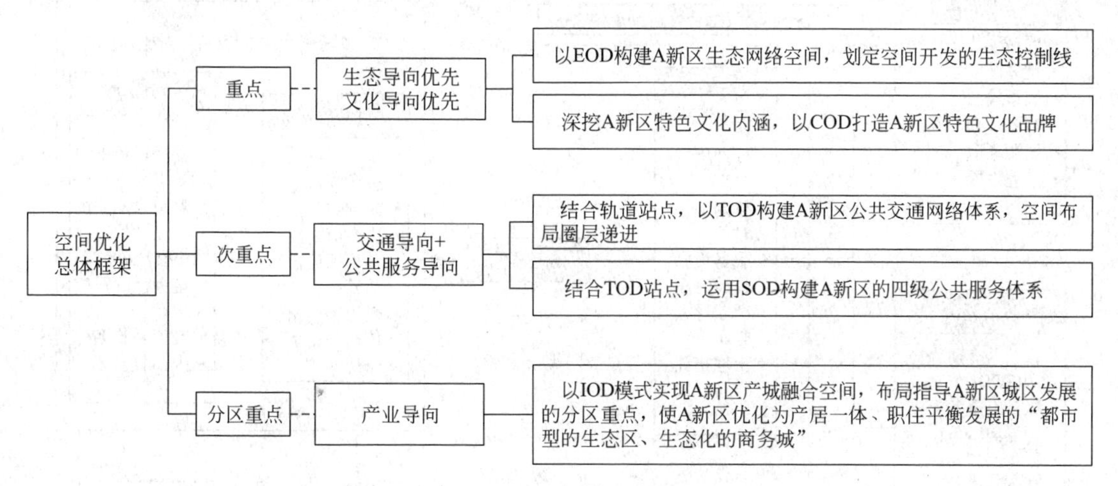

图3-11　A新区空间优化总体框架设计图

（二）开发时序分析方案

开发时序的确定是基于TOD、SOD等城市发展模型，通过对时间和空间进行合理的分析，从而选择适当的发展时序，从而使城市的经济运行效率更高，同时也能保证资金的均衡。然而，在实际实施中，因规划不合理、秩序混乱、基础设施严重短缺、重复建设浪费共存，导致了许多问题：一批又一批的房屋建成，然而道路、给水排水、供热等基础设施严重短缺，此种先盖房后修路及下水道的错误时序造成了建筑垃圾、污水堆积，绿地大量被占用。城市的居住环境质量不断恶化，使得新区功能不能充分发挥。所以，从投融资角度来看，开发时序分析对城市规划与发展的成功与否有着直接的影响，必须对其进行前期的全面分析。

在复杂的城市更新工程中，政府和有关的投资方必须跳出对立，以第三方的观点——系统的观点来构建一个合理、统一的时间序列。在综合考虑客观因素、区域发展逻辑（主要发展因素）、制约因素（各方面的不同要求）的基础上，构建开发时序分析咨询模式，如图3-12所示。

从上述结果可以看出，在城市更新工程中，政府、相关投资单位、投资决策综合性咨询单位，以投资企业与政府的分工与协作机制为依据，将项目的客观因素与发展逻辑进行综合分析，形成一套完整的规划建设时序，包括土地征收时序、路网建设时序、服务设施建设时序、土地出让时序、产业导入时序等。同时，这些发展阶段的资本状况也需要通过金融评估模型进行分析，得出投资高峰期、投资高峰、内部收益率等一系列的财务指标。将上述财务指标与政府、企业的预期约束条件相比较，达到了一定的约束条件，那么双方就可以按此时间顺序进行项目的开发；如果不满足，就会继续讨论，分析和调整开发时间，然后重新输入一个评估模型，这样循环下去，直到两个目的都能达到的时候。

以此为指导，某咨询公司在H市S新区进行了一次高效的开发、建设工作。其规划的开发建设时序是，首先是基于上述的规划导向模式，以TOD的方式发展，以道路等基

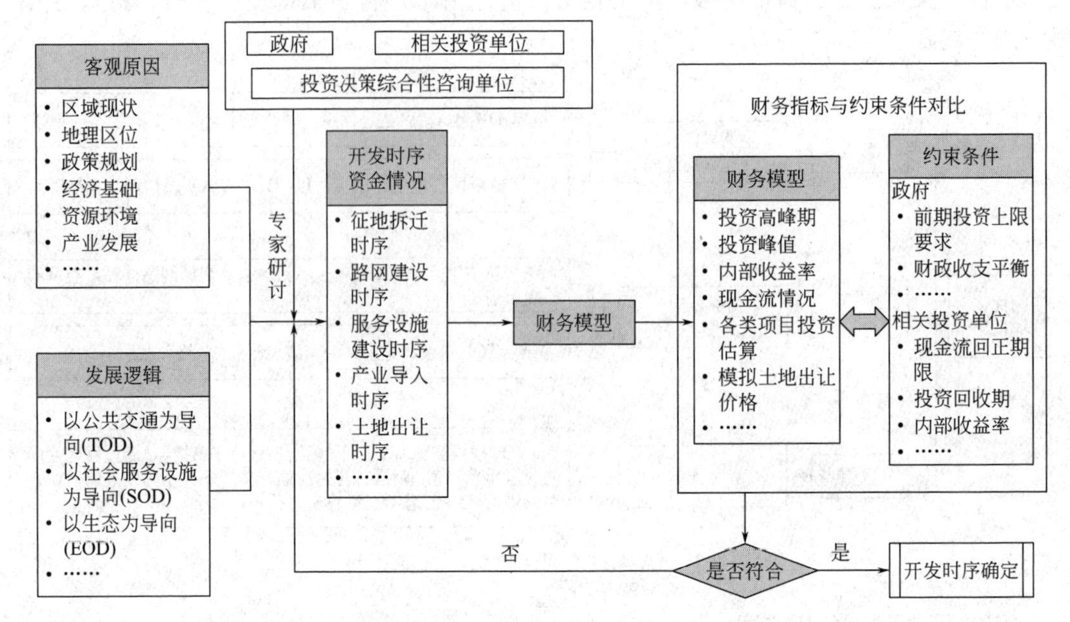

图 3-12 开发时序分析咨询过程

础设施为先导，创造和提升城市的价值。

同时，该案例在道路基础设施的建设中，带动其所辐射的各个区域的区域创造、提升地的价值，并发展其他的基础设施。通过适时的规划，引导具有拉动作用的功能设施，以避免由于建设速度过快造成的投资浪费以及服务水平的下降，同时考虑到居住、就业、服务的均衡，也要注意土地的开发时间和空间的布局，即“以城市的价值为先，土地的增值要适当地提前，房屋的价值要与住房开发同步”。比如，让房地产开发商看到影响土地核心价值的垃圾处理设施、幼儿园等都在动工。这样，在地价得到提高后，才能确定出让土地，促进项目的滚动发展，以更高的成熟度为基础，取得理想的土地供给收益，以平衡开发资金。

总结：在S新区的投融资规划咨询中，一是利用时序开发模型可以为不同地块的土地价格计算提供依据，同时也可以作为开发资金财务测算的输入端数据；二是可以对开发净收益、投资总额和投资峰值进行有效的计量，控制投资风险，提高投资效益。它从三个层面上提高了新区的价值，同时满足了支持政府和有关部门资金流动的基本约束条件。

（三）政企合作方案

从政府投资的角度来看，政府的投融资模式主要有政府直接投资和政企合作（这也是政府投资与民间投资不同的一个显著特点：政府需要顾问公司在提供投融资计划的同时，还需要顾问公司为最好的投资伙伴画像）。当前，在我国城市更新工程中，应用最为广泛的就是政府与企业之间的合作，因此，本书就 PPP 前期咨询服务作为案例，对其进行了重点的产品分析。PPP 前期咨询服务产品包括：《物有所值评价报告》《财政承受能力论证报告》《政府和社会资本合作项目实施方案》，这些都是在前期评估工作中的重要内容。图 3-13 为 PPP 项目前期咨询业务流程及核心内容。

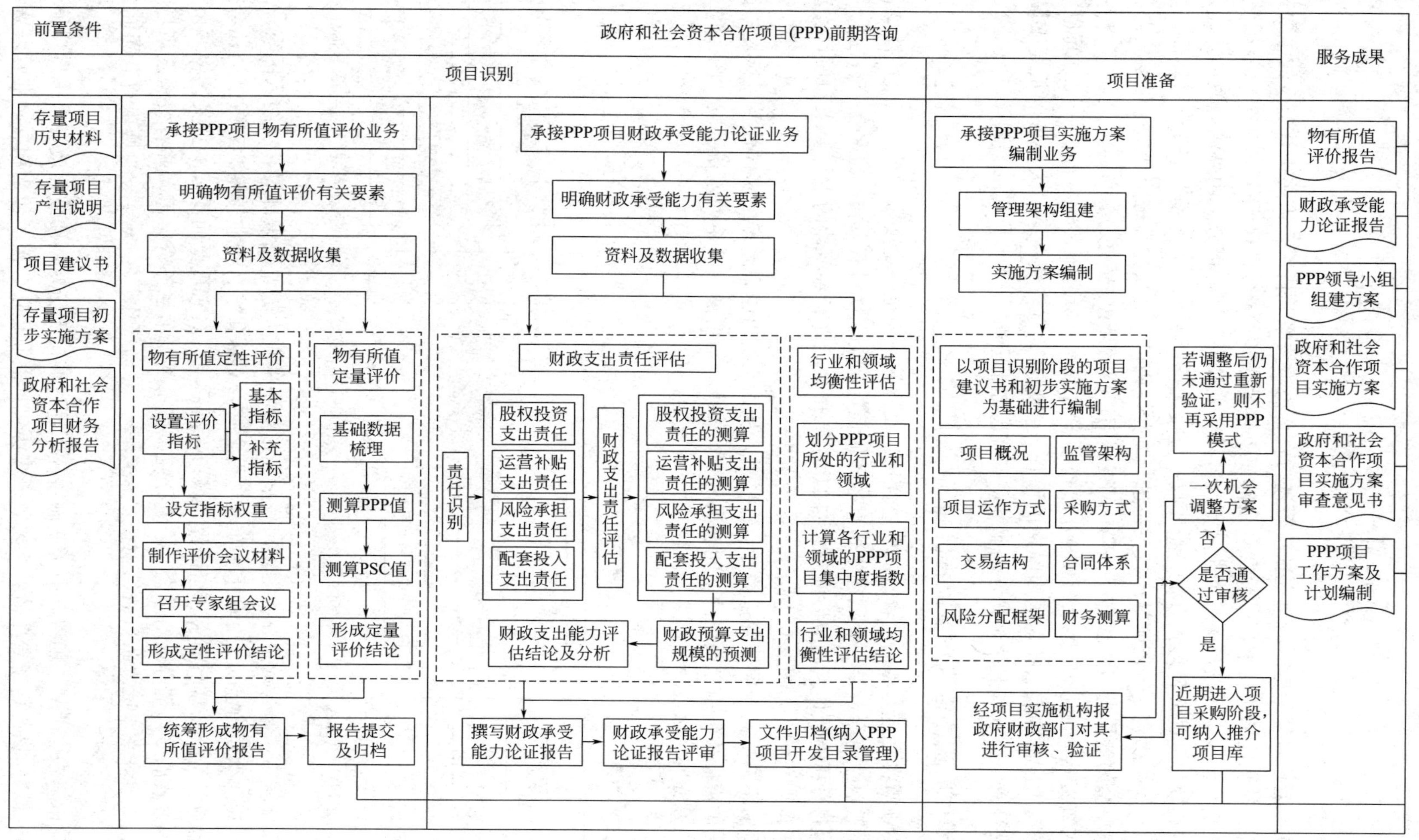

图3-13　政府和社会资本合作PPP项目前期咨询业务流程及核心工作内容

第二节 专项债实施咨询

在厘清相对复杂型的城市更新项目进行资金供求关系分析后，需要确认资金的主要来源渠道。从政府的角度来看，开发资金的主要来源渠道一般分为以下四种方式：专项债、财政资金、土地出让以及国有企业融资（若依照来源进行划分可分为内外源融资形式，外源融资比较常见的两种形式有：一是股权—直接融资，主要包括配股、增发和可转债，二是债权—间接融资；若依照其产权关系进行划分，则可分为权益性融资和债务型融资两种进行其资金的筹措）。除此之外，还有ABS、REITs等新型融资模式。

在2022年新冠肺炎疫情的国内外严峻形势的综合分析之下，未来很长一段时间也须通过投资力度的加大来拉动国内经济的增长。而地方政府专项债是扩大投资的重要手段，其发展迅速。所以本书针对此咨询业务重点开展如下分析。

一、专项债实施咨询业务流程分析

专项债券是指为有一定收益的公益性项目发行的、约定一定期限内的、与公益性项目对应的政府性基金或专项收入还本付息的政府债券。要求项目有收益并且具备公益性。

经过分析专项债新趋势后发现，自2020年开始，政府专项债的发行要求和项目类型发生了重大变化，如图3-14所示。

同时不断提高专项债发行的专业性要求，从而表现出越来越多的多样性及复杂性，因此之前的模板式编制专项债已不能够满足发行要求，需要通过一系列创新手段（图3-15），做到“发得出、还得上”。

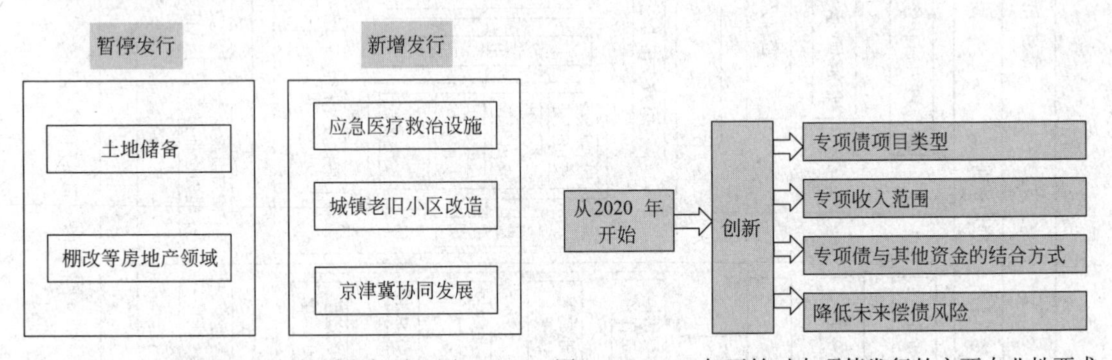

图3-14 暂停发行与新增发行对比图　　图3-15 2020年开始对专项债发行的主要专业性要求

实施城市更新行动是在我国城市发展新形势下的重大战略决策部署，已纳入国家“十四五”规划纲要确定的102项重大工程项目之一，对深化平台企业转型、有效带动社会投资、释放存量资产盘活需求和全面提升城市发展质量，具有重要而深远的意义。将城市更新与地方政府专项债券创新融合，有利于拓宽城市更新项目筹资渠道，并有效激发市场积极性，吸引社会主体参与运营，形成政府引导、市场运作、公众参与的城市更新可持续模式。

城市更新专项债，即以政府为实施主体，通过城市更新专项债或财政资金＋专项债形式进行投资。城市更新专项债券主要收入来源包括商业租赁、停车位出租、物业管理等经营性收入以及土地出让收入等。该种模式适用对象为具有一定盈利能力，能够覆盖专项债本息、实现资金自平衡的项目。

通过对已发行项目总结分析，当前适用于专项债的城市更新项目主要有人居环境整治类、基础设施保障类、公共服务提升类、历史文化保护类和城市生态修复类五种常见类型，大多数城市更新项目同时兼具多种类型。各类型符合专项债建设内容、适用性分析及对应的专项债投向领域如表 3-10 所示。

适用专项债的城市更新项目常见类型 **表 3-10**

序号	类型	建设内容	专项债适用性分析	专项债主要投向领域
1	人居环境整治类	城镇老旧小区改造等	主要属于城市更新微改造、综合整治类型，以保留提升为主，公益性强，收益性较弱，可与其他有收益的公共服务设施集合发行，注意避免房地产开发等禁止类清单内容	保障性安居工程（城镇老旧小区改造）
2	基础设施保障类	水、电、路、气、信等市政基础设施、老旧管网更新改造、城市基础设施智慧化改造和数字化转型	公益性强，但基本无收益，可与其他有收益的公共服务设施集合发行，也可以挖掘新型基础设施产生的项目收益	市政与产业园区基础设施（市政基础设施）、保障性安居工程（城镇老旧小区改造）
3	公共服务提升类	社区教育、医疗、托幼、养老、保障性租赁住房、配套停车场、口袋公园等公共服务设施完善	利用闲置公房或低效用地增设配套公共服务设施，具备较强的公益性，有一定的经营性收入	社会事业（教育、医疗、养老、其他社会事业）、保障性安居工程（保障性租赁住房）
4	历史文化保护类	历史弄堂街区业态重构、历史风貌区及保护性建筑翻修或活化利用	公益性强，项目收益情况视建设内容而定，可与其他类型集合发行	社会事业（文化旅游、其他社会事业）
5	城市生态修复类	河湖湿地水系修复、城市生态环境提升及配套设施改造建设	公益性强，项目收益情况视建设内容而定，可与其他类型集合发行	生态环保（城镇污水垃圾处理）

截至 2022 年 5 月末，全国累计发行 45 个城市更新专项债项目，合计 218.52 亿元，分布于广东、福建、四川、重庆等 18 个省市，城市更新专项债资金均未用作项目资本金，主要是由于投向细分领域不属于允许专项债可用作资本金的十大领域。

从投向领域看，已发行项目主要以城镇老旧小区改造、市政和产业园区基础设施作为申报投向领域。

从建设内容看，城市更新专项债项目相较于城镇老旧小区改造项目，建设内容呈现业态更加丰富的特征，一般兼具人居环境整治、基础设施保障、公共服务提升、历史文化保护和城市生态修复五大类中的多种类型。城市更新专项债发行情况如表 3-11 所示。

专项债涉及工作一般分为即办理项目立项批复手续、项目申报、项目发行以及债券存续期管理阶段。咨询具体的工作流程如图 3-16 所示。

城市更新专项债发行情况 表 3-11

序号	项目名称	总投资(亿元)	项目类型	所属地区	申请金额(亿元)
1	南海区 69 个社区老旧小区改造	70.73	保障性安居工程	广东省	35.5
2	成都市石盘古镇城市更新项目	10	新型城镇化建设	四川省	6
3	荆州大学城(城市更新)科创园项目	59.28	公共空间改造	湖北省	47.7
4	西部(重庆)科学城城市更新一期建设项目	93.72	市政和产业园区基础设施	重庆市	45
5	城厢区龙德井城市更新项目	57.55	棚户区改造	福建省	20.27
6	市南区历史文化街区城市更新项目	8.12	新型城镇化建设	山东省	6
7	武安市城市更新(2022—2023)市政设施及老旧街巷提升建设项目	4.75	保障性安居工程	河北省	3.1
8	栖霞市老城区城市更新管网工程(一期)项目	2.28	市政和产业园区基础设施	山东省	1.1
9	连江县老旧小区改造及城市更新工程	4.62	保障性安居工程	福建省	1.5
10	丹阳市钢铁厂片区城市更新改造项目	1.62	保障性安居工程	江苏省	0.65

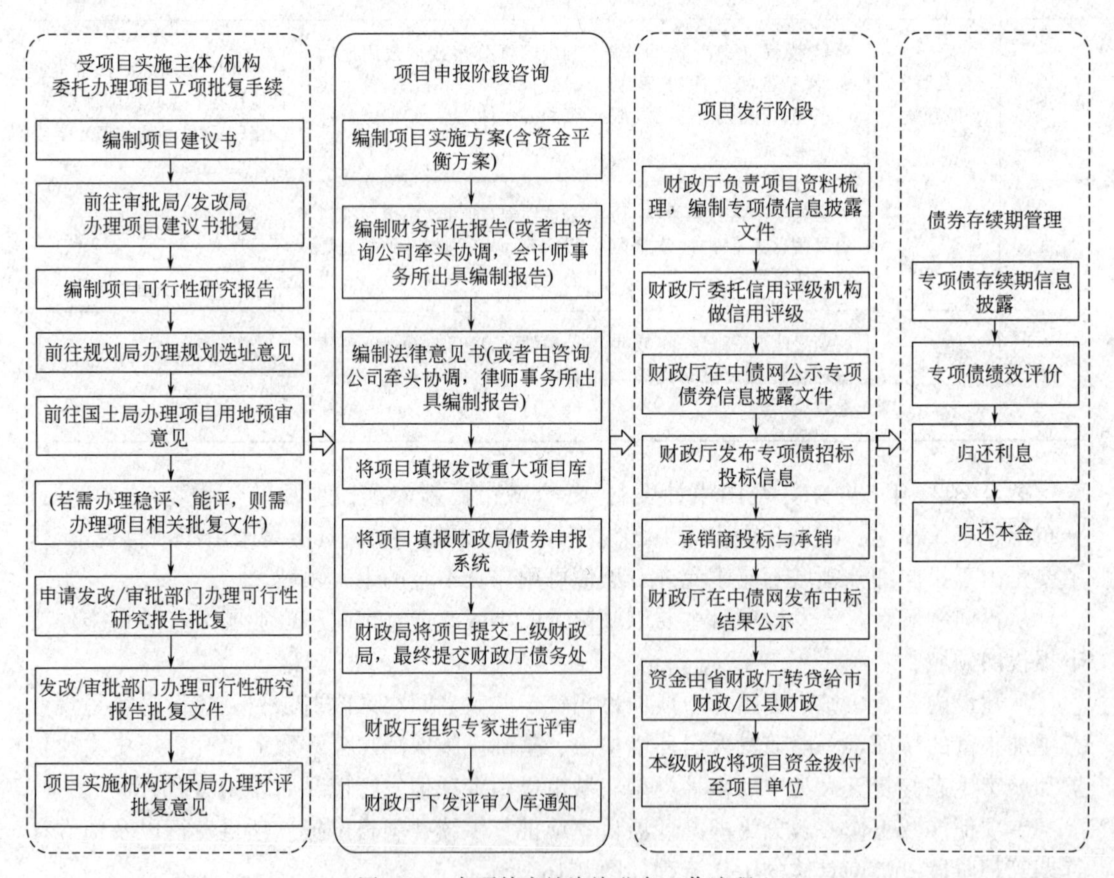

图 3-16 专项债实施咨询业务工作流程

二、专项债实施咨询业务管理工作

在专项债券的发行中，项目自身要经过前期的程序，并具备开工的条件，也就是说，该项目要通过立项、用地、工程规划、施工等程序，并且项目的建设手续齐全，并且已经处于在建阶段。因此，工程咨询机构、设计规划机构和其他社会专业的中介机构，帮助工程项目从立项到建设。除了对项目自身的审批程序要求之外，还需要社会中介组织和相关职能部门的共同努力，对专项债券进行一系列的评估和披露。此外，在发行中还包括了承销公司，由信用等级公司根据债券发行的要求对其进行信用等级评定等。其中，最重要的是“一案两书”，即实施方案、财务评价报告、法律意见书等。在向省级财政部门申报前，必须具备完整的前置程序和“一案两书”。由省财政部门组织专家进行评审，确定合格后，方可进入待发行或组织上市。

专项债务的新业务点是“一案两书”，目前，专项债务咨询业务已基本形成三种类型。一是全程代理模式，即企业将咨询业务全部外包到一家综合顾问机构或商业银行，并将其全权委托给相关的专业机构，这样可以省却许多不必要的麻烦，但对代理机构的要求也会更高。二是单边主导模式，即“一案两书”中的一家机构牵头，其他机构协同工作，具有高度的协调性和良好的协作能力。三是分开授权，将“一案两书”分别交给评估所、会计师事务所和律师事务所，这样的优势在于，双方对风险的掌握程度更高，但合作程度更差。

专项债实施咨询需要重点关注的“业务成果”为《项目实施方案（含资金平衡方案）》《评估报告》《财务审计报告》《法律意见书》以及《募投情况说明》，具体工作分析见表 3-12。

专项债申报实施咨询业务管理工作　　**表 3-12**

序号	核心工作内容	输出产品/咨询成果文件	服务质量
1	提供编制项目收益与融资自求平衡实施方案或募集资金支出安排及预期偿债资金来源平衡实施方案	《项目实施方案（含资金平衡方案）》	1. 符合咨询服务合同的约定； 2. 符合行业标准要求
2	对项目收益与融资自求平衡实施方案或募集资金支出安排及预期偿债资金来源平衡实施方案进行综合评估，出具评估报告	《评估报告》	
3	编制财务审计报告（或者由咨询公司牵头协调会计师事务所对专项债发行进行综合审计，出具财务审计报告）	《财务审计报告》	
4	编制法律意见书（或者由咨询公司牵头协调律师事务所确保债券发行实施方案合规性，确保债券发行管理合法合规）	《法律意见书》	
5	按照省厅要求提供专项债申报项目的募投情况说明	《募投情况说明》	

投资决策综合性咨询服务单位在此的核心业务内容主要包括：①协助政府的有关部门遴选政府范围内的符合要求的项目，对债券发行进行充分论证。②策划专项债项目类型、数量，根据拟开展项目的综合情况提供专项债发行前策划咨询服务（包括发债规模、项目包装、发债期限、收益来源、偿债本息、资金平衡等）。③梳理拟发债项目的类别及数量，对拟申报发行债券项目的可行性进行充分论证。从专业角度协助政府科学制定债券发行计划，提高地方政府债券管理专业化程度和风险防范。④指导申报单位完成项目立项手续及发债前期准备资料。⑤编制出具专项债券申报资料。

三、专项债实施咨询业务核心内容分析

（一）项目实施方案

在“一案两书”中，实施方案是专项债券发行至关重要的要件，是专项债发行的统领性文件，其要说明项目的实施单位、项目建设内容、项目报批手续及进展、项目投资估算及资金筹措、项目预期收益、成本及融资平衡情况、项目风险控制方式、信息披露计划等，实施方案基本将财务评价报告、法律意见书的主要内容都涵盖了。省、市财政主管对专项债材料审核的重点就是对实施方案的审核，实施方案编写质量的高低很大程度上决定了该专项债能否成功发行。

根据《财政部关于试点发展项目收益与融资自求平衡的地方政府专项债券品种的通知》（财预〔2017〕89 号），专项债券实施方案应包括项目概况、项目重大经济社会效益分析、融资计划、预期收益、支出以及融资平衡情况、风险评估等内容。对于城市更新项目来说，目前还没有统一的专项债券实施方案编制规范要求，本节结合实际项目经验总结城市更新项目专项债券实施方案，应包括但不限于以下内容：

（1）发行方及城市更新项目实施方简介，主要是针对项目所在省份的概况、地方财政数据、专项债券发行情况进行总结，并对项目实施方（一般为地方政府融资平台）进行简要介绍。

（2）城市更新的基本情况，如项目的实施背景、建设内容、前期工作进展情况，包括工程可行性研究报告、初步设计与施工图设计的批复情况等。

（3）城市更新项目的经济社会效益分析，对项目实施的社会效益和社会评价内容进行分析，进一步明确项目的建设必要性。

（4）城市更新项目的投资估算及资金筹措，主要是对项目的建设计划、工程造价、资金筹措方案进行分析，提出项目资金保障措施。

（5）城市更新项目的预期收益、成本及融资平衡情况，对项目的预期收益，主要包括对通行费收入和附属设施营业收入、运营成本费用、财务费用进行分析，明确财务测算的数据来源。

（6）城市更新项目债券发行方案，包括发行依据、发行计划、发行场所、发行品种和数量、发行时间安排、上市安排、兑付安排、发行费用、发行款缴纳等内容。

（7）城市更新项目风险控制，主要包括影响施工及正常运营的风险及控制措施、影响项目收益的风险及控制措施、影响融资平衡结果的风险及控制措施等。

（8）城市更新项目信息披露计划，明确项目概况、项目预期收益和融资平衡方案、专项债券规模和期限、发行计划安排、还本付息等信息的披露时间、披露网址等。

一般而言，在城市更新项目专项债券实施方案编制之前，项目工程可行性报告就已获得批复，财务测算数据可部分引用项目工程可行性报告相关内容，因此，城市更新项目专项债券实施方案的重点内容包括：

（1）分析城市更新项目的收入来源及构成，明确物价部门对项目的收费标准。不同省份高速公路收费标准不一，同一省份对于不同高速公路收费标准也可能存在差异，因此合理确定收费标准对测算城市更新项目通行费收入尤为重要。

（2）明确项目资金筹措方案、资本金来源、构成及融资比例，明确政府专项债券额度，还本付息期限及方式，发行成本等问题。

（3）构建财务测算模型，编制项目还本付息表、项目现金流量表等测算表格，计算项目本息资金覆盖率、本息资金覆盖倍数等指标是否满足相关指标要求。如能满足指标要求，即项目可实现自平衡，可采用政府专项债券的形式进行融资。

（二）财务评价报告

财务评价报告主要是会计师事务所根据《中国注册会计师其他签证业务准则第3111号——预测性财务信息的审核》要求，对项目的真实性、效益性、合法性进行评估，对项目收益预测及其依据的各项假设进行审核，客观公正地评价项目的假设合理性。

财务评价报告主要是对项目收益自平衡方案进行科学的、专业的评估，对自平衡测算过程和结果进行风险评估和论证。其核心要素包括：项目涉及的收费文件合法合理性；收入成本估算依据；收入成本构成合理性；项目预期收入、项目预期支出以及融资平衡情况；项目预期收益是否能够覆盖融资本息情况。

主要内容要有明确结论，即“能够保障偿还债券本金和利息，实现项目收益和融资自求平衡达到1.1倍以上”，并且要有详细的列式计算过程和结果。若存在保留事项，要考虑是否对指标造成重大不利影响。

（三）法律意见书

根据《关于进一步做好地方政府债券发行工作的意见》（财库〔2020〕36号），律师事务所、会计师事务所等第三方专业机构，应当根据项目实际情况出具专项债券法律意见书和财务评估报告，对所依据的文件资料内容进行核查和验证，并对出具评估意见的准确性负责。

对项目情况、主管部门、实施主体，以及出具“一案两书”的第三方机构、人员，以及内容和结果的合法性进行认定。例如：项目情况应明确表述为“本项目属于具有一定收益的公益性项目，符合政府专项债发行领域”等。结论应明确，若存在保留事项，要考虑是否对发债造成实质性不利影响。

法律意见书应重点审查的内容包括：

（1）审查专项债的申报范围。审查其是否符合财政部办公厅和国家发展改革委办公厅联合发布的《关于申报2022年新增专项债券项目资金需求的通知》（财办预〔2021〕209号）文件和相关政策的要求。

（2）需要审查的具体项目（表3-13）。

法律意见书需要审查的项目　　表 3-13

序号	审查内容	审查依据
1	发债主体需符合相关要求	《关于试点发展项目收益与融资自求平衡的地方政府专项债券品种的通知》(财预〔2017〕89 号) 《地方政府专项债务预算管理办法》(财预〔2016〕155 号)
2	项目符合地方政府专项债券资金支持领域,不在禁止清单内	《关于申报 2022 年新增专项债券项目资金需求的通知》(财办预〔2021〕209 号)
3	专项债券必须用于有一定收益的公益性项目,融资规模与项目收益相平衡	《地方政府专项债券用途调整操作指引》(财预〔2021〕110 号)
4	项目能够产生持续稳定的反映为政府性基金收入或专项收入的现金流收入,并且现金流收入应当能够完全覆盖专项债券还本付息的规模(1.2 倍以上)	《关于试点发展项目收益与融资自求平衡的地方政府专项债券品种的通知》(财预〔2017〕89 号)
5	项目应当满足经济效益、社会效益、生态效益等指标	《地方政府专项债券项目资金绩效管理办法》(财预〔2021〕61 号)
6	优先安排在建项目,优先用于党中央、国务院明确的"两新一重"、城镇老旧小区改造、公共卫生设施建设等领域符合条件的重大项目	《关于进一步用好地方政府专项债券推进文化和旅游领域重大项目建设的通知》(办产业发〔2021〕23 号) 《关于加快地方政府专项债券发行使用有关工作的通知》(财预〔2020〕94 号)
7	专项债券资金不得用于经常性支出	《地方政府专项债券用途调整操作指引》(财预〔2021〕110 号) 《关于加快地方政府专项债券发行使用有关工作的通知》(财预〔2020〕94 号)
8	项目资产或收益权不存在抵质押情况的项目	《试点发行地方政府棚户区改造专项债券管理办法》(财预〔2018〕28 号) 《地方政府收费公路专项债券管理办法(试行)》(财预〔2017〕97 号)
9	项目资本金不得低于总预算的 20%	《国务院关于加强固定资产投资项目资本金管理的通知》(国发〔2019〕26 号)
10	专项债券发行期限应符合规定	《关于进一步做好地方政府债券发行工作的意见》(财库〔2020〕36 号)
11	偿债资金来源及还款方式符合相关规定	《地方政府专项债务预算管理办法》(财预〔2016〕155 号)

(四) 广州市海珠区城市更新改造补短板项目案例分析

1. 项目概况

海珠区是广州的"老四区"之一,截至 2021 年末,全区生产总值 2405.16 亿元。海珠区历史悠久，在数十年的发展过程中形成的旧城区建筑陈旧落后，内外部环境脏、乱、差，已经与城市发展非常不协调，不仅有损城市形象，而且不利于城市规划发展。如今海珠区亟须通过改造、重新科学合理地规划土地和后续发展空间，提升广州市及海珠区的软实力。在此背景下，海珠区实施城市更新，有利于改善人居环境，吸引投资，促进经济发展，提高居民收入水平。

2021年7月26日，海珠区人民政府正式印发《广州市海珠区国民经济和社会发展第十四个五年规划和2035年远景目标纲要》。该纲要提出，海珠区在高质量发展过程中依然存在不少短板和弱项，主要表现之一即为节约集约用地水平有待提升，海珠区需改造提升的“三旧”地块面积约占城市建设用地的50%，城市更新任务繁重。在此背景下，由广州市海珠区住房和城乡建设局牵头，海珠区推进实施了“海珠区城市更新改造补短板项目”。

海珠区城市更新改造补短板项目的建设内容共包括三大方面、共计23个项目：一是道路品质提升类，包括地铁站修复、桥梁修复、道路工程、环境整治等共计11项工程；二是老旧小区改造类，包括青晖社区改造等45个老旧小区微改造项目；三是其他类型项目，包括地下车库建设、学校建设、湿地建设等共计11个项目。项目合计总投资约为284567.30万元。

本项目的全部建设内容已于2020年12月15日启动或完成了各项前期工作，计划于2024年9月30日前全部完工投入使用。其中，海珠区中海名都配套学校及地下停车库建设工程计划于2022年4月30日完工投入使用；海珠区直管公房改造提升项目计划于2022年1月25日完工；海珠区生活垃圾、环卫设施提升项目计划于2021年12月31日全部完工并投入使用；海珠区文化服务中心（海珠体育中心二期）计划于2023年12月31日完工投入使用。

2. 资金筹措

海珠区城市更新改造补短板项目共计23个子项目，合计项目总投资约为284567.30万元，其中工程费用约为235853.61万元、工程其他费用约为35499.26万元、预备费用约为13214.43万元。项目所需资本金来源为海珠区财政资金，由海珠区财政局统筹安排。

此外，本项目拟通过发行的政府专项债券融资109400万元，发行期限是10年，计划发行利率为3.6%。其中，2021年计划通过发行的政府专项债券融资38600万元，按照财政部要求，此次专项债券预计纳入2021年政府性基金预算管理。

3. 收入来源

在整个专项债申请的融资计划存续期间内，项目的预期运营收入合计为266034.82万元。运营收入由直管公房出租收入、垃圾处理费收入、停车位收入、文化服务中心（体育中心）收入四个部分组成（表3-14），具体收入测算如下：

（1）直管公房出租收入

海珠区直管公房包括住宅及非住宅两大类，预计每年税前租金收入约8361.36万元，考虑纳税（13%税率）及市区二八分成，预计每年租金收入约5819.50万元，运营期内考虑每年8%增长率。

（2）垃圾处理费收入

海珠区全区生活垃圾处理费收入每年预计为1.2亿元，按照每年8%涨幅测算。

(3) 停车位收入

目前在建的中海名都学校及地下停车库项目，预计 2022 年建成使用，建成后将对社会开放约 280 个停车位，预计每年的停车位收入约 490.56 万元，考虑每年增长约 8%。

(4) 文化服务中心（体育中心）收入

1) 体育中心一期物业出租收入

体育中心一期可出租物业面积约 5162.24m^2，预计年租金收入约 666.84 万元，并考虑每年增长约 8%。

2) 体育中心停车位收入

体育中心一期可对社会开放约 187 个停车位，二期约 420 个停车位，共 607 个停车位。预计每年的停车位收入约 1063.46 万元，考虑每年增长约 8%。

3) 体育中心二期游泳馆门票收入及青少年宫培训费

青少年宫的年招生设计容量为 5 万人次（每学期 2.5 万人），预计年培训费收入约为 2400 万元；考虑每年增长 8%。游泳馆按设计容量年入场人次约 3 万，预计年收入约为 70.5 万元；考虑每年增长 8%。

海珠区城市更新项目融资期间运营收入测算表 **表 3-14**

单位金额：万元

年度	直管公房出租收入	垃圾处理费收入	停车位收入	体育中心收入	运营收入合计
第一年	484.96	—	—	—	484.96
第二年	5819.50	12000.00	327.04	—	18146.54
第三年	6285.06	12960.00	490.56	—	19735.62
第四年	6787.86	13996.80	529.80	4200.80	25515.26
第五年	7330.89	15116.54	572.19	4536.86	27556.48
第六年	7917.37	16325.87	617.96	4899.81	29761.01
第七年	8550.75	17631.94	667.40	5291.80	32141.89
第八年	9234.82	19042.49	720.79	5715.14	34713.24
第九年	9973.60	20565.89	778.46	6172.35	37490.30
第十年	10771.49	22211.16	840.73	6666.14	40489.52
融资计划期间合计	73156.30	149850.69	5544.93	37482.90	266034.82

4. 资金平衡

项目的偿债来源为项目建成交付使用后产生的运营收益现金流。

根测算，项目在专项债存续期内需偿付的专项债券本息和为 148784.00 万元，而项目在债券存续期内预计实现的“运营收益”合计为 199562.79 万元。测算得出的融资项目预期收益对专项债券本息的覆盖倍数为 1.34，具体如表 3-15 所示。

海珠区城市更新项目融资期间运营收入测算表　表 3-15

单位金额：万元

年度	债券本息支付			项目本息覆盖收益		
	偿还本金	利息	本息合计	运营收入	运营成本	运营收益
第一年	—	3938.40	3938.40	484.96	38.80	446.16
第二年	—	3938.40	3938.40	18146.54	4112.23	14034.31
第三年	—	3938.40	3938.40	19735.62	4338.84	15396.78
第四年	—	3938.40	3938.40	25515.26	7121.36	18393.90
第五年	—	3938.40	3938.40	27556.48	7477.43	20079.05
第六年	—	3938.40	3938.40	29761.01	7851.29	21909.72
第七年	—	3938.40	3938.40	32141.89	8243.87	23898.02
第八年	—	3938.40	3938.40	34713.24	8656.05	26057.19
第九年	—	3938.40	3938.40	37490.30	9088.86	28404.44
第十年	109400.00	3938.40	113338.40	40489.52	9543.30	30946.22
合计	109400.00	39384.00	148784.00	266034.82	66472.03	199562.79
本息覆盖倍数	1.34					

5. 项目特点

不同于一般的城市更新项目，海珠区城市更新改造补短板项目具有鲜明的综合性城区功能提升的特点。项目涉及的建设内容多，包括地铁站改造、道路施工、老旧小区改造、配套学校建设、湿地建设、垃圾处置等工程。本项目规模较大，需要财政投入的资金量大，因此结合其投资特征策划分期发行专项债，目前已发行 5 批次，累计发行额 43377 万元。通过本项目实施发展，我们看到本项目未来预期收入主要来自垃圾处理费。但垃圾处理费的收取涉及运营机制、收费定价、付费习惯等一系列事项，是未来需要重点解决的关键。

第三节　项目可行性研究咨询

一、可行性分析模块业务流程分析

城市更新政府投资项目前期投资决策综合性咨询可行性分析模块的工作流程如图 3-17 所示。

二、可行性分析模块业务管理工作

在上述业务流程中，需要重点关注的“业务成果”为项目建议书、项目用地预审报告、可行性研究报告等，具体工作分析见表 3-16。

三、可行性分析模块业务核心内容分析

（一）项目建议书

项目建议书应贯彻国家的方针政策，遵照有关技术标准，根据国家和地区经济社会发

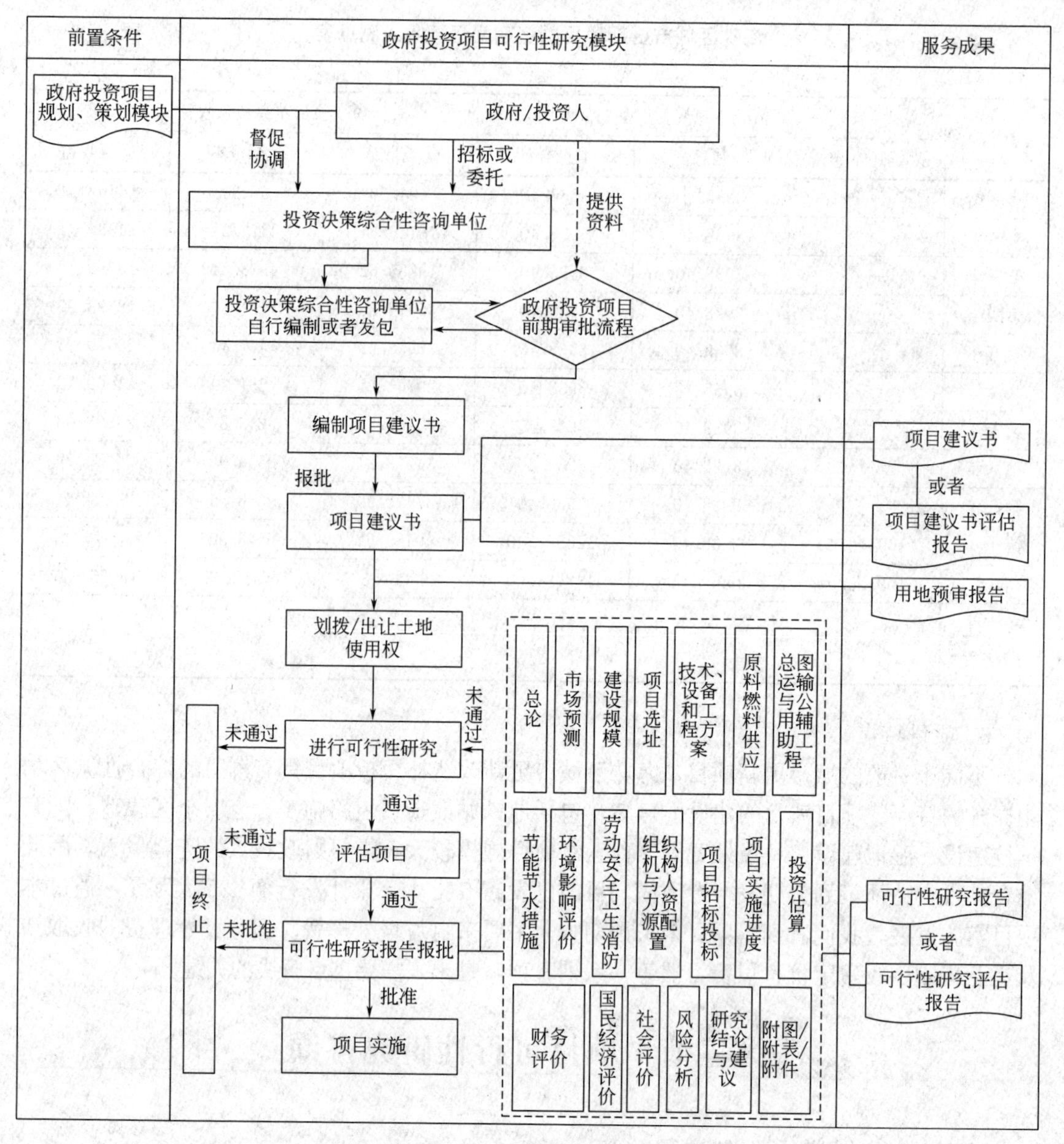

图 3-17　可行性分析模块业务工作流程

可行性分析模块业务管理工作　　　　**表 3-16**

阶段	序号	核心工作	工作内容	输出产品/咨询成果文件	服务质量
可行性分析模块	1	项目建议书报批	可行性分析咨询的目的是提出项目是否值得投资以及最佳建设方案的研究结论，为政府投资项目投资决策提供科学可靠依据。 主要咨询业务包括拟可行性研究、用地预审研究以及项目可行性研究	《项目建议书》 《项目用地预审申请表》 《用地预审报告》 《可行性研究报告》 《项目建议书评估报告》 《可行性研究评估报告》	1. 符合咨询服务合同的约定； 2. 符合行业标准要求
	2	用地预审			
	3	可行性研究			

展规划的要求，论证建设该工程项目的必要性，提出开发任务，对工程的建设方案和规模进行分析论证，评价项目建设的合理性。重点论证项目建设的必要性、建设规模、投资和资金筹措方案，对涉及国民经济发展和规划布局的重大问题应进行专题论证。其审批依据有：①《政府投资条例》（中华人民共和国国务院令第712号）；②《国务院关于投资体制改革的决定》（国发〔2004〕20号）；③《国家发展改革委关于印发审批地方政府投资项目有关规定（暂行）的通知》（发改投资〔2005〕1392号）；④《国务院办公厅关于加强和规范新开工项目管理的通知》（国办发〔2007〕64号）；⑤《中央预算内直接投资项目管理办法》（国家发展改革委令2014年第7号）；⑥《中共中央　国务院关于深化投融资体制改革的意见》（中发〔2016〕18号）。

其编制依据有：①国民经济的发展、国家和地方中长期规划；②产业政策、生产力布局、国内外市场、项目所在地的内外部条件；③有关机构发布的工程建设方面的标准、规范、定额；④投资人的组织机构、经营范围、财务能力等；⑤项目资金来源落实材料”。

项目建议书一般包括以下几个方面的内容：①建设项目提出的依据和必要性；②产品方案、市场前景、拟建规模和建设地点的初步设想；③资源状况、建设条件、协作关系及引进国别和厂商的初步分析；④投资估算和资金筹措的设想；⑤项目建设进度的设想；⑥项目经济效益和社会效益的初步测算；⑦结论与建议。

（二）用地预审报告

政府投资项目用地预审报告的编制应遵循以下原则：①符合土地利用总体规划；②保护耕地，特别是基本农田；③合理和集约节约利用土地；④符合国家供地政策。

用地预审报告编制内容包括拟建项目基本情况、拟选址占地情况、拟用地是否符合土地利用总体规划、拟用地面积是否符合土地使用标准、拟用地是否符合供地政策等。

（三）可行性研究

可行性研究报告（Feasibility Study Report）是企业从事建设项目投资活动之前，由可行性研究主体（一般是专业咨询机构）对政治、法律、经济、社会、技术等项目影响因素进行具体调查、研究、分析，确定有利和不利的因素，分析项目必要性、项目是否可行，评估项目经济效益和社会效益，为项目投资主体提供决策支持意见或申请项目主管部门批复的文件。其审批依据有：①《中共中央　国务院关于深化投融资体制改革的意见》（中发〔2016〕18号）；②《政府投资条例》（国务院令第712号）；③《国务院办公厅关于加强和规范新开工项目管理的通知》（国办发〔2007〕64号）；④《国家发展改革委关于印发审批地方政府投资项目的有关规定（暂行）的通知》（发改投资〔2005〕1392号）。

其编制依据有：①《投资项目可行性研究指南（试行版）》；②《建设项目经济评价方法与参数（第三版）》；③项目建议书（初步可行性研究报告）及其批复文件；④城市规划行政主管部门、国土资源行政主管部门等出具的项目规划意见；⑤土地合同及土地规划许可；⑥有关机构发布的工程建设方面的标准、规范、定额；⑦拟建场（厂）址的自然、经济、社会概况等基础资料；⑧拟建项目的相关建设标准、规范。除此之外，政府投资项目的可行性研究报告应根据项目自身特点对以上内容进行完善和调整，做到有的放矢，突出重点。

由于项目可行性研究报告咨询成果因项目类型、地域、地方政策等的不同，包含内容具有通用性和专用性两大特点，本书结合上述研究，梳理出《城市更新项目可行性研究报告》的通用性基本框架及内容，如图3-18所示。

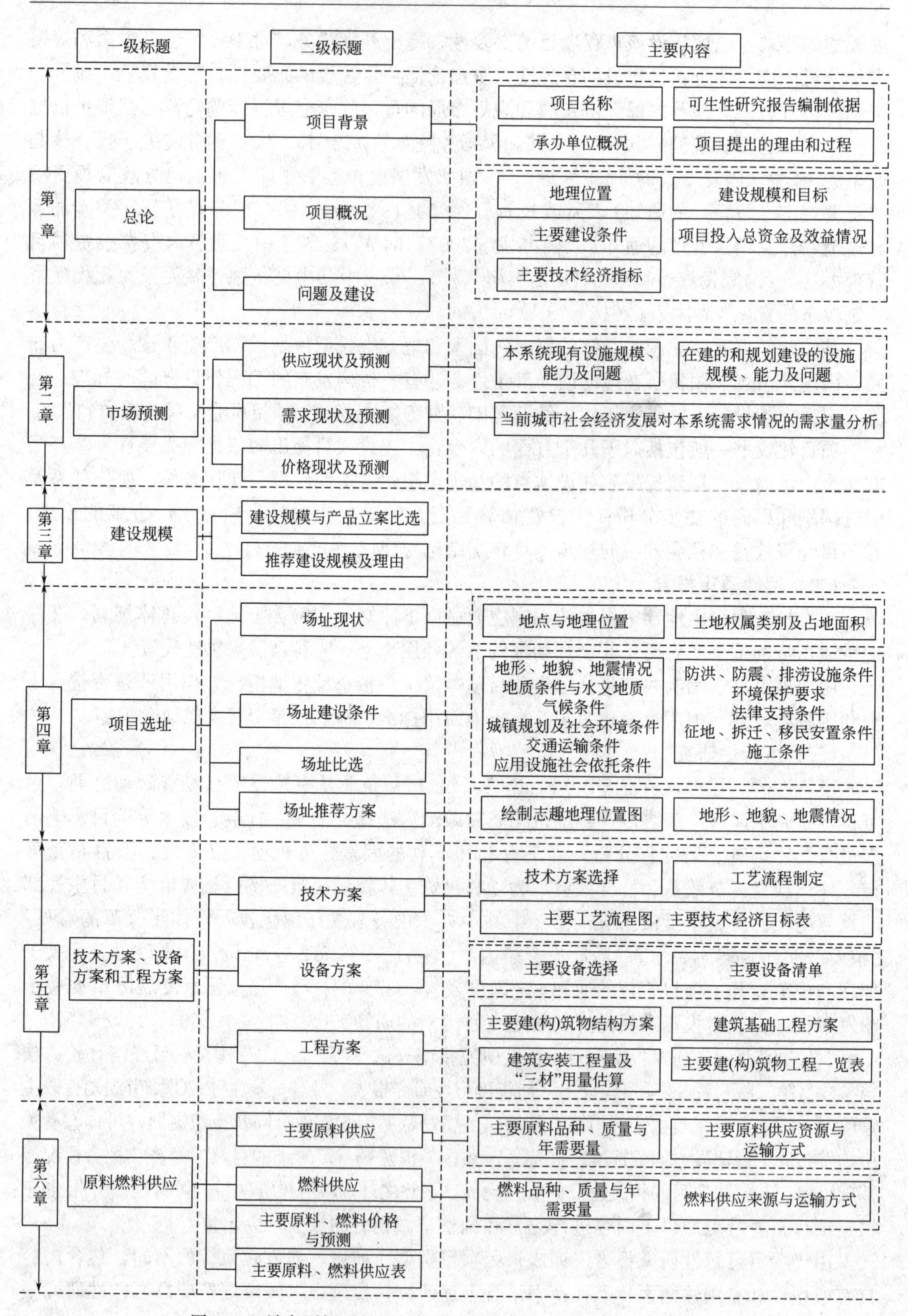

图 3-18 城市更新项目可行性研究报告的基本框架及内容（一）

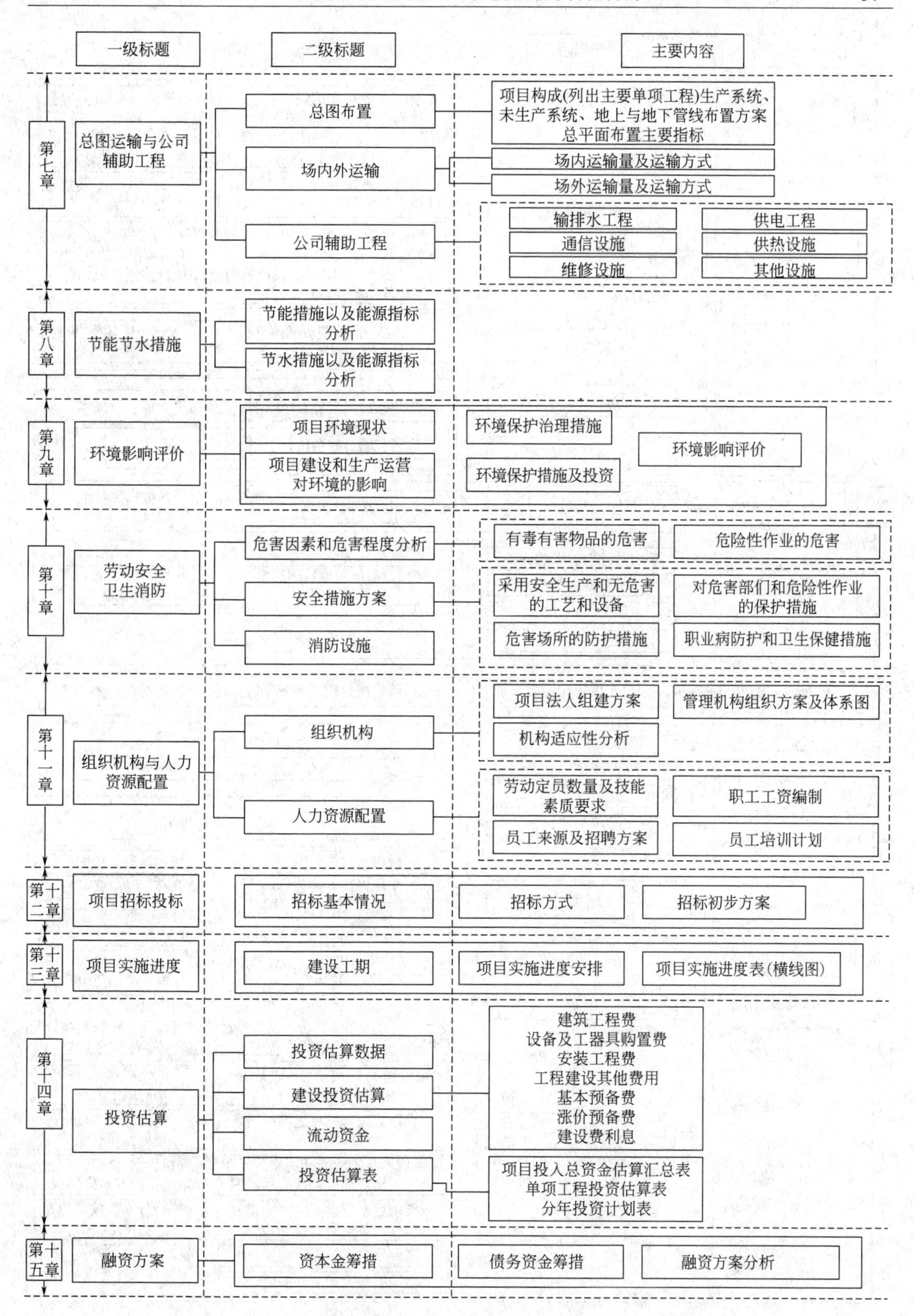

图 3-18　城市更新项目可行性研究报告的基本框架及内容（二）

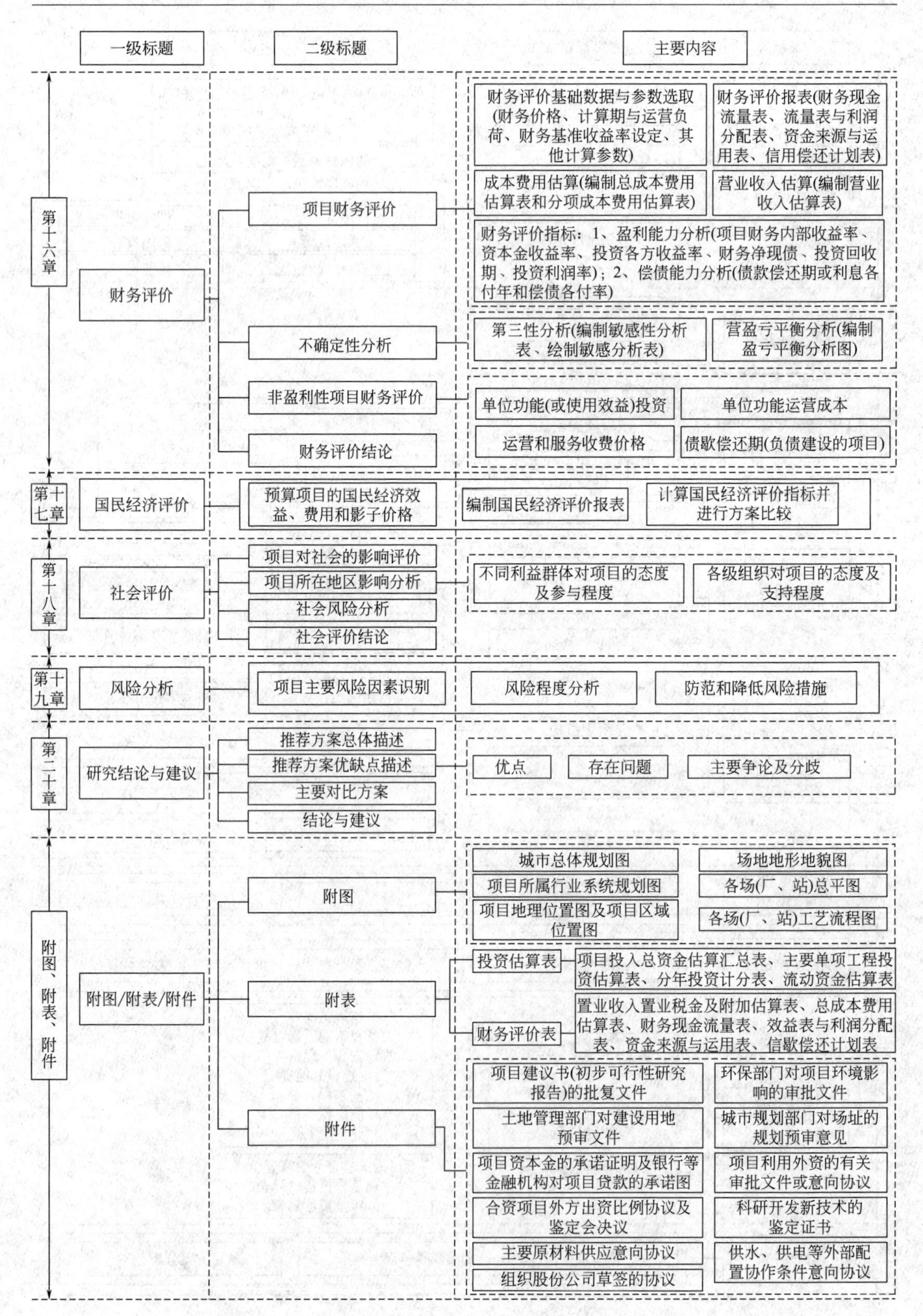

图 3-18　城市更新项目可行性研究报告的基本框架及内容（三）

第四节　规划咨询

一、更新规划总体框架

（一）更新规划编制体系

伴随着我国城镇化从高速增长转向中高速增长，以及城市土地资源管制的加剧，“土地”转换为“土地资源”的成本正在逐渐提高，多数城市进入从增量用地到存量用地价值挖潜的发展新阶段，不仅是大都市的城区，部分发展较快区域的镇区，也开始面临更新再发展的问题。目前全国各地正在积极推进城市更新规划编制与实践探索，规划的层级涉及城市总体、不同片区以及具体单元等不同层面，更新内容包括旧城居住区环境改善、中心区综合改建、历史地区保护与更新、老工业区更新改造和滨水地区更新复兴等，出现多种类型、多个层次和多维角度探索的新局面。

根据《中共中央　国务院关于建立国土空间规划体系并监督实施的若干意见》（中发〔2019〕18号），国土空间规划系由“五级三类四体系”构成。其中“五级”是指在规划层级上，由国家级、省级、市级、县级、乡镇级组成的五级国土空间规划；“三类”是指在规划类型上，由总体规划、详细规划、相关专项规划三种规划类型组成；“四体系”是指在规划运行体系上，由编制审批体系、实施监督体系、法规政策体系、技术标准体系四个子体系组成 。

“三类”中的规划类型详细界定如下：“总体规划”是对一定区域内的国土空间在开发保护利用修复方面做出的总体安排，强调综合性，如国家级、省级、市级、县级、乡镇级国土空间总体规划。“详细规划”是对具体地块用途和开发建设强度等做出的实施性安排，强调可操作性，是规划行政许可的依据，一般在市县级及以下编制。“专项规划”是指在特定区域、特定流域或特定领域，为体现特定功能，对空间开发保护利用做出的专门安排，是涉及空间利用的专项规划，强调专业性，专项规划由相关主管部门组织编制，可在国家、省和市县层级编制，不同层级、不同地区的专项规划可结合实际选择编制的类型和精度。

综合新形势下国土空间规划编制体系框架与我国目前正在开展的城市更新规划实践项目，城市更新专项规划的编制体系可由宏观—中观—微观三级体系构成，其中宏观与中观层面的城市更新规划，主要从城市、区（县）、特定区域的整体视角进行目标指引与统筹协调，微观层面的城市更新规划则强调对具体更新单元的开发控制与引导。

1. 宏观层面

宏观层面的城市更新，需要整体研究城市更新动力机制与社会经济的复杂关系、城市总体功能结构优化与调整的目标、新旧城区之间的发展互动关系、更新内容构成与社会可持续综合发展的协调性、更新活动区位对城市空间的结构性影响、更新实践对地区社会进步与创新的推动作用等重大问题，以城市长远发展目标为导向，制定系统全面的城市更新规划，提出城市更新的总体目标和策略。

宏观层面的具体工作内容主要包括更新问题诊断与评估、再发展潜力分析、更新空间目标与策略制定、更新改造行动计划以及实施落地制度保障。宏观层面的城市更新一般是以城市更新总体规划的形式出现，如《深圳市城市更新专项规划（2010—2015）》《广州市城市更新总体规划（2015—2020）》《常州市城市更新规划》《重庆市主城区城市更新专项规划》等。

2. 中观层面

中观层面的城市更新，按照特大或大城市的实际需要，包括区（县）层面的更新规划，特定片区的空间优化与存量更新。重点依据城市更新中长期规划，落实城市更新目标和责任，在衔接城市规划、土地规划、产业规划等多规融合基础上，根据不同区域的轻重缓急，针对各区（县）或城市中的重点片区，制定系统而全面的城市更新规划，着力于片区级的空间优化与功能区的存量更新。

中观层面的更新规划主要类型涉及城市中心区空间优化、老旧小区改造、城中村改造、棚户区改造、产业园区转型、老工业区更新、滨水地区复兴、城镇综合整治等。如《南京市老城南地区历史城区保护与更新规划》《郑州西部老工业基地调整改造规划》《深圳市上步片区城市更新规划》和《深圳市南山区大冲村改造专项规划》等。

3. 微观层面

微观层面的社区城市修补与空间微更新，侧重于实施层面的城市更新规划设计，重点在于协调各方利益，落实城市更新的具体目标和责任，明确城市更新实施的详细规划控制要求，对某一区域或街坊更新的目标定位、更新模式、土地利用、开发建设指标、公共服务设施、道路交通、市政工程、城市设计、利益平衡以及实施措施等方面，作出细化规定。

微观层面的城市更新类型涉及老旧小区整治、历史街区保护更新与整治、社区营造、社区规划，以及精细化的城市设计和管理，如《上海15分钟社区生活圈规划导则》《上海中心城风貌区西成里小区的微更新》《苏州古城平江历史街区规划》《重庆市鲤鱼池片区社区更新规划》和《福田区福田街道水围村城市更新单元规划》等。目前在北京、上海、重庆、深圳、广州等城市，微观层面的更新规划往往以城市更新单元管控的方式实施操作。

（二）更新目标与策略

1. 更新原则

我国城市发展进入内涵提升和品质优先阶段，城市更新规划呈现出多维价值、多元模式、综合思维、空间治理等特征。更新规划作为城市发展的一项重公共决策，涉及城市社会、经济和物质空间环境等诸多方面，是一项综合性、全局性、政策性和战略性很强的社会系统工程。综合城市更新的特点，城市更新规划应遵循“整体优先、系统协同、绿色发展、有机更新”原则。

整体优先原则：城市更新应以促进城市整体功能提升与结构优化为出发点，强调整体优先的原则。

系统协同原则：城市更新是复杂系统的现实反映，涉及功能结构、交通用地、空间结构等诸多子系统，需要各个子系统之间达到耦合协同。

绿色发展原则：伴随着可持续发展的理念成为世界的主流价值观，城市更新也相应引入了绿色更新的概念，强调用绿色可持续发展的理念指导城市更新。

有机更新原则：城市更新强调更新区域的原有肌理和有机秩序的延续，强调城市整体的有机性、细胞和组织更新的有机性以及更新过程的有机性。

2. 更新总体目标

城市更新作为城市转型发展的调节机制，意在通过城市结构与功能不断地调节城市发展质量和品质的提升，增强城市整体机能和魅力，使城市能够不断适应未来社会和经济的发展需求，以及满足人们对美好生活的向往，建立起一种新的动态平衡，从而建立面向更长远与更全局的更新目标。因此，城市更新的目标应该树立“以人为核心”的指导思想，以提高群众福祉、保障改善民生、完善城市功能、传承历史文化、保护生态环境、提升城市品质、彰显地方特色、提高城市内在活力以及构建宜居环境为根本目标，运用整治、改善、修补、修复、保存、保护以及再生等多种方式进行综合性的更新改造，实现社会、经济、生态、文化等多维价值的协调统一，推动城市可持续与和谐全面发展。

当前，国内很多城市的更新实践都体现了这种趋势，比如北京市适时提出“轨道+”，并提出了“轨道+功能”“轨道+环境”“轨道+土地”等新的发展模式。上海的新一轮城市更新，坚持以人为本，不局限于居住条件的改善，而是注重空间的重组与复合，注重生活方式与空间品质，注重城市的安全与空间活力，注重历史传承与特色塑造等，以城市更新为契机，实现提高城市竞争力、提升城市的魅力以及提升城市的可持续发展三个维度的总体目标，实现城市经济、文化、社会的融合发展。

二、更新规划业务流程分析

不同层级的城市更新规划，其侧重点与规划主要内容有所不同。其中市、区（县）级的城市更新总体规划应根据城市发展阶段与目标、土地更新潜力和空间布局特征，明确实施城市有机更新的重点区域与机制、结合城乡生活圈构建，系统划分城市更新空间单元，注重补短板、强弱项，优化功能结构和开发强度，传承历史文化，提升城市品质和活力，避免大拆大建，保障公共利益。更新单元规划的主要内容侧重落实上级更新规划确定的要求，从城市功能、业态、形态等方面进行整体设计。明确具体更新方式，提出详细设计方案、实现途径等，对更新单元内的用地开发强度、配套设施等内容提出具体安排。

根据城市规模的大小与实际情况，选择在市级层面、区（县）级层面，或城市的特定功能区内划定城市更新单元，列出近期需要实施的更新项目计划清单。

城市更新规划咨询的工作流程图如图 3-19 所示。

三、更新规划业务管理工作

在上述业务流程中，需要重点关注的“业务成果”为：辅助总体规划报告、专项规划报告、区域规划报告、城市（乡）规划报告、规划实施过程评估报告以及规划实施效果评估报告等，业务管理工作如表 3-17 所示。

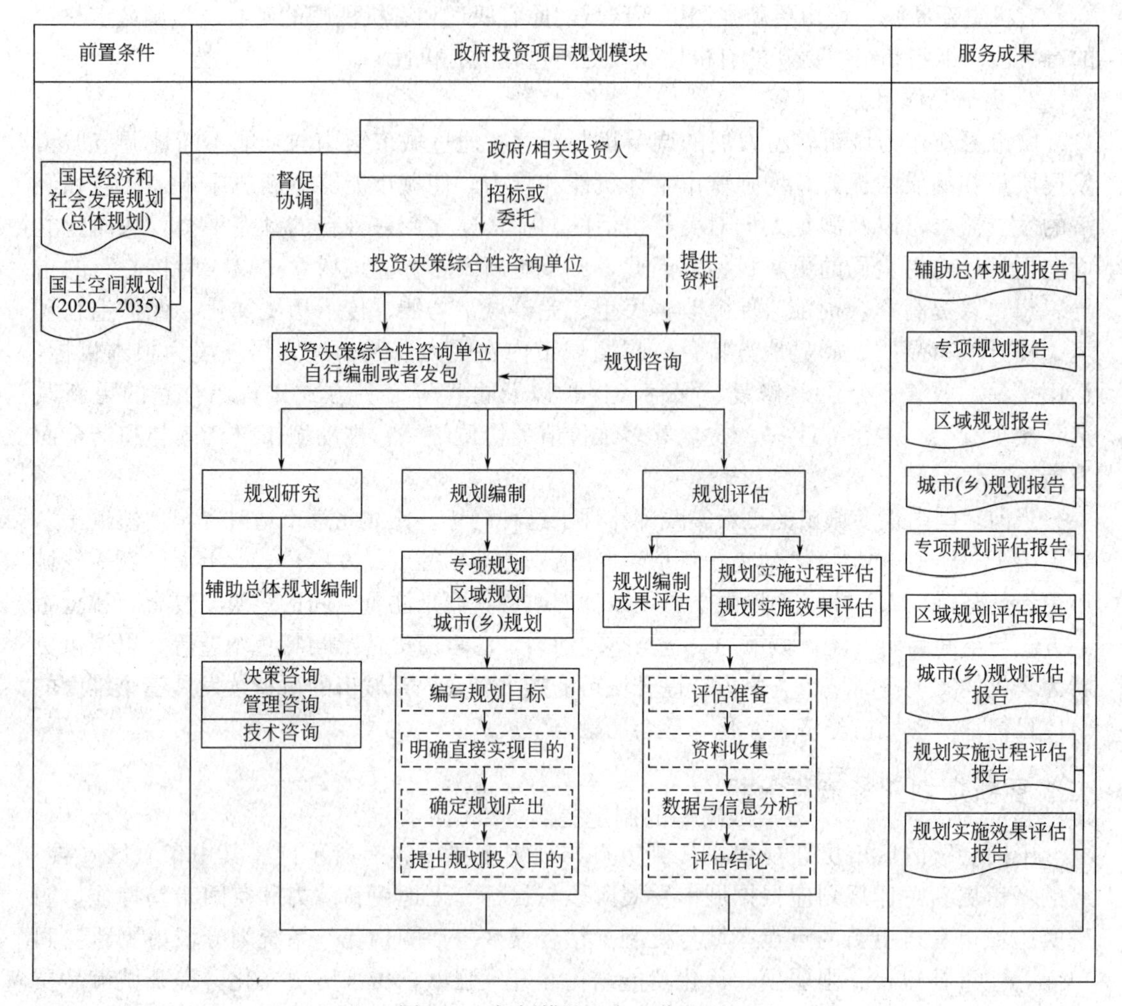

图 3-19 规划模块业务工作流程

规划模块业务管理工作 **表 3-17**

阶段	序号	核心工作	工作内容	输出产品/服务成果文件	服务质量
前期规划模块	1	规划研究	规划咨询是规划科学决策的重要依据,也是规划执行、建设与管理的重要环节。 规划咨询一般从宏观角度出发,形成决策咨询、技术咨询和管理咨询三个层次的规划体制,主要业务包括规划研究、规划编制和规划评估	《辅助总体规划报告》 《专项规划报告》 《区域规划报告》 《城市(乡)规划报告》 《专项规划评估报告》 《区域规划评估报告》 《城市(乡)规划评估报告》 《规划实施过程评估报告》 《规划实施效果评估报告》	1. 符合咨询服务合同的约定; 2. 符合行业标准要求
	2	规划编制			
	3	规划评估			

四、更新规划业务核心内容分析

规划是国家或地方各级政府根据国家的方针、政策和法规，对有关行业、专项和区域的发展目标、规模、速度，以及相应的步骤和措施等所做的设计、部署和安排。完整的规划体制涉及规划体系、规划性质、规划内容、编制程序、规划期限、决策主体、规划实施、评估调整等方面。规划的特征主要包括综合性、层次性、衔接性、协调性、导向性五项。规划的功能主要包括综合协调平衡功能、信息导向功能、政策指导调节功能、引导资源配置功能。

我国的规划体系由三级、三规划构成，根据行政层级划分包括国家级、省（区、市）级、市县级规划；根据对象和功能类别划分包括总体、专项、区域以及城市（乡）规划。

为保障咨询质量和效果，规划咨询应坚持客观中立、统筹兼顾、现实可行的原则，坚持“独立、公正、科学、可靠”的服务宗旨，因地制宜地选择与规划咨询项目相匹配的咨询机构、咨询专家和咨询方式。同时，规划咨询工作应根据具体规划内容的需要，采用多种研究方法进行综合分析评价，包括：定性及定量分析相结合、宏观及中观/微观分析相结合、技术经济及社会综合分析相结合等。

（一）规划研究

规划研究主要是指为了更好辅助总体规划编制，从第三方角度针对整体规划相关内容提供的咨询服务。

首先，在规划制定前或实施过程中，进行广泛的讨论，并与有关领域的专家进行“头脑风暴”，为宏观规划、发展战略等的制定提供思路和借鉴。其次，在我国经济形势进入“新常态”的同时，协调各方利益、维护公共利益显得尤为重要。顾问机构总是以第三方的身份来协调双方的关系，使得整体计划更容易实现公众利益的保护。同时，在整个规划过程中，还会有一些专门的技术问题，在规划过程中，由第三方的规划研究顾问来进行专业技术问题的分析，比如在行政审批中，辅助完成一系列的指标核算工作，由咨询机构根据规划主管部门的工作流程和特点，对规划设计方案进行解读和优化，提出专业建议，并将其整合成一份符合行政审批的咨询报告，从而为科学的规划编制提供了技术支持，增强了技术和管理的联系，促进了城市规划管理的精细化。

1. 市、区（县）城市更新总体规划（或功能区存量更新）

城市更新总体规划、区（县）更新总体规划、特定功能区存量更新规划，均属于中观层面以上的城市更新规划，规划主要内容包括以下六部分：基础数据调查、问题诊断与评价、更新目标与定位、更新区域的确定与模式选择、更新单元的划分与管控、更新实施保障体系。

（1）基础数据调查

开展城市更新规划的现状基础数据调查，一般包括更新范围内的现状土地、建筑、人口、经济、产业、文化遗存、古树名木、公共设施、市政设施等数据，通常通过政府部门的走访与现场踏勘等方式获取。

（2）问题诊断与评价

综合评估城市、区（县）、特定功能区的更新发展历程、现状特征、存在问题，评估城市更新内容构成与城市可持续综合发展的协调性，更新活动区位对城市空间的结构性影响等，识别更新资源的类型构成、空间分布、数量规模，提出更新规划需要解决的关键问题。

(3) 更新目标与定位

城市更新作为城市发展过程中的调节机制，其积极意义在于阻止城市衰退，促进城市发展，其总的指导思想应是提高城市功能，达到城市结构调整，改善城市环境，更新物质设施，促进城市文明。依据城市总体功能优化与调整方向，提出城市更新发展的总体定位，以定位为指引，制定近远期更新发展全面性目标，构建涵盖经济发展目标、环境持续目标、生活舒适目标、社会发展目标、文化保护与发展目标等多个子目标系统。

(4) 更新区域的确定与模式选择

以老旧居住区、低效工业仓储区、低效商业区等更新对象的全面摸底排查为基础，建立多维度、多层级的综合评价体系，从宏观、中观层面识别更新区域。针对不同更新区域面临的问题不同，选取不同的更新发展模式。

(5) 更新单元的划分与管控

城市更新单元作为落实城市更新目标和责任的基本管理单位，是协调各方利益、配建公共服务设施、控制建设总量的基本单位。更新单元的划定需要根据更新对象的特征，充分考虑和尊重所在区域的社会、经济、文化关系的延续性，在保证公共设施相对完整的前提下，同时考虑自然和产权边界等因素，将相对成片的区域划定为城市更新单元。

以更新单元的现状详细评估为基础，明确更新目标与方向，建立包括功能优化业态提升、设施完善、文化传承、风貌引导、生态修复等在内的具体管控措施。

(6) 更新实施保障体系

借鉴北京、上海、深圳等城市的经验做法，建立包括涵盖法规、制度、操作指引、技术标准等在内的城市更新实施保障体系，为宏观层面城市总体更新规划的编制、微观层面更新单元规划的制定与实施提供必要的制度保障与技术支撑。

2. 城市更新单元详细规划

城市更新单元规划侧重于实施层面，规划的主要内容包括更新单元的现状综合评估、更新目标制定、更新实施策略、更新管控要求、更新实施计划、经济测算六个部分。

(1) 现状综合评估

开展土地、人口、产权、产业、交通、建筑、文化遗存等现状基础数据的调查与分析。进行社区居民改造意愿调查，说明公众意见、规划设想及建议的收集情况，并对公众意见和建议进行总结和分析。

(2) 更新目标制定

根据上层次规划要求，结合更新片区发展条件，综合分析更新单元与周边地区的关系，明确主导功能，提出更新单元的发展定位、发展方向和发展目标。

(3) 更新实施策略

更新实施策略包括但不限于以下内容：根据定位与发展目标，提出功能优化提升的具体策略；根据产业特征，明确具体业态构成；落实保护规划要求，提出合理利用措施；提出环境整治、空间形态优化的具体措施；制订公共服务设施、市政公用设施的具体完善措施；提出公共交通优化、慢行空间构建等具体措施；提出生态空间修复的具体策略。

（4）更新管控要求

明确更新地块的具体划分、用地功能、公共设施、地下空间开发、规划与建设各类指标等的具体控制要求。

（5）更新实施计划

制定规划期限内更新单元的建设时序与分期计划，做出更新实施时序安排的具体内容，包括明确建设范围、建设项目，实施主体建议和资金安排等。

（6）经济测算

更新改造项目进行成本效益分析、产业空间绩效、空间改造价值判断以及土地增值测算，初步核算更新改造成本。

（二）规划编制

1. 规划编制流程

规划编制是除总体规划以外，主要针对各级专项、区域、城市（乡）规划等进行编制以及相关政策制定服务。规划编制通常通过逻辑框架法加以汇总与综合，开展规划编制的逻辑框架要做到：①编写规划目标；②明确实现规划目标所需要直接实现的目的；③确定规划主要任务，即为规划产出；④提出规划应采取的措施，即为规划投入。

城市更新规划的编制流程，主要由规划基础、规划构思、规划深化、成果表达四部分组成。在具体规划流程设计过程中，更加关注学科、综合技术、公众智慧的融合，在更为精准的空间研究与政策解读、规划衔接的基础上，提出以目标与策略为导向的规划构思，通过空间体系与实施体系，共同构建城市更新规划的深化内容，最终以多规合一、多维控制的方式进行成果表达。

城市更新规划的编制，应结合国家部署的国土空间规划体系建立工作，在城市更新专项规划中划定城市更新单元，明确城市更新单元规划要求，统领城市更新工作有序开展。

（1）规划基础：包括空间基础与规划基础。其中，空间基础涉及现状地籍与房屋等复杂权属，现状各类用地与建筑的使用功能，现状社会、人口、产业、经济等空间特征，现状交通、市政设施、公共服务设施等各类系统的耦合情况等。相关规划基础包括国家政策背景、国土空间总体规划等上位规划衔接、近期城市规划重点、已有意向项目等相关内容。

（2）规划构思：由目标体系和策略体系构成。其中目标体系为多元目标体系，包括政治目标、空间目标、生态目标、经济目标、社会目标、文化目标等；策略体系包括总体策略、功能优化策略、空间整合策略、环境提升策略、结构梳理策略、产业升级策略等。

（3）规划深化：从空间体系和实施体系两个方面，将更新规划的目标和策略深化落实到更新规划中，其中空间体系方面的规划深化内容涉及用地功能布局、交通系统规划、绿地系统规划、建设指标控制等；实施体系方面的规划深化内容涉及市场经济政策引导、建设时序分期、实施策略、经济测算、项目策划等。

（4）成果表达：需要体现国民经济和社会发展规划、城乡规划、土地利用规划、环境保护、文物保护、综合交通等规划对接与协同规划，通过地块控制、交通控制、场地控制、建筑控制、指标控制、建设引导等方式实现多维控制。

2. 更新区域确定与模式选择

(1) 更新区域界定

我国的深圳、广州、上海等城市最先启动了全面的城市更新工作，并结合各自城市的实际情况，制定了城市更新管理办法等相关地方法规，在法规中定性描述了城市更新区域的界定。具体如下：

《深圳市城市更新办法（2009）》对城市更新区域的界定为，特定城市建成区（包括旧工业区、旧商业区、旧住宅区、城中村及旧屋村等）内具有以下情形之一的区域：城市的基础设施、公共服务设施亟须完善；环境恶劣或者存在重大安全隐患；现有土地用途、建筑物使用功能或者资源、能源利用明显不符合社会经济发展要求，影响城市规划实施；其他依法或者经市政府批准应当进行城市更新。这些区域内可根据城市规划和办法规定的程序进行综合整治、功能改变或者拆除重建的活动。

《广州市城市更新办法（2015）》中规定，下列土地申请纳入广东省“三旧”（旧城镇、旧厂房、旧村庄）改造地块数据库后，可列入城市更新范围：市区“退二进三”产业用地；城乡规划确定不再作为工业用途的厂房（厂区）用地；国家产业政策规定的禁止类、淘汰类产业以及产业低端、使用效率低下的原厂房用地；不符合安全生产和环境要求的厂房用地；在城市建设用地规模范围内，布局散乱、条件落后，规划确定改造的旧村庄和列入“万村土地整治”示范工程的村庄；由政府依法组织实施的对棚户区和危破旧房等地段进行旧城区更新改造的区域。

《上海市城市更新实施办法（2015）》中，城市更新区域为市政府认定的旧区改造、工业用地转型、城中村改造的地区，以及上海市建成区内城市空间形态和功能进行可持续改善的区域。《上海市城市更新规划土地实施细则（试行）》进一步明确了城市更新区域评估的具体要求、工作流程等。

综上可见，城市更新区域的缺点更像是一种“为推行城市更新所必须界定的权利范围，是受到赋权的更新地区的空间管制单位”，而我国目前主要以上海和深圳的城市更新单元、广州的城市更新片区为代表的城市更新区域的界定，通常是基于对几种不同类型的更新对象（一般涉及老旧住区、低效工业仓储用地、低效商业区等），进行综合评价基础上的识别与划定。

(2) 更新区域识别方法

城市更新区域识别与划定的种类繁多，内容庞杂，但一般都可以归于加权评价体系的方法框架。加权评价体系是一种应用广泛的评价结构，通过建立对分析区域的评价因子选择，一般包括建筑、区位、生态、潜力、交通等因子，以及对评价因子的量化、权重赋值、权重计算，最后加权叠加，综合计算结果，根据计算结果，定性与定量分析相结合，识别与划定城市更新单元区，制定更新实施计划。

① 居住更新区域识别

居住更新区域的识别侧重于空间效率维度和环境品质维度，主要依据建设强度使用情况、配套设施等内容进行评价，对于建设年代较久的旧居住区也可考虑直接纳入更新区域。居住更新区域识别的指标体系可参照表3-18，按照权属地块的相关数据录入数据库后，对于容积率、设施覆盖等采用分级打分，然后进行主成分分析与权重叠加计算地块得分，通过自然断点法筛选评价结果。

居住用地评估指标表 **表 3-18**

评估内容	评估指标
空间效率	容积率
	建筑密度
	建筑年代
	建筑结构
经济活力	人口密度
环境品质	人均住宅面积
	交通设施覆盖
	开敞空间覆盖
	商服设施覆盖
	文教卫体公共服务设施覆盖

② 工业仓储更新区域识别

工业仓储更新区域识别侧重于经济维度和环境维度，主要依据建设强度、经济效益、政策规定、环境污染等评价内容进行评价，对于不符合规划的用地，即在工业园区之外的工业用地、存在环境污染的企业、不符合园区产业导向的企业均可以考虑直接纳入，其余用地按照表 3-19 进行各类单项评价指标分析后再进行聚类分析，最终形成识别结果。

工业仓储用地评估指标表 **表 3-19**

评估内容	评估指标
空间效率	容积率
	建筑密度
经济活力	单位用地固定资产总额
	经营状况
	国家产业规定中的禁止、淘汰类产业
环境品质	负面清单、准入门槛等导向
	环境污染水平

③ 商业商务更新区域识别

商业商务更新区域识别侧重于经济维度和环境维度，主要依据建设强度、产出效益、使用情况等评价内容进行评价。对于规划需要调整迁移的商业商品市场、空置率高的用地可以考虑直接纳入更新区域，其余用地按照表 3-20 进行各类单项评价指标分析后，最终形成识别结果。

商业商务用地评估指标表 **表 3-20**

评估内容	评估指标
建筑属性	容积率
	建筑密度
	建筑年代

续表

评估内容	评估指标
经济活力	单位用地营业额
	空置率水平
	人气程度
环境品质	交通设施覆盖
	开敞空间覆盖

3. 更新模式选择

面临城市更新的区域往往出现一定程度的衰退，通常涉及建筑物超过使用年限、设施陈旧、自然老化等物质性空间的衰退，城市机能下降、城市超负荷运转等功能性空间的衰退，以及难以适应新经济等发展变化要求的结构性衰退。而城市更新的方式并非将整个规划场地推倒重建，而是进行有针对性的局部更新，根据不同区域面临的问题，采取不同的更新模式。在综合评价和衰退类型判断的基础上，可主要分为以下五种更新模式（表 3-21）。

（1）保护控制：以保育、保护和修缮为主，用于功能不需要改变、物质环境也不需要改变的地区。

（2）修缮维护：以保护和修缮为主，用于功能不需要改变、物质环境较好的地区。

（3）品质提升：以修缮和整治为主，维持原有功能属性，用于功能不需要改变、物质环境一般的地区。

（4）整治改造：以环境整治、建筑改造、功能提升为主，用于功能需要改变、物质环境一般的地区。

（5）拆除新建：以拆除重建、改造开发、用地功能改变为主，用于功能需要改变、物质环境差的地区。

更新模式选择与更新内容引导 **表 3-21**

更新模式	适用区域	更新内容引导	更新方式引导
保护控制	用地功能不变＋地段物质环境好	用地功能禁止调整，可改造度弱，必须严格控制，禁止一切与文化保护、生态培育无关的开发建设活动。一般不作为物质更新的对象	以保育、保护和修缮为主
修缮维护	用地功能不变＋地段物质环境较好	用地功能原则上不进行调整，以历史保护与文化展示为核心利用目标。保护历史风貌与历史建筑、历史街道。严格控制地块内容积率开发	以保护和修缮为主
品质提升	用地功能不变＋地段物质环境一般	对地段内的环境与必要的建筑进行整治，治理内部交通，改善环境，提升必要的公共空间	以修缮和整治为主
整治改造	用地功能改变＋地段物质环境一般	基于对旧城整体功能提升的需要。用地功能需要调整，建筑可改造度较好。在尽量保持其现状建筑的基础上，对其建筑的使用功能进行调整，使其符合新的使用需要；对其地块进行整合，使其符合高端化的发展	以环境整治、提升建筑改造功能为主
拆除新建	用地功能改变＋地段物质环境差	基于旧城整体功能提升、用地功能调整的需要。在开发密度高、空间趋于饱和的地区，对其现状建筑、环境进行整治改造，对地块进行整合更新，使其符合高端化的发展	以拆除重建、改造开发用地功能为主

4. 更新空间单元划分与管控

（1）更新单元基本概念

城市更新单元制度起源于中国台湾地区，在20世纪90年代初至2006年期间，中国台湾地区对城市更新单元规划进行探索，期间颁布所谓的“都市更新条例”，条例中首次提出以“都市更新单元”为单位实施城市更新，并建设了一整套关于更新单元的划定、实施更新的门槛限制、容积奖励、融资制度等相关配套设施。深圳在2009年引入城市更新单元制度，2010年，在城市更新年度计划制定中构建了以城市更新单元为核心、以城市更新单元规划制定计划为龙头、以城市更新项目实施计划为协调工具的计划机制，进一步强化了城市更新管理中的计划引导与统筹职能。上海在地区评估基础上按照公共要素配置要求和相互关系，对建成区中由区县政府认定的现状情况较差改善需求迫切、近期有条件实施建设的地区，划定城市更新单元。

综上，从目前实施城市更新单元的地区和城市来看，城市更新单元（片区）是为实施城市更新活动而划定的相对成片的区域，是确定规划要求、协调各方利益、落实更新目标和责任的基本管理单位，也是公共设施配建、建设总量控制的基本单位。

（2）更新单元划分原则

更新单元的划定通常需要考虑城市更新空间单元是否能够很好地维系原有社会、经济关系及人文特色，统筹城市整体再发展的社会、经济与环境的综合效益，保证城市公共设施配置的公平和公正，同时符合更新处理方式一致性的需求，兼顾土地权利整合的可行性和环境亟须更新的必要性。

深圳更新单元的划定应符合全市城市更新专项规划，充分考虑和尊重所在区域社会、经济、文化关系的延续性，并符合以下条件：城市更新单元内拆除范围的用地面积应当大于10000m^2；城市更新单元不得违反基本生态控制线、一级水源保护区、重大危险设施管理控制区（橙线）、城市基础设施管理控制区（黄线）、历史文化遗产保护区（紫线）等城市控制性区域管制要求；城市更新单元内可供无偿移交给政府，用于建设城市基础设施、公共服务设施或者城市公共利益项目的独立用地应当大于3000m^{2}且不小于拆除范围用地面积的15%。城市规划或者其他相关规定对建设配比要求高于以上标准的，从其规定。

广州城市更新片区的划定，需要保证基础设施和公共服务设施相对完整，综合考虑道路、河流等自然要素及产权边界等因素，符合成片连片和有关技术规范的要求。此外，注意对接城市规划管理单元界线与土地规划的重要控制线，片区范围应结合土地整理的手段保持单元的完整性和独立性。

上海更新单元的划定，需符合下列情形之一：地区发展能级亟待提升、现状公共空间环境较差、建筑质量较低、民生需求迫切、公共要素亟待完善的区域；根据区域评估结论，所需配置的公共要素布局较为集中的区域；近期有条件实施建设的区域，即物业权利主体、市场主体有改造意愿，或政府有投资意向，利益相关人认同度较高，近期可实施性较高的区域。

综上，城市更新单元（片区）的划定原则，重点考虑以下几个方面：根据更新对象的特征，充分考虑和尊重所在区域社会、经济、文化关系的延续性，在保证公共设施相对完整的前提下，结合城市发展导向，同时考虑自然产权边界等因素，按照有关技术规范划定相对成片的区域作为城市更新单元。

综合目前执行城市更新单元的城市实践项目，城市更新单元的规模宜控制在 0.5～5km²。其中以老旧居住区为主的更新单元，为有利于片区统筹配置公共要素，实现针对性更新，更新单元空间规模与社区规模一致，为 0.5～2km²。以低效工业仓储区为主的更新单元，借鉴“北改”，以连片低效工业仓储区规模为基础，以河流、道路等为界，考虑园区型产业社区规模、产权、边界规整等因素，面积以 3～5km² 为宜。以低效商业为主的更新单元，以连片低效商业区规模为基础，以河流、道路等为界，考虑楼宇型产业社区规模、产权、边界规整等因素，面积以 0.5～3km² 为宜。

(3) 更新单元管控

从单元范围、建设规模、功能业态、公共空间、公共服务、道路交通、市政公用设施、文化传承、风貌形态、公共安全等方面明确更新单元刚性管控要求与弹性引导要求，在编制每个更新单元实施规划的时候应将刚性管控要求通过法定图则落实，同时与法定控规进行有效衔接，实现一张蓝图管控到底，见表 3-22。

单元范围管控内容与要求：明确更新单元的规模与具体划定边界，以及规划范围内的土地权属、现状土地使用、各类资源统计等。

建设规模管控内容与要求：依据相关规划，通过详细城市设计，明确管理单元内的建筑规模总量、建筑密度、容积率、绿地率等控制指标。

更新单元管控指标 **表 3-22**

管控方面	具体控制指标
单元范围	单元规模及四至边界
建设规模	建设总量、容积率、建筑密度等
功能业态	功能定位、用地性质及兼容性等
公共空间	绿线、蓝线、公园绿地，居住区绿地率、人均绿地指标等
公共服务	设施类型、规模、占地形式、千人指标等
道路交通	路网密度、市政道路、地下通道、机动车及非机动车停车场等
市政公用设施	设施类型、规模、占地形式、千人指标、管线走向等
文化传承	历史文化资源
风貌形态	空间形态、建筑色彩、特色空间等
公共安全	设施类型、规模、占地形式等

功能业态管控内容与要求：提出功能定位，明确发展方向与产业业态，以功能定位与产业为依据，确定更新单元内各地块的用地性质与兼容性。

公共空间管控内容与要求：落实并细化绿线、蓝线、公园绿地等公共空间控制线，提出居住区绿地率、人均绿地指标等管控指标。

公共服务管控内容与要求：明确单元内文教卫体等公共设施的类型、规模、占地形式、千人指标等。

道路交通管控内容与要求；明确规定单元更新的路网密度、市政道路、地下通道、机动车及非机动车停车场等具体管控要求。

市政公用设施管控内容与要求：明确提出更新单元内水、电、气、暖等市政公用设施的类型、规模、占地形式、千人指标、管线走向等具体管控要求。

文化传承管控内容与要求：明确单元内历史文化遗产资源的保护要求，落实紫线及管控要求。

风貌形态管控内容与要求：从单元更新的空间形态控制、建筑色彩引导、特色空间营造等方面，提出风貌形态管控具体要求。

公共安全管控内容与要求：消防、避难场所等公共安全设施的类型、规模、占地形式等具体管控要求。

5. 深圳市上步片区更新单元规划

(1) 项目概况

上步片区占地 1.45km^2，位于深圳市中心区（图 3-20），是由工业区转型而来的商业中心区，相继制定了《上步工业区调整规划(1999)》《上步片区发展规划（2004）》《上步片区城市更新规划（2008）》等规划，体现了由满足功能置换的空间布局调整，到定位转型条件下的空间环境整治，再到全面考量地方特征综合发展环境，建立适合多方利益主体协调发展的规划思路的演进。

图 3-20　上步片区规划范围图

(2) 更新目标与规划原则

① 更新目标

更新目标注重多重价值体系兼顾并重，促进政府、业主、市民多方利益互惠式发展。其中社会价值方面，探索地方特征语境下的可持续更新模式，创造城市再发展的典范；经济价值方面，通过科学统筹指引和高附加值的设计，合理利用开发资源，实现投入和产出的最优化选择配置；文化价值方面，尊重城市文脉肌理，塑造彰显城市景观风貌和体现人文生活关怀的特征性场所环境。

② 更新原则

上步片区的更新主要遵循以下原则：合理规划整体容量，以控制空间密度，且容量分配更侧重于满足重点产业发展需求；提供适应功能业态发展，体现资源集约利用和促进多方利益互惠的开发模式；重视步行与公交出行方式的组织引导，重点改善电子市场物流交通效率；延续街区脉络结构，塑造地域场所特征魅力；根据不同业态的运作规律，弹性组织功能结构；优先改善市政基础配套设施系统，创造多元化、人性化的空间环境，以提升商业活力；结合地铁建设周期排序工作计划，有序引导城市更新，保障商业生态环境的稳定繁荣。

(3) 更新规划主要内容

① 评估合理的空间容量

借鉴深圳既往建设经验，地铁站点周边容积率在 3.0 以上。借鉴国内外同类型建设经验，地铁站点周边市级零售商业中心地块的平均毛容积率一般控制在 4～6；地铁站点以交通接驳和换乘功能为主的地块平均毛容积率一般控制在 5 左右。综合以上开发经验判断，北片区即上步片区的合理开发强度，其毛容积率宜控制在 4 左右。

在市政基础设施供给的弹性条件之下，基于轨道公共交通对密度分区的影响关系，开展片区的开发容量规模研究，初步确定片区合理的空间容量规模约 600 万 m^2（毛容积率约为 4）。

② 制订科学的空间容量分配原则

提出通过划分城市更新单元为单位分配空间增量（图 3-21）：参考现状街坊地块划分、产业功能类型、土地权属状况等条件特征，将华强北片区共划分为 16 个更新单元；在此基础上，依据单元的更新改造条件（如近地铁站）、产业功能导向、现状建设程度等条件，划分出成熟型、重点型、一般型代表不同更新力度的三大类单元，作为空间增量的调控基础参考，以统筹资源分配并形成差异化发展的空间格局。

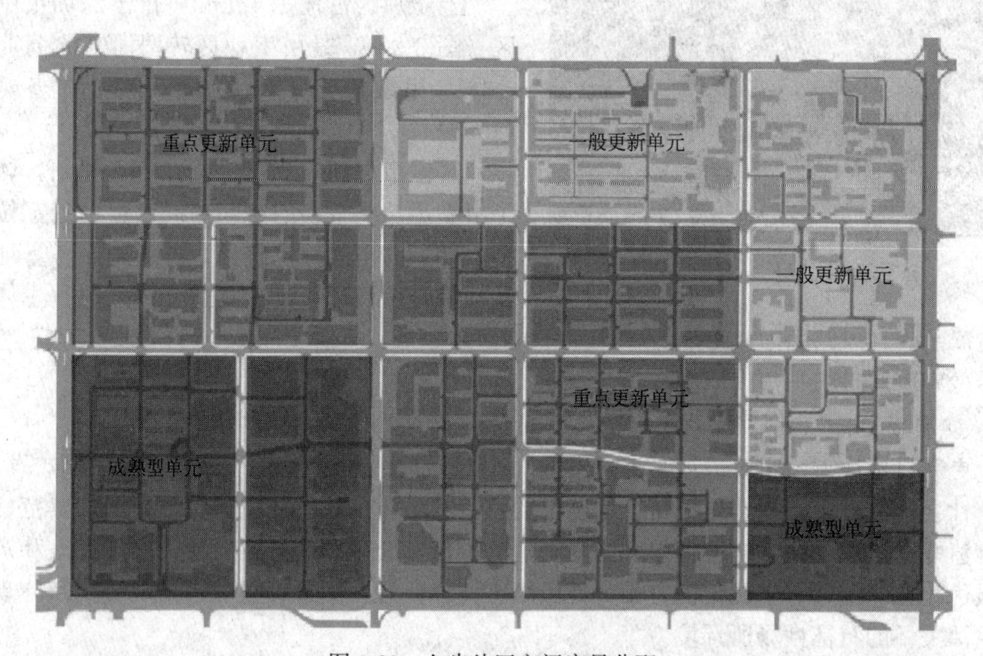

图 3-21 上步片区空间容量分配

成熟型更新单元：指除少数个别地块外，目前基本改造完成（含未建但规划已获审批）、整体上不具备大幅度或大范围改造潜力的单元。

重点型更新单元：指显著影响或可促进片区商业环境的改善提升，地处重点产业拓展区，或交通配套条件优势突出，具备较大幅度和范围改造潜力的单元。

一般型更新单元：指以非商业混合功能为主（如居住区），近期以保留现状为主，远期可适量改造的单元。

③ 控制适宜的空间密度分区

规划围绕轨道交通引导控制合理的空间密度分区，基于维护公共安全和公众利益，尝试建立密度开发弹性奖励机制。

④ 延续并优化城市空间结构

片区采取小地块、密路网的街区结构（图 3-22），既能延续原有城市空间肌理，同时也更有助于形成网络化的商业体系结构，实现“商业街道”向“商业街区”的转变，创造更多的商业机会，巩固商业氛围和提升人气。

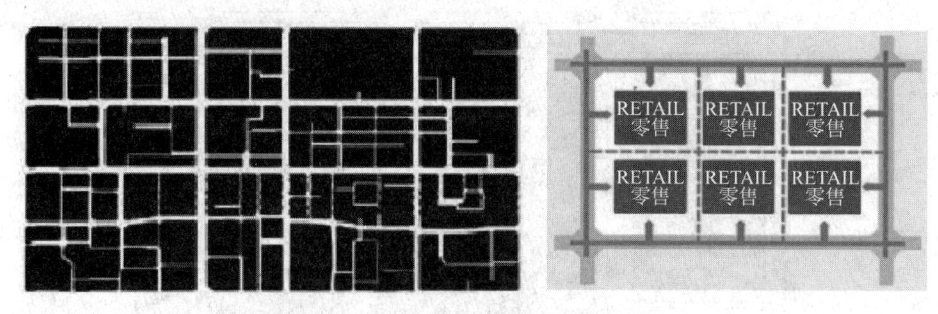

图 3-22　小地块、密路网的街区结构

⑤ 采取灵活的更新开发模式

同等容量开发需求可采用不同的开发模式实现。

⑥ 建立快捷、完善的交通系统

规划打通片区内部交通微循环道路，补充公交场站设施，加强地铁公交系统的快速接驳转运能力，鼓励立体停车、地下停车场库局部贯通的方式，实现停车集中控制、有序引导，建设片区停车诱导系统，提高停车泊位的利用率，同时建议商业核心地段项目降低停车配建标准，引导出行公交化，不同交通地段统一相应的停车收费标准，通过价格差异控制和引导停车空间组织。

⑦ 立体混合功能组织促进单元土地价值的最优化

依据不同产业类型灵活组织运作空间，其中百货零售、文娱等生活及通用服务业强调低层高密度，而办公服务等基础服务业则强调品质环境和高层低密度，如图 3-23 所示。

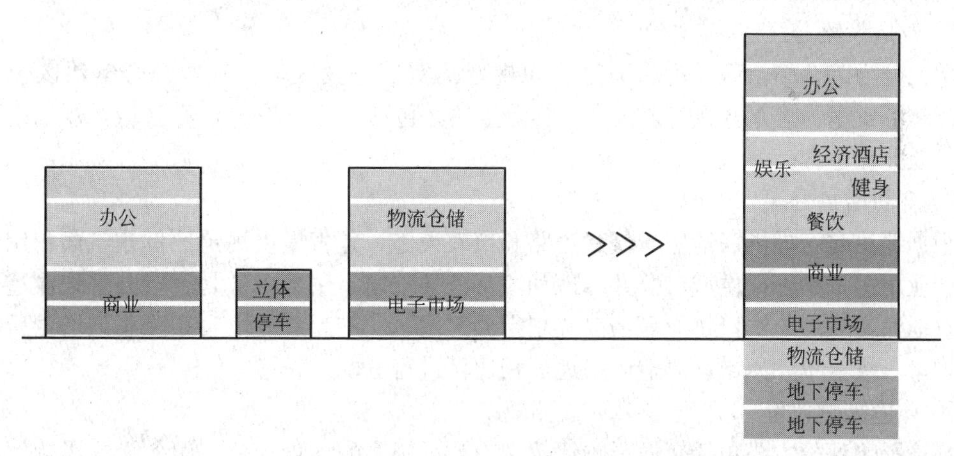

图 3-23　立体混合功能组织模型示意图

⑧ 创造富有地域特色、操作性强的城市景观环境

强调片区重要边界和入口等区段节点的秩序改善，塑造城市特征风貌。

（4）更新实施

规划以试点更新单元为示范，带动整个片区逐渐更新。

下面以单元三为例，解读更新单元划分与管控措施的具体落地规划，如图 3-24 所示。

① 现状概况

单元东部为茂业百货与两栋公寓塔楼，南部为深纺大厦和华强宾馆，西南部为中航北

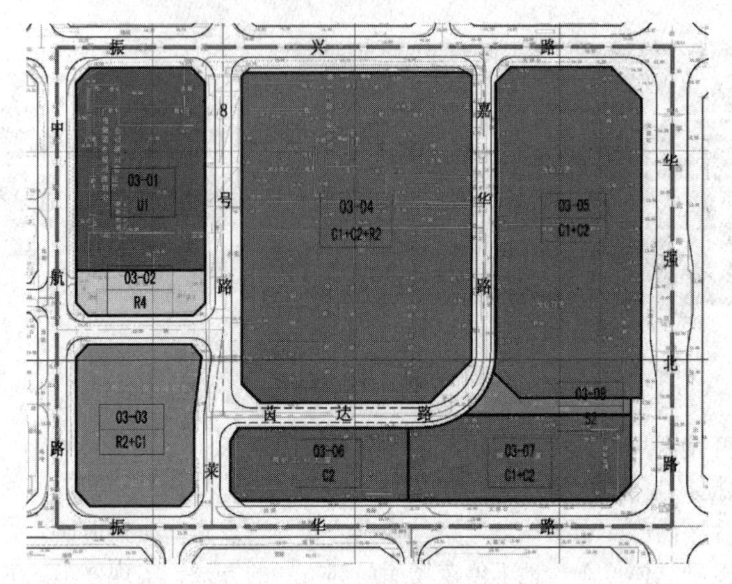

图 3-24　三单元更新专项规划

苑居住社区，西北部为供电局收费网点，中部为嘉年小商品市场以及通宝旧货市场。

现状权属为 5 家单位所有，整个更新单元内共涉及 8 宗用地。其中有两宗地 10 年内到期，分别为嘉年的南部宗地和深纺的西部宗地。

现状宗地的使用功能为工业、住宅和商业。其中嘉年的南部宗地和深纺的西部宗地为工业；其余为住宅和商业。

② 改造策略分区

单元分为综合整治区、拆除重建区和规划落实区三大区域，其中综合整治区包括茂业、深纺 AB 座、南方电网宿舍区域，拆除重建区包括嘉年、深纺 C 座区域，规划落实区为中航北苑住宅区。

③ 空间增量分配

根据地块是否提供宗地用于修建道路和市政设施，是否提供规定比例建筑面积用于创新型产业用房，是否提供城市公共绿地和城市公共空间，用地单位是否合并宗地改造，是否拥有地铁站点的地铁口物业等情况，划定调剂增量。单元总体增量扣除调剂增量后作为基础增量，按照单元内参与改造的宗地面积比例进行分配。

④ 环境影响评价

环境影响评价主要包括交通影响评价、市政设施影响评价、公共服务设施影响评价三项内容。其中，针对项目建设新增的大量交通需求，进行交通影响评价。针对项目建设对周边水、电、气供应源的影响，以及周边管网的建设与输配能力等，进行市政影响评价。针对新增居住人口，开展文、教、卫体等公共服务设施影响评价。

⑤ 规划方案

道路交通：延续上层次规划要求，在现状基础上拓宽内部通道，在单元内部建设支路网系统，分别为南北向的 8 号路和嘉华路，东西向的莱茵达路和中航北苑北侧支路。

功能组织：深纺及嘉年项目裙房的绝大部分区域用于布置商品交易职能。政府公共服务用房窗口职能布置于嘉年裙房的最上层，办公部分布置在嘉年及深纺塔楼的下层。嘉年返建住宅及配套公寓布置于嘉年宗地的西部边缘，面向中心公园，具有良好的对景。深纺纺织品交易中心的商务办公职能布置在现状塔楼的位置。

空间布局：单元更新后嘉年容积率为 6.7，深纺容积率为 11.5。

公共设施：单元共需提供非独立的占地公共设施 12800m²，其中嘉年公司提供 10900m²，深纺公司承担 1900m²。

地下空间：整体性地下空间开发，地下商业空间与地下车库无缝连接，共用出入口与车道，提升使用效率。

⑥ 保留整治区规划

对既有南方电网宿舍进行屋顶改造，采取种植绿化、太阳能、雨水回收等技术，打造生态绿化建筑屋面，一方面通过增加绿化改善了片区环境，发挥“上人屋面”的空间效能，另一方面也塑造了华强北片区的城市景观风貌标识特征。如图 3-25 所示。

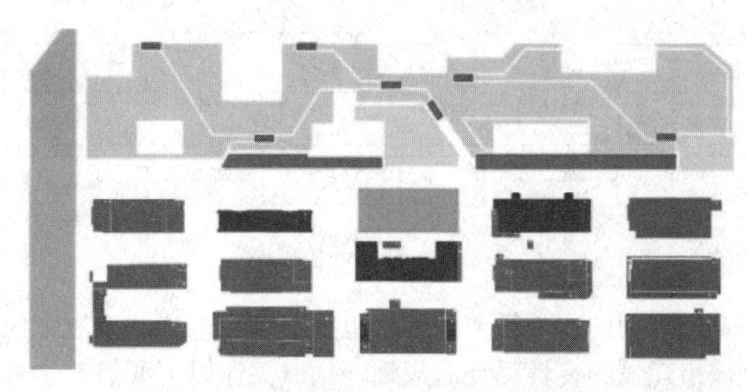

图 3-25 集中公共空间沿十字商业街分布屋顶进行整体绿化

疏导目前已经十分繁忙的人流与货流，建议在市场建筑之间加建 2～3 层架空联系廊道（图 3-26），增加直通路径，以改善其往来运输对城市道路交通的压力。

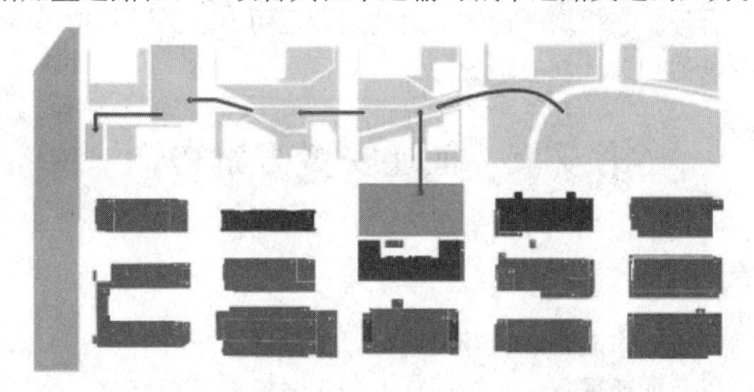

图 3-26 有针对性地建设连廊串联公共空间

针对现有深纺、茂业等建筑物立面整体时代感不强、趣味性差、缺乏特色的局面，规划提出了几种立面改善的措施。

单元内缺乏必要的街道设施，现有的少量设施仅能满足人们最低程度的使用需求，缺乏多样性的功能设计。规划在华强北路、振兴路以及振华路等几条主要的商业街补充完善环境设施，提供更多的绿化、座椅、遮阳棚、垃圾桶、电话亭等，塑造更为生动有趣的步行环境。

（三）规划评估

根据项目内容，规划评价分为两大部分：一是对规划结果进行评价和分析论证，二是对规划实施中、后评价，这就是对规划的执行过程和结果进行评价，这两种评价的重点和方法都是不同的。同时依据科学的评估流程，研究分析影响规划实施过程和效果的因素，进而提出评估结果和优化实施建议的咨询服务。规划评估程序总结如图 3-27 所示。

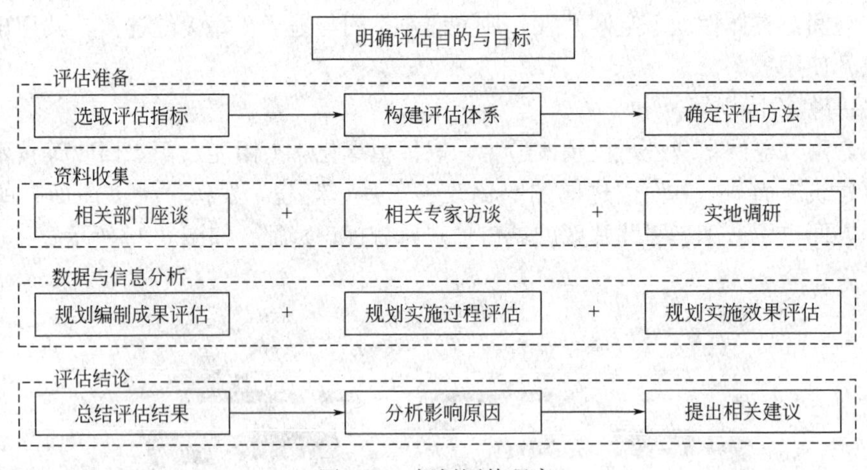

图 3-27　规划评估程序

规划评价既是动态规划的一项重要内容，也是对区域未来的发展方向进行战略性的研究和规划，以实现城市建设的良性循环。规划评估应关注以下要点：①关注外部环境的变化过程；②关注空间尺度与时间序列；③关注规划技术的发展变化；④关注规划的延续性。在评价方法上，一般采用量化与定性相结合的方法，可以用数据、模型等对实施效果与目标蓝图的一致性进行实证分析，并从定性的角度来说明规划是否为决策提供了基础，是否保持了公平、合理。在规划评价方法的选用和运用中，要注意技术理性和社会理性的结合，以及评价与其他相关规划的结合。

第五节　征迁安置方案咨询

一、征迁安置原则

城市更新项目征迁工作能否顺利开展进行，关键取决于政府及相关部门对征迁成本和征迁进度的控制，以及征迁过程中与被征迁人的沟通机制是否有效。全过程工程咨询单位应协助政府及相关部门确定完善的城市更新项目征迁与民生保障机制。在设定征迁安置补偿方案时，应遵循以下原则：

（一）以人为本

城镇更新工程的拆迁与安置，旨在提高居民居住环境和生活质量。为此，必须坚持“以人为本”的改造理念，即通过城市更新项目改造过程中，居民、政府、有关专家、企业各方的改进，以及保障居民持续生存发展、保证政府环境效益和社会效益并行的可持续性改造，最终实现改造工作的整体优化。

（二）让利于民

城市更新工程的目标在于改善人们的居住环境、提高人们的生活品质、提高城市形象、提高城市的品位，所以在改建时绝不能只追求经济效益。因此，政府要优先让利，出台各种优惠政策，吸引更多有实力的开发商加入，而对于吸引力低、开发商不愿意参与的区域，则要积极主动地进行改造。

（三）阳光和谐征迁

城市更新项目工作关系到市民的切身利益，也关系到城市的发展和发展，因此，政府和有关部门要加强对环境保护的透明和监督，使改造工作更加公平、公开、透明，达到“勤廉双优”的目的。在拆迁过程中，要充分考虑居民的利益，积极探索阳光、民主拆迁，从根源上促进居民积极参与。居民选派代表全程监督、参与、协调征收，政府关心居民日常生活，提供足额的过渡安置资金。另外，政府也应该选择有资格的设计单位全程参与，使城市更新工作成为造福人民、造福城市的工程。

（四）稳中求快

城市更新工程若不能按时完成搬迁，不仅会对居住环境造成一定的影响，而且还会产生一定的社会影响，成为政府改造工作中的一个难点。因此，在城市更新工程中，可以采取项目责任制、量化指标、明晰责任等措施。各区政府成立相关的工作小组，从改造进度和改造工作的角度，将改造工作分解，制定工作分解表和开工时间、责任单位，以保证改造工作按时完成。

二、征迁工作重难点

（一）制定科学的征迁规划控制征迁进度

随着经济社会快速发展和城市化进程的不断加快，城市房屋价格有了较大增长，使得被征迁人对征迁的期望值越来越高，被征迁群众持观望等待态度者居多，进一步影响了征迁工作的顺利开展，并且房屋征迁对老百姓生产、生活影响很大，直接关系到社会稳定大局，必须严格按照城市总体规划和土地利用规划，进一步科学合理地制定征迁中长期规划，增强征迁规划的严肃性与合理性。

（二）合理的房屋产权认定控制成本

一方面，部分居民在原有房屋上进行违法改、扩建，没有得到很好地制止或拆除，致使城市更新区域内存在大量的违法建筑；另一方面，无证房屋面积认定给征迁工作增加了难度，有不少城中村和城乡接合部的村民，在建造房屋时没有办理合法手续和房屋产权证件，再加上征迁前突击建房，这就给房屋合法产权认定和补偿安置带来了难度，也增加了征迁的成本，影响了征迁工作的顺利进行。

（三）确定优质的安置补偿方案安抚居民

安置补偿方案关系着被征迁人的切身利益，对被征迁人的安置补偿是否合理有效直接关系到征迁工作能否顺利进行。一般来说，征迁安置工作会受到以下因素的制约：一是困难户在被征迁人中占的比重较大，经济承受能力差；二是新旧房屋差价大，住宅梯次消费结构不合理。由于土地收储成本加大、建筑施工标准提高、环境配套设施完善，导致了新建房屋价格较高，再加上高档住房、大户型多，中低档次、小户型商品房少，致使一些中低收入被征迁人仅靠有限的补偿费用很难买到合适的住房。因此确定合理的征迁安置补偿方案显得尤为重要。

三、被征迁人需求调查

（一）被征迁人改造意愿调查

全过程工程咨询单位应协助政府对征迁范围内的被征迁人的情况与改造意愿进行调研，评估群众对城市更新项目的接受程度。全过程工程咨询单位及政府相关部门可以采取发放调查表、座谈讨论等多种方式广泛征求意见，深入调查摸底，全面摸清城市更新内居民住房、人口、经济条件、户型、面积、安置意愿等情况，着重了解群众的思想动态，努力争取大多数群众的支持。

全过程工程咨询单位在协助相关部门开展调研工作时，应遵循以下原则：①针对项目实际，力求实事求是，同时调研的问题应具有针对性；②全面、完整的原则，将各方的观点与建议结合起来；③抓住主要矛盾，揭露和分析主要问题；④要有变化，要有弹性。根据实际情况的变化，适时地作出相应的战略调整，与规划设计和市场定位的需求保持一致。

（二）被征迁人需求分析

了解被征迁人的需求是征地征迁中十分重要的环节，通过了解被征迁人的需求，可以将征地征迁现有信息反馈给被征迁人，尽量避免政府部门与被征迁人之间的利益矛盾，为制定征地征迁方案和选择合适的征地征迁补偿方案奠定基础，促进征地征迁工作的顺利实施。全过程工程咨询单位应协助有关部门开展沟通协调的工作，了解被征迁者的需求，在双向沟通机制下，收集被征迁人的个人信息、个性特征、利益诉求、对拆迁的意向、对拆迁方案的看法等信息，以供今后的交流。一般来说，被征迁者的需求包括以下方面：

1. 改善居住环境

城市中存在着许多落后的市政设施、房屋年久失修等问题，严重影响着人们的生活质量。而随着经济的发展，城市住宅、基础设施、文化娱乐设施、城市总体物质环境的需求也越来越大，因此，城市更新能够改善人民的生活，改善居住环境，这是居民们的强烈诉求，也是当前城市质量型建设的一个重要目标。在城市更新工程的规划设计中，自觉地掌握这个目标，在指导思想、方法、策略、标准、规划设计等方面都可以得到切实的提高。

2. 获得更多的安置住房和补偿费用

从某种意义上来说，被征迁人是相对弱势的群体、很多下岗工人和经济条件都很不好的家庭，他们的生活水平都很低，他们在拆迁之后，就会面临着住房问题，他们担心自己的房子会不会被征用，而这些问题，也会变成对拆迁部门的怨恨。政府等相关部门开始了不断的博弈过程，以期获得更多的安置住房和补偿费用。

3. 就业问题

对于一部分居住市郊村落的村民来说，他们已经形成了自给自足的良性经济模式，从事一些生态养殖、文化休闲和农家乐等产业供给生活所需，且城市更新居民多为受教育水平较低和劳动技能较差的人群，老年人所占比例较高。虽然征迁后的居民享有一定的补偿费用，但简单的补偿措施并不能解决他们的失业问题。出于对改造后就业、收入和福利的顾虑，该类村民可能会对征迁有一定的抵制心理。

四、安置补偿工作要点

（一）选择房屋评估机构

房屋评估是城市更新房屋征收过程中非常重要的一个环节，评估报告是进行合理征迁补偿的重要依据。全过程工程咨询单位应协助政府及相关部门选择合适的评估机构，并确保估价报告内容完整、公平公正。

1. 规范评估机构的选定及评估流程

根据《国有土地上房屋征收与补偿条例》第二十条以及《国有土地上房屋征收评估办法》第四条的规定，房地产价格评估机构由被征收人在规定时间内协商选定；在规定时间内协商不成的，由房屋征收部门通过组织被征收人按照少数服从多数的原则投票决定，或者采取摇号、抽签等随机方式确定。具体办法由省、自治区、直辖市制定。

评估程序应遵循透明化、公开化的原则。为更好地推进征收工作开展，政府及相关部门可以设专门现场咨询地点，及时解答被征迁人的疑惑，在有条件的地方可通过互联网沟通交流等形式，使评估机构直接接受公众监督，与公众形成良性互动。

2. 确保评估机构工作的独立性

房屋价格评估受评估人员影响较大，评估机构的资信和评估师个人素质对评估价格起了重要作用。在城市更新项目房屋评估过程中，应不断强化评估机构的独立地位和角色，最大限度地使评估结果客观化、独立化。评估机构及人员因主观故意或重大失误，使评估价格明显偏低，导致对相对人造成实际损失的，除追究其刑事、行政责任外，还应追究民事责任，即评估机构和从业人员向被征收人承担损失赔偿责任。

3. 合理把握评估原则，设置征收预评估程序

在征收过程中，对被征收人的利益进行评估，应当在补偿金额上给予一定的倾斜，这也是促进和谐征用的一种行之有效的方式。在评估方法的选取上，要以最有利于征收单位的利益为依据，适度增加弹性，统一评价标准和口径，简化征收程序，保证征收工作的顺利进行。

项目顾问可以在征收调查登记阶段，配合政府及有关部门，由具有资格的评估机构对房屋进行估价，并根据房屋面积、使用状况、装饰装修、物理结构、区域位置等因素，结合征收区域及周边的实际情况，对被征收房屋的市场价格进行预评估，以提高补偿成本的准确性和科学性。另外，在征收调查和备案阶段，需要对土地征收总量进行预测，并对征收费用进行估计，为征地方案的编制提供依据。

4. 确保评估报告的完整性

在房屋评估机构出具评估报告之后，全过程工程咨询单位应协助政府及相关部门对评估报告进行审查，对评估报告内容的完整性及合理性作出鉴定，切实保护公众的利益。

（二）项目外部环境调查

1. 拆赔政策研究

由于国家层面没有就城市更新安置补偿政策制定细则，所以各地区基本是在国务院颁布的《国有土地上房屋征收与补偿条例》的基础上制定各自的安置补偿政策，并运用在城市更新项目中。根据《国有土地上房屋征收与补偿条例》中的规定，对被征收人给予的补偿包括：（一）被征收房屋价值的补偿；（二）因征收房屋造成的搬迁、临时安置的补偿；（三）因征收房屋造成的停产停业损失的补偿。同时根据《国务院关于加快城市更新项目工

作的意见》中的规定，城市更新项目实行实物安置和货币补偿相结合，具体由城市更新居民自愿选择。国家层面关于城市更新项目征迁安置补偿的政策文件总结一览表见表3-23。

国家层面城市更新项目征迁安置补偿的政策文件一览表 **表3-23**

文件名称	具体内容	总结
《国务院关于进一步深化城镇住房制度改革加快住房建设的通知》(国发〔1998〕23号)	深化城镇住房制度改革的目标是:停止住房实物分配,逐步实行住房分配货币化;建立和完善以经济适用住房为主的多层次城镇住房供应体系;发展住房金融,培育和规范住房交易市场	明确城镇住房制度改革的目标是停止住房实物分配,逐步实行住房分配货币化
《国务院关于促进房地产市场持续健康发展的通知》(国发〔2003〕18号)	经济适用住房是具有保障性质的政策性商品住房。要通过土地划拨、减免行政事业性收费、政府承担小区外基础设施建设、控制开发贷款利率、落实税收优惠政策等措施,切实降低经济适用住房建设成本	加强经济适用住房的建设和管理
《国务院办公厅关于切实稳定住房价格的通知》(国办发明电〔2005〕8号)	全面落实廉租住房制度,保障城镇低收入家庭住房需求。要及时调整房地产开发用地的供应结构,增加普通商品住房和经济适用住房土地供应,并督促抓紧建设。同时,抓紧清理闲置土地,促进存量土地的合理利用,提高土地实际供应总量和利用效率	及时调整房地产开发用地的供应结构,增加普通商品住房和经济适用住房土地供应
《国务院办公厅转发建设部等部门关于调整住房供应结构稳定住房价格意见的通知》(国办发〔2006〕37号)	要按照科学发展观的要求,坚持落实和完善政策,调整住房结构,引导合理消费;坚持深化改革,标本兼治,加强法治,规范秩序;坚持突出重点,分类指导,区别对待	坚持和完善政策,调整住房结构
《国务院关于解决城市低收入家庭住房困难的若干意见》(国发〔2007〕24号)	城市廉租住房保障实行货币补贴和实物配租等方式相结合,主要通过发放租赁补贴,增强低收入家庭在市场上承租住房的能力。每平方米租赁补贴标准由城市人民政府根据当地经济发展水平、市场平均租金、保障对象的经济承受能力等因素确定。其中,对符合条件的城市低保家庭,可按当地的廉租住房保障面积标准和市场平均租金给予补贴	健全廉租住房保障方式
《国务院办公厅关于促进房地产市场健康发展的若干意见》(国办发〔2008〕131号)	2009年是加快保障性住房建设的关键一年。主要以实物方式,结合发放租赁补贴,解决260万户城市低收入住房困难家庭的住房问题;解决80万户林区、垦区、煤矿等棚户区居民住房的搬迁维修改造问题	这时期保障性住房主要以实物补偿方式为主
《住房和城乡建设部等部门关于推进城市和国有工矿棚户区改造工作的指导意见》(建保〔2009〕295号)	完善安置补偿政策。城市和国有工矿棚户区改造实行实物安置和货币补偿相结合,由被征迁人自愿选择。符合当地政府规定的住房保障条件的被征迁人,通过相应保障方式优先安排	完善安置补偿政策
《国务院办公厅关于促进房地产市场平稳健康发展的通知》(国办发〔2010〕4号)	力争到2012年末,基本解决1540万户低收入住房困难家庭的住房问题。各地要通过城市棚户区改造和新建、改建、政府购置等方式增加廉租住房及经济适用住房房源,着力解决城市低收入家庭的住房困难。要加快建设限价商品住房、公共租赁住房,解决中等偏下收入家庭的住房困难	加快建设限价商品住房、公共租赁住房,解决中等偏下收入家庭的住房困难
《国务院办公厅关于进一步严格征地征迁管理工作切实维护群众合法利益的紧急通知》(国办发明电〔2010〕15号)	征收集体土地,必须在政府的统一组织和领导下依法规范有序开展。要严格执行省、自治区、直辖市人民政府公布实施的征地补偿标准。尚未按照有关规定公布实施新的征地补偿标准的省、自治区、直辖市,必须于2010年6月底前公布实施;已经公布实施但标准偏低的,必须尽快调整提高。要加强对征地实施过程的监管,确保征地补偿费用及时足额支付到位,防止出现拖欠、截留、挪用等问题。征地涉及征迁农民住房的,必须先安置后征迁,妥善解决好被征地农户的居住问题,切实做到被征地征迁农民原有生活水平不降低,长远生计有保障	严格执行农村征地程序,做好征地补偿工作

续表

文件名称	具体内容	总结
《国务院办公厅关于进一步做好房地产市场调控工作有关问题的通知》(国办发〔2011〕1号)	2011年,全国建设保障性住房和棚户区改造住房1000万套。各地要通过新建、改建、购买、长期租赁等方式,多渠道筹集保障性住房房源,逐步扩大住房保障制度覆盖面	扩大住房保障制度覆盖面
《国务院办公厅关于保障性安居工程建设和管理的指导意见》(国办发〔2011〕45号)	公共租赁住房面向城镇中等偏下收入住房困难家庭、新就业无房职工和在城镇稳定就业的外来务工人员供应,单套建筑面积以40m^{2}左右的小户型为主,满足基本居住需要。租金标准由市县人民政府结合当地实际,按照略低于市场租金的原则合理确定	重点发展公共租赁住房
《住房和城乡建设部、国家发展和改革委员会、财政部等关于加快推进棚户区(危旧房)改造的通知》(建保〔2012〕190号)	"十二五"期间,城市棚户区(危旧房)改造范围内的居民安置住房筹建(新建、购买、货币补偿等)工程和原居民住房改建(扩建、翻建)工程,统一纳入国家城镇保障性安居工程规划计划,其他工程不纳入规划计划	城市棚户区改造范围内的居民安置住房筹建(新建、购买、货币补偿等)工程和原居民住房改建(扩建、翻建)工程,统一纳入国家城镇保障性安居工程规划计划
《住房城乡建设部等七部委关于鼓励民间资本参与保障性安居工程建设有关问题的通知》(建保〔2012〕91号)	鼓励和引导民间资本根据市、县保障性安居工程建设规划和年度计划,通过直接投资、间接投资、参股、委托代建等多种方式参与廉租住房、公共租赁住房、经济适用住房、限价商品住房和棚户区改造住房等保障性安居工程建设,按规定或合同约定的租金标准、价格面向政府核定的保障对象出租、出售	鼓励和引导社会资本通过直接投资、间接投资、参股、委托代建等多种方式参与廉租住房、公共租赁住房、经济适用住房、限价商品住房和棚户区改造住房等保障性安居工程建设
《国务院关于加快棚户区改造工作的意见》(国发〔2013〕25号)	棚户区改造实行实物安置和货币补偿相结合,由棚户区居民自愿选择。各地区要按国家有关规定制定具体安置补偿办法,禁止强拆强迁,依法维护群众合法权益。对经济困难、无力购买安置住房的棚户区居民,可以通过提供租赁型保障房等方式满足其基本居住需求,或在符合有关政策规定的条件下,纳入当地住房保障体系统筹解决	完善安置补偿政策
《国务院办公厅关于进一步骤加强棚户区改造工作的通知》(国办发〔2014〕36号)	棚户区改造安置住房实行原地和异地建设相结合,以原地安置为主,优先考虑就近安置;异地安置的,要充分考虑居民就业、就医、就学、出行等需要,在土地利用总体规划和城市总体规划确定的建设用地范围内,安排在交通便利、配套设施齐全地段	完善安置住房选点布局
《住房城乡建设部国家开发银行关于进一步加强统筹协调用好棚户区改造贷款资金的通知》(建保〔2014〕155号)	各地要充分尊重居民意愿,处理好实物安置和货币补偿安置之间关系。采取货币补偿方式进行安置的,各地要根据实际情况和需求合理确定货币补偿比例,货币补偿占总投资的比例不应超过40%。各地应制定货币补偿办法,明确补偿范围、标准等	合理确定货币补偿比例
《住房城乡建设部国家开发银行关于进一步推进棚改货币化安置的通知》(建保〔2015〕125号)	各地区在安排棚改计划和项目时,应当结合地方实际,综合考虑当地商品住宅库存情况和居民意愿,按照原则上不低于50%的比例确定本地区棚改货币化安置目标,并把目标分解到市、县,落实到具体项目。商品住宅库存量大、消化周期长的市、县,要进一步提高货币化安置比例。 国家开发银行对商品住宅库存量大、消化周期长的市、县,将从严控制对新建棚改安置住房项目的贷款支持;对实行货币化安置的棚改项目,国家开发银行将加大贷款支持力度	落实棚改货币化安置目标和项目,实行差别化信贷政策

续表

文件名称	具体内容	总结
《住房城乡建设部、农业发展银行关于加大棚户区改造贷款支持力度的通知》(建保〔2015〕137号)	对商品住宅库存量大、消化周期长的市县,各地要从严控制新建棚户区改造安置住房项目,大力推进货币化安置。对大力推进棚户区改造货币化安置的市县,农发行将通过多种方式加大贷款支持力度;对符合贷款条件的采用货币化安置方式的棚户区改造项目,农发行要给予积极支持	突出支持重点,积极支持棚户区改造货币化安置
《关于进一步做好棚户区改造相关工作的通知》(财综〔2016〕11号)	棚户区改造货币化安置有利于缩短安置周期、节省过渡性安置费用,有利于满足棚户区改造居民多样化居住需求,有利于化解库存商品住房。各级财政部门积极配合住房城乡建设等部门加大政策宣传力度,引导棚户区改造居民优先选择货币化安置方式。特别是对于商品住房库存量较大、市场房源充足的地方,进一步提高棚户区改造货币化安置比例。通过货币化安置,由棚户区改造居民自主到市场上购买安置住房,或者由市县相关部门搭建平台,组织棚户区改造居民采取团购方式购置安置住房,切实化解存量商品住房	推进棚户区改造货币化安置,切实化解库存商品住房
《住房城乡建设部、财政部关于明确棚改货币化安置统计口径及有关事项的通知》(建保〔2016〕262号)	棚改货币化安置方式包括直接货币补偿、政府组织棚改居民购买商品住房安置和政府购买商品住房安置。各地应分别按照以下统计口径核定棚改开工任务量: 1. 实行直接货币补偿的,以棚改项目为单位,按照货币补偿款核定开工套数。具体按以下公式核定:直接货币补偿开工套数=项目货币补偿款/(当地上一年度新建商品住房均价×80 m^2),计算结果取整不进位。实行实物安置与货币补偿相结合的,要分别核定开工套数,其中,货币补偿开工套数按照上述公式核定;实物安置住房开工套数按照《住房城乡建设部办公厅关于进一步明确城镇保障性安居工程开工统计口径有关事项的通知》(建办保函〔2015〕1153号)执行。 2. 实行政府组织棚改居民购买商品住房(含当地政策性住房等)安置的,按被征收人与房屋征收部门签订的合同(协议)明确的购买住房套数核定开工量。按上述规定无法统计的,可按照上款公式核算。 3. 实行政府购买商品住房(含当地政策性住房等)安置的,按政府部门或其委托的单位与商品住房所有者签订的购买协议(合同)载明的购买住房套数核定开工量。 原有统计口径与上述规定不一致的,统一按上述规定执行	明确棚改货币化安置方式和统计口径

通过政策文件可总结得出，城市更新项目目前主要的安置模式分为两类：货币化安置与实物安置。货币化安置分为居民自主购买、政府购买安置、货币直接补偿三个子类。货币化安置的优点是资金周转迅速，安置周期短，可以促进地方房地产市场需求，缺点是资金压力较大，可能导致地方房地产市场过热。实物安置分为两种：异地安置和原地安置。与货币化安置相比，实物安置的成本较为低廉，资金压力较小，但建设周期较长，集中安置会产生大量地产存量。两种模式自身优缺点明显，有很好的互补效应。从政策变化中可以看出，从 2008 年开始，我国采取了实物安置与货币化安置并重的补偿策略，直到 2013 年，我国开始鼓励采取货币化安置的方式补偿被征迁人，以化解库存商品住房数量多等问题，但从 2016 年开始，根据我国外部环境的变化，货币化安置的政策逐步收紧，住房和城乡建设部提出要因地制宜、因城施策开展城市更新货币化安置工作的执行和落实，科学决策货币安置与实物安置的有机配比，将城市更新项目对城市房地产市场的冲击降至

最小。

2. 商品房市场调查

在确定征迁补偿方案之前，全过程工程咨询单位应协助政府等相关部门提前对商品房市场进行调查，据此选择合适的拆赔方案。若当地商品房库存较多，可选择货币化安置的方式，化解库存住房。若当地房源较少，政府可通过新建回迁安置小区的方式安置被征迁人，也可选择实物安置与货币化安置相结合的方式补偿被征迁人。

（三）拆赔方案成本测算

通过上述分析可知，政府在确定征迁补偿安置方案之前，应提前进行拆赔方案的成本测算，选择最优的组合方式。以下为在剑河县棚户区改造项目中拆赔方案的成本测算。

案例：剑河县棚户区改造项目拆赔方案成本测算

通过对商品房市场进行调查发现，剑河县基本无商品房库存，社会商品房源严重不足。根据剑河县未来城、苗岭兴城、玉锦新都（尾盘）在售情况，住宅均价约 4500 元/m^2，商铺均价约 18000 元/m^2。2018 年剑河县商品房市场调查情况见表 3-24。

2018 年剑河县商品房市场调查情况　　表 3-24

住宅均价（元/m^2）	商铺均价（元/m^2）	商品房库存（套）
4500	18000	基本无库存

本项目中，政府拟定了三种征迁补偿安置方案，分别对其进行成本测算。

方案一：全货币安置。全货币安置成本为 24.55 亿元。

方案二：全回迁安置。全回迁安置成本测算见表 3-25。

方案三：10％货币＋90％回迁成本测算。10％货币＋90％回迁成本测算见表 3-26。

总结：从拆赔方案成本测算的结果来看，方案二的征迁成本最低。

（四）完善征迁后居民生活保障工作

全过程工程咨询单位应协助政府建立一套科学有效的征迁善后保障制度，妥善解决被征迁人因征迁而产生的基本生活问题，向居民提供基本的生活条件，包括住所、用电用水、养老保险以及子女受教育的权利等。对于因征迁工作而导致失业的居民，要积极帮助其二次就业。政府相关部门可通过以下措施辅助棚改居民实现就业。

1. 建立就业援助分类台账

安排专门的工作人员到居民家里进行宣讲，了解他们的基本情况、就业社保状况、安置意向和培训情况。以一家一册、一人一表的方式进行综合整理。根据入户走访，深入调查劳动年龄、有劳动能力、有就业意向的农民工，查找困难人群，分别建立棚改居民就业需求、技能培训、申请创业培训小额贷款、申请社保补贴管理台账，对其个人基本情况、就业意向、培训意向进行详细调查。

2. 建立创业就业指导服务中心

为做好棚户区改造的就业工作，政府和有关单位可以在棚户区和安置区广泛宣传就业政策、就业招聘信息、就业再就业小册子，对政策实施进行全方位的宣传。

3. 大力开发公益岗位

结合棚户区征迁改造工作，积极开发公益岗位安置棚改失业人员。全面落实有关就业政策，帮助更多的下岗失业人员再就业。

全回迁安置成本测算 表 3-25

序号	地块编号	地块名称	占地面积（m^2）	征收面积（m^2）	商业征收面积（m^2）	商业需回迁总面积（m^2）	商业需回迁成本（万元）	住宅征收面积（m^2）	住宅需回迁总面积（m^2）	住宅全回迁安置成本（万元）	全回迁安置总成本（万元）	2015 年需求指标（36 万/户）	2019 年需求指标（80 万/户）
1	1 号	寨章村片区	235730	32154	3215	5145	982	28939	46302	5949	6932	193	/
2	2 号	高速路口片区	130647	28729	2600	4160	1435	26129	41807	11810	13245	368	/
3	3 号	街上村片区	105325	57662	5000	8000	2760	52662	84259	23803	982	28939	/
4	4 号	源江村片区	55910	59710	3800	6080	2097	55910	89456	25271	27368	502	116
5	5 号	沅江村片区	48838	44870	5800	9280	3201	39070	62513	17659	20861	/	261
6	6 号	交洗村片区	24961	19969	0	0	0	19969	31950	9025	9025	/	113
合计			601411	243094	20415	32665	10477	222679	356287	93520	103997	1800	490

注：

1. 商业、住宅回迁按面积奖励上浮 60%估算，全回迁安置需建设面积为：商业回迁面积＋住宅回迁面积＝38.9 万 m^2；
2. 回迁房的建安成本按 2200 元/m^2 估算，寨章村片区建安成本按 30%计算；
3. 商业其他综合补偿费按 2000 元/m^2 计算，则商业全回迁成本为：3.26 万 m^2（商业需回迁面积）×2200 元/m^2（建安成本）＋2.04 万 m^2（商业征收面积）×2000 元/m^2（其他综合补偿费）＝1.04 亿元；
4. 住宅其他综合补偿费按 1000 元/m^2 计算，则住宅全回迁成本为：35.62 万 m^2（住宅需回迁面积）×2200 元/m^2（建安成本）＋22.26 万 m^2×1000 元/m^2（其他综合补偿费）＝9.35 亿元；
5. 全回迁安置成本＝1.04 亿元（商业全回迁成本）＋9.35 亿元（住宅全回迁成本）＝10.39 亿元。

表 3-26

10%货币+90%回迁成本测算

序号	地块编号	地块名称	占地面积（m^2）	征收面积（m^2）	商业征收面积（m^2）	商业货币安置面积（m^2）	商业回迁安置面积（m^2）	商业安置成本（万元）	住宅征收面积（m^2）	住宅货币安置面积（m^2）	住宅回迁安置面积（m^2）	住宅安置成本（万元）	安置总成本（万元）	2015 年需求指标（36 万/户）	2019 年需求指标（80 万/户）
1	1 号	寨章村片区	235730	32154	3215	514	4630	1887	28939	4630	41672	7808	9696	269	\
2	2 号	高速路口片区	130647	28729	2600	416	3744	2102	26129	4181	37626	12845	14948	\	187
3	3 号	街上村片区	105325	57662	5000	800	7200	4044	52662	8426	75833	25888	29932	831	\
4	4 号	源江村片区	55910	59710	3800	608	5472	3073	55910	8946	80510	27485	30558	\	382
5	5 号	沅江村片区	48838	44870	5800	928	8352	4691	39070	6251	56261	19207	23898	664	\
6	6 号	交洗村片区	24961	19969	0	0	0	0	19969	3195	28755	9816	9816	\	123
合计			601411	243094	20415	3266	29398	15798	222679	35629	320658	103051	118850	1765	692

注：

1. 安置成本=商业货币安置面积×商铺均价+住宅货币安置面积×住宅均价+（商业回迁安置面积+住宅回迁安置面积）×2200 元/m^2（建安成本）+2.04 万 m^2（商业征收面积）×2000 元/m^2（其他综合补偿费）+22.26 万 m^2×1000 元/m^2（其他综合补偿费）=11.88 亿元。
2. 10%货币+90%回迁安置需 11.88 亿元。

五、关键风险分析防范

（一）征迁安置风险分析

在征地过程中，最严重的是社会稳定风险，其根源在于各利益集团的抵触情绪，包括上访、留置原地拒绝搬迁、暴力对抗甚至集体示威。因此，全过程工程咨询单位应对征收项目所涉及的影响社会稳定的风险进行识别，并对这些风险发生的可能性大小分别进行定性评价。根据对征收项目实施过程中易发生的社会风险的经验判断，并结合棚户区改造征收征迁项目的具体情形，棚户区改造项目可能会诱发的社会风险主要如下：

1. 项目合法性、合理性遭质疑

本工程的决策与现行政策、法律法规相抵触，政策和法律依据是否充分；项目执行过程中是否遵守严格的审核与批准流程；是否进行了严格、科学的可行性研究和论证，是否考虑时间、空间、人力、物力、财力等方面的制约；施工方案是否具体、详细，配套措施是否完备。

2. 项目可能造成环境破坏

在棚户区改造工程施工期间，施工会对地表水、空气造成污染，对周围的噪声有一定的负面影响。施工机械会产生大量的烟尘，机械设备会有工作噪声，机械油泄漏会造成油污染，建筑材料堆料场被雨水冲刷会引起地表径流污染，施工营地生活污水未经处理直排或生活垃圾随意抛弃会引起污染，大型挖掘机械及运上车辆对道路的损坏和对环境卫生的破坏的现象将不同程度地存在。此外，在运营期间，该工程还会对周围环境产生一定的影响。

3. 群众抵制征收征迁

由于征收涉及老百姓的切身利益，加之老百姓对征收政策的不了解，所以在征收征迁过程中，群众常常与政府背道而驰，以各种各样的方式抵制征收，甚至有一部分人会因不满拆迁方案而变成“钉子户”，拒绝征收、抵制征收。这种情况是比较容易发生的。

4. 群众对生活环境变化的不适

棚户区的全面发展，将会打破目前的生活状况，使其与外部世界的联系更为紧密，同时也会在某种程度上被外界所干扰，从而产生一种不安和忧虑。此外，由于更新工程可能导致居民的搬迁，一些居民将会在当地进行搬迁。迁居将导致长久以来的社区关系瓦解，必须重建与调整新的社会关系网，使被征迁者在短期内产生恐慌和不安。风险评价显示，居民对居住环境的改变有更高的不舒服感。改造工程竣工后，将会有更多的人和车辆涌入，也会打破以前的平静，使市民们不习惯。不过，这只是暂时的，等配套设施建设完成后，居民的生活、就业、出行等条件都会有很大的提高，而且可以让老百姓在较长时间内享受到由棚改带来的城市化的便利。

（二）风险应对解决措施

1. 加强征收征迁政策的宣传，营造良好的社会舆论氛围

利用电视、广播、报纸等多种形式，宣传棚户区改造工程对改善当地的道路、促进当地的经济发展、促进当地的土地增值、增加居民的就业带来很大的帮助，尽管短期内居民会有一定的生活不便，甚至带来感情的痛苦、焦虑等，权衡利弊，但是当地的原住居民将是最大的受益者。因此，在征用政策上，必须坚持以民意为导向。

2. 注重对被征迁人切身利益的保护

棚户区改造项目作为住房保障工程，其目的是解决困难群众的住房问题，工程项目总体定位为不是以盈利为目的的，而是一项政府的福利性工程。棚户区改造工程的实施将对改善贫困地区居民的生活状况、统筹城乡发展和提供就业平台、改善居民的居住环境、缩小贫富差距等方面产生影响；同时对当地社会、经济和文化的发展起到巨大的推动作用。棚户区改造的征迁安置方式应根据具体项目严格选择，切实保护被征迁人的切身利益。

3. 减少施工期间的扰民

县（市）政府各职能部门、全过程工程咨询机构要密切配合，严格要求并监督施工单位文明施工，减少扰民，主要采取下列措施：施工过程中所产生的垃圾、废水、废气等有可能污染周围环境的，应采取相应措施及时处理，不可随意倾倒，排放；施工工地进出车辆应避开每日上下学时间，避免在工地周边发生交通堵塞、交通事故等。

4. 保障项目全过程治安安全

采取预防为主的安全防范措施如下：一是确保拆迁款到位，并及时进行工程建设，保障拆迁对象的利益。二是必须强行进入的，在赔偿款已发放的情况下，必须保留现场的证据，同时要求公安、民政等相关部门到场维护现场秩序。三是强化公安机关在工程建设全过程中的综合整治，维护辖区内的治安环境。四是要密切注意少数居民由于对补偿不满意而发生的上访、闹访、煽动、游行等行为，及时采取教育、说服、化解等措施，把问题扼杀在萌芽状态。

5. 创新思路，以人为本

首先，在征迁过程中，要按规定做好公开、公示工作，保证被征迁对象的知情权；其次，推行民主评议，保障被征迁人的参与权；最后，应为被征迁人搭建诉求平台，保障被征迁人的表达权。在确定最终的征迁补偿条例前，定期召开恳谈会，由征迁工作人员、被征迁人员和法律人士共同参与，面对面听取被征迁人的诉求和意见，构建利益诉求平台，保障被征迁人的表达权，加强与被征迁人之间的沟通交流。

6. 加强风险预警，做好征地征迁现场维稳工作

全过程工程咨询单位应协助相关部门建立风险预警系统，每天检查征迁中出现的不稳定因素。强化征迁现场的安全，一旦有什么突发情况，所有的力量和人员都要立即行动起来，井然有序地进行，相关部门的主要负责人要亲自到场，当场作出承诺和答复，以保证事态不会扩大，不受影响。

第四章　城市更新项目工程建设全过程咨询

第一节　城市更新项目招采咨询

一、城市更新项目招标策划

（一）城市更新项目招标策划

城市更新项目招标投标阶段是在城市更新项目前期阶段形成的咨询成果［如可行性研究报告、业主需求书、相关专项研究报告、不同深度的勘察设计文件（含技术要求）、造价文件等］基础上进行招标策划，并通过招标投标活动选定具备相应资质的通包商，并根据合同约定，进一步确定其功能、规模、标准、投资、工期等，并将业主和承包商的责权利予以明确。

城市更新工程的启动阶段是以招标、采购为基础的，具有很强的政策性和程序性。招标文件中的招标工作包括：风险分析、强制招标与不招标的区别、招标条件的审查、招标方式的确定、招标组织形式的确定、招标标段的确定、招标时间的确定、中标原则的确定、招标文件的确定。要做好规划、计划、组织、控制等工作过程的调查与分析，并有针对性地进行预防。针对城市更新项目的特点，招标文件从招标、市场调研、工程量清单、投标控制价、合同管理等方面进行了论述，为建设管理和竣工结算打下了良好的基础。

根据现行的《中华人民共和国招标投标法》《中华人民共和国招标投标法实施条例》，招标投标活动包括招标策划、招标、投标、开标、评标、中标、定标、投诉与处理等一系列流程。招标投标活动应当遵循公开、公平、公正和诚实信用的原则。

1. 招标策划

（1）依据

依据包括：①相关法律法规、政策文件、标准规范等；②项目可行性研究报告、业主需求书、相关利益者需求分析、不同深度的勘察设计文件（含技术要求）、决策和设计阶段造价文件等；③业主经营计划，资金使用计划和供应情况，项目工期计划等；④项目资金来源、项目性质、项目技术要求，业主对工程造价、质量、工期的期望以及资金的充裕程度等；⑤承包商专业结构和市场供应能力分析；⑥项目建设场地供应情况和周边基础设施的配套情况。

（2）内容

对整个城市更新工程咨询服务的招标策划，主要包括：业主需求分析、标段划分、招标方式选择、合同策划、时间安排等。要做好项目策划、策划、组织、控制等工作的研究、分析，并有针对性地进行防范，以减少招标工作中出现的错误和消极情况，确保招标工作的质量。

1）业主需求分析

项目施工总承包单位可以采用现场调查、访谈、问卷调查、原型逼近法等方法，对施工项目的质量、成本、进度、安全环境、风险控制、系统协调性、流程连续性等进行调查，编制业主需求分析报告，主要内容如图 4-1 所示。

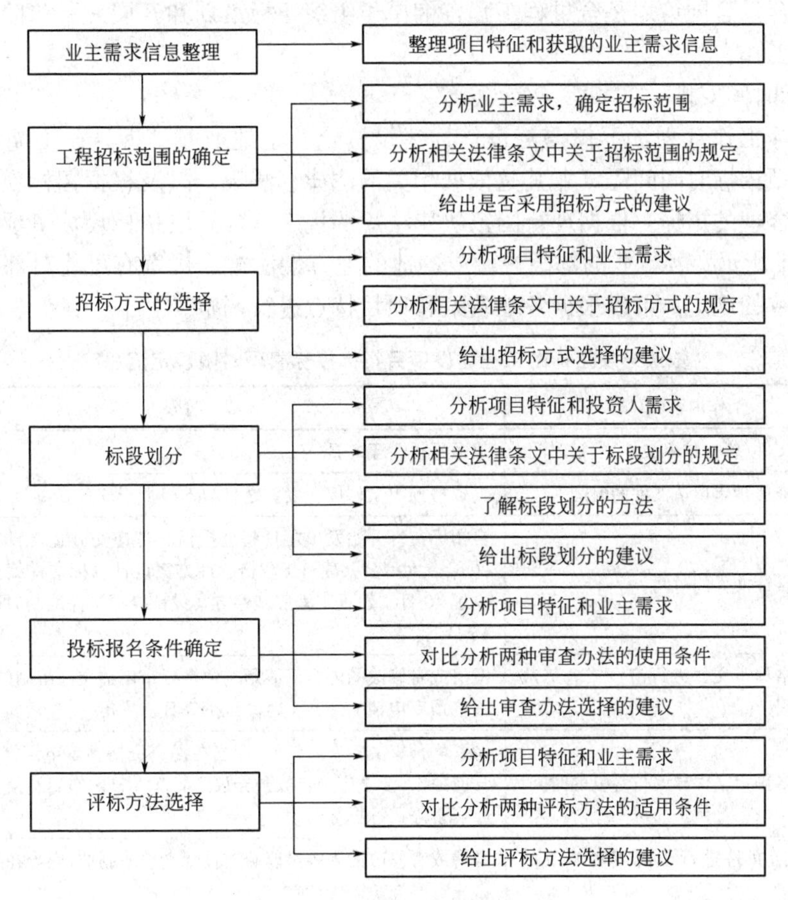

图 4-1　业主需求分析主要内容

2）标段划分

影响标段划分的因素很多，全过程工程咨询单位应根据拟建项目的内容、规模和专业复杂程度等提出标段划分的合理化建议。在划分标段时，必须遵守合法、责任明确、经济高效、客观务实、便于操作等基本原则。划分标段时，应考虑的因素包括：业主内部管控能力、建设项目特点、工期造价、潜在承包人专长工地管理、建设资金供应等。针对建设目标明确、专业复杂、需要多专业协调优化的建设项目，可以采用工程总承包的方法来确定承包人。

3）招标方式的选择

项目实施过程中，咨询机构要对项目的复杂程度、项目所在地的自然条件、潜在的承包人情况进行分析，并结合相关法规、项目规模、发包范围和业主的要求，决定是否采取公开招标或邀请招标。

4）合同策划

合同策划主要是合同的类型和条款的选取。合同的主要类型有单价合同、总价合同、成本加酬金合同等。合同的适用条件、权利和责任的分配、支付方式、风险分配方式等都不尽相同，因此，要结合工程实际，确定合同的类型，选择契约条款。业主可以根据招标文件的格式来选择合同条款，如果没有格式的，可以根据合同的具体条款来修改，并与招标目的相结合。合同策划是全过程工程咨询单位组织招标策划和开展发承包阶段咨询服务的一项重点工作。

5）招标时间安排

编制招标工作计划，不仅要与设计、建设资金、土地征收、拆迁、工期等方面相协调，还要兼顾招标时间间隔，尤其是依据相关的法律、法规，以及根据招标项目的规模和范围，进行合理的招标。依据现行国家法律法规的规定，各阶段招标投标事项时限的规定总结如表 4-1 所示。各行业的部门规章或各地的地方性法规、规章有可能对部分事项时限有与此不一致的规定，可以根据各地政策和项目特点进行调整。

依法必须招标的工程建设项目招标投标事项时限规定汇总　　表 4-1

序号	工作内容(事项)	时限
1	招标文件(资格预审文件)发售时间	最短不得少于 5 日
2	提交资格预审申请文件的时间	自资格预审文件停止发售之日起不得少于 5 日
3	递交投标文件的时间	自招标文件开始发出之日起至投标文件递交截止之日止最短不少于 20 天。大型公共建筑工程概念性方案设计投标文件编制时间一般不少于 40 日。建筑工程实施性方案设计投标文件编制时间一般不少于 45 日
4	对资格预审文件进行澄清或者修改的时间	澄清或者修改的内容可能影响资格预审申请文件编制的,应当在提交资格预审申请文件截止时间至少 3 日前发出
5	对资格预审文件异议与答复的时间	对资格预审文件有异议的,应当在提交资格预审申请文件截止时间 2 日前提出,业主应当自收到异议之日起 3 日内作出答复,作出答复前,应当暂停招标投标活动
6	对招标文件进行澄清或者修改的时间	澄清或者修改的内容可能影响投标文件编制的,应当在提交投标文件截止时间至少 15 日前发出
7	对招标文件异议与答复的时间	对招标文件有异议的,应当在提交投标文件截止时间 10 日前提出,业主应当自收到异议之日起 3 日内作出答复,作出答复前,应当暂停招标投标活动
8	对开标异议与答复时间	承包人对开标有异议的,应当在开标现场提出,业主应当场作出答复
9	评标时间	业主应当根据项目规模和技术复杂程度等因素合理确定评标时间。超过三分之一的评标委员会成员认为评标时间不够的,业主应当适当延长
10	开始公示中标候选人时间	自收到评标报告之日起 3 日内
11	中标候选人公示时间	不得少于 3 日
12	对评标结果有异议与答复时间	承包人对评标结果有异议的,应当在中标候选人公示期间提出,业主应当自收到异议之日起 3 日内作出答复。作出答复前,应当暂停招标投标活动
13	投诉人提起投诉的时间	自知道或者应当知道其权益受到侵害之日起 10 日内向有关行政监督部门投诉。异议为投诉前置条件的,异议答复期间不计算在投诉限制期内
14	对投诉审查决定是否受理的时间	收到投诉书 5 日内

续表

序号	工作内容(事项)	时限
15	对投诉作出处理决定的时间	受理投诉之日起30个工作日内;需要检验、检测、鉴定、专家评审的,所需时间不计算在内
16	业主确定中标人时间	最迟应当在投标有效期满30日前确定
17	向监督部门提交招标投标情况书面报告备案的时间	自确定中标人之日起15日内
18	业主与中标人签订合同时间	自中标通知书发出之日起30日内
19	退还投标保证金时间	招标终止并收取投标保证金的,应及时退还;承包人依法撤回投标文件的,自收到撤回通知之日起5日内退还;业主与中标人签订合同后5个工作日内退还

(3) 程序

全过程工程咨询单位通过了解拟建项目情况、业主需求分析、标段划分、招标方式选择、合同策划、招标时间安排等细节工作，将工作关键成果进行汇总整理，编写形成招标策划书。工作程序如图4-2所示。

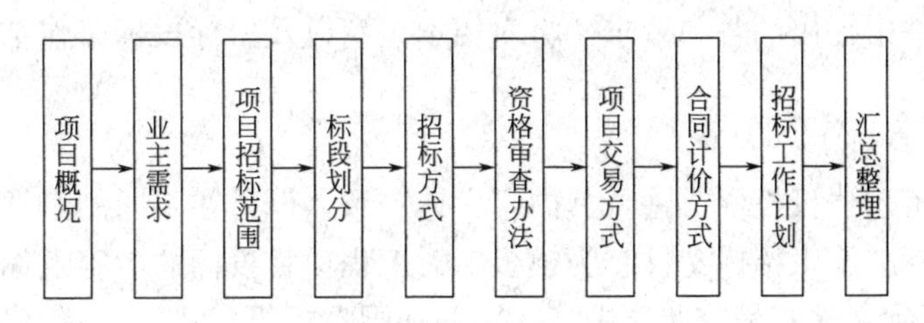

图4-2　招标策划书编写程序

(4) 注意事项

1) 全过程工程咨询单位在组织招标策划过程中，应对社会资源供需进行深入分析，如拟招标项目需要土方开挖及运输，若项目所在地附近存在土方需求的，则应考虑将开挖土方供应给邻近的需求者，以求降低成本、提高社会效益。

2) 应充分考虑项目功能、未来产权划分对标段的影响，招标策划工作中应根据业主的需要，对优先使用的功能、产权明晰的项目优先安排招标和实施。

3) 项目招标策划应与项目审批配套执行，充分考虑审批时限对招标时间安排的影响和带来的风险，避免项目因审批尚未通过而导致招标无效，从而影响项目建设程序。

4) 招标策划应充分评估项目建设场地的准备情况，特别需要在招标前完成土地购置和征地拆迁工作，现场“三通一平”条件充足，避免招标结束后承包商无法按时进场施工导致索赔或纠纷问题。

2. 招标文件编制

(1) 依据

1) 法律法规

法律法规包括：①相关法律法规、政策文件、标准规范等；②《中华人民共和国标准施工招标文件》(2007年版)；③《建设工程招标控制价编审规程》CECAGC 6—2011；④《建设项目全过程造价咨询规程》CECA/GC 4—2017。

2）建设项目工程资料

建设项目工程资料包括：①项目可行性研究报告、业主需求书、相关利益者需求分析、不同深度的勘察设计文件（含技术要求）、决策和设计阶段造价文件等；②业主资金使用计划和供应情况，项目工期计划等；③项目建设场地供应情况和周边基础设施的配套情况；④潜在承包商的技术、管理能力、信用情况等；⑤材料设备市场供应能力；⑥合同范本；⑦招标策划书。

（2）内容

1）资格预审文件编制

针对进行资格预审的项目，在发售招标文件前进行的工作，包括发布资格预审公告、出售资格预审文件、资格预审文件补遗、接收申请文件、组建评审委员会以及结果公示和发出投标邀请书等工作步骤。房屋市政施工招标资格预审文件可参考《施工招标资格预审文件》（2010年版）进行编制；其他专业工程可参考相应的专业管理部门的有关规定执行。

2）招标文件

招标文件是由业主（或其委托的全过程工程咨询单位）编制并发布，它是招标人在编制招标文件时所用到的资料，同时也是业主和未来中标候选人订立合同的依据，承包商如果接受了招标文件中提出的各项要求，将对招承包商以及招标投标工作结束后的承发包双方都有约束力。

① 招标文件编制

不同类型的工程建设投标文件，其内容大体一致，但是在不同的组卷形式上会有所不同。本书是以《标准施工招标文件》为模板，对工程项目投标的内容及编制要求进行了阐述。《标准施工招标文件》是按照《中华人民共和国招标投标法》《工程建设项目施工招标投标办法》（30号）的有关规定，参考FIDIC合同条款的设计思想，分为四个部分，具体情况详见《中华人民共和国标准施工招标文件》（2017年版）和《中华人民共和国标准设计施工总承包招标文件》（2012版）。

② 招标文件的审核

工程施工招标文件的审核主要是对其内容编制的完整性、准确性、科学性的审核，重点。a. 审查投标文件内容是否合法、是否全面、准确地描述了招标项目的具体情况和业主的实质性需求。b. 审核招标文件中提出的招标条件是否具备。

3）工程量清单编制与审核

工程量清单是招标文件的重要组成部分，是编制招标控制价、投标报价、工程款支付、合同价款调整、竣工结算、工程索赔等的重要依据。

① 工程量清单编制

工程量清单的编制内容主要有：编制分项工程清单、编制措施清单、编制其他项目清单、编制规费和税费清单，见表4-2。工程量清单编制的内容、依据、要求和表格形式等应该执行《建设工程工程量清单计价规范》GB 50500—2013的有关规定。

工程量清单的编制内容 **表4-2**

清单名称	含义	内容
分部分项工程量清单	拟建工程分项实体工程项目名称和相应数量的明细清单	项目编码、项目名称、项目特征、计量单位和工程量

续表

清单名称	含义	内容
措施项目清单	为完成工程项目施工，发生于该工程施工前和施工过程中技术、生活、文明和安全等方面的非实体项目清单	通用措施项目、专业措施项目等
其他项目清单	除分部分项工程量清单、措施项目清单所包含的内容外，因业主的特殊要求而发生的与拟建工程有关的其他费用项目和相应数量的清单	暂列金额、暂估价、计日工和总承包服务费
规费、税金项目清单	—	社会保障费：包括养老保险费、失业保险金、医疗保险费、工伤保险费生育保险费、住房公积金、工程排污费
		增值税，城市建设维护税，教育费附加及地方教育附加

② 工程量清单的审核

工程量清单编制完成后应进行审核，主要审核内容详见“工程量清单审核程序”中的内容。业主应对工程量清单的准确性和完整性负责。

4）招标控制价

招标控制价作为拟建工程的最高投标限价，是业主在招标工程量清单的基础上，按照计价依据和计价办法，结合招标文件、市场实际和工程具体情况编制的最高投标限价，是对工程进度、质量、安全等各方面在成本上的全面反映。另外，招标控制价是投标人在投标中的最高价格，也是投标人对投资进行积极控制的一种方式，同时也是限制投标报价、分析投标价格是否低于成本的重要依据。

① 控制价编制

投标报价应当由具备编制能力的业主或经其授权的具备相应资格的项目造价顾问机构编制。招标控制价应当在投标时公开，不能加或降，由业主按建设单位的相关规定将投标报价和相关材料保存，以备查或报备。负责投标报价的编制单位应当按照有关技术规范要求，向委托人提供一份客观、可行的投标控制价格结果。招标控制价编制的内容、依据、要求和表格形式等应该执行《建设工程工程量清单计价规范》GB 50500—2013 的有关规定及当地工程造价管理机构发布的相关计价依据、标准。

② 控制价审核

审计单位通常是由建设单位或其委托的工程造价顾问单位担任。招标控制价格应当发布前确定审查完成，通常不能晚于投标截止日期 10 天。委托工程造价咨询单位对投标控制价的审查应当具备综合性、技术性，审查的时限不能超过 5 个工作日。

招标控制价应重点审核以下几个方面：a. 投标文件中的项目编码、名称、特点、数量、计量单位等与公布的工程量清单项目是否相符。b. 投标报价的总报价是否完整，并对其进行汇总检查。c. 计价程序是否符合《建设工程工程量清单计价规范》GB 50500—2013 和其他相关工程造价计价规范的要求。d. 分部分项工程综合单价的组成是否与相应清单特征描述内容相匹配，定额子目选取及换算是否准确。e. 主要材料及设备价格的取定是否结合了招标文件中相关技术参数要求，取值是否合理。f. 该措施工程所依据的施工方

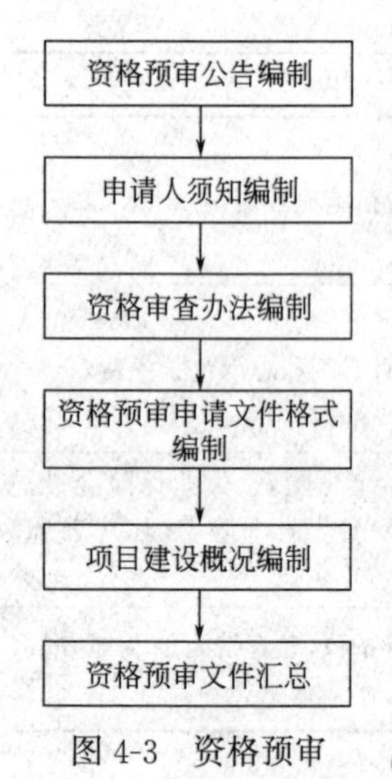

图 4-3　资格预审文件编制程序

案是否正确、可行，费用计算是否合理，是否按照国家、省级、行业建设主管部门的有关规定进行了安全文明施工。g. 管理费、利润、风险等费用的计算是否正确。h. 规费、税金等费用计取是否正确。i. 专业工程暂估价的工程估价累计是否超过相关法规规定的比例。

(3) 程序

1) 资格预审文件编制程序

资格预审文件是向申请人提供资格预审的条件、标准和方法，以及对其业务资格、履约能力进行审查的基础。

资格预审文件编制程序如图 4-3 所示。

2) 招标文件编审程序

依据国家法律、法规以及《建设项目全过程造价咨询规程》CECA/GC 4—2017 实施手册的相关要求，建设项目招标文件的编制与审核工作的程序如图 4-4 所示。

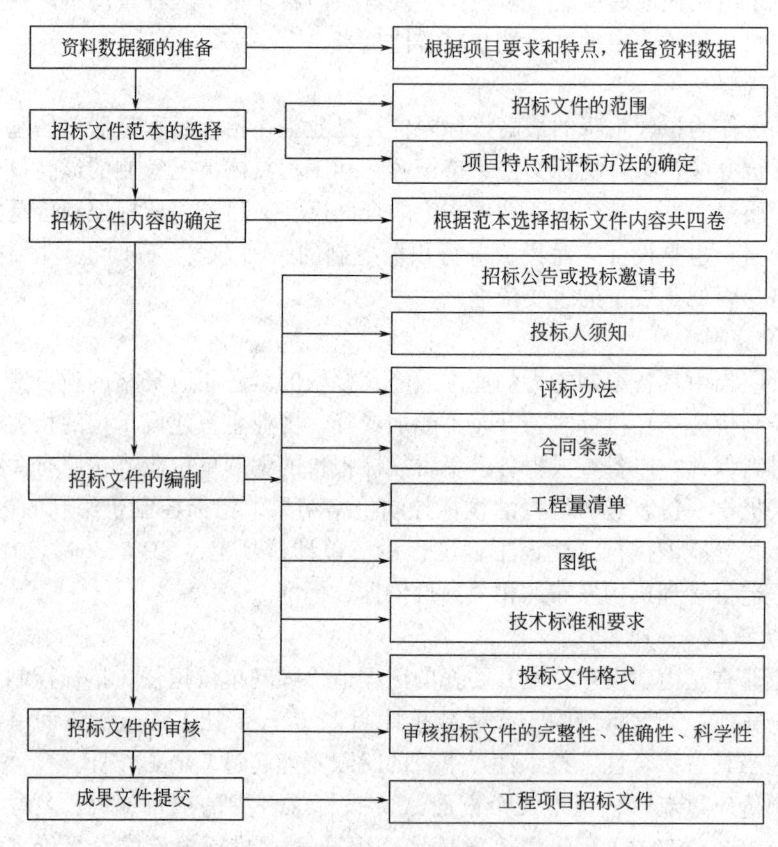

图 4-4　招标文件编制与审核工作程序图

3) 工程量清单编制与审核

① 工程量清单编制

依据《建设工程工程量清单计价规范》GB 50500—2013 和《建设项目全过程造价咨

询规程》CECA/GC 4—2017 实施手册，建设项目工程量清单编制流程图如图 4-5 所示。

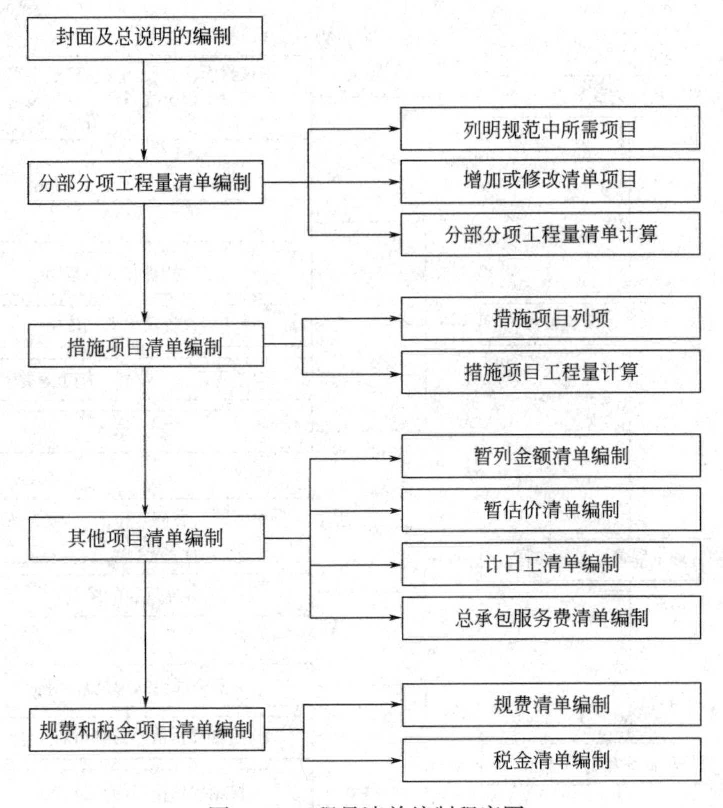

图 4-5　工程量清单编制程序图

② 工程量清单审核程序

工程量清单审核包括审核封面及有关印章、工程量清单总说明、分部分项工程量清单、措施项目清单、其他项目清单、规费、税项清单、补充工程量清单等。工程量清单审核流程如图 4-6 所示。

4）招标控制价编制与审核

① 招标控制价编制程序

编制招标控制价的基本步骤是：编制前准备、收集编制材料、编制招标控制价、整理有关招标控制价资料、编制招标控制价成果文件。具体如图 4-7 所示。

② 招标控制价审核程序

招标控制价审核工作的主要步骤是：审核前准备、审核招标控制价文件、编制招标控制价审核成果文件，具体如图 4-8 所示。

（4）注意事项

1）资格预审文件编制注意事项

资格预审应在公平、公开、公正的原则下进行，不允许偏袒任何承包申请人。同时资格预审应将“挂靠”、虚报资质等影响承包人正常履行合同的风险降到最低。

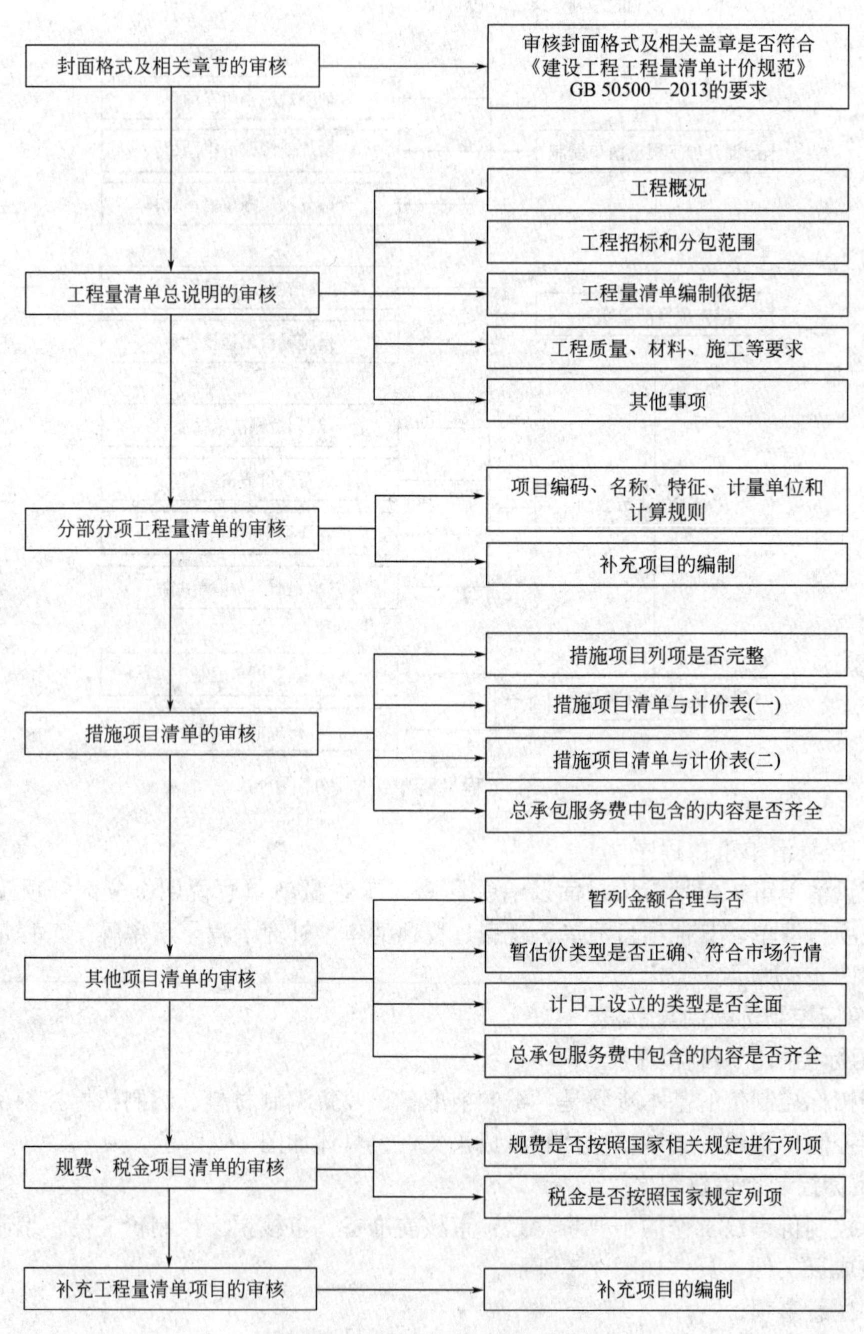

图 4-6 工程量清单审核程序图

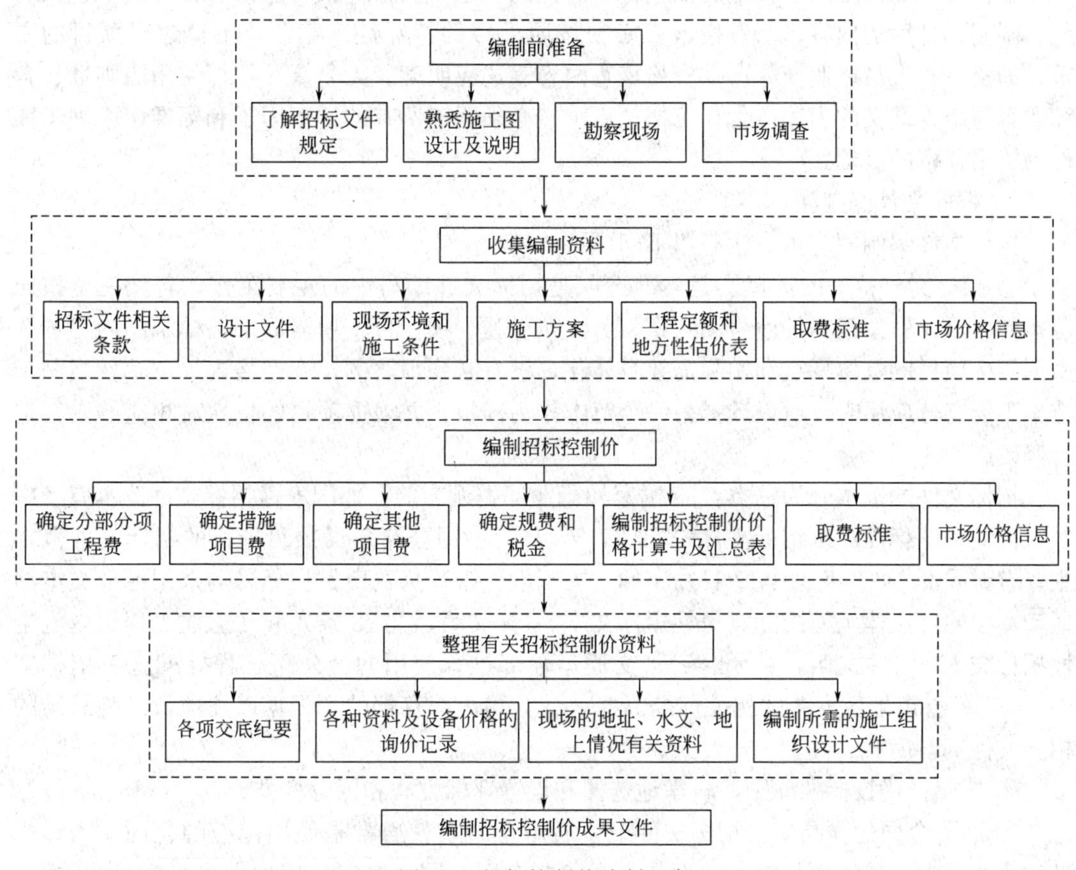

图 4-7　招标控制价编制程序

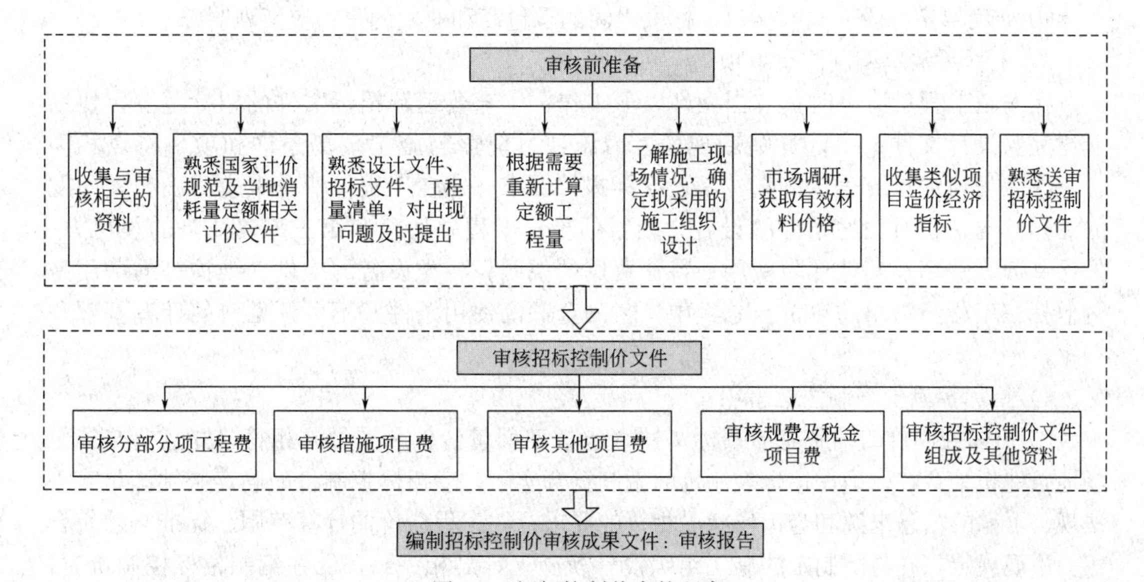

图 4-8　招标控制价审核程序

资格预审文件是招标投标的依据，其编制的注意事项应包括：①不得含有对承包人有利、限制、排斥的内容；②资格审查必须按照项目的特殊性来编制，不得超出项目的要求，如资质、人员、业绩等；③资格审查内容表述应明确、无争议，不得使用原则性、含糊或容易产生歧义的表述；④在资格预审中，必须明确所有的评审因子和标准，否则不能作为资格预审的基础。

2）招标文件编制注意事项

招标文件编制中应重点注意以下问题：

① 招标文件范本的选择。范本的选取是招标文件编写中的主要工作，若能完全按照范本的要求，就按范本的序号填写章、节、条、款、项、目，填写以空格标示的内容，并根据招标项目的具体特点和实际需要具体化，没有必要填写的，在空格内加“/”；当一个范本不能充分应用时，可以选择另一个范本作为样板，并根据项目的特性对相应的内容进行修改。

招标文件的范本分为三类：a. 国家和行业部委颁布的。如国家性招标文件范本有《中华人民共和国标准施工招标文件》（2017 年版）；中国公路建设项目现行的招标文件范本主要有财政部 1991 年 5 月 17 日发布的《关于世界银行贷款项目招标采购采用标准文本的通知》中的《土建工程国际竞争性招标文本》（英文版，共 78 条）和《土建工程国内竞争性招标文本》（中文版，共 44 条）；交通运输部推荐使用的《公路工程标准施工招标文件》。b. 各省市地区发布的相关标准范本。c. 公司内部存档的，根据以往项目经验总结的招标文件资料库。

② 按照择优投标的原则，科学地选择和设置评标方法和评分标准。

③ 准备合同的样品。在招标文件中，通用合同条款通常是使用标准的合同文本。标准的合约更加成熟，更加规范。但是，在编制专用合同条款时，应根据项目的具体情况，如资金状况、技术复杂程度等，制定出相应的合同条款。

④ 准确界定标段之间的接口，标段之间的承包商和业主的责权应清晰明确。

3）工程量清单编制注意事项

在编制工程量清单时，应当做好以下工作：①充分理解招标文件的招标范围，协助业主完善设计文件；②认真踏勘现场，措施项目应该与施工现场条件和项目特点相吻合；③工程量清单应表达清晰，满足投标报价要求；④在工程量清单中应明确相关问题的处理及与造价有关的条件的设置，如暂估价；工程一切险和第三方责任险的投保方、投保基数、费率及其他保险费用；特殊费用的说明；各类设备的提供、维护等的费用是否包括在工程量清单的单价与总额中；暂列金额的使用条件及不可预见费的计算基础和费率。

4）招标控制价编制注意事项

① 招标控制价的编制应与招标文件（包括工程量清单和图纸）相符，并且要与施工场地条件相结合，以确保招标控制价的编制符合实际；②招标控制价的确定必须满足有关法规、可靠的信息来源和与市场状况相符的要求；③工程造价的计算范围、标准必须符合相关法规规定，并与所制定的施工组织设计及施工计划相一致；④在编制招标控制价时，要有对招标文件进行进一步审议的思路，对存在的问题及时反馈处理，避免合同履行时的纠纷或争议等问题。

3. 招标过程管理

（1）依据

1）法律法规：①《中华人民共和国招标投标法》（2017年修订）；②《中华人民共和国招标投标法实施条例》（2017年修订）；③《建设工程造价咨询成果文件质量标准》CECA/GC7—2012。

2）建设项目工程资料：①招标策划书；②招标文件。

（2）内容

全过程工程咨询单位对项目进行招标策划并编制完招标文件后，需要通过一系列招标活动完成招标。

1）发布招标公告

在指定的媒体上公布招标公告。

2）资格预审

承包商应在规定的截止时间前报送资格预审文件。业主有责任组织包括财务和技术方面的专家组成的审查团队进行资格预审，以保证其完整性、有效性和正确性。

3）投标

在投标过程中，全过程工程咨询单位主要的工作内容是接收承包商提交的投标文件和投标保证金等，并审核投标文件和投标保证金是否符合招标文件和有关法律法规的规定。

4）开标

在招标文件所规定的投标期限内，开标将在招标文件中指定的地点举行。开标时，投标文件的密封应由承包人或其指定的代表进行，并经业主委托的公证机关进行检验；在确定无误后，工作人员当着所有人的面将其打开，并宣读承包人名称、投标价格及其他重要内容。

5）清标

在全过程工程咨询服务中，针对项目的需要，专业咨询工程师（招标代理）在开标后、评标前，对投标报价进行分析，编制清标报告成果文件。清标报告应当包含清标报告封面、签字页、清标报告编制说明、清标报告正文及有关附件，对投标文件的内容进行全面、规范的审查，并将其提交给总顾问和业主进行审核。

清标报告正文宜阐述清标的内容、清标的范围、方法、结果和主要问题等。它一般包括：①检查和整理计算中的错误，对不平衡的报价进行分析和整理，并对错误、漏项和多项进行整理。②对综合单价、收费标准的合理性进行分析与整理；③合理、全面地分析、整理招标文件，对标书的意义不清楚、对同一问题的表述不统一、文字上的明显错误进行核查、整理。④投标文件和招标文件是否吻合；招标文件是否存在歧义问题，是否需要组织澄清等问题。

6）评标

业主或其委托的全过程工程咨询单位应依法组建评标委员会，与承包商有利害关系的人不得进入相关项目的评标委员会。招标人可以在招标文件中对其含义不明的部分进行必要的澄清和解释，但不能超过招标文件的范围，也不能更改其实质性内容。根据招标文件规定的方法和标准，评标委员会对标底进行评审、比较，以标底为基准。评标结束后，由评标委员会向业主提交一份正式的评标文件，并推荐有资格的投标人。

7）定标

按照由评标委员会提交的书面评审报告和推荐的中标候选人，确定中标人；业主有权委托评标委员会对中标候选人进行评审。在确定中标人后，由业主向中标人发送中标通知书，并将中标结果通知所有未中标的承包商。中标通知书对招标人及中标人均具有法律效力。投标人在中标后，因中标而改变中标结果或放弃中标的，将依法承担相应的法律责任。

8）公示

全过程咨询机构到相关行政监督部门将定标结果进行备案（或按项目所在地规定）并公示中标候选人。

9）签约

按照招标法律规定，在中标通知书发出后30日内，业主与中标人按照投标文件和中标文件订立一项书面合同。在合同澄清、合同签订等方面，全过程工程咨询单位要配合业主进行合同的澄清、签订合同等，并可根据业主的要求和项目的需要，对合同进行谈判，细化合同条款等。业主和中标人不得再行订立背离合同实质性内容的其他协议。

(3）程序

全过程工程咨询单位须严格执行有关法律法规和政策规定的程序和内容，严谨组织项目发承包过程管理，具体程序如图4-9所示。

(4）项目采购计划的编制

城市更新项目涉及的内容广、情况复杂多变，一个建设区域内包含多项建设内容，因此，在城市更新工程中，建设项目的采购计划是一项十分必要的工作。根据城市更新项目各建设内容先后顺序及竣工使用/投产的要求，对工程项目采购内容进行分解，用以指导采购工作的时间和流程，以达到对工程项目的目标进行控制的作用。

1）制订工程项目采购规划的工作步骤

工作步骤包括：①对工程项目进行分解和分析，并列出所需的全部材料；②对采购的内容进行分类，按照工程、货物和服务的不同划分；③将采购内容分解、包装、整合，形成合同包；④清晰地了解采购的组织结构及工作过程；⑤选择采购方式，例如国际招标、国内招标、询价采购等；⑥为采购工作制订时间表。

2）项目分解与合同包的确定

在进行项目分解与合同打包时，要考虑以下几个因素：①把相似的商品和服务放在一块，进行大量的购买，以便得到最低价格；②项目的进度和采购的组织。统计采购工作量要适当均衡，不能过于集中；同时，也要考虑设备制造周期，例如可考虑基础设施设备和非标设备优先采购原则；③地理因素。一些土建工程（如公路、铁路等）要考虑把项目集中在一个地方，以免太过分散。

3）建立项目采购的组织

建立采购的组织能保证采购活动的顺利进行，保证采购工作的公开透明。招标采购的规划包括资质结构设计和任务分工、流程设计等。

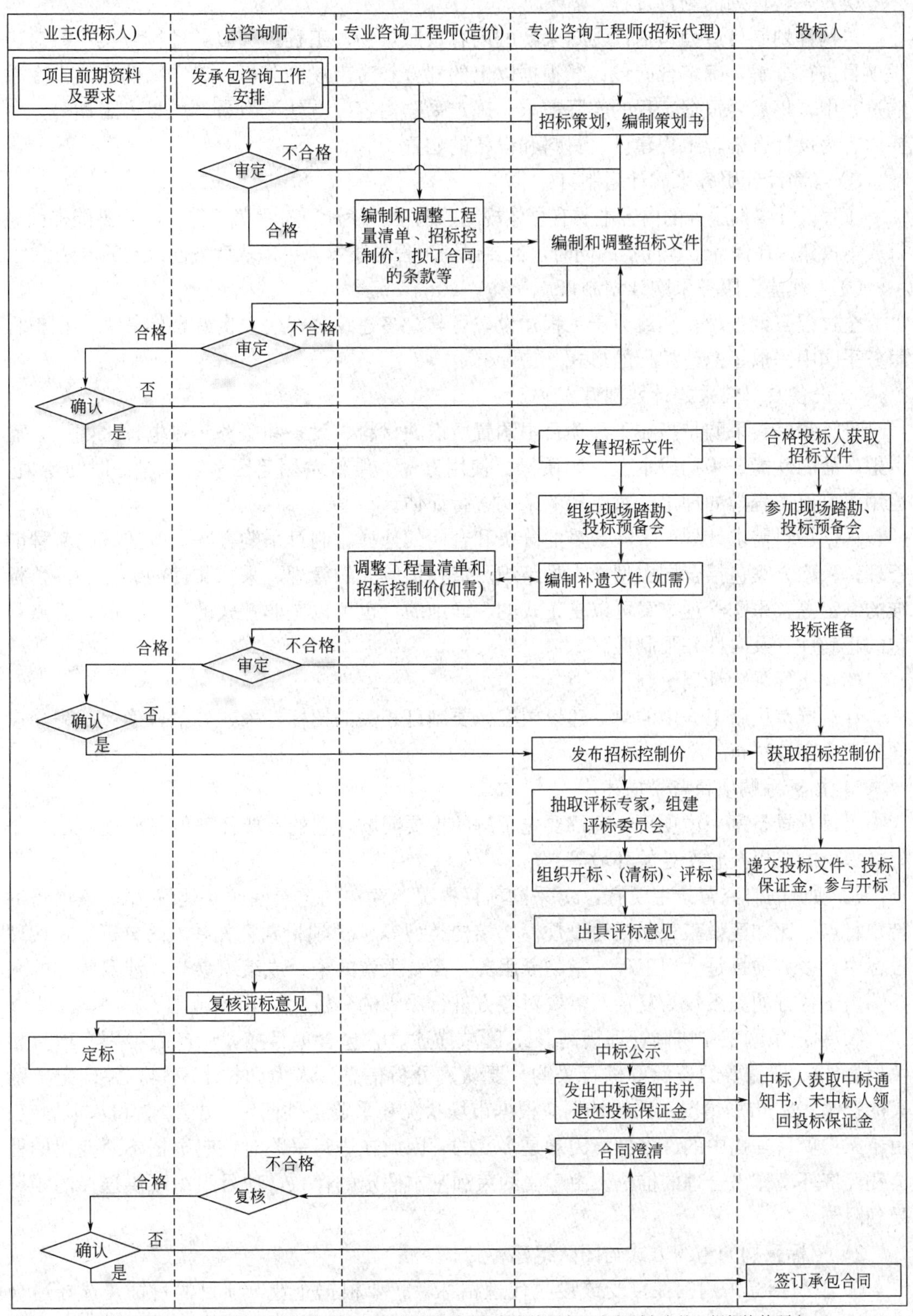

备注：如采用资格预审方式招标，则须在发售招标文件前编制和公布资格预审公告和预审文件、组织资格预审。

图 4-9　全过程工程咨询单位发承包阶段工作程序图

（4）采购计划的制订过程

采购计划制订过程包括：①对采购的内容按照货物、工程、和服务进行分类；②对工程项目进行分解，确定合同包；③根据以上的划分和对市场的分析，确定采购方式。在采购过程中，仍然要根据工程的实际需求，确定采购内容、方法、数量、质量、工期等，主要内容为设计咨询，工程建设，材料和设备的购置。

① 咨询设计服务采购计划制订

工程设计咨询服务的内容主要有总体规划、勘察、设计、工程监督等。由于不能提前进行成本核算，在保证工程成本的同时，也要保证工程的质量，可采取竞争性谈判的方法。

② 工程建设服务采购计划制订

全过程咨询公司长期致力于工程建设，可与众多建筑公司建立良好合作关系。在工程服务采购中采取了邀请招标的形式。

③ 设备及材料采购计划制订

设备和材料采购是指在工程项目中购置所需的材料、设备和服务。在电梯采购中，需考虑产品的性能、采购成本、安装质量、使用寿命、维修费用等因素，并考虑时间价值，运用了价值工程学的理论，对电梯的采购进行评估。

根据物料需求计划、采购数量的分析和合同的选择，制订采购方案，阐述采购流程的管理；采购方案包括合同类型、人员组织、潜在供应商的管理、采购文件的编制、评价标准的制定等。采购管理方案可以是正式的、详细的，也可以是非正式的、概括的，重点是它的正确性、及时性和强制性。

（5）招标采购计划编制

针对城市更新工程中的单一建设内容，要制订相关的招标、采购方案，确保工程建设同步、有序地进行。

1）招标采购项目背景描述

项目背景是每一位项目经理都要先了解的重要问题，它的首要任务就是阐述该项目是怎样提出的，以及它所处的环境等。

① 项目的研究背景主要有：a. 采购项目概况、存在的主要问题和建议。b. 该项目的特定特点。比如建设工程包括建设规模、结构类型等。c. 项目利害关系人的分析。在代理投标中，多数项目是大型工程、货物或服务，需要大量的个人或组织参与，涉及各方的利益，由于各方的关系较为复杂，需要对各方进行深入的分析。d. 市场范围。

② 制定采购工作协调管理规划。a. 区域描述。它包含项目描述、产品类别、项目相关信息。b. 所需要的资源要进行采购。要认真分析信息、人力和技术资料，并确定要购买的资源。c. 市场情况。采购计划应根据市场状况和采购条件而定。d. 限制和基本假定。由于工程项目采购中的许多环境因素是多变的，因此在进行采购时，应根据不断变化的社会和经济环境作出合理的推论。由于受约束和基本假定的存在，项目组织可供选择的领域受到限制。

2）招标采购的组织方式与团队组建

① 组织招标采购。在接受或接收代理招标后，要根据企业、项目的特征，选择适合的招标机构，并成立相应的招标机构，如图 4-10 所示，由一家顾问公司以矩阵的方式进行招标。

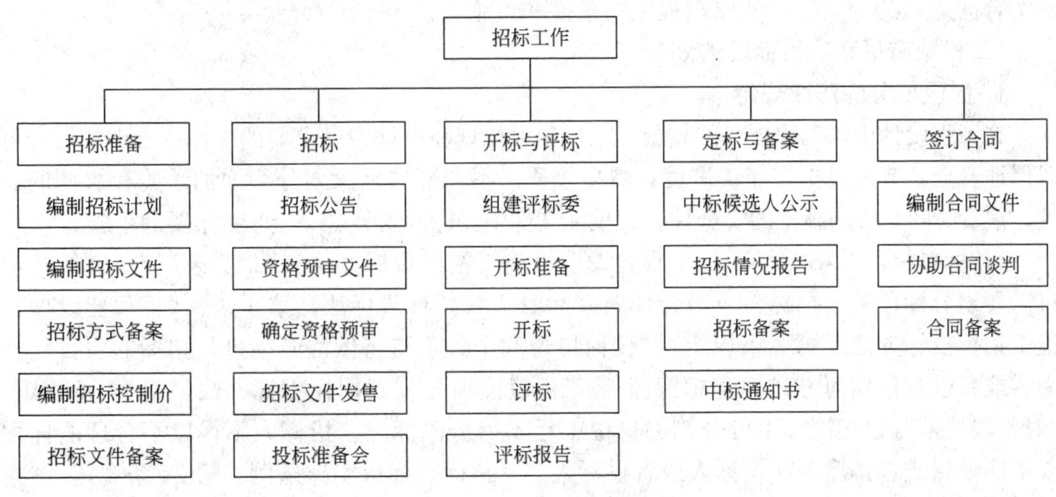

图 4-10　矩阵式招标管理工作

② 组建招标采购小组。招标采购小组是指一个能够顺利地完成采购工作的组织。其特点是：a. 共同确定采购目标。企业的目标是企业的生存之本，企业要有一个清晰的目标，才能保证其工作的顺利进行。b. 招标采购小组由不同的部门和专业人员构成。c. 正确地分配职责。投标人应明确职责，员工必须明确自己的位置和职责。d. 顺利地交流信息。招标采购小组的人员要对出现的问题进行及时沟通。e. 小组成员的能力相辅相成。招标采购队伍的整体人员具有综合的专业知识，规模适中、素质与技能互补性强。

③ 招标采购项目经理的责任和权力。应授予项目经理以下基本权限：a. 项目组提供组建权。项目组成员的组建权由两个部分组成：项目经理小组或管理小组的组建权和小组成员的选举权。b. 财政政策的制定。掌握财产权并将个人利益与工程收益挂钩的人，对自己的行为后果会比较负责，所以，项目经理要具备与项目经理负责制相符的财政决定权，否则工程将很难进行下去。一般而言，这种权利包含了分配和成本控制两个方面。c. 控制工程执行。包括在整个招标过程中，对小组成员进行指导、审查和审批各种文档的权力。

④ 编制采购计划应考虑的问题。通常，在制订采购计划时，应考虑下列六个问题：a. 工程、货物或服务的数量、技术规格、参数及要求；b. 在工程执行期间，采购的工程、货物或服务在哪个阶段开始使用；c. 每个采购项目之间的关联；d. 怎样将所有的采购分开打包，并且每一批都包含什么类别；e. 为每一捆货物从开始购买到到达所需的时间，确定了每一捆货物的采购程序的阶段时间表，并为每一捆货物的采购计划制订一个完整的项目的时间表；f. 协调和管理整个采购工作。

4. 招标范围

对于城市更新项目来说，合同阶段的承包范围必须来自并等同于招标阶段的招标范围，关于项目招标范围的协议，不能简单地概括，必须有详尽的内容，有充分的文字和数字表达。

用公式形象概括施工招标承包范围如下：承包范围=①承包商自行施工范围+②专业分包工程+③暂列金额+④暂估价材料设备的安装+⑤合同约定由承包商负责安装的发包人供应材料设备的安装+⑥对发包人发包专业工程及发包人采购材料设备的总包服务工作

+⑦合同约定的为发包人和监理提供的条件和设施。

（二）城市更新项目标段的划分

1. 标段划分的法律规定

在工程设计中，工程项目的划分是工程项目规划和设计中最主要的工作。合理的划分可以保证安全，节约成本，加快进度，减少矛盾。不合理的标段划分会增加矛盾和协调的难度，浪费时间，影响施工的安全性。在投标文件中，标段划分是一个非常重要的组成部分。

《招标投标法》第19条、《工程建设项目施工招标投标办法》第27条规定："招标项目需要划分标段的，招标人应当合理划分标段。"《招标投标法》第4条、《工程建设项目施工招标投标办法》第3条规定："任何单位和个人不得将依法必须进行招标的项目化整为零或者以其他任何方式规避招标。"《工程建设项目施工招标投标办法》第27条规定："对工程技术紧密相连、不可分割的单位工程不得分割标段。招标人不得以不合理的标段或工期限制或者排斥潜在投标人或者投标人。"《招标投标法实施条例》第24条规定："招标人对招标项目划分标段的，应当遵守招标投标法的有关规定，不得利用划分标段限制或者排斥潜在投标人。依法必须进行招标的项目的招标人不得利用划分标段规避招标。"《建筑法》第24条规定："发包人不得将应当由一个承包人完成的建设工程肢解成若干部分分别招标发包给几个承包人。"所以，招标工程按标段划分，招标人对标段进行合理划分，并将其列入投标文件。在编制投标文件时，投标人应当将标段数量、标段工程量、工作界面划分等内容纳入投标文件。同时，对于是否允许同一投标人参与多个标段投标，应当在招标文件中说明。

2. 标段划分的基本原则

针对城市更新项目整体功能划分复杂、建设规模大的项目，根据功能区域、专业要求、建设阶段、界面划分、投资规划等制定招标方案，合理划分标段，保证各标段、各功能区施工建设同步或交叉实施，保证资源的最大利用，缩短建设周期。划分标段应遵循的基本原则有合法合规、责任明确、经济高效、客观务实、便于操作。

（1）依法合规是标段划分的第一要务，否则将对投标人造成法律上的危险。

（2）标段是工程项目的主体。由于承包人在履行合同时，其职责与招标人或其他承包人的职责存在着一定的矛盾，不能对承包人承担的义务和应享有的权利进行客观地界定，所以，在划分标段时，必须明确责任。

（3）项目划分越精细，则投标人对项目有更大的直接责任。

（4）"实事求是"是指一切从实际出发，在划分标段时，要充分考虑项目的特点，包括投标人的具体条件，开发商的资金实力，以及施工单位的管理水平，从而确定项目划分的主要影响因素。我们只能尽量使自己的主观想象与现实的客观条件相一致。只有这样，才能达到目的，所以，在项目划分的整个过程中，都必须遵循"实事求是"的原则。

（5）投标的可操作性，是指在不同的标段中，有特定的投标人能够进行合理的报价；施工单位的管理是指施工单位具备一定的实力或者能够委托具有资格的顾问工程师，在工程界面、质量、工期、成本、安全、环保等方面进行协调；开发商决定投标控制价的可行性，也就是说，在没有设计图纸的前提下，开发商有权、有客观的条件来决定招标的合理价格，从而达到对项目成本的控制；有使用知识产权、融资提供能力等。为了避免由于工序划分造成的职责不明确，将项目单位分为不同的标段。

3. 标段划分的影响因素

影响标段划分的因素很多，全过程工程咨询单位应根据拟建项目的内容、规模和专业复杂程度等提出标段划分的合理化建议。除了遵循上述划分标段原则，在划分标段时，全过程工程咨询单位应考虑的因素包括：业主内部控制能力，施工项目特点，工期费用等业主要求，潜在承包商的专业技能发挥，工地管理，建设资金供应等。针对建设目标明确、专业复杂、需要多专业协调的建设项目，可以采用工程总承包的方法来确定承包商。影响标段划分的主要因素为：

(1) 工程的资金来源。如采用 BOT 等与承包商进行融资，则可采用将设计与施工合并为一标段的方式。

(2) 工程的性质。一般来说，建设方能够准确全面地提出规模、功能、技术要求的项目，设计与施工可以合并为一标段，不符合以上条件的，宜采用将设计、施工划分为不同标段的方式。

(3) 工程的技术要求。对于本工程各部分无特别技术需求，且未涉及专利等知识产权的项目，宜将施工分包至一方，而不设标段。对于工程的具体部分（包括生产设备、配套设施），或涉及专利、专有技术等的项目，可以按照不同的标段进行投标，但在合同条款中必须明确承包人之间的责任范围。

(4) 对工程造价的期望。若开发商想要以固定单价锁定项目成本，则建议将设计与施工合并为一标段，若由承包人承担设计，则不应因设计变更而提高工程造价，而应由业主提出变更，则可对项目进行调整，从而达到适用固定单价的基本条件。若业主想按照工程实际完成的工程量来支付工程造价，则应将工程分为两个部分。任何设计上的变化都是对工程造价进行调整的基础。

(5) 对工期的期望。若要控制工期风险，应将工程设计与施工合并为一标段，这与单一工程合同相比，其合同期限具有较大的确定性，而且由于总承包是一种既有设计又有施工职责的组合，所以便于工程进度的控制。

(6) 对质量的期望。若业主想要对项目的质量责任有更大的把握，建议将设计与施工合并成一标段，这样承包商既要承担设计的任务，又不能推卸项目的施工责任，而开发商也可以通过明确项目的功能指标来保证项目的运营目标。为了保证项目的质量，开发商对设计单位提出了特别的要求，提出了将设计、施工分成两个部分的办法，即设计由设计单位自行确定。

(7) 资金的充裕程度。如果开发商的资金比较充足，并且没有出现资金链断裂的问题，可以考虑将设计和施工结合在一起，因为在通常情况下，总承包的责任越大，价格也就越高，而一旦签订了总承包，开发商的支付义务就无法被打破。若开发商资金短缺，或有可能出现资金短缺，需要进行阶段性融资，建议将设计和施工分成两个标段，以使工程项目的招标能够与开发商的资金实际到位情况相匹配。

划分标段是否合理的评判标准应分为两个方面：划分理由的客观性和划分结果的竞争性。在划分标段时，既要考虑标段划分的合理性，又要兼顾项目划分的合理性。

在划分标段时，应考虑到以下几个方面：地下工程相互间的稳定性的影响；地下工程的市场状况；业主对时间的需求。同时进行的地下工程，在其安全影响范围之内，应当将其分为一个项目。不管是重叠的，还是相邻的，因为它们之间的关系都是稳定的，一个项目施工，可以更好地兼顾支护、降水、施工方法和变形的控制，以及场地和时间的协调。对未同时进行、在影响区域内施工的项目，要结合施工条件、市场情况和工期要求等因素综合考虑，前期施工的施工承包内容应当涵盖因场地条件所限而不能完成的施工项目，如盾构施工后期施工中出现的上浮防护。

由于工程建设项目的管理方法、合同形式不同，招标人与承包商在工作内容、权利、义务、责任、风险分担等方面存在着一定的差别，这将对招标条件、投标资格、评标标准、评标方法、合同条款等产生一定的影响。在招标之前，招标人必须对合同管理模式进行规划，并按合同管理模式采用不同的标段进行划分。

① 设计、采购、施工（EPC）工程总承包模式。工程总承包通常是以工程项目为一标段，由工程总承包公司负责工程的设计、采购、施工、试运行服务，并对工程的质量、安全、工期、造价全面负责。

② 设计＋施工（DB）总承包模式。由于没有完全掌握城市更新工程的特征，也没有形成传统的管理模式，因此，大部分地方政府在实施方案中，都采用了“设计＋施工”的模式，并在实际招标过程和 PPP 项目合同架构上按此模式操作。投标人将工程的所有设计和施工工作分成一部分，转包给具有相应资格的分包人。

③ 平行发包（DBB）模式。城市更新项目也可以采用平行发包的招标方式。通过平行发包，选择不同专业的承包商，各个阶段相互搭接，从而缩短整个建设工程工期。同时，全过程工程咨询单位应分析建设项目的复杂程度、项目所在地自然条件、潜在承包人情况等，并根据法律法规的规定、项目规模、发包范围以及投资人的需求，确定采用公开招标还是邀请招标。

④ 专业承包方式。招标人按照工程分批完成、项目分期实施、分区组织施工等方式，将工程分为多个单独分包的标段，并进行相应的招标。在建设项目中，各个项目都是相互独立、相互平行的，没有隶属关系，也没有管理和被管理的关系。招标单位要组织多个项目，其工作量大、造价高。

在城市更新项目中，对历史文化街区的改造，通常采用多种合同管理方式，比如 EPC 总承包＋专业承包，由招标人委托一家具备相应资质的 EPC 总包单位，主要的结构由总包方负责设计、采购、施工，部分重要的专业项目可以在招标人认可下进行分包，并纳入总包的管理范畴，整个项目的质量、进度由总包方向招标人负责。由于这种改造工程可以实行市场准入和承包商资源库的管理，因此，招标人在招标之前必须进行市场调查，根据技术类别、规模、数量等因素，确定潜在投标人的资质等级。以此为依据，对标段进行科学的分区，以确保各标段的规模合理适度，以确保有充分竞争的单位符合招标资格和经济合理性的要求。在采购过程中，适当设置资质预审的门槛，剔除不合理的限制条件，如工程设计甲级资质、市政工程一级资质等。

二、城市更新项目承包商选择

（一）城市更新项目发包模式的确定

1. 发包模式的选择

在施工招标中，对施工承包方式的选择，其关键在于按照法律、法规的要求进行招标，把项目发包给最有能力的投标人。在招标开始前，施工监理单位要根据项目特点、专业性质、设计深度等方面与招标人进行充分的沟通。为招标人提出合理化建议，提供完整的项目施工发包模式、施工标段划分及招标工作计划书，是全过程咨询单位的首要任务，以帮助业主对建设项目施工发包模式进行决策。城市更新工程施工承包方式的规划原则是以最优的质量、最短的工期和最低的成本为原则。对业主而言，成本最低的原则是保证质量和进度目标。发包模式比选见表4-3。

发包模式比选　　**表4-3**

序号	对比要素	平行发包模式	施工总承包模式	EPC模式
1	概念比较	是指业主将建设工程的设计、施工以及材料设备采购的任务经过分解分别发包给若干个设计单位、施工单位和材料设备供应单位，并分别与各方签订合同	是指建筑工程发包方将施工任务发包给具有相应资质条件的施工总承包单位	是指承包人受业主委托，按照合同约定对工程建设项目的设计、采购、施工、试运行等实行全过程或若干阶段的承包
2	适用范围	一般用于时间急迫的房屋建筑工程、土木工程项目	一般房屋建筑工程、土木工程项目，适用范围广泛	规模较大的投资项目，如大规模住宅小区项目、石油、电站、工业项目等
3	主要特点	承包商之间在交接时会产生相互制约	设计、采购、施工交由不同的承包商按顺序进行	EPC总承包人承担设计、采购、施工，可合理交叉进行
4	设计主导作用	难以充分发挥	难以充分发挥	能充分发挥
5	单位间协调	由业主协调，属于外部协调，协调难度大	由业主协调，属于外部协调	由总承包人协调，属于内部协调
6	工程总成本	较高	较高	较低
7	设计成本比例	所占比例小	所占比例小	所占比例高
8	投资效益	一般	较差	较好
9	设计和施工进度	交叉较多，协调工作量大，能较好控制工期	协调和控制难度大	能实现深度交叉
10	招标形式	公开投标	公开招标	邀请招标或者议标
11	风险承担	双方承担，业主管理风险较大	双方承担，业主承担风险较大	主要由承包商承担风险
12	对承包商要求	一般不需要特殊的设备和技术，专业要求较低	一般不需要特殊的设备和技术	需要特殊的设备、技术，而且要求很高
13	承包商利润空间	较低	较低	较大
14	业主管理成本	较高	较高	较低
15	业主管理能力	较强	较强	一般

业主通过全过程工程咨询单位实施施工项目管理，对城市更新项目涉及的多个专业工程，比较不同施工发包模式的优劣势，选择最合适的承发包模式。

2. 调研潜在供方市场

城市更新项目普遍存在社会关注度高、居民诉求多、专业协调难等特点，需要选择对全盘、全周期有全面的把控能力的专业团队。所以，有必要调查潜在的供应商。潜在供给市场调研旨在了解有实力、有意向参与城市更新投标的潜在投标者，如投标人数量、规模实力、人员素质、技术装备、供货业绩等。投标人的数量是确保投标、采购活动顺利进行、形成竞争的前提。《中华人民共和国招标投标法》第二十八条规定，投标人少于 3 个的，招标人应当依法重新招标；《中华人民共和国招标投标法实施条例》第十九条规定，通过资格预审的申请人少于 3 个的，招标人应当重新招标。由于潜在的投标者数目太少，很可能会导致竞标失败，同时也会因为缺乏竞争而使竞标的价格偏高。

从规模实力、人员素质、技术设备、供货业绩等方面对投标人的技术方案、供货能力、投标策略是否合理等方面进行预测，可为招标的招标范围、采购要求、评标办法（合格投标人须具备的条件、详细评审方法、评分细则等）等提供充分可靠的参考。

城市更新工程供应商库主要由建筑总包单位、装修总包单位、园林绿化单位、古建设计单位，门窗幕墙、外墙保温涂料、空调安装工程、采暖工程、消防工程、材料设备工程等企业组成。

（1）供应商评级原则

供应商按企业情况、质量状况、合同履行情况、服务状况等因素对供应商的归档打分；同时，根据年度考核的结果，对供应商进行动态的管理。

（2）供应商库建立与维护

对供应商实施入库管理，在采购过程中，优先挑选合格的供应商，并按下列基本条件进行入库：①合格；②遵守国家法律，在过去的工作中，没有违反任何违反规定的行为；③具备符合合同规定的生产、经营场所、设施、设备和相关资质；④财务管理规范，资金雄厚，财务状况良好；⑤特种行业及专用设备应具备有关部门颁发的资质证明。

（3）资质审核

对被推荐的企业进行资质审查，主要包括：①经营许可证：审查企业名称、成立日期、有效期限、经营范围、注册资本和年度检查情况（三证合一的，还须审查统一的社会信用代码，而不需要对税务和组织机构代码进行审查）；②税务登记证：对注册时间、经营范围、是否为增值税普通纳税人进行审查；③组织机构代码证书：具体审核有效期、年度检查等；④生产许可证：对《全国工业产品生产许可证发证产品目录》中产品的生产许可证、生产日期、产品名称一致性等进行审核；⑤必须具备相应的强制性认证和资质（如 MA、特种制造、防爆产品合格证、计量器具制造许可证、3C 认证），并提供有效期限、产品名称等资料；⑥生产能力，技术设备水平，产品执行标准，专利证书，市场表现；⑦产品代理授权书：审核其程序是否合法；经营专卖、代理的供货商须提交制造商或总代理出具的书面授权书；⑧具备安装、维修业务的供货商，须提供经相关部门认可的安装、维护资质证书；⑨其他必需的文件：按行业和产品的个性化需求，对产品的品质有特别的要求。

（4）供应商选用原则

供应商选用原则如下：①拟推荐的供货商接受本公司的采购，并能够按照所需的条件满足相应要求；②同一采购项目的受邀方，原则上应为本行业同类产品；③优先选择供应商，保证其可跟踪；④采购时，原则上选择生产厂家，但供应商所采取的销售方式是完全授权代理的，不存在其他销售方式的例外。

（5）供应商评价

对供货商进行定期评估，比如进行月度和年度评价。①需求部门、采购主管部门依据供应商参加采购和履行情况，对其日常工作进行评估；②由需求部门、采购主管部门每月向招标办报送《供应商月度评价汇总表》；③采购主管部门按照供应商的履行情况，按照合同条款进行评价；④在每年的年底，招标办组织采购部门、采购主管部门、价委会等部门对供应商进行年度考核；⑤招标办将依据月度、年度考核结果，按有关规定进行相应的处罚。具体供应商分级标准如表 4-4 所示。供应商月度评价汇总如表 4-5 所示。供应商数据库如表 4-6 所示。

供应商分级标准　表 4-4

得分	等级
90 分及其以上	优秀供应商（A 级）
75～89 分	良好供应商（B 级）
60～74 分	合格供应商（C 级）
60 分以下	不合格供应商（D 级）

供应商月度评价汇总　表 4-5

序号	供应商名称	参与项目	需求单位	评价结果	其他评价
1					
2					
3					
4					
5					

注：1. 需求部门填写时，“需求单位”列不填。
2. “评价结果”列按照“供应商评价内容”填写。
3. “其他评价”列作为补充项根据实际情况填写。

供应商数据库　表 4-6

序号	类别	供应商名录
1	土建总承包供应商	
1.1	土建总承包供应商（A 级）	
1.2	土建总承包供应商（B 级）	
1.3	土建总承包供应商（合格）	
2	装修总承包供应商	
2.1	装修总承包供应商（A 级）	北京市金龙腾装饰股份有限公司 赤峰宏基建筑（集团）有限公司 大连宏兴装饰工程有限公司 东洲建设有限公司 广东省华侨建筑装饰有限公司 ……
2.2	装修总承包供应商（B 级）	北京宏美特艺建筑装饰工程有限公司 大连平安装饰装修工程有限公司 东莞市瑞慈装饰工程有限公司 杭州通达集团有限公司 江苏华江建设集团有限公司 ……

续表

序号	类别	供应商名录
2.3	装修总承包供应商(合格)	安徽新万里建设集团有限公司 北京莱格装饰工程有限公司 福能联信建设集团有限公司 歌山建设集团有限公司 广东景龙建设集团有限公司 ……
3	园林景观供应商	
3.1	园林景观供应商(A级)	大连沃川园林绿化工程有限公司沈阳分公司 广东东篱环境股份有限公司 杭州滨彩园林绿化工程有限公司 杭州神工景观工程有限公司 南京韵涵园林景观工程有限公司 宁波伟丰园林工程有限公司 ……
3.2	园林景观供应商(B级)	成都沛锦园林景观工程有限公司 大连花卉苗木绿化工程有限公司 福建省兰竹生态景观工程有限公司 广东大自然园林绿化有限公司 ……
3.3	园林景观供应商(合格)	北京万联绿艺园林绿化有限公司 常州绘景景观规划工程有限公司 济南元亨园林工程有限公司 江苏百绿园林景观工程有限公司 ……
4	材料设备供应商(A级)	
4.1	厨房电器	广东菲立日盛家居科技有限公司
4.2	橱柜、浴室柜、衣柜、玄关柜	东莞厨博士家居有限公司 青岛裕丰汉唐木业有限公司
4.3	瓷砖	佛山欧神诺陶瓷有限公司 蒙娜丽莎集团股份有限公司
4.4	灯具	广东三雄极光照明股份有限公司 欧普照明股份有限公司
4.5	电梯	日立电梯(中国)有限公司 通力电梯有限公司
4.6	电线电缆	东莞市民兴电缆有限公司
4.7	对讲设备	珠海太川云社区技术股份有限公司
4.8	阀门	广州市佳福斯阀门制造有限公司
4.9	防水材料	北京东方雨虹防水技术股份有限公司
4.10	洁具五金	东陶(中国)有限公司 科勒(中国)投资有限公司 摩恩(上海)厨卫有限公司
4.11	开关插座	西蒙电气(中国)有限公司

续表

序号	类别	供应商名录
4.12	内外墙保温	江苏卧牛山保温防水技术有限公司 山东秦恒科技股份有限公司 上海申得欧有限公司
4.13	配电箱	上海良信电器股份有限公司
4.14	塑钢型材	芜湖海螺型材科技股份有限公司
4.15	胶粘剂	成都能高共建新型环保建材有限公司 德高(广州)建材有限公司
4.16	PVC膜	广东天安新材料股份有限公司 好奇装饰材料(中国)有限公司 南亚共和塑胶(南通)有限公司
4.17	栏杆百叶	成都骏驰建筑工程有限公司 湖南红门金属建材有限公司 莎丽科技股份有限公司
5	古建设计院	四川古建设计院 北京市古代建筑设计研究所有限公司 北京市园林古建设计院 山东省古建设计院 ……
6	门窗幕墙工程供应商	北京嘉寓门窗幕墙股份有限公司 常州市众鑫装饰工程有限公司 成都海兴门窗装饰工程有限公司 辽宁雨虹门窗有限公司 山西百澳幕墙装饰有限公司 ……
7	保温涂料工程供应商	北京中冶欧基得装饰工程有限公司 大连江丹装饰工程有限公司甘井子分公司 广州孚达保温隔热材料有限公司 ……
8	采暖工程供应商	吉林省圣德地热工程有限公司 青岛双瑞安装工程有限公司 沈阳帝乐建安工程有限公司 ……
9	消防工程合格供应商	准信智慧消防股份有限公司 珠海市永安消防工程有限公司东莞分公司 重庆天瑞消防工程有限公司 钟星建设集团有限公司 浙江永安消防有限公司 ……

(二)城市更新项目最佳承包商的选择

城市更新项目涉及城市更新全领域，包括城市旧居住区更新、酒店类改造、繁华商业街道改造、古建筑类改造、办公楼类改造、基础设施改造及功能提升等，强化历史文化保护，塑造城市风貌，加快激活城市功能转换，推动城市功能填充，全面助力建设宜居、绿色、韧性、智慧、人文城市。要使城市更新项目达到预期目标，关键是选择最佳的承包商。在招采阶段，业主尤其要重视将项目的短板与承包商（供方）的长板相协调。工程的薄弱环节是工程的重点和难点，从技术上讲，最复杂，极易造成工程工期延误或质量安全事故；从投资的观点来看，最容易突破预算，很有可能形成“三超”。在招采之前，施工总承包单位必须彻底梳理出项目的薄弱环节，也就是工程重点难点，并编制出项目重点、难点清单。然后，针对这些困难的工作，找到最合适的承包商或者供应商，形成城市更新项目重难点工作与承包商供应能力要求匹配一览表（表 4-7），其中重难点工作是技术方案（监理、设计、施工、造价咨询）的重点内容，而承包商供应能力应分别在资格预审条件和评标条件中体现。

城市更新项目重难点工作与承包商供应能力匹配一览表　　表 4-7

序号	项目的重难点	具体内容	承包商供应能力要求
1	对现状勘察	历史街区定位、风貌分析、地块内建筑的历史沿革、建筑质量评估、文化价值评估、现状描述、残损表、问题隐患等	具备文物保护工程勘察设计资质乙级(含)以上资质
2	保护街区的天际线	从整体上严格保护历史文化街区平缓有序的天际线、传统建筑为主的整体形态特征及历史文化街区的主要色彩基调	严格控制新建和改建建筑的高度、体量、形态、色彩和材料。具备条件时,可拆除部分影响街区空间形态的建筑,逐步恢复历史文化街区的传统天际线
3	保护街区的人口构成和社区结构	居民和社区是历史文化街区保护更新的参与主体。街区保护不仅局限于物质空间的范畴,还包括社区及其文化的延续与传承	采取就近异地安置、部分回迁、部分货币安置等补偿措施
4	保护街道、胡同肌理	保留街道、胡同肌理个性化的价值形态,是激发街区建筑活力的源泉	保留其走向、宽度、界线、断面尺寸、地坪标高、沿街(胡同)风貌特色等
5	修缮设计部分	设计依据、设计原则及思想、地块优化方案、效果图、修缮的保护措施和工程做法、地块内所有建筑的施工图	具备文物保护工程勘察设计资质乙级(含)以上资质
6	历史街区风貌把控	鸟瞰图表现此地段是否符合地段特征,维护并延续街区历史风貌	设计综合资质甲级或同时满足以下①、②项:①建筑工程专业设计资质甲级或建筑工程行业设计资质甲级;②风景园林专项甲级资质
7	建筑方案设计	①融合总体环境:总平面布置应布局合理、功能分区明确,各功能部分既联系方便又互不干扰,并综合自然和规划条件等各种因素,形成一个融合于当地总体环境的最佳设计方案;②创造突出形象	①业绩能力:需要设计承包商曾有同类型标准的酒店设计业绩证明; ②技术能力; ③设计能力:负责建筑方案的设计单位,需要与装修设计、园林设计、机电设计等专业设计顾问,进行充分沟通,协调统一
		根据招标人提供的概念性方案,对各建筑方案进行深化设计,能说明总平面布置、总体与单体平面布局	
		深化方案符合招标人提供的建筑概念性方案,历史文化街区设计特色突出	
		总体建筑方案设计具有丰富性、完整性、融合性、美观性、提升性等	承包商拥有相关业绩的设计团队,设计过行业内历史文化街区改造的建筑设计方案

续表

序号	项目的重难点	具体内容	承包商供应能力要求
8	景观绿化设计	功能布局的合理性、景观效果、景观文化小品、夜景亮化、智能化系统，以及景观环境与总建筑相融合，美观性等	风景园林专项甲级资质
9	地下室布置	对地下室进行细化设计，包括人防设计、车位布置、出入口设置、地下空间利用	同时具备 1. 建筑工程施工总承包三级及以上资质； 2. 古建筑工程专业承包一级资质； 3. 文物保护工程施工二级及以上资质，具有有效的安全生产许可证
10	交通组织	地上、地下及周边行车问题，慢行、消防等	建筑工程施工总承包叁级及以上资质
11	建筑管线设施、节能与无障碍设施改造	对建筑平立剖面图进行细化布置、给水排水布置、电气布置、通电布置等	各机电专业都有主机电房，设计时有一个共同的原则，即在酒店总体设计和各单项建筑设计时，承包商需要将主机电房布置到最为合适的位置，承担过大型酒店机电设计项目，具备相关业绩
12	市政设施与无障碍设施改造	历史街区一般空间狭小、道路设施不够完善、基础设施落后、地下管线种类多，安全及技术等限制因素多	市政公用工程施工总承包资质
13	历史文化街区节点改造	节点改造模式，微更新的方法	要求设计单位遵循“保留岁月的痕迹”的原则，整体建筑的完整性也很高，保持了胡同肌理和坡屋顶设计，并采取空中连廊设计，从而使一座座单体建筑联系成为一个有机整体
14	区块定位精准	明确街区定位和业态筛选	历史文化街区的招商要根据功能定位的不同自行选择合适的业态类型。在功能业态的选择上设立门槛，对进驻商家进行严格筛选
15	人工环境和物质形态要素的保护	维持建筑的整体色调，更新建筑要与整体环境融合较好	—
16	工作计划与实施方案	工作计划与实施方案合理，满足规范要求；充分考虑了针对本项目所采取的有效措施	建筑工程施工总承包叁级及以上资质
17	对重点、难点、关键技术分析及解决方案	对项目所在地历史沿革、社会文化情况十分了解，技术框架科学合理，对项目编制内容和难点认识深刻、表述全面准确，对项目的保护和展示利用提出整体性策划及合理规划，并提供创新思路及前瞻性理念	设计资质：须具备工程设计综合类甲级资质或市政公用行业（道路工程、排水）设计乙级及以上资质，并在人员、设备、资金等方面具有相应的设计能力； 施工资质：须具备建设行政主管部门颁发的市政公用工程施工总承包叁级及以上资质，取得安全生产许可证

续表

序号	项目的重难点	具体内容	承包商供应能力要求
18	提高项目研究的深度和广度	提高项目研究的深度和广度	—
19	质量保证措施可行性	在项目实施过程中管理规范、制度完善、操作性可靠	—
20	工期指定的合理性	阶段性规划编写进度表，进行进度管理，进度周期目标科学合理，有可靠的保证措施	—
21	服务措施	技术服务及售后服务保障内容科学、合理，售后服务系统完善、针对性强，综合实力强大	—
22	历史文化街区的功能、业态的提升	结合区域分析研究街区发展趋势，提出功能分区、业态配置的合理建议，打造传统文化商旅活化提升区的构想，提出活化利用的优化措施	同时具备： 1. 工程设计综合甲级资质或建筑行业（建筑工程）设计乙级及以上资质 2. 文物保护工程勘察设计甲级资质
23	创新点	对旧城保护与旧城更新理论有比较深入的研究，能够运用最新的理论分析问题，制定相应的策略	—

考核潜在投标人的综合素质，其主要考察该企业的总体能力是否具备完成招标工作所要求的条件：①具有独立订立合同的权利；②具备一定的管理能力、经验、信誉和相应的员工；③过去在同类工程中的工作表现；④未被责令停产、财产被接管、冻结、破产；⑤近 2 年内未发生任何与欺诈合同相关的重大违法或重大违规行为。潜在投标者在不侵犯企业机密的情况下，应向招标人提供合法的证明材料，以证明上述资格和表现。如有需要，招标人可在网上查找或请求其提供原件进行验证，也可现场核查；对于需要提升资质等级的项目，如项目技术复杂、专业性强、受自然地域、地理条件等常规资质无法干预的项目，必须经招标投标管理机构依法审批后方可进行。

1. 专业和企业资质要求

（1）勘察单位

根据《建设工程勘察设计管理条例》和《建设工程勘察和设计单位资质管理规定》的原则，结合城市更新项目工程特点，城市更新项目勘察单位的资质有以下要求。

1）从事工程勘察的综合单位，其所从事的工作领域和地域不受限制。

2）专业类丙级甲级工程勘察机构从事本领域的工作，不受地域限制。

3）乙级工程勘察单位可以承接本专业工程勘察中、小型工程（中、小型工程勘察），不设区域。

4）专业类丙级工程勘察机构，可以承接本专业的小型工程（小规模的工程），并限定在省、自治区、直辖市管辖的区域。

5）劳务公司从事工程勘察，仅从事工程治理、钻探、凿井等工程勘察，不设劳务范围。

（2）设计单位

根据城市更新项目设计招标文件，整理出如表 4-8 所示的设计单位所需的资格预审要求，确定设计单位的资格审查因素及资格审查标准。

城市更新项目设计单位资格预审条件　表 4-8

序号	招标文件	招标范围	资质要求
1	2017年长春市旧城改造提升项目设计招标文件	各类管线排迁及落地、道路、污雨水、方砖、绿化等旧城改造提升导则全部内容的工程设计方案、施工图、概算、后期咨询、现场服务及结算全过程	①投标申请人须具备建设行政主管部门核发的市政行业(道路工程、排水工程)专业甲级及以上设计资质,并在人员、设备等方面具有相应的能力; ②投标申请人拟派出的项目负责人具有相关专业设计注册资格或相关专业高级技术职称,有较丰富的工程设计经验,并具有同类或类似工程设计业绩; ③近年完成过同类或类似工程设计业绩
2	南沙区二湾社区微改造项目等老旧小区微改造项目设计施工总承包	包括但不限于方案设计及优化、初步设计、施工图设计、设计概预算编制,外电、外水等专项设计,设计变更,竣工图编制等	①工程设计综合类资质甲级或同时具备建筑工程设计行业丙级或以上资质或建筑行业建筑工程专业设计丙级或以上资质、市政工程设计行业丙级或以上资质或市政行业排水工程专业设计丙级或以上资质; ②设计负责人须具备有效的且注册于投标人若为联合体投标指承担房建设计任务的一方本单位的一级建筑师注册证书
3	胶州市香港路改建提升工程项目设计施工总承包招标文件	包含道路工程、交通工程、管线工程、景观工程、路灯工程等初步设计、施工图设计及相关后续等服务	投标人应具有市政行业(道路、排水)专业设计甲级资质和风景园林工程设计专项甲级资质
4	连江县玉荷西路两侧旧城改造片区项目工程设计	建筑工程、景观工程、外线工程、人防工程、照明工程及相关设施方案设计、施工图设计、后续设计服务等。 不包含文物及历史建筑的保护修缮工程、考古及考古新发现的考古遗址的保护和展示工程、建筑的二次装修工程、智能化及安防工程、厨房工艺等功能业态相关的具体工艺、标识系统、大市政管网工程	投标人具备建设行政主管部门核发的有效的建筑行业(建筑工程)设计甲级或工程设计综合甲级资质

(3) 施工单位

根据城市更新项目施工招标文件，整理出如表 4-9 所示的施工单位所需的资格预审要求，以确定施工单位的资格审查因素及资格审查标准。

城市更新项目施工单位资格预审条件　表 4-9

序号	招标文件	招标范围	资质要求
1	埇桥区2018年老旧小区改造(EPC)模式	包括涉及范围内的外墙修缮、楼道整修、安防消防设施整修、公共设施修缮、基础设施整治、外墙工程等,直至竣工验收合格及整体移交、工程保修期内的缺陷修复及保修工作	投标人具备建设行政主管部门核发的有效的建筑行业丙级及以上资质,同时具备建筑工程(房屋建筑工程)施工总承包三级及以上资质

续表

序号	招标文件	招标范围	资质要求
2	广州市宁西街城区人居环境整治工程设计施工总承包招标文件	包括但不限于负责完成本项目所有的施工工作，具体以发包人确认的施工图为准；负责结算的编制工作，配合招标人对预算和结算的审核及审计工作；负责或配合办理工程开工及验收所需的各项手续；负责施工过程中所有材料及设备采购、安装、试验，组织本项目的验收备案等	投标人应具备工程设计资质或工程施工资质（必须满足下列条件之一）： ①施工资质：具备建筑工程施工总承包一级及以上资质； ②设计资质必须符合下列条件之一： A. 工程设计综合甲级资质； B. 工程设计建筑行业乙级及以上资质； C. 工程设计建筑行业（建筑工程）专业丙级及以上资质
3	深圳市某道路改造工程施工招标文件	对道路进行改造（现有机动车道补强并进行沥青混凝土罩面、重新铺装人行道、增设路灯、完善排水设施等），完善道路交通设施（更换或增设护栏、重新刻画交通标线）	①具有独立法人资格且经工商行政部门年审合格的企业； ②深圳市政府预选的承包商市政公用工程施工总承包组或Ⅱ组企业，具备安全生产许可证
4	济南市市中区人民政府杆石桥街道办事处德胜老旧小区改造工程施工总承包招标文件	胜利大街、德胜南街、复兴大街墙地面改造翻新及管道施工	投标人须具备建筑工程总承包三级及以上资质，具有电子与智能化工程专业承包二级及以上资质，项目经理具有二级及以上建造师资格，具备有效的安全生产考核合格证书（B类）；须具有有效的安全生产许可证；参加政府采购活动前3年内在经营活动中没有重大违法记录的书面声明

2. 评标条件的制定

(1) 勘察单位

综合《太平小城镇旧城改造工程勘察招标文件》《邢台市桥东区母家场片区旧城改造项目勘察招标文件》《广州市荔湾区西湾路地块旧城改造项目勘察设计招标文件》《河北省北五里铺旧城改造项目勘察招标文件》和《河北省金刚生活区旧城改建项目勘察招标文件》中评标内容及评分标准的研读，结合《中华人民共和国标准勘察招标文件》(2017年版) 中评标办法，得到城市更新项目勘察单位评标条件一览表，如表4-10所示。

城市更新项目勘察单位评标条件一览表 表4-10

条款号		评审因素	评审标准
1	评标方法	中标候选人排序方法	
2.1.1	形式评审标准	投标人名称	与营业执照、资质证书一致
		投标函及投标函附录签字盖章	由法定代表人或其委托代理人签字或加盖单位章。由法定代表人签字的，应附法定代表人身份证明，由代理人签字的，应附授权委托书，身份证明或授权委托书应符合第六章"投标文件格式"的规定
		投标文件格式	符合第六章"投标文件格式"的规定
		联合体投标人	提交符合招标文件要求的联合体协议书，明确各方承担的连带责任，并明确联合体牵头人
		备选投标方案	除招标文件明确允许提交备选投标方案外，投标人不得提交备选投标方案
		……	……

续表

条款号		评审因素	评审标准
2.1.2	资格评审标准	营业执照和组织机构代码证	符合第二章“投标人须知”第 3.5.1 项规定，具备有效的营业执照和组织机构代码证
		资质要求	符合第二章“投标人须知”第 1.4.1 项规定
		财务要求	符合第二章“投标人须知”第 1.4.1 项规定
		业绩要求	符合第二章“投标人须知”第 1.4.1 项规定
		信誉要求	符合第二章“投标人须知”第 1.4.1 项规定
		项目负责人	符合第二章“投标人须知”第 1.4.1 项规定
		其他主要人员	符合第二章“投标人须知”第 1.4.1 项规定
		勘察设备	符合第二章“投标人须知”第 1.4.1 项规定
		其他要求	符合第二章“投标人须知”第 1.4.1 项规定
		联合体投标人	符合第二章“投标人须知”第 1.4.2 项规定
		不存在禁止投标的情形	不存在第二章“投标人须知”第 1.4.3 项规定的任何一种情形
		……	……
2.1.3	响应性评审标准	投标报价	符合第二章“投标人须知”第 3.2 款规定
		投标内容	符合第二章“投标人须知”第 1.3.1 项规定
		勘察服务期限	符合第二章“投标人须知”第 1.3.2 项规定
		质量标准	符合第二章“投标人须知”第 1.3.3 项规定
		投标有效期	符合第二章“投标人须知”第 3.3.1 项规定
		投标保证金	符合第二章“投标人须知”第 3.4.1 项规定
		权利义务	符合第二章“投标人须知”第 1.12.1 项规定和第四章“合同条款及格式”中的实质性要求和条件
		勘察纲要	符合第五章“发包人要求”中的实质性要求和条件
		……	……
2.2.1		分值构成 (总分 100 分)	资信业绩部分：__分 勘察纲要部分：__分 投标报价：__分 其他评分因素：__分(如有)
2.2.2		评标基准价计算方法	
2.2.3		投标报价的偏差率计算公式	
条款号		评分因素(偏差率)	评分标准
2.2.4 (1)	资信业绩评分标准	信誉	
		类似项目业绩	
		项目负责人资历和业绩	
		其他主要人员资历和业绩	
		拟投入的勘察设备	
		……	

续表

条款号		评审因素	评审标准
2.2.4（2）	勘察纲要评分标准	勘察范围、勘察内容	
		勘察依据、勘察工作目标	
		勘察机构设置和岗位职责	
		勘察说明和勘察方案	
		勘察质量、进度、保密等保证措施	
		勘察安全保证措施	
		勘察工作重点、难点分析	……
		合理化建议	……
			……
2.2.4（3）	投标报价评分标准	偏差率	
			……
2.2.4（4）	其他因素评分标准		……

（2）设计单位

通过对《南沙区二湾社区微改造项目等老旧小区微改造项目设计施工总承包招标文件》和《广州市宁西街城区人居环境整治工程设计施工总承包招标文件》中设计技术标的内容及评分标准的研读，得到城市更新项目设计单位及设计方案评标条件一览表，如表 4-11 所示。

城市更新项目设计单位及设计方案评标条件一览表　　表 4-11

评分项目	评审内容	评审标准
设计方案	设计概念	①了解改造片区历史及城市发展历程。 ②了解建筑使用情况，方案体现城市的历史文化、风貌特色，总体设计与周边环境协调。 ③了解实际建筑结构状况。 ④效果图数量充足，设计理念符合原设计和招标人要求，符合适用坚固和美观原则，具有创新概念的风格和意识，富有特色和吸引力
	总体规划	①结合现有平面特点对空间进行合理布置，主要轴线布置合理。 ②符合规划设计条件，因地制宜、充分考虑地域环境条件，减少对周围环境的损害，建筑环境与空间造型和谐统一，充分协调好与周边建筑景观的关系
	使用功能	功能布局合理，符合规范，满足使用要求，有充分的可实施性
	设计模型	空间布局合理，噪声隔绝，避免视线干扰，空气流从使用者的角度考虑单元设计，舒适实用，功能齐全，满足使用要求
	配套设计	配套设计完整，满足使用功能要求
	景观	从功能性、针对性、适用性以及美观性原则，对社区内的建筑物、构筑物、公共绿地和活动空间进行充分的设计
	建筑外观	针对不同风貌的建筑提出各种整治措施，对违建、管线等有合理整治及优化方式，改造建筑形式清晰、细腻、精致、简洁，视觉效果良好，建筑外观与周边环境整体和谐并具有可实施性

续表

评分项目	评审内容	评审标准
设计方案	建筑结构	延用原有建筑结构形式。不改变建筑主体结构，材料使用合理
	节能环保	充分考虑节能环保要求，尽可能利用自然采光、自然通风，符合有关节能环保的标准，选用节能环保材料、节能型设备，符合节能减排、节电节水的要求
	经济	经济符合设计标准、规范，造价合理、指标准确，材料与构造符合国情并适用于项目所在地区，建成后节省管理和维护费用
	相关内容	从人的实际需求出发，以安全适用为原则，科学设计解决民生问题，提升老旧小区整体环境。以人为本考虑残疾人专用通道、扶手、卫生间，轮椅从行人道上应能无障碍地到达公共建筑的任何房间

通过对上述典型案例设计技术标的内容及评分标准的研读，可以发现业主对于城市更新项目设计方案的需求主要集中于对投标人要对改造区域历史及城市发展历程足够了解，本着经济性、以人为本的原则对社区内的建筑物、构筑物、公共绿地和活动空间进行充分的设计，针对不同风貌对建筑外观提出整治措施，同时满足技术经济指标合理、材料与构造符合当地实际情况的要求。

为满足业主需求，全过程工程咨询单位可从设计概念、总体规划、使用功能、景观、建筑外观、建筑结构、节能环保、经济等方面入手，设置城市更新项目设计单位及设计方案评标条件。具体每项评分范围及比重根据项目及业主特殊需求而定。

(3) 施工单位

通过对《南沙区二湾社区微改造项目等老旧小区微改造项目设计施工总承包招标文件》《埇桥区 2018 年老旧小区改造（EPC）模式招标文件》《广州市宁西街城区人居环境整治工程设计施工总承包招标文件》《胶州市香港路改建提升工程项目设计施工总承包招标文件》《济南市历城区人民政府洪家楼街道办事处老旧小区招标文件》和《深圳市某道路改造工程施工招标文件》等典型案例中施工技术标的内容及评分标准的研读，得到城市更新项目施工单位及施工方案（施工组织设计）评标条件一览表，如表 4-12 所示。

城市更新项目施工单位及施工方案评标条件一览表　　表 4-12

序号	评分项目	评分内容	评审标准
1	工程概况及施工重点难点、管理重点分析	工程概况	对各专业工程的设计和场地特点、现场施工条件概况描述准确
2		施工管理重点、难点分析准确及应对措施	对施工管理的重点与难点分析：有简明、扼要的应对措施
3	项目管理班子人员配置	项目经理 （注册建造师）	职称、专业符合要求，有相应证书，社保证明。 （项目经理为高级工程师，且其学历专业为路桥相关专业，项目经理担任同等职务的施工项目获省优以上奖项的，可视项目情况设置加分）
4		项目技术负责人	职称、专业符合要求，有相应证书，社保证明。 （项目经理为高级工程师，且其学历专业为路桥相关专业，担任同等职务的施工项目获省优以上奖项的，可视项目情况设置加分）
5		项目管理机构设置及其他人员配置	职称、专业符合要求，有相应证书，社保证明

续表

序号	评分项目	评分内容	评审标准
6	施工总体部署、施工资源需求计划	施工总体部署、施工总平面布置图及相关说明	①施工总体部署应包括:对施工标段进行合理的分片分区安排:对各片区的主要人员及机械设备进行配置。对各片区的主要施工方法和施工工艺进行简要说明:对应工期安排和施工总体部署、场地布置,简要说明总的施工流向、施工总平面布置图及施工顺序。 ②施工总平面布置图要求主要机械设备布局经济、合理且有补充措施,生活区、办公区、材料加工堆场分设明显,水、电接驳点布置合理,消防通道和设施符合要求,施工机械布置满足施工要求。 ③施工总平面布置图应包括主要机械设备、堆场、加工场、临时道路、临时供水供电、临时排水排污设施等的布局;主要施工阶段总平面图齐全合理
7		施工进度网络图或带关键线路的说明	工期目标明确、有明确的里程碑:时标双代号型、工序时间参数安排正确合理,关键线路明确且合理
8		主要机械设备需求计划表及相关说明	主要机械设备配置数量合理且性能恰当
9		劳动力需求计划表及相关说明	主要施工阶段各工种人数合理且劳动力用工表及相关说明动态曲线变化规律合理
10		周转材料需求计划表及相关说明	主要周转材料品种、数量满足施工要求
11	施工安全与文明施工管理	施工安全与文明施工(绿色施工)管理措施	①对所选方案和现场环境的安全风险有分析、针对安全风险有预控措施; ②针对本工程编制道路交通、施工扬尘、噪声振动及建筑垃圾处理等的管理措施; ③针对本工程提出有针对性的环保与节能、节地、节水、节材管理措施
12	合理化建议	合理化建议	针对工程具体情况提出合理化建议,以利于确保质量、加快进度或节省投资:建议与国家和省、市所倡导的节能、节水、环保、可持续发展、循环经济的政策相符,能体现淘汰落后的、有污染的原材、产品及施工工艺的有关规定

通过对上述典型案例施工技术标的内容及评分标准的研读，可以发现业主对于旧城改造类城市更新项目施工组织设计方案的重点主要集中于工期安排及进度计划网络图，降低工程造价的主要措施是新技术、新材料、新工艺、新设备的应用。

为满足业主需求，全过程工程咨询单位应从工程概况及施工重难点分析、项目管理班子人员配置、施工总体部署、施工资源需求计划等方面入手，设置旧城改造类城市更新项目施工单位及施工方案（施工组织设计）评标条件。具体每项评分范围及比重根据项目及业主特殊需求而定。另外，视项目及业主需求而定，全过程工程咨询单位可在评标条件中补充对专项施工技术方案审查，以及设置具有同类工程业绩及相关工程获奖情况时的加分比例，从而为业主选择最有能力完成项目建设的承包商。

3. 初始信任程度评定

初始信任是指业主在工程招标和合同签署的过程中，对承包商的静态影响进行分析。聚焦于最初的信任：最佳的承包商（供应商）应该是一个值得信赖的组织，并且必须给人留有市场声誉好、技术能力强、装备配备完善、管理能力强、纠纷诉讼率低、团队实力强的印象。

在中国的特定文化背景下，建立在制度基础上的信任、承包商的信誉（信誉、能力）以及业主的信誉等因素对建立信任具有十分重要的影响。首先，初始信任是业主在工程招标中选择承包商的关键因素，而业主的初步信任主要依赖于承包商自身的能力和信誉。所以，承包商应注重培养自己的能力要素，树立良好的信誉，从而在投标过程中成为有影响的承包商，赢得业主的初步信任。其次，业主应当从自己的立场，增强对目前施工行业的有关制度的信心，并认为中国已有相应的法律、法规和技术规范能够实施，相关的法律法规和技术规范能够保证各方的利益。业主对系统的信任程度越高，就越会产生对承包商的初步信任。最后，业主应该强化自己的信任，对被选的承包商有信心，并会遵守合约条款。本书的研究结果及管理启示是，从最初的信任激励入手，使业主与承包商在初期的合作中建立起初步的信任。

（1）影响业主对承包商初始信任因素分析

初始信任属于计算型信任范畴，是在没有正式交往之前，就已经建立了一种相互信任的关系。初始信任产生于资质预审、招标等环节。通过在资格预审阶段对双方的了解，以及双方在签约时的策略，可以让业主对承包商建立一种初步的信任，这是一种基于理智选择信任的，在初步了解后，业主会作出正确的判断，相信承包商会带来更多的利益。初始信任主要取决于对某些静态因素的判断。

1）资格预审阶段的内容

资格预审是在正式组织投标之前，对大型或复杂的土建项目或成套设备进行的初步审核。工程质量管理是招标投标的关键，它反映了工程建设必须由具有相应资格的施工团队来完成，同时也反映了业主和广大消费者的利益，是一种有效的预防措施。

根据工程的特点，业主编制了相关的资料。资格预审文件包括两个主要内容：资格预审通知及资格预审表。其中，资格预审的主要内容是项目概况、项目范围、基本条件、指导投标人完成资格预审的相关规定。资格审查表中包含了对可能的投标人的资质、执行能力、技术水平、商业信誉等的要求，并提供一份答复。此外，根据工程项目的特点和工作性质，对其资质、人员能力、设备、技术能力、财务状况、工程经验、企业信誉等进行分类，并按不同的权重进行评定。对各个方面的评价内容和分项的评分标准进行了细化。潜在投标人应按照规定提交合格的资格预审文件，并将其提交给招标人。根据资格预审文件的要求，对所有的投标人进行综合评价，并对其综合素质进行评分，对资格预审的资格要求为：投标人符合资格预审文件所要求的资格和附加资格条件，且评分不能低于预定的最低分数线。在这些条件中，资格预审文件所列的必备条件一般包括：公司状况、财务条件、商业信誉、企业信誉等。附加的资格条件通常取决于是否对可能的投标者有特别的要求。

在2007年版的中华人民共和国标准施工招标资格预审文件中，对申请人应具备的资格要求为“申请人应具备承担本标段施工的资质条件、能力和信誉”，也限定了资格预审申请文件所包括的内容，如表 4-13 所示。

资格预审文件主要内容 表 4-13

申请人应具备的资格要求	资格预审申请文件所包括
(1)资质条件 (2)财务要求 (3)业绩要求 (4)信誉要求 (5)项目经理资格 (6)其他要求	(1)资格预审申请函 (2)法定代表人身份证明或附有法定代表人身份证明的授权委托书 (3)联合体协议书 (4)申请人基本情况表 (5)近年财务状况表 (6)近年完成的类似项目情况表 (7)正在施工和新承接的项目情况表 (8)近年发生的诉讼仲裁情况 (9)其他材料:见申请人须知前附表

在对建筑工程施工企业的信任程度进行分类时，将其分为两个层次：能力与信用。在实践中，资格预审还反映出申请者的能力和信用度，只有这样，业主才会对承包商有初步的认识，并相信可以委托其进行施工。

2）评标阶段内容

评标是根据确定的两种不同的评标标准和方法，对不同投标人的投标文件进行评估、比较、分析，以确定最优的中标候选人。评标是招标投标过程中的一个关键环节，其能否真正做到公平、公正，直接关系整个招标投标过程的公平与公正；评标的质量决定着能否从众多投标竞争者中选出最能满足招标项目各项要求的中标者。

在大型工程招标中，一般将招标过程分成两个阶段：初步评审和详细评审。在初步评审阶段，评审委员会根据招标文件对每一份投标文件进行评审，以确定其有效性。评审内容主要包括：投标人的资格、投标保证的有效性，提交的数据是否完整，是否与投标文件的要求存在重大偏差，是否存在价格计算上的错误等。在详细评审阶段，评审委员会将对投标文件的具体实施方案进行全面的评估和对比。如果设置了标底，则在投标中应当参照标底。首先，评标委员会会对每一份标书进行技术和商业上的检查，评估其合理性，并评估如果将此项合同交给招标人，则会对其所有者造成的风险。如有需要，评标委员会可以邀请招标人对标书中的不清楚的部分进行必要的澄清和解释。

根据上述分析，结合投标文件的实际情况，我们可以看到，在评标中，投标人主要表现在以下方面：第一、投标书对招标文件的影响程度；第二、投标书实施方案和计划，第三、投标方的胜任程度及信誉。第四，投标报价是否合理。经评审后，合格的投标人将获得中标通知书，并与业主签署合同。

（2）影响业主对承包商初始信任等级评价

影响初始信任的因素，除了承包人自身的客观情况外，也包括了发包人对承包人的主观判断。在资格审查阶段，依据专业项目的初步评估，对其进行指标设定，以确定其初始可信度。在选定具有较高信任度的承包商资质预审指标时，应设定发包人对承包人的主观评定指标。表 4-14 所示为不同等级的初始信任资格预审指标的设置。

不同等级的初始信任资格预审指标的设置　表 4-14

序号	初始信任的等级	资格预审指标
1	低度信任	必备条件 营业执照(有效) 资质等级(符合招标文件要求) 安全生产许可证(有效) 企业和项目经理承担过类似项目 定量评价指标 财务能力:近三年来,承包企业未出现连续亏损情况 管理能力:具有与该项目相应的项目管理架构和公司组织管理架构 信誉:近三年来履约过程中无不良行为,无质量、安全事故 技术能力:具有与该项目相适应的项目管理人员、技术人员和机械设备
2	中度信任	必备条件 营业执照(有效) 资质等级(符合招标文件) 安全生产许可证(有效) 近三年内企业承担的类似工程获得市优工程或者省优工程 近三年内企业获得省级相关部门颁发的重合同守信誉证书 近三年内项目经理承担的类似工程获得过市优工程或者省优工程、企业承担的工程获得过文明工地或标准化工地 近三年内项目经理获得过优秀项目经理的称号 近三年内项目经理获得过优秀建造师荣誉证书 定量评价指标 财务能力:财务状况、财务稳定性、银行信贷和担保额、财务投标能力 管理能力:企业获得 ISO 质量体系认证、ISO 环境管理体系认证、ISO 职业健康安全管理体系认证,信息化程度、质量、成本、进度、风险等方面的管理能力 工程经验与业绩:近三年完成的类似项目、正在施工和新承接项目、完成工程的优良情况 信誉:获奖情况(已在必备条件中提及)、不良记录及诉讼仲裁情况、资信水平、履约情况、失败经历、与合作方的关系等 技术能力:项目管理人员、机械设备资源、信息技术、工艺和工程技术
3	高度信任	必备条件 营业执照(有效) 资质等级(符合招标文件的要求) 安全生产许可证(有效) 近三年内企业承担的类似工程获得国家级奖项或者省级奖项 近三年内企业获得过国家级相关部门颁发的重合同、守信用的证书 近三年内项目经理承担的类似工程获得国家级奖项或者省级奖项、企业承担的工程获得过安全文明工地称号 近三年内项目经理获得过优秀项目经理的称号 近三年内项目经理获得过优秀建造师荣誉证书 财务能力:财务状况、财务稳定性、银行信贷和担保额、财务投标能力 管理能力:企业获得 ISO 质量体系认证、ISO 环境管理体系认证、ISO 职业健康安全管理体系认证,信息化程度、质量、成本、进度、风险等方面的管理能力 信誉:获奖情况(已在必备条件中提及)、不良记录及诉讼仲裁情况、资信水平、履约情况、失败经历、与合作方的关系等 技术能力:项目管理人员、机械设备资源、信息技术、工艺和工程技术 发包人对承包人主观评价:合作的经历、业主的口碑

由于承包人主观评价指标难以形成定量的标准，所以发包人通过对这两项指标的问卷

调查，进一步了解承包人。发包人对承包人主观评价的具体内容如表4-15所示。

发包人对承包人的主观评价指标 **表4-15**

序号	主观指标	具体评价内容
1	业主的口碑	近三年内业主对承包企业在质量、工期、进度、合作态度、声誉、安全文明施工等方面的评价
2	合作经历	承包人与我方有过成功的合作经历

为避免对潜在投标人的怀疑，可采用邀请招标法，以保证对承包商具有较高的信任度。对于中等信任的承包商，可采用公开投标的方法。对于那些被高度信赖的承包商，可以在投标前进行考察，选出合格的承包商。

三、城市更新项目合同策划

施工合同是保证工程施工建设顺利进行，保证投资、质量、进度、安全等各项目标顺利实施的统领性文件，施工合同应该体现公平、公正和双方真实意愿反映的特点，施工合同只有制定得科学，才能避免出现争议和纠纷，确保建设目标的实现。

（一）城市更新项目合同策划及重难点

1. 合同策划的重点

在建设工程项目初期，要对有关的合同进行规划，其目的是通过签订合同来确保工程项目的总体目标，体现建设项目的发展战略和公司的基本利益。在设计合同时，需要注意的问题是：将工程划分为若干个独立的合同，以及各合同所涉及的工程范围；采取什么形式的委托和合同；合同的类型、形式和条件；合同的主要条款；在合同签署及执行过程中的主要事项；各个合同在内容、组织、技术和时间方面的配合。

2. 合同策划的依据

（1）业主方面：业主的资信、资金供应能力、管理水平和管理能力，业主目标和目的的确定性、项目管理的预期深度、业主对工程师和承包商的信赖、业主的管理方式、业主对项目的质量和时间的需求。

（2）承包商方面：承包商的能力、信誉、规模、管理风格和水平，项目的目标和动机，当前的经营状况，过去的工程经验，企业的经营战略，长期的动机，承受和抵御风险的能力。

（3）工程方面：工程类型、规模、特点、技术复杂程度，工程技术设计的精确度、工程质量和工程范围的确定性、计划的程度、招标的时限、工程的利润、工程的风险，工程的资金、材料、设备等的供给和制约。

（4）环境方面：项目所处的法制环境、施工市场的激烈竞争、价格稳定性、地质条件、气候条件、自然条件、现场条件、资源保障水平、获取更多资源的可能性。

3. 合同策划的程序

（1）对公司策略、项目策略进行调研，并明确公司与项目所需的合约。

（2）制定总的原则和合同的目的。

（3）分层次、分对象地对合同中某些重要问题进行研究，列举出多种备选方案，并根据以上方案的依据，对不同方案的优缺点进行综合分析。

（4）就合同中的主要问题作出决定，并制订相应的执行措施。在合同制订过程中，需要运用各种预测、决策、风险分析、技术和经济分析等方法。在为每个投标做准备以及为每个合同的签署做准备的时候，都应该重新评估合同计划。

4. 合同种类的选择

合同的定价方法多种多样，不同的合同适用条件不同，权力和责任分配不同，付款方法也不同，因此，要根据不同的情况选择不同的合同。当前，我国现行的契约形式有四种。

（1）单价合同

这是最常见的合同种类，适用范围广，如FIDIC土木工程施工合同。在我国，这种类型的合同也是最常见的。在这样的合同中，承包人只负责按照合同条款提出的报价，也就是对报价的正确性和适用性负责；但工程量变动的风险将由业主自行负责。该方法风险分配较为合理，可以很好地满足大部分项目的要求，有效地激发业主和承包商的积极性。单价合同又可分成固定价格合同和可调整价格合同。

单价合同的特点是单价优先，例如FIDIC，业主所提供的数量表中所列的数量仅为参考，而实际的价格是根据承包商所提供的单位和完成的数量来决定的。尽管在投标、评标、合同签订过程中，往往把重点放在合同总价上，而在工程付款中，单价是第一位的，因此，单价不能有任何差错。如果标书中出现了明显的数值计算错误，业主有权利在进行评审前进行修正。

（2）固定总价合同

1）固定总价合同的概念及特点

这类合约是一次性签订的，而且其价格不会因为环境的变化和工作量的增大而变化，所以在这类合约中，承包商将负责全部的工作和开支。除非在设计上有很大的变化，否则合同的价格通常是不能更改的。在现代工程中，特别在合资项目中，业主倾向于采用这种合同形式，这是因为：①双方在项目中的结算方法相对来说比较容易。②在实施固定总价合同时，承包人的索赔机会减少（但不能消除索赔）。一般情况下，业主要追加合同价款，追加投资，需要上级、董事会，甚至股东大会的批准。而且，由于项目的全部风险都是由承包人承担的，所以在投标时，未预料到的风险成本会更高。在确定承包商报价时，应充分考虑到价格变动和工程量变动对合同价格的影响。在执行此类合同时，业主没有承担任何风险，因此，他对项目的干涉能力很弱，只负责总体目标和需求。

2）固定总价合同的应用前提

长期以来，固定总价合同的适用范围非常有限，其应用前提如下。①工程范围必须清晰，所报数量要精确，而非估算，承包人对这一点要仔细核对。②项目设计图纸完整、详细、清晰。③工程量小，工期短，工程期间的环境影响（尤其是价格）估算的变动较小，工程状况稳定、合理。④工程结构简单、技术简单、投资风险低、估价简单。⑤招标期限较长，承包人可以进行现场调查，检查工作量，分析招标文件，制定计划。⑥合同条款完整，当事人的权利和义务都很明确。

3）固定总价合同的计价方式

① 业主提供的工程量清单是为了便于承包人投标，但是业主并不负责工程量清单中的数据正确与否，承包人应进行审核。每个子项目的固定总价总和就是该项目的整体造价。

② 若工程量清单未在投标文件中列出，而由承包人自行编制，则该工程量清单只用作支付凭证，并不属于合同所列工程数据。总的合同价格是按每个项目的总金额组成的。承包人应按工程资料进行工程量计算，如果工程量有遗漏或计算错误，应视为全部工程总价。

4）固定总价合同的确定

固定总价合同是以总价为主要依据，承包单位的报价由双方商定，最终按总价支付。一般情况下，只有在满足合同要求的情况下，或者满足合同中的调价要求，才可对合同价格进行调整。

5）采用固定总价合同时承包商的风险

① 价格风险：投标人的报价计算失误；在项目实施过程中，价格上涨，人力成本上涨。

② 工程量风险：工程量的计算误差；因工程规模不确定或在预算时未列入清单而引起的损失；因设计深度不足而导致的工程量计算错误。

（3）成本加酬金合同

这是一种完全不同于固定价格合同的合约。最后的合同价格是按照承包人的实际费用加上一定比例的报酬（间接费用）来计算的。在签订合同时，无法决定特定的合约价格，而只能决定报酬的比例。因为合同的价格是按照承包商的实际成本来计算的，因此，在这种情况下，承包商不会承担任何的风险，而所有的工作和费用都由业主来承担，因此，在项目中，承包商没有动力去控制成本，而是希望通过增加成本来增加项目的经济效益。这对项目的总体利益是不利的。所以这类合同的使用应受到严格限制，通常应用于如下情况：

1）招标阶段没有根据，项目范围不能确定，评估不能精确，缺乏具体的项目描述。

2）工程的复杂性，导致工程技术和结构方案无法事先确定。

3）由于时间紧迫，需要尽早开工的工程，如抢救工程、抢险工程等，不能进行细致的规划与谈判。

为克服此种合约的缺陷，并激发承包人的成本管理动力，可以预先设定目标费用，并在目标费用范围内按一定比例支付实际费用，超出目标费用的部分，不会再增加报酬；如果实际费用比目标费用低，除了按合同约定的报酬以外，还会额外给予承包人一定的报酬；目标费用加上一定的定额，并不会因实际费用的变动而改变。

（二）城市更新项目合同条款的确定

1. 依据

（1）法律法规及标准规范

法律法规及标准规范包括：《中华人民共和国民法典》；《中华人民共和国标准施工招标文件（2007 版）》；《建设工程施工合同（示范文本）》GF—2017—0201；其他相关法律法规、政策文件、标准规范等。

（2）建设项目工程资料

建设项目工程资料包括：①项目决策、设计阶段的成果文件，如可行性研究报告、勘察设计文件、项目概预算、主要的工程量和设备清单；②业主和全过程工程咨询单位提供的有关技术经济资料；③类似工程的各种技术经济指标和参数以及其他有关的资料；④项目的特征，包含项目的风险、项目的具体情况等；⑤招标策划书；⑥其他相关资料。

2. 内容

施工合同是保证工程施工建设顺利进行，保证投资、质量、进度、安全等各项目标顺利实施的统领性文件，施工合同应该体现公平、公正和双方真实意愿反映的特点，施工合同只有制定得科学合理，才能避免出现争议和纠纷，确保建设目标的实现。

（1）合同条款拟订

全过程工程咨询单位须根据项目实际情况，依据《建设工程施工合同（示范文本）》GF—2017—0201，科学合理拟订项目合同条款。合同条款包括：①合同协议书。它主要包括：工程概况、合同工期、质量标准、签约合同价和合同价格形式、项目经理、合同文件构成、承诺以及补充协议等重要内容，集中约定了合同当事人基本的权利义务。②通用合同条款。它是合同当事人根据《中华人民共和国建筑法》《中华人民共和国民法典》等法律法规的规定，就工程建设的实施及相关事项，对合同当事人的权利义务作出的原则性约定。(3）专用合同条款。它是根据不同建设工程的特点及具体情况，对通用合同条款原则性约定的细化、完善、补充、修改或另行约定的条款。④补充合同条款。通用合同条款和专用合同条款未有约定的，必要时可在补充合同条款中加以约定。

（2）要点分析

1）承包范围以及合同签约双方的责权利和义务。明确合同的承包范围以及合同签约双方的责权利和义务，才能从总体上控制好工程质量工程进度和工程造价，合同的承包范围以及合同签约双方的责权利和义务的描述不应采用高度概括的方法，应对其进行详尽的描述。

2）风险的范围及分担办法。在合同的制定中，合理确定风险的承担范围是非常重要的，风险的范围必须在合同中描述清楚，合理分担风险，避免把一切风险都推给承包人承担的做法。

3）严重“不平衡”报价的控制。“不平衡”报价是承包人普遍使用的一种投标策略，其目的是“早拿钱”（把前期施工的项目报价高）和“多拿钱”（把预计工程量可能会大幅增加的项目报价高），一定幅度的“不平衡”是正常的，但如果严重的“不平衡”报价，将严重影响造价的控制。为了控制严重“不平衡”报价的影响，在合同中应明确对严重“不平衡”报价的处理办法：①业主有权进行清标并调整；②在合同中，如果增加或减少的工程量超过了工程量清单所列的总量（例如 15%），则应对超出或降低的部分的单价作出相应的调整。在此基础上，可以消除投标过程中的不均衡投标效应，从而达到对工程项目成本的积极控制。

4）进度款的控制支付。进度款的支付条款应清楚支付的条件、依据、比例、时间、程序等。工程款的支付方式包括：预付款的支付与扣回方式、进度款的支付条件、质保金的数量与支付方式及工程款的结算等。

5）工程价款的调整、变更签证的程序及管理。合理设置人工、材料、设备价差的调整方法，明确变更签证价款的结算和支付条件。

6）违约及索赔的处理办法。清晰界定正常变更和索赔，明确违约责任及索赔的处理办法。通过工程保险、工程担保等风险管理手段的运用，可以有效地转移、分散和合理规避风险，保证合同的有效履行，达到投资控制的目的。

3. 程序

全过程工程咨询单位的合同条款策划的程序如图 4-11 所示。

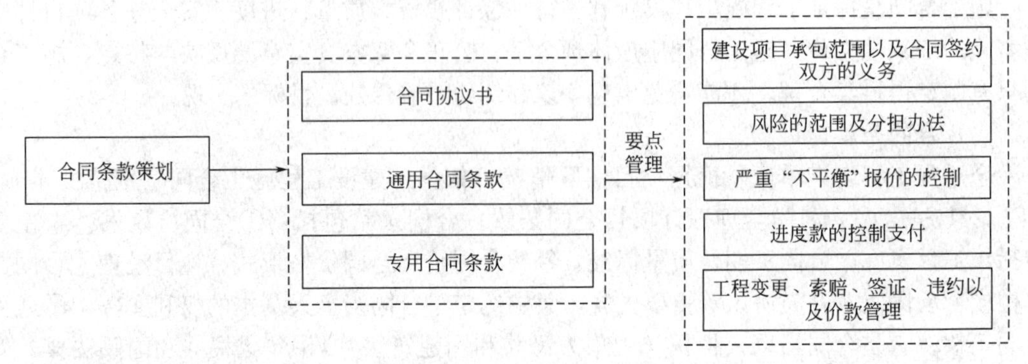

图 4-11 合同条款策划程序图

4. 重要合同条款的确定

重要合同条款的确定要注意以下事项：①合同关系的适用法律、仲裁地点、仲裁程序等。②支付方式。是否采用进度付款方式、分期付款方式、预付款方式或承包商支付的方式，这取决于业主的资金来源保障状况等。过多的资金投入会直接影响承包商的风险、财务状况、报价和执行意愿。当然，若业主超出了实际进度，在未签发担保书的情况下，将对业主造成危险。③合约价格调整的条件、范围、方法，尤其是因物价上涨、汇率变动、法律变更、海关税变更等原因而调整的条款。④承担契约各方承担的风险。把项目的风险分摊给业主和承包人。其基本原理是：通过风险的分配来激励承包商，以达到最大的经济利益。⑤为承包人提供奖励。⑥业主在项目建设过程中，通过签订合同来实现对项目的控制，并在合同中制订完整的控制措施，以确保对项目的控制，例如，对项目进行变更的权利；批准和监督项目的计划；项目的质量检验；控制项目的支付；有权在工程进展延迟时加快工程进度；在承包人未履行其合同义务的情况下，业主的处理权等。

第二节 城市更新项目施工咨询

一、城市更新项目施工重难点

城市更新项目的施工因其涉及的内容广、情况复杂多变，同时需要大量衔接协调，进而增加了城市更新项目的施工难度。城市更新项目施工重难点体现在：一是城市更新类项目通常会出现原有图纸遗失、不齐，竣工图及新设计图纸与现场不符的情况，需要重视定制化需求，结合现场实测情况反向进行深化设计，对现场变更节点做到一对一技术质量追踪。在管线复杂区，可通过二次三维一体化设计实现管线精准布局，保证图纸与现场的"精准适配"。二是城市更新项目特别是改造项目通常为运营状态，需要克服在保证运营的情况下使施工效率最大化的难题。需要在生产区与运营区做到硬隔离，确保运营区零扬尘、零污染、低噪声；对于与运营区域交界的地方，采用预制化技术，缩短工期，减少噪声、粉尘、异味的产生；与客户、物业密切沟通，进场后研判改造方案，将施工区域机电系统与运营系统进行切割，减少对运营物业的影响，并成立 24 小时应急抢修维护队，确保突发情况下及时维修以保障物业运营，真正做到不停业状态下“零影响”更新改造。三是城市更新类项目通常涉及拆除、结构加固、砌筑、装修、园林、市政、给水排水、暖通、电气、消防、设备选型、新旧机电系统联动调试等多项内容及专业，专业要求度极高。四是城市更新项目通常运营需求迫切，工期非常紧张。五是城市更新项目较新建项目通常场地极为紧张，甚至零场地，存在拆除工程消防隐患大，施工现场难以封闭，进场人员杂，安全防护及消防管理难度大等问题。因此，为了使全过程工程咨询单位更好地完成城市更新项目施工工作，本书对历史文化街区改造项目和城市功能提升类旧城改造项目进行施工的重难点分析。

(一) 历史文化街区改造项目施工重难点

历史文化街区改造项目完成项目质量、安全、进度、投资和文明施工等各项既定目标的要求与一般工民建项目基本相同，但历史文化街区改造项目施工验收涉及保留原有建筑风貌、文物保护等，也会与现行建设工程验收标准有部分冲突，还需文物管理部门监督、指导、协调。历史文化街区改造项目施工重难点见表 4-16。

历史文化街区改造项目施工重难点一览表 **表 4-16**

序号	施工过程的重点难点	应对措施
1	由于修缮整治的院落一般地处城市中心地区，大部分位于不足 4m 宽的胡同中，居民住所与修缮整治的院落紧邻，在施工中，周边防火、安全文明施工、扰民、居民协调工作配合等问题要求相当高，这都会给施工带来一定困难	1. 为了减少对周围环境的影响，各种构件成品、半成品应尽量安排在预制工厂制作，减少现场工作量，减少噪声、粉尘的污染； 2. 在施工期间，对施工区域进行全封闭围护，严格控制噪声及粉尘等环境污染。粉尘较多的分项工程单独围护施工，施工时尽量减少粉尘污染，减轻对人身健康的危害，更要避免影响周边环境，造成环境污染； 3. 在管理上严格控制人为噪声，进入现场不得高声喊叫，无故敲击、吹哨，声源上选用低噪声电动工具，如电动空压机、电锯等； 4. 施工班组要合理调整施工工序，一些施工噪声大的工作应安排在白天进行
2	一般历史文化街区改造工程都是市政府重点工程，是该城市对外展示古城风貌的一部分。因此，此工程的修缮质量的高低将直接影响各界人士对该地区古建修缮水平的评价。使整个修缮建筑成为精品，从而在世人面前展示出该地区古城历史风貌，因此，质量标准要求非常高	提前进行现场勘察，保证勘察的准确性以及勘察效率。聘请专家对勘察结果以及材料进行把关，古建筑施工选择专业的有历史文化街区施工经验的单位
3	古建筑长年得不到有效的保护和维修，一般都破旧不堪，需要添配木料和瓦件等材料。而这些材料大部分需要现场勘查测量后再到厂家加工，这就需要较长的材料加工周期长，因而给施工带来不利的因素	考虑施工现场的具体情况选择恰当的时间和合理的运输路线，保证材料的供应不受影响，确保工程进度。夜间车辆进入施工区后，立即组织搬运工人将材料搬进修缮院落内的仓库，同时车辆将当天施工产生的垃圾袋装处理后运出施工现场
4	由于历史文化街区一般位于中心城区，地处居住较多居民的胡同中，按有关文件规定，材料及杂土运输车辆只有在晚间才能出入工地现场，因此在材料及杂土运输方面带来一定的困难	根据工程具体情况，进行综合分析，依据灵活机动原则合理安排施工工序，避免因材料运输问题导致施工延期

续表

序号	施工过程的重点难点	应对措施
5	由于古建筑本身原施工误差值比较大，且存在一定的不可知因素，设计图中尺寸与实际施工位置的具体尺寸是有差距的，且出于对原有建筑风貌需进行保护及用于今后展示等需要，对一些老墙体、老砖、木构件需保留，但这些保留下来的墙体的垂直度、原有粘结材料的强度、老砖、木构件的材质强度都远远达不到现行技术规范验收要求	与文物专家、设计人员沟通保护、加固方案，另外还需及时与消防等部门协商，尽量减小消防、喷淋管线等对古建筑感观的影响，做好消防管线隐蔽施工，在不违背相关法律法规的情况下，尽量避免受外界各种影响及干扰，以确保既能保持建筑原有古典风貌又能安全使用
6	“不改变文物原状”的维修原则对施工单位要求较高	及时协调设计单位根据现场实际情况调整，在确保结构安全的基础上，尽可能少更换，多修补，达到最大限度保持建筑文物的原真性、信息延续性
7	建筑垃圾暂存堆放	1. 建筑垃圾暂存堆场宜相对集中设置； 2. 建筑垃圾暂存堆场应选址在交通方便、距离建筑垃圾产生源较近，近期不会规划使用、库容量满足暂存堆放要求的地区；禁止设置在地下水集中供水水源地及补给区、活动的坍塌地带、风景游览区和文物古迹区； 3. 建筑垃圾暂存堆场应包括库区简易防渗、防洪、道路等设施，有条件的场所可预留资源化利用设施用地

（二）城市功能提升类旧城改造项目施工重难点

以城市功能提升类旧城改造的城市更新，本质上是在不改变建筑主体结构的基础上，通过建筑修缮、环境整治、配套设施完善、功能改变、活化利用等方式实施的城市更新，此类项目因涉及的内容广、情况复杂多变，同时需要大量衔接协调，进而增加了城市功能提升类旧城改造项目的施工难度，因此分析其施工过程中的重难点（表 4-17），使全过程工程咨询单位更好地完成城市功能提升类旧城改造项目施工工作。

二、城市更新项目质量管理

（一）质量管控工具

1. 质量审核清单

全过程工程咨询单位应落实“质量审核清单”（Quality Checklist，QC）体系，全面保证咨询业务质量。基于全面审查，质量审核清单的运用实现了评审工作的全面、细致、无遗漏，最大限度地保证了评审质量，有效地解决了虚增工程量、高套预算定额、虚列费用等问题。质量审核清单的使用虽然增加了工作量，但实践表明，其使用有效地为业主节约了投资成本，实现了业务增值。

2. “PDCA 循环”与“SDCA 循环”联动的质量管理体系

SDCA 质量控制法是一种以标准化控制为基础的手段和方法，它的主要作用是确保一套标准程序顺利地运转，从而使产品达到使用的目的和要求。应用 SDCA 循环法，寻找一种可以稳定操作的工艺或方法，以改善现有的质量问题，避免此类质量问题的再出现。PDCA 质量改进方法基于 SDCA 质量控制方法的实施，提高了产品的质量管理水平，在质量管理工作中得到了广泛的运用。

城市功能提升类旧城改造项目施工重难点分析一览表　　表 4-17

序号	施工要素		分项施工工程	施工过程的重点难点	应对措施
1	市政基础设施	道路工程	道路铺装易脱落	道路工程建设期间，现场人员对工程表象关注较多，对于工程建设质量、效率等方面则关注不足，造成现场施工过程中不能严格按照相应的标准和流程进行施工，这些问题会造成道路工程铺装层质量无法满足相应标准要求，容易出现裂纹、松动等问题，严重者会造成铺装层脱落问题	为避免道路工程施工期间出现铺装层脱落的现象，需要现场施工人员科学把握铺装层施工厚度，确保各类施工材料质量满足标准规范及设计要求，减少铺装层断裂问题的出现。现场人员针对道路工程的防排水要重点关注，尽量选择防水性能优异的材料，提升铺装层施工质量和效率，并掌握施工现场地理环境等因素，对地形、地貌等进行全面、细致的调查和了解，针对实际情况采取有效措施避免铺装层出现脱落，延长道路工程铺装层使用年限
2	市政基础设施	桥梁隧道工程	钢筋易腐蚀	桥梁隧道工程中需要大量使用钢筋作为工程重要的“筋骨”，若出现腐蚀问题，会影响工程整体强度。在具体施工期间，若未做好钢筋材料的储运、管理及保护工作，容易造成钢筋材料出现各类腐蚀性问题。当钢筋出现轻微的锈蚀而未采取有效措施进行防锈处理，或者在后续混凝土振捣施工过程，因现场施工人员的操作问题造成振捣过久或不足，产生混凝土裂缝、分层，会加大钢筋锈蚀问题风险	(1)做好材料管控及防护，杜绝材料问题的出现。 首先要提高现场人员的安全质量意识，特别是针对各类隐蔽性工程的控制，从材料选择、运输、保存、管理、防护等环节保障钢筋材料质量。其次，必须严格依照设计要求选择相应强度的钢筋材料，施工过程中要注意保护钢筋涂层，如现场出现钢筋锈蚀，要合理选择除锈剂进行除锈。对于混凝土用砂，要提前进行试验，确保氯离子的含量不超标，减少造成钢筋锈蚀问题的可能，同时，在振捣工程中要注意管控现场施工工艺及质量，避免因混凝土严密性不足造成钢筋锈蚀的情况。 (2)合理控制钢筋混凝土材料质量。 道路桥梁隧道工程中施工材料质量、性能会影响工程建设的整体安全。相关采购人员必须充分掌握所采购材料的相关参数、价格、供应商情况，深入市场进行调查，确保材料质量、性能满足工程建设标准及要求，同时综合各方因素控制材料成本。特别是钢筋混凝土工程，各类材料使用前要安排专业人员对其进行检查，同时，必须选择具备相应资质的人员、机构进行检测，并出具有效的监测报告。对于钢筋、混凝土材料来说，必须采取有效措施避免其出现不必要的损耗，为后续工程建设提供有效支持，针对钢筋、混凝土的运输和配制等环节，必须严格依照标准规范及设计要求开展工作，确保现场施工工艺的标准化、科学化。施工过程中若发现质量问题，必须及时予以处理，避免出现因材料质量、性能或施工工艺标准、要求等因素影响整个道路桥隧工程的建设。 (3)积极引进新装备，并对旧装备进行创新改造。 当前，我国路桥施工技术工艺及各类装备制造工艺水平都在不断提升。提升各类工程建设效率，确保工程质量、成本、安全、工期等目标能够顺利实施
3	市政基础设施	桥梁隧道工程	混凝土结构易出现裂缝	混凝土作为道路桥梁隧道工程中较为常用的材料，在配制过程中，需要结合现场实际条件及设计标准要求，确定合理的混凝土配合比，并在后续的配制过程中严格依照配合比进行混凝土生产。但是，受多种因素影响，混凝土生产工艺标准不高，或针对不同位置的结构形式选择的混凝土材料存在问题，或现场施工人员未能合理控制混凝土强度，未采取必要的养护管理措施等问题，都会造成混凝土结构出现裂缝	

续表

序号	施工要素		分项施工工程	施工过程的重点难点	应对措施
4	市政基础设施	管网工程	在市政道路管网工程改造过程中，管网布置和施工中主要注意以下一些基本原则：①对于临时管线和永久管线，前者需要让后者；②对于小径管线和大径管线，前者需要让后者；③对于压力管和自流管，前者需要让后者；④对于易弯和不易弯的管线，后者需要让前者；⑤假如有些管线工程量较小，有些较大，那么较小工程量的需要让大工程量的。此外，在布置地下工程管线过程中也需要严格依据相关的顺序，如污水管线埋设最深等		
5			地下老旧管线布置错综复杂，造成施工难度大	老城区道路或房屋下面分布着纵横交错的地下管线，有自来水管、天然气管、雨水管、污水管、电力管、有线联通等弱电通信管道。这些管道线路长短不一，有沿线水文地质条件多变的，有各个历史时期修建形成的，有虽为同一类型管道但属不同建设主体单位修建的，有各种材质的，有各种截面大小尺寸的，有单一和共同沟形式的，有各种管沟相互穿插的，有随意埋置而不顾强弱电分区和安全距离的等	缺乏施工经验的应对举措：考虑到地下管道腐蚀、老化严重，且地下管网施工专业性强、涉及民生，因此，处置过程更应小心谨慎。首先尽量避免直接损坏，避免管线上部堆载过大，避免过度暴晒和暴雨冲刷；其次，在拟改造施工部位与管线之间挖隔离槽，起到隔断挤压力和振动力的作用；或者在土体可能产生较大沉降而造成管线悬空的，可沿管线下缘设置若干临时性的支撑桩、砖支撑或钢支撑；或者对于中间不宜设支撑的，可用悬吊法固定管线，吊绳吊点的设置原则以能控制管线不产生位移即可；或者对既有管线周边土体进行注浆加固，或施作预应力锚杆，或施作大管棚注浆等施工措施，从而达到保护管线的目的；最后，在施工工艺的选择上，不宜采用荷载大的重型机械施工工艺。在冬期施工时注意加强防冻保温，在雨季注意完善防洪防涝措施；在管网施工过程中，若部分排水管道必须穿过道路，则宜采用较顶管施工法对环境影响小的牵引管施工法，其价格便宜，适合管径小的管段施工。总之，应结合实际条件，灵活采取经济、优化的施工方法。 同时施工前，应准备好管网产权单位紧急联络通信簿，了解最近一个控制阀或检查井的位置，备好专业探测仪工具等，并在施工交底会上通知有关人员，充分做好地下管线损坏后急救准备措施
6			旧式管道规划年限短、设计标准低，管网陈旧，缺乏统一维护	由于旧式管道自身的缺陷，导致老城区的排水管道管径偏小，过水能力较差。同时，由于该区域的管网埋深较浅，管口连接不严实等因素，易造成积水渗漏和管内臭气溢出，进而影响老城区居民的生活质量。另外，相关部门缺乏维护和管理，导致管道堵塞严重，进而影响管道的过流能力	当地政府宜将管网管理办法上升为地方法律法规，同时授予专业管理机构相应权限，尤其完善具体管理办法，消除管理瓶颈，改变“衙门式”官僚作风和工作方式，变被动管理为主动上门服务，积极地综合协调，提供方便快捷的智能化、信息化的服务套餐清单项目及工作流程。这样，凡老城区改造动工前，建设主体单位只要向专业管理机构申请，那么涉及该区域的管网施工保护的所有信息，都可以在专业管理机构的牵头下、在各产权单位的配合下、在指定时间和指定地点内归集，并且可提供智能化的动态信息和专业的规范的技术指导服务

续表

序号	施工要素		分项施工工程		施工过程的重点难点	应对措施
7	市政基础设施	管网工程	地下管网信息难获取，施工不细化，造成施工困难		在目前的旧城改造中，对于地下管网改造而言，虽然配套出台了相应管理办法，但在老城区，权责受限的专业的管理机构来全面负责地下管网的综合协调和管理还存在一定难度。同时，各专业管网产权单位不仅没有其他单位的管网资料，有时甚至连自己的管网资料也已丢失或不准确，施工单位获取管网资料的途径难度及费用都相当大，管线的归属不明确，也会影响管网资料的获取。再加上施工项目部没有细化方案、施工员或监理工程师没有认真加强旁站、作业工人没有做到精细化操作，老城区改造工程施工中不可避免地引起相应邻近地下管线损坏，从而引起停水、停气、停电和通信中断等事故发生	(1)缺乏管网资料或产权单位也不清楚现有管网信息应对措施 建设主体单位和产权单位一同在改造施工区域和该区域临界边附近勘察各种管网的检查井和起止阀门，可作适当醒目标识，要求作业工人熟练掌握相应施工操作，要求施工项目部仔细比对该区域的施工图和施工方案，对走向和埋深不明确的加强仪器探测和适宜的探坑探槽，尽量找到其与拟建永久工程的所有关联点和关联线，研究制订保护改建措施和应急预案等。 (2)加强地下管网综合档案库的建设方法 地下管网集排水、给水、燃气、热力、电信、电力等多种管道于一体，如何做好这些管道的调度、维护及管理，关系着城市居民的正常生活。应运用当前的科技手段，如 GIS、RS(遥感)等，协同办公人员的综合管理，实现地下管网综合档案库的建设。由于老城区建设条件有限，实施智能化管理的难度大，进而要求各个管理部门加强对地下管网资料库的建设与管理；在此基础上针对现代化城市的建设，更应该运用现代化智能手段，加强对完整的地下综合管网档案资料库的建设，以供查阅利用。这就要求专业管线的管理部门需要与政府部门加强交流协作，共同建立地下管网综合档案库，从而为工程建设或改造提供可靠的信息和依据
8			排水系统雨污分流改造问题	施工扰民问题	属于老城区社区雨污分流改造项目施工过程中一定会遇到的问题。由于排水管道改造施工靠近居民建筑和居民休闲、休息区域，因此施工过程中会对居民的生活造成不利影响	这个问题各区责任单位需要协调当地街道和居委，做好雨污分流工程的宣传和解释工作，要最大限度地得到居民的理解和支持，同时要求施工单位做好施工组织工作，安排好施工时间，在施工当中减少对居民出行和休息的影响，减少扰民
9				交通疏解问题	工程实施过程中若管道敷设大部分属于占道施工，可能阻碍居民的出行，并且小区内施工给居民停车带来不便，导致意见较大	要缓解交通等问题必须最大力度配合当地居委会、街道以及交警部门，做好临时停车、施工交通组织等工作，做好临时交通导向和指引，方面居民施工期间的出行
10				建筑的保护问题	由于雨污分流改造工程项目很多，且基本上都是实施于建成区、成熟社区等范围内，很多管道施工开挖面靠近建筑，可能出现过个别项目由于施工方法不当对居民建筑等造成一定程度破坏的现象	各区针对建筑保护的问题应该引起高度重视，施工过程中需要督促建设和施工单位做好前期摸查和评估工作，施工中采取必要的工程措施来重点加强对建筑的保护工作，避免由于排水改造而对居民的房屋和其他设施造成损坏

续表

序号	施工要素	分项施工工程	施工过程的重点难点		应对措施
11	市政基础设施	管网工程	现场施工卫生和安全问题	由于小区等建筑密集、道路狭窄，雨污分流项目施工过程中应该注意施工安全和加强对环境的保护工作，如做好材料的堆放和余泥渣土的排放问题、施工人员生活垃圾问题等	在小区内施工需要协调处理好施工单位和人员对小区安全的责任问题，特别应该加强看护工作，避免由于施工原因给居民带来安全及财务损失问题
12		排水系统雨污分流改造问题	管线勘测和保护的问题	由于测量成果有时与实际情况会存在偏差，对于施工精度和要求很高的排水改造项目来说施工中会产生一定的影响	各单位在施工前应提前做好地下工程管线的勘测工作，要求各施工单位在施工前应该进一步做好现状管线的复核工作，施工过程中加强对现有管线的保护，坚决杜绝野蛮施工。如发生意外，第一时间通知相关部门进行抢修，同时做好现场的疏导和清理工作
13			管线接入问题	现状合流区域的雨污分流规划以及与现状雨污分流区域的合理衔接问题。针对这种情况，如何能保证管道的连接，同时既能确保流量的满足，又能做到雨污分流	在连接处设一共用井，井的具体尺寸可根据原合流管管径和新建的雨污水管径确定，但设在一起，井中设一隔墙，在隔墙上设一溢流孔，溢流孔最低标高比污水管管顶高 50～100mm，溢流孔断面与雨水管断面相符，具体根据雨水流量计算确定。采取这种方法，在平时，污水可以通过污水管道流入新建污水系统；在雨天时，能根据雨量大小进行分流，在雨量大到一定程度，污水管满流之后则溢流到雨水管，进入雨水系统。若雨水较大时，污水将被稀释到一定程度（达到国家直排标准），可以直排周边河涌。排水体制合理，能满足水资源和环境保护要求，符合城市生态和可持续发展的要求。 （1）加强雨污分流管理工作；（2）加强雨污分流重要性的宣传工作；（3）加强雨污分流规划管理；（4）设施养护管理
14	城市生态环境	绿地景观工程	绿化工程不到位	在建设园林景观时，绿化环节较为重要，要想高质量完成此任务，那么便需要严格要求绿化人员，也就是必须配备高素质的技术人员与高水平的专业人员。在日常工作当中，绿化人员琐事较多，包括防虫防害、养护修剪、施肥种植、运输采购等。就施工角度而言，不合理以及不科学种植植物；就技能水平而言，绿化队伍的水平整体较低；不到位的管理与养护植被；在后期管理上，不科学的防虫防害方法以及不合格的修剪与施肥方式等，整体绿化的效果因为众多问题尚存于实施、规定与管理等方面而产生负面影响	持续强化园林景观的绿化管理，在施工开始不久后便应落实采购选苗作业，对于采购幼苗的员工应掌握有关幼苗的知识与技巧，对优质的幼苗进行选择。在运输时为了确保幼苗在未来能健康生长，应对幼苗的根部进行重点保护，避免受到破坏与损失。对待工作区域的土壤，绿化的员工应进行合理管理，将良好的生存环境创造给植入的幼苗。此外，在栽培幼苗之前应对植物的属性有所了解，植物种植的深度与位置因其种类不同而大相径庭，在后期还要进行养护修剪、防害防虫以及施肥浇水等工作。绿化工作时间周期较长，绿化效果要想获得最佳状态，必须长期坚持合理管理

续表

序号	施工要素		分项施工工程	施工过程的重点难点	应对措施
15	城市生态环境	绿地景观工程	缺乏专业人才且专业涉及面较广	土建工程、安装工程、植被绿化工程、土建工程以及给排水工程等不同专业工程的相关知识都会运用在园林景观设计之中，在建设的进程中同样需要严格的专业水准以及广泛的专业知识。从我国园林景观建筑的现状来看，园林景观的专业人才与建筑专业的专业人才相比凤毛麟角，严重匮乏	对专业技术人才进行重点培养并创新人员管理制度。在园林景观中，专业知识涉及面较广，但是相应的专业技术人才却较为匮乏，那么在施工前期，企业便应将足量的资金用在强化教育等方面，对专业人才进行有效培育并给出专业的技术指导。企业应对员工的团队合作意识以及个人技能等进行持续提升，并合理分配施工人员来确保工程得以顺利进行。及时向学者或是专家请教建设中无法解决的困难。企业内部人员的管理制度与时俱进，及时推出奖惩分明的制度，对懒散的员工给予一定的惩戒与批评，而对于积极向上的员工应给予适当的奖励
16			建设时较难因地制宜	所有的植被、建筑等在设计初期都应有效遵循因地制宜的原则，此原则同样适用在建设园林景观的进程中，应与周边的环境相适应与协调。各式各样的问题会不同程度地出现在施工环节之中，比如：土壤环境无法适应不同植被的生长条件，因此，有关的技术人员必须在正式施工开始之前对施工地点土壤酸碱性进行实地考察，将适合植物生长条件的植被种植在合适的区域，促进植物健康生长。一旦缺少考察环节，那么植物的生长条件便会受到影响，失误也极易出现。此外，园林景观不仅拥有较为复杂的技术条件以及施工环节，还有较强的艺术性与严格的工艺需求，那么为了更好地发挥园林景观的效果，便需要部门与部门之间默契配合，此环节难度较高且最为关键，应慎重对待	对建设工程前期的准备工作进行充分落实，施工单位要在施工正式开始之前安排专业的技术员对施工区域进行实地勘察，从而获取真实的材料，并且在对园林景观、建筑用房等进行设计与建设之前，应充分了解施工地区的人文政策、人口经济、水质风向、气候地质、交通电力以及地形地貌等条件，便于在建设与设计时真正做到合理、科学。在正式动工之前，建设方与设计者应对未来的施工技术与审美标准进行预测，然后以此为基础再设计图纸，避免后期施工因图纸更换而受到影响。节能环保问题因逐渐进步的时代而越来越被人们所重视，所以，在建设之时应充分落实所准备的技术以及材料，并对与其有关的问题进行充分考虑
17			各环节配合不到位	部门与部门之间在建设园林景观的进程中需要协作配合，但是在现实情况下配合程度却远远不够，举例来讲，设计单位、材料供应商、施工作业人员以及质检人员之间配合得较为生硬，需要较长的时间来完成，因此一旦建设中的某一环节出了事情，那么其他环节必然会受到影响，整个工期也可能因此而出现延期的情况	各部门间密切合作并强化监管力度。不同方面的技术会应用在建设园林景观的进程之中，而施工区域拥有宽广的范围并极为分散，集中管理起来较为困难，那么偷工减料以及混乱的现象便极易出现在施工现场。因此，应建立相关监管部门以及严格的监管制度，将责任具体到个人、部门，唯有如此施工质量才能获得保障。此外，还应建立监控与统筹方案，其中合理性与科学性必须体现在方案之中，为了确保施工可以顺利进行，那么部门与部门之间应团结协作、积极沟通，进一步对施工的效率进行有效提升，在施工质量得到确保的基础上也节约了成本，实现了按时完工

续表

序号	施工要素		分项施工工程	施工过程的重点难点	应对措施
18	社区居住环境	建筑单体工程	外墙改造施工问题	许多城市的老旧住宅都采用砖混结构，并在外立面用涂料作为装饰材料，在经过多年的风吹日晒后，建筑外立面的涂料会有大量的脱落现象	对小区住宅外墙进行改造，可利用新型的建筑节能措施，在修复房屋外墙时设置保温系统，遵循可持续发展的原则，提高墙面的保温隔热效果，降低室外温度变化对室内温度的影响幅度，提高住户的居住舒适度，使住户在使用过程中实现节能、环保。保温系的使用可对建筑物的使用时长起到延续的作用。在外墙改造施工时，需要先将墙面有脱落迹象的部分铲除并清理干净，然后涂刷防水涂膜稀浆和喷涂聚氨酯泡沫塑料，再修整聚氨酯泡沫塑料层，并涂刷防水涂膜稀浆和内夹玻纤网格布的抗裂腻子，并抹平、找直，保持阴阳角的方正和垂直度，打磨成型
19			屋顶改造施工问题	老旧住宅外墙与屋面常常会产生裂缝，导致雨水渗漏到房屋内，对居民生活造成不便	对小区屋面进行改造施工时，可采用保温隔热层，减少夏季阳光照射对屋顶温度的影响，也可减少屋顶温度过高对顶楼居民日常生活的影响。先拆除原屋面架空板，并铲除原屋面防水层，然后进行防水涂膜稀浆的涂刷，可以起到固定基础、界面、隔潮的作用，同时，喷涂硬质聚氨酯泡沫塑料，待其硬化之后形成保温隔热层，然后再涂刷防水涂膜，可在屋脊、檐沟、阴角、洞口等防水薄弱处进行纤维增强抗裂腻子的再次涂抹，从而提升屋面的防渗能力和保温隔热能力
20			电力系统改造施工问题	城市居民的用电量也在日益增大，许多小区电力设施由于早期设计配置标准低、年久线路老化等原因，因此小区电力系统存在安全隐患较多、可靠性能较差以及增容性较难的问题，对小区居民使用电力造成不便。电力系统的改造可以提升小区居民的用电便利，同时减少小区内可能造成人身与财产损失的安全隐患发生概率，同时改造施工与居民居住紧密联系	在老旧住宅小区电力系统改造施工前，应对小区现场进行实地考察，结合对居住居民的问卷调查，以便详细了解住宅小区内电路的现况，即设备运行情况和存在的问题。这种方式可以节省不必要的人力、物力、财力，主要针对小区内重点问题进行集中解决，减少工程量和工程周期，将对小区居民日常生活的影响降到最低。具体执行时应按照远近期结合的方式，根据小区实际用电负荷、用电容量、地区供电条件等综合评估现存供配电系统的情况，以便快捷合理地解决小区的电力改造。改造施工时，具体过程为：需要先整理输电线路，取消低压架空线路，更新已经老化、载流量不够的电缆，同时更新存在安全隐患的配电柜、变压器等变配电设备，通过合理调整供配电系统的整体分布情况，保证小区内每一栋住宅楼用电正常、安全，且均处于允许的供电范围之内，以此保证住宅小区的电力系统运行正常，方便居民进行使用

“PDCA循环”与“SDCA循环”联动的全面质量管理体系模型示意图如图4-12所示。

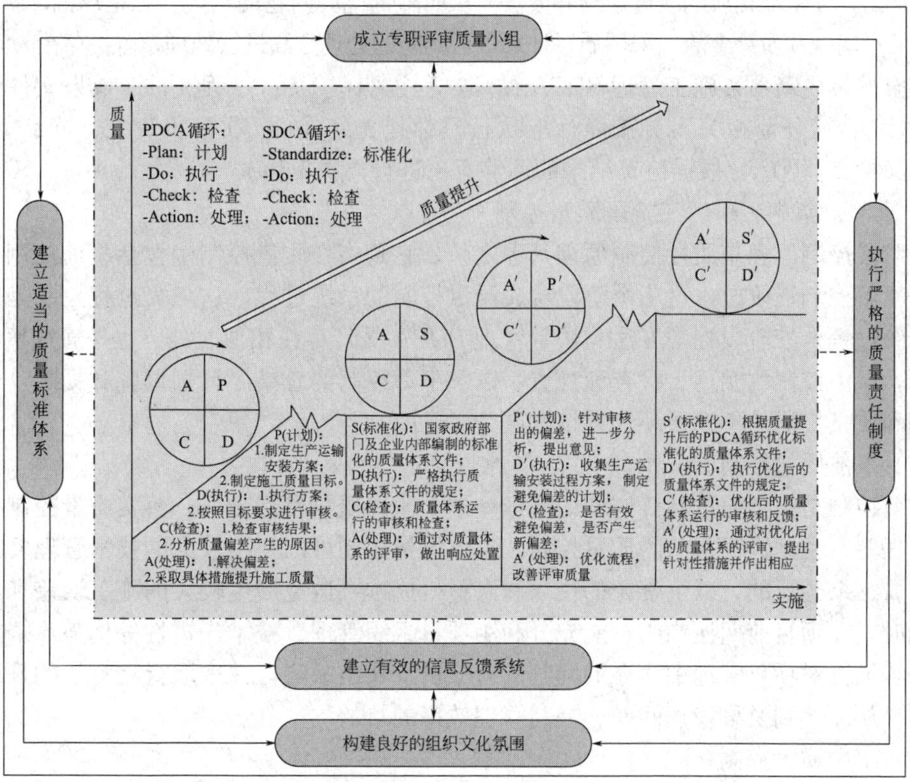

图4-12　“PDCA循环”与“SDCA循环”联动示意图

PDCA循环（戴明循环）是工程质量管理的基础，也是实施质量管理系统的重要手段。它的核心是：通过确定管理目标，经过不断的周期性计划、实施、检查和处置活动来进行管理行为，以期达到质量目标。在每个周期的提升中，PDCA的四个职能相互促进、相互联系，以改进和解决所发现的品质问题，从而实现了一个循环往复、向上发展的过程。

（1）P（Plan）——计划。计划的管理职能是指确定质量目标、实现质量目标过程中所需要的措施和手段。在项目执行阶段，首先要确定预期的质量标准和目标，或是项目需要改进的地方，根据整个项目需求，制定相应计划方案。如果计划规划不完整，或者没有计划，那就代表着计划失败，需重新计划。

（2）D（DO）——实施。实施的职能是通过投入生产要素和生产资源，转换为质量的实际值，通过小规模的改变和调整，并收集数据，达到质量目标的改进。因此需要不断的循环过程来达到质量的完善。为确保能达到预期效果，必须严格执行计划的要求、方案和行为规范，并把计划的各项规定的措施落实到具体的资源配置活动中去。

（3）C（Check）——检查。检查是将变化产生的结果与之前的情况进行比较，观察问题是否得到改进。检查的内容分为两个方面：一是检查是否严格地执行计划或调整要求，项目干系人是否执行已定的行动方案；二是检查计划执行情况是否达标，并分析和比对此计划执行过程的具体细节。

（4）A（Action）——处置。处置是为保证质量检查结果处于受控状态或预期要求而采取的措施。处置方法包括两个方面：一是预防纠偏，预防纠偏是将发现的质量问题及时反映到质量管理部门，并采取相应的改进措施和方法，从而降低此类问题的出现。二是纠偏，纠偏主要是针对质量问题和质量事故，采用质量计划中对问题的处理方法进行处理，解决存在的问题。

结合城市更新项目施工管理SDCA循环过程说明：①S：过程文件、成果文件形式标准化；②D：三环节相关人员按照标准执行具体措施；③C：项目负责人、技术负责人、各组交叉检查；④A：根据检查结果的调整意见进行再次审核。

3. 事前、事中、事后三阶段质量控制

三阶段控制原理是质量控制原理其中之一，它是指在质量控制中包括事前控制、事中控制、事后控制三阶段，这三个阶段构成质量控制的系统过程，这三大过程控制是一个有机的系统过程。三阶段控制方法与质量管理PDCA循环存在相似之处，也是通过事前控制的计划，事中控制的实行、检查和处置，以及事后控制的总结、计划调整和提高，达到质量管理和质量控制的不断循环和持续改进。

（1）事前质量控制

事前控制是指在通过制订详细的质量计划，明确质量目标责任，落实质量控制要点和质量责任制，主动进行事前的质量控制。事前质量控制可以利用较少的技术管理资源达到控制质量结果的目的，减少资源的投入和人材机成本，避免产生较大的施工误差和质量事故。同时，在项目前期控制中，能充分利用项目组织管理、技术先进性等优势，根据工程项目的特征，对项目管理中存在的问题进行分析、找出缺陷，并采取行之有效的预防和控制措施，从而达到及早发现问题、提高管理效率的目的。

（2）事中质量控制

事中控制是确保各工序质量在合格和可控的条件下进行的，重点是对工序、施工质量、质量形成关键节点的检查。工程质量检查分为施工人员自查、互查、专业人员专项检查、监理和业主方检查等，其中，施工人员自查、互查是检查的重点，对工程质量起着决定性作用。事中控制要求建筑工人坚持质量标准，严格执行施工操作规程和规范，对待不合格的工序整改前不得进行下一步施工。

（3）事后质量控制

事后控制是对质量形成以后，对其结果情况进行专门的评价、认定和总结，或是对施工工序中的质量偏差的检查和纠偏，包括对不合格质量问题的处理。其主要内容是：采取行之有效的方法对生产过程中出现的质量问题进行处理，使产品的质量状态保持在正常水平，防止不合格的施工工艺进入下一步，从而影响产品的整体质量。

4. 全面质量保障体系与全面质量管理理论（TQM）

建立基础保障、知识保障、组织保障和其他管理的全面质量保障制度。在建立质量保障制度时，考虑各主要参与方对咨询产品的共同影响，保障咨询产品品质。同时引入“全面质量管理（Total Quality Management，简称TQM）”理论，改变以往的质量管理工作以事后检验为主的被动问题，主动预防质量漏洞，从而保障业主方利益。质量保障体系框架图见图4-13。

全面质量保障体系与全面质量管理理论（Total Quality Assurance System and Total Quality Management）要求参与建设的投资业主单位、勘察及设计单位、现场监理单位、各施工单位、设备和材料供应厂商、顾问公司等所有与项目有关的单位，以及全部项目干系人均要投身质量形成过程、质量管理工作中，强调每一个参与人的质量意识，并认真处

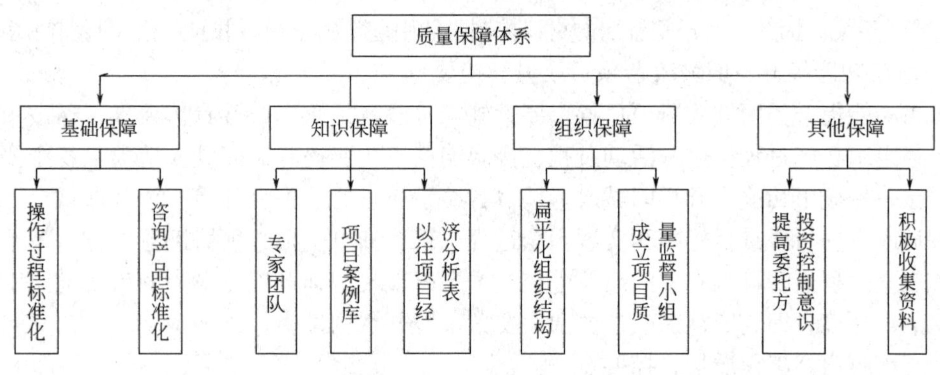

图 4-13　质量保障体系框架图

理好与之有关的工作。全过程质量管理就是从项目立项到实施，包括设计、施工、竣工验收、使用维护等各个阶段的质量控制与管理，对质量影响因素进行全程干预，并采用多种质量控制措施，确保产品的质量处于最佳状态。全面的品质管理是对影响品质形成的人员、材料、机械、方法、施工方案、环境等进行全面的综合分析与研究，并运用多种有效的方法，从多个方面进行全面的质量控制。

（二）质量管控要点

1. 回迁安置房施工质量管理要点

回迁安置房通常是对拆迁的村落或老旧小区的原住居民进行安置的住宅楼，涉及人员及房屋数量较多，若一户房屋出现质量问题，则有可能波及几十甚至上百户，更有甚者可能涉及全部回迁楼，若问题不能及时妥善解决，将对业主的正常生活造成影响，严重者将危及生命财产的安全，同时对开发商声誉会产生不利影响。回迁安置房不同于普通商品房，由于其售价较低，房地产商为了降低成本有可能在选择建筑材料时，偷工减料，从而给日后工程的质量埋下隐患。

（1）工期对质量的影响

回迁安置房由于有安置原住居民的需求，一般都会先行施工建设，而且对工期要求比较紧，房地产商及施工方为了按时完工和验收，会加快施工进度，压缩工期，将有可能无法保证该环节工序有足够时间进行固化、硬化等，从而产生质量隐患，进一步会对下一道工序及整体工程质量产生影响。

（2）施工人员素质对工程质量的影响

施工队伍业务水平良莠不齐，回迁安置房项目分项工程经常会进行二次分包，对分包队伍的选用更偏重于报价低廉的原则，注重个人圈子利益，对其业务能力考核不足。部分报价低廉的队伍中操作工人整体素质偏低，流动性农民工占比较大的比例，从而导致在施工过程中出现个别队伍整体水平偏低的情况，工作质量不能达到相应质量标准，并给各个工序间的衔接造成一定影响，从而影响工程质量。

（3）建设成本对质量的影响

由于回迁安置房售价远低于普通商品房，房地产商的利润空间大大压缩，因此，房地产商以及施工单位极有可能在建筑材料的使用过程中出现偷工减料、以次充好的情况。同时，施工现场材料的堆放和管理措施的不到位，也会造成部分材料受损，从而降低其物理力学等方面性能。作为建筑材料关键部分的钢筋、水泥以及混凝土一旦出现质量问题，极有可能发生断裂、坍塌等严重后果。因此，回迁安置房的材料控制必须引起足够重视，并且严格控制和使用。

2. 城市功能提升类旧城改造项目质量管控要点

城市功能提升类旧城改造项目各个要素施工阶段就是依据设计具体要求，通过项目施工的具体组织实施过程。这一活动过程直接影响城市功能提升类旧城改造项目各个要素的最终质量，是城市功能提升类旧城改造项目各要素质量的最关键环节。为确保城市功能提升类旧城改造项目质量目标顺利实现，全过程工程咨询单位则必须协助业主方对改造各要素的施工全过程进行科学有效的质量管控。本书以市政基础设施建设中的市政道路工程以及社区居住环境，即老旧社区改造这两大要素来展开举例说明。

（1）市政道路工程质量管控要点

1）质量管理目标体系

运用全面质量管理思想，以主要工程“零缺陷”为目标，就是保证所有项目一次通过，无返工，争取实现项目的高质量。同时，保证工程如期完成，无死亡，无重伤，无倒塌，无中毒，无爆炸，无机械交通意外。城市功能提升类旧城改造项目质量保证体系内容详见图 4-14。

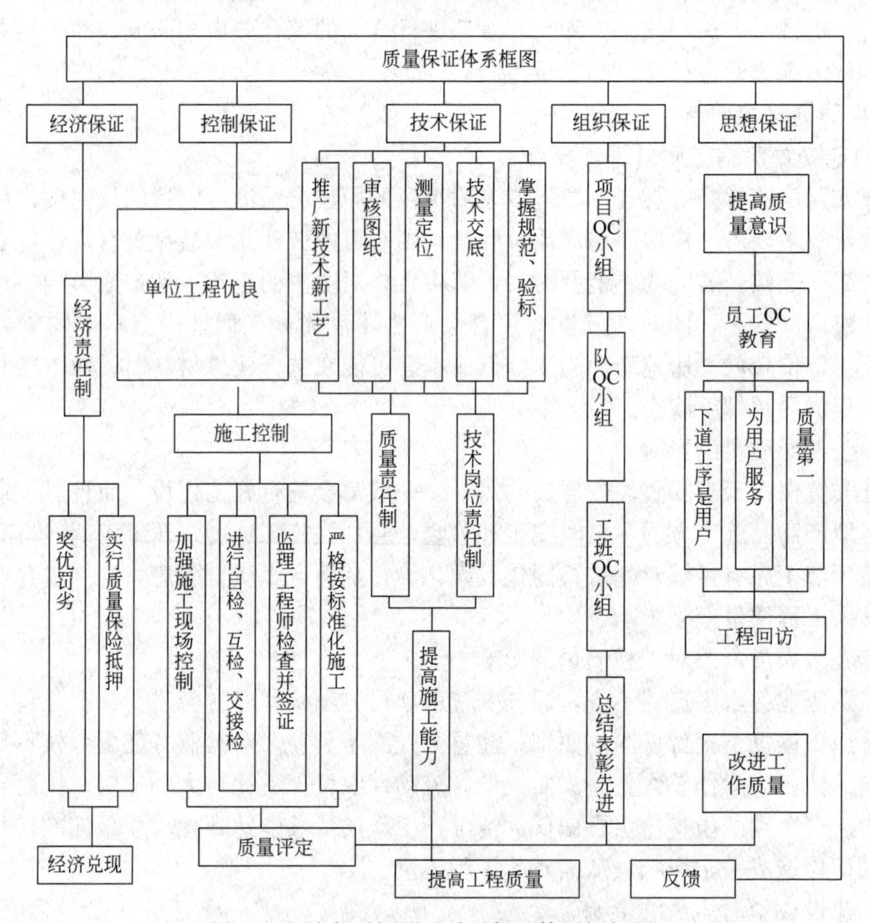

图 4-14 城市更新项目质量保证体系框架图

2）施工阶段质量问题及管控对策——质量通病一览表

城市道路存在着各种质量通病，这些通病多发生在路基和路面工程等以及相关辅助性设施交叉施工的衔接部位。常见的质量问题及管控对策如表 4-18 所示。

质量通病防治措施清单 **表 4-18**

序号	施工类型	质量通病问题		防止措施
1	路基工程	路堤填筑前原地面处理		整个施工道路路线的关键是对路基工程进行质量管理，路基的施工质量好坏能决定对路基工程是否能够承受住时间、冬雨季以及运行车辆荷载的一系列考验。做好路基施工工作，要求必须严格地按照计划来进行路基的填筑工作，尤其是对坡面基地和原地面的处理工作
2		路基施工	路堤填料	路堤填料采用的通常是砂砾以及含水量指数符合相关规定要求的土，不可以用淤泥、冻土、有机土、沼泽土、含草的垃圾、皮土以及含腐质的土来代替填料。如果有机物质的含量或杂质比较多的时候，可能会由于弹性太大，在进行碾压的时候，不容易压实，就应该进行换土
3			填土路基压实	在进行路基施工的时候，严格按照《公路路基施工技术规范》中的相关要求来进行压实，并根据试验路段的不同来确定填料及机具，以及确定合适的铺设厚度、最佳含水量和最佳机械配套和施工组织，进一步加强施工人员的综合素质
4		软土地基处理		（1）对于不同高度的路基，在淤泥层或软土较浅的路段，采用反压护道、砂垫层、抛石挤淤、置换填土的方法进行处理，来增强路基的强度。（2）对于不同的排水地基，依据工程的具体情况，应采用砂袋装砂法、塑料板排水法、换回填土等方式来进行处理。（3）对于黄土地区较为复杂或土质松软的地基状况，运用垫隔土布、土桩加固和强夯的方案来进行处理。（4）对土质松软的路堤进行处理时，运用增设土工格室、垫隔土工布、土工格栅等方案进行处理
5		路基“弹簧”防护		不要使用天然稠度小于 1.1 且土壤的塑性指数大于 18 而且液限大于 40 的土来作路基的填充材料；清理碾压层下方的松软层，改填良性土壤之后进行重新碾压；可将出现“弹簧”的地方撒上湿土进行重新翻晒，搅拌均匀之后再进行碾压，也可通过挖除替换具备合适含水量的优质土壤以后再进行重新碾压；对出现“弹簧”现象且需要赶工期的路段，可运用掺生石灰粉进行搅拌，待含水量达到适宜含量以后进行重新碾压；产生不同种类土壤的混填，特别是不能采用透水性能不好的土壤混合在透水性好的土壤中，以避免造成水囊现象；在进行上层填筑的时候应当开挖出排水沟，或制定其他一些方案来降低地下水的水位，直至路基以下 50cm；在进行上层填筑的时候，应当对下层填土中的含水量和紧实程度进行相应的检查，待检查合格以后才能进行上层填筑
6		路堤边坡的常见病害防治		合理地对道路横断面进行设计，避免冲刷到路基边坡的坡脚上，并要做好工程排水工作；对路基的边坡采取综合的防护处理措施，比如利用混凝土土块对道路边坡进行适当的保护；采取正确的土壤填筑方案进行边坡施工，防止边坡过于险陡，适当增加填筑宽度并压实，提高边坡的紧实度；重视砌筑以及勾缝的密实性，提升护坡、急流槽的施工质量
7		高填方路基沉降的防治		（1）在进行施工的时候，应当将高填方路基的施工状况进行充分的考虑，以防工程填筑的速度过快，在对路面基层进行施工时，应当尽可能地安排晚施工，以便给高填方路基的沉降留下充足的时间。（2）加强地基加固处理或对基底的压实，当地基位于谷底和斜坡时，应做挖台阶处理。（3）施工时要严格分层填筑，控制分层的厚度以及充分压实。（4）在软弱地基上进行高填方路基施工时，除对软基进行必要处理外，原地面以上 1～2m 高度范围内不能填筑细粒土，应填筑硬质石料，并用石屑、小碎石等材料嵌缝、整平、压实

续表

序号	施工类型	质量通病问题	防止措施
8	路面工程	石灰稳定土基层裂缝	改善施工用土的土质，采用塑性指数较低的土或适量掺加粉煤灰；控制压实含水量，需要根据土的性质采用最佳含水量，避免含水量过高或过低；铺筑碎石过渡层，在石灰土基层与路面间铺筑一层碎石过渡层，可有效地避免裂缝；掺加粗粒料，在石灰土中适量掺加砂、碎石、碎砖、煤渣及矿渣等；分层铺筑时，在石灰土强度形成期，任其产生收缩裂缝后，再铺筑上一层，可有效减少新铺筑层的裂缝；在石灰土层中，每隔 5～10m 设一道收缩缝
9	路面工程	水泥稳定土基层裂缝	改善施工用土的土质，采用塑性指数较低的土或适量掺加粉煤灰；控制压实含水量，需要根据土的性质采用最佳含水量，含水量过高或过低都不好；在能保证水泥稳定土强度的前提下，尽可能采用低的水泥用量；一次成型，尽可能采用慢凝水泥，加强对水泥稳定土的养生，避免水分蒸发过快；设计合理的水泥稳定土配合比，加强拌合，避免出现粗细料离析和拌合不均匀现象
10	路面工程	沥青混凝土路面不平整	(1)在摊铺机及找平装置使用前，仔细设置和调整，使其处于良好的工作状态，并根据实铺效果进行随时调整。(2)现场设置专人指挥运输车辆，以保证摊铺机的均匀连续作业，摊铺机不在中途停顿，不随意调整摊铺机的行驶速度。(3)路面各个结构层的平整度严格控制，严格工序间的交验制度。(4)针对混合料中沥青性能特点，确定压路机的机型及重量，并确定出施工的初压温度，合理选择碾压速度，严禁在未成型的油面表层急刹车及快速起步，并选择合理的振频、振幅。(5)在摊铺机前设专人清除掉在“滑靴”前的混合料及摊铺机履带下的混合料。(6)为改进构造物伸缩缝与沥青路面衔接部位的牢固及平顺，先摊铺沥青混凝土面层，再做构造物伸缩缝。(7)做好沥青混凝土路面接缝施工
11	路面工程	沥青混凝土路面接缝病害	(1)横向接缝防治措施：将已摊铺的路面尽头边缘锯成垂直面，并与纵向边缘成直角；预热已压实部分路面，加强新旧混合料的粘结；摊铺机起步速度要慢，并调整好预留高度，摊铺结束后立即碾压，碾压速度不宜过快。(2)纵向接缝防治措施：尽量采用热接茬施工，采用两台作为后摊铺部分的高程基准面，待后摊铺部分完成后一起碾压；碾压完成后，用 3m 直尺检查，用钢轮压路机处理棱角
12	相关辅助性设施工程	盲道道板安装不牢固，易脱落	由于下坡处在盲道口通往人行横道处，导致需要切割此处的道板且凸出人行道路面。一旦安装质量出现些许误差，易产生道板脱落现象。这也是市政道路工程中经常出现的质量缺陷。施工前在施工单位的技术交底中，要提出加强盲道口道板安装施工质量控制，严格控制干湿度、砂浆强度等级和砂浆的饱满度，必要时可提高一个等级的砂浆等级
13	相关辅助性设施工程	人行道上的路灯检查井盖板与路面高差超标，容易产生绊脚现象	在人行道施工中，由于检查井盖面板大且安装难度大，极易出现检查井盖板与路面高差超标现象，交付使用后，可能发生绊脚现象。施工单位要逐个进行检查验收，坚决返修不合格的，直到达标为止

3）施工阶段质量验收

市政道路竣工之后就是竣工验收，综合考察质量控制的结果。市政道路验收质量管理包括原材料质量、成品质量、半成品质量、设备验收、施工工艺、隐蔽工程验收、市政道路外形检查、工程实体质量检查等。通过施工工序对市政道路工程进行验收更加有效，也可以基于长度对施工范围进行划分从而进行质量验收。如表 4-19 所示为不同层次质量检验评定方法与等级标准。

质量检验评定方法和等级标准　**表 4-19**

划分标准		评价标准与等级
工序	外观检查	外观检查是定性检查，量测检查是定量检查，必须是在外观检查合格之后方可进行
	量测检查	主要量测项目合格率必须达 100%，非主要的需达 70%，偏差控制在 1.5 倍以内，特殊情况不影响下道工序、工程结构及使用功能仍可视为合格
部位	所有工序均为合格，则该部位评为合格，在评定合格的基础上，全部量测项目的合格率平均值均达到 85%，则视为优良	

完成项目之后进行市政道路竣工验收。在工程验收合格后，施工单位向建设单位发出预约竣工验收通知书，并提交竣工报告，从而对单项工程和整体项目进行了正式的验收。根据设计图纸、国家规范等，验收小组对验收结果的审核达到竣工标准后，向施工单位发出《竣工验收证明书》。项目完成后要对项目的全部数据进行整理和存档。在项目验收过程中，双方若有分歧，可以通过协商、协调、仲裁、诉讼等方式予以解决。竣工验收后，施工单位将工程移交给建设单位，并签署验收证书、工程报修书等。

（2）老旧社区改造工程质量管控要点

1）质量管控目标体系

老旧社区改造工程项目施工阶段质量控制目标为各专业（含构筑物）工程合格率达 100%，优良率达 98%。施工过程质量目标分解控制如表 4-20 所示。

施工过程质量目标分解控制表　**表 4-20**

总体改造项目质量目标	专业分部工程项目总目标	专业（含构筑物）工程名称	控制目标	目标分级	
				合格率	优良率
确保工程达到设计规范和运行规范要求，确保实现质量控制目标	合格率 100%，优良率 98%以上	建筑外立面	确保优良	100%	98%
		楼梯间	确保优良	100%	98%
		加装电梯	确保优良	100%	98%
		社区绿化	确保优良	100%	98%
		社区交通系统	确保优良	100%	98%

质量管控目标有：①保证各项隐蔽工程一次性施工质量达到标准。②小区相关配套设备、设施如期严格按照设计图纸施工和安装。③确保小区改造项目各分部（分项）工程施工验收时，优良率达到规定要求。

2）施工阶段质量问题及管控对策

老旧社区改造工程一般纳入改造总体规划，项目质量要求高，同时，小区改造项目的固有影响因素也较多，运用目标管理理论对小区建设项目施工提出了一些科学有效的对策，为小区改造项目施工质量控制目标顺利实现起到很好作用。主要的控制对策介绍如下：

① 针对小区改造项目质量高要求问题，建议建设施工方案采取优化施工流程的质量控制措施，在减少相关施工作业与居民正常生活交叉干扰的同时，为小区改造工程项目建设质量目标的实现提供了有力保证。

② 针对小区改造项目施工现场人员多、管理易乱的问题，建议在工程建设实施过程中，小区项目采取施工单位与全过程工程咨询单位互动对接的质量控制措施。全过程工程咨询单位出面及时组织现场会议，把人员变化和调整场地问题对接关联，确保有人管控建设施工现场，发现问题有人落实。在这方面，也要求施工项目部加强培训配合和落实管理，同时主动及时向建设单位和全过程工程咨询单位通报信息，从而在根本上把住了小区建设项目施工过程中的质量管理控制关。

③ 针对小区建设用料复杂、掌控困难的问题，建议施工现场成立材料质量控制机构，设立专人严把施工进料质量关。对于像水泥、砂、卵（碎）石类的建筑材料，把好计量和质量标准管理关，确保其质量和性能满足设计和有关现行规范要求。为杜绝不合格材料进入施工现场，明确各种材料进场必须由专门人员和专业监理工程师审查验收合格后进行规范管理、保存和发放。要求凡是进场材料必须做到对其数量、规格、型号和出厂合格证、检验（检测）证明文件等批批审查核实，进一步明确对于像钢材、水泥、砌块等涉及双控的材料，施工使用前必须经专业机构检测合格。

④ 老旧社区改造工程先进的科技支撑。结合项目自身实际需求积极地推广应用新技术、新工艺、新材料及新设备等先进而相对成熟的科技新成果，可以有效地提高项目的施工效率，同时不仅能降低工程投资成本，缩短工期，还有力地强化了相关项目的质量安全控制，为建设项目发展提供更加广阔的空间。比如××市××小区改造工程项目根据实际施工特点，为减少工程建设费用、减少工人劳动强度、提高工程质量、达到节能环保降耗功能、满足安全使用功能和质量要求，改造工程项目实施改造过程中广泛推广应用了多项科技新成果。重点新科技成果应用如表 4-21 所示。

新科技成果应用汇总表 **表 4-21**

序号	新科技成果	分项工程
1	钢筋弯箍机改进及其箍筋制作技术	钢筋工程
2	总线式照明控制与调光系统	电气工程
3	计算机管理软件技术应用	工程管理
4	模板早拆支撑施工工艺	模板工程
5	矿物绝缘电缆接头及终端施工技术	电气工程
6	聚乙烯丙纶双面复合防水卷材施工	防水工程
7	外墙保温新材料工艺	保温工程

其中早拆模板支撑技术在各种类型的公共建筑、住宅建筑等的工程结构顶面施工中得到了广泛应用。此案例改造工程项目的混凝土结构施工中采用了早拆支撑技术工艺，节约

了大量的模板用量，缩短了部分住宅建筑工程的工期，提高了工程的工作效率；同时，可降低一次模板的投入量，加速生产，节省建设成本，为企业增加经济效益作出了一定的贡献。早拆模板支撑技术施工工艺流程如图 4-15 所示。

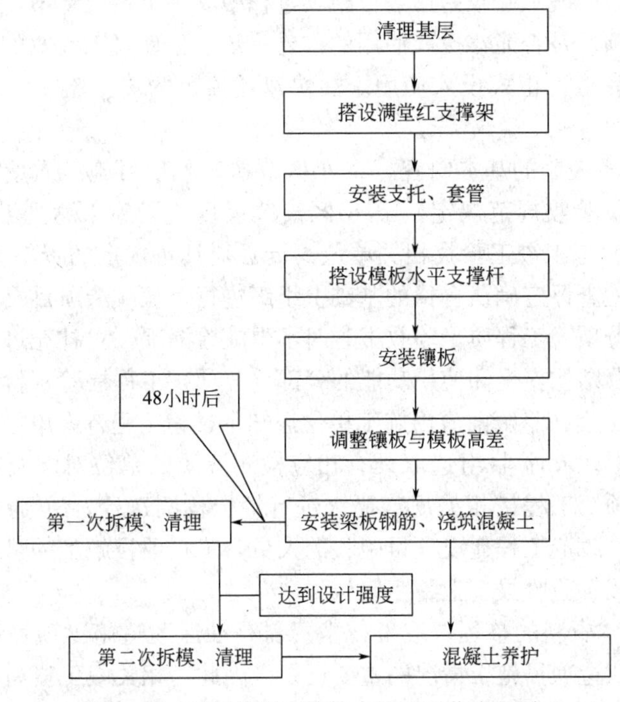

图 4-15　早拆模板支撑技术施工工艺流程图

此案例在改造项目的外墙保温工程中，选用了一种新型的泡沫塑料板材——新型聚苯乙烯泡沫塑料板。与传统的岩棉、玻璃丝棉等隔热材料相比，聚苯乙烯泡沫塑料板材在轻、热、无污染、无害、寿命长、施工快捷、节约能源等方面都优于传统的隔热材料，而且其抗拉强度、抗压强度、耐火性都好。因此，在建筑工程中，泡沫塑料板的应用日益得到人们的重视。某工程项目住宅外墙面保温施工的基本结构如图 4-16 所示。

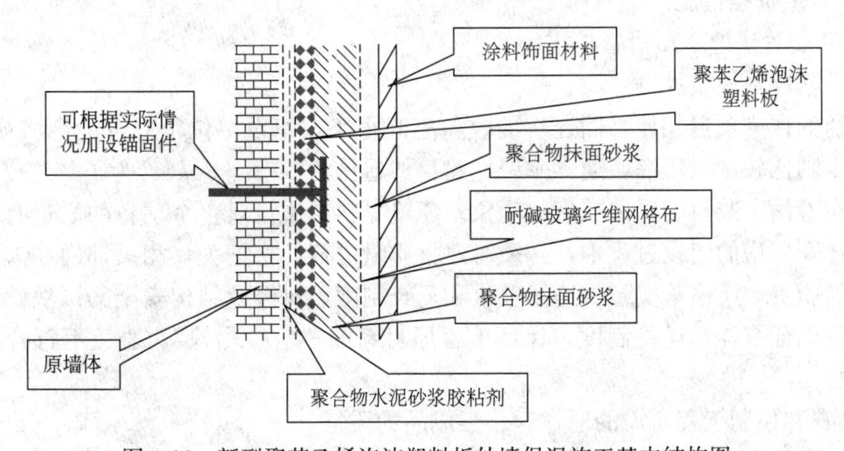

图 4-16　新型聚苯乙烯泡沫塑料板外墙保温施工基本结构图

⑤ 重点关注老旧社区改造项目的组织保障和制度建设。要达到改造工程的质量控制目标，必须建立起一套完备、完整的施工组织体系，以保证工程质量的顺利完成。

(3) 老旧社区改造项目验收和交付质量控制

老城区改造项目的竣工验收是该项目施工过程中的一个重要环节，也是对该项目进行综合评价、确定该项目是否能够投入使用的重要一步。工程竣工验收的成功，将标志着该小区的改造工程的完成，正式投入使用。加快建设项目的竣工验收，有利于加快建设进度，提高投资效益。

① 竣工验收质量控制的基本内容。a. 小区改造工程项目施工质量符合国家、省市现行相关建设工程质量验收规范规定。b. 小区改造项目建设施工达到勘察设计文件要求。c. 参加小区改造项目施工竣工验收相关单位人员必须具备规定的资格要求。d. 在施工单位自行对改造项目检查评定确认合格的基础上组织进行小区改造项目竣工验收。e. 验收人员复查小区分部（分项）工程质量验收报告时不得缺检漏项，对补充进行的见证抽样检验报告一并复核，涉及结构安全和使用功能的分部（分项）工程检验（检测）资料应进行全面的复查。f. 隐蔽工程在隐蔽前应由施工单位通知全过程工程咨询单位等进行验收，并签字编入验收文件资料。g. 验收组选取具有相应检测资质的单位对涉及结构安全和使用功能的重要分部（分项）工程按相关规定要求进行抽样检测送检。h. 通过现场查验和观测等方式，由参与社区改造工程建设项目验收的人员对工程项目施工的可见部位的质量进行检查验收，共同在竣工验收报告上签字确认。

② 竣工验收技术资料的整理。竣工技术资料是社区改造施工项目进行竣工验收的必要前提，也是社区改造项目施工情况的重要记录。因此，相关竣工资料的整理必须符合国家和相应省市现行有关法规规定的要求，做到及时、准确、完整，以满足后期维修、改扩建的需求。老旧社区改造工程项目竣工验收时主要竣工技术资料包含社区改造工程项目的开工报告、竣工报告、图纸会审及设计交底记录、工程设计变更通知单和技术变更核定单、施工测设记录、有关材料质量合格证、设备质量合格证、构（配）件的质量合格证、全部试验和检验检测报告、施工日志及隐蔽工程验收记录、住宅社区改造工程项目竣工图、竣工验收报告和勘察、设计、监理的质量评定资料等。

(三) 质量管控措施

1. 回迁安置房施工质量管控措施

(1) 工程材料质量控制

与普通的住宅项目相比，回迁房的收益空间很小，建设单位很有可能会将成本压缩，而人力成本则比较难以压缩，通常来说，建材的造价为60%～80%，为了节约成本，在建材方面存在着偷工减料、以次充好的现象。建筑材料的质量对整个项目的质量有很大的影响。在回迁安置房的建设过程中，必须对建材质量进行严格把关，相关部门和人员要切实履行自己的职责，严格落实建材进场验收和复查制度，对涉及结构安全的试块、试件和材料严格实行见证取样、送检制度，保证工程原材料的“应检尽检”，避免不符合要求的材料进入项目。

1) 检查和控制工程所需的原材料、半成品的质量

首先，承包商要在人员、组织、检验程序、方法、手段等各个方面加强管理，并明确材料的质量和技术规范。全过程咨询单位的施工监理要做好材料进出场的检查登记工作，

对数量、质量、单据等进行严格把关，拒收凭证、手续不齐全、数量不符、质量不合格的材料等。根据钢筋、水泥等材料的源头和渠道特性，每批进入的钢筋、水泥都要实行“双控”（既要有质保书、合格证，还要有材料复试报告），未经验收的材料不得在项目中使用，不符合标准的，一律淘汰。部分建筑材料和半成品，如焊接件、混凝土、砂浆等涉及结构安全的，都要采取见证取样制度。由全过程咨询单位的监理工程师进行签字确认。

2）抽样检查材料质量

对于进场的物料以及施工过程中的半成品，如钢材、水泥、钢筋连接接头、混凝土、砂浆、预制构件等，按规范、标准和设计的要求，根据对质量的影响程度和使用部位的重要程度，在使用前采用抽样检查等形式进行取样复试。全过程咨询单位的监理工程师要定期检查承包商质检员的工作，要求按规定取样复试，经报验后方可使用，保证工程质量。

3）建立材料质量检验制度

① 施工所需结构材料必须严格实行检验，水泥、钢筋等半成品均需选自知名的生产厂商，并请厂商出具产品的出厂证明及检验报告。如需使用其他厂商的产品，承包商应经业主或全过程咨询单位的监理工程师同意后方可采用。②对于混凝土、砌筑砂浆、装饰砂浆等复合材料，检验必须按操作规程取样制作试块，严格按配合比的要求，进行试验。③对预应力混凝土构件其钢筋的预应力值应按有关规定抽样进行检测。④在建筑施工中，提倡采用新的材料、新的结构、新的技术，并在满足基本需求后，方可用于回迁安置房。在检查中，如果发现承包商质检员自己无法管控质量问题，必须立即停止施工，向上级汇报，并采取相应的补救措施。

（2）施工技术交底

施工技术交底主要是使参加施工的项目经理、工程技术人员、作业班组明确所担负的任务或作业项目的特点及技术要求、质量标准、安全措施，以便更好地组织施工。全过程咨询单位要求承包人严格遵守设计交底制度，严格按图纸要求施工，并严格遵守施工规程。当出现重大施工重、难点时，全过程咨询单位组织承包商、业主方共同商讨施工方案，以确保工程施工质量。

1）技术交底的原则

技术交底的原则如下：①突出指导性、针对性、可行性和可操作性，并给出充分详细的操作和控制要求。②与相应的施工技术方案保持一致，符合工程质量验收规范和技术要求。③使用标准化的技术用语和专业术语，使用国际标准计量单位，并采用统一的计量单位，不能混用；保证所有的语言易于理解，并在必要时提供相应的辅助措施，如插图或模型等。

2）技术交底的形式

技术交底的形式包括：①书面交底：通过书面内容向下级人员交底，双方在交底书上签字，逐级落实，责任到人，有据可查，效果较好，是最常用的交底形式。②会议交底：召开会议传达交底内容，可通过多工种的讨论、协商对技术交底内容进行补充完善，提前规避技术问题。③样板/模型交底：实行样板引路，制作满足各项要求的样板予以参考，常用于要求较高的项目，比如对于回迁安置房项目的装饰装修工程，通过制作模型来加深实际操作人员的理解。④挂牌交底：在标牌上写明交底相关要求，挂在施工场所，适用于内容及人员固定的分项工程。

(3) 施工工序质量控制

承包人要明确其质量责任，依法加强对工程质量的管理，科学、合理地确定工程的工期和费用，不得因为工期紧张而随意压缩。在工程建设中，工序是工程施工中比较小的研究单位。每一个施工过程都由许多工序环节构成，而各个工序的质量往往影响整个工程的质量，所以工程质量管理注重于细节，而对工序质量的控制则是工程质量关键所在。例如，回迁安置房项目属于高层结构，其结构设计中的混凝土、砌体是其主要的施工工序，同时又是房屋的主要承载构件，其质量的优劣将对整个结构的安全产生重要影响。因此，以这两个子项目为主要控制点，全过程咨询单位的监理工程师对其进行重点管控。

施工工序质量控制要点如下：①设立工序质量检验点，对人工、材料、机械设备、施工方法、施工环境、常见质量问题等进行重点检验。②采用巡查、抽查和跟踪检查的方式，了解工程的质量，以便对回迁安置房的整体施工情况进行全面的了解。③督促承包人在完成工艺过程中使用各种试验方法，包括目测、实测、抽样检验，并对试验资料进行详尽、精确的记录，对其进行统计分析，作出合理的结论。④监理工程师应按时完成隐蔽工程的验收工作。⑤在质量控制开展阶段，对每一项检验的数据和结果都要做详尽的记录，并加以核实，且将这些资料存档，以供以后参考。

表 4-22 和表 4-23 分别为砌筑工程和混凝土工程的工序质量控制表。

砌筑工程工序质量预控 **表 4-22**

项目阶段名称	工作内容	方法
准备工作	砂、水泥、砖的准备，出具合格证，平面尺寸、标高、测量放线；水平垂直运输工具准备，脚手架、马道准备；对土建工序进行交接检查；申请砂浆配合比	施工人员熟悉施工图纸和技术资料，学习操作规程和质量标准
技术交底	制订克服上一道工序弊病的补救措施	书面交底操作人员参加
砌筑	砌筑每一楼层 $250m^3$ 砖体的砂浆至少制作一组(6 块一组)试块，试块预留、养护、定期试压，预埋件、预留孔洞按图施工，墙面平整、垂直，砂浆饱满，接槎合理，严格执行重量比，搅拌均匀	中间抽查，自检
质量评定	不合格的处理(返工)	执行评定标准
资料整理	材料合格证，试验报告单，自检记录，质量评定记录，施工记录，事故处理记录	多方核定

混凝土工程工序质量预控 **表 4-23**

项目阶段名称	工作内容	方法
准备工作	各项施工材料和手续办理完毕，出具施工合格证，并制定混凝土配合比方案，准备相关设备和材料的交接方案，并检查各项基本物资是否安排到位	总工程师应事先知晓施工图纸，并熟练相关技术，预演施工流程和相关质量控制方法。制订保证混凝土质量的基本策略
技术交底	制订上道工序缺陷的补救方案。岗位轮换机制，操作挂牌，各员工应知晓质量要求，严格执行重量比	所有操作人员按时参加，并进行广泛交流，书面交底，标准试块制作

续表

项目阶段名称	工作内容	方法
浇筑混凝土	依据工程项目需要，合理调整混凝土配合比	(1)每个工作不少于一组；(2)拌制 $100m^3$ 混凝土不少于一组；(3)现浇楼层每层不少于一组
养护	根据要求及时覆盖，炎热季节应浇水保湿，寒冷季节应注意防滑、保温	提供标准养护条件
质量评定	合格评定，不合格及时补救或返工	执行验收评定标准
资料整理	混凝土配合比，施工质量监测数据，自检数据，评定结果，以及事故应急措施均要详细整理归档	多方核定

(4) 施工质量验收

施工过程的质量验收内容见表 4-24，通过验收留下完整的质量验收记录和资料，为工程项目竣工质量验收提供依据。

施工质量验收的内容　表 4-24

验收环节划分	符合验收要求
检验批	主控项目和一般项目的质量经抽样检验合格；具有完整的施工操作依据、质量检查记录
隐蔽工程	要求承包商首先应完成自检并合格，然后填写专用的《隐蔽工程验收单》； 现场检查复核原材料质量保资料是否齐全，合格证、试验报告是否齐全
分项工程	所含的检验批均应符合合格质量的规定； 所含的检验批的质量验收记录应完整
分部(子分部)工程	所含的分项工程均应符合合格质量的规定； 质量保证资料应完整； 地基基础、主体结构、各项子分部工程的评(估)定报告文件； 设备安装等分部工程有关安全和功能的检验和抽样检测结果应符合有关规定
单位(子单位)工程	所含分部(子分部)工程的质量均应验收合格； 质量保证资料应完整； 所含分部工程有关安全和功能的检测、检验资料应完整； 主要功能项目的抽样结果应符合相关专业质量验收规范的规定； 感官质量验收应符合要求； 各参建责任主体单位对单位(子单位)工程的质量评价、评估文件

施工质量验收，按照项目的不同，应明确验收标准。及时地对分部分项工程进行检查，在上一道工序验收通过后，才进行下一道工序的验收，以确保整体验收达到设计和技术规范的要求。

2. 城市功能提升类旧城改造项目质量管控措施

为更好地进行城市功能提升类旧城改造项目施工质量管理，本书从四大措施层面建立全方位的质量监管机制。

(1) 组织措施

城市功能提升类旧城改造项目要贯彻实施进度计划，全过程工程咨询单位必须协助业主方建立严密的质量管理机构。具体措施如下：①建立项目质量管理机构，明确岗位职责；②建立完善的质量保证体系；③审查分包单位资质及施工人员素质；④对施工过程进行巡视和检查，对隐蔽工程、下道工序施工完后不易检查的关键部位进行重点旁站。

（2）技术措施

技术措施包括：①施工单位进场，组织设计交底和图纸会审，使施工单位了解设计意图，对图纸不完善和不明确的内容进行完善和说明。②加强重要材料设备进场及质量检验制度，监理验收不合格的严禁进场。③严格评审施工单位的施工组织设计和施工方案。④协助施工单位建立和完善工序质量控制体系。

（3）经济措施

经济措施包括：①按施工合同约定负责项目的资金审核和签字，并监督承包商专款专用。②提出奖惩措施，进行质量评比，对工程质量做得好的，可以得到奖赏，差的则受到经济上的惩罚。

（4）合同措施

合同措施包括：①按照施工合同要求，督促总承包商履行其在合同中的权利、义务和责任；②对工程合同的履行情况进行定期的审查和分析，编制报告，提交给业主进行审查和备案；③明确质量保修期间的各方责任、权利和义务，协助业主与承包商签订质量保修协议书，监督其实施。

三、城市更新项目进度管理

（一）进度管理工具

1. 甘特图

甘特图又叫横道图、条状图，是项目进度计划最常用的方法之一，如图 4-17 所示。美国的亨利·劳伦斯·甘特于 20 世纪初创造开发甘特图。甘特图具有直观、简单、易行的特点，因此广受欢迎。任何特定项目的活动顺序与持续时间都可用图例表，通过时间刻度及项目活动列表简单、形象地表示出来。

应用甘特图对工程进度进行管理，首先要编制工程进度计划，按项目进度计划对实际进度情况进行监督、检查，在甘特图上做好记录，并采取相应措施进行控制，保证项目中的活动与时间相对应。但是甘特图存在局限性，它只能反映了成本、时间和范围之间的部分关系。

2. 关键路径法

关键路径法（Critical Path Method）是指在项目网络表述的基础上，通过技术项目活动和事件的时间参数，找到项目网络关键路径，进而获得满意的进度计划安排的项目网络计划方法。该方法利用工程网络图来表达工程各环节的逻辑联系，并对其进行分析、研究，估计工程的时间、工程时差、工程进度等，最后确定工程的主要路线，最后对工程时差进行调整，缩短项目工期。

对工程项目管理者来说，工程进度目标与工程费用、资源状况同等重要，制订科学有效的进度计划，必须综合考虑各方面的因素，如图 4-18 所示。

关键路线（CPM）网络计划技术具有以下特点：关键路线上的任何一个活动都是关键点，其中任何一个活动的延迟都会导致整个项目完工时间延迟；关键路线上花费的时间是可以完工的最短时间，如果延长关键路线的总耗时，会导致项目工期延长，反之，则会缩短整个项目的总工期；可以存在多条关键路线，它们各自的时间总量即可完工的总工期，

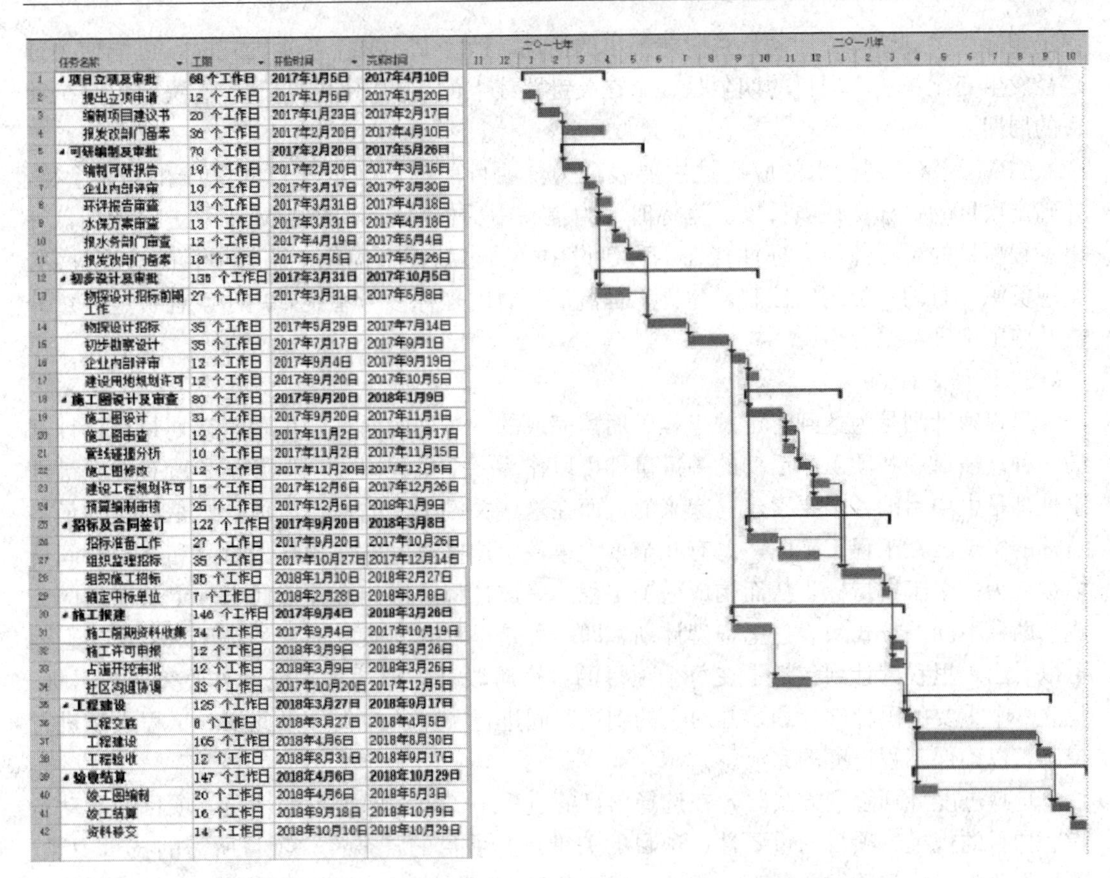

	任务名称	工期	开始时间	完成时间
1	**项目立项及审批**	**68 个工作日**	**2017年1月5日**	**2017年4月10日**
2	提出立项申请	12 个工作日	2017年1月5日	2017年1月20日
3	编制项目建议书	20 个工作日	2017年1月23日	2017年2月17日
4	报发改部门备案	36 个工作日	2017年2月20日	2017年4月10日
5	**可研编制及审批**	**70 个工作日**	**2017年2月20日**	**2017年5月26日**
6	编制可研报告	19 个工作日	2017年2月20日	2017年3月16日
7	企业内部评审	10 个工作日	2017年3月17日	2017年3月30日
8	环评报告审查	13 个工作日	2017年3月31日	2017年4月18日
9	水保方案审查	13 个工作日	2017年3月31日	2017年4月18日
10	报水务部门审查	12 个工作日	2017年4月19日	2017年5月4日
11	报发改部门备案	16 个工作日	2017年5月5日	2017年5月26日
12	**初步设计及审批**	**135 个工作日**	**2017年3月31日**	**2017年10月5日**
13	物探设计招标前期工作	27 个工作日	2017年3月31日	2017年5月8日
14	物探设计招标	35 个工作日	2017年5月29日	2017年7月14日
15	初步勘察设计	35 个工作日	2017年7月17日	2017年9月1日
16	企业内部评审	12 个工作日	2017年9月4日	2017年9月19日
17	建设用地规划许可	12 个工作日	2017年9月20日	2017年10月5日
18	**施工图设计及审查**	**80 个工作日**	**2017年9月20日**	**2018年1月9日**
19	施工图设计	31 个工作日	2017年9月20日	2017年11月1日
20	施工图审查	12 个工作日	2017年11月2日	2017年11月17日
21	管线碰撞分析	10 个工作日	2017年11月2日	2017年11月15日
22	施工图修改	12 个工作日	2017年11月20日	2017年12月5日
23	建设工程规划许可	15 个工作日	2017年12月6日	2017年12月26日
24	预算编制审核	25 个工作日	2017年12月6日	2018年1月9日
25	**招标及合同签订**	**122 个工作日**	**2017年9月20日**	**2018年3月8日**
26	招标准备工作	27 个工作日	2017年9月20日	2017年10月26日
27	组织监理招标	35 个工作日	2017年10月27日	2017年12月14日
28	组织施工招标	35 个工作日	2018年1月10日	2018年2月27日
29	确定中标单位	7 个工作日	2018年2月28日	2018年3月8日
30	**施工报建**	**146 个工作日**	**2017年9月4日**	**2018年3月26日**
31	施工前期资料收集	34 个工作日	2017年9月4日	2017年10月19日
32	施工许可申报	12 个工作日	2018年3月9日	2018年3月26日
33	占道开挖审批	12 个工作日	2018年3月9日	2018年3月26日
34	社区沟通协调	33 个工作日	2017年10月20日	2017年12月5日
35	**工程建设**	**125 个工作日**	**2018年3月27日**	**2018年9月17日**
36	工程交底	8 个工作日	2018年3月27日	2018年4月5日
37	工程建设	105 个工作日	2018年4月6日	2018年8月30日
38	工程验收	12 个工作日	2018年8月31日	2018年9月17日
39	**验收结算**	**147 个工作日**	**2018年4月6日**	**2018年10月29日**
40	竣工图编制	20 个工作日	2018年4月6日	2018年5月3日
41	竣工结算	16 个工作日	2018年9月18日	2018年10月9日
42	资料移交	14 个工作日	2018年10月10日	2018年10月29日

图 4-17　某老旧供水管网改造工程项目改进后的进度计划甘特图

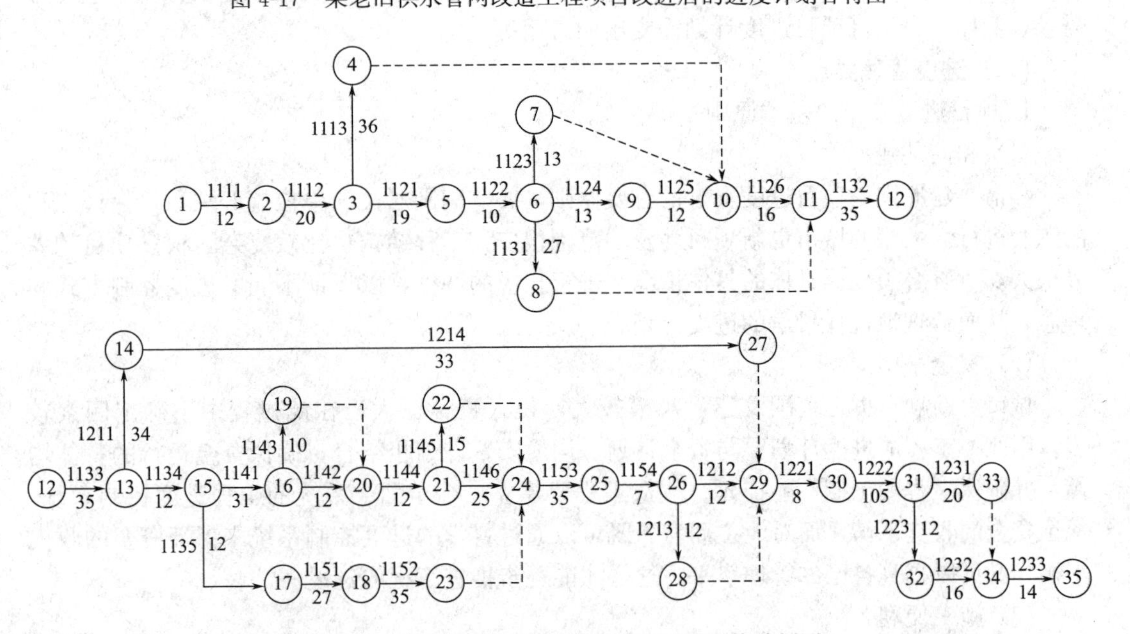

图 4-18　某老旧供水管网改造工程项目网络计划图

注：图中实线段表示工作项目和时间，虚线段表示工作衔接，箭头指向表示工作前后关系。

由图分析其关键路线为：1111→1112→1121→1122→1124→1125→1126→1132→1133→1134→1141→1142→1144→1146→1153→1154→1212（或 1213）→1221→1222→1223→1232→1233。

肯定相等；关键路径上活动是总时差最小的活动，改变其中某个活动的耗时，可能使关键路径发生变化：一个项目的期限是一个在关键路线上的活动周期的总和，它决定了一个项目的周期。

CPM网络计划技术的应用性主要表现为：项目前期，确定项目的重点和关键途径，并确定项目的目标；在项目投、竞标时，为提高中标概率，编制CPM工程进度计划，突出工程项目的可行性与合理性；在工程建设中，通过监控、优化、调整项目的进度计划，实现资源、时间、费用的控制；建立工程流量与时间坐标参考系统，用于工程资金流量分析及施工进度补偿。

3. 里程碑计划

里程碑计划是为达到特定的里程碑而需完成的一系列的活动，里程碑计划是目标计划的一种。项目中一项工序活动的关键事件可以作为一个里程碑点，但并不是所有的关键性事件都是由项目的各个要素建立起来的，而在这些关键事件的执行阶段，则是项目的最终目标的实现。在工程实施中，总有几个重大事件，这些重大事件的起始时间和终止时间可以被视为一个工期指标，从而构成一个工程的完成过程或框架，并以此来确定该项目的完成。两种不同的方式来表达里程碑计划，即一种是里程碑图表，另一种是记录表。从上面可以看出，里程碑计划包括了在每个项目的各个阶段都需要达到的或者需要完成的目标。建立一个重要的里程碑计划，并对它的到达时间进行及时的检查，以此来对工程进度进行控制，以确保工程进度的完成。

选择进度计划管理方法时，在选择项目的过程中，应考虑项目的性质、项目的活动范围、项目的规模、项目的重要性、项目的关键点、项目的复杂性、项目所需的技术力量、项目的关键工作和数据的处理。另外，根据项目的实际情况，也要考虑施工方的一些特殊需求，例如，在制订项目进度计划需支出的费用等。

（二）进度管理要点

1. 项目进度安排的基本原则

（1）和谐共建

和谐共建原则是项目进度安排的首要原则，要与周围居民、单位搞好关系，保证工程的顺利进行。大型的城市更新项目涉及的范围很广，工程结构也比较复杂，很多项目的差异很大，所以必须根据具体的具体情况，进行相应的调整，以保证不同的进度控制方式和理念，从而合理地选择科学的进度计划。

（2）资金平衡

城市更新项目拆迁范围及建设规模较大，投入资金巨大，在此过程中不确定因素较多，因此，工程的进度计划要与资金计划、沟通安置计划相结合，确保资金运行的整体均衡，并确保工程的工期不能拖延。改造工程要建立一个全面、系统的工程进度控制系统，保证资金的收支平衡，而对业主而言，既可以通过科学的进度控制系统来保证资金的收支平衡，又可以提高自己的管理水平，这样才能逐步推进工程的建设。

（3）施工便利

在分期建设、进度安排的过程中，应注重选择对工程有利的最佳方案。建设方便是提高城市更新工程建设效率的一种有效途径，它既可以确保各个层次的工程进度指标的顺利完成，又可以增强工程的可操作性。

2. 明确项目各环节工作内容

全过程工程咨询单位应协助业主方从前期准备阶段开始，对城市更新项目相应工作内容都要加以了解。实行全方位管理模式，不管是土建工程还是设备安装、给水排水，都要有一个详细的计划。为保证工程进度计划的顺利进行，将所有工作都纳入进度管理的范畴，包括咨询、设计、材料供应等，并确定影响工程进度的重点工作，绘制出进度计划的网络控制图，根据不同的工作内容，由相关的职能部门来制订工作计划。

3. 合理编制各阶段进度计划

在制定城市更新工程的计划时，必须考虑以下五点：第一，要有前瞻性。对整个工程应该做一个全面的思考，对实际操作中的不确定因素进行分析。对项目中的子项目应当进行详细分析，全过程工程咨询单位应协助业主方从图纸审查阶段起，将项目技术力量、施工方等单位集中起来，尽可能地降低工程变更的发生，并给予有关部门建议和奖励；第二，分阶段制订进度计划，进行效果分析。在编制进度计划之前，要对每一个因素进行有效的分析，并针对工程建设的不同阶段，制订详细的分析方案，如安置咨询、建设进度、整体配套等；第三，要制订工程总进度目标，明确各分包方完成工期的时间；第四，各部门的主管要明确自己的责任，并按照任务的时间节点，对各部门的负责人提出自己的任务；第五，项目监理单位有关部门要对项目建设的环境和现场情况进行深入的调研和分析，制订出一个合理的项目进度计划，以保证项目的顺利实施。

4. 全面的项目进度管控安排

进度控制是指运用科学的方法来确定项目的目标，制定项目的进度和资源的供给计划，实施过程的控制，使项目进度目标与质量、费用、安全目标相协调，从而达到工期目标。由于进度计划执行的目标是明确的，但资源的限制、不确定的因素多、干扰因素多，这些都是客观的不断变化的因素，都会影响整个工程的规划。城市更新改造工程的进度控制与管理是动态的、全过程的管理，以规划、控制和协调为主要手段。

（三）进度管理保障措施

1. 完善组织管理

（1）建立完善的组织管理体系：组织结构就是为了实现组织宗旨和目标而设立的。每一个组织都应有清晰的管理层级和管理架构，以显示各部门的顺序、空间、联系。

（2）明确职能和责任：在完善组织关系以后，还需要明确各部门职能和责任，包括明确工程项目组织小组、管理人员、技术人员的责任，这样才可以让各部门、各工序有效衔接起来，便于沟通协调解决问题，避免相互推诿。

2. 完善制度流程

在施工全过程中，全过程工程咨询单位要充分考虑时间、质量、安全和成本三者之间的关系，寻求最优的平衡，不能让工程项目的程序流于形式，没有实际的指导作用。工程项目管理是与企业制度紧密联系在一起的，为了弥补部门的功能体系存在的不足，增设了部门工作流程，明确了流程，突出工作流程。完善审批时间、技术变更和图纸会审工作。项目编制和设计都有一定的问题，会审必须严格，同时要实地考察，对施工的基本情况进行深入的了解。

3. 完善内外部沟通机制

对技术人员进行业绩评估，不合格的要从有关岗位上退下来。调整母公司的人力资源配置，建立招标和工程管理人员，以最大限度地利用母公司的人力资源，填充人才储备不足的劣势。开展有针对性的培训，特别是法律、法规、工程管理、招标等方面的知识，推动母公司技术人员和子公司的技术人员之间的沟通。对企业的技术和管理人员进行网络技术培训，通过项目的实践，为以后的改造工程建设打下良好的管理基础。由于改造项目涉及的人员众多，因此，要加强与各方面的沟通，形成一致意见，争取各方的支持，确保改造项目的顺利进行。

4. 施工进度检查制度

全过程咨询单位应建立工程进度监督体系，监督工程进度。检查的目标是对进度计划实施情况进行及时评估。当项目实施情况与规划目标存在差异时，应对其进行分析，发现其原因，并采取相应的纠正措施，确保工程进度指标的完成。

工程进度检查应包含以下内容：工作量完成情况、资源使用及与进度的匹配情况、最后一次检查所提问题的解决情况等。工程进度要按要求进行常规和不定时的检查。工程咨询机构要定期对工程进度进行监督，验收后由工程监理审核通过，并将验收报告发给各参与方。对不能按时完成工作的单位进行通报，并向上级主管部门汇报，并按照合同规定给予相应惩罚。通过不定期的跟踪核查，对工程项目的实际情况进行汇总、整理、比较、分析，以确定项目的实际进度与计划的关系。跟踪检查的时间和收集数据的质量，将会对规划控制工作的品质与成效产生重要的影响。

进度计划检查后，要进行进度报告编制工作。对整体进度进行全面的分析，并编制出计划实施报告，向上级领导及项目经理汇报，以方便其了解动态及决策。项目进展汇报的内容有：项目实施的全面说明；实际进度与计划进度的对比资料；工程项目执行中存在的问题和原因；项目进度对质量、安全、成本等的影响；所采取的行动和预期的将来的计划。

5. 进度偏差的测量与纠正机制

在制定了城市更新项目的建设计划之后，要严格落实。然而，由于主观和客观因素的影响，实际的进度和计划的进度有一定的偏差。偏差的大小都会影响工程的后续工作和工期，因此需要进行相应的调整。

（1）进度偏差的测量

如果项目的关键工作出现了偏差，比如设计进度不能够按照原计划进行，对随后的工作和总工期的影响是很大的。若有偏离的工作不是重点工作，则应依据总时差与自由时差的大小来决定对后续工作及工程进度的影响。如果工程中的自由时差比总时差长，则必然会对工程的后续工作和工期产生一定的影响，因此需要进行相应的调整。如果工作时间的自由时间差小于或等于总时差，则表明这种变化不会对工程的总时间产生任何影响，但其对工程进度的影响则要从总时差和自由时差的对比来决定。

（2）进度偏差的纠正

1）进度偏差事前预防措施

在项目的实施过程中，由于各种因素的影响，导致工程进度发生偏移，一些工程无法按时完工，造成工程延误，必须采取相应的预防措施。首先，对延误的防范措施进行分析。在奖惩契约中加入了工期指标和惩罚措施，以保证在施工之前充分注意到工期要求。整体规划要严格，不能有疏忽。

在城市更新项目工程建设开始以后，全过程咨询单位首先要采取日常的进度管理措施，防止人为的进度拖延。坚持抓关键线路和主要环节，把重点放在牵制工作上。总咨询师要密切关注整个工程的内部和外部环境的变化，并能随时跟踪施工现场的主、客观条件的发展和变化，适时地调整生产要素，并具有前瞻性。

2）进度拖延的事后控制措施

对已造成的进度拖延采取措施，目的是消除或降低它的影响，防止它继续造成拖延或产生其他不可预料的影响。通常采用赶工和快速跟进的进度压缩方法。

赶工是通过权衡成本与进度，确定如何以最小的成本来最大限度地压缩工期。从进度网络的角度来说，对延误的项目要进行分析，并在该路线上增加资源，以加速项目的改善，适当地减少项目的工期，尤其是较长的项目，从而缩短项目的工期，达到项目的进度目标。此外，还可以通过改善技术和方法、提升劳动生产率来加速进度。对于出现明显偏离的情况，如发现工程实际进度明显偏离计划，并对合同期限产生了一定的影响，则应当发出监理通知，督促承包人采取相应的措施，加快工程进度。当延期事件发生时，应按以下程序执行，如图 4-19 所示。

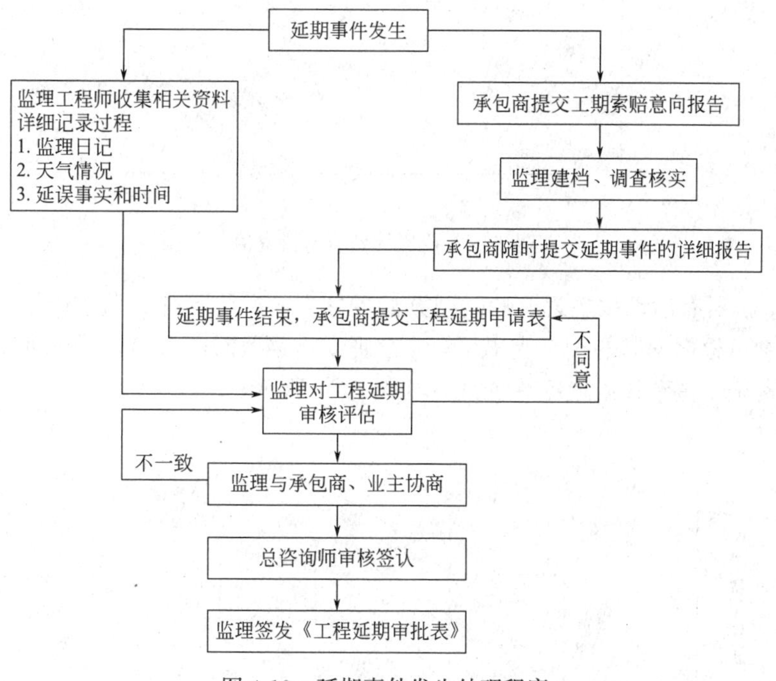

图 4-19 延期事件发生处理程序

总咨询师应采取组织、管理、经济、技术等措施保障预期计划目标实现，必要时可对进度计划进行调整。

四、城市更新项目投资管控

（一）投资控制动态管理

1. 编制项目资金使用计划

全过程咨询单位应根据发承包合同约定及项目实施计划编制项目资金使用计划。在编制项目投资计划时，要按照批准的项目组织设计，并计划工期、付款时间、付款节点、竣工结算节点等方面保持协调。同时，在工程标段变更、施工组织设计调整、业主资金情况的基础上，及时调整资金运用进度，便于业主进行资金的筹集和管理。

全过程咨询单位针对城市更新项目工程阶段性资金使用拟计划采用S形曲线与香蕉图进行分析，其对应数据产生的依据是工程施工计划网络图中时间参数（工序最早开工时间、工序最早完工时间、工序最迟开工时间、工序最迟完工时间、关键工序、关键路线、计划总工期）的计算结果与对应阶段资金使用要求。

利用确定的工程网络计划计算基础处理、开挖、支护等活动的最早及最迟开工时间，获得项目进度计划的甘特图。在甘特图的基础上便可编制按时间进度划分的投资支出预算表，绘制时间—投资累计曲线（S形曲线）。在S形曲线的基础上按照项目的最迟开始时间编制“香蕉图”，如图4-20所示。

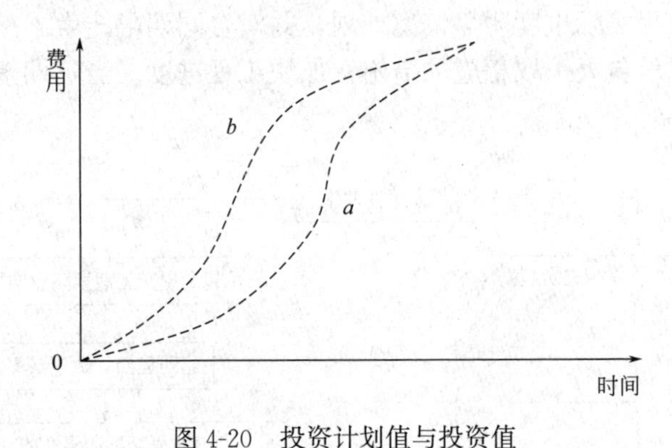

图4-20 投资计划值与投资值

其中，a是所有活动按最迟开始时间开始的曲线，b是所有活动按最早开始时间开始的曲线。业主可根据编制的投资支出预算来合理安排某段时间资金，同时业主也可以根据筹措的建设资金来调整该阶段S形曲线，如图4-21所示。

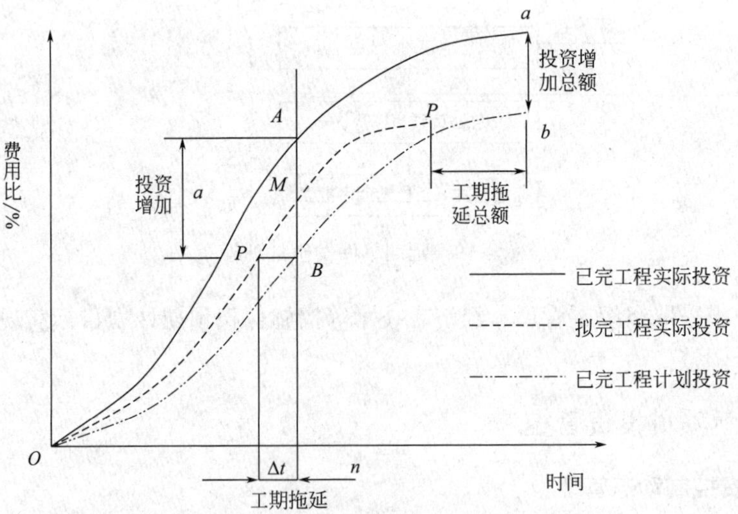

图4-21 偏差分析曲线图

全过程咨询单位在以上基础上进行偏差分析，绘制三条投资曲线，即已完成工程实际

投资曲线 a，已完工程计划投资曲线 b 和拟完工程计划投资曲线 p。a 与 b 的竖向距离表示投资偏差，曲线 b 和 p 的水平距离表示进度偏差。图 4-21 中所反映的是累计偏差。

2. 工程造价动态控制

全过程工程咨询单位的造价工程师可接受委托进行项目实施阶段的工程造价动态管理，并应提交动态管理咨询报告。全过程工程咨询单位的专业造价工程师编制的工程造价动态管理报告应至少以单位工程为单位对比相应概算，并根据项目需要与投资人商议确定编制周期，编制周期通常以季度、半年度、年度为单位。全过程工程咨询单位的造价工程师应与项目各参与方进行联系与沟通，并应动态掌握影响项目工程造价变化的信息情况。对于可能发生的重大工程变更应及时作出对工程造价影响的预测，并应将可能导致工程造价发生重大变化的情况及时告知业主。

实施阶段工程造价管理是一个动态管理过程，存在一些不确定的因素影响造价，如国家政策的变化、业主要求的变化等，在发生变化时，应及时采取合理的应对方式。工程造价的整个管理过程都需要各方面的人员进行协调，技术人员必须具有一定的工程造价管理知识，并与工程咨询机构的造价工程师协同工作，降低成本，保证工程质量。

（二）工程计量及工程价款的支付管理

工程计量是向施工单位支付工程款的前提和凭证，是约束施工单位履行施工合同义务，强化合同意识的手段。在项目管理过程中，全过程工程咨询单位应充分发挥监理单位及造价部门在工程计量及工程款（进度款）支付管理中的作用，应严格审查从以下几方面根据工程进度进行付款：①必须达到合同约定的付款节点；②已完工程项目达到合同约定的质量；③对已完工程造价部分进行审核。

（1）全过程工程咨询单位或其专业咨询工程师（造价）职责

全过程工程咨询单位或其他专业咨询工程师职责如下：①根据工程施工或采购合同中有关工程计量周期及合同价款支付时点的约定，审核工程计量报告，进行合同价款支付申请，编制《工程计量与支付表》《工程预付款支付申请核准表》及《工程进度款支付申请核准表》。②应对承包人提交的工程计量结果进行审核，根据合同约定确定应付合同价款金额；对于投资人提供的甲供材料（设备）金额，应按照合同约定列入应扣减的金额中，并向投资人提交合同价款支付审核意见。③工程造价咨询单位应对所咨询的项目建立工程款支付台账，编制《合同价与费用支付情况表（建安工程）/（工程建设其他费用）》。工程款支付台账应按施工合同分类建立，其内容应包括：当前累计已付工程款金额、当前累计已付工程款比例、未付工程合同价余额、未付工程合同价比例、预计剩余工程用款金额、预计工程总用款与合同价的差值、产生较大或重大偏差的原因分析等。

工程造价咨询单位向投资人提交的工程款支付审核意见，应包括下列主要内容：①工程合同总价款；②期初累计已完成的合同价款及其占总价款比例；③期末累计已实际支付的合同价款及其占总价款比例；④本期合计完成的合同价款及其占总价款比例；⑤本期合计应扣减的金额及其占总价款比例；⑥本期实际应支付的合同价款及其占总价款比例；⑦其他说明及建议。

（2）全过程工程咨询单位或专业咨询工程师（监理）职责

对工程款支付进行把关审核，应重点审核进度款支付申请中所涉及的增减工程变更金额和增减索赔金额，这是控制工程计量与进度款支付的关键环节。审核是否有超报、虚报及质量不合格的项目，将审定完成的工程投资进度款记入台账。

1）工程量计算。①在工程施工合同中没有约定的情况下，按每个周期进行工程量计算，由专业监理工程师签字确认已完成的工程，并由施工单位提交《工程款支付报审表》；②对于具体的分部、分项工程，项目监理机构、投资人、施工单位可以按合同规定的方式进行计算；③对于某些无法预料的工程量，例如地基处理、地下不明障碍物处理等，由监理单位会同投资人、施工单位等按照实际工程量进行测量，并保留相应的影像资料。

2）工程款的支付审查。对于工程预付款，由施工单位向工程顾问或工程顾问（监理）提交《工程款支付报审表》，由专业监理工程师出具评审报告，由总监理工程师对其进行验收，并在其上签字确认《工程款支付证书》；对于工程进度款的支付，由建设单位负责编制《工程款支付报审表》，并向监理单位提交。工程监理工程师根据工程量清单，核对工程项目所需的工程量和付款数额，以确定工程实际的完工数量和付款数额。由总监理工程师审核项目经理出具的《工程款支付证书》，由项目经理签字确认；对于变更款、索赔款的支付，施工单位按照合同规定填写《工程变更费用报审表》《费用索赔报审表》，并报项目监理单位，由监理单位根据工程变更的工程量、变更费用、索赔事实、索赔费用等进行复核，总监理工程师签署审核意见，签认后报投资人审批。对于竣工付款，由专业监理工程师对施工单位出具的结算材料进行审查，并由总监理工程师审核，经双方同意后，出具《工程款支付证书》。

（三）工程变更及现场签证的管理

1. 工程变更管理

工程变更对工程项目建设产生极大影响，全过程工程咨询单位应从工程变更的提出到工程变更的完成，再到支付施工承包人工程价款，对整个工程变更过程进行管理。工程变更管理的程序如图 4-22 所示。

工程变更分为三种情况：设计单位提出的设计变更、施工单位提出的工程变更、业主提出的工程变更。其中，施工单位提出的工程变更需要先经由专业咨询工程师（监理、造价）审查并报业主同意后才能由设计单位编制工程变更文件。设计单位提出的变更报业主同意后，可直接由设计单位编制工程变更文件；业主提出的变更可直接由设计单位编制工程变更文件，但都要经总咨询师审查。

（1）合同管理

业主在同施工单位、监理单位签订合同中就工程变更发生时各方的责任、权利、义务要约定明确；无论哪一方提出的工程变更，业主可以授权监理工程师对工程变更进行审查，提出监理建议，这一授权在监理合同中必须明确：业主将工程变更管理程序、变更的分类（技术变更、经济洽商）、变更建议的内容、变更建议的审查原则及期限、变更的批准权限等进行详细约定，发挥好监理单位的四个控制（投资、工期、质量、安全）、一个管理（合同管理）、一个协调（业主与承包商之间关系的协调工作）的作用。这些在工程变更管理合同中约定的具体办法十分重要。

（2）协助进行工程变更评审

工程变更涉及项目的进度、成本和质量，无论是项目的性质，还是项目的成本，都必须经过严格的技术论证，这样才能保证项目的科学性。因此，施工单位应对项目变更进行全面审查，以保证工程变更对项目的影响在合理的可接受范围之内。此外，还应该有效地

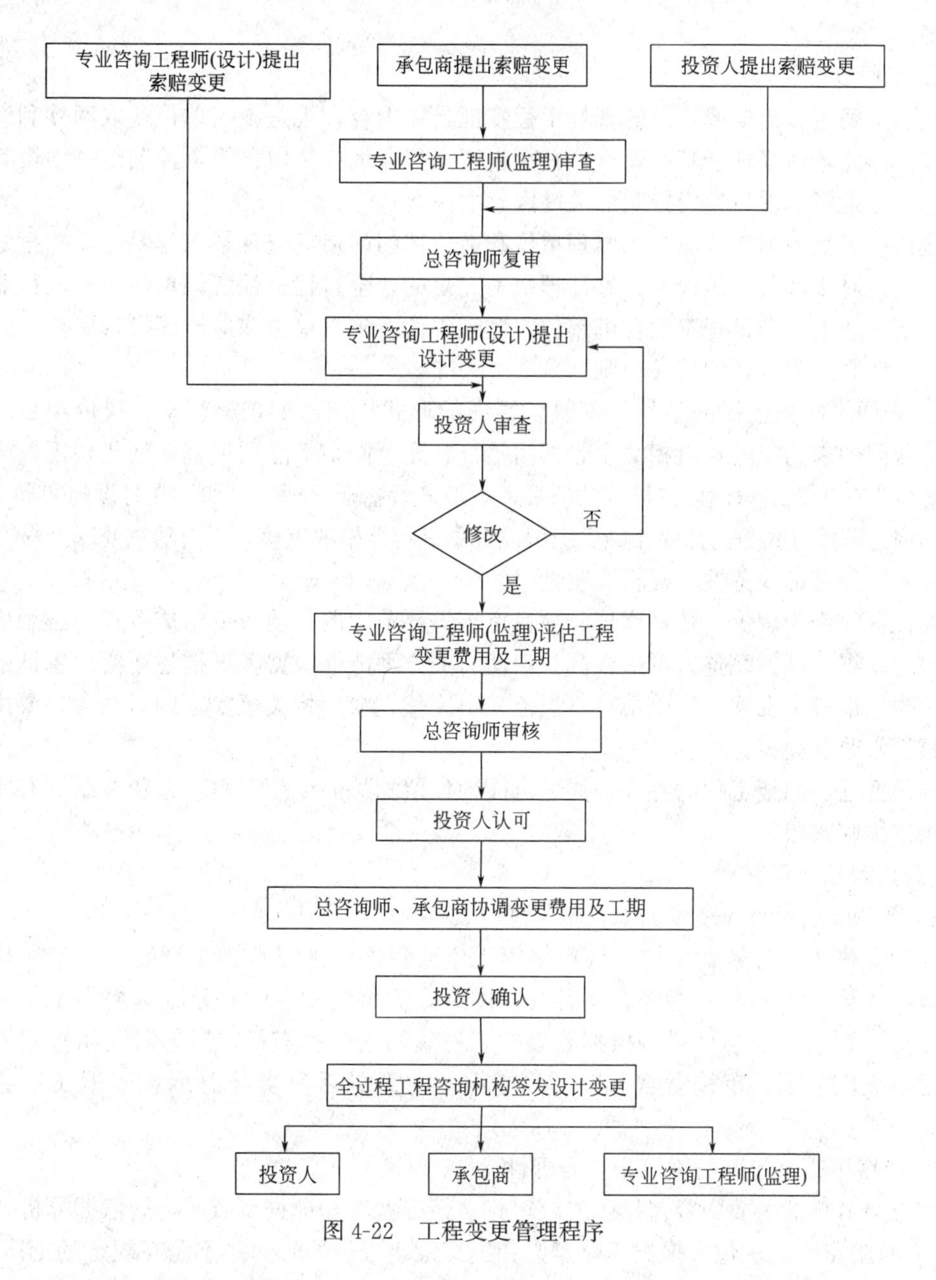

图 4-22　工程变更管理程序

减少由于项目变更而引起的危险。

从业主的角度来看，由于项目施工的阶段性特征，大多数业主都没有太多的专业施工经验和技术人才，在这一点上，与专业的施工总承包存在着很大的差距。所以，整个项目顾问机构都要利用自己的经验和能力，从多个角度对变更的需求进行分析，以确定技术、进度、项目、质量、环保、成本、安全等因素的综合影响，并尽可能地减少可预测的风险，并进行详细的分析和判断，从而有效地控制工程的变化，弥补业主的技术和经验不足。在具体的审查阶段，对项目变更的审查应注意：对变更的技术进行相关的分析，并对变更的必要性进行论证；对工程项目的变更、投资的增加或减少的数量进行分析，并对变更的合理性进行检查；分析并预测变更对合同价格和项目总成本的影响，并对其进行可行性论证。

2. 工程签证管理

具有不确定、无规律特点的现场工程签证具体内容，也是施工单位获取额外利润的重要手段。因此，做好现场签证管理，是全过程工程咨询单位项目投资控制的一项极其重要的工作，也是影响项目投资控制的关键因素之一。

全过程工程咨询单位应要求监理单位和造价部门严格审查现场工程签证，并把好最后的审核关。对于涉及金额较大、签证理由不充足的，全过程工程咨询单位还要征得业主的同意，实行业主、全过程工程咨询单位、监理单位、施工单位和造价部门会签制度。

（1）严守工程签证的签发原则

① 合同中应当包括的条款，不得以签证的形式提出，如工资浮动、议价项目、材料价格、合同中未约定的，由相关主管部门签订补充合同，不能用工程签证代替现场施工代表。②应当在工程组织设计中批准的项目，不得进行签证管理。比如：临时设施布局、挖土方式、钢筋搭接方式等，都要在施工组织设计中进行严格的审核，不得随意处理工程签证。

（2）审核签证规范性、资料完整性

签证资料作为调价、结算审核、项目审核等环节中的一项重要组成资料，必须确保其构成描述详细、证据完整、可追根溯源，使有关方面能够根据签证描述还原出签证的真实情况。当在审查中发现签证单填写不规范、不完整，缺少相关事实证明材料时，要由承包单位进行修改和完善。

涉及拆迁、隐蔽工程的签证，要尽可能地保留相关的视频资料，避免在结算和审计中发生扯皮推脱现象。

（四）索赔费用管理

1. 严格审批索赔程序，加强日常管理

作为全过程工程咨询单位，应严格审批索赔程序，加强日常工程管理，切实认真做好工程施工记录，同时注意保存各种文件图纸，为可能发生的索赔处理提供依据。当索赔发生后，要迅速妥当处置。根据收集的工程索赔的相关资料，迅速对索赔事项开展调查，分析索赔原因，审核索赔金额，并征得业主意见后负责与总承包商据实妥善协商解决。

2. 严格审查承包商的索赔报告合理性

审查与分析的主要内容包括：时限审查、情况调查和证据审查、合同依据分析。

1）时限审查：承包人提出索赔意愿和提交索赔报告的时间是不是在规定的期限之内，如果没有，则立即答复，要求无效。

2）情况调查与证据审查：对索赔陈述进行反驳的关键在于发现有关索赔事件的真实性。收集有关事故发生的时间、过程、原因、见证人和后果的资料，不能相信承包商的片面和主观解释。通过对索赔证据和实时跟踪的结果，对合同的真实性进行了分析，并对承包人有无编造、夸大影响的情况进行了分析，若发现证据不足、不当，描述过于主观和片面的情形，应予以否认。

3）合同依据分析：筛选出时间和事实根据，剩下的索赔案例要进行合同基础分析。对于索赔报表和合同条款，在进行全面、准确的评估时，需要对下列内容进行全面的审核与分析：①核实经双方磋商后，合同条款有无变化；②承包人从自己的利益出发，对合同条款的理解是否有错误和片面，或者故意歪曲了合同条款的意思，最隐晦的一种方法就是将合同条款的适用范围再进行扩展。③赔偿责任是否归业主所有，如果业主有此义务，则占多大比例；若发生由业主委派的第三者，则由业主承担责任后，可向造成该合同之第三者提出赔偿请求。④业主违反合同中的有关条款。⑤在发生由业主责任引起的索赔事故后，承包人有没有尽全力避免损害的发生。如因没有采取预防措施而造成的额外损失，则业主可拒绝赔偿。⑥在合同条款中，要求发生索赔的先决条件。⑦在合同中，对工程变更的延期和费用补偿方案有无约定。⑧分析索赔事件和索赔内容之间的关联性，排除不相关的索赔。⑨在业主免责条款和合同中关于不补偿的条款中，是否存在索赔事件。

3. 进行反索赔

索赔与反索赔是一种相互博弈的行为。在具体的项目实施过程中，发包商和承包商在同时进行施工合同的管理工作，都在试图寻找向对方索赔的机会，同时也在提防对方向自己索赔的可能，所以不懂得有效的反索赔同样会使自身的利益受到损失。由此可见，反索赔与索赔具有相同的重要性，二者相互依附又相互矛盾，缺一不可。

当实际发生索赔要求时，工程总承包合同是双方当事人首要依据的准则，并且索赔的处理过程和索赔的结果也是依照合同进行的，所以当发生索赔争端时，对合同文本的总体分析有助于自身找到反索赔的相关合同条款、内容或者理由，从而向对方开展反索赔的工作。而合同分析则是针对当事人所提出的诉讼案件、相关的法律根据，以及合同条款，逐一进行分析，从而为反索赔提供更多的证据。本书着重分析了施工总承包合同的有关法律、法规；合同的主要内容、条款和内容的变化；在合同中，各方承担相应的责任和义务；项目变更后的补偿措施，调整工期的方法，合同各方所要承担的风险；违约的处理和纠纷的解决等。

第三节　城市更新项目竣工管理综合性咨询

一、城市更新项目竣工验收专项咨询

项目竣工验收，是综合评价工程建设的成果，是项目使用或者投产的根本前提，同时也是对工程效益、设计、监理、施工质量的全面考核。项目竣工验收的主要工作是检查项目是否按照合同规定进行，是否完成了相应的工作，是否达到了有关的法律、法规和标准的规定。

（一）竣工验收准备

（1）项目经理对工程的交付和竣工验收进行了全面的前期准备，成立了竣工收尾工作小组，制定了最终完工进度表，并在限期内完成。

（2）工程经理、技术人员应对工程完工进度进行验收，并对关键部分进行验收。

（3）在工程完工后，由项目经理部向公司汇报，并将其送交相关部门进行验收。对实施专业承包的项目，由专业承包方按照质量验收规范对项目进行质量检查，并将验收结果和数据提交承包商进行汇总。

（4）在自检、验收合格后，向全过程工程咨询单位发出一份预约竣工验收通知书，告知所要完成的项目，并就相关的验收问题进行商定。

（二）竣工验收管理

（1）各承包商（施工单位）向全过程工程咨询单位的专业咨询工程师（监理）提出验收申请；

（2）专业咨询工程师（监理）审查验收条件，由总咨询师组织各专业咨询工程师进行预验收；

（3）项目内部验收通过；

（4）各专项验收机构如消防、人防等参加专项验收；

（5）全过程工程咨询单位协助业主组织单位工程的验收；

（6）全过程工程咨询单位协助业主组织竣工验收；

（7）工程交付业主使用。

（三）竣工验收内容和程序

1. 验收条件

建设项目竣工验收应当具备下列条件：

（1）完成建设工程设计和合同约定的各项内容；

（2）有完整的技术档案和施工管理资料（含竣工图）；

（3）有工程使用的主要建筑材料、建筑构配件和设备的进场试验报告；

（4）有勘察、设计、施工、工程监理等单位分别签署的质量合格文件；

（5）有施工单位签署的工程保修书。

2. 验收要求和合格条件

（1）建筑工程施工质量应按下列要求进行验收：

① 工程质量验收均应在施工单位自检合格的基础上进行；

② 参加工程施工质量验收的各方人员应具备相应的资格；

③ 检验批的质量应按主控项目和一般项目验收；

④ 对涉及结构安全、节能、环境保护和主要使用功能的试块、试件及材料，应在进场时或施工中按规定进行见证检验；

⑤ 隐蔽工程在隐蔽前应由施工单位通知监理单位进行验收，并应形成验收文件，验收合格后方可继续施工；

⑥ 对涉及结构安全、节能、环境保护和使用功能的重要分部工程应在验收前按规定进行抽样检验；

⑦ 工程的观感质量应由验收人员现场检查，并应共同确认。

（2）建筑工程施工质量验收合格应符合下列规定：

① 符合工程勘察、设计文件的要求；

② 符合相关标准和专业验收规范的规定。

3. 专项检测

在建设项目竣工前，需进行各项检测，如桩基（复合地基）检测、幕墙三性检测、环境空气质量检测、水质检验（二次供水）、卫生防疫检测、人防通风检测、防雷检测、消防设施检测、电器检测，锅炉、电梯、压力容器、压力管道委托检测及使用证办理等，检测结论报告在进行专项验收时提交。

4. 专项测量

建设工程竣工后，还应经城市规划行政主管部门认可的测绘单位进行竣工测量，主要是在工程竣工后，根据规划批准的要求，对工程现场进行现场勘察，并形成工程竣工测量记录表。竣工测量主要内容包括：室内地坪测量，间距测量，高度测量、建筑面积测量以及竣工地形图测绘，市政公共配套设施的位置、尺寸、规模，建筑工程的绿地率等。此外，在竣工验收后还应及时完成房产面积测量，并向当地房产部门备案，以便房产证的办理。

5. 验收内容

建筑工程质量验收按《建筑工程施工质量验收统一标准》GB 50300—2013 的规定进行，建筑工程施工质量验收应划分为单位工程、分部工程、分项工程和检验批。

(1) 单位工程

在单位工程完成后，承包人应组织相关人员对其进行检查。工程项目的施工前，由全过程工程咨询的总咨询师以及专业咨询工程师（监理）负责。如果出现工程质量问题，则由施工单位进行整改。整改完成后，施工单位将完成的项目报告递交给施工单位，并提出申请。

单位工程按照以下原则进行划分：①具有单独建造条件及独立使用能力的建筑物或构筑物为一个单位工程；②对于规模较大的单位工程，可将其能形成独立使用功能的部分划分为一个子单位工程。

(2) 分部工程

分部工程可由全过程工程咨询单位的总咨询师以及专业咨询工程师（监理）组织承包人（施工单位）的项目负责人和项目技术负责人等进行验收。专业咨询工程师（勘察、设计）的项目负责人和承包人（施工单位）技术、质量部门负责人参加地基与基础分部工程的验收。专业咨询工程师（设计）的项目负责人和承包人（施工单位）技术、质量部门负责人参加主体结构、节能分部工程的验收。

分部工程应按下列原则划分：①可按专业性质、工程部位确定；②当分项工程规模较大或结构较复杂时，可按施工材料种类、施工特点、施工程序、专业系统及类型将分部工程划分为若干子分部工程。

(3) 分项工程

分项工程可由全过程工程咨询单位的专业咨询工程师（监理）组织承包人（施工单位）的工程技术主管等进行验收。分项工程可以按照主要工种、材料、施工工艺和设备类别进行分类。

(4) 检验批

检验批应由全过程工程咨询单位的专业咨询工程师（监理）负责组织工程质量检查员、专业工长等对承包人（施工单位）进行验收。根据施工质量控制和专业验收的要求，可按工程量、楼层、工段、变形缝等进行分类。

建设单位在接到工程竣工报告后，应当组织监理、施工、设计、勘察等单位的负责人参加单位工程验收。

(5) 专项工程验收

鉴于建设项目工程的复杂性、特殊性、阶段性，结合合同标段的划分等因素，竣工阶段需进行的专项验收包括电梯等特种设备、环保、消防、防雷、卫生防疫以及人防验收、生产工艺等。如果工程验收标准没有对工程中的验收项目作出相应的规定，则可以由工程咨询机构的总咨询师协助业主组织专业咨询工程师（监理）和承包人（施工单位）等相关方制定专项验收要求。涉及安全、节能、环境保护等项目的专项验收要求可由全过程工程咨询单位的总咨询师协助业主组织专家论证。

（6）工程竣工验收

当承包人（施工单位）完成合同约定的所有工程量，且单位工程均通过自检验收合格后，可提出竣工验收报告，申请工程竣工验收。同时，承包人（施工单位）应及时编制竣工验收计划给业主确认，全过程工程咨询单位协助审核，待业主同意后实施。

收到竣工验收申请后，全过程工程咨询单位的总咨询师以及专业咨询工程师（勘察、设计、监理、造价）应在规定时间内完成合同工程量完成情况的审核，符合要求后由全过程工程咨询单位的专业咨询工程师（监理）落实预验收计划，提交并通知业主参加预验收。全过程工程咨询单位组织各预验收单位检查确认预验收合格后，编写全过程工程咨询单位的专业咨询工程师（监理）评估报告。

预验收合格且业主或产权人审核认为符合竣工验收条件后，应及时落实竣工验收的各项准备工作，成立验收小组，编写工程建设总结，组织竣工验收并通知政府相关的监督管理部门参加验收，验收通过后及时会签竣工验收报告，填写建设工程竣工验收备案申请表，完成备案工作。

项目竣工的交付成果反映了项目目标的要求，项目立项的定义决定了项目的交付成果，项目竣工的交付成果特指项目完成了所有的工作内容，交付成果即为建设单位想要的全部功能的标的。

6. 竣工验收合格条件

（1）单位工程

各单位工程的质量验收标准应当满足以下要求：①各分项工程的质量必须通过验收；②质量管理数据必须齐全；③项目中有关安全、节能、环保和主要用途的检查数据必须齐全；④对其主要用途的检查，必须满足有关专业验收规程的要求；⑤外观质量必须达到规定的标准。

（2）分部工程

分部工程的质量验收必须满足以下要求：①所包含的分项工程必须通过验收；②质量管理数据必须齐全；③有关安全、节能、环保、主要用途等方面的取样检查，应当按照有关规定进行；④外观品质必须达到设计要求。

（3）分项工程

分项工程的质量验收必须满足以下要求：①所包含的检验批次必须通过验收；②所有检查批次的质量验收记录均须完整。

（4）检验批次

检验批次的质量验收标准应当遵守以下条款：①各主要控制项的质量必须通过取样检查；②通过抽样检查，一般项目的质量符合要求。如果使用计数取样，则合格点率必须满足相关专业验收规程，并且不能出现重大缺陷。普通计量抽样，一次、二次抽样可参照《建筑工程施工质量验收统一标准》GB 50300—2013 附录 D 进行判定；③施工作业依据齐全，质量验收记录齐全。

7. 竣工验收程序

项目竣工验收是在参建单位自检合格的基础之上，由业主组织各方责任主体以及相关政府职能部门参加的一个综合验收，验收组以法律法规、设计文件、施工验收规范、质量检验标准等为依据，按照程序和手续对项目进行检验、综合评价的一个活动。

建设项目工程竣工验收的实施，通常是由工程咨询单位、业主、产权人、施工单位、专业咨询工程师等组成的竣工验收小组，根据竣工验收程序，对工程进行核查后，作出验收结论，形成竣工验收记录。工程竣工验收程序如图 4-23 所示。

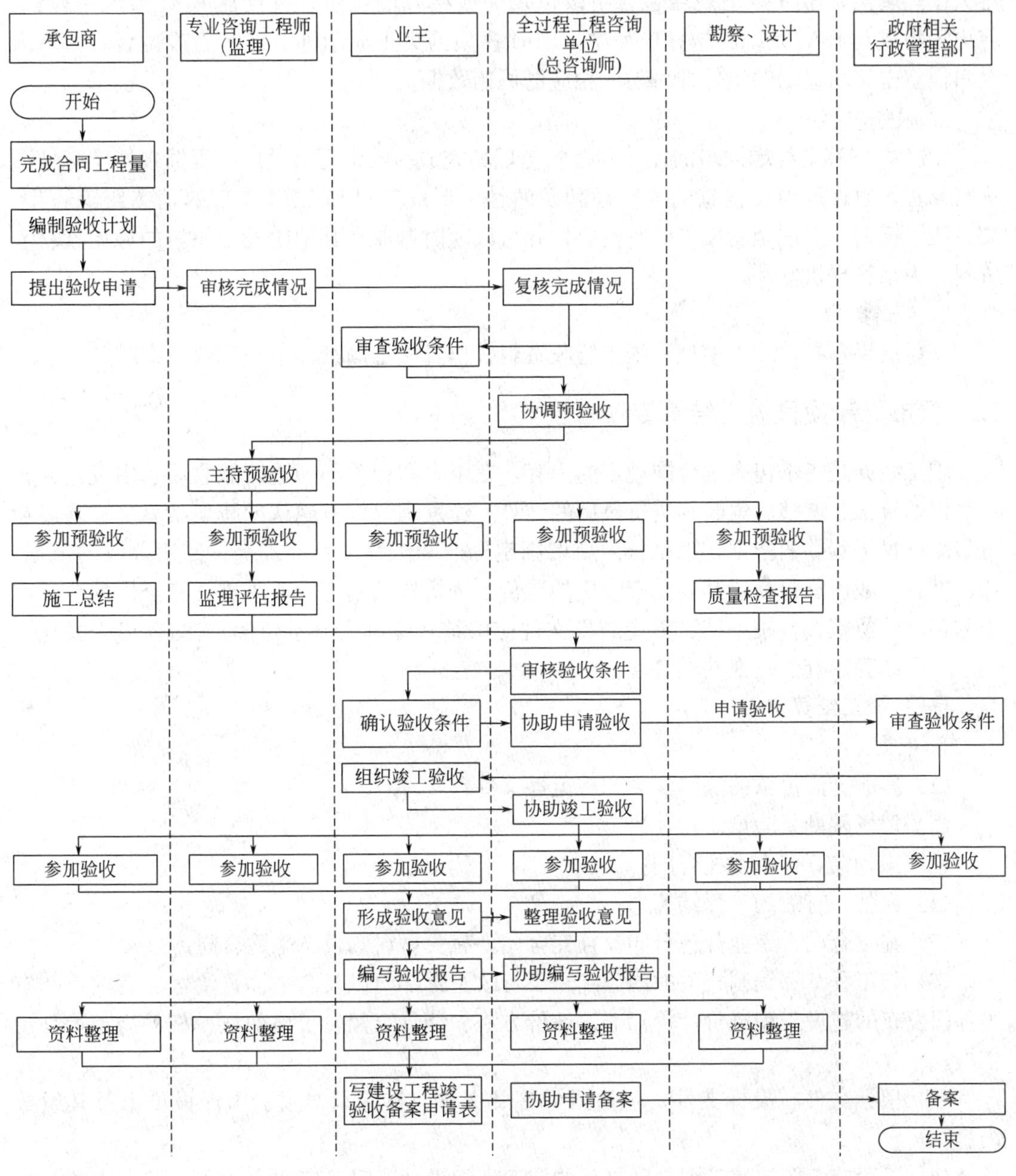

图 4-23　工程竣工验收程序

（四）BIM 模型辅助竣工验收

1. 应用价值

项目竣工验收是项目建设综合评价的结果，是对工程材料、实体进行全面检验的一种程序。

根据变更修改 BIM 模型，制作记录，实施动态管理，“电子化”技术审批订单等原始资料，并将数据与 BIM 模型有机关联。通过 BIM 系统，项目变更的位置畅通无阻，并且可以随时从云中检索与项目的每个变更单对应的原始技术数据。查看数据，比较模型的三维大小和属性，BIM 模型是否包含更改以及完成结算的位置，直接在 BIM 系统中搜索，将更改集成到 BIM 系统的结算模型中，BIM 模型的突出显示部分即是更改位置。清算人员只需点击突出显示的组件即可访问相应的原始数据。

2. 服务内容

BIM 模型移动终端同步的完成和接收与现场完成验收信息有关，并根据现场实际情况进行修正，以保证项目信息的准确性和及时性。形成项目和 BIM 模型的动态跟踪管理，交付竣工模型，形成全套竣工验收资料，并可以随时调取在其他阶段中积累的原始素材和资料，为结算提供便利。

3. 交付成果

交付成果包括：竣工模型；竣工验收资料；出具竣工图纸。

二、城市更新项目竣工结算专项咨询

竣工结算是指承包人按合同规定的内容，在甲方和相关部门进行验收后，由发包人根据协议的价格、调整、索赔等进行最后的结算。经发承包双方确认的竣工结算文件是发包方最终支付工程款的依据，也是核定新增固定资产和工程项目办理交付使用验收的依据。竣工结算一般由承包商或其委托有资质的造价咨询机构编制，由业主委托有资质的全过程工程咨询单位审查，竣工结算审定结果文件应由结算编制人（承包商）、结算审查委托人（业主）、结算审查受托人共同签署。

（一）竣工结算审核

1. 依据

（1）影响合同价款的法律法规和规范性文件；

（2）现场踏勘复验记录；

（3）工程结算审查委托合同；

（4）完整、有效的工程结算书；

（5）施工合同、专业分包合同及补充合同，有关材料、设备采购合同；

（6）与工程结算编制相关的国务院建设行政主管部门以及各省、自治区、直辖市和有关部门发布的建设工程造价计价标准、计价方法、计价定额、价格信息、相关规定等计价依据；

（7）招标文件、投标文件，包括招标答疑文件、投标承诺书、中标报价书及其组成内容；

（8）工程施工图或竣工图，经批准的施工组织设计、设计变更、工程洽商、索赔与现场签证，以及相关的会议纪要；

(9) 工程材料及设备中标价、认价单；

(10) 发承包双方确认追加或核减的合同价款；

(11) 经批准的开工、竣工报告或停工、复工报告；

(12) 影响合同价款的其他依据。

2. 内容

(1) 工程结算审查准备

1) 审查工程结算书内容的完整性，不合格的必须退还，并在规定的时间内进行补充；

2) 审查计价依据及资料与工程结算的相关性和有效性；

3) 熟悉施工合同、招标文件、投标文件、主要材料设备的采购合同；

4) 熟悉施工图纸或竣工图纸，施工组织设计，工程概况，设计变更，工程协商，工程索赔等；

5) 了解国家和地方有关的工程量清单计价规范、工程预算定额等工程计价依据和有关法规。

(2) 工程结算审查

1) 审核项目的范围、内容与合同约定的项目范围、内容是否一致；

2) 审核分部分项建设项目、措施项目或其他项目的计算精度，计算规则和标准的一致性；

3) 在审核分部分项的综合单价、措施项目或其他项目时，必须严格遵守合同规定或现行的计价原则和方法；

4) 对工程量清单、定额缺项、错项、新材料、新工艺等，按施工期间的合理消耗量和市场行情，审查结算的综合单价或单位估价分析表；

5) 审核签证证书的真实性和有效性，批准变更项目的增加或减少；

6) 根据协议，对索赔的处理原则、程序和计算方法进行审查，并对索赔费用的真实性、合法性和准确性进行审查；

7) 审查分部分项工程费、措施项目费、其他工程或定额直接费、措施费、规费、企业管理费、利润、税金等的结算价格，必须严格按照合同约定或有关收费标准和有关规定进行审核，并审核计费的时效性和相符性；

8) 递交项目结算审核的初步结果报告，其中包含与项目结算情况对应的项目结算审核比对表，待校对。

(3) 工程结算审定

1) 在编制工程结算审查初稿后，组织工程结算编制人、工程结算审查委托人等人员参加的会议，听取各方的意见并作出相应的调整；

2) 工程结算审核员的各部门主管对项目结算审核的初步结果进行核对；

3) 经工程结算审查人的审定人员审核通过；

4) 发包人或其授权代表及监理单位的法定代表人，须在《工程结算审批签字》上签字，并加盖公章；

5) 对竣工验收结果不一致的，在提交竣工验收报告之前，应当至少召开两次协调会议；如果无法联合签字，审核员可以在适当的时候终止审查，并提供必要的解释；

6) 在合同规定的时限内，向委托人提交经工程结算审查编制人、校对人、审核人签署的执业或从业印章，以及工程结算审查人单位盖章确认的正式工程结算审查报告。

3. 程序

竣工结算审核工作应依据《建设项目工程结算编审规程》CECA/GC3—2010 进行，主要包括准备、审查和审定三个工作阶段，如图 4-24 所示。

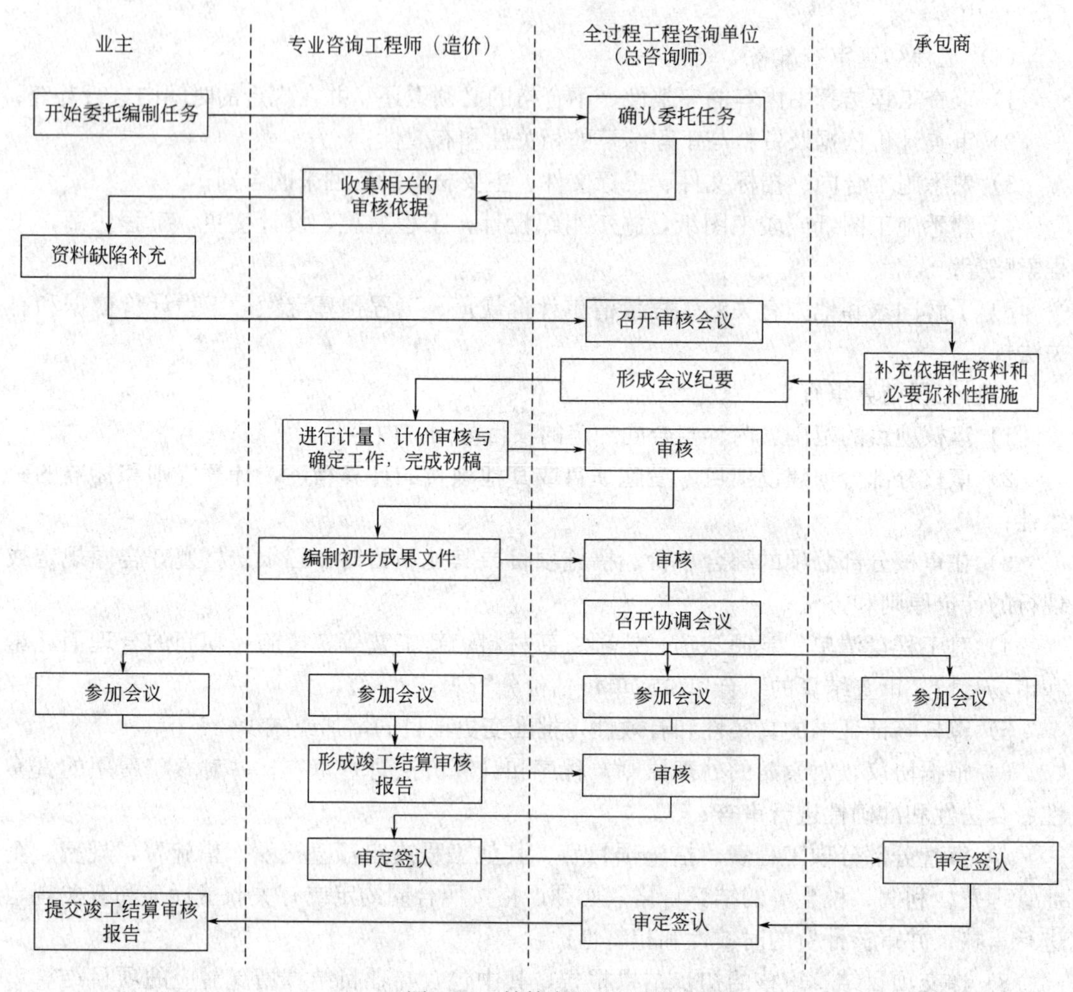

图 4-24　结算审核流程图

4. 注意事项

(1) 全过程工程咨询单位与施工单位就结算编制工作的交底；

(2) 明确合同结算原则，澄清合同中与造价相关的不一致的内容；

(3) 重点关注竣工图与现场的一致性；

(4) 对设备和材料进行询价程序的有效性；

(5) 在施工过程中，所有的时间节点都要有完整的记录，并由各方签署，以做好人、材、机费用调整的准备。

(二) 竣工结算常见问题

1. 合同条款漏洞较多

许多施工单位在采用施工合同的相关条款时，在合同中注重付款、工期、质量，而忽略了结算方式、计量依据、材料价格的调整，合同中并没有用明确的条款来规定，从而导致合同在工程价款结算方面存在很多欠缺之处。但由于合同中并没有明确的项目完工结算条款，致使一些总承包单位抱着侥幸心理，在项目完工结算时虚报造价，另外由于招标评标过程中价格因素的影响，个别施工单位为了平衡投标时的低利润，很有可能在竣工结算时采用不正当手段，从而使建设单位的工程竣工结算工作更加困难，甚至在某种程度上增加了项目的竣工结算成本。

2. 工程造价未按有关规范进行

如果工程量计算中的误差很大，就会对工程计价的可靠性产生很大的影响，尤其是在某些隐蔽工程中由于现场签证不及时，导致结算时出现了很大的争议，使得工程竣工结算的成本审核变得更加困难。而且许多工程甲供材料数量很大，有的材料人员在领料或退料的时候没有规范手续，这就导致了在审批的时候出现了很大的问题；但由于许多施工单位对设计变更不够重视，没有对其进行严格的控制，忽略了审批程序的办理，没有做好相关的记录，从而影响了项目的最终结算。

3. 竣工结算资料不完整

工程竣工结算中，因提交的材料不全，导致部分项目数据不全，比如某道路硬化工程，因建设单位未提供编制工程量时的施工图纸，施工单位要求按照实际完成工程量进行结算，但该工程施工合同约定只对工程增减变更部分作出调整，对于争议的工程量，由于时间长，加上经办人员调动，并相互推诿，未能提供原始资料，审计难以核实。一些变更签证的措辞不当、材料价差数据缺失、技术文件缺乏、预算造假、审计期间频繁地补充结算资料等问题，导致工程结算周期延长，工作效率下降。

4. 审核资料质量不达标

城市更新项目涉及众多不同类型的工程，施工单位负责人和施工现场工程师必须按照合同规定，对程序审查、设计变更、技术审批等方面进行整理，确保工程竣工验收工作能够高质量地进行。但在实际施工中，由于基层工地管理人员大多是专业技术人员，有的人员不完全掌握计价规范、合同文件要求以及技术标准等，在现场管理中缺乏管理经验，导致管理不到位，对施工产生的有关费用没有具体的签署意见，甚至造成隐蔽工程的重复计量，在一定程度上增加了工程项目投资成本。

（三）竣工结算管理要点

及时、准确地编制和审查施工项目的竣工结算，是施工企业控制成本的最后一步，也是反映施工企业管理水平的一个重要窗口。施工项目的施工总成本控制与施工前期、施工中期的施工控制形成施工的一个闭环。结算的主要内容如下。

1. 完善审查制度，加强工程结算结果的可靠性

在竣工结算阶段，全过程工程咨询单位可以采用多层次审核的方式来实现控制的目的。如有部分结算信息缺失，应在规定的时限内通知提交人，并在规定的时限内完成；通过制定科学规范的审核和发放制度，做好相关的文件管理。对合同的结算数据进行严格的审查，并由主管审核。监理人应全面履行其职责，严格按照有关程序审查竣工资料，包括施工图、竣工图、验收合格证明、竣工验收记录等。尤其要重视隐蔽工程的审查，重视设计变更、签证等资料。不能用合同的数量来衡量结算的数额，也不是说结算的数额小于合同的总金额就是对项目的投资进行控制，应该把竣工结算的重点放在工程量的核实和施工

单位施工的评估上。工程造价不合理，要严格按照施工合同和招标文件在完工后的结算阶段进行控制。通过对初审、二审、终审等环节的审核，可以将风险降至最低。只有在严格的流程约束下，各有关部门都要按照规定进行审核，这样才能保证工程的最终结算的正确性。

2. 增强施工合同的约束力

当前，我国从事建筑行业的人员存在法律意识不强、专业知识水平差、诚信体系不健全等诸多问题。所以，承包单位应当从自身的利益出发，在合同规定的结算内容方面，充分地保护自己的权益，在结算方式、计量依据、价格调整等方面作出充分的约定，在合同中增加一些规范性文件，以增强合同的适用性，特别是在结算过程中可能出现的一些纠纷和敏感问题，要提前做好风险预防和心理准备，从对方的角度和立场来考虑问题，寻找解决的办法，这样才能保证工程的顺利进行。

3. 严格规范管理程序

加强现场巡查、抽检、隐蔽工程验收、阶段性分部分项验收。坚持重点部位和关键环节旁站的管理，确保工程质量。坚持每周例会，对检查出的质量问题进行分析，分析原因，提出改进建议。加强对项目变更的关注，防止工程事故发生。加强对合同的管理，如因合同以外的原因造成的变更、签证、工程延误等问题，应按照有关规定进行详细的记录，并搜集相关的数据，以便工程的竣工结算工作能够顺利进行。

4. 加强对签证、变更等过程资料的管理，建立设备、材料价格信息库，提高竣工结算审查时的权威性和准确性

施工现场签证、设计变更、成本索赔等流程的经济资料是否完备，将直接影响竣工结算的编制和审查，因此，加强施工过程的管理、及时处理和完善签证工作是非常必要的。由于签证、索赔等工作涉及建筑、监理、施工等多个领域，因此，明确程序、加强管理、及时沟通、统一协调就显得尤为重要。此外，建设单位要建立与项目密切联系的材料采购价格数据库，指定专门的采购员对项目的采购价格进行分类管理，及时更新、完善价格信息，并通过收集材料、凭证、建立台账，有效提高结算的准确性和权威性，增强其说服力，从而更加顺利地推进结算工作。全过程工程咨询单位应在合同规定的期限内，配合建设单位对竣工结算数据进行审查，并按照合同约定向施工单位支付款项。

（四）BIM模型辅助竣工结算

1. 应用价值

关于结算工作中涉及的成本管理过程的信息量非常大，并且由于文档不完整，结算工作中经常导致不必要的工作量。BIM的应用提高了工程量计算方法的和结算数据的完整性及标准化，提高了结算质量，加快了结算速度，减少了结算人员的工作量，提高了审计和验证透明度。

2. 服务内容

1）检查结算依据；

2）核对结算数量；

3）BIM模型综合应用查漏；

4）大数据核对。

BIM技术在竣工阶段应用的目的是提高管理效率、提升服务品质及降低管理成本。在

完工结算阶段，BIM 可以在确定准确的工程量方面发挥作用。随着 BIM 技术的发展，技术的深刻变革将导致整个建筑行业的商业模式和管理方式的变化。BIM 有可能在完成结算阶段有越来越多的直接应用。

3. 交付成果

交付成果包括：竣工结算审核报告；投资控制情况汇报、技术经济指标分析等报告。

三、城市更新项目竣工决算专项咨询

城市更新类项目完成后，全过程工程咨询单位应辅助建设单位做竣工决算。工程竣工决算是指业主在工程建设中，从开工到建成投产的整个工程的总成本费用的经济文件。竣工决算综合反映项目建设成果和财务情况，是竣工验收报告的主要组成部分，按国家有关规定所有新建、扩建、改建的项目竣工后都要编制竣工决算。竣工决算要严格按照设计预算，对造成项目费用变动的因素进行分析，对造成项目费用变动的主要环节要进行认真核查，对占用项目费用进行严格核查，尤其要把施工情况与财务支出相结合并对比分析，以便发现问题，防止虚报。

竣工决算包括竣工决算的编制和竣工决算的审核。竣工决算的编制是以全过程工程咨询单位为主，在监理工程师和施工单位的配合下共同完成的。根据财政部、国家计委、住房和城乡建设部等相关文件，竣工决算包括竣工财务的决算说明书、决算报表、工程竣工图、工程竣工造价对比分析四个方面。工程竣工财务决算是工程竣工决算中的一个重要组成部分。竣工决算咨询工作最终形成竣工决算成果文件提交给业主。全过程工程咨询单位应协助业主接受审计部门的审计监督，提供真实完整的审查资料。竣工决算审核一般应采用全面审核法，也可采用延伸审查等方法。

四、城市更新项目竣工资料管理专项咨询

建设项目的竣工资料管理工作非常重要，一切工程建设活动，无论其过程如何复杂，最终只能留下两个建设结果：一个是工程实体本身，另一个就是竣工资料。除建筑实体本身，竣工资料质量也是建设项目质量管理的重要组成部分。

（一）竣工资料管理依据

依照《基本建设项目档案资料管理暂行规定》（国档发〔1988〕4 号）中第三章竣工档案资料的管理要求的规定，竣工资料档案管理的主要依据包括：

（1）《中华人民共和国档案法》（中华人民共和国主席令第 47 号）；

（2）《关于编制基本建设工程竣工图的几项暂行规定》（国家建设委员会〔1982〕50 号）；

（3）《基本建设项目档案资料管理暂行规定》（国家档案局〔1988〕4 号）；

（4）《建设项目（工程）竣工验收办法》（国家计委〔1990〕1215 号）；

（5）《市政工程施工技术资料管理规定》（建设部建城〔2002〕221 号）；

（6）《科学技术档案案卷构成的一般要求》GB/T 11822—2008；

（7）《建设工程监理规范》GB/T 50319—2013；

（8）《建设工程文件归档规范》GB/T 50328—2014；

（9）《照片档案管理规范》GB/T 11821—2002；

（10）《声像档案建档规范》ZKY/B-002-5—2006；

（11）《技术制图 复制图的折叠方法》GB/T 10609.3—2009；

（12）其他相关规定。

（二）竣工资料管理内容

项目档案是在项目建设管理的过程中形成的，以各种形式呈现并具有保存价值的历史记录。项目档案验收是工程完工后的一个关键环节。未通过档案验收或档案验收不合格的项目，不能进行或通过工程竣工验收。竣工资料档案管理的主要内容包括：存档范围、质量要求，归档资料的立卷，资料的归档，档案的验收与移交。

1. 竣工资料归档的范围

对与工程建设有关的重要活动、记载工程建设主要过程和现状、具有保存价值的各种载体的文件，均应收集齐全，整理立卷后归档。归档资料可归纳为文字资料、竣工图以及声像资料三种类型。

具体归档范围应包括：

（1）工程准备阶段文件，在项目开始之前，在项目立项、审批、征地、勘察、设计、招标投标等前期工作中形成的文件；

（2）监理文件：监理人在工程设计、施工等方面所形成的资料；

（3）施工资料：由施工单位在项目建设期间所形成的资料；

（4）竣工图：在工程完成后，能够真实地反映工程的工程成果；

（5）工程竣工验收资料：工程竣工验收过程中所形成的资料。

2. 竣工资料归档的质量要求

竣工归档资料必须依照《建设工程文件归档规范》GB/T 50328—2014（2019 版）中对于归档文字资料、竣工图以及声像资料的要求来整理资料。文字资料、竣工图以及声像资料的归档要求如下：

（1）文字资料归档质量要求

竣工文件档案的质量要求主要有：

1）已完成的书面文件应为原始文件；

2）竣工文件的内容和深度应与国家有关的技术规范、标准和规程相一致；

3）完成文字资料必须选用耐久的碳素墨水、蓝黑墨水等，不能用容易掉色的书写材料，例如红色墨水、纯蓝墨水、圆珠笔、复写纸、铅笔等；

4）完成后的文字材料必须书写清晰，不能用容易褪色的材料书写、绘制；

5）完工数据文字材料的幅面大小和规格应为 A4（297mm×210mm）。设计图纸应按国家规定的尺寸进行；

6）完成文字材料的纸张应选用韧性强、耐久性强、可长久保存的纸张。

（2）竣工图归档质量要求

竣工图是工程竣工后的主要凭据资料，是工程竣工后的真实反映，是工程竣工验收的必要前提，是工程维修、管理、改建、扩建的依据。各项新建、改建、扩建项目均必须编制竣工图。竣工图归档的质量要求如下：

1）施工图纸的制作必须在图纸上加盖设计院出图章、注册设计师签名章、设计审核章，所报送的竣工图图样清晰，图表整洁，无破损，签字盖章手续齐全；

2）完成图纸的制作必须遵循图纸的要求，并保证其文字清楚、完整。用碳钢笔画图和注记；

3）所有的竣工图必须盖上施工图章。竣工图章的主要内容是："竣工图"字样，施工单位，编制人，审核人，技术负责人，编制日期，监理单位，现场监理，总监。"竣工图章"必须采用不容易褪色的红泥，并在图示栏上方的空白位置盖好。同时，还要盖上施工、监理单位的印章；

4）设计变更的资料。其主要内容有设计变更单、技术核定单、工程业务联系单等；

5）修改图纸的注释。竣工图应符合实际情况，并与设计变更通知等相关材料相符合，对需修改的内容按下列方法进行修改：

① 可以采用扛改法对少数单词和数字进行修正，就是用一条实线把已修正的部分划掉，在它旁边合适的地方填上，并标明修正的根据、注记人和日期；

② 可以使用交叉修改方法来修正少数图形，即把修改的地方用"×"划掉，并在它旁边适当的地方画上修改过的图样，并标明修改的依据、注记人和日期；

③ 可以使用蓝图粘贴方法来修正更多的图形。对已修改过的大段进行再画或绘出底图，然后用图纸剪裁，粘贴到变更部分，吻合并连在一起，并注明修改依据、注记人和注记日期。

④ 如图纸更改的内容超过三分之一，须重新绘制。

（3）音像数据存档的质量标准

建设工程的音像资料，是指在城市规划、建设、管理活动中，直接生成的、有一定价值的照片、底片（含反转片）、影片、录像带、光盘、磁性载体等，以音频、影像为主，并配以文字解说的历史记录。施工总承包单位应当将施工现场的影像、录像、相关的文字说明等材料提交给城市建设档案主管部门。表 4-25 列出了建设项目声像资料归档质量要求。

建设项目声像资料归档质量要求一览表　　表 4-25

序号	声像资料类型	归档质量要求
1	照片档案	①主体明确、影像清晰、画面完整、未加修饰剪裁； ②能体现工程竣工后的外观、设计特色、地理位置； ③以传统感光材料为载体的照片须报送底片、正片(照片)； ④使用数码相机拍摄，其影像不能进行后期加工，光学分辨率不得小于 400 万有效像素(不允许插值)
2	录像档案	①主题明确、内容连贯简洁、影像清晰、镜头平稳； ②需注明建设项目所在的地理位置、外观、周围环境、人防设施、消防设施、水电设施、保安设施、标准房、标准层、设计特色、建筑特色等； ③报送第一代素材录像带，以及编辑后成品带或光盘(DVD 或以上素质的格式)
3	文字说明	包括：工程名称、业主名称、设计单位、施工单位、地点、开工日期、竣工日期、投资额、占地面积、建筑面积、建筑结构、层数、摄影日期、摄影者等

3. 竣工资料的立卷

（1）立卷的基本原理与方法。立卷必须遵守工程文档的自然生成规则，使其与卷内的文档保持有机的联系，使其更好地保存与使用；一项工程包括多个单位工程，其工程文件应当按照单位工程进行；档案文件厚度不宜太大，通常不大于 40mm，而不同载体的档案通常要分开编制。

（2）在卷内文件的排列。按事项、专业顺序排列文本材料。同一问题的请示和批复、同一文件的影印和定稿、主件和附件不能分离，并按照批复在前、请示在后，印本在前、最后定稿在后，主件在前、附件在后排序；图纸按照专业分类，同专业图样按照图号次序进行；既有文字资料，也有图纸，文字资料在前面，图纸在后面。

（3）案卷的编目。立卷目录编制内容包括卷内文件页号、卷内目录的编制、卷内备考表、案卷封面，具体如表4-26所示。

立卷目录编制内容一览表 **表4-26**

序号	立卷目录	具体内容
1	卷内文件页号	①卷内文件均按有书写内容的页面编号。每卷单独编号，页号从“1”开始； ②页号编写位置：单面书写的文件在右下角；双面书写的文件，正面在右下角，背面在左下角。折叠后的图纸一律在右下角； ③成套图纸或印刷成册的科技文件材料，自成一卷的，原目录可代替卷内目录，不必重新编定页码； ④案卷封面、卷内目录、卷内备考表不编定页号
2	卷内目录的编制	①卷内目录式样宜符合《建设工程档案管理规范》的要求； ②序号：以一份文件为单位，用阿拉伯数字从1依次标注； ③成套图纸或印刷成册的科技文件材料，自成一卷的，原目录可代替卷内目录，不必重新编定页码； ④文件编号：填写工程文件原有的文号或图号； ⑤文件题名：填写文件标题的全称； ⑥日期：填写文件形式的日期； ⑦页次：填写文件在卷内所排的起始页号，最后一份文件填写起止页号； ⑧卷内目录排列在卷内文件首页之前
3	卷内备考表	①卷内备考表的式样宜符合《建设工程档案管理规范》的要求； ②卷内备考表主要标明卷内文件的总页数、各类文件页数（照片张数），以及立卷单位对案卷情况的说明； ③卷内备考表排列在卷内文件的尾页之后
4	案卷封面	①案卷封面印刷在卷盒、卷夹的正表面，也可采用内封面形式。案卷封面的式样宜符合《建设工程档案管理规范》的要求； ②案卷封面的内容应包括：档号、档案馆代号、案卷题名、编制单位、起止日期、密级、保管期限、共几卷、第几卷； ③档号应由分类号、项目号和案卷号组成，档号由档案保管单位填写； ④档案馆代号应填写国家给定的本档案馆的编号。档案馆代号由档案馆填写等

（4）档案的装订。档案装订有两种方式：一是装订，二是非装订。文本资料须用胶带装订。凡有书面资料和图纸的档案均须装订。装订时，以三孔左边的线绳为宜，整齐、牢固，便于保存与使用；在装订时，金属部分一定要去掉。

4. 竣工数据的归档

（1）归档时间。按施工流程及项目的特点，可以按项目阶段、项目进度、项目竣工后的分批进行；勘察设计单位应当在项目完工后，由施工、监理单位将其所形成的相关文件存档。

（2）工程档案应至少有两份，一份由业主保存，另一份（原件）交给当地的城市建设档案馆。

（3）向勘察、设计、施工、监理单位提交文件时，应制作移交清单，由双方签字盖章后进行交接。

（4）凡设计、施工、监理等部门须存入本单位的文件，均须按照国家相关法规及《建设工程档案管理规范》的要求，将其单独存档。

（三）完成数据的处理

各单位按照工程咨询单位关于工程的信息整理、归档和国家有关文件的要求，对其进行内部初验，通过初验后，将其提交给监理机构，由监理机构复验。复验通过后，监理人将完成材料的验收申请递交给施工总承包单位，经业主审核通过后，做好相关的准备工作。对于未通过验收的项目，监理人将其退回，并将其修改，直到全部材料符合文件整理和存档要求，过程见图 4-25。

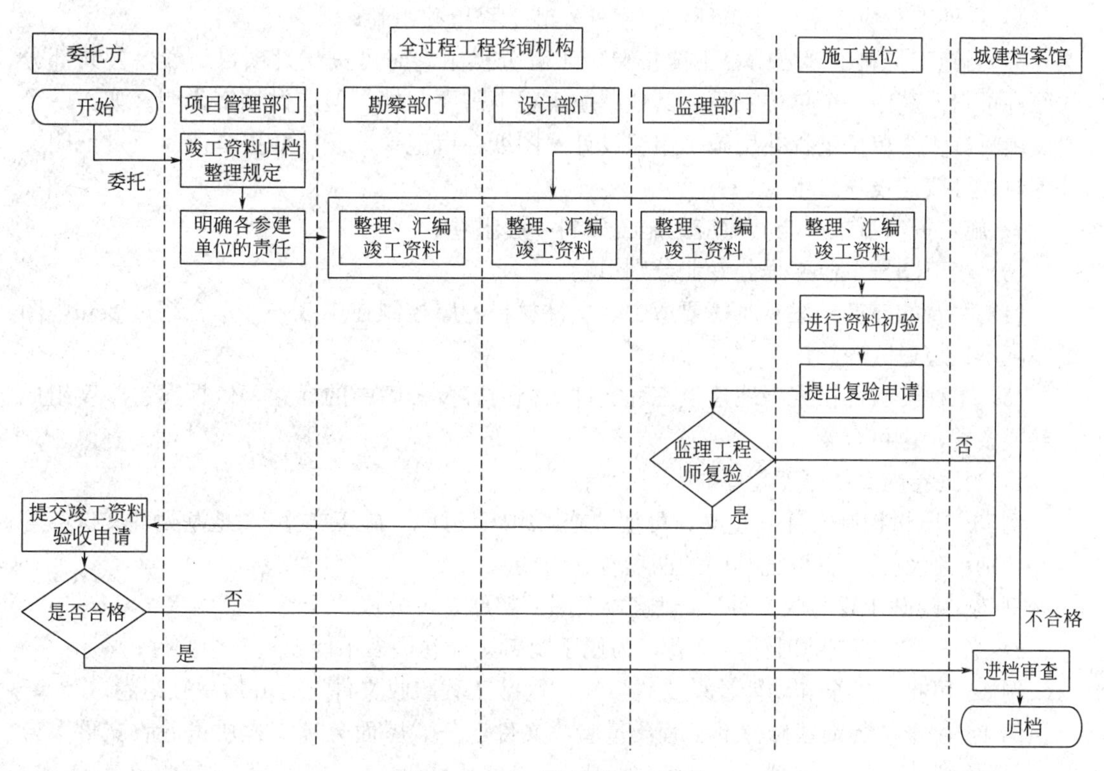

图 4-25　竣工资料管理流程图

1. 管理原则

档案管理是一个单位管理工作的重要组成部分。对项目档案进行有效的管理，对项目的建设和后期的管理都是有益的。如何进行有效的档案管理，重点是：

（1）制定规章制度。工程施工档案涉及的单位、人员众多，要根据施工项目的特点，建立和完善相关的管理制度，规范档案的收发、起草、签发、借阅、档案等行为，认真抓好规章制度的执行。规章制度不健全、不落实，档案工作就不好办。

（2）了解相关的业务。工程档案管理是一项专业性强、业务范围广、涉及法律法规多的工作，因此，档案管理部门要尽量多地了解国家的法律法规，掌握工程项目的业务知识，以及档案管理方面的知识。

（3）要建立监督机制。项目施工全过程监理单位要加强对其他项目的档案管理，监督施工期间的施工记录、收集、整理、立卷归档。在竣工验收后，要进一步加大力度，通过经济和其他措施，督促各参建单位尽快完成归档工作。

2. 管理方法

(1) 工程准备阶段文件、竣工验收文件、监理文件可按建设项目或单位工程单独组卷。

(2) 施工文件应按单位工程组卷，并应符合下列规定：

1) 建筑节能施工资料单独组卷；

2) 专业承包工程形成的施工资料应单独组卷；

3) 电梯应按单位工程单独组卷；

4) 室外工程应按室外建筑环境、室外安装工程单独组卷；

5) 当施工资料中部分内容不能按单位工程分类组卷时可按建设项目组卷，公共部分的原件可归入其中一个单位工程，其他单位工程不需要归档，但应做档案说明。如：一个建设项目有多个单位工程共用施工组织设计、图纸会审记录、设计变更、产品质量证明文件等时，可按建设项目组卷；

6) 施工资料目录应与其对应的施工资料一起组卷。

(3) 竣工图按单位工程分专业分别组卷。

(4) 案卷的厚度：案卷厚薄要适中，文件材料卷厚控制在1.5cm，不宜超过2cm，图纸厚度不宜超过3cm。

(5) 工程资料可根据当地建设工程文件归档内容及排序中的标题，依据案卷厚度组成一卷或多卷，也可合卷：

1) 当案卷内文件厚度超厚时，可拆卷；

例1："质量控制文件"超厚，可把"施工组织设计""施工方案""地基处理文件"等拆开分别单独组卷，也可把其中的两项合并组卷。

例2："隐蔽工程验收文件""建筑竣工图"超厚，可分成若干卷。

2) 当案卷文件较薄时，可合卷，为便于题名，合卷最多不能超过三个文件；

例3：可把"安全和功能检验文件"＋"隐蔽工程验收文件"合并后单独组卷。

例4：可把"装饰装修分部工程质量验收文件"＋"屋面分部工程质量验收文件"合并后单独组卷。

(四) 注意事项

(1) 概算中的成本支付主体问题。若因设计失误造成的设计变更太大，而施工图纸不能代替或不能使用时，设计单位应重新画出已完工的图纸，并自行负责。若因业主或有关当局的要求而变更，须重新画出的，应由业主画图或委托设计单位进行，其成本应在基本建设投资中由业主自行承担；其他费用由施工单位承担。

(2) 凡是有技术或设备引进的工程，要收集、整理引进的技术、设备的图纸、文件，不管是从什么途径获得的，都要由档案部门负责收集、整理。档案管理部门要加强对档案资料的供应和利用，确保档案资料的使用。

(3) 对超出保留期的基建工程档案材料，要进行鉴定，对已经丧失保护价值的，要按规定程序办理备案。对机密文件的管理要严格按照保密条例进行。

(4) 在建设大、中型建设项目时，应按工作任务设计、建设与工作需要相符的、符合要求的文件库，并为其保存和使用配备所需的设备。

五、城市更新项目档案管理专项咨询

(一) 城市更新档案内容

城市更新工程档案可以分成两个主要的内容：一是在规划前期形成的档案，二是在建筑施工过程中形成的档案。而城市功能改造工程中的档案资料大多是在建筑工程建设中形成的。城市建设工程档案的编制，涉及勘察设计、施工、物资、器材等诸多部门，因此，要搞好档案的搜集工作，必须从以下几个方面入手：

(1) 房屋拆迁的书面资料。内容包括：拆迁房屋的详细调查、拆迁可行性研究报告、相关会议座谈纪要、拆迁申请、拆迁批复、拆迁公告、强制拆迁申请、批复、拆迁安置方案、补偿说明；项目用地定点审批表，项目规划许可证，规划文件，地形图，地籍图；与拆迁有关的房屋所有权证明，例如：老房契、房屋买卖协议、赠与遗产继承证明、土地使用证、房屋新旧程度评估表、拆迁安置补偿协议、民事判决书、公证书等。

(2) 施工技术资料，包括：工程地质报告和相关基础资料、设计任务、协议、施工合同、招标文件、预决算、工程验收报告、交接证书等。另外，施工质量保证材料和质量管理材料也是在施工过程中产生的，由施工方承担，但验收时应与技术人员一同检查材料的内容是否存在不实，如钢材、水泥质量证明，各种配件、构件合格证等。工程技术文件中，最关键的是工程的隐蔽验收记录和各类试验记录，这些都是我们用眼睛无法看到的，是以后的工程维修和改建的基础。由工程技术人员进行确认。

(3) 竣工图。竣工图纸是技术文件中最关键的一环，具有法定的效力。所以，完工图要真正地反映出项目完成后的实际状况。在施工中没有重大变化时，可以使用施工图进行修正、补充，并盖上“竣工图章”的标记作为最终设计图。变更较多或不适合于施工图纸修改、补充的情况，施工单位需重绘完成图以示清晰。变更设计协商记录的内容应反映在概念图中，如果不能反映在图纸上，应在相应的部位加上文字描述或附图。本项目用地范围内各类地下管道项目，应根据管道类型编制单独的总计划，并编制相应的总平面图。所以，在收到的时候，务必要把好竣工图这个环节。

(4) 声像档案。包含改造前后的录像带、录音带、照片等。在采集（拍照、录像）时，要按地区的不同，首先要对历史建筑进行调查，要注意建筑的外部整体和内部构造，要全面地记录，并附有文字说明。其次就是拆迁人的房屋，要认真地拍照，特别是那些有争议或者有特别状况的房屋，这是将来补偿的一个重要凭证。

(二) 竣工档案的验收

(1) 凡列入城市建设档案馆（室）档案接收范围内的项目，在组织工程竣工验收之前，应当向市政建设档案管理部门申请。未经城市建设部门批准，业主方不能组织项目竣工验收。

(2) 城市建设档案管理机构在验收项目文件时，应当着重对下列项目进行验收：

1）工程档案完整、系统、齐全；

2）项目文件内容真实、准确地反映项目的施工行为及实际情况；

3）项目文件立卷已按相关规程要求进行归档；

4）竣工图绘制方法、图式及规格等符合专业技术要求，图面整洁，盖有竣工图章；

5）文件的形成、来源符合实际，需要有单位或个人签署的文件，其盖章程序完整；

6）文件材质、幅面、书写、绘图、用墨、托裱等符合要求。

（三）档案管理常见问题

1. 档案管理制度不完善

目前，国内大部分的承包商都没有建立起一套行之有效的档案管理体系，既没有对档案管理员的职业资格、职业素质进行评估，也没有进行有针对性的岗位培训。与此同时，很多承包单位虽然已经建立了档案管理体系，却没有实行制度化的管理，造成了项目档案管理不能与项目的实际进度同步。另外，由于项目完成后的文件编制工作缺乏协调，造成了文件编制工作不规范、文件编制质量不能满足文件提交的质量要求的后果。

2. 档案归档要求不清晰

施工项目的竣工文件归档要根据国家有关的管理规定，以及项目的具体情况进行相应的调整。但是，许多施工单位在建设项目完成文件归档时，并没有明确的执行规则，也没有明确的划分。建设项目竣工档案的归档，应对其基本内容、分类、时间、规范性等进行规定，确保竣工档案编制的质量。

3. 档案管理意识不强

多数建筑工程项目经理在进行工程项目管理时，常常把工作重点放在工程项目的建设管理上，忽视了工程文件的编制。工程文件的编制不能与项目建设同步进行，文件材料往往在完成后才会进行汇总、整理，在此期间，由于对项目的数据进行了错误的处理，导致了项目的资料不能完全反映项目的实际情况，从而对文件的真实性、完整性产生了影响，进而对竣工文件的质量产生影响。

4. 档案管理人员的素质偏低

有些项目的项目管理部门常常没有配备档案管理人员，或者是档案管理人员的人数严重短缺，而且档案管理人员对建设项目的实际操作流程、时间、验收准备等方面存在着不熟悉等诸多问题。

5. 竣工档案移交不及时

施工完成后三个月内，承包人须向建设单位提交合格的文件，并将其送交城市建设档案馆。但是，由于种种原因，使得工程完工后的文件无法按时送达，如果承包人在工程建设中没有及时对文件进行整理，或者是因为建设单位致使档案的存档进度出现了停滞，都会对文件的送达时间产生一定的影响。

（四）档案管理要点

1. 制定健全的档案管理制度

为确保施工项目的质量，必须建立健全的工程档案管理制度，科学地制订施工合同管理制度，建立以档案管理责任为中心的管理目标。首先，根据国家和地方的需求及项目档案的具体情况，制订档案管理体系，使档案的质量和时间都与项目档案的编制相适应。其次，加强对档案工作人员专业知识和岗位内容的培训，确保工程档案材料的质量。然后，要加强各部门的交流和协调，确保项目档案的工作能够顺利进行。最后，对档案工作进行细化，并对各有关部门的职责和权限进行界定，并对其进行详细的管理。

2. 加强归档流程的规范化

项目档案归档过程标准化能够使档案工作的质量得到最大限度的保障，从而使档案工作效率得到进一步的提升。一些建筑企业对项目档案的管理不够重视，致使竣工文件的质量达不到要求，从而使文件的送达时间落后。要减少这种情况的发生，必须建立健全的档案归档程序，明确相关责任人的职责，并严格要求档案管理员按照《建设工程文件归档规范》中的有关程序和标准，做好项目的前期和施工全过程的档案资料的采集，确保工程项目的档案资料按标准进行归档。

3. 严格把好竣工验收档案质量关

在施工项目竣工验收时，有关部门要全面、细致地检查工程项目的资料，并根据《建设工程质量管理条例》《建设工程竣工验收备案制度》的有关规定，把工程文件的验收和交接工作视为一个有机的整体，力求使工程文件的验收和交接工作同步进行。要严格按项目文件的管理程序，做好项目文件的验收关，确保项目的开工和竣工数据的采集、施工工艺数据和施工数据的形成、实物的验收和数据的验收，强化项目的竣工验收。

要提高工程竣工资料的质量，除了要建立完善的档案管理制度、加强档案管理工作的规范化、加强档案管理人员的意识和专业技能培训、严格把好竣工验收档案质量关等之外，同时需要项目各个部门管理人员的共同努力，保证工程资料的收集、整理与工程施工的过程同步形成，以便保证工程档案资料能够完整、真实、有效地反映工程建设的全过程。

（五）BIM 模型辅助档案管理

城建档案是一种以文字、图纸、图表、声像、电子文件、实物为主要内容和载体，在城市规划、建设、管理活动中所形成的具有一定价值的历史档案。城建档案是一座城市从规划、施工到管理的完整过程，也是现代城市建设与发展的重要基础，传统的城建档案是以实物为基础的，它的管理也是以实物为基础，从收集、整理到最终的保存过程中，所需要的人力、物力、财力都是相当庞大的。近年来，随着信息化的发展，各种新的技术、新的观念也越来越受到了政府和社会的广泛的关注和支持，目前，各个城市的档案部门都在积极地推进城市建设信息化、数字化的建设。以电脑技术为先决条件，进行档案的数字化管理。这就意味着，传统的城市建设文件将会被数字化，并将其储存起来。BIM 是建设工程信息化的一种模式，是一个包含设计、施工、运营三个阶段的信息系统。BIM 是一个综合的施工项目信息平台（系统），它将从设计、预/决算、招标投标、构件制造、采购、施工和工艺流程等各个方面收集的信息进行集成管理。在工程建设过程中，BIM 技术的运用使其具备了可维护和使用的价值，为城市的数字化、智能化管理提供了必要的数据资料。

1. 对业主运维的特殊意义

BIM 技术应用在业主和承包商的对比中，受益最大的肯定是业主，从工程开工到完工，都是整个项目的一部分，完工后，工程交给业主，承包商的工作基本已经完成，但对业主来说，运营的时间却是几十年甚至上百年。若将 BIM 技术运用于运营管理，可以节省大量的人力和物力。BIM 数据库的运用对于业主来说具有十分重要的作用。

2. 随时出图的可操作性

BIM 技术目前还处于发展的初期，只有大型的建筑企业才能使用 BIM 数据库，但要推广应用，还需要一段时间，但从 BIM 技术的发展速度来看，这一点并不遥远。在未来，当业主们掌握了 BIM 技术后，就可以随时出图了，当 BIM 数据做好后，他们连图纸都不用找设计部门要，只需通过 BIM 数据库就可以自行出图、随时出图、按需出图。BIM 技术的运用必然会引起业主的关注和喜爱。

3. 各方查询方便容易

随着建筑行业的发展，BIM 数据的应用将会是一种新的文件转移方式，BIM 软件的使用和存储不再是一种负担，它会迅速推广应用，而 BIM 的应用将会是一个巨大的飞跃，实现了电子信息查询方便快捷。其 BIM 数据库的信息还可以根据其保密性和公开性与建设、施工、设计、勘察、物业等单位进行共享，甚至建委、公检法机关等政府部门也可以共享 BIM 数据库信息，实现真正意义上的信息共享。

简而言之，BIM 的成果转化为档案，按照 BIM 技术的发展趋势，它将会越来越成熟，档案资源的短缺将会成为过去，而档案的检索也会变得更加便捷和快速。

六、城市更新项目竣工档案移交管理专项咨询

（一）项目竣工档案移交

1. 依据

建设项目竣工档案移交时应严格按照国家相关规定开展工作，其主要依据包括：

(1)《基本建设项目档案资料管理暂行规定》(国档发〔1988〕4 号)；

(2)《建设工程文件归档规范》GB/T 50328—2014；

(3)《国家重大建设项目文件归档要求与档案整理规范》DA/T 28—2002；

(4) 其他规定。

2. 内容

全过程工程咨询单位应根据上述法规的规定，要求参与项目建设的单位，包括设计、施工、监理等单位或工程师，在施工单位的统一组织和安排下，按工程的顺序建立工程档案，全面、系统地收集、整理、归档，并将其妥善保管；在单项（单位）工程交工验收时，经监理单位签证、全过程工程咨询单位检查复核后，除依照合同按业主需求移交一份给项目业主保管外，还应同时按《建设工程文件归档规范》GB/T 50328—2014 的规定将其列入城建档案馆（室）接收范围工程的相关资料，在工程竣工验收后 3 个月内，全过程工程咨询单位应协助业主必须向城建档案馆（室）移交一套符合规定的工程档案。竣工归档文件的归档范围及保管期限，规范都做了明确规定，如文件的保管期限分为永久保管，长期保管和短期保管三类，其中永久保管是指工程档案需永久保存，长期保管是指工程档案的保存期限等于该工程的使用寿命，短期保管是指工程档案保存 20 年以下。同一卷内有不同保管期限的文件，该案卷保管期限应按最长期限考虑。

(1) 工程准备阶段文件

工程前期文件主要有项目立项文件，用地、征地、拆迁、勘察、测绘、设计、招标投标文件，开工审批文件，财务文件，建设、施工、监理机构以及负责人，具体文件归档范围及保管期限如表 4-27 所示。

(2) 监理文件

监理文件主要包括监理规划，监理月报中的有关质量问题，监理会议纪要中的有关质量问题，进度控制，质量控制，造价控制，分包资质，监理通知，合同与其他事项管理以及监理工作总结，具体文件归档范围及保管期限如表 4-28 所示。

工程准备阶段文件归档范围及保管期限一览表　　**表 4-27**

序号	归档文件	保存单位和保管期限				
		建设单位	施工单位	工程咨询单位		城建档案馆
				设计	监理	
一	立项文件					
1	项目建议书	永久				√
2	项目建议书审批意见及前期工作通知书	永久				√
3	可行性研究报告及附件	永久				√
4	可行性研究报告审批意见	永久				√
5	关于立项有关的会议纪要、领导讲话	永久				√
6	专家建议文件	永久				√
7	调查资料及项目评估研究材料	长期				√
二	建设用地、征地、拆迁文件					
1	选址申请及选址规划意见通知书	永久				√
2	用地申请报告及县级以上人民政府城乡建设用地批准书	永久				√
3	拆迁安置意见、协议、方案等	长期				√
4	建设用地规划许可证及其附件	永久				√
5	划拨建设用地文件	永久				√
6	国有土地使用证	永久				√
三	勘察、测绘、设计文件					
1	工程地质勘察报告	永久		永久		√
2	水文地质勘察报告、自然条件、地震调查	永久		永久		√
3	建设用地钉桩通知单(书)	永久				√
4	地形测量和拨地测量成果报告	永久		永久		√
5	申报的规划设计条件和规划设计条件通知书	永久		长期		√
6	初步设计图纸和说明	长期		长期		
7	技术设计图纸和说明	长期		长期		
8	审定设计方案通知书及审查意见	长期		长期		√
9	有关行政主管部门(人防、环保、消防、交通、园林、市政、文物、通信、保密、河湖、教育、白蚁防治、卫生等)批准文件或取得的有关协议	永久				√
10	施工图及其说明	长期		长期		
11	设计计算书	长期		长期		
12	政府有关部门对施工图设计文件的审批意见	永久		长期		√
四	招标投标文件					
1	勘察设计招标投标文件	长期				
2	勘察设计承包合同	长期		长期		√
3	施工招标投标文件	长期				

续表

序号	归档文件	保存单位和保管期限				
		建设单位	施工单位	工程咨询单位		城建档案馆
				设计	监理	
4	施工承包合同	长期	长期			√
5	工程监理招标投标文件	长期				
6	监理委托合同	长期		长期		√
五	开工审批文件					
1	建设项目列入年度计划的申报文件	永久				√
2	建设项目列入年度的批复文件或年度计划项目表	永久				√
3	规划审批申报表及报送的文件和图纸	永久				
4	建设工程规划许可证及其附件	永久				√
5	建设工程开工审查表	永久				
6	建设工程施工许可证	永久				√
7	投资许可证、审计证明、缴纳绿化建设费等证明	长期				√
8	工程质量监督手续	长期				√
六	财务文件					
1	工程投资估算材料	短期				
2	工程设计概算材料	短期				
3	施工图预算材料	短期				
4	施工预算	短期				
七	建设、施工、监理机构及负责人					
1	建设项目管理机构(项目经理部)及负责人名单	长期				√
2	建设项目监理机构(项目监理部)及负责人名单	长期			长期	√
3	建设项目施工管理机构(施工项目经理部)及负责人名单	长期	长期			√

监理文件归档范围及保管期限一览表　　**表 4-28**

序号	归档文件	业主	全过程工程咨询单位(监理)	城建档案馆
1	监理规划			
(1)	监理规划	长期	短期	√
(2)	监理实施细则	长期	短期	√
(3)	监理部总控制计划等	长期	短期	
2	监理月报中的有关质量问题	长期	长期	√
3	监理会议纪要中的有关质量问题	长期	长期	√
4	进度控制			
(1)	工程开工/复工审批表	长期	长期	√

续表

序号	归档文件	业主	全过程工程咨询单位（监理）	城建档案馆
(2)	工程开工/复工暂停令	长期	长期	√
5	质量控制			
(1)	不合格项目通知	长期	长期	√
(2)	质量事故报告及处理意见	长期	长期	√
6	造价控制			
(1)	预付款报审与支付	短期		
(2)	月付款报审与支付	短期		
(3)	设计变更、洽商费用报审与签认	长期		
(4)	工程竣工决算审核意见书	长期		√
7	分包资质			
(1)	分包单位资质材料	长期		
(2)	供货单位资质材料	长期		
(3)	试验等单位资质材料	长期		
8	监理通知			
(1)	有关进度控制的监理通知	长期	长期	
(2)	有关质量控制的监理通知	长期	长期	
(3)	有关造价控制的监理通知	长期	长期	
9	合同与其他事项管理			
(1)	工程延期报告及审批	永久	长期	√
(2)	费用索赔报告及审批	长期	长期	
(3)	合同争议、违约报告及处理意见	永久	长期	√
(4)	合同变更材料	长期	长期	√
10	监理工作总结			
(1)	专题总结	长期	短期	
(2)	月报总结	长期	短期	
(3)	工程竣工总结	长期	长期	√
(4)	质量评价意见报告	长期	长期	√

（3）施工文件

工程建设阶段的施工文件包括建设安装工程和市政基础设施工程，其中建设安装工程包括土木建筑工程，电气、给排水、消防、采暖通风、空调、燃气、建筑智能化、电梯工程以及室外工程的相关资料文件；市政基础设施工程包括施工技术准备、施工现场准备、设计变更、洽商记录等文件。《建设工程文件归档规范》GB/T 50328—2014 中规定了归档范围及保管期限的具体内容和要求，如表 4-29 所示。

施工文件归档范围及保管期限 **表 4-29**

序号	归档文件	建设单位	施工单位	工程咨询单位		城建档案馆
				设计	监理	
一	建设安装工程					
(一)	土木建筑工程					
1	施工技术准备文件					
(1)	施工组织设计	长期				
(2)	技术交底	长期	长期			
(3)	图纸会审记录	长期	长期	长期		√
(4)	施工预算的编制和审查	短期	短期			
(5)	施工日志	短期	短期			
2	施工现场准备					
(1)	控制网设置资料	长期	长期			√
(2)	工程定位测量资料	长期	长期			√
(3)	基槽开挖线测量资料	长期	长期			√
(4)	施工安全措施	短期	短期			
(5)	施工环保措施	短期	短期			
3	地基处理记录					
(1)	地基钎探记录和钎探平面布点图	永久	长期			√
(2)	验槽记录和地基处理记录	永久	长期			√
(3)	桩基施工记录	永久	长期			√
(4)	试桩记录	长期	长期			√
4	工程图纸变更记录					
(1)	设计会议会审记录	永久	长期	长期		√
(2)	设计变更记录	永久	长期	长期		√
(3)	工程洽商记录	永久	长期	长期		√
5	施工材料预制构件质量证明文件及复试试验报告					
(1)	砂、石、砖、水泥、钢筋、防水材料、隔热保温、防腐材料、轻集料试验汇总表	长期				√
(2)	砂、石、砖、水泥、钢筋、防水材料、隔热保温、防腐材料、轻集料出厂证明文件	长期				√
(3)	砂、石、砖、水泥、钢筋、防水材料、轻集料复试试验报告	长期				√
(4)	预制构件(钢、混凝土)出厂合格证、试验记录	长期				√
(5)	工程物资选样送审表	短期				
(6)	进场物资批次汇总表	短期				
(7)	工程物资进场报验表	短期				
6	施工试验记录					
(1)	土壤(素土、灰土)干密度试验报告	长期				√

续表

序号	归档文件	建设单位	施工单位	工程咨询单位		城建档案馆
				设计	监理	
(2)	土壤(素土、灰土)击实试验报告	长期				√
(3)	砂浆配合比通知单	长期				
(4)	砂浆(试块)抗压强度试验报告	长期				√
(5)	混凝土配合比通知单	长期				
(6)	混凝土(试块)抗压强度试验报告	长期				√
(7)	混凝土抗渗试验报告	长期				√
(8)	商品混凝土出厂合格证、复试报告	长期				√
(9)	钢筋接头(焊接)试验报告	长期				√
(10)	防水工程试水检查记录	长期				
(11)	楼地面、屋面坡度检查记录	长期				
(12)	土壤、砂浆、混凝土、钢筋连接、混凝土抗渗试验报告汇总表	长期				√
7	隐蔽工程检查记录					
(1)	基础和主体结构钢筋工程	长期	长期			√
(2)	钢结构工程	长期	长期			√
(3)	防水工程	长期	长期			√
(4)	高程控制	长期	长期			
8	施工记录					
(1)	工程定位测量检查记录	永久	长期			√
(2)	预检工程检查记录	短期				
(3)	冬施混凝土搅拌测温记录	短期				
(4)	冬施混凝土养护测温记录	短期				
(5)	烟道、垃圾道检查记录	短期				
(6)	沉降观测记录	长期				√
(7)	结构吊装记录	长期				
(8)	现场施工预应力记录	长期				√
(9)	工程竣工测量	长期	长期			√
(10)	新型建筑材料	长期	长期			√
(11)	施工新技术	长期	长期			√
9	工程质量事故处理记录	永久				√
10	工程质量检验记录					
(1)	检验批质量验收记录	长期	长期		长期	
(2)	分项工程质量验收记录	长期	长期		长期	
(3)	基础、主体工程验收记录	永久	长期		长期	√
(4)	幕墙工程验收记录	永久	长期		长期	√

续表

序号	归档文件	建设单位	施工单位	工程咨询单位		城建档案馆
				设计	监理	
(5)	分部(子分部)工程质量验收记录	永久	长期		长期	√
(二)	电气、给排水、消防、采暖、通风、空调、燃气、建筑智能化、电梯工程					
1	一般施工记录					
(1)	施工组织设计	长期	长期			
(2)	技术交底	短期				
(3)	施工日志	短期				
2	图纸变更记录					
(1)	图纸会审	永久	长期			√
(2)	设计变更	永久	长期			√
(3)	工程洽商	永久	长期			√
3	设备、产品质量检查、安装记录					
(1)	设备、产品质量合格证、质量保证书	长期	长期			√
(2)	设备装箱单、商检证明和说明书、开箱报告	长期				
(3)	设备安装记录	长期				√
(4)	设备试运行记录	长期				√
(5)	设备明细表	长期	长期			√
4	预检记录	短期				
5	隐蔽工程检查记录	长期	长期			
6	施工试验记录					
(1)	电气接地电阻、绝缘电阻、综合布线、有线电视末端等测试记录	长期				√
(2)	楼宇自控、监视、安装、视听、电话等系统调试记录	长期				√
(3)	变配电设备安装、检查、通电、满负荷测试记录	长期				√
(4)	给排水、消防、采暖、通风、空调、燃气等管道强度、严密性、灌水、通风、吹洗、漏风、试压、通球、阀门等试验记录	长期				√
(5)	电梯照明、动力、给排水、消防、采暖、通风、空调、燃气等系统调试、试运行记录	长期				√
(6)	电梯接地电阻、绝缘电阻测试记录;空载、半载、满载、超载试运行记录;平衡、运速、噪声调整试验报告	长期				√
7	质量事故处理记录	永久	长期			√
8	工程质量检验记录					
(1)	检验批质量验收记录	长期	长期		长期	
(2)	分项工程质量验收记录	长期	长期		长期	
(3)	分部(子分部)工程质量验收记录	永久	长期		长期	√
(三)	室外工程					

续表

序号	归档文件	建设单位	施工单位	工程咨询单位		城建档案馆
				设计	监理	
1	室外安装(给水、雨水、污水、热力、燃气、电信、电力、照明、电视、消防等)施工文件	长期				√
2	室外建筑环境(建筑小品、水景、道路、园林绿化等)施工文件	长期				√
二	市政基础设施工程					
(一)	施工技术准备					
1	施工组织设计	短期	短期			
2	技术交底	长期	长期			
3	图纸会审记录	长期	长期			√
4	施工预算的编制和审查	短期	短期			
(二)	施工现场准备					
1	工程定位测量资料	长期	长期			√
2	工程定位测量复核记录	长期	长期			√
3	导线点、水准点测量复核记录	长期	长期			√
4	工程轴线、定位桩、高程测量复核记录	长期	长期			√
5	施工安全措施	短期	短期			
6	施工环保措施	短期	短期			
(三)	设计变更、洽商记录					
1	设计变更通知单	长期	长期			√
2	洽商记录	长期	长期			√
(四)	原材料、成品、半成品、构配件设备出厂质量合格证及试验报告					
1	砂、石、砌块、水泥、钢筋(材)、石灰、沥青、涂料、混凝土外加剂、防水材料、粘接材料、焊接材料等试验汇总表	长期				√
2	砂、石、砌块、水泥、钢筋(材)、石灰、沥青、涂料、混凝土外加剂、防水材料、粘接材料、防腐保温材料、焊接材料等质量合格证书和出厂检(试)验报告及现场复试报告	长期				√
3	水泥、石灰、粉煤灰混合料,沥青混合料等试验汇总表	长期				√
4	水泥、石灰、粉煤灰混合料,沥青混合料、商品混凝土等出厂合格证和试验报告、现场复试报告	长期				√
5	混凝土预制构件、管材、管件、钢结构构件等试验汇总表	长期				√
6	混凝土预制构件、管材、管件、钢结构构件等出厂合格证书和相应的施工技术资料	长期				√
7	厂站工程的成套设备、预应力混凝土张拉设备等汇总表	长期				√
8	厂站工程的成套设备、预应力混凝土张拉设备、各类地下管线井室设施、产品等出厂合格证书及安装使用说明	长期				√
9	设备开箱报告	短期				
(五)	施工试验记录					

续表

序号	归档文件	建设单位	施工单位	工程咨询单位		城建档案馆
				设计	监理	
1	砂浆、混凝土试块强度、钢筋(材)焊、连接试验等汇总表	长期				
2	道路压实度、强度试验记录					
(1)	回填土、路床压实试验及土质最大干密度和最佳含水量试验报告	长期				√
(2)	石灰类、水泥类、二灰类无机混合料基层的标准击实试验报告	长期				√
(3)	道路基层混合料强度试验记录	长期				√
(4)	道路面层压实度试验记录	长期				√
3	混凝土试块强度试验记录					
(1)	混凝土配合比通知单	短期				
(2)	混凝土试块强度试验报告	长期				√
(3)	混凝土试块抗渗、抗冻试验报告	长期				√
(4)	混凝土试块强度统计、评定记录	长期				√
4	砂浆试块强度试验记录					
(1)	砂浆配合比通知单	短期				
(2)	砂浆试块强度试验报告	长期				√
(3)	砂浆试块强度统计、评定记录	长期				√
5	钢筋(材)焊、连接试验报告	长期				√
6	钢管、钢结构安装及焊缝处理外观质量检查记录	长期				
7	桩基础试(检)验报告	长期				√
8	工程物资选样送审记录	短期				
9	进场物资批次汇总记录	短期				
10	工程物资进场报验记录	短期				
(六)	施工记录					
1	地基与基槽验收记录					
(1)	地基钎探记录及钎探位置图	长期	长期			√
(2)	地基与基槽验收记录	长期	长期			√
(3)	地基处理记录及示意图	长期	长期			√
2	桩基施工记录					
(1)	桩基位置平面示意图	长期	长期			√
(2)	打桩记录	长期	长期			√
(3)	钻孔桩钻进记录及成孔质量检查记录	长期	长期			√
(4)	钻孔(挖孔)桩混凝土浇灌记录	长期	长期			√
3	构件设备安装和调试记录					
(1)	钢筋混凝土大型预制构件、钢结构等吊装记录	长期	长期			

续表

序号	归档文件	建设单位	施工单位	工程咨询单位		城建档案馆
				设计	监理	
(2)	厂(场)、站工程大型设备安装调试记录	长期	长期			√
4	预应力张拉记录					
(1)	预应力张拉记录表	长期				√
(2)	预应力张拉孔道压浆记录	长期				√
(3)	孔位示意图	长期				√
5	沉井工程下沉观测记录	长期				√
6	混凝土浇灌记录	长期				
7	管道、箱涵等建设项目推进记录	长期				√
8	构筑物沉降观测记录	长期				√
9	施工测温记录	长期				
10	预制安装水池壁板缠绕钢丝应力测定记录	长期				√
(七)	预检记录					
1	模板预检记录	短期				
2	大型构件和设备安装前预检记录	短期				
3	设备安装位置检查记录	短期				
4	管道安装检查记录	短期				
5	补偿器冷拉及安装情况记录	短期				
6	支(吊)架位置、各部位连接方式等检查记录	短期				
7	供水、供热、供气管道吹(冲)洗记录	短期				
8	保温、防腐、油漆等施工检查记录	短期				
(八)	隐蔽工程检查(验收)记录	长期	长期			√
(九)	工程质量检查评定记录					
1	工序工程质量评定记录	长期	长期			
2	部位工程质量评定记录	长期	长期			
3	分部工程质量评定记录	长期	长期			√
(十)	功能性试验记录					
1	道路工程的弯沉试验记录	长期				√
2	桥梁工程的动、静载试验记录	长期				√
3	无压力管道的严密性试验记录	长期				√
4	压力管道的强度试验、严密性试验、通球试验等记录	长期				√
5	水池满水试验	长期				√
6	消化池气密性试验	长期				√
7	电气绝缘电阻、接地电阻测试记录	长期				√
8	电气照明、动力试运行记录	长期				√

续表

序号	归档文件	建设单位	施工单位	工程咨询单位		城建档案馆
				设计	监理	
9	供热管网、燃气管网等管网试运行记录	长期				√
10	燃气储罐总体试验记录	长期				√
11	电信、宽带网等试运行记录	长期				√
(十一)	质量事故及处理记录					
1	工程质量事故报告	永久	长期			√
2	工程质量事故处理记录	永久	长期			√
(十二)	竣工测量资料					
1	建筑物、构筑物竣工测量记录及测量示意图	永久	长期			√
2	地下管线工程竣工测量记录	永久	长期			√

(4) 竣工图

建筑安装工程竣工图资料包括综合竣工图和专业竣工图，《建设工程文件归档规范》GB/T 50328—2014 规定了归档范围及保管期限如表 4-30 所示。

竣工图归档范围及保管期限 **表 4-30**

序号	归档文件	业主	施工单位	城建档案馆
一	建筑安装工程竣工图			
(一)	综合竣工图			
1	综合图			√
(1)	总平面布置图(如建筑、建筑小品、水景、照明、道路、绿化等)	永久	长期	√
(2)	竖向布置图	永久	长期	√
(3)	室外给水、排水、热力、燃气等管网综合图	永久	长期	√
(4)	电气(包括电力、电信、电视系统等)综合图	永久	长期	√
(5)	设计总说明书	永久	长期	√
2	室外专业图		长期	
(1)	室外给水	永久	长期	√
(2)	室外雨水	永久	长期	√
(3)	室外污水	永久	长期	√
(4)	室外热力	永久	长期	√
(5)	室外燃气	永久	长期	√
(6)	室外电信	永久	长期	√
(7)	室外电力	永久	长期	√
(8)	室外电视	永久	长期	√
(9)	室外建筑小品	永久	长期	√
(10)	室外消防	永久	长期	√

续表

序号	归档文件	业主	施工单位	城建档案馆
(11)	室外照明	永久	长期	√
(12)	室外水景	永久	长期	√
(13)	室外道路	永久	长期	√
(14)	室外绿化	永久	长期	√
(二)	专业竣工图			
1	建筑竣工图	永久	长期	√
2	结构竣工图	永久	长期	√
3	装修(装饰)工程竣工图	永久	长期	√
4	电气工程(智能化工程)竣工图	永久	长期	√
5	给排水工程(消防工程)竣工图	永久	长期	√
6	采暖、通风、空调工程竣工图	永久	长期	√
7	燃气工程竣工图	永久	长期	√
二	市政基础设施工程竣工图			
1	道路工程	永久	长期	√
2	桥梁工程	永久	长期	√
3	广场工程	永久	长期	√
4	隧道工程	永久	长期	√
5	铁路、公路、航空、水运等交通工程	永久	长期	√
6	地下铁道等轨道交通工程	永久	长期	√
7	地下人防工程	永久	长期	√
8	水利防灾工程	永久	长期	√
9	排水工程	永久	长期	√
10	供水、供热、供气、电力、电信等地下管线工程	永久	长期	√
11	高压架空输电线工程	永久	长期	√
12	污水处理、垃圾处理处置工程	永久	长期	√
13	场、厂、站工程	永久	长期	√

(5) 竣工验收文件

竣工验收文件包括工程竣工总结，竣工验收记录，财务文件和声像、缩微、电子档案，《建设工程文件归档规范》GB/T 50328—2014 中规定归档范围及期限如表 4-31 所示。

竣工验收文件归档范围及保管期限　　表 4-31

序号	归档文件	业主	施工单位	城建档案馆
一	工程竣工总结			
1	工程概况表	永久		√

续表

序号	归档文件	业主	施工单位	城建档案馆
2	工程竣工总结	永久		√
二	竣工验收记录			
(一)	建筑安装工程			
1	单位(子单位)工程质量验收记录	永久	长期	√
2	竣工验收证明书	永久	长期	√
3	竣工验收报告	永久	长期	√
4	竣工验收备案表(包括各专项验收认可文件)	永久		√
5	工程质量保修书	永久	长期	√
(二)	市政基础设施工程			
1	单位工程质量评定表及报验单	永久	长期	√
2	竣工验收证明书	永久	长期	√
3	竣工验收报告	永久	长期	√
4	竣工验收备案表(包括各专项验收认可文件)	永久	长期	√
5	工程质量保修书	永久	长期	√
三	财务文件			
1	决算文件	永久		√
2	交付使用财产总表和财产明细表	永久	长期	√
四	声像、缩微、电子档案			
1	声像档案			
(1)	工程照片	永久		√
(2)	录音、录像材料	永久		√
2	缩微品	永久		√
3	电子档案			
(1)	光盘	永久		√
(2)	磁盘	永久		√

3. 程序

竣工档案移交工作应按照参照《建设工程文件归档规范》GB/T 50328—2014（2019年版），具体实施过程包括：

（1）全过程工程咨询单位受业主授权与城建档案管理部门签订《建设工程竣工档案移交责任书》；

（2）城建档案管理部门对项目参与各单位进行业务指导与技术培训；

（3）全过程工程咨询单位组织各单位按归档要求对建设工程档案进行收集、整理与汇总；

（4）全过程工程咨询单位提交《建设工程竣工档案预验收申请表》；

（5）城建档案馆对工程档案进行预验收，预验收合格后出具《建设工程竣工档案预验收意见书》；

（6）全过程工程咨询单位组织各单位向城建档案管理部门移交建设工程竣工档案；

（7）城建档案管理部门对移交档案合格项目发放《建设工程档案合格证》，如图 4-26 所示。

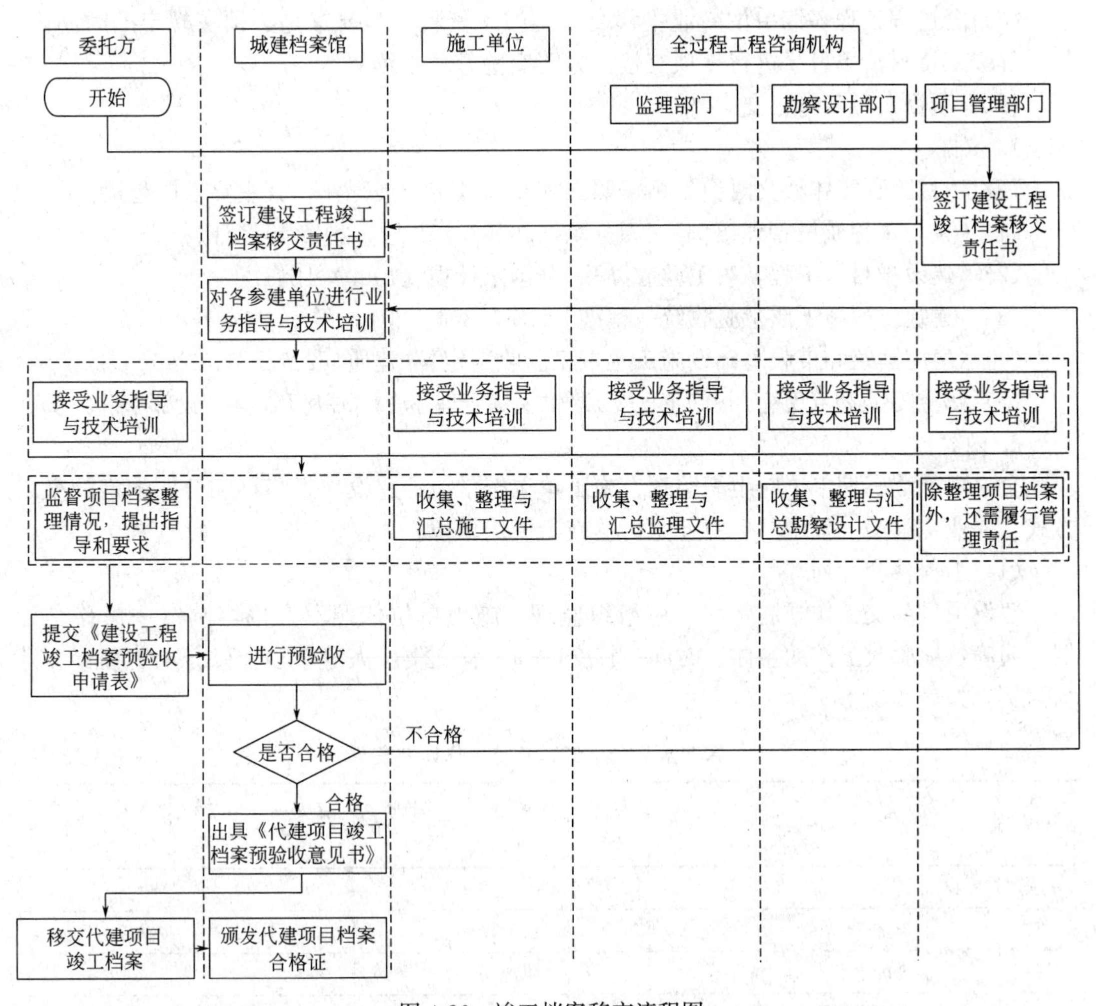

图 4-26 竣工档案移交流程图

常用的竣工档案移交的方法主要包括：

（1）邀请城建档案馆工作人员提前到项目部对各单位进行业务指导与专业培训；

（2）分包单位应按照合同规定的资料份数、内容、装订方式及交接期限，向总承包施工单位提交全部资料，并进行交接；总承包施工单位在对所有分包单位资料进行归档后，按照协议规定的资料份数、内容、装订方式及交接期限，将全部组卷资料交给监理机构进行初步审查，通过后交由全过程咨询机构审核，通过后进行交接；向施工总承包方移交的信息，按照合同规定的数量进行。如需要追加数量，则按合同约定或另行协商，并明确承担费用的单位；分包人和总包施工方必须按照合同规定的时间向总承包和监理（全过程）提供信息，不能以任何原因延误或拒绝提供材料；施工总承包或监理（施工）服务机构不得因材料不符而延误或拒绝接受分包或总承包单位移交的材料。

4. 注意事项

(1) 注意应以总承包单位为主体进行移交。

(2) 注意资料的完整性，在移交前，全过程工程咨询单位应组织监理单位对移交资料进行核查。

(3) 全过程工程咨询单位向业主移交工程竣工资料，其要求是必须在规定的时间内，按工程竣工资料清单目录进行逐项交接，办清交验签章手续。

(二) 项目工程实体移交

1. 依据

建设项目工程实体移交时应严格按照国家相关规定开展工作，其主要依据包括：

(1)《建设工程质量管理条例》(国务院〔2000〕279号，2017年修订)；

(2)《建设项目（工程）竣工验收办法》(国家计委〔1990〕1215号)；

(3)《建筑工程施工质量验收统一标准》GB 50300—2013；

(4)《房屋建筑和市政基础设施工程竣工验收规定》(建质〔2013〕171号)；

(5)《房屋建筑和市政基础设施工程竣工验收备案管理办法》(住房和城乡建设部令第2号)。

2. 内容

全过程工程咨询单位应组织监理、施工单位按承包的建设项目名称和合同约定的交工方式，向业主移交工程，然后由业主再移交给使用单位。

(1) 工程移交计划

建设项目移交工作开展之前，应组织监理、施工单位依照移交内容制定一份移交计划，明确各项验收工作的主体、时间、移交时间、移交责任人等事项。以分项工程移交计划为例，如表4-32所示。

××项目分项工程移交工作计划表 **表4-32**

<table>
<tr><th>序号</th><th colspan="2">工作内容</th><th>施工单位</th><th>验收单位</th><th>验收时间</th><th>移交时间</th><th>移交责任人</th><th>接受单位</th><th>备注</th></tr>
<tr><td colspan="10">单项建筑验收</td></tr>
<tr><td>1</td><td rowspan="3">专项工程</td><td>电梯</td><td></td><td>技监局</td><td></td><td></td><td></td><td></td><td></td></tr>
<tr><td>2</td><td>变配电室</td><td></td><td>供电局</td><td></td><td></td><td></td><td></td><td></td></tr>
<tr><td>3</td><td>火灾报警及消防联动系统</td><td></td><td>住建局</td><td></td><td></td><td></td><td></td><td></td></tr>
<tr><td>4</td><td rowspan="3">外装工程</td><td>幕墙(含外网及入口雨篷)</td><td></td><td>质监站</td><td></td><td></td><td></td><td></td><td></td></tr>
<tr><td>5</td><td>电动百叶</td><td></td><td>质监站</td><td></td><td></td><td></td><td></td><td></td></tr>
<tr><td>6</td><td>入口车道、壕沟</td><td></td><td>质监站</td><td></td><td></td><td></td><td></td><td></td></tr>
<tr><td>7</td><td rowspan="7">内装工程</td><td>地面</td><td></td><td>质监站</td><td></td><td></td><td></td><td></td><td></td></tr>
<tr><td>8</td><td>门窗</td><td></td><td>质监站</td><td></td><td></td><td></td><td></td><td></td></tr>
<tr><td>9</td><td>涂饰</td><td></td><td>质监站</td><td></td><td></td><td></td><td></td><td></td></tr>
<tr><td>10</td><td>吊顶</td><td></td><td>质监站</td><td></td><td></td><td></td><td></td><td></td></tr>
<tr><td>11</td><td>饰面砖</td><td></td><td>质监站</td><td></td><td></td><td></td><td></td><td></td></tr>
<tr><td>12</td><td>细部</td><td></td><td>质监站</td><td></td><td></td><td></td><td></td><td></td></tr>
<tr><td>13</td><td>厨房设备</td><td></td><td>监理等</td><td></td><td></td><td></td><td></td><td></td></tr>
</table>

续表

序号	工作内容		施工单位	验收单位	验收时间	移交时间	移交责任人	接受单位	备注
14	给排水系统	室内给水		质监站					
15		室内排水(含压力雨水)		质监站					
16		室内热水供应系统		质监站					
17		卫生器具安装		质监站					
18	通风与空调系统	室内采暖系统(含地热)		质监站					
19		供热锅炉及辅助设备		质监站					
20		送排风系统(含座椅送风)		质监站					
21		防排烟系统		质监站					
22		空调风系统		质监站					
23		制冷设备系统		质监站					
24		空调水系统(含冷却塔)		质监站					
25	……	……	……	……	……	……			……

(2) 施工单位的工程移交

在项目整改和竣工验收完成后，全过程工程咨询单位应配合业主及时组织施工单位提交竣工验收报告、消防部门出具的消防验收文件、质量技术监督部门出具的电梯验收文件等相关资料，文件齐全后应去当地建设部门办理竣工验收备案手续，取得竣工验收备案回执；工程监理单位在收到验收报告和整改报告后，向业主、监理、全过程工程咨询单位提出移交申请，全过程工程咨询单位应立即组织各专业工程师及监理单位的各监理人员、业主、接收单位相关人员共同组成项目移交组，对项目进行初步验收，按照交验标准逐一查看，发现问题后要求施工单位限期整改并跟踪处理结果；在处理完遗留问题、各系统已经准备就绪（如房屋项目需要出具房屋质量保证等相关文件）后，才能进行交接。

(3) 全过程工程咨询单位工程移交的工作

在施工单位移交工程的同时，施工单位也要配合业主提前组织设备厂商和施工单位完成《施工和维修手册》，完成对施工单位（通常是由物业公司接收）的相关人员的培训。同时，请业主（物业）对室内电气、上下水、灯具、门窗、设备系统的运行情况进行全面的检查，并及时组织施工单位进行整改；所有整改完成后，将房门钥匙移交给业主（物业公司），钥匙交接时要有签名记录；在业主入住期间，要有专门的人员帮助业主熟悉和合理使用房屋，并对发生的问题进行处理。

3. 程序

工程实体移交的程序主要包括以下几个部分：

(1) 建设项目移交是建设项目通过了竣工验收后，全过程工程咨询单位组织业主、施工单位、专业咨询工程师（监理）向使用单位（物业管理公司）进行移交项目所有权的过程。

(2) 建设项目经竣工验收合格后，便可办理工程交接手续，办理交接手续应及时，以便早日投产使用，发挥投资效益。

(3) 竣工结算已审核并经各方签字认可后，即可移交项目工程实体。

（4）工程实体移交前，各单位应将成套的工程技术资料按规定进行分类管理，编目建档后，由全过程工程咨询单位负责组织移交给业主，同时施工单位还应将在施工中所占用的房屋设施进行维修清理、打扫干净，连同房门钥匙全部予以移交。

工程实体移交程序具体如图 4-27 所示。

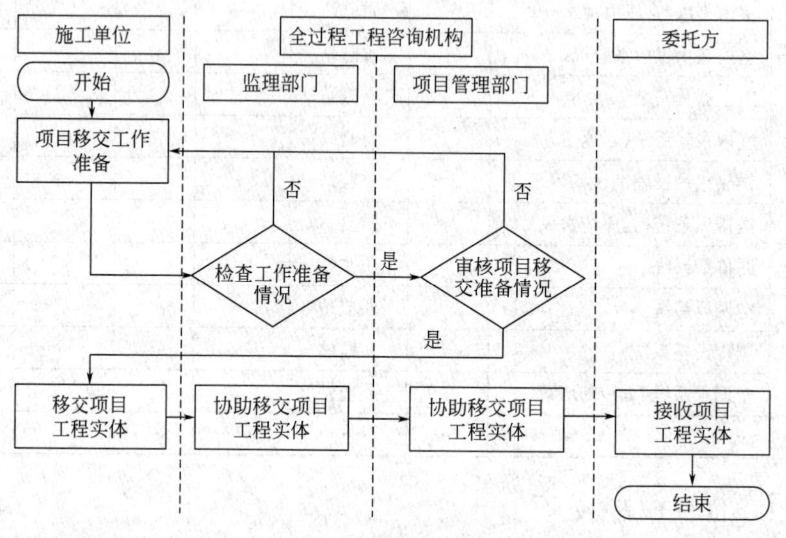

图 4-27 工程实体移交程序

工程实体移交方法如下：

（1）编制工程实体移交计划；

（2）按分部分项工程，如按室内、外装修等逐一移交给使用单位；

（3）移交前完成对使用单位的培训；

（4）移交完成后参与各方签字确认，完成移交记录表（表 4-33）的确认。

4. 注意事项

（1）原施工合同中未包括工程质量保修书的，在移交工程时，应按有关规定与施工单位签署或补签工程质量保修书。

（2）向使用单位提交工程移交工作计划表时，确定工程移交时间及移交项目。

（3）移交过程需要各方签字认可，签字完善的移交记录表需各方保存以备查。

（4）工程未经竣工验收，使用单位提前使用的，应在交付记录表中注明。

（5）编制撤出施工现场的计划安排，项目经理部应按照工程竣工验收、移交的要求，编制工地撤场计划，规定时间，明确负责人、执行人，保证工地及时清场转移。撤场计划安排的具体工作要求如下：

1）临时工程拆除，场内残土、垃圾要文明清运；

2）对机械、设备进行润滑、油漆保养，组织有序退场；

3）周转材料要按清单数量转移、交接、验收、入库；

4）退场物资运输要防止重压、撞击，不得野蛮装卸；

5）转移到新工地的各类物资要按指定位置堆放，符合平面管理要求；

6）清场转移工作结束，解除施工现场管理责任。

××项目分项工程移交记录表　表 4-33

工程名称：编号：

移交分项工程	门禁系统	数量		单位	
验收单位					
施工单位					

验收情况说明：

移交清单：(详附件)

资料情况		签收人		时间	
移交单位					
接收单位					

接收单位意见：

移交人：	时间：
接收人：	时间：

备注：
随机附件包括：

注：本表一式两份，由移交、接收单位各存一份。

七、城市更新项目后评价专项咨询

城市更新项目是一个涉及当地社会经济发展、城市建设进程、民生福祉的复杂系统工程，它的成功与否将对社会的发展产生重大的影响，因此必须建立一整套完善、合理的城市更新项目后评价体系，并对项目实施过程、效益结果及其影响进行调查研究和全面系统的回顾。

项目后评价（Project Post Evaluation）是在项目竣工验收并投入使用或运营一定时间后，运用规范、科学、系统的评价方法与指标，将项目建成后所达到的实际效果与项目的可行性研究报告、初步设计（含概算）文件及其审批文件的主要内容进行对比分析，找出差距及原因，总结经验教训，提出相应的对策建议，并反馈到项目参与各方，形成良性项目决策机制。根据需要，可以针对项目建设（或运行）的某一问题进行专题评价，可以对同类的多个项目进行综合性、政策性、规划性评价。

（一）项目后评价的内容

项目后评价的内容包括对财务收益、经济效益、环境保护、社会影响和项目持续性发展等方面的全面评价，概括来讲，由项目全过程评价、项目效果和效益评价、项目目标和可持续性评价三个部分组成。

1. 项目全过程评价

项目实施过程评估是对项目的前期决策、前期准备、实施、运行等进行系统的评估，并对项目实施效果进行评估。它包括前期决策，项目建设准备、项目实施组织与管理，合同执行和管理，信息管理，控制管理，重大设计变更，资金使用，项目运营等总结与评价。

（1）前期决策总结与评价

其包括项目建议书、可行性研究报告的主要内容和批复意见，并对该工程的批准情况进行了分析，并对该工程的审批过程进行了合法评价，对土地、环评、规划等方面的相关文件进行了详细的分析。

（2）项目建设准备总结与评价

一方面，对项目实施的组织和管理进行了评估，其中包括项目的组织形式和机构设置，项目的引进途径和流程，以及各参与方的资格和工作职责。另一方面，对项目的勘察设计、征地拆迁、招标投标和资金落实情况进行了评估。

（3）项目实施组织与管理总结与评价

根据工程的特点，评估了工程管理的组织机构、管理模式的建立和运作。

（4）合同执行与管理总结与评价

它主要内容有：项目合同清单，主要合同执行情况，重大合同变更，违约原因及合同管理评估。

（5）信息管理总结与评价

它包括信息管理的制度、机制、系统的运行情况的评价。

（6）控制管理总结与评价

它主要包括进度控制管理、质量控制管理、投资控制管理和安全、卫生、环保管理。

（7）重大变更设计情况总结与评价。

（8）资金使用管理总结与评价。

（9）工程监理情况总结与评价。

（10）新技术、新工艺、新材料、新设备的运用情况总结与评价。

（11）竣工验收情况总结与评价。

（12）项目运营（行）总结与评价。项目是否具备预期功能，达到预定的产量、质量（服务规模、服务水平）。

2. 项目效果和效益评价

项目效果和效益评估是对项目在财务、技术、资源、环境、社会等方面进行科学、系统的分析，并着重对项目与社会整体发展的关系进行分析。

（1）项目技术水平评价

从技术水平、节能环保措施、设备、工艺、辅助配套水平、设计方案和选用等几个方面来评估该工程的技术效果；从项目实施中所采用的技术标准是否符合国家或行业标准的要求，新技术、新工艺、新材料的先进性、安全性、经济性、可靠性以及项目所采取的技术措施对项目的适应性；从技术方案的经济合理性、可操作性、设备、工艺、功能布局等方面，对工程的技术方案进行评估；从技术创新的国际、国内水平、新技术应用的成效、技术创新对未来技术发展的影响等几个方面进行评估。

（2）项目财务及经济效益评价

它包括对竣工决算、资金筹措、运营收入、项目成本、财务评价、国民经济评价与可研报告对比分析评价。

（3）项目经营管理评价

它包括经营管理机构设置、人员配备与可研报告对比分析评价和运营管理评价。

（4）项目资源环境效益评价

它包括项目环境保护是否合规、环保设施设置情况、环保效果、环保措施建议和节能效果评价。

（5）项目社会效益评价

从项目对所在地居民收入、就业、生活水平，所在地区教育、文化、基础设施、卫生的影响等方面进行评价。

3. 项目目标和可持续性评价

项目目标评估是指在项目立项时，对预先确定的目标完成程度进行评估，并对其目标的完成情况进行分析，从而来评价项目预定目标的实现程度，并对该目标的正确性、合理性和可操作性进行评判。目标评估的任务主要是对项目在立项时预先确定的目标完成情况进行评估，并对其决策的目的进行判定。项目可持续性评价是指在项目建设完成投产后，分析项目既定的目标能否按期实现，能否可以持续地发挥较好的效益和作用，业主是否愿意并可以依靠自己的能力继续实现既定的目标，项目是否具有可重复性。

（1）项目目标评价

它包括项目的建设、投资控制、经济和影响目标。

（2）项目可持续性评价

它主要包括项目的经济效益、资源利用、环境影响、科技进步和可维护性。

项目后评价的过程包括前期准备阶段、收集与调查相关资料信息、分析评价、反馈等。

前期工作的重点是对工程的了解、后评价的范围的确定、评价指标体系（表4-34）的建立。

收集与调查有关数据信息的阶段，主要依据已有的后评价指标体系，进行调查、数据收集、信息统计。它包括项目评估报告、项目建议书、项目可行性研究、勘察设计、概算、决算、竣工报告、竣工验收报告、项目实际运营情况等。同时，实地考察项目的基本情况、目标实现程度、各利益相关方的作用和影响。

分析评估是在综合数据和实地调研的基础上，对工程的总体效果、预定目标的完成程度进行综合、仔细的分析，并形成一份评估报告，并对该工程的改善提出建议，对其进行分析评估。

最后，在反馈环节中，对项目后评价的信息进行披露和公布，并对其进行处理。

项目目标评价指标表 **表4-34**

<table>
<tr><th>专业</th><th colspan="2">项目</th><th>指标</th></tr>
<tr><td rowspan="6">路基</td><td colspan="2" rowspan="2">挖土方</td><td>5.8元/m³(平原微丘)</td></tr>
<tr><td>6.4元/m³(山岭重丘)</td></tr>
<tr><td colspan="2" rowspan="2">开炸石方</td><td>16.9元/m³(平原微丘)</td></tr>
<tr><td>20.0元/m³(山岭重丘)</td></tr>
<tr><td colspan="2" rowspan="2">填土方</td><td>8.8元/m³(高等级路)</td></tr>
<tr><td>8.0元/m³(低等级路)</td></tr>
<tr><td>路基路面排水</td><td colspan="2">浆砌片石</td><td>198元/m³</td></tr>
<tr><td rowspan="6">路面</td><td colspan="2">垫层</td><td>7.1元/m²</td></tr>
<tr><td rowspan="2">基层</td><td>水泥稳定碎石</td><td>16.4元/m²</td></tr>
<tr><td>二灰稳定碎石</td><td>12.4元/m²</td></tr>
<tr><td rowspan="3">面层</td><td>普通型</td><td>658元/m³</td></tr>
<tr><td>改性沥青混凝土(SBS)</td><td>882元/m³</td></tr>
<tr><td>沥青玛蹄脂(SMA)</td><td>1218元/m³</td></tr>
<tr><td>跨度小于16m的桥梁</td><td colspan="3">2125元/m² 桥面</td></tr>
<tr><td rowspan="8">一般结构桥梁</td><td rowspan="8">16～100m</td><td rowspan="3">预应力混凝土空心板</td><td>2205元/m² 桥面(干处)</td></tr>
<tr><td>2439元/m² 桥面(水深小于3m)</td></tr>
<tr><td>2876元/m² 桥面(水深小于5m)</td></tr>
<tr><td rowspan="3">钢筋混凝土T梁</td><td>2287元/m² 桥面(干处)</td></tr>
<tr><td>2521元/m² 桥面(水深小于3m)</td></tr>
<tr><td>3013元/m² 桥面(水深小于5m)</td></tr>
<tr><td>预应力混凝土T梁</td><td>4816元/m² 桥面</td></tr>
<tr><td>预应力混凝土小箱梁</td><td>4704元/m² 桥面</td></tr>
</table>

续表

专业	项目		指标
技术复杂结构桥梁	现浇连续梁	跨度小于 60m	3426 元/m² 桥面(干)
			4162 元/m² 桥面(水)
	拱桥（小于 100m)	箱形拱跨度	3557 元/m² 桥面(干)
			4346 元/m² 桥面(水)
		钢管拱	4624 元/m²
技术复杂大桥	基础	灌注桩	2006 元/m³(干)
			1632～2464 元/m³(水)
		承台	767 元/m³(干)
			979～2804 元/m³(水)
	下部墩台	柱墩式	1198 元/m³(干)
			1366 元/m³(水)
		空心墩	1251 元/m³(干)
			1426 元/m³(水)
		斜拉桥桥塔	2225 元/m³(干)
			2455 元/m³(水)
		悬索桥桥塔	2006 元/m³(干)
			2220 元/m³(水)
	上部结构	连续梁	2535 元/m² 桥面(跨度小于 100m)
			2751 元/m² 桥面(跨度小于 150m)
		连续钢构	2792 元/m² 桥面(跨度小于 150m)
			3188 元/m² 桥面(跨度小于 200m)
			4120 元/m² 桥面(跨度小于 270m)
		斜拉桥	2836 元/m² 桥面(跨度小于 300m)
			3142 元/m² 桥面(跨度小于 500m)
		箱形拱	3414 元/m² 桥面(跨度小于 150m)
			4051 元/m² 桥面(跨度小于 200m)
		钢管拱	5400 元/m² 桥面(跨度小于 240m)
		斜拉索	14001 元/t(钢绞丝)
			20466 元/t(平行钢丝)
		悬索桥主缆	24176 元/t
		钢箱梁	11552 元/t

（二）城市更新项目后评价的方法

项目后评价应采用定性和定量相结合的方法，主要有对比法、德尔菲法、逻辑框架法、成功度评价法、层次分析法、模糊综合评价法等。在工程后评价中，要结合工程的特征和后评价的需要，采用一种或多种方法对工程进行综合评价。

1. 对比法

建筑工程后评价的主要方法是对比法，它是按照项目各个阶段的预期目标，从项目的作用和影响、效果和效益、实施和管理、运营和服务等方面进行跟踪、比较和评估。“前后对比”与“有无对比”是两种比较方法。“有无对比”法是把有项目进行和没有项目进行的经济效益作比较，区别在于投资项目所带来的收益的实际增加，从而明确地说明了投资项目所带来的好处的数量，但这也是在假设没有项目时，如本区域没有重大政策变动或自然灾害的情况下。比较而言，“有无对比”法更能反映出收益变动的实际状况。

2. 德尔菲法

德尔菲法是一种对专家进行咨询的调查方式，通常被用来进行预测和决定各项指标的权重。第一步是将制定的综合评估指标和各项指标的描述通过书信发送给各位专家，由他们对各项指标的相对重要性进行评判，并按照指定的权重（通常采用［0，1］）作为各个指标的权重。在专家意见传回后，主办单位要对专家意见进行统计，并对专家意见的集中分布情况进行检验，以决定是否继续进行下一次的调查。德尔菲法是一种比较严格、比较完善的方法，综合了各指标的重要性、专家的权威系数和工作热情系数等因素，通过对专家集中的集中度、协调度、变异系数的计算，对其进行显著性的检验，使其成为一种广泛应用的预报和决策手段。其最大的缺陷是耗时、成本高。

3. 逻辑框架法

逻辑框架法（LFA）是 1970 年由美国国际开发署开发和应用的一种设计、规划和评估工具。目前已有超过三分之二的国际组织将 LFA 法列为对援助项目进行规划、管理和事后评估的重要手段。LFA 法并非机械的方法论，它是对问题进行全面、系统化的思考与分析。LFA 法是一种对工程进行定性评估的方法，它可以通过一个简单的方框图对一个复杂的工程进行明确的分析，从而更好地了解它的含义和联系。结合若干内容相关、必须同步考虑的动力要素，并对它们之间的联系进行分析，从策划到目的、目标等方面对某一活动或工作进行评估，为项目规划人员和评审人员提供一个分析框架，以便通过对项目的目的和实现方法进行逻辑上的分析，从而明确工作的范围和任务。LFA 法的核心概念是事物的因果关系，即“如果”提供了某种条件，“那么”就会产生某种结果：这些条件包括事物的内在因素和事物所需的外部因素，如图 4-28 所示。

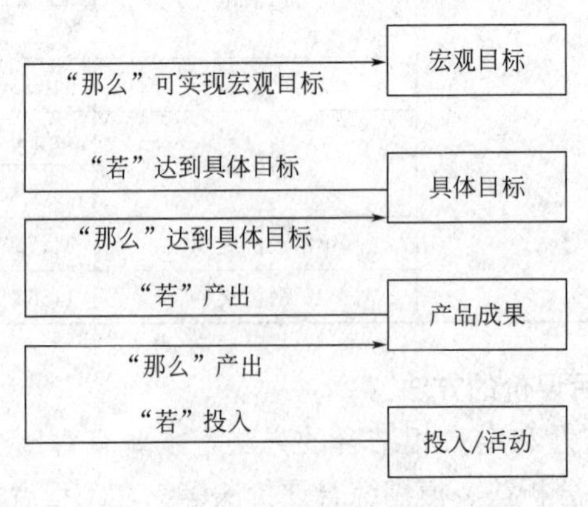

图 4-28 逻辑框架法

4. 成功度评价法

成功度评价法又称为打分法。成功度评价是以专家或专家小组的经验为基础，将后评价指标的评估结果进行综合，从而对工程的成败作出定性的判断。成功度评价是基于对工程目标的完成度和经济效益的评估，以项目的目的和效益为中心，对工程进行综合、系统的评估。项目评价的成功度可分为五个等级，如表 4-35 所示。

成功度登记评判标准和结果　　表 4-35

等级	评判结果	标准
1	完全成功	项目的目标全部实现或者超过；相对于成本而言，项目取得了巨大的效益和影响
2	成功	项目实现了大部分的目标；相对于成本而言，项目达到了预期的效益和影响
3	部分成功	项目实现了一部分原定的目标；相对于成本而言，项目只取得了一定的效益和影响
4	不成功	项目实现的目标十分有限；相对成本而言，项目没有生产效益和影响
5	失败	项目的目标是不现实的，无法实现；相对于成本而言，项目毫无生产效益和影响，项目必须终止

5. 层次分析法

层次分析法（AHP）是把研究目标和问题分成不同的构成因子，并按其相互影响、从高到低依次排列成多个层级，并依据一定的标准以及具体的条件，对各层次的因子进行量化的表达，并运用数学的方法确定各因子的权值，并对其进行排序。该方法既能将定性与定量相结合，又能使复杂问题呈现出层次分明、相互关系清晰、易于逐一解决的特点。

这一方法是美国运筹学专家 T. L. Satty 在 20 世纪 70 年代中期提出的一种用于研究多因子、多变量，尤其是难以量化的社会体系的综合定量分析方法。这种方法既具有分解、判断、综合等基本特征，也具有思路清晰、方法简单、系统强等特征。

6. 模糊综合评价法

模糊综合评价法是把模糊集合理论引入综合评价中，从而实现对多个要素的全面评价。运用模糊综合评判方法进行工程可持续后评价，能够很好地反映工程可持续后评价的两个重要特点：一是模糊综合评判方法具有一定的模糊性；二是该模型具有多层次、多类型指标的综合评判能力，可以对不同性质、类别、规模、寿命的项目进行后评估，并对项目的多层次指标进行客观综合分析，得出项目对社会、资源、生态、环境等方面影响的客观结论。

它的基本原理是：首先确定被评判对象的因素（指标）集 $C=(c_1, c_2, \cdots\cdots, c_n)$ 和评判集 $V=(v_1, v_2, \cdots\cdots, v_n)$。其中，$c_i$ 为各单项指标，v_j 为对 c_i 的评判等级层次，一般可分为五个等级（优、良、中、差、劣）。再分别确定各个因素的权重 W 及它们的隶属度向量 R，经过模糊变换，得到模糊评判矩阵 R。最后把模糊评判矩阵与因素的权重向量集进行模糊运算并进行归一化，得到模糊综合评判结果集 S，$S=W\times R$，于是 (C, V, R, W) 构成一个综合评判模型。

项目的执行是在社会和经济发展的大环境下进行的，项目的外在因素常常具有较大的影响，单纯的比较方法很难区分项目的外部角色与项目自身的角色，很难从项目的“增量效益”和“社会机会成本”中找到项目的经济效益，从而影响项目的环境、社会影响以及管理决策。采用“前后对比”法，通常只能得出各个指标的偏差程度，而不能确定导致这些偏差的原因。在后评价中，投资者不但要分析其偏离程度，还要找到导致其变动的主要因素，并对其影响程度进行分析。

在评价目标、分析项目失败原因、项目可持续评价等方面，可以采用逻辑框架方法。在已有的工程后评估文献中，大部分都简单地阐述了逻辑框架法的基本概念和创造思路，而对于它的建立过程却没有做详尽的阐述，更没有对它在工程后评估中的具体运用做详尽而深刻的阐述。因此，在项目后评估的实践中，由于没有明确的理论与实践应用，所以它的应用也很少，它是根据对项目目标的实现程度和经济效益的分析得出的结果来进行综合系统的后评估。

成功度评价法的不足之处是，其评估方式以定性为主。在定性分析中，某些指标（如社会影响）的表达往往是含糊不清的，它的含义也是相对的，它的性质则是模糊不清、不确定的，因此，它的评估只能使用一种定性的语言。由于受文化水平、知识结构、社会经验和能力等因素的影响，人们对各种影响因子的评价存在着不同的评价标准，难以对其进行定量的评价和综合评价，甚至评价结果也是片面的、静态的。这直接关系到评估程序的适用性以及后评估结果的可靠性。

成功度评价方法多依赖于专家的经验，很容易受到主观因素的制约。因此，在确定专业人员的独立性的前提下，一定要挑选出对项目非常了解的专业人员。成功度评价方法主要是对评价指标的收益和指标的完成度进行评估，而在对工程进行全面评估时，由于其内容包含了定性和定量两个方面，指标也是有等级的，而且往往都是由专业人士来评定的，这其中还牵扯到了一些主观因素。由于综合后评估存在多方面、多层次性、模糊性、同一层各要素权重的差异，使得传统的精确计算方法很难求解此类问题。采用模糊数学和AHP理论建立的多层次模糊综合评判原则，在投资项目的综合后评估中，充分考虑了模糊的分析问题，增加了决策的容错性，降低了主观判断的不同，更客观、准确地反映了所研究的问题。

棚户区改造是城市发展中的一个重要环节．它的长期效益是值得重视的。同时，由于各种因素的影响程度都是由人的主观判断决定的，其结论具有模糊性，因此，棚户区改造工程的可持续发展评估主要是从定性和定量两个方面进行的。

因此，要全面评价棚户区改造项目的可持续发展能力，需要一种能够处理多因素、多模糊性、主观判断的方法。采用模糊综合评判方法进行评估。其外延可以用不明确的模糊性来表示，但其内部的状况可以很清晰地定义，而且能全面、统一地评价多个因素。在评价过程中，由于系统具有多个层面的特点，通常采用多层次模糊综合评价法，以科学、有效地对企业绩效考核中的模糊问题进行量化分析。

（三）城市更新项目后评价大纲

在实施后评价时，要遵循适用性、可操作性、定性和定量的原则，制订科学、规范的评价指标。在对项目后评价工作进行全面调研的前提下，按照项目的特征、后评价的需要，对项目后评价的指标和方案进行全面的分析。

1. 项目概况

（1）项目基本情况。概述项目的建设地点、业主、性质、特征（或功能定位）、项目开工和竣工、投入运营（运行）的时间。

（2）项目决策的原因和目的。概括项目决策的基础、背景、原因，以及预期的目的

(从宏观到执行)。

(3) 项目的建设内容及规模。项目的建设内容、规模（或产能)、主要实施程序，简要说明变更的内容及原因、项目的施工时间和项目的实际施工时间。

(4) 项目的投入。包括工程投资估算，初步设计概算，调整概算，竣工决算。

(5) 拨款。包括项目批准资金来源、资金到位情况、竣工决算、各类渠道所占比重。

(6) 项目的经营情况和收益状况。包括项目的经营状况、产能（或系统职能）的实现情况、项目的财政和经济状况、社会福利状况。

(7) 项目自我总结评价报告情况及主要结论。

(8) 项目后评价依据、主要内容和基础资料。

2. 项目全过程总结与评价

(1) 项目前期决策总结与评价

1) 项目建议书主要内容及批复意见。

2) 可行性研究报告主要内容及批复意见。

① 可行性研究报告的主要内容是建设必要性、条件、规模、主要技术标准与技术方案、工期、总投资和筹资，并对环境影响评价、经济评价、社会稳定风险评价等进行了分析。

② 项目立项批复。主要内容有项目建设的必要性、规模和主要建设内容、工期、总投资和融资。

③ 本项目可行性研究及工程建议的重大变更。比较了可行性研究与工程方案的主要内容，并简要分析了主要变动的原因。

3) 项目初步设计（含概算）主要内容及批复意见（大型项目应在初步设计前增加总体设计阶段)。其主要包括工程特点、工程规模、主要技术标准、主要技术方案、初步设计批复意见。

4) 项目前期决策评价。其主要包括项目审批依据是否充分，是否依法履行了审批程序，是否依法附具了土地、环评、规划等相关手续.

(2) 项目建设准备、实施总结与评价

1) 项目实施准备

① 项目实施前的组织管理与评估。设置组织机构，建立管理制度，确定勘察、设计、咨询、强审等建设参与方的引入方式及程序，以及各参与方的资格和工作职责情况。

② 工程建设方案的编制。包括项目的主要内容及项目的审查。

③ 对比可行性研究报告，对各阶段的变化及原因进行分析。根据项目设计的完成度，可以在设计阶段（大项目应在设计前增加总体设计阶段)、施工图设计阶段等进行重点调整，并分析其主要原因。其主要内容有：项目规模、主要技术标准、主要技术方案和运营管理方案、投资、工期等。

④ 对工程勘察和设计工作进行评估。主要内容包括：勘察设计单位和工作内容，勘察设计机构的资质等级是否达到国家有关标准，勘察设计成果内容、深度和合理性的评估。

⑤ 土地征用与拆除的现状与评价。

⑥ 项目招标投标工作情况及评价。

⑦ 项目资金的执行和评价。

⑧ 实施工程的启动流程。主要内容包括：开工手续落实情况，实际开工时间，存在问题及其评价。

2）项目实施组织与管理

① 项目的组织机构（如项目法人、指挥部等）。

② 工程项目的管理模式（如公司直接承包、总承包、代建、BOT 等）.

③ 参加单位名称以及机构（如设计、施工、监理及其他等）。

④ 管理体系的建立和运作（如管理体系的细目、管理活动的重点、管理活动的执行）。

⑤ 评估项目的组织和管理。根据项目的特性，对管理主体和组织结构的适宜性、管理有效性、管理模式的合理性、管理体系的完整性和管理效能进行评价。

3）合同执行与管理

① 项目合同清单（包括正式合同及其附件，并进行合同分类、分级）。

② 主要合同的执行情况。

③ 合同重大变更、违约情况及原因。

④ 合同管理的评价。

4）信息管理

① 信息管理的机制。

② 信息管理的制度。

③ 信息管理系统的运行情况。

④ 信息管理的评价。

5）控制管理

① 进度控制管理。

② 质量控制管理。

③ 投资控制管理。

④ 安全、卫生、环保管理。

⑤ 重大变更设计情况。

⑥ 资金使用管理。

⑦ 工程监理情况。

⑧ 新技术、新工艺、新材料、新设备的运用情况。

⑨ 竣工验收情况。

⑩ 项目试运营（行）情况

⑪ 工程档案管理情况。

（3）项目运营（行）总结与评价

1）项目运营（行）概况

① 运营（行）期限。项目运营（行）考核期的时间跨度和起始时刻的界定。

② 运营（行）效果。项目投产（或运营）后，产品的产量、种类和质量（或服务的规模和服务水平）情况及其增长规律。

③ 运营（行）水平。项目投产（或运营）后，各分项目、子系统的运转是否达到预期的设计标准；各子系统、分项目、生产（或服务）各环节间的合作、配合是否和谐、

正常。

④ 技术及管理水平。项目在运营（行）期间的表现，反映出项目主体处于什么技术水平和管理水平（世界、国内、行业内）。

⑤ 产品营销及占有市场情况。描述产品投产后，销售现状、市场认可度及占有市场份额情况。

⑥ 运营（行）中存在的问题。

a. 生产项目的总平面布置、工艺流程及主要生产设施（服务类项目的总体规模、主要子系统的选择、设计和建设）是否存在问题，属于什么性质的问题。

b. 项目的配套工程及辅助设施的建设是否必要和适宜。配套工程及辅助设施的建设有无延误，原因是什么，产生什么副作用。

2）项目运营（行）状况评价

① 项目能力评价。项目是否具备预期功能，是否达到预定的产量、质量（服务规模、服务水平）。如未达到，差距多大。

② 运营（行）现状评价。项目投产（或运营）后，产品的产量、种类和质量（或服务的规模和服务水平）与预期存在的差异，产生上述差异的原因分析。

③ 达到预期目标的可能性分析。项目投产（或运营）后，产品的产量、种类和质量（或服务的规模和服务水平）增长规律总结，项目可达到预期目标的可能性分析。

3. 项目效果和效益评价

（1）项目技术水平评价

1）项目技术效果评价

① 技术水平。项目的技术前瞻性是否达到了国内（国际）先进水平。

② 产业政策。是否符合国家产业政策。

③ 节能环保。节能环保措施是否落实，相关指标是否达标，是否达到国内（国际）先进水平。

④ 设计能力。是否达到了设计能力，运营（行）后是否达到了预期效果。

⑤ 设备、工艺、功能及辅助配套水平。是否满足运营（行）、生产需要。

⑥ 设计方案、设备选择（包括技术发展方向、技术水平和管理水平）。是否符合我国国情。

2）项目技术标准评价

① 采用的技术标准是否满足国家或行业标准的要求。

② 采用的技术标准是否与可研批复的标准吻合。

③ 工艺技术、设备参数是否先进、合理、适用，符合国情。

④ 对采用的新技术、新工艺、新材料的先进性、经济性、安全性和可靠性进行评价。

⑤ 工艺流程、运营（行）管理模式等是否满足实际要求。

⑥ 项目采取的技术措施在本工程的适应性。

3）项目技术方案评价

① 设计指导思想是否先进，是否进行多方案比选后选择了最优方案。

② 是否符合各阶段批复意见。

③ 技术方案是否经济合理、可操作性强。

④ 设备配备、工艺、功能布局等是否满足运营、生产需求。

⑤ 辅助配套设施是否齐全。

⑥ 运营（行）主要技术指标对比。

4）技术创新评价

① 项目的科研、获奖情况。

② 项目的技术创新产生的社会经济效益评价。

③ 技术创新在国内、国际的领先水平评价。

④ 分析技术创新的适应性及对工程质量、投资、进度等产生的影响等。

⑤ 对新技术是否在同行业等相关领域具有可推广性进行评价。

⑥ 新技术、新工艺、新材料、新设备的使用效果，以及对技术进步的影响。

⑦ 项目取得的知识产权情况。

⑧ 项目团队建设及人才培养情况。

5）设备国产化评价（主要适用于轨道交通等国家特定要求项目）

① 所选用的设备国产化率评价，进口设备是否可采用国产设备替代。

② 设备采购对工程带来的利弊评价。

③ 国产化设备与国外同类产品的技术经济对比分析。

④ 国产设备对运营、维修保养的影响评价。

（2）项目财务及经济效益评价

1）工程完工项目和可研项目的投资比较分析和评估。其中，包括项目建设投资分年度、建设期贷款利率等。

2）融资和可研报告的比较和评估。具体内容包括资本比率、融资、融资等。

3）比较和评估经营（业务）收入。其内容主要有按年的实际收益和未来年度的预计效益等。

4）比较和评估项目费用和可研报告。主要内容包括每年的经营（单位）费用、未来年度的预计费用等。

5）比较和评估财务和可研究报告。其主要内容包括财务评估指标、评估指标等。

6）比较和评估国民经济和可研报告。其主要内容有经济评估指标、评估指标等。

7）其他与财务和利益相关的分析和评估。例如，对工程单位的财政情况进行了分析和评估。

（3）项目经营管理评价

1）经营管理机构设置与可研报告对比分析评价。

2）人员配备与可研报告对比分析评价。

3）经营管理目标。

4）运营（行）管理评价。

（4）项目资源环境效益评价

1）项目环境保护合规性。

2）环保设施设置情况。主要内容包括项目环境保护设施落实环境影响报告书及前期设计情况、差异原因。

3）项目环境保护效果、影响及评价。

4）公众参与调查与评价。

5）项目环境保护措施建议。

6）环境影响评价结论。

7）节能效果评价。主要内容包括项目落实节能评估报告及能评批复意见情况，差异原因，以及项目实际能源利用效率。

（5）项目社会效益评价

1）利益相关者分析

① 识别利益相关者。可以分为直接利益相关者和间接利益相关者。

② 分析利益相关者利益构成。

③ 分析利益相关者的影响力。

④ 项目实际利益相关者与可行性研究对比的差异。

2）社会影响分析

① 项目对所在地区居民收入的影响。

② 项目对所在地区居民生活水平、生活质量的影响。

③ 项目对所在地区居民就业的影响。

④ 项目对所在地区不同利益相关者的影响。

⑤ 项目对所在地区弱势群体利益的影响。

⑥ 项目对所在地区文化、教育、卫生的影响。

⑦ 项目对当地基础设施、社会服务容量和城市化进程的影响。

⑧ 项目对所在地区少数民族风俗习惯和宗教的影响。

⑨ 社会影响后评价结论。

3）互适应性分析

① 不同利益相关者的态度。

② 当地社会组织的态度。

③ 当地社会环境条件。

④ 互适应性后评价结论。

4）社会稳定风险分析

① 移民安置问题。

② 民族矛盾、宗教问题。

③ 弱势群体支持问题。

④ 受损补偿问题。

⑤ 社会风险后评价结论。

对上述第①至④部分，分别分析风险的持续时间、已经出现的后果、可行性研究中提出的措施是否发挥作用等。

4. 项目目标和可持续性评价

（1）项目目标评价

1）项目的工程建设目标。

2）总体及分系统技术目标。

3）总体功能及分系统功能目标。

4）投资控制目标。

5）经济目标。对经济分析及财务分析主要指标、运营成本、投资效益等是否达到决策目标的评价。

6）项目影响目标。项目实现的社会经济影响、项目对自然资源综合利用和生态环境的影响以及对相关利益群体的影响等是否达到决策目标。

(2) 项目可持续性评价

1）项目的经济效益。主要包括项目全生命周期的经济效益和项目的间接经济效益。

2）项目资源利用情况。

① 项目建设期资源利用情况

② 项目运营（行）期资源利用情况。主要包括：项目运营（行）所需资源，项目运营（行）产生的废弃物处理和利用情况，项目报废后资源的再利用情况。

③ 项目的可改造性。主要包括改造的经济可能性和技术可能性。

④ 项目环境影响。主要包括对自然环境的影响、对社会环境的影响、对生态环境的影响。

⑤ 项目科技进步性。主要包括项目设计的先进性、技术的先进性。

⑥ 项目的可维护性。

5. 项目后评价结论和主要经验教训

1）后评价主要内容和结论。

① 过程总结与评价。根据对项目决策、实施、运营阶段的回顾分析，归纳总结评价结论。

② 效果、目标总结与评价。根据对项目经济效益、外部影响、持续性的回顾分析，归纳总结评价结论。

③ 综合评价。

2）主要经验和教训。按照决策和管理部门所关心问题的重要程度，主要从决策和前期工作评价、建设目标评价、建设实施评价、征地拆迁评价、经济评价、环境影响评价、社会评价、可持续性评价等方面进行评述。

① 主要经验。

② 主要教训。

6. 对策建议

1）宏观建议。对国家、行业及地方政府的建议。

2）微观建议。对企业及项目的建议。

3）附表：逻辑框架表和项目成功度评价表。

① 后评价项目逻辑框架表（表 4-36）。

后评价项目逻辑框架表 **表 4-36**

项目描述	实施效果(可客观验证的指标)			原因分析		项目可持续能力
	原定指标	实现指标	变化情况	内部原因	外部条件	
项目宏观目标						
项目直接目标						

续表

项目描述	实施效果(可客观验证的指标)			原因分析		项目可持续能力
	原定指标	实现指标	变化情况	内部原因	外部条件	
产出/建设内容						
投入/活动						

② 后评价项目成功度评价表（表 4-37）。

后评价项目成功度评价表　**表 4-37**

评定项目指标	项目相关重要性	评定等级
宏观目标和产业政策		
决策及其程序		
布局与规模		
项目目标及市场		
设计与技术装备水平		
资源和建设条件		
资金来源和融资		
项目进度及其控制		
项目质量及其控制		
项目投资及其控制		
项目运营		
机构和管理		
项目财务效益		
项目经济效益和影响		
社会和环境影响		
项目可持续性		
项目总评		

注：1. 项目相关重要性：分为重要、次重要、不重要。

2. 评定等级分为：A—成功、B—基本成功、C—部分成功、D—不成功、E—失败。

(四) 以棚户区改造项目为例的可持续性后评价研究

1. 棚户区改造项目可持续性后评价内涵

当前，我国的城市建设已经进入了旧城改造后期，而棚户区的改造是当前城市更新的重要手段。作为可持续发展思想中的一个重要内容，棚户区改造工程的可持续发展已经初见成效。目前，我们已意识到，“城市发展”“改善城市面貌”“破旧立新”的目标应该是“推动社会可持续、协调发展”，并与经济发展、环境保护相结合，使之健康发展。

棚户区改造工程的整体改造周期较长，在工程完工后，将对改造后的某一地区造成持续的影响。所以，在评估棚户区改造工程效果时，一定要考虑其可持续发展。而要使棚户区实现可持续发展，就必须使其在各个方面的服务能力、质量上都达到越来越高的要求：既要发展，又要从经济、社会资源、配套设施等方面来体现；而且，棚户区的发展是一个不断优化、需求最优、次最优的过程。同时，它还在不断地适应经济和社会发展的需求。因此，必须充分发挥棚户区改造的先导性、基础性和服务性作用，重视与经济、社会发展的关系，并适当超前发展。在此基础上，必须充分认识到，在棚户区改造及未来发展中，将会消耗大量的能源，并对环境造成不利的影响。可持续发展是指科学、合理地均衡发展与资源、环境承载能力之间的关系，适度发展、绿色发展。要清楚棚户区的可持续发展是长期的，而非短期的，因此，在规划布局、服务能力、服务水平等方面，都要从长期发展的需求出发，避免行为上的短视。

可持续性后评价是指在城市可持续发展的前提下，对棚户区改造后与城市经济、环境、社会大系统的长期、动态、协调发展相结合的持续性评价。其终极目标是确保棚户区改造后具有可持续发展的配套能力和可持续发展状况，以适应和推动国民经济和社会整体发展的要求。

2. 棚户区改造项目可持续性后评价组成

按照项目后评价的概念，对棚户区改造项目的可持续发展进行评价，必须充分反映可持续发展的内容，突出经济效益、社会发展、环境影响和运营效果。

经济效益是指棚户区改造后所能获得的所有利益，其中包括居民消费水平、居民消费结构、恩格尔系数、宏观经济政策等。

社会发展是指这些计划可能对社会和经济的影响，其中有积极的，也有社会的，也有消极的。社会影响主要包括：贫民窟居民的收入、生活水平和生活质量、就业、利益群体的利益、弱势群体、科教文卫、基础设施建设、城市化进程、民族和宗教等。

环境影响是指项目建设期间及竣工后对环境的影响。主要内容包括资源再利用程度、有效利用土地再生利用程度、节能程度、污染程度、环保设施完善程度等内容。

运营效果是指在棚户区改造工程的内部管理制度、人员配备等方面对项目可持续发展产生的影响。这一点往往与人的因素相联系，是项目结束后可持续发展的根本。

3. 棚户区改造项目可持续性后评价原则

(1) 系统性原则

棚户区改造是一项非常复杂、特殊的系统工程，它是由许多不同而又相互联系的因素构成的一个有机整体。它的经济发展、社会进步、环境生态资源的合理利用、改造后的可持续发展等都与棚户区改造有关。因此，对棚户区改造后的可持续发展评价应遵循系统化的原则，从多个角度进行综合评估。

(2) 实事求是的原则

棚户区改造工程是保障和提高人民生活水平的一项重大工程，涉及的居民以低收入“弱势群体”居多，而这些改造工程往往对他们的影响更加敏感。因此，在对棚户区改造工程进行可持续性后评价时，必须确保评价指标的选择是合理的，并强调其社会福利的性质，并在确定指标权重时，要充分考虑相关人员的利益，并对其进行公平、客观的评估，以确保其准确性和可信性。

(3) 科学性原则

棚户区改造工程的可持续性后评估要立足于科学依据，要明确目标的概念，要根据其本身的性质、社会、经济、环境、政策等方面的特征，以保证所建立的评估体系及整体评估程序的可行性和代表性，充分反映出棚户区的可持续发展内涵。

4. 棚户区改造项目可持续性后评价指标及应用

建设项目可持性后评价是一套综合的、相互制约的综合指标，它的主要内容包括：经济效益、社会影响、自然环境的兼容性、管理系统的完整性等。

根据可持续性后评估的概念，结合项目可持续性的角度，棚户区改造项目可持续性主要包括经济增长的可持续性、社会发展的可持续性、生态环境资源保护的可持续性、项目自身建成效果的可持续性四个方面。

（1）经济增长的可持续性

棚户区改造项目在实施后，首先要兼顾经济发展的可持续发展，使其与所受影响地区的经济发展协调一致，从而产生更大的经济效益，促进项目对地区经济的可持续发展。评估的主要内容有：区域内 GDP 增长、投资环境改善、相关地区税收增长、相关产业税收增长、相关产业收益增长等。

（2）社会发展的可持续性

棚户区改造工程要实现整体的可持续发展，必须满足原有棚户区的社会可持续发展。对项目所在地和有影响的地区，其社会效应可以促进人口道德修养、文化教育素质、促进社会稳定。其中包括就业机会增加、交通状况改善、应急保障和灾害防御措施提高、相关区域配套设施改善程度等。

（3）生态环境资源保护的可持续性

与新建的棚户区改造相比，在原来的基础上进行了改造，消耗的能量也比较少。在工程建设中，要充分利用和回收各种资源，以缓解工程建设中因过度使用而造成的生态环境负担。在不会对当地环境造成不良影响的情况下，还会对环境的可持续发展作出贡献，例如，对现有资源的再生利用程度，对土地再生利用的有效程度，以及改造后对地区公共健康的影响。

（4）项目自身建成效果的可持续性

将棚户区改造工程完工后的效益与费用净流量进行对比，并结合工程的使用效果、工程设施的使用状况、维护状况等方面对其进行评估，从而得出其可持续发展的结论。其内容包括：原大楼的使用、原辅助设备的使用，评价项目的科学决策水平，组织机构协调能力，项目规模，运行机制，运营管理，配套设施建设，政策法规的适应性。工程项目的组织和管理对于工程的可持续发展起着至关重要的作用。

基于经济增长的可持续性、社会发展的可持续性、生态环境资源保护的可持续性、项目自身建成效果的持续性四个方面的考虑，可构建城市更新项目——棚户区改造项目可持续性后评价指标体系，如表 4-38 所示

棚户区改造是一项长期而复杂的工程，可持续发展是一个既要实现事中控制又要实现事后控制的过程，只有实现了经济、社会、环境、自身建设四大目标，才能实现可持续发展。最后的投资决定也是为了达到这一复合目标的综合利益最大化。以可持续发展理念为基础的后评估结果，可以为企业进一步改进现有的企业经营管理，为今后的决策制定提供更为科学、合理的基础。

棚户区改造项目可持续性后评价分析指标表 **表 4-38**

综合评价指标	主要评价指标	单项评价指标
棚户区改造项目可持续性后评价分析	项目对经济发展的贡献分析	对区域相关产业收入的促进程度
		区域经济生产总值(GDP)增加率
		区域人均收入增加率
		区域税收增加率
		项目财务风险系数
		国民经济效益费用净流量
	项目对社会发展的贡献分析	区域内就业岗位增加程度
		区域内文化、教育、科技等发展的贡献
		维护社会安全稳定的贡献
		区域内交通提升程度
		区域内市政管网设施提升程度
		区域内新增商业等设施推动程度
		对同类项目的示范作用和参考程度
		促进同类项目改进推动的程度
		对相关管理人员素质提高的培养程度
	项目对环境资源的影响分析	原有资源再利用程度
		项目改造对土地再生利用的有效程度
		节约能源程度
		大气、噪声、固体垃圾的影响
		项目建设期间对环境的污染程度
		环境监测管理、法令和条例的执行程度
		改造运营后对区域公共卫生的影响程度
		项目改造运营后区域内绿化程度
		项目环保设施完善程度
	项目运营可持续性分析	运营方案的先进程度
		运营费用的高低
		运营的难易程度
		项目组织机构的协调能力状况
		项目机构构成合理程度
		区域内公共治安维护程度
		原有建筑利用率
		新增建筑利用率
		原有配套设施利用率
		新增配套设施利用率

第四节　城市更新项目运营管理专项咨询

面对规划实施中面临的现实困境，传统城市管理思维难以为继。新形势下的城市更新需要兼顾社会需求、市场规律和公共政策，将城市作为可生长的“有机体”，化管理为治理，重新认知城市更新中“资源内涵”“角色定位”和“运作模式”，通过“城市运营”实现综合品质提升。一方面从广义存量资源角度出发，拓展城市更新资源涵盖范畴，精准配置有限空间资源，实现城市资产的有效整合和增值；另一方面重新定位政府、企业和公众角色，激发城市更新主体的参与动力，从而突破传统“蓝图式”以空间设计为核心的规划思维，构建全新“过程式”以人的需求为核心的服务链条。通过运营前置构建城市更新良性闭环，鼓励运营主体提前介入规划，紧扣现实需求策划功能业态组成，精准投放有限更新资源，引导后续方案设计，关注规划、建设、实施全过程，对广义城市资源进行优化重组和精细化配置，为后续运营和持续焕发活力创造可能性，实现综合性城市更新目标。

一、运营前置推动城市更新规划实施

传统的项目运营往往集中在规划实施后期介入，由于受主体更换及时间效应叠加等因素的影响，运营后置往往导致项目实施很难有效承接规划的最初定位与发展愿景，使得城市更新项目丧失了可持续发展的动力。而运营前置可以充分发挥市场主体的主观能动性，提前对接后续运维和真实使用需求，充分挖掘资源潜力，把握市场发展趋势，从而引导后续功能业态策划和空间布局设计，保证有限的空间资源能够得到精准配置，实现综合品质提升和长效运行维护的总体目标。

（一）运营前置，精准回应人本需求，保证项目实施成效

通过鼓励运营团队提前介入规划设计工作，特别是参与前期的项目策划和功能定位阶段，规划技术人员能够提前对接项目主体和使用者的真实需求，避免自上而下的精英规划可能造成的需求偏差。在“以人为本”的总体要求下，通过社会调查、市场研判和公众参与，对地区人群特征、消费趋势进行深入分析，从而精准定位项目的功能、空间、品质需求，同时也为后续持续运行设计可行路径。

北京城市更新“最佳实践”奖获奖项目之一——“海淀区一刻钟便民生活圈在学院路地区的更新实践项目”由清华同衡担任设计单位，是典型的复杂主体更新项目，改造前长期处于“四不管”的状态。同时，学院路是高知人群积聚的片区，功能需求具有特殊性。为了提升整个项目的可行性，规划前期引入专业团队，深入分析高知人群需求特征和地区公共服务设施现状，提前编制《街区更新战略规划》手册，并整合年度行动计划形成项目库，前置考虑实施计划。同时，项目创新“政府＋单位＋社会＋居民”四方共建模式，提前充分对接各相关主体的诉求和意愿，从而在精准定位大院需要提供的服务功能的同时，同步落实现有空间条件如何承载功能需求，有限政府投资如何支撑长效运行，市场运营主体如何实现资金平衡等一系列项目实施和后续运行中需要解决的关键问题。正是通过运营前置，在项目策划和规划设计阶段同步解决了一系列实施问题，石油大院更新项目实施后获得了各方的一致认可，切实提升了生活品质，促进大院邻里关系的重塑。

(二)运营前置,充分挖掘资源潜力,重塑地区价值活力

通过运营团队提前参与,拓展规划技术人员对广义存量资源的认知,一方面,深入挖掘地区自然本底、建筑设施和历史人文等各类资源的价值潜力,另一方面,结合对未来市场发展变化趋势的客观分析研判,为确定契合地区特征的更新功能业态和实施路径奠定基础。这其中,以历史文化类和商业服务类更新项目最为典型。

1. 历史文化类更新项目

2021联合国教科文组织(UNESCO)亚太遗产奖之设计创新奖获奖项目——“文里·松阳”是北京同衡思成公司以设计—施工总承包加运营的方式(EPC+O)完成的项目。项目基地本身具有独特的历史人文底蕴,文庙、城隍庙是松阳人公共活动和精神寄托的中心。为了最大化利用这一独特的更新资源,项目改变了先设计、再施工、最后招商运营的传统路径,首先进行运营咨询,再匹配规划设计,通过运营团队先行介入,前置产业招商和主营业务招商环节,保证后期进入的功能业态完全契合项目地段独有的环境和历史文化特征。而入驻主体明确也保证后续规划设计方案和工程施工能够真实体现使用需求,避免反复。通过运营咨询前置,深入挖掘了项目最核心的历史文化资源,对场地遗存的不同历史时期建造的各色建筑进行细致评估和分级保护,并同步结合招商,明确了这些历史建筑未来所能够注入的活力和功能,并由此进一步明确了后续对建筑空间和公共空间的设计要求,以及对场地历史文化特征的回应方式。文里项目最终既保留了传统历史空间,也塑造了新的生活,不同时空的物质遗存与场所记忆在这个新的公共空间中得以交融共生,成为松阳市民节假日休闲娱乐、集散活动的重要场所。

2. 商业服务类更新项目

在商业服务类更新项目中,激发当地活力,促进地区价值再生,始终是项目面临的核心问题。西单更新场项目在建设量大幅缩减的压力下,通过运营团队全程深度参与,实现了地区业态、活力的焕新升级。为了响应北京市减量发展的总体要求,西单更新场整体建设量极为有限,为了精细利用这些宝贵的空间资源,更新场采用了单一运营团队全程持续跟进的模式,前期对目标人群进行精准画像,明确西单地区在潮流商业、文化艺术体验、青年时尚消费等方面所具有的核心地位,按照消费客群定位对所有店铺进行定向招商,并匹配入驻商户客群特征和品位需求进行整体风格打造,从店铺类型搭配到助推和调整业态,乃至引导环境空间设计,运营团队一以贯之,始终贯彻项目最初确定的整体定位和更新目标,最终西单更新场项目精准契合了当代潮流业态的空间需求和时尚青年的品质要求,成功激活了整个西单地区的公共活力。

(三)运营前置,激发主体参与动力,实现规划持续运维

从治理思维出发,城市更新必须突破“设计实施”的传统空间规划视角,从全流程项目运营的角度建立完整更新逻辑,传统空间规划仅仅是作为其中重要的一环,起到推动项目整体进程的作用。从这个角度出发,更新规划不能就空间论空间,空间设计只是手段,更重要的是通过空间更新提升城市空间,特别是公共空间使用感受,向居民和市场主体展示美好的发展愿景,并进一步通过完善、可持续的运营组织架构和公平、能落实的利益分配机制两者共同作用,激发市场主体和社区居民的参与动力。这样才能在政府资金有限投入的前提下,通过运营前置,精准改善居民、主体最关注的核心空间问题,以少量财政资金激活社会资本潜力,实现多元主体共同参与区域治理,构建以政府小投入撬动企业大投资的城市更新良性循环。

在“高质量发展”语境下，面对日趋复杂的城市更新问题，规划需要转变传统空间规划思维，建立全流程项目运营逻辑，在整合各方利益诉求，促进资源精细化、分异化供给的基础上，推动相关利益主体主动参与和长期维护，将规划实施作为深化基层社会治理的重要手段，而非单纯的空间整治技术工具。其中，政府要重视各种资源的协调，加强政策扶持，吸引专业的社会企业参与，用长远的经营收益来平衡改造的投资，并鼓励现有的资源所有者和居民共同参与。总之，城市的更新将会从“面向开发”转为“面向运营”。

二、历史文化街区改造项目运营管理专项咨询

历史文化街区开发模式不能只重视建设形象，不重视持续运营。现在国内大多历史文化街区和古城镇开发中重视形式大于经营或者疏于后期的管理，导致古城镇很难有持续发展。

（一）经营模式

1. 只租不售

成都宽窄巷子的历史文化街区和上海的“新天地”模式，即对商业街的全部商铺进行集中管控，仅出租不出售，100%的产权归开发商所有，经营和管理分开，有效地控制了整体的风格和经营，有利于区域的统一运作。

2. 半租半售

“半租半售”的经营方式，是开发商与投资者在利益保证方面的妥协。这样的经营方式可以最大限度地解决项目建设和运作的资金问题，也可以更好地保障整个区域的定位和经营的方向。“半租半售”的最大问题，就是这个比例到底要达到什么程度才算合理，不过到现在为止，还没有一个明确的结论。许多开发商都是三七分成，30%自持，70%出售。

3. 完全出售

整个小区的销售，对于开发商来说，既能减轻资金的紧张，又能更快地收回资金。到了后期，商业的经营就会变得松散，只能靠商家自己来经营，这就造成了商业街区的混乱。

4. 售后返租

所谓的售后返租，就是将整条商业街都卖掉，卖完后，开发商就会将所有的店铺都租下来给其他商家，然后再由他们自己负责。投资人本身并不直接参与到商业街区的租赁和经营活动中。这样的经营方式可以从某种意义上保障商家的收益。

（二）招商管理

历史文化街区的改造和更新，一旦与市场融合，其管理将会更加多样化、更加复杂，因此，在引入市场机制时，必须要制定相应的法规和制度，以限制市场的进入，这样才能保证街区的运营和利用，既能满足街区的功能特点，又能避免城市的过度商业化。

1. 招商需设置一定门槛

管理者的文化素质及对社区文化认同是影响其使用价值的关键因素。商家会依据其商业功能与建筑状况以及个人的艺术品位，对其进行重新创作。这样的创作必须基于对历史的真实资料及对建筑的了解，它可能隐藏在建筑内部，也可能只在某些窗口中做局部的展

示，但是必须和街巷整体的风貌、氛围相协调，使其成为传统与现代的结合。所以，在招商过程中，选择经营方式和经营方式也是一个很重要的内容，同时也要对临街商铺的外观进行一些限制。如苏州平江历史文化街区平江保护修复有限公司对招商业态进行专业的管理，设置一定的门槛，选择符合当地特色的商户，并对店铺的风貌进行严格的规范，确保不对街区风貌造成破坏。同时与商家签订合同，明确房屋修缮使用、装修中的责任等，确保街区在使用中不被破坏。

2. 针对性的招商

根据不同的区域特点进行针对性的投资，可以更好地满足小区的需求。比如成都宽窄巷子，针对三条胡同的不同业态，采取点对点的招商策略，即按照建筑的形式，引入符合建筑外部形态的产品，做到不可复制。同时，也希望通过低价招揽宽窄巷子有文化情怀的商家和个人。例如：中国香港知名建筑师高文安的“My noodle My coffee”，诗人石光华开设的四川餐厅“上席”，诗人翟永明的“白夜”酒吧，诗人李亚伟开设的民间精品菜等。这些有文化的人本身就对成都文化有很深的认识，他们在宽窄巷子里经营的公司也是丰富多彩的文化和艺术活动。对商户也有清楚的规定：庭院结构不可移动；建筑物不能有任何损伤；现存的建筑物，例如拴马石、门牌、水缸等，都要保持完整。至于其他的，就只能用逆向的方式了。在经营方面，建议首先要创造气氛和消费方式，不要为了扩大规模而侵占原来的庭院等。

招商除了可以采用上述两种战略之外，还要注意在短期内避免招揽类型单一、层次单薄的现象发生。受区位差异、业态类型、鼓励政策、租金等因素的影响，特别是部分企业采取整体搬迁改造，是一个不断成长的过程。因此，这就需要长期的投资、不断地培养。

3. 招商过程管理

历史文化街区的招商主要分为三个过程：对潜在主力店商家进行分析与综合排序、制定招商方案与沟通文件、进行初步沟通谈判并达成协议。

(1) 对潜在主力店商家进行分析与综合排序

对可能的主力店铺进行分析和综合排序，该流程的主要工作是：①对历史文化街区各个区域内可能的主力店铺进行统计；②根据一定的筛选标准，对可能的主要店铺进行全面的分析（主要是根据主要店铺的发展战略、主要技能、历史文化和传播渠道）；③将分析的结果进行排序。这一过程将会根据综合分析的结果，确定出具有潜力的历史文化街区的店铺。

(2) 制定招商方案与沟通文件

该流程的主要工作是：①针对各大主力店铺的特征，确定其价值取向；②对历史文化街区进行市场推广；③为每个可能的主要店铺制订招商计划和交流文件（拟定三个步骤：阐述历史文化街区的总体定位和发展目标、阐述历史文化街区对潜在主力店商家的价值定位、利用财务模型展示业务发展蓝图）。这个过程将会为每个可能的主要店铺提供一个历史文化街区的营销简介，并为每个可能的主要店铺提供招商文档。

(3) 进行初步沟通谈判并达成协议

前期的交流协商和签订合同流程主要有：①与几家可能的主力店铺进行初步接触，对招商会的初稿进行修订；②协商并对投资计划进行进一步的调整和修改；③确定最终协议。等这个过程完成之后，就可以逐步地将各种商业机构吸引到这里。

（三）吸引客流

1. 增加特色旅游活动

（1）要充分利用历史文化街区的旅游资源，增加具有参与性的特色旅游项目。如进入羽扇铺，前厅有关于扇子制作历史的介绍，里面有各种各样的羽毛标本，还有制作过程，还有各种羽毛的照片。进入中药房，就能听到敲打药箱的声音，在里面可以看到碾压、快速切割的整个过程。进入陶艺商店，不但可以展示各类陶瓷制品，还可以让参观者进入陶屋，亲自制作陶器等。

（2）在规划历史文化街区的同时，还规划了几条不同类型的旅游路线。①历史街区文化展览游：根据不同文化程度的游客，开发古街文化展览区，以实物形式展现其历史、人文、民俗，使游客了解历史、文化观念，开阔眼界，增长见识。②民俗旅游：品尝当地的特色美食，参加节日等民间活动，体验热闹的场景。③休闲旅游：环境幽雅、风景秀丽、民风淳朴，是久居城市的人放松身心的好地方，在这里住上两三天，体验一下古色古香的环境，放松心情。

2. 加大市场营销力度

提升景区的知名度和美誉度是一个长期的过程，需要各方的共同努力，特别是在旅游市场上的营销推广。

（1）要充分发挥五一、十一等节日的作用，开展各类促销活动；

（2）强化宣传和宣传的基础工作，增加旅游投资，更新宣传资料，突出文化性、娱乐性和参与性；

（3）聘请国内导游。提高导游服务水平，注重营销人员的培训，加强与旅行社的联络和交流，以扩大当地市场为目标，同时扩大外省市场，增强旅游推广效果；

（4）加强网络推广，建设和完善景区旅游信息平台。

3. 挖掘街区文化内涵

文化是历史文化街区发展的灵魂和活力所在。通过对其文化内涵的不断发掘，使其文化内涵更加丰富，从而使其具有更大的人气和更强的旅游吸引力。以吴家祠堂为例，在发展过程中，不能简单地把它作为一个典型的明清建筑来介绍给游人，要重视它的历史和文化价值。可以采取下列具体步骤：

（1）充分展示历史文化街区的民俗风情。目前，许多传统的民间活动依然存在于历史文化街区，在传统的节庆活动中，往往会集中展示一些民俗表演，让游客领略到当地的风俗习惯，从而吸引游客。

（2）要重视保护和发展社区。在旅游开发的过程中，要坚持保护和合理开发的原则。对街区内的各种建筑进行改造和改建，对街区内的古建筑不能设置公共娱乐场所，街区内的商业商铺要按照规定进行文明经营。

4. 提高街区服务水平

游客对于历史文化街区的服务质量的认同程度较高，因此要不断提高其服务管理水平，以适应日益增长的旅游需求。以下是一些具体的措施。

（1）加强对讲解员的训练。为了进一步提高社区的形象，提高员工的素质，可以开设“历史文化街区”讲解员培训班，内容要涵盖当地的历史、文化、当地特色经济、饮食等方面的知识，同时还要涵盖讲解员的职业道德、服务规范、接待礼仪、讲解技巧等实践技能。同时，加强服务意识的训练，倡导人性化服务、细节服务等服务理念，并加强与旅游者交流技巧的训练。

（2）完善个人客户的服务系统。互联网、有线电视网、手机通信网络（简称“三网”）是当今世界的主要信息来源。可充分利用“三网”的旅游资源进行旅游宣传、销售和管理。逐步在交通、客房、旅游等领域为个人旅客提供计算机预约，并利用计算机网络实时了解交通部门、饭店等情况，并接受个人预定和咨询，以提升对散客的服务质量。

5. 倡导社区居民参与

居民的态度具有相当的重要意义，它反映出了社区居民在历史文化街区发展中的重要作用。要积极引导居民参与景区的开发、建设、日常的服务、运营等方面，并建立起一套科学、合理的利益分配机制，实现居民、企业、政府三者的共赢。社区居民的参与方式有三种：

（1）资产参与：积极引导居民通过入股、承包等方式参与社区管理。

（2）人力资本的投入：一方面，社区要积极为本地居民创造就业岗位，解决其就业问题；另一方面，社区居民要充分发挥邻近街区的优势，积极发展个体经营，经营旅游商品、土特产、开餐馆、家庭小旅馆等获取旅游收益。

（3）文化参与：积极鼓励当地居民保留并继承当地的特色民俗和生产性活动。只有使当地居民积极参与，使其在经济上获得收益，在习俗上得以传承，居民才会对游客表示欢迎，从而形成良好的互动关系。

同时，要注意加快地方旅游资源的整合，发挥其地域优势，加强与其他街区的联系，改善历史街区的交通，优化周边环境，以达到最大的经济效益。

（四）推广营销

1. 街区营销的理念

（1）以经济、社会和环境效益的共赢为目的

目前，随着城市街区保护规划体系的完善和建设技术的提高，历史街区改造的重点与难点已经从保留街区形态逐步转向激活街区功能，从而使街区改造在实施过程中常常会出现街区风貌完好，但因街区活力不足而造成历史环境真实性和居民利益不如预期的现实情况。在巨大的经济利益驱使下，对街区进行大规模的改建，或者采取极端的促销手段，都会对街区价值、居民生活、传统文化产生一定的冲击。在历史街区的市场营销中，要实现经济、社会、环境三方面的共赢，不能以环境和社会效益为代价，而要以社会公平性为根本，弘扬街区的价值，实现三方面的共赢，是实现历史街区保护与复兴的可行途径。

（2）历史街区营销的经济效益

历史街区的经济衰落主要是因为其传统价值与当代社会的需要不相适应，而这种失配既有可能是其自身形态的衰落，也有可能是其自身功能的陈旧。社区市场的发展是为了缩小社区的价值和社会需求的差距，包括对空间结构的改造和对经济的推动，空间结构的改造主要是为了缓解街区形态的衰败，通过街区市场形式的营销，形成具有吸引力和竞争力的空间，但是，最根本的问题是，它必须对陈旧的街区进行重新利用，给它提供经济上的利益，让它有足够的钱来维护和更新街区，同时也给当地的商业和社区的复苏提供了现实

的动力，让它重新焕发了经济活力。

(3) 历史街区营销的社会效益

历史街区的复活，不仅是对物质空间的恢复，更是要借由人类的活动，让其恢复活力，因此，在社会层面上，社区的市场运作是要营造一个充满活力、生产与生活的社区，而不是刻意的美化与设计。要使历史街区得以永续发展，就必须尊重和保护其生产、生活需要，力求保留其原有的生活方式，并以具有地方文化特色的传统功能为主，实现功能和文化的延续。同时，要辩证地认识到居住与居住在市场营销中的作用，社区生活是社区产品的一个主要部分，社区更新将会是一个有竞争力的社区产品，它将直接促进社区的经济价值；从社区营销的角度来看，街区居民也应该成为街区营销的消费者，街区的市场营销必须以丰富居民生活、培育居民共同意识为己任，最终必然带来街区的内在活力和社会效益的提高。

(4) 历史街区营销的环境效益

街区环境可分为两个方面：自然环境与人文环境。其中，“人文环境”是指形成区域文化的内外因素和各种因素之间的互动关系，包括居住方式、风俗习惯、传统文化等。街区的恢复与优良的自然环境和优良的人文环境是分不开的。但是，不管是人文环境，还是自然环境都在不断地遭受着外来的文化和都市建设的影响。街区市场营销是对街区的创意运用，以街区的环境为产品，在保留原有产品的价值的同时，通过空间、功能、活动等要素来丰富、重组街区产品价值，展现符合时代的新形态和新功能，使街区环境呈现出循环上升的发展趋势。

2. 街区营销的原则

历史文化街区的开发是以消费者的经济状况和消费习惯为基础的。在经济发展的同时，人们的生活水平也在不断提高。随着网络的发展，人们消费的种类越来越多，商业活动也发生着变化，要想成功地发展，就必须要考虑人口分布、消费层次、地理环境等不可预测的因素。在进行市场推广时，应充分考虑其合理性，以避免因规模过大或过小而产生的负面效应。本书拟就历史文化街区的市场营销策略提出如下建议。

(1) 依托城市社会经济环境分析

商业街区规划的首要问题是发展城市的经济。一座城市的发展，既可以促进经济的发展，也可以促进商业的发展。企业要适应城市的经济发展，才能促进企业的发展，促进商业街区的发展。因此，商业街区的市场营销应该从发展区域的经济条件的角度出发，力求满足顾客的需要。

(2) 街区内部空间营造和人流动线引流分析

发展历史文化街区，必须具备良好的交通环境。在进行市场推广时，要充分考虑运输的发达程度。商业街既有长又宽的特点，又是人流密集的场所。因此，在进行市场营销战略的制订中，应充分考虑室内空间的营造，引导和延长旅客停留的时间。

(3) 传承及塑造文化精神

历史文化街区既是消费场所，又是文化交流场所。在经济发展的进程中，各种各样的商业文化也在不断地向每个人的心中渗透，并在潜移默化中影响着他们的价值观。因此，在进行商业街区的市场营销时，应从文化价值的提炼、传达和塑造等方面加以考虑。

3. 街区营销的模式

街区营销的主体是政府调控下的市场，要保证历史文化街区的公共利益不受损害，就必须对其进行市场营销和改造，以防止市场混乱、失去控制。在区域市场营销中，必须明确划分政府和市场的行为，并在此基础上，政府和市场必须共同努力，以保障社区的公共利益，推动社区的可持续发展。总之，城市历史文化街区的销售主体是“经理人”，既可以是由政府主导的公共部门，也可以是由政府部门委托的私营部门或者第三方机构，或者是由居民自发组成的组织。

(1) 公共部门主导型

在我国，历史文化街区的基础设施建设与更新都是由政府来完成的，无论是社区的复兴还是社区的市场推广，都无法完全摆脱政府的监管。政府机关拥有城市的历史和文化财产，担负着重新使用、增值、活化历史文化街区的职责。以公共部门为导向的街区市场，其价值取向是以公众的公共利益为导向，其市场运作的全过程是以全社会的社会环境效益为基础，并按照有关规划的要求来进行，既可确保社区市场的销售品质，又可充分利用社会资源，如宣传媒体、企业赞助等，往往产生良好的社会效益。以公共部门为导向的区域市场营销更适合于城市重点形象工程这样的街区改造项目，或者是在区域产权相对简单的区域内进行街区市场的销售。以公共部门为主导的街区市场营销，是以公共部门的有形资产为代价，以提高街区的价值，同时政府也能从中获得一定的利润。在整个街区的市场营销中，公共部门是最大的出资者和受益者，但由于政府只提供了一笔资金，这就给他们带来了巨大的资金压力。

(2) 公共部门主导下私人部门参与型

在市场竞争日益激烈的情况下，政府已经无力承受市场营销的高额成本，在市场经济的推动下，房地产开发商开始将目光投向历史街区的经济价值，并逐步介入街区的市场运作中，最终形成了一个由政府和私人部门共同组成的区域市场营销体系。在这种模式下，依然是以公共部门为主体，民间部门以资助、活动策划等形式介入，而公共部门则以制定相关的政策和制度，对街区的营销进行宏观调控，包括对居民的安置，对市政设施、街区的历史文化资源进行整合、保护，再由私人部门负责街区营销产品的策划、促销策略的实施等。

在政府的领导下。私营企业的市场推广是由政府来控制的，这是一个比较好的社会和环境保护措施，但是，政府必须保持中立的态度，以防止私营企业在经济和环境方面的不当营销。而社区营销的具体实施则是由私营企业参与，通过积极、公开的投资渠道，让社会各阶层、民间资本都可以参与到以市场为导向的街区市场营销，从而达到双赢。以公共部门为主体的私营部门市场，主要针对具有较高的潜在经济价值，但需要政府协调当地居民，或者保护历史和文化遗产。

【例 4-1】成都宽窄巷子是典型的公共部门主导下私人部门参与型的街区营销。目前，宽窄巷子的市场营销、旅游开发等业务，都是由国资委控制的成都文化旅游发展有限公司来承担，成都文化旅游发展公司组建了资产运营公司，负责宽窄巷子的市场营销与复兴，以及保护街区的历史文化遗产。文旅集团对宽窄巷子历史文化街区的产权归属于成都市国资委，宽窄巷子历史文化街区的经营管理权归其所有，宽窄巷子的一系列文化体验活动均归其所有，如图 4-29 所示。

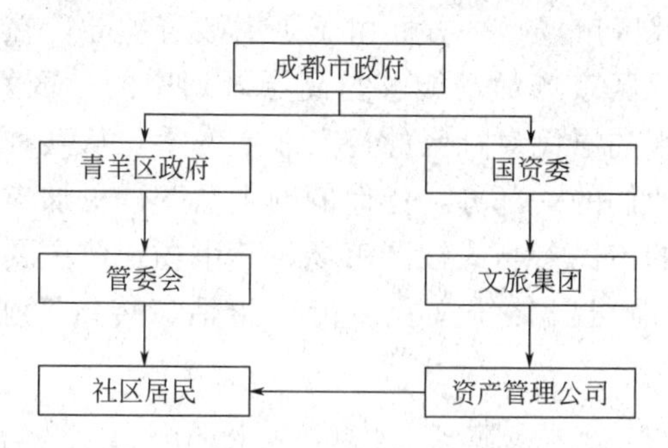

图 4-29　宽窄巷子历史文化街区复兴和街区营销主体

北京大栅栏历史街区的市场推广也是公共部门主导、私人企业参与的一个典型的做法。2011 年，北京市西城区主导、北京市文物古迹保护的大栅栏改造工程，北京大栅栏投资有限公司是北京大栅栏历史文化街区的主要销售主体，以创意产业为中心，实行公共部门主导、市场部门参与的区域营销模式。

（3）私人部门主导型

在市场化进程中，公营单位逐渐从历史街区的复兴中消失，而私人部门，也就是开发商，从个人的利益出发，进行街区的开发与销售，而政府则只会按照有关的城市规划和街区的现有规划对街区进行投资、建设和销售。以私人部门为主的区域市场营销加速了社区的复苏，以市场化的方式让社会资金得以进入社区，缓解了政府的投资和改造压力，并通过市场竞争达到了“优胜劣汰”的目的，培养出了一批适合于历史街区销售的私营企业，从而为今后的历史文化街区改造提供了有力的支撑。

另一方面，以私人部门为主的街区市场也存在着一定的缺陷，私人部门的利益参与街区的市场营销，使得街区的复苏被市场经济的法则所左右，街区的销售所带来的经济价值成为执行主体的首要考量，这促使私营企业想方设法地将产业、文化、美学价值最大化，从而导致街区的营销行为突破原有的价值和功能束缚，重新塑造街区产业经济，在社会上造成了市场与周边的分离，尤其是容易产生对居民需求的忽视。所以，以私人部门为主导的街区市场，主要是针对那些经济价值高、土地性质相对独立，与外部空间、社会结构存在着一定差别的地方。

【例 4-2】方家胡同 46 号创意产业园区是典型的私人部门主导型的街区营销。方家胡同 46 号是北京丰宝恒实业有限公司与北京聚敞文化中心联合打造、运营的文化创意产业园区，它将方家胡同这个具有历史意义的“机床胡同”改造成“文化创意胡同”。北京丰宝恒实业有限公司、北京聚敞当代艺术中心借鉴了知名建筑师柯卫的建筑改造方案，利用难得的胡同内工业大院，将旧有厂房改造成为具有历史街区特色的文化创意产业园区，并以“创意带动文化经济发展，推动文化、旅游、商业相结合，建立品牌聚集区”为创业园区的定位，并很快地完成了招商工作，至 2012 年整体入驻园区的文化创意类企业达到近百家，出租率高达 98%以上。

（4）公共部门主导下公民参与型

公共部门领导下的社区市场营销，以公共部门和社区居民为市场的执行主体，在公共部门开展公共设施改造、改善建筑质量、美化街道空间等基础工作，并制定或执行相应的市场营销战略。

这种商业模式下的社区市场，一方面由于是由政府主导，在某种程度上起到了引导作用，使得市民参与的社区市场活动能够与高层规划中的社区发展相一致；另一方面，由于民众的参与，使社区的居民对社区的特点非常熟悉，从某种意义上来说，社区的市场营销和商业活动都是他们的一部分，让他们的生活变得更加丰富多彩，更加具有生命力。以公共部门为主体的市民参与式社区市场，其市场定位主要是针对具有一定的居民生活功能，同时又与当地居民传统文化、传统生活、传统工业关系密切的历史文化街区。

(5) 自组织主导型

在实现商业转型的同时，一些历史文化街区仍然具有很好的生活和居住功能。以社区居民自下而上的自我组织为主要销售对象，以社区生活环境、居民身份认同、街区价值为目标；过去，不管是社区的改造，还是社区的销售，社区居民的参与都非常有限，而且大部分都是被动的，而社区的自我管理，则是一种有效的市场营销，让居民积极地参与到社区的价值挖掘、提升和推广中。另外，居民在社区营销中扮演了一个重要的角色，它可以通过社区的营销来提升社区的历史和文化价值，让社区的居民对社区的价值有很强的归属感。自我组织主导的街区市场，主要是针对那些保存了较多的居民功能，但并不需要太多的资金和基础设施来进行更新的小型历史文化街区。

【例 4-3】大溪和平路老街是典型的自组织主导型的街区营销。“街坊重建委员会”是大溪老街自发组织的代表，也是大溪老街市场营销的重要策划与推广机构。在整个街区的市场推广中，将各种类型的街区或社区的公共问题与逐步推广的方法相结合，让小区内的居民主动、自觉地参与街区的改造中，让他们对街区的认同感和归属感得到进一步的提高，从而真正意识到自己所拥有的街区的价值在将来的复兴和市场推广中的作用。如图 4-30 所示。

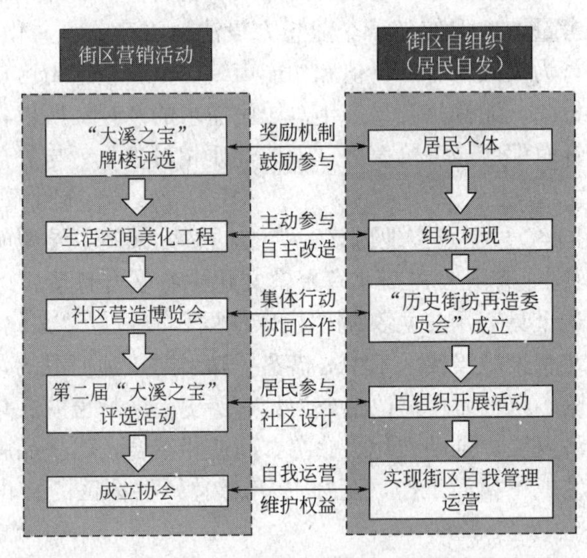

图 4-30 大溪老街自组织主导性的街区营销

基于上述五种街区营销实施主体的分析，结合实际案例中街区营销成效，将每种营销主体下的街区营销的适用范围和优缺点整理如表 4-39 所示。

不同营销主体下的街区营销的适用范围和优缺点　表 4-39

实施主体	适用范围	优点	缺点	案例
公共部门主导型	城市形象的旗舰工程等街区复兴项目,或是街区产权权属相对单一的小地块的街区营销	实现社会环境和经济效益的统一,不仅能够保证街区营销的质量,同时能够最大程度上获得社会资源的支持	公共部门承担了巨大的资金压力	—
公共部门主导下私人部门参与型	潜在经济价值较高,但需要政府协调区域内居民或是历史文化资产保护等问题的历史街区	一方面避免了公共部门主导型的资金链条的缺口和脱离市场的危险,另一方面防止因市场失控造成的街区破坏	对公共部门的控制和引导的能力和限度有一定要求	北京大栅栏历史街区、成都宽窄巷子
私人部门主导型	经济价值较高,地块性质相对独立,与外界在空间和社会结构上具有一定差异的历史街区或街区内的局部区域	加快了街区复兴和街区营销的速度,使街区营销能够最大程度上获得街区复兴的成效	在社会效益层面容易造成营销区域与周边地区的脱离	方家胡同 46 号
公共部门主导下公民参与型	保留了部分居住功能,且街区价值与居民传统文化、传统生活和传统产业有较大关联的历史街区	确保了街区营销和街区复兴的多样性和原真性,同时使街区营销的方向与未来街区发展定位相吻合	需要协调居民的多种利益需求	—
自组织主导型	大量居住功能,且街区复兴对于资金和基础设施的改造的需求不高的小规模的历史街区	使居民能够主动地参与到街区价值的发掘、提升和推广中,有利于街区复兴中地方精神的培育	需要自组织能够承担起并有效地落实街区营销的任务	大溪和平路老街

从表 4-39 可以看出，社区营销的实施主体是多元化的，而在特定的区域市场营销中，其实施主体的选择与其当前的发展特征以及今后的发展趋势息息相关。同时，不管是哪一类的市场营销，都不是十全十美的，都需要在市场营销的过程中，不断地进行协调，并解决各种问题。而在我国的土地公有制背景下，历史文化街区的历史文化资产大多属于国有部门，而我国现行的市场经济制度还不健全，如果仅仅由私人部门来承担街区的居住、产业、文化等方面的营销，必然会出现混乱的局面，所以，政府必须要在一定的范围内介入，而不是让政府垄断，街区营销的主体要多样化，公共部门要承担更多的引导责任，引导居民、私营部门、街区组织等积极地参与到街区营销的过程中，才能真正地确保街区营销能够实现社会、经济和环境的共赢，让街区的复兴能够持续地推动下去。

4. 街区营销的策略

(1) 以非营利为主导

街区营销的基本目标是：通过提高社区的资源价值，塑造社区品牌，提高社区的竞争能力，而不是盲目地进行大规模的开发。可以说，街区市场是“精明增长”思想的结果，它的目的是让个体从地区发展中获益，同时兼顾经济、环境和社会的平等，并兼顾新旧城区的投资机会，从而获得更好的发展。历史街区的重建牵涉诸多复杂的社会问题，以营利为导向的市场很容易引发社会不公，造成盲目的土地开发，扰乱历史街区的重建秩序，加剧社会动荡，与街区市场的价值观念相悖。社区的居住环境、居住环境、投资环境都要得到社会公正的保证，必须要有相应的规划和设计，尽管在实施的过程中会受到外部资本市场的极大的吸引和影响，但是，在规划的运作过程中，不能被市场的规则所左右。因此，在社区市场营销中，要坚持以非营利为导向的价值取向，同时要考虑社会的公平性，通过空间塑造、品牌策划、活动营销等方式来提高街区的品牌价值和品牌形象。

（2）以需求为导向

相对于传统的保护规划和历史街区的城市设计而言，社区营销的一个突出特征是以社区居民的需要为中心。以市场营销为基础的街区市场营销，可以准确地分析出居民的需要，并在此基础上对传统的历史街区的保护规划与城市设计进行了必要的补充和完善。随着现代化城市的发展，新区的建设速度越来越快，大城市的发展也越来越趋向于多个中心，中央城区相互竞争，城市边界不断扩大，这不仅加速了老城区的没落，也削弱了中心区的发展动力。因此，在当今市场竞争日趋激烈的今天，历史街区的市场营销必须运用市场细分、市场选择、市场定位等理论手段，并根据市场需要作为市场战略的运作方向，实现街区功能、空间、价值的重构。

（3）以价值为基础

随着街区形象、街区品牌等有关街区的市场价值观念的出现，街区价值已不再局限于实物与非实物空间，街区品牌价值在街区发展中的作用日益凸显。在此基础上，提出了社区市场营销的需求，即社区市场的经营主体，以座谈会等多种方式，主动地挖掘社区的市场定位，以及社区空间的内涵。基于价值的市场运作是一种综合性的运作模式，借由系统资讯的整合与公开的集会来达成社区的共识，以达成社区的重要价值为运作依据，同时将保护、改造、设计等理念导入市场运作中，加以探讨与融合，使得市场运作更加深入。

（4）以效益为准则

社区市场运作是指通过对社区价值的使用和转化来达到社区效益的一个过程。街区资源产品化是街区市场运作的一个重要环节，街区营销运作中，首先要根据街区产品的特点，认识街区的效益特点，对街区空间的效益作出基本判断，街区建筑、空间、历史文化、文保单位和文化活动的综合叠加从物质形态和历史文化两方面共同构成了街区产品，通过街区营销理论和方法对街区产品的综合效益进行分析，并以提升街区效益为指导，通过市场运作实现街区的效益和价值增值。在街区市场营销中，要清楚指出，提高街区效益不是指因土地转移或提高容积率而带来的潜在经济利益。在此基础上，从土地功能性质、建筑功能延续或转换等方面分析其利益特点，再进一步测算经济、社会、环境效益，并加以比较和校正，从而达到社会、环境、经济效益的平衡和互补。

（5）以体验为促销手段

在如今的知识经济时代中，面对日益多元化、追求真实性的消费者需求，为了达到可持续发展的目的，就需要通过实践来提高社区的市场竞争力。历史街区是现代旅游服务业的重要物质基础，也是休闲的场所。现代消费者对多元文化的需求，需要在保持原有的基础上，在体验促销方面拓展街区发展的创新思路，推动街区文化产业化，由执行单位通过体验促销的营销思维，优化升级街道和建筑的产业空间，以作为消费者“空间体验”和“情景塑造”的重要载体，并与生活文化创意产业相融合，从而形成以地方特色文化传统为基础的具有象征含义的创新文化商品与服务，通过创意、活动和参与性来提升街区的形象和知名度。

(五) 绩效评价

通过分析历史街区保护宏观过程，厘清其中各要素之间的关系，以利于构建历史街区保护过程与绩效评价框架，本书在此基础上分析、总结评价的具体要素，选择评价方法。

1. 改造与绩效间关系

通过对历史街区改造的研究，从宏观角度讲，历史文化街区改造过程包括了改造目标的制定，实施的行动过程，阶段性改造成果的完成。而对这三个因素的认识，则有利于构建评估体系，并明确评估的具体内容。对历史文化街区的改造和改造效果进行评估，第一要把改造的效果和改造的目的相比较；第二，对改造机制的构建和改造绩效的因果关系进行了分析，即以改造目标为标准对改造绩效进行评价，检验改造过程（也就是改造制度建设）的有效性，暴露制度建设的不足，为下一步的改造实施提供建议，如图 4-31 所示。

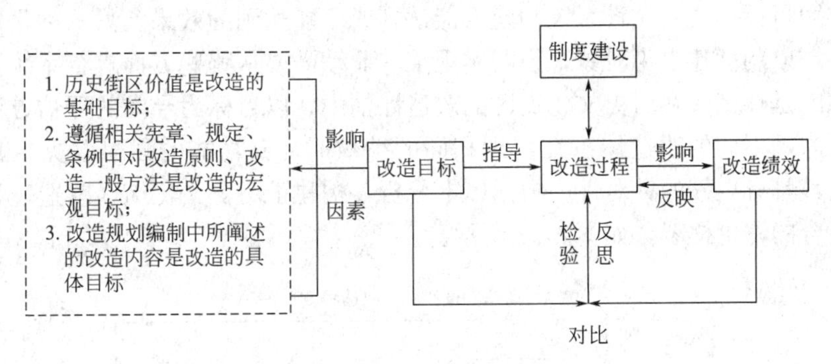

图 4-31　构建绩效评价框架过程图

2. 绩效评价框架的构建

以上对历史文化街区改造过程与绩效评价构思过程进行了阐述。各种评估方法都存在着不同的侧重点、视角、目标和内容。在进行评估时，必须明确评估目标与内容，并在此基础上确定评估方法。要进行有针对性的评价，必须构建包括评价目的、评价内容和评价方法等方面的评价体系。

(1) 评价目的

对历史文化街区的改造绩效进行评估，旨在通过对其绩效和改造目标的比较，找出其在改造过程中存在的问题和不足，为今后的历史文化街区的改造提供参考。

对历史文化街区的改造绩效进行评估，以改造绩效评价所确定的内容为依据，通过比较，检验其实现程度。在改造进行一段时期后，通过对改造的效果进行调查，得出了影响因素，分析了影响因素的原因，为揭示改造中的问题和缺陷提供了第一手的资料。

本书从改造系统的构建和系统的作用等方面，对系统的建设进行了总结，指出了系统建设的经验和缺陷，从而为今后的社区改造工作提供借鉴。通过对历史文化街区的改造过程和绩效进行评估，可以使其更好地理解如何把改造内容转变为现实效果，并探索出一种更为合理、高效的改造方法。一方面，可以完善其改造内容，确定其工作重点，指出其在改造过程中存在的一些问题；另一方面，可以从政策、法律等方面对其进行评估，从而为其在政策、法律等方面的工作成果和缺陷提供参考，从而使其与整个城市的发展进程相结合。

（2）评价内容

评价的目的决定了评价的内容有两方面。一是对项目的实施效果进行了评估，根据相关的文献资料，大致可以划分为：对历史环境的改造与利用，对街区的改造是否能带来经济利益，对街区的复兴、居民的就业、对历史街区的改造、对生态的改善是否会产生积极的作用。二是对改革进程进行效率评估，重点是评估制度建设对上述业绩实现的推动效果。通过文献研究大概包括如下内容：法律制度建设、行政制度建设、财政保障制度建设。在此基础上，对历史文化街区的改造实施效果进行了“显性”的评估，能够“直接”地得到；而对制度建设的评估则是隐性的，需要通过改造结果的绩效来反映实施过程的效能。

（3）评价方法

对于历史文化街区的改造与绩效评价，一般有两种方法，一种是以系统改造为主体，以改善绩效为目标，说明一种系统的建设能达到或不能达到的效果。另一种是以绩效改造为主要内容，以制度建设为对象，说明实现某一业绩需要从哪些方面进行系统建设，但没有实现的原因是什么。在历史文化街区的改造评估中，以目标为导向的评估方法是最常用的。本书认为，不同的改造体系在实现相同的绩效时，其功能的强弱取决于其各自的功能，从而使其具有更好的针对性。根据以上分析，构建了历史文化街区改造过程与改造绩效评价相结合的评价框架，如图 4-32 所示。

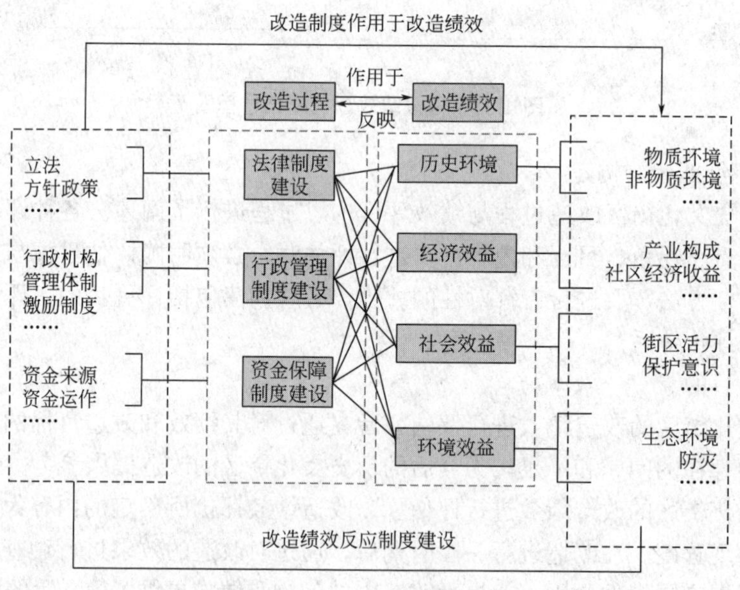

图 4-32 评价框架

3. 评价要素

对历史文化街区改造的阶段性实施结果评价包括历史环境是否得到了有效的保护和利用，历史文化街区的改造是否给街区带来了经济效益、社会效益及环境效益。而改造过程中主要评价制度建设是否为以上绩效的实现起到了促进作用。

（1）历史环境保护评价

历史环境的保护是社区建设的基础。街区不仅包含了建筑的物质形态，还包含了街区整体结构、街巷空间形态、街区建筑特征等；还有一些非物质形态遗产，例如，社区居民的生活文化观念、社会团体组织、传统艺术、民间工艺、民俗精华、名人轶事、传统产业等，与有形文化相互依存、相互衬托，共同构成街区珍贵的历史文化积淀和历史文脉。如图 4-33 所示。

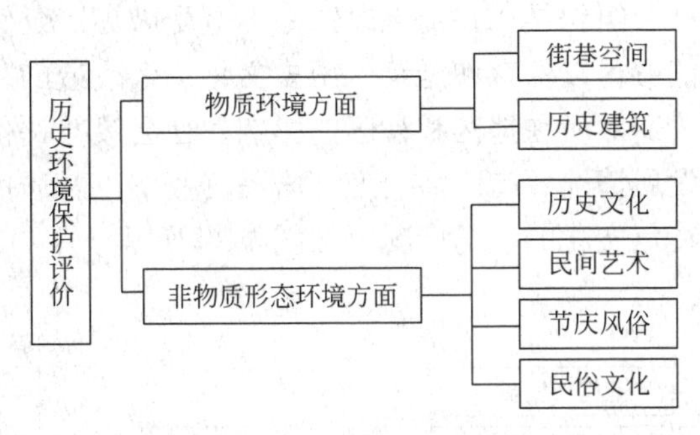

图 4-33　历史环境保护评价内容

1）物质环境

在历史文化街区的保护原则中，对物质环境的保护提出了以下几点：第一，要保持历史的真实性，尽量保留真实的历史遗迹；要大力修缮历史建筑，不能因为它破败就觉得它没有利用价值，也不能把它当作一种保护措施。第二，要保持景观的完整，不仅要保留建筑的整体风貌，还应包括道路、街巷、古树、小桥、院墙、河流、驳岸，形成景观的各个要素。

物质空间环境评估主要从物质空间形态、空间品质、空间使用等方面进行评估。其主要内容有历史街区整体结构，街巷空间的保护和利用，以及历史建筑的保护和利用。《华盛顿宪章》第 5 条对新的或重建的建筑单体作出了规定："在建造新的建筑或重建现存的建筑时，应当遵守现存的空间布置，尤其是在面积和地段上。与周边环境相协调的现代元素的引进，应该不会被破坏，因为它们可以给这个区域带来更多的色彩。"

2）非物质形态环境

1986 年，国务院在公布第二批历史文化名城的时候，明确指出，可以依据历史、科学和艺术价值，确定为省级历史文化保护区。因此，在提出"历史文化保护区"的时候，我们着重于"非物质形态"的保护。李和平教授就历史环境下的非物质文化遗产的保护提出了自己的观点：要从政策、管理、经济、规划等方面对现有的传统文化进行支持，比如传统节日、风味饮食等。节庆在历史文化传承、体现城镇特色等方面具有举足轻重的作用。非物质文化遗产的保护与评估主要有传承历史文化、民间艺术、节庆习俗和民俗文化。

（2）经济效益评价

历史文化街区改造的原则之一是"维护生活的延续性，这里的居民要继续生产和生活，要维持原有的社会功能，促进经济的繁荣"。经济发展是街区可持续发展的保证。经济效益评价主要分析评价街区保护对所在地区、所属行业和国家所产生的经济方面的影响。评价的内容主要包括产业构成的发展情况、社区的经济收益变化情况、居民收入情况以及由历史街区保护产生的外部经济性等，如图 4-34 所示。由于经济效益评价的外部经济性难以量化，一般只能做定性分析。

（3）社会效益评价

“历史城市和历史地区的文化特征、社会归属感是创新、合作精神和能源流通的决定因素”。历史文化街区的社会特性要求将其作为社区进行保护。历史文化街区的改造工作要满足其可持续发展。保护社区的结构稳定性，保持社区人口在一定数量之内，保护社区内部和谐的邻里关系和社会组织结构在街区改造中不遭受破坏。延续街区的场所精神，使社会网络在环境更新中能够得以保存和延续。历史文化街区改造的社会效益评价保护的社会影响，重点评价街区改造对所在地区和社区的影响。社会效益评价一般包括社会组织结构的变化情况、人口的发展情况、街区活力度、居民就业率以及居民保护意识等，还包括对地方民风、民俗以及特色文化的发扬情况。如图 4-35 所示。

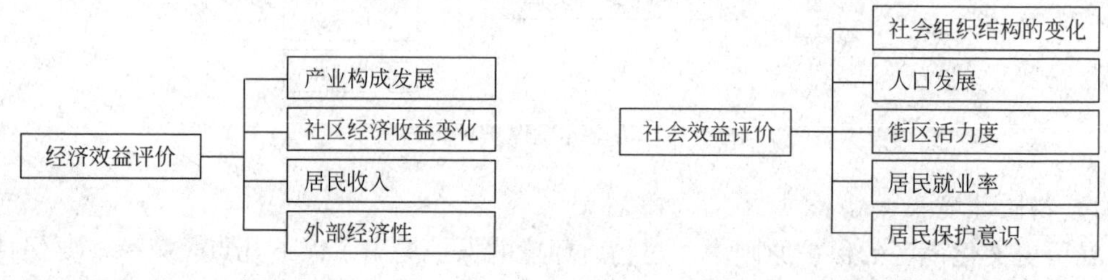

图 4-34　经济效益评价内容　　图 4-35　社会效益评价内容

（4）环境效益评价

《华盛顿宪章》对历史街区的环境保护进行了规定：“为了保护这一遗产并为了居民的安全与安居乐业，应保护历史城镇免受自然灾害、污染和噪声的危害。不管影响历史城镇或城区的灾害的性质如何，必须针对有关财产的具体特性采取预防和维修措施。”可持续发展的保护原则要求在对历史街区进行保护的同时不能对子孙后代的发展造成不利影响，尤其对生态环境的保护必须加以强调。环境效益的评价主要包括生态环境的保护情况，即对环境污染的控制、对社区环境质量的影响、对自然资源的利用和保护情况、区域生态平衡和环境管理等方面；市政设施是否完善，包括历史街区内的水、电、气等市政设施；街区内外的交通情况怎样，以及防止灾害的措施是否具备。如图 4-36 所示。

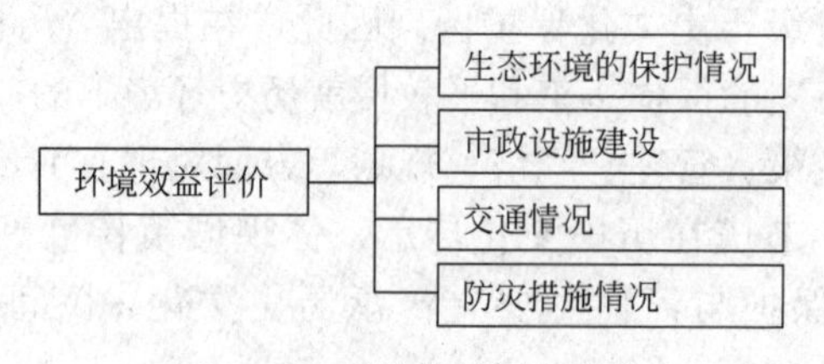

图 4-36　环境效益评价内容

第五章　未来社区投资决策综合性咨询

第一节　未来社区项目投资决策综合性咨询业务需求分析

一、未来社区投资决策综合性咨询服务必要性分析

1. 在合法性依据背景下，适应新决策综合性咨询发展理念

《关于推进全过程工程咨询服务发展的指导意见》（发改投资规〔2019〕515 号）将全过程工程咨询分为投资决策综合性咨询与工程建设全过程咨询，所以迫切需要从“先决策，后咨询”向“先咨询，后决策”转变。此外，在未来社区所面临的实际问题中，如需求多样化、差异化，发展路径不明确，对未来社区投资决策的综合性研究不足等，也表明了进行全面的投资决策综合性咨询服务以及研究的必要性。

投资决策中的综合咨询是为企业提供决策服务的。工程咨询是对投资项目进行科学的决策。然而，许多项目咨询只能证明地方领导的决策是明智的，这样做会丧失“专业咨询”的基本性质，从而丧失其应有的价值，比如，要想避免“可批性”的争论，就必须回归到项目的可行性和评估顾问的本来面目。为此，必须顺应新的综合性咨询发展理念，从“碎片式咨询”向“系统性咨询”转变，构建有别于单一咨询业务的多元化业务体系，同时提升咨询企业自身水平，对未来社区项目进行科学决策把关。

2. 未来社区项目与传统社区项目前期审批流程有所不同

未来社区既是未来化的社区类型，同时是一种面向未来城市建设的一种社区更新模式。所以，厘清未来社区与传统社区在不同层次上的差异，可以更好地认识未来社区的性质，并对未来社区在社区层次上的认识有所帮助，也可以帮助我们了解未来社区在这一层次上的差异，如表 5-1 所示。

传统社区与未来社区前期投资决策综合性咨询有关对比　　表 5-1

对比项		传统社区	未来社区
开发模式	开发主体	单一开发建设单位	多板块建设单位
	创建主体	开发商	所在县(市、区)人民政府或开发商(新区)管委会
	主管单位	住房城乡建设部门	住房和城乡建设、经济和信息委员会、政务服务数据管理局等多部门
	建设参与方	设计、施工方	设计、施工方,社区使用方、运营方全员参与
	建设周期	一次性建设	持续迭代建设
	资金投入	所有资金一次性投入	建设单位提供种子资金,通信服务和产业实现资金循环
	开发导向	资金、土地财政	TOD 公共交通导向

续表

对比项		传统社区	未来社区
开发模式	原住居民安置	异地搬迁	原拆原回
	土地获取	政府投标，开发商公投获得	土地“带方案”公开出让
	发展动力	外源性政府供给	内源性自我革新
	规划角度	强调部分	一体化
	功能布局	微观的单一形态布局	整体的多元协同、最大价值化
	建筑构型	平面固定	多层次、立体可变、可持续性
	基础设施	硬件	硬件和软件
	内部件主属性	经济楼盘、该楼盘所属公共空间	原住居民的安置房、政府自持的人才公寓、经济性楼盘、社会性的公共空间
指标体系	建设指标	生活圈层体系、建筑密度、容积率、绿地率、公共服务配套密度、停车位数等	安置居民数、计划引进人才数、九大场景评价指标（约束性、引导性）
	经济技术指标计算	《住宅设计规范》GB 50096—2011	新的计算方法，如：返还给城市功能的底层建筑可不计算容积率，户内 $25m^2$ 的绿化花园可不计算套内面积等
社区内部性特征	居住群体	同一阶层的购房者	原住居民、经济购房者、社会性人才
	公共体价值	同构化、统一性	个性化、复数性
	伦理主体	人	人与机器
	边界关系	公域和私域界限分明	公域和私域边界互嵌、偏向模糊

（1）开发建设

未来社区的规则和标准是以大板块的开发商为主体，公共基础平台为提供者，并以统一的技术平台与专业技术机构进行未来社区的构建。

开发导向上，未来社区将会依托于良好的公交系统，并将其作为一个重要的开发方向，与传统的以土地为基础的资金和资源的方式来开发形成鲜明的对比。

开发投资上，未来社区在土地获取和社区建设方面与传统的现代化社区存在着很大差异。未来社区将以去房地产为目的，实现推进房地产效应的转型。从土地的获取、原住居民的生活去向、开发对象和参与方的选择等方面，都有别于传统的社区开发模式。

空间形态上，更加注重其与现代智能技术相适应的空间场景，各种智能技术可以在生活空间中实现，而不会受到建筑空间的限制。在原住居民的安置方面，未来社区将采取原拆原回的方式，在原地建设具有较高价值属性的不动产，有别于传统地产的异地安置。

社区内部建筑属性构成上，未来社区除了包括原住居民的安置楼外，还有政府提供的人才公寓以及一些经济型的住宅，更有大量的社会性使用的公共区域。

（2）指标体系

在指标体系上，与传统的现代社区相比，未来社区的建设指标包括两个方面：建设考核指标和综合考核指标。建设考核的目标是建设九个不同的未来化场景，每个未来化场景又建立自己的目标，它的创新点在于设置了综合考核指标，包含了原拆原回的居民数和引进人才数的总和后构建的新的综合指标，且成为未来社区的考核的关键。

未来社区的建设性及其特有的功能使其形成了各种不同的空间环境与建筑形式，而在这一新技术的背景下，未来社区也将尝试不同的技术指标计算方法。同时，这些技术指标的计算也会影响新技术标准的制定，进而对新技术条件下住宅建筑的技术标准进行探索。

（3）社区内部性特征

在未来社区建设中，要充分考虑人与技术的关系、新社区的新价值观、居民需求的多元化以及城市发展的策略。从社区内在特性上看，传统的现代社区具有一种单一的、倾向于一致性的价值准则，而“复数性”的未来社区则具有对差别的尊重和对共识的保留。传统的现代化社区外部强制力量的整合，是由于未来社区的自然认同，以及对新技术的需要。技术的连接和权利的转移，使得未来社会必须协调人与技术（机械）的关系。

总之，未来社区是一个新的社会发展现象，相对于传统的社区，有如下变化：

（1）改变社区职能布局。传统的社区以居住功能为主，而在未来，将会更加重视各种功能的整合，实现信息化、低碳化、智能化等。

（2）改变社区运作模式。在未来的交通流、能源流、信息流、自然雨流等领域，都将更加智能、环保、生态化，更加突出了“以人为中心”的思想。

（3）改变了结构形式。未来的社区综合配套设施在建筑施工方式、材料、功能、安装内容和方式上都有了较大的变化。

（4）改变城市规划和建设模式。今后的城市建设将会更好地融入城市建设的整体之中，采取新的建设方式、资金的投入、建设管理的方式。

3. 重视投资决策及审查，同时需注重事中事后评价监管体系

未来社区建设项目注重投资决策及审查，尽可能在实施环节按照审批的要求去执行，避免社会产生不必要的成本浪费，同时在此基础上还应重视运行和实施绩效的监督检查，重视绩效监测评价，而不仅仅是重视前期审批过关。因此，需要专业工程咨询服务团队介入来保证全过程投资管控达到质量最优。

《关于完善固定资产投资项目代码制度加强项目代码管理和应用工作的通知》（发改投资规〔2018〕817号），由国家发展改革委、工业和信息化部、自然资源部、生态环境部、住房城乡建设部、交通运输部、水利部、国家卫生健康委、应急管理部、国家统计局、中国地震局、中国气象局、国家国防科工局、国家烟草局、中国民航局、国家文物局、国家能源局17个部门于2018年5月30日联合发文。通知要求各地、各部门要高度重视固定资产投资项目代码管理和应用工作，加强组织领导，确保“一项一码”，大力推广项目代码应用，提高审批和监管效率。

4. 社会参与感较弱，应推动信息公开及决策的公众参与度

未来社区建设关系到人民的生活，如果在重大决策上出了差错，不仅会造成巨大的经济损失，还会引起民众的负面情绪，造成严重的社会动荡。因此，必须加强公众对重大决策的参与，在作出决定之前，要充分听取民意，保证民众的长远和短期利益，提高民众的满意度和安全感。要加强政府决策的稳定性、准确性、民主性和规范性，加强以人为本的服务观念，从根本上降低社会不稳定的因素。

对于未来社区项目而言，要建立覆盖各地区各部门的未来社区建设项目库，这需要咨询公司利用大数据等专业的前期咨询服务，搭建在线审批监管平台，实现项目网上申报、并联审批、信息公开、协同监管，建立投资项目统一编码制度，统一汇集审批、建设、监管等项目信息，促进政府投资信息公开，提高透明度，并主动接受新闻媒体、公民、法人和其他组织依法对政府服务管理行为的监督。

二、未来社区前期投资决策综合性业务需求分析

除文献资料之外，本书参考了《工程造价咨询企业服务清单》CCEA/GC 11—2019、《房屋建筑和市政基础设施建设项目全过程工程咨询服务技术标准（征求意见稿）》《浙江省未来社区试点建设全过程》等指引性文件。

《房屋建筑和市政基础设施建设项目全过程工程咨询服务技术标准》中规定，项目投资决策的咨询一般包括项目投资策划咨询（项目投资机会研究），项目建议书（项目初步可行性研究），项目可行性研究报告，项目建设条件咨询、环境影响评价、节能评估报告、安全风险评估、社会稳定风险评估、水土保持评价、地质灾害评估、安全风险评价、交通影响评价、资源综合开发利用评估等，项目申请报告，项目资金申请报告等专项咨询业务中的一项或多项。

除此之外，通过查阅中国建设工程造价管理协会主编的《全过程工程咨询典型案例》一书，分析并摘录其中几个涉及投资决策综合性咨询服务的案例相关内容，如表 5-2 所示。

部分项目前期咨询案例概况 **表 5-2**

典型案例一：以投资管控为主线的某基础设施项目投资决策综合性咨询服务	
项目概况	建设内容：道路工程、桥涵工程、综合管廊工程、交通工程、雨水工程、污水工程、给水工程、照明工程、绿化工程、电力通信管沟工程。 项目的建设规模为 PPP 建设模式
咨询服务内容	1. 战略研究咨询；2. 项目投资决策咨询；3. 委托方能力提升咨询；4. 风险预警咨询
服务金额	—
典型案例二：某县城三个 PPP 项目（项目包）投资决策综合性咨询	
项目概况	本项目包括某县城乡环卫一体化及内河整治 PPP 项目、工业园区综合开发 PPP 项目、农旅结合田园综合体 PPP 项目
咨询服务内容	实施 PPP 项目建议书、可研报告、环评、PPP 咨询 通过前期编制服务对拟建项目开展调研与比较分析（包括相关的自然、社会、经济、技术等），同时进行全面的技术经济分析与论证，对项目建成后的社会经济效益进行预测，为项目实施规划路径，将为拟建项目的财务盈利性，技术先进性和适应性，建设条件可行性等投资决策阶段的科学性分析提供重要支撑
服务金额	2639 万元
典型案例三：基于投资决策综合性咨询服务的某市某古村落保护开发项目	
项目概况	本项目主要建设内容包括土地收储、古建筑修复、公共服务设施建设、商业服务设施建设

续表

典型案例三：基于投资决策综合性咨询服务的某市某古村落保护开发项目	
咨询服务内容	项目投资策划咨询服务：为满足甲方对本项目的保护与开发需求，根据以往服务的其他企业(含平台公司)经验总结，提出以项目发展策划为先导、投资管控为主线、增值为目标的规划策划总咨询顾问服务。其中具体内容包括不限于：市场战略分析、项目定位、运作机制、运作模式、合作期限、回报机制、项目资金平衡及财务分析、风险评估等，前期基础数据调查、方案比选，并结合项目功能，规划策划建设规模及费用组成，全生命周期成本最小而资产价值最大化的投融资模式、交易结构策划(完整的项目策划方案内容可结合项目具体情况进行调改)。本咨询公司提供必要的驻场人员服务、单项文件咨询意见(如政策文件建议，合同的风险审查等)、重大会议专家(商业谈判)例会、资源协调(第三方)等
服务金额	—
典型案例四：某市东站核心区市政配套及综合交通枢纽工程全过程工程咨询项目	
项目概况	项目委托方为某市新城开发有限公司
咨询服务内容	投资决策阶段：投资决策综合性咨询(项目建议书、可行性研究、节能评估、环境影响评价、社会稳定风险评估)； 建设期：项目管理、工程监理、工程造价控制、BIM技术服务等
服务金额	2639万元
典型案例五：某县旅游名镇建设PPP项目全过程工程咨询服务	
项目概况	项目委托方为某县文化旅游建设资金管理中心
咨询服务内容	投资决策阶段：前期工程咨询＋PPP咨询＋招标(项目建议书、可行性研究、PPP咨询、“两评一案”) 建设期：项目管理＋造价＋监理
服务金额	1777万元

目前的投资决策综合咨询，使前期业务的前瞻性、多元性、领导性内涵得到了进一步的充实，也就是在某种程度上发生了变化。将企业的业务需求划分到政府投资项目的各个工作阶段，并绘制了如图5-1所示的全面的投资决策综合咨询业务范围和产品需求清单：分为横向和纵向两个维度，一条是横向全流程，综合性咨询体现在五大模块业务工作集成之上，依据515号文针对投资决策综合性咨询的每一模块都细化出更多的服务产品与作业；另一条是服务列表，包含了各种服务的存在，根据审批流程选择编制、评估或者有针对性的业务来实现一次全方位的咨询服务。过去的顾问工作彼此相互独立，难以协同；如果一个公司可以全方位地提供各种服务，那么业主的协调工作就会少很多，整体的效果也会更好，这样就可以形成一种多样化、综合性的咨询服务。

服务内容	前期规划模块	前期策划模块	可行分析模块	建设条件单项咨询模块	其他专项咨询模块
投资决策阶段全过程、综合性咨询服务	以规划咨询、策划咨询、可行性分析咨询、建设条件单项咨询模块咨询及其他专项咨询为基础，结合政府投资项目的市场、技术、经济、生态环境、能源、资源、安全等影响可行性的要素，多种咨询服务集成，开展综合性咨询，为投资者提供决策依据和建议。				
编制咨询服务	《专项规划报告》 《区域规划报告》 《城市(乡)规划报告》	《投资机会研究报告》 《市场研究报告》 《项目策划书》	《项目建议书》 《项目用地预审申请表》 《用地预审报告》 《可行性研究报告》	《环境影响评价报告》 《节能评价报告》 《社会稳定风险评价报告》 《水土保持方案报告》 《地质灾害危险性评价报告》 《水资源论证报告》 《压覆重要矿产资源评价报告》 《安全风险评价报告》 《文物保护项目评价报告》 《PPP项目物有所值评价报告》 《PPP项目财政承受能力论证报告》 《PPP项目实施方案》	
评估咨询服务	《专项规划评估报告》 《区域规划评估报告》 《城市(乡)规划评估报告》 《规划实施过程评估报告》 《规划实施效果评估报告》		《项目建议书评估报告》 《可行性研究评估报告》	《PPP项目实施方案评估报告》	
针对性需求咨询服务	《辅助总体规划报告》				《投融资规划书》 《专项债申报实施方案》
工具/增值咨询服务	工程信息化技术咨询——基于BIM的辅助决策平台、基于GIS(地理信息系统)的信息化平台 财务分析咨询 法务咨询				

图 5-1　项目前期投资决策综合性咨询业务范围及服务产品需求清单

第二节　未来社区项目投资决策综合性咨询规划咨询

一、规划咨询的工作流程

未来社区项目前期投资决策综合性咨询规划咨询的工作流程图如图 5-2 所示。

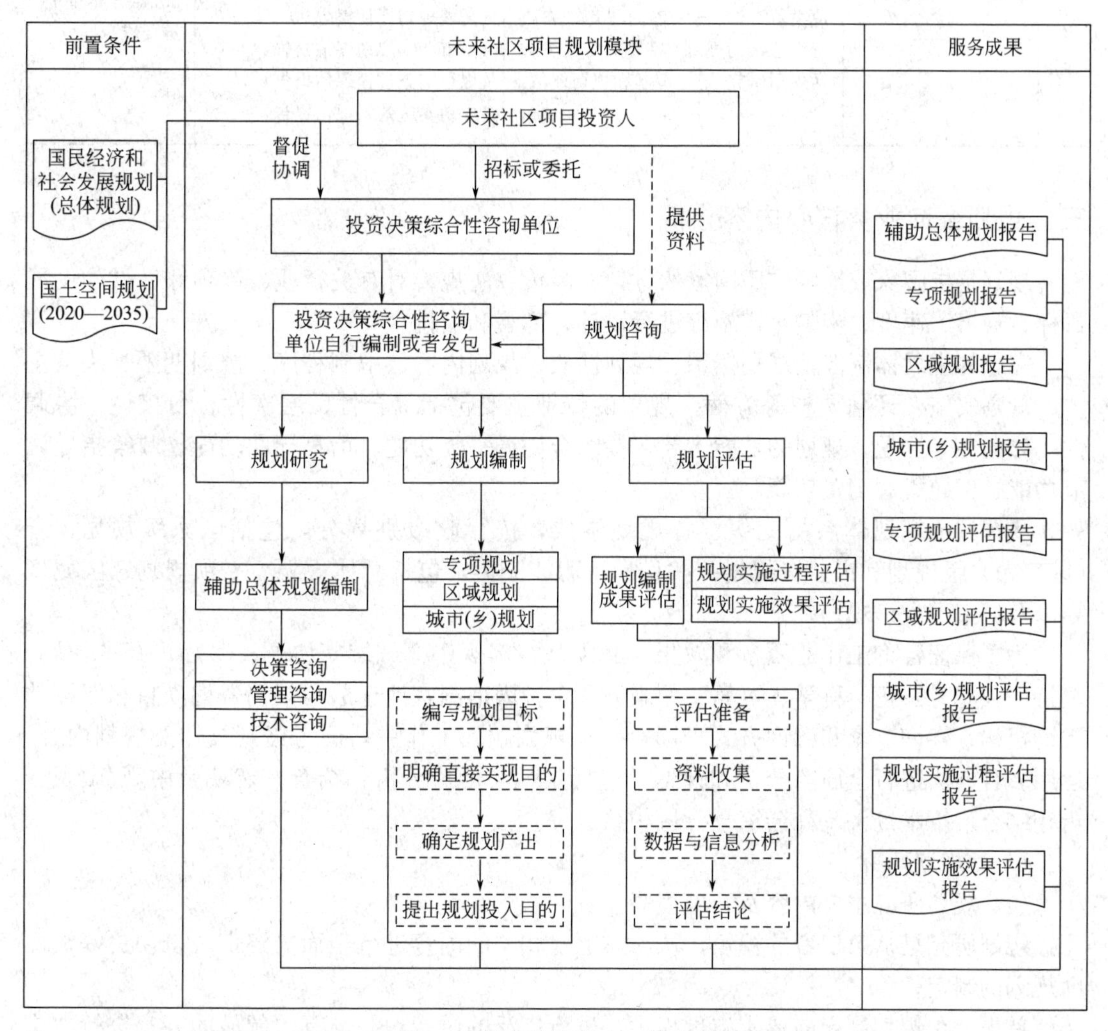

图 5-2　规划咨询业务工作流程

二、规划咨询业务管理工作

在上述业务工作流程中，需要重点关注的业务成果为辅助总体规划报告、专项规划报告、区域规划报告、城市（乡）规划报告、规划实施过程评估报告以及规划实施效果评估报告等，规划咨询业务管理工作内容如表 5-3 所示。

规划咨询业务管理工作 表 5-3

阶段	序号	核心工作	工作内容	输出产品/服务成果文件	服务质量
前期规划咨询	1	规划研究	规划咨询是规划科学决策的重要依据，也是规划执行、建设与管理的重要环节 规划咨询一般从宏观角度出发，形成决策咨询、技术咨询和管理咨询三个层次的规划体制，主要业务包括规划研究、规划编制和规划评估	《辅助总体规划报告》 《专项规划报告》 《区域规划报告》 《城市(乡)规划报告》 《专项规划评估报告》 《区域规划评估报告》 《城市(乡)规划评估报告》 《规划实施过程评估报告》 《规划实施效果评估报告》	1. 符合咨询服务合同的约定； 2. 符合行业标准要求
	2	规划编制			
	3	规划评估			

三、规划咨询业务核心内容分析

规划是指国家或地区按照国家的方针、政策、法规，对有关行业、专项和区域的发展目标、规模、速度、步骤、措施等进行设计、部署和安排。

完整的规划体制涉及规划体系、规划性质、规划内容、编制程序、规划期限、决策主体、规划实施、评估调整等方面。规划的特征主要包括综合性、层次性、衔接性、协调性、导向性等五项。规划的功能主要包括综合协调平衡功能、信息导向功能、政策指导调节功能、引导资源配置功能。

我国城市规划体系由三级、三规划构成，按行政级别划分，包括国家级规划、省（区、市）级规划和市县级规划；按目标、职能分类，包括总体规划、专项规划、区域规划以及城市（乡）规划。

为了保证咨询工作的质量和效果，必须坚持客观中立、统筹协调、实际可行的原则，坚持“独立、公正、科学、可靠”的服务理念，因地制宜地选取与规划咨询项目相匹配的咨询机构、咨询专家和咨询方式。同时，在规划顾问工作中，要考虑到具体的规划内容，运用多种方法进行全面的分析和评估，包括定性及定量分析相结合，宏观及中观/微观分析相结合，技术经济及社会综合分析相结合等。

（一）规划研究

（1）规划研究主要内容及开展程序

规划研究是从第三者的视角，从整体上对相关的内容进行全面的咨询，以便更好地协助规划的制定。

首先，在规划制定前或实施过程中，进行广泛的讨论，并与有关领域的专家进行“头脑风暴”，为发展战略和总体规划等宏观、上位规划的制定和实施提供一些思路和借鉴。其次，在我国经济进入“新常态”的今天，协调各方利益、维护公共利益的问题就变得非常突出。咨询单位总是以第三方的身份来协调双方的关系，使得整体计划更容易实现公众利益的保护。同时，在整个规划过程中，还会有一些专门的技术问题，在规划过程中，会有一些专门的技术问题，比如由第三方的规划研究顾问来进行分析，比如在行政审批中，辅助完成一系列的技术工作，由咨询机构根据规划主管部门的工作流程和特点，对规划设计方案进行解读和优化，提出专业建议，并将其整合成一份符合行政审批的咨询报告，从而为科学的规划编制提供了技术支持，增强了技术和管理的联系，促进了城市规划管理的精细化。

(2) 规划研究案例实践介绍

1) S市文化设施“十三五”规划咨询背景

文化是软实力，赋予城市活力与吸引力，是城市的灵魂，是城市综合实力的重要组成。除显著的社会功能外，城市的文化实力还与其经济实力密切相关，是城市经济发展的重要推力。世界各大城市充分认识到文化对城市发展的重要性，纷纷提出了促进文化发展的战略，并将其上升为城市总体战略的重要内容。

S市经过几轮的发展，已成为世界第二大经济体的最大城市。面对新一轮的发展，需要将文化放在城市总体战略的高度，提升城市的文化内涵，并借助文化进一步推动城市经济的发展，实现文化和经济的融合互动。因此，S市“十三五”规划提出“国际文化大都市”的建设目标。“国际文化大都市”的建设，是该市转变经济增长方式、实现创新转型的重要引擎，是促进社会稳定和改善民生的重要抓手，更是建设国际大都市的重要内容。

建设S市国际文化大都市是一个重大课题，涉及众多领域，研究内容丰富，将细化提出《S市“十三五”时期文化改革发展规划》。其中，文化设施体系是S市文化“十三五”的重要组成内容，为了辅助和引导规划相关内容的编制，特接受S市委宣传部委托开展S文化设施的国际比较研究。

本项规划研究咨询工作为S市文化“十三五”规划中文化设施部分的规划内容编制提供参考和依据。

2) S市文化设施“十三五”规划咨询思路

经研究，本次规划咨询主要需回答以下几个问题：一是“为什么建”：通过现状分析、国际对标等提出建设的必要性；二是“由谁建”：即投资主体，分析国际城市文化设施的投资体系并提供借鉴；三是“建成什么样”：通过国际对标、国内外文化设施趋势分析等为S市提供借鉴和启示；四是“如何建”：即S市文化设施的发展思路、对策建议等；五是“建成后如何运营”：如何保证设施建成后的可持续运营和发展。

基于此，提出规划咨询的整体研究思路为：首先，通过对国际文化大都市的解读，分析国际文化大都市的构成要素和主要特征，并与S市做横向比较。其次，基于文化设施建设对构建国际文化大都市的重要作用，研究并设计文化设施建设的评价指标体系，并对S市主要文化设施的建设情况做国际比较研究，找出S市文化设施建设方面存在的问题和不足。最后，结合目前国内外文化设施的建设趋势，提出S市文化设施的发展思路和建议，如图5-3所示。

(3) S市文化设施“十三五”规划咨询成果

本次规划咨询成果以研究报告形式呈现，在比较研究和建设趋势分析的基础上，提出S市文化设施的六大发展建议，并就博物馆、图书馆、剧院、主题公园、电影院、实体书店六大重点文化设施形成专题研究。研究成果在最终发布的《S市“十三五”时期文化改革发展规划》中得到了体现，研究方法系统科学、数据内容丰富，对S市文化设施“十三五”的规划编制形成了良好借鉴与参考。

(二) 规划编制

规划编制除总体规划以外，还包括各级专项规划、区域规划、城镇规划和相关政策的制订。规划编制一般采用逻辑架构方法进行归纳和综合，而实施计划的逻辑架构应为：

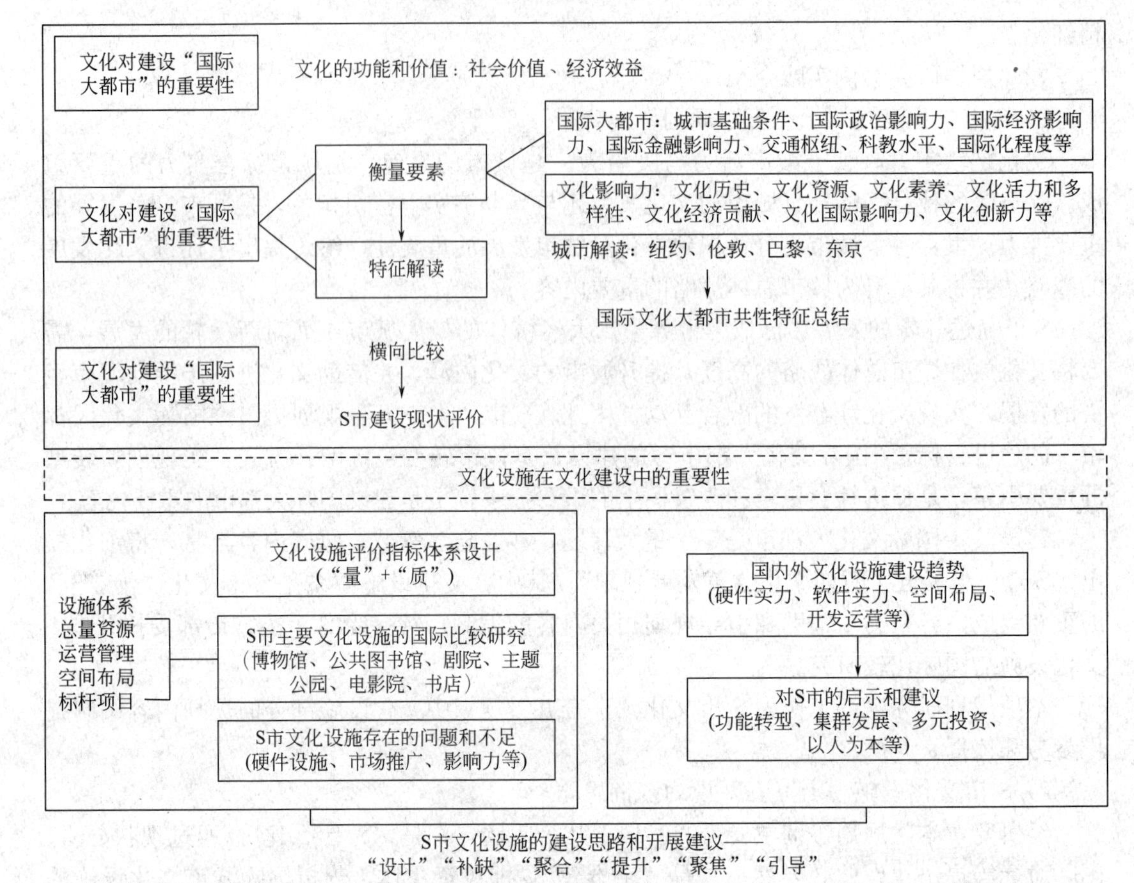

图 5-3　S 市文化设施“十三五”规划咨询技术路径

（1）编制规划目标；

（2）明确为达到规划目标而必须达到的直接目的；

（3）确定规划的主要工作，也就是规划的产出；

（4）建议规划应该采用的措施，也就是规划的投入。

（三）规划评估

根据项目内容，规划评估分为两大部分：一是对规划编制成果进行评估和分析论证，二是分别对规划实施中和实施后进行评估，也就是对规划的执行过程和结果进行评价，这两种评估的重点和方法都是不同的，同时依据科学的评估流程，研究分析影响规划实施过程和效果的因素，进而提出评估结果和优化实施建议的咨询服务。规划评估程序总结如图 5-4 所示。

在规划评估过程中，规划动态实施机制是其中的一项重要内容，也是对区域未来的发展趋势进行战略性的研究和规划，以实现城市总体规划的良性循环。规划评估应该着重于下列几个方面：

（1）对外界环境变化过程的重视；

（2）对时空序列和空间尺度的重视；

（3）对规划技术的发展变化的重视；

（4）对规划的可持续发展的重视。

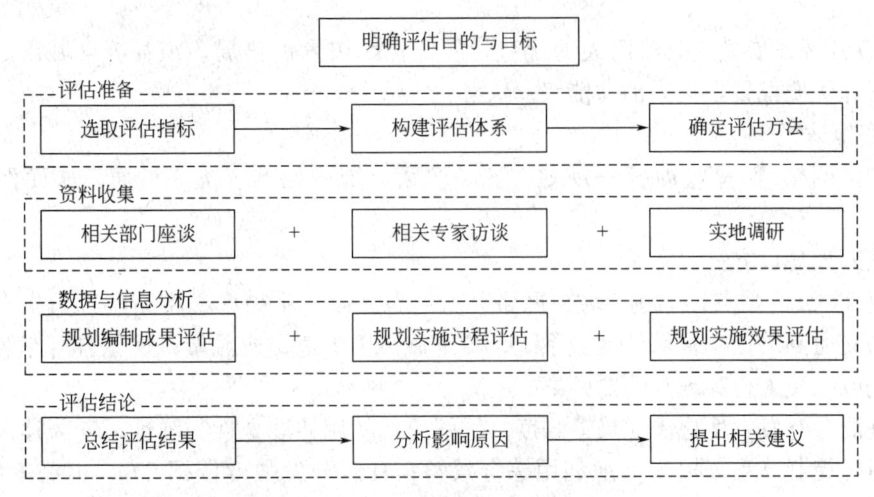

图 5-4　规划评估程序

在评估方法方面，规划评估通常综合运用定量和定性两种方法，可通过数据和模型等对实施结果与目标蓝图的契合度进行实证分析，也可通过定性描述来说明规划是否为决策提供依据以及是否坚持公正与理性。在规划评估方法的选择与应用上，应注重技术理性与社会理性的融合，也应注重评估规划与其他相关规划的融合。

四、未来社区空间场景规划细则

在控规层面重新设计TOD模式下的未来社区空间：引入新的街道网络，使其更为适宜步行、自行车与公交；迭代居住环境，与现代创业理念融合；满足未来社区多种功能的复合空间；传承优秀传统文化，复原在地化历史街区，赋予文化认同的沉浸式感受；创新建设技术，提升建设效率及能源应用；智慧社区建设，优化决策，提高增效，智慧应用，赋能未来社区九大场景数字集成服务。

（一）TOD模式下社区空间

1. 总体要求

开发模式上，使用土地进行有序的混合开发，实现多样式住宅混合，TOD模式下的住宅主要从较低密度到高密度多种组合住宅，价格呈现多样化，同时还应包括出租住房与自住住房。

布局模式上，采取TOD社区模式，以轨道交通及大运量的公交站点为核心，以400～800m为半径，即为5～10分钟步程，便于行走与自行车道的使用。TOD的社区道路采用方格网，辐射周边，道路环境对行人友善；方便的商业与公共设施，即每一个TOD都应包含一个主要的商区、若干个点状式散落商业中心，TOD还应为生活在那片区域的人们提供公共空间，如广场、绿地、公园、公共建筑等；形成同时满足居住、工作、购物娱乐、出行、休闲等需求的多功能TOD社区；渐进式推动城市发展的迭代升级。

布局导向上，实施七项基本原则：构建适宜步行的街道和人行尺度的街区；自行车网络优先；提高道路网密度；发展高质量的公共交通，混合使用街区；根据公共交通容量确定城市密度；通过快捷通勤建立紧凑的城市区域；通过调节停车和道路使用来增加机动性。

TOD社区发展模式具有巨大的优势，能优化城市发展格局，织补缝合城市缺陷，升级城市资源优质配置，提升消费能级。

2. 实施途径

贯彻“四个统一”，即统一规划、统一政策、统一标准、统一贯通，从而促进协同发展。

实施四大建设方针：

围绕TOD的站点，构建“城市网格”新形态。以“小街区、密路网”为指引，组织社区内部交通网络；完善对外接驳系统，疏解城市主干道交通流量；优化自行车与步行系统，避免或缩短人行穿越马路的距离。

促进混合开发，优化土地极差强度。增强土地使用的混合性与弹性，创新社区的用地分类与指标控制体系，提高土地利用综合效益；社区开发强度依据TOD枢纽等级而定，引导自TOD站点向外围实现梯度递减，促进社区紧凑发展。

地上、地下立体开发，提高空间利用效率。基于“零距离”的便捷转换，实现竖向层立体综合开发、横向相关空间联通，公共服务设施与交通站点无缝衔接；立体统筹地上地下空间开发，推荐建设用地的多功能立体开发和复合利用。

倡导共享开发，优化社区公共空间组织。强调“开放型”氛围营造，不设置社区及组团围墙，组团之间空间互为渗透流动，实现“城市—社区—建筑”空间转换的自然过渡；统筹组织社区集中式公建、广场、绿地、建筑群围合空间及建筑内“开放与半开放”等多类公共空间，营造充满活力的空间体系。

（二）人居环境与创业环境联动场景

1. 总体要求

通过提供高居住品质、迭代繁荣的创业空间、细分化的生活场景，以营造森林氧吧类的社区生态环境为基础，以人居环境与创业环境联动为核心，实施职住平衡发展、人与自然和谐发展，不仅实现土地集约、低碳高效，而且激发城市活力、民众安居乐业

提供高质量的精细双创孵化空间。适应创新创业升级需求营造，引导“共享办公＋共享服务＋人才公寓”三大功能结合，完善孵化器与加速器等创新载体建设；基于项目所在地的实际情况而特色开发建设社区双创空间。按各社区特点和特色发展，将以下三类间有机结合：①商务、创客中心、SOHO等办公空间；②公寓、人才公寓、专家楼等居住空间；③共享学堂、共享健身房、共享厨房等设施。

推广建筑弹性可变房屋空间模式。提供以人为本的更宜居的房屋空间，采用咨询化的户型、单元设计，空间灵活多变，满足家庭与创业空间多样化个性需求；通过弹性组合改造，实现建筑全生命周期的使用，延长建筑寿命，打造百年建筑，营造节约型社区建筑。

生态目标全方位营建立体绿化系统。倡导竖向多层次的城市森林立体空间，采用地面、平台与屋顶、垂直绿化相结合的方式；整合串联社区内公共绿地、零星街头绿地、中绿化和建立立面绿化，营造宜人的“森林社区”环境。

完善组织5～10分钟生活圈设施。落实邻里、健康、教育、创业、服务等场景的设施建设需求，按照社区人口构成情况和各年龄段人群出行特点，合理组织设施布局，满足就近使用。按5分钟步程，建立便捷的完善的步行系统。

营造全人群、全龄段的服务设施系统。关怀老弱幼残，完善专需设施，引入智慧养老、养护场所，完善无障碍与盲道设施，设立 0～3 岁幼儿托管场所；确保共享空间特色化的配置，以人为本，创建“特色组团的多样共享空间”，为人际交往提供喜欢停留的场所。构建智能融合的智慧社区，利用物联网、云端技术、5G 移动互联网等新技术，为人们提供更舒适、便利的网络生活平台。

2. 实施途径

推广咨询化装配式的建筑营造，实现弹性可变的空间使用需求。咨询化建筑营造，是以如同盒子的单元体结构主，但不局限于六面的方体。利用新型节能环保材料装配的单元体建筑，这种咨询式建筑在单元体间形成了多样的空间，包括空中绿化阳台、露台，由于空的规整利于内部灵活分隔，弹性可变，适应家庭全生命周期的使用，咨询可多样化组形成形体丰富、形式独特的生态圈。

土地与规划层面的引领。强化规划，强化城市设计。在“多规合一”的基础上，强调区域联动的效应，优化不同用地合理比例配置，强化不同用地性质之间的联系。

产业业态与配置的提质。激发社区创新创业活力。响应城市区域产业结构的发展，确立社区产业群，合理配置相应的业态，强调吸引人才落户，配置双创空间，配置共享设施，产业配套功能多样性。

市政及公用设施水平的提升。更精准服务、更精细管理。设施配备的规划与建设富有前瞻性且具备弹性发展优势，可以有效避免无序扩容改造，从而建立数字化平台，形成更精准的服务体系。

（三）功能复合建筑与场景

1. 总体要求

适应多元化、个性化的人群使用特点，满足未来社区其他场景的用途需求；倡导混合使用与全时段利用，探索居住、工作、商业、娱乐、休闲等功能在建筑中、在场所中的综合利用模式，创新社区建筑产品供给；创造空间利用高效、功能用途复合、充满活力的社区建筑与场所空间。人的生产与活动都被空间包围着，空间是一种实质存在的物质。然而，空间是一种不定型的物质，它依赖于人的感官而存在。当空间被一定的体量关系所定义、围合、组织与塑造的时候，建筑就因此而生。而建筑空间的组合方式多样庞杂，不同的建筑空间有不同的组合规律，找对规律对于建筑空间的定义起到辅助性作用。

2. 实施途径

集中建设综合型的社区邻里中心。过去的社区邻里空间不仅散落，而且不成规模，在社区内占用不重要的空间，使得居民生活中对于邻里空间的使用非常贫乏。未来社区邻里中心将以“综合体”模式，集成社区 5 分钟生活圈所需的主要功能，是社区“一站式”公共中心形象展示地标；邻里中心一般包括社区商业、邮电、金融、公共服务、物业、养老、医疗、教育等完备的生活服务设施，因地制宜兼顾社区创业办公和人才公寓功能，同时结合社区公园或中心广场等公共开敞空间，形成社区活动中心。

分散配置便民性的街坊共享空间。按就近原则，结合建筑群体布置，把共享空间分散在各个居住街坊内；集成 24 小时便利店、日杂店、物流配送终端、无人售货亭、社区健身场所、共享单车终端等便民性服务设施。

推进建筑的功能混合与融合。集约化和立体化利用建筑空间，因地制宜地选择办公、商业、住宅、人才公寓、休闲娱乐等功能之间的组合；积极开辟建筑内空间共享，推广多功能建筑。采用咨询化设计与建造方式，保持建筑使用的灵活性，提高建筑应对未来需求变化的响应。

民营“建筑—场所”共同生态圈。按照共同生态圈的理念，通过步行道、建筑架空层、连廊天街等慢行系统，将社区邻里中心、街坊共享空间、各类功能建筑及广场、公园、“块—带”状绿地等进行有机连接；打造安全舒适、可达性强、多样化的社区、“建筑—场所”系统，创造充满活力的社区活动空间。

（四）艺术与风貌文化场景

1. 总体要求

引导艺术与文化风貌的交融，兼具江南文化内涵与时代特征。空间场景中的文化表现离不开形态特征，注重文化的形式表达和丰富的艺术体现。通过构建人与空间的人文生态，赋予文化认同的沉浸式感受。与环境的融合、与人的情感体验融合，达到一种共情的效果。通过引导人与环境的和谐共处，赋予生机盎然的景观环境体验。寻找生存世界的客观规律是与环境融合的方式之一。

实现在地化的人文场景重塑，形成社群集体归属感，必须考虑不同文化、宗教、民俗等对空间场景的影响。把握好这种尺度，空间才会有情感，形成某个特定群体的集体归属感。

2. 实施途径

立足风貌基底，明确社区风貌整体方向。依据社区项目地的气候特征、历史文化、自然环境、公共环境、建筑风格等风貌形成要素，划分城市风貌区，如城市核心风貌区、历史文化风貌区、滨水与自然风貌区、交通枢纽风貌区、一般城市风貌区、郊野生态风貌区等，指导社区风貌整体方向的确定。

挖掘风貌特质，再构多样风格与空间界面特质。融建筑于景，与山对话，与水交融，彰显浙江山水城市风貌（解构、立意、象征）；营造新颖动感的空间组合与天际线，展现社区的艺术化气质（韵律、节奏、开合、疏密）；打造多样、生动、可变的建筑形式，形成聚落群体，处理好整体与细节协调。

重视地域文脉，重塑在地化的人文风貌。融合城区历史与传统肌理，以城市乡愁记忆和历史文脉为基础，突出人文多样性、包容性和差异性，特色发展（文化肌理、空间肌理、建筑肌理）；现代建筑的地域性表达体现显性与隐性之间的文化信息解码，传承与创新之间的特色与多元化；有机更新地块内有保留价值的建筑，并保护修缮历史建筑（表皮特征、内外部空间、环境及材料利用）。

注重环境艺术，创建优雅、生动的公共环境景观。强化空间陈设与景观艺术，传递未来的时代感特征；塑造景观环境构成要素的本地化，凸显城市的文化环境。

建立管控导则，完善风貌设计指南与评价体系。材料运用的质感与彩色运用引导；建立风貌控制与点评要素管理体系，包括建筑风格、景观色彩、标识设计、灯光规划等。

（五）技术应用系统集成设计场景

1. 总体要求

（1）推进预制装配结构体系。基于SI体系的咨询化构筑，以咨询作为建筑基本构成，并以工业装配式的建造完成，咨询间形成的空间利于空中绿化，形成了一个独特生态群，可有效地降低成本，同时咨询化的构筑装置提供了灵活使用空间；新型装配式结构体系，建筑装修一体化，预制部品部件的标准化、模数化，并向建筑各系统集成转变，用物联网思维进一步强化装配式建筑带来的工期缩短、质量提升、节能减排降耗等诸多利益；外围护结构一体化系统，采用高性能围护结构，推广结构、装饰、保温一体化预制外挂墙体系统。

（2）环境舒适性系统。声光环境智能化系统；通过智能系统的控制，能轻松以自己的喜好打造舒适氛围；风热环境智能化系统；采用节能设备打造室内热风舒适化循环系统，如毛细辐射系统、新风调湿系统等；空气净化解决方案；抗霾除尘系统净化室内空气，提供24小时全热交换新风；健康饮水系统；配置高过滤精度直饮水系统，保障健康。

（3）再生资源利用系统。有效利用地源热和太阳能，实现光伏建筑一体化＋储能（储能电池、双向充电电动汽车）＋城市供电的有机结合，推进集中供热供冷＋冰储冷和点储热；雨水中水收集利用系统：通过雨水、中水收集利用系统等应用，实现景观园林等公共用水对市政供水的零需求；垃圾处理资源化系统：践行绿色生活方式，推动生活垃圾源头减量和资源化利用，建设“无废社区”。

（4）“海绵社区”建设技术系统。多样化海绵技术系统，提升海绵技术，把自然生态功能融合到园林景观中，通过微地形设计、竖向设计等措施控制地表径流，并减少或切碎园区硬化面积，道路、广场等采用透水铺装，充分利用自然下垫面滞渗作用，减缓地表径流雨水量，控制径流污染；智能化的海绵管控系统，在线监测雨量、管道流量、液位数据、水质（Do、COD、SS等）、雨水收集利用量等一系列数据，为海绵城市建设与管理提供现代化技术手段，实现运行效能最大化，通过人工智能技术实现提前预警，提前调整运行模式。

（5）智慧化生活系统。智能家居集成系统：利用物联网，融合家居生活各个子环节，通过网络综合管理，实现以人为本的智能化家居全新体验；智慧能源管理系统：以物联网和CIM为核心智能化的管理系统，对机电设备能耗、工作状态实施监测和管理，提升建筑能源利用。

2. 实施途径

（1）集成化技术。集成化技术实现建筑整体有机集成，对项目设计、生产、建造各流程间的衔接技术进行一体化考虑，对功能、结构、设备等系统进行集成化的组合，对各分部件和构造进行整体连接，依托CIM平台系统体系，实现数据共享、信息互通，从而形成各流程和结构连接、设备技术的集成化，达到优化建造管理和提高建筑性能的目的。

（2）标准化设计。建立基于模数化的标准化产品体系和设计规范，推行标准化设计。

（3）机械化施工。建筑装饰一体化，通过部品工业化生产、现场装配式施工，最后形成多样化的建筑整体。

（4）信息化管理。基于CIM平台与数字生态系统，建造全生命周期的建筑整体，模拟优化设计，实现建设过程精细高效管理。

（六）全生命周期数字化社区营造

1. 总体要求

转变传统社区单一的地产开发模式，探索构建由“N数字平台开发商”共同建设运营的新模式；建立1＋N框架中的1，立足数据，按照社区营建“规划设计、建设施工、运营管理”的全生命周期需求；同步打造与实体社区镜像的数字孪生社区。

2. 实施途径

规划阶段，优化决策。基于试点项目基础信息数据分析，可开展试点立项与选址的可行性评估、规划方案的比选与优化，以及联动政府开展相关规划调整审批工作，为带方案的土地出让提供支撑。

建设阶段，提高增效。协助政府职能部门，开展征地拆迁、回迁补偿等方案制定和工程建设管理审批等工作。工程建设中，可进行基于 BIM 的线上施工管理。

运营阶段，智慧应用。基于社区多源数据的沉淀，打造社区数字资产，创建社区居民“数智”生活，推动基于数字社区的产业创新，实现政务、民生、产业“三位一体”的精准化服务。

五、未来社区规划咨询具体实施流程分析

在未来社区规划目标和实施细则的指导下，运用多种咨询方式进行项目数据的收集整理、分析、研判以及对项目实施情况的评价。传统规划咨询遵循调查分析、多方校准、听取专家意见与政府部门意见、提出方案、专家评估、政府审批、颁布实施、规划评估的程序和路径。以下主要对有关的“未来社区”规划咨询流程进行概述。规划咨询作为全过程工程咨询的一部分，常用方法包括逻辑框架法、层次分析法、SWOT 分析法、PEST 分法等，还有区位熵法、偏离—份额分析法、波特钻石模型法、德尔菲法、城市规模等级模型法。

（一）规划调查阶段咨询

规划咨询与决策过程建立在相关信息与资料基础上的，规划咨询的调查阶段就是收集与规划对象相关的信息，一般可分为环境（人文环境与自然环境）、经济、社会三个基础领域。规划咨询过程的不同阶段对于资料收集的要求是不同的。而未来社区在传统的规划资料收集的基础上还需时刻关注政策调整、民意调查、项目的交通模型建立等辅助未来社区的合理规划及建设。

规划咨询的调查方法是对研究对象的过去与现状的资料收集以及未来发展的预测。调查方法大致可分为以下四种，即文献方法、访谈法、实地调研、问卷法。

1. 文献方法

规划咨询的大量信息是以文献方法收集。与规划咨询相关的主要文献来源包括但不限于统计资料、普查资料、文件资料、档案资料、相关出版物以及网络信息。

2. 访谈法

访谈法是广泛采取的调查方法，用于了解利益相关者的态度、愿望和发展诉求，收集各方意见和建议。访谈方法有面谈、电话会议、网络会议等。一对一的访谈模式也可以会议、座谈等形式进行集体访谈。

3. 实地调研

实地调研是规划咨询中不可或缺的一项。通过实地调研，可以明晰项目的具体情况，弄清问题，为规划咨询提供第一手资料。土地情况的现场勘察，可以科学合理地规划产业空间布局。

4. 问卷方法

问卷方法可以了解相关政府部门、建设单位、社会团体、市民等规划利益的密切联系

者切实的意愿、效果评价以及改善建议，也可通过对问卷的统计分析，收集到文献资料中无法获取的有价值信息，如居民对于交通设施或其他公共设施的需求。随着网络信息的发展，网络问卷调查为新时期规划咨询提供了一种更加快捷有效的方式。

（二）规划平衡阶段咨询

所谓平衡，就是各种关系的处理。在文献方法收集的资料基础上，平衡各方需求。综合评估主要是处理好三方面的关系：一是供给与需求的关系，规划应尽可能地平衡各方需求与供给之间的矛盾与关系，例如建筑产品、数量以及质量之间的关系，开发时序上的相互适应、相互协调等；二是各职能各部门之间的关系，例如国民经济部门与建设项目的用地关系，建设主体需求与民意调查之间的关系；三是地区与地区之间的关系，在效益、公平、安全的原则上，在建设项目的空间布局、建设进度和程序上合理安排，使各地区之间相互协作，共同发展。

平衡表是进行综合平衡的一个重要工具。未来社区平衡表编制的基本思路是：在供给总量控制的前提下，各部门、各地区的需求与供给总量要基本保持一致。

综合平衡方法的工作步骤一般是：

（1）确定综合平衡的内容和指标体系。

（2）预测发展需求，包括企业发展、城市发展、市场发展等的预测，确定各不同项目以及建筑产品所需量。

（3）综合平衡。通过收集各项资料，进行综合平衡方案制定。

（三）规划分析阶段咨询

规划分析分为定量分析与定性分析两个基本类型。定量分析主要是对事物的状态和过程进行分析，常用的方法包括但不限于区位熵、偏离份额分析法、城市规模等级模型应用；定性分析是对状态和过程的因果机制进行解释，如波特钻石模型、利益相关者分析等方法的应用。规划分析阶段是基于调查研究的结果基础上进行的。规划分析中通常采用区域分析、空间分析、相关分析等定性与定量分析相互结合的方法，揭示了规划项目的各种特征，为规划政策以及规划方案的制定提供有价值的信息。

1. 区域分析

区域分析是对区域发展的自然条件和社会经济背景特征及其对区域社会经济发展的影响进行分析，探讨区域内部各自然和人文要素之间以及区域之间相互联系的规律的一种综合性方法。规划设计的原则是因地制宜，充分融入当地文化，使得未来社区的设计更符合当地实情，充分体现未来社区的“1个中心”思想——人民美好生活向往。

区域分析涉及地理学、经济学、社会学、政治学、历史学以及人文学等多个学科。地理、经济以人文为主，经济学的投入—产出分析法、地理的区位熵以及人文的文献法等。

经济学的投入—产出分析法能更快地分析市场导向，以及分析出更多区域内各部门之间的联系。投入—产出分析法的基本思路对规划咨询中各方面关系的把握具有重要作用。

地理学理论与方法的应用使得区域分析中对区域发展问题的研究更加深入和全面。其在规划研究中的应用主要是对人流、物流、技术流、信息流、资金流五种流态在区域内相互作用机制的分析，表现在对包括交通网络、通信网络、邮递网络等方面的流向分析和主要包括原材料及半成品流量、资金融通量、产品扩散、技术转让、商品流通、信息传输和客货流量等方面的流量分析。

人文社会科学是指与人类利益有关的学问。后来，其含义几经演变，包括哲学、语言学、艺术学等。人文社会科学对当地文化历史文脉有一个系统性的梳理，有利于指导规划设计主题的提炼。

通过以上分析，区域分析主要目的是明确区域发展特点与方向，评估潜力，为规划设计提供依据。

2. 空间分析

空间分析主要通过空间数据和空间模型的联合分析来挖掘空间目标的潜在信息，包括空间位置、分布、形态、距离、方位等。对发展资源的空间配置进行分析，包括空间分布和空间作用，是规划咨询的重要任务之一。物质要素的空间分布有点状分布（如学校、医院等）、线状分布（如交通路网、能源管网等）、面状分布（如不同区的人口分布等）。规划政策或规划方案涉及不同地域空间（如城市、乡村等）发展资源的空间分布，因此产生的影响也具有空间属性。比如一个新超级市场的建设会对附近其他超级市场产生影响，这些都反映了城市构成要素之间的空间作用，可以用城市空间引力模型进行分析。

3. 相关分析

根据定性分析，可以知道规划对象（如都市圈、城市等）中的各种要素之间存在着相关关系，如居住人口分布与公共设施分布之间的相关关系、土地开发强度与交通可达性之间的相关关系等。相关系数可以定量测定各个对象之间的相关程度，以验证定性分析的结论，常用的相关分析方法有区位熵法、偏离—份额分析法等。

第三节　未来社区项目投资决策综合性咨询策划咨询

一、策划咨询的工作流程

策划咨询工作流程如图 5-5 所示。

二、策划咨询业务管理工作

在以上的商业过程中，“业务成果”包括市场调研报告（市场调研方法、环境调研、市场发展研究、利益相关者研究）、项目策划书（定位策划、产业策划、产品策划）。具体的策划咨询业务管理工作如表 5-4 所示。

策划咨询业务管理工作　　表 5-4

阶段	序号	核心工作	工作内容	输出产品/咨询成果文件	服务质量
前期策划咨询	1	投资机会研究	策划咨询是项目决策阶段最关键的活动之一，是决定规划后续操作成败支撑依据，是可研和设计前提。 策划咨询主要咨询业务包括投资机会研究、市场研究以及项目策划	《投资机会研究报告》 《市场研究报告》 《未来社区项目策划书》	1. 符合咨询服务合同的约定； 2. 符合行业标准要求
	2	市场研究			
	3	项目策划			

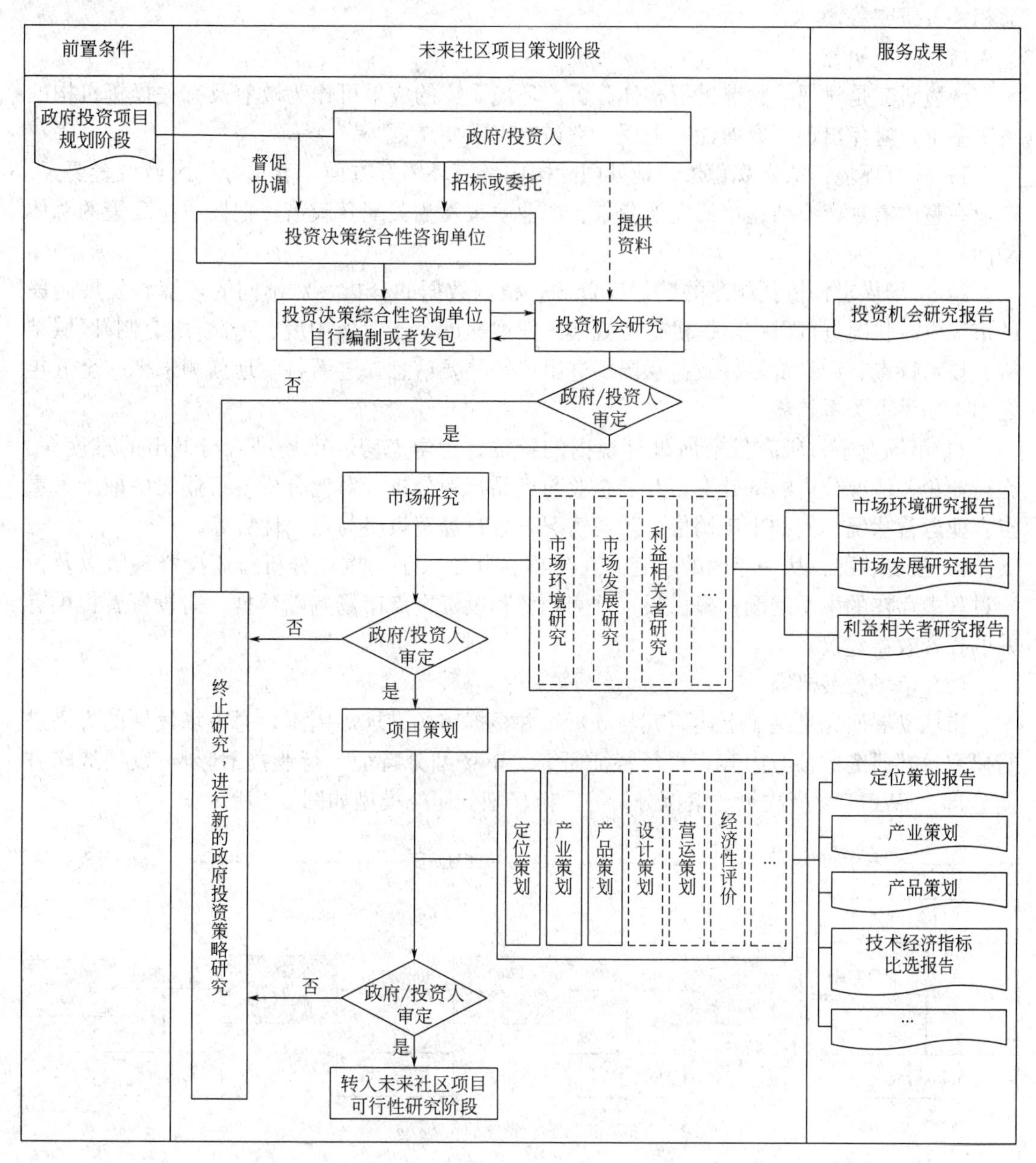

图 5-5　策划咨询工作流程示意图

三、策划咨询业务核心内容分析

（一）市场研究

市场研究又称为市场调查，它是通过科学地、有目标地、系统地收集、整理和分析市场状况，掌握市场的现状和发展趋势，为市场分析提供正确的、客观的资料。按项目需求，可以采取不同的方法进行政府投资项目市场调研：传统市场研究方式（包括观察法、实验法、访问法以及问卷法）以及网上市场研究方式等。

在工程咨询领域，可提供的市场研究服务内容主要包括环境研究、市场发展研究、利益相关者研究等。

(1) 环境研究

环境研究是对现实状况进行整体分析。环境研究的成果可作为政府及有关投资机构的决策基础，避免出现“方向性”失误。它包含以下要点：

1) 政策环境：从宏观背景、地处国际国内经济环境等方面，着重分析区域位置要素，产业在整体宏观产业结构中的发展背景、产业政策及相关配套政策，把握产业政策的总体动向。

2) 市场供求：依托雄厚的数据库资源，根据数据的分析，对不同的环境和发展阶段的市场供需状况进行研究，提供行业规模、发展速度、产业集中度、产品/所有制/区域结构、技术特点、产品价格、效益状况、进出口等重要信息，进而科学地预测未来一至五年之内市场供求关系趋势。

3) 市场竞争：研究投资所处环境内的特征、竞争态势、市场进入与退出的难度等。在行业相关情况分析的基础上，开展企业与产品行为分析，对比分析各行业之中前十家重点企业运营状况，例如生产销售、效益情况，各自经营策略与竞争优势等。

4) 投资状况：从一年内的新建、在建项目开始入手，重点分析行业投资现状以及投资过程中存在的主要问题，提供投资预测趋势和投资重点市场判断数据，向投资者提供有效的投资效益建议。

(2) 市场发展研究

市场发展研究是基于上述研究与分析，并根据市场需求等因素，对市场发展的方向进行研究，其研究的核心内容有市场特征研究、市场细分特征、行业技术影响/发展战略方向分析、SWOT 分析决策、案例分析等。市场细分研究模型如图 5-6 所示。

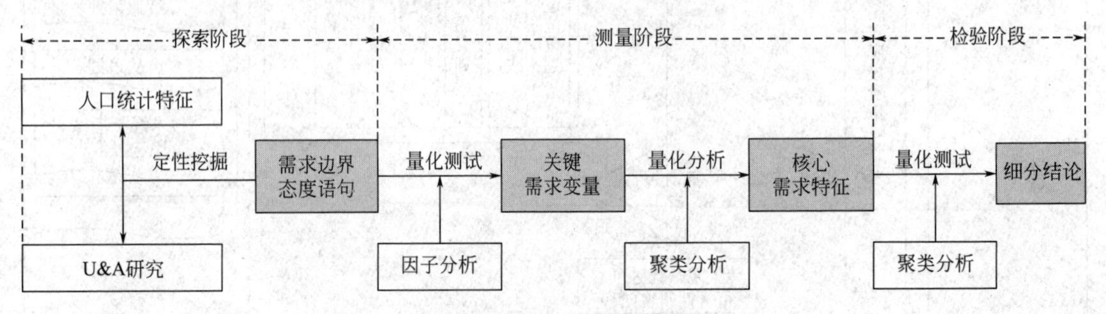

图 5-6 市场细分研究模型

其中，市场细分是市场发展研究的基础。市场细分的参数有人口统计特征、各方需求差异、市场区域、产品结构等。但从根本上讲，所有的市场细分都是从不同的利益相关方的视角进行的。市场细分是一个很复杂的过程，往往要从定性的角度进行探索性的研究，然后再通过定量的方法对市场进行细分，两类所用其预测方法的详细说明如表 5-5 所示。

(3) 利益相关者研究

利益相关者研究包括需求研究、行为研究、态度研究等。该研究以问卷、访谈、座谈、讨论、观察、资料收集、资料分析等方法，对各利益相关者（包括个体和群体）的态度、主要行为、潜在需求等进行深入的分析，以帮助政府在权责平衡、维护公共利益、把产品和目标市场的定位上，尽量减少决策失误。

定性与定量研究方法详情表　　表 5-5

预测因素与方法条件			方法内容简单介绍	适用的时间范围及用途	需要的数据资料	精确度	预测所用时间
定性方法	专家会议法		组织有关方面专家，通过会议形式进行预测，综合专家意见，得出结论	长期预测，新产品预测	市场历史发展资料和信息	长期较好	≥3 个月
	德尔菲法		专家会议法的发展，对专家匿名调查，多轮反馈处理、对结果进行统计分析	长期预测，科技预测	将专家意见综合分析与处理	较好	≥2 个月
	类推预测法		运用事物发展相似性原理，对相互类似产品的出现和发展过程进行对比性分析	长期预测，科技预测，新产品预测	产品或科学技术发展多年历史资料	尚好	≥1 个月
定量方法	延伸性预测（时间序列分析）	移动平均法	为消除不规律性影响，取时间序列中连续几个数据值的平均值	近期或短期经济预测	至少 3 年以上，数据最低要求 5～10 个	尚好	短
		指数平滑法	与移动平均法相似，考虑历史数据远近期作用不同，给予递减权值，要求数据量少，包括有多重指数的滑动模型	近期或者短期经济预测	至少 3 年以上，数据最低要求 5～10 个	较好	短
		趋势外推法	运用数学模型，拟合一条趋势线，外推未来事物的发展	中长期新产品预测	至少 5 年数据	短期很好，中长期较好	短
	因果分析法	回归模型	运用因果关系建立回归分析模型，包括一元回归、多元回归和非线性回归等	短、中、长期经济与科技预测	需要几年数据	很好	—
		消费系数法	对产品在各行业消费数量进行分析，结合行业规划，预测需求总量	短、中、长期经济预测	需要几年数据	很好	取决于分析能力
		弹性系数法	运用两个变量之间的弹性系数进行预测	中长期经济预测	需要几年数据	尚好	短

（二）项目策划

未来社区项目策划是指在建设初期，在充分了解国内外环境调研和系统分析资料的前提下，从战略、环境、组织、管理、技术等方面进行科学的判断和论证，确定项目的目标与目的；同时借助创新思维，运用各类知识与方法，通过创意设计为项目创造差异化特色，实现项目的投资增值，从而对项目的动态过程进行有效的控制。

未来社区项目策划要根据系统论的要求，对投资项目进行系统的整理。在进行风险预控制的同时，要清楚项目所要达到的目标和初步的实施途径。项目策划是一个智力、经验和信息的整合过程，它具备以下五个特征：

（1）可持续发展：未来社区是以整个生命周期管理为主，要坚持可持续发展，为社会提供持续的利益，而有的规划往往是短期的，比如资金困难、舆论危机等，不能保证规划的可持续性，最终很可能会以失败告终。

（2）时效性：无论是市场消费热点的变化、科学技术的变化，还是宏观政策环境的变化，社区规划都具有很强的时效性。其实，策划顾问在策划目标上进行知识的总结和积累，是时代所赋予的职责和义务。

（3）效益性：任何项目的策划都要考虑效益，效益往往包括社会效益、生态效益和经济效益。不同的未来社区建设项目，其效益关注的侧重点往往是不一样的，准经营性项目不仅注重经济效益，而且还注重社会效益；而经营性项目也应该多多注重经济效益。

（4）创新性：创新是未来社区项目策划的核心，可以是新的需求（供应侧改革），新技术的转化或差别化的竞争等。创新的关键在于体现出差异性，“人无我有，人有我优”是企业创新的根本宗旨。

（5）可操作性：也称为落地性。最终结果是项目落地并达到预期目标，从宏观政策、技术、人才、资金、市场、管理等多个层面来实现差异化的目的。

未来社区项目建设前期策划的编制工作，可以由政府和有关部门委托第三方咨询顾问进行。前期策划报告没有一成不变的形式，针对不同的工程项目，策划报告的重点和具体需求也各不相同。一般来说，策划报告分为定位、产业、产品、设计、运营以及经济评估等。

未来社区项目策划的研究路径和主要研究内容如图 5-7 所示。

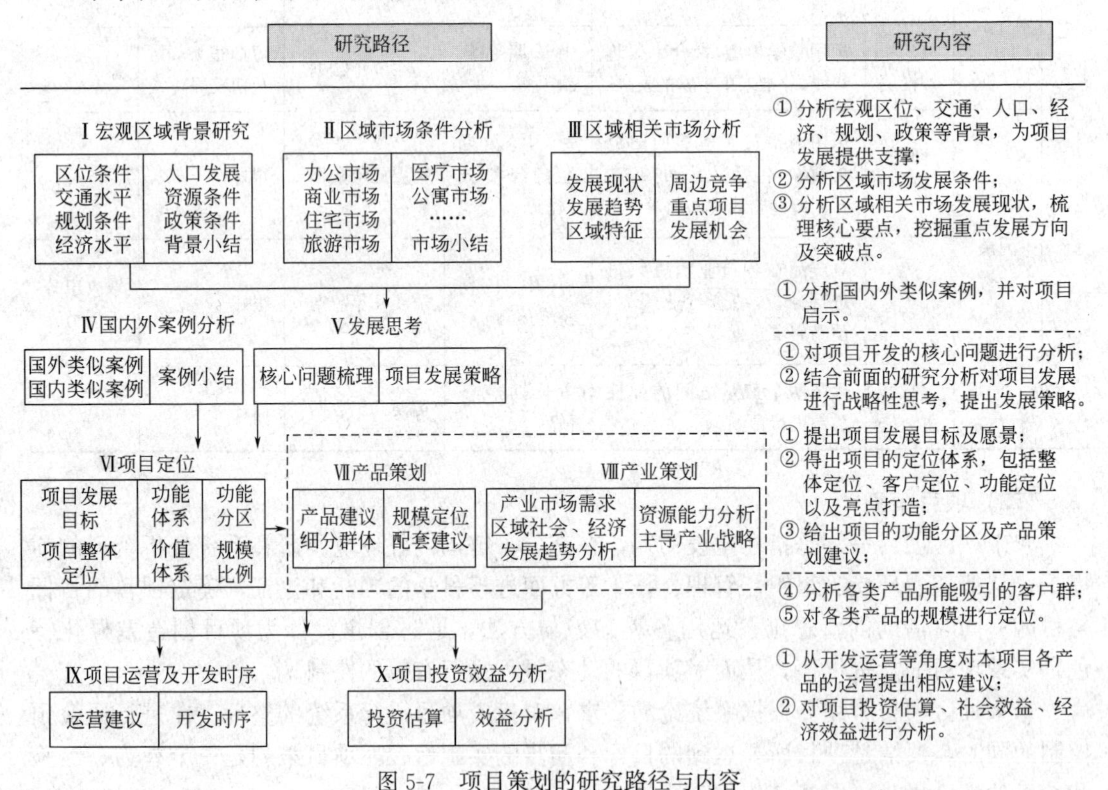

图 5-7　项目策划的研究路径与内容

由于项目定位策划、产业策划与产品策划是前期项目策划的重点内容之一，所以以下展开详细的说明。

（1）定位策划

定位策划是在对项目进行调查和分析的基础上进行的，其主要内容有项目总体定位、功能定位等。例如，某城市的整体规划是"全国知名的文化名城"，从"遗韵、娱乐、文化休闲、养生、休闲、浪漫、福缘、科技"等形象出发提出四大主题：

1）体验极致的观影文化；

2）品尝传统的古典风味；

3）创意休闲、交互式休闲；

4）健康养生、延年益寿。

同时，该项目的功能定位是"动静分区，动静相宜"，并根据主题，提出了古城文旅（生活、居住、文化创意展示、旅游度假、民俗体验、餐饮休闲），禅修养生（文化品鉴、保健养生、宾馆体验等），休闲配套（风景、婚礼礼仪等）的功能系统的咨询和设计。

（2）产业策划

产业规划是根据产业行业的环境、项目所在地的实际情况和未来的发展需要，结合区域社会经济发展趋势，分析不同的资源和能力对该区域发展的重要性，并通过判断该区域的占有情况，选择一个主导产业的发展方向，进而制订一个新的企业发展规划和实施策略。

1）产业策划的分类

根据项目级别，产业策划分为四大类：城市级别、片区级别、园区级别以及工业用地转型级别，如图 5-8 所示。

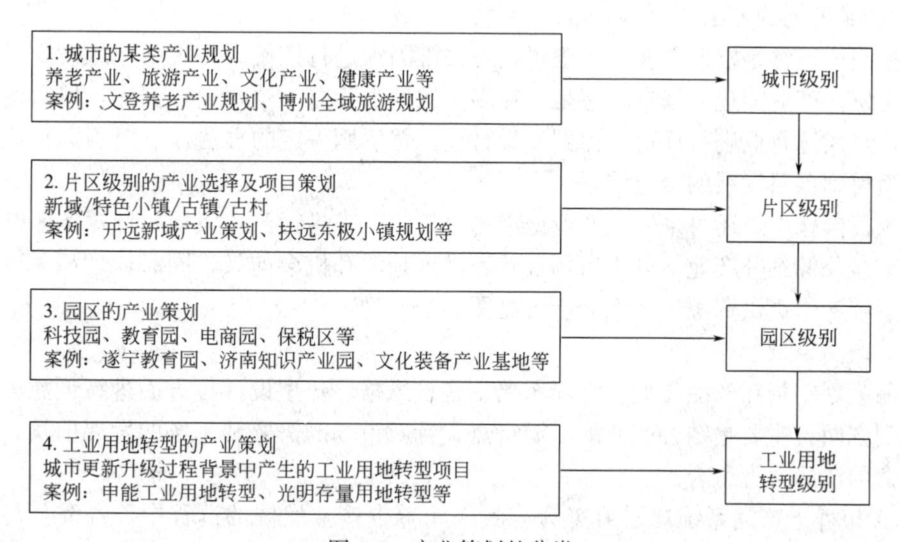

图 5-8　产业策划的分类

2）产业策划的内容

产业策划通过背景环境、发展条件、产业分析、市场分析、专题研究、案例分析、开发要求等，分析产业发展的优劣势、机遇与挑战，着重解决产业定位、功能规划、开发方案、效益预测、服务体系、营销招商六类问题。其中最重要的就是产业定位，包括产业筛选、产业细分、产业体系建设等。产业定位的技术路线如图 5-9 所示。

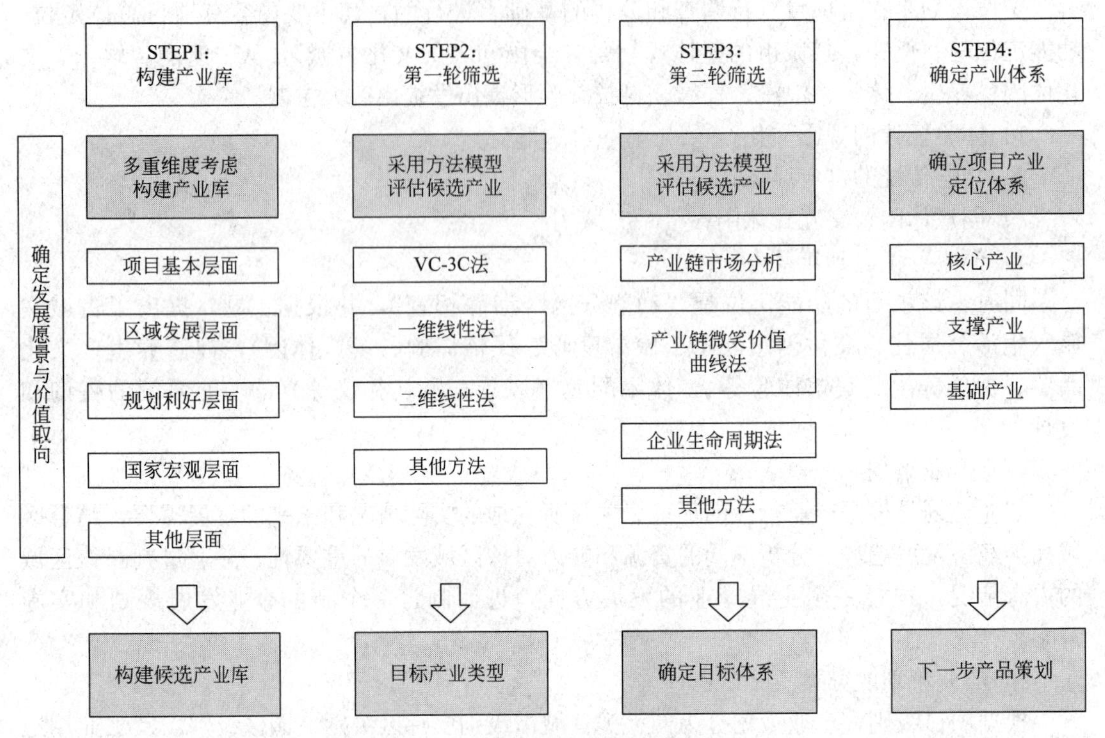

图 5-9 产业定位的技术路线

3）产业策划的方法

产业定位通常是根据产业内生逻辑，对关键因素进行挖掘，并用筛选的模式对其进行科学的定位。产业筛选的基本思想是，在多个维度上建立一个行业数据库，然后运用特定的方法，对候选行业进行评价，得到目标行业，然后用一定的方法模型对不同行业进行分类，最后得到项目发展的产业体系。

在项目操作中，还可采用“产业链市场分析法”来进行产业策划，针对产业链上下游各个环节涉及的细分产业，分析市场现状、发展趋势和机会前景，同时梳理相关企业，为招商等后续工作提供资源。案例分析可见图 5-10。

（3）产品策划

产品策划是指在产品类型、空间布局、建筑风格、户型设计等方面进行创意策划。在产品规划方面，主要是结合产业的资源特点，针对市场的需要和市场的发展前景，设计出具有创意的产品业态组合。

以 A 市养老产品系统规划为实例，在 A 市养老产业发展的过程中，咨询公司通过整合全市优势资源，借助优质服务平台，提出“以居住为依托，养老服务为核心，引入专业品牌团队，丰富全市养老产品体系”的产品策划思路，共打造六类重点养老产品项目，如表 5-6 所示。

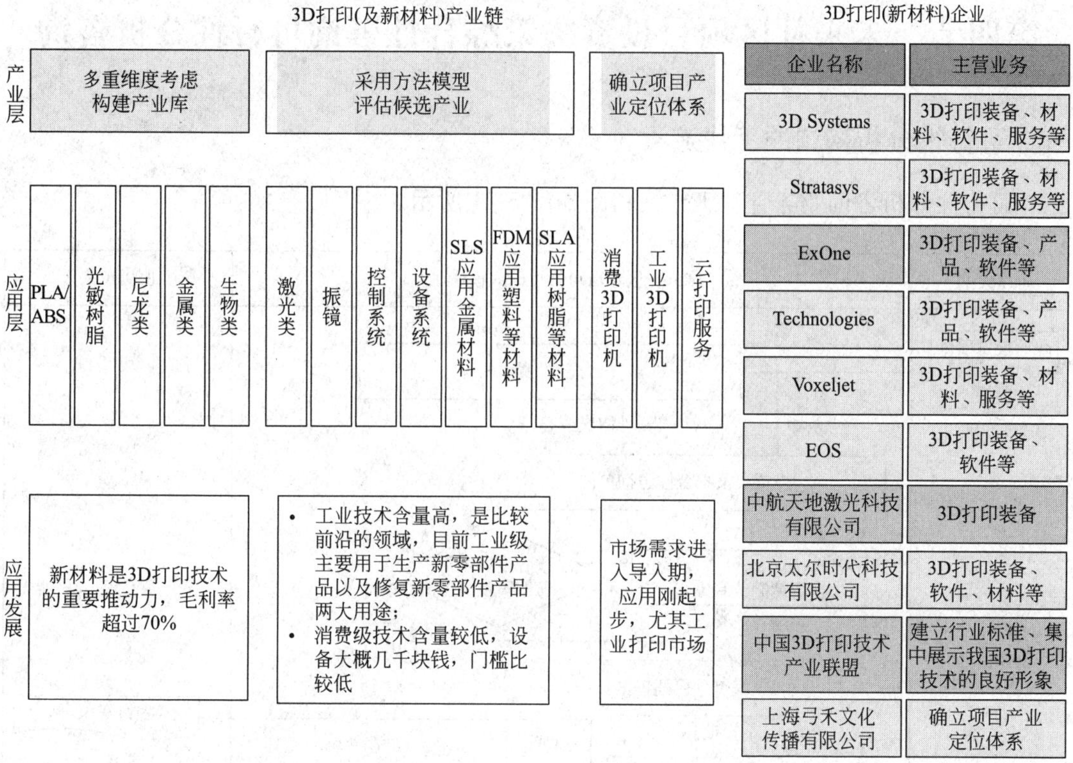

3D打印(及新材料)产业链

产业层

多重维度考虑构建产业库

采用方法模型评估候选产业

确立项目产业定位体系

应用层

PLA/ABS

光敏树脂

尼龙类

金属类

生物类

激光类

振镜

控制系统

设备系统

SLS应用金属材料

FDM应用塑料等材料

SLA应用树脂等材料

消费3D打印机

工业3D打印机

云打印服务

应用发展

新材料是3D打印技术的重要推动力，毛利率超过70%

- 工业技术含量高，是比较前沿的领域，目前工业级主要用于生产新零部件产品以及修复新零部件产品两大用途；
- 消费级技术含量较低，设备大概几千块钱，门槛比较低

市场需求进入导入期，应用刚起步，尤其工业打印市场

3D打印(新材料)企业

企业名称	主营业务
3D Systems	3D打印装备、材料、软件、服务等
Stratasys	3D打印装备、材料、软件、服务等
ExOne	3D打印装备、产品、软件等
Technologies	3D打印装备、产品、软件等
Voxeljet	3D打印装备、材料、服务等
EOS	3D打印装备、软件等
中航天地激光科技有限公司	3D打印装备
北京太尔时代科技有限公司	3D打印装备、软件、材料等
中国3D打印技术产业联盟	建立行业标准、集中展示我国3D打印技术的良好形象
上海弓禾文化传播有限公司	确立项目产业定位体系

图 5-10　某 3D 打印产业链分析

市养老项目产品体系策划示意　**表 5-6**

产品类别	策划思路	策划产品
医疗服务类	利用本市医疗资源，开设并升级老年医疗服务系统，导入专业老年医疗服务机构	升级的护理小区 建在医院上的养老院
教育服务类	结合本市教育资源，升级单一的养老服务，将教育融入养老服务将丰富老年人的精神生活，例如将养老社区搬入高等教育学区、结合幼儿园设置养老院等	学校老年村 与幼儿园为伴
金融服务类	政府鼓励和支持社会养老产业投资基金管理公司落户本市，为老年人提供保险理财咨询服务，推动养老金融制度改革创新及养老产业发展	引入社会养老产业投资基金管理公司
商业服务类	设立一个综合性的养老产品商贸区覆盖养老所需的各类产品，注重与新兴产业的接轨，如老年手机等	线上：网站 线下：综合商城、代购
旅游服务类	利用本市独特的山、海、泉资源打造适合养老养生的经典旅游项目	温泉养生养老社区 道家山林养生养老社区
综合地产类	开发以家庭为核心、以社区为依托、以专业化服务为依靠的养老综合地产项目	老少配综合型养老社区 智慧长寿养老村

第四节　未来社区项目投资决策综合性咨询可行性分析咨询

一、可行性分析咨询的工作流程

可行性分析咨询业务管理工作流程图如图 5-11 所示。

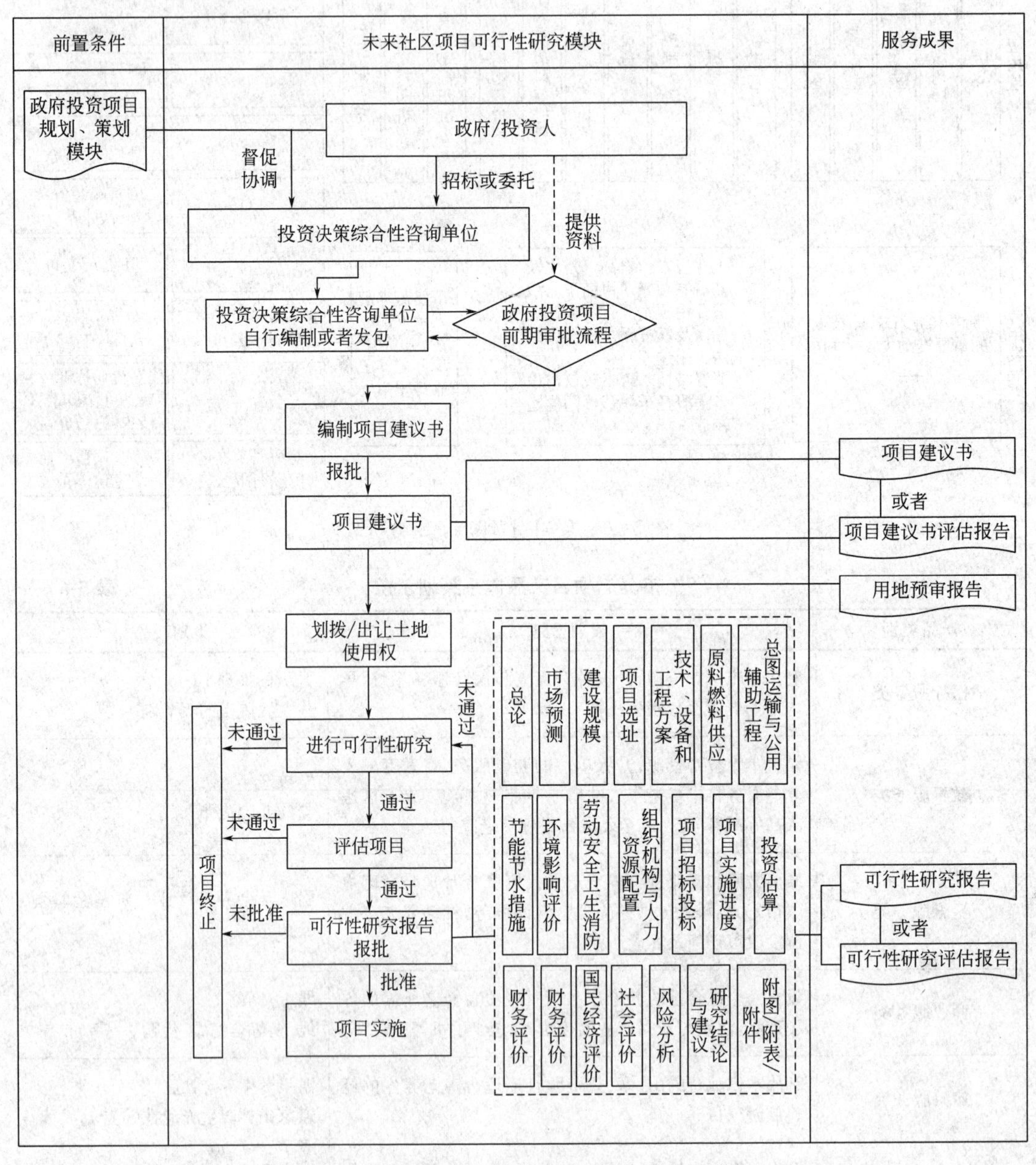

图 5-11　可行性分析咨询业务管理工作流程图

二、可行性分析咨询的业务管理工作

在上述业务流程中，需要重点关注的“业务成果”为项目建议书、项目用地预审报告、可行性研究报告等，具体工作见表5-7。

可行性分析咨询业务管理工作　　表5-7

阶段	序号	核心工作	工作内容	输出产品/咨询成果文件	服务质量
可行性分析咨询	1	项目建议书报批	可行性分析咨询的目的是提出项目是否值得投资以及最佳建设方案的研究结论，为政府投资项目投资决策提供科学可靠依据。 主要咨询业务包括拟可行性研究、用地预审研究以及项目可行性研究	《项目建议书》 《项目用地预审申请表》 《用地预审报告》 《可行性研究报告》 《项目建议书评估报告》 《可行性研究评估报告》	1. 符合咨询服务合同的约定； 2. 符合行业标准要求
	2	用地预审			
	3	可行性研究			

三、可行性分析咨询的核心业务内容

（一）项目建议书

项目建议书应当按照国家的相关政策、技术规范，根据国家、区域经济、社会发展的需要，对工程的建设方案和规模进行论证、确定、评估等。此外还应着重阐述项目建设的必要性、规模、投资和筹资的方法，对涉及国民经济发展和规划布局的重大问题应进行专题论证。其审批依据有：

（1）《政府投资条例》（中华人民共和国国务院令第712号）；

（2）《国务院关于投资体制改革的决定》（国发〔2004〕20号）；

（3）《国家发展改革委关于印发审批地方政府投资项目有关规定（暂行）的通知》（发改投资〔2005〕1392号）；

（4）《国务院办公厅关于加强和规范新开工项目管理的通知》（国办发〔2007〕64号）；

（5）《中央预算内直接投资项目管理办法》（国家发展改革委令2014年第7号）；

（6）《中共中央　国务院关于深化投融资体制改革的意见》（中发〔2016〕18号）。

其编制依据有：

（1）国民经济的发展、国家和地方中长期规划；

（2）产业政策、生产力布局、国内外市场、项目所在地的内外部条件；

（3）有关机构发布的工程建设方面的标准、规范、定额；

（4）投资人的组织机构、经营范围、财务能力等；

（5）项目资金来源落实材料。

项目建议书一般包括以下几个方面的内容：

（1）建设项目提出的实施依据及实施的必要性；

（2）产品方案、市场前景、拟建规模及选址的初步构想；

（3）资源状况、建设条件、合作关系以及对引入国家和制造商的初步分析；

（4）预算和筹资方案；

(5) 项目建设进度的设想;

(6) 初步估算项目的经济效益、社会效益;

(7) 总结与建议。

(二) 用地预审

在编制未来社区建设用地预审报告时，必须遵守下列原则:

(1) 与土地使用的总体规划相一致;

(2) 对耕地尤其是基本农田的保护;

(3) 对土地的合理、节约使用;

(4) 与国家土地供应政策相一致。

项目用地预审报告的编制内容包括建设用地基本情况、选址条件、是否满足土地利用总体规划、拟用地面积是否达到土地使用标准、拟用地是否符合土地供给政策等。

(三) 可行性研究

可行性研究报告（Feasibility Study Report）是指在进行项目投资前，由可行性研究人员（通常是专业咨询机构）对项目的政治、经济、社会、技术等方面的影响因素进行具体调查、研究、分析，确定有利和不利的因素，分析项目必要性、项目可行性、经济效益和社会效益，为项目的投资主体提供决策依据或审批文件。其批准的依据如下:

(1)《中共中央　国务院关于深化投融资体制改革的意见》(中发〔2016〕18号);

(2)《政府投资条例》(国务院令第712号);

(3)《国务院办公厅关于加强和规范新开工项目管理的通知》(国办发〔2007〕64号);

(4)《国家发展改革委关于印发审批地方政府投资项目的有关规定（暂行）的通知》(发改投资〔2005〕1392号)。

其编制依据有:

(1)《投资项目可行性研究指南（试行版）》;

(2)《建设项目经济评价方法与参数》第三版;

(3) 项目建议书（初步可行性研究报告）及其批复文件;

(4) 城市规划行政主管部门、国土资源行政主管部门等出具的项目规划意见;

(5) 土地合同及土地规划许可;

(6) 有关机构发布的工程建设方面的标准、规范、定额;

(7) 拟建场址的自然、经济、社会概况等基础资料;

(8) 拟建项目的相关建设标准、规范。

另外，在政府投资项目的可行性研究报告中，要针对项目本身的特点，对上述内容进行改进和调整，使其做到有的放矢、突出重点。本书对国内一些行业和区域的可行性研究报告的编制标准进行了归纳、整理，并按有关规定和有关部门的要求进行了分析，见表5-8。

鉴于项目类型、地域、政策等因素的差异，项目可行性研究报告的内容既有普遍性，也有针对性，本书结合相关研究，对《未来社区项目可行性研究报告》进行了初步的梳理，如图5-12所示。

部分行业、地区可行性研究报告编制标准　表 5-8

行业或地区	标准名称	标准编号	实施日期
能源	地热能直接利用项目可行性研究报告编制要求	NB/T 10098—2018	2019-03-01
	光伏发电工程可行性研究报告编制规程	NB/T 32043—2018	2018-10-01
	光伏发电工程预可行性研究报告编制规程	NB/T 32044—2018	2018-10-01
	生物质成型燃料供热工程可行性研究报告编制规程	NB/T 34039—2017	2017-08-01
	陆上风电场工程可行性研究报告编制规程	NB/T 31105—2016	2017-05-01
	陆上风电场工程预可行性研究报告编制规程	NB/T 31104—2016	2017-05-01
	生物液体燃料加工转化领域项目可行性研究报告编制内容规定	NB/T 13001—2015	2016-03-01
	海上风电场工程可行性研究报告编制规程	NB/T 31032—2012	2013-03-01
	海上风电场工程预可行性研究报告编制规程	NB/T 31031—2012	2013-03-01
	核电厂初步可行性研究报告内容深度规定	NB/T 20033—2010	2010-10-01
	核电厂可行性研究报告内容深度规定	NB/T 20034—2010	2010-10-01
电力	火力发电厂可行性研究报告内容深度规定	DL/T 5375—2018	2018-10-01
	火力发电厂初步可行性研究报告内容深度规定	DL/T 5374—2018	2018-10-01
	配电网可行性研究报告内容深度规定	DL/T 5534—2017	2018-03-01
	电力系统调度自动化工程可行性研究报告内容深度规定	DL/T 5446—2012	2012-03-01
水利	水利水电工程可行性研究报告编制规程	SL 618—2013	2014-02-20
	水土保持工程可行性研究报告编制规程	SL 448—2009	2009-08-21
	农村水电站可行性研究报告编制规程	SL 357—2006	2007-05-02
	水利信息系统可行性研究报告编制规定(试行)	SL/Z 331—2005	2006-03-01
	水文设施工程可行性研究报告编制规程	SL 505—2011	2011-04-25
	灌溉排水工程项目可行性研究报告编制规程	SL 560—2012	2013-01-08
船舶	固定资产投资项目可行性研究报告编制规定	CB/T 8505—2017	2017-10-01
煤炭	煤炭工业露天矿工程建设项目可行性研究报告编制标准	MT/T 1152—2011	2011-09-01
	煤炭工业选煤厂工程建设项目可行性研究报告编制标准	MT/T 1153—2011	2011-09-01
	煤炭工业矿井工程建设项目可行性研究报告编制标准	MT/T 1151—2011	2011-09-01
气象	气象工程项目可行性研究报告编制规范	QX/T 277—2015	2015-12-01
土地管理	土地整治重大项目可行性研究报告编制规程	TD/T 1037—2013	2013-08-01
有色金属	黄金工业项目可行性研究报告编制规范	YS/T 3003—2011	2011-06-01
轻工	轻工业建设项目可行性研究报告编制内容深度规定	QBJS 5—2005	2006-05-01
江苏省	高标准农田建设项目可行性研究报告编制规程	DB32/T 3722—2020	2020-01-30
黑龙江省	智慧城市建设项目可行性研究报告	DB23/T 2540—2019	2020-01-24
内蒙古自治区	牧区草地灌溉工程项目可行性研究报告编制规程	DB15/T 909—2015	2015-11-30
湖北省	太阳能光伏电站可行性研究报告编制规程	DB42/T 717—2011	2011-06-01

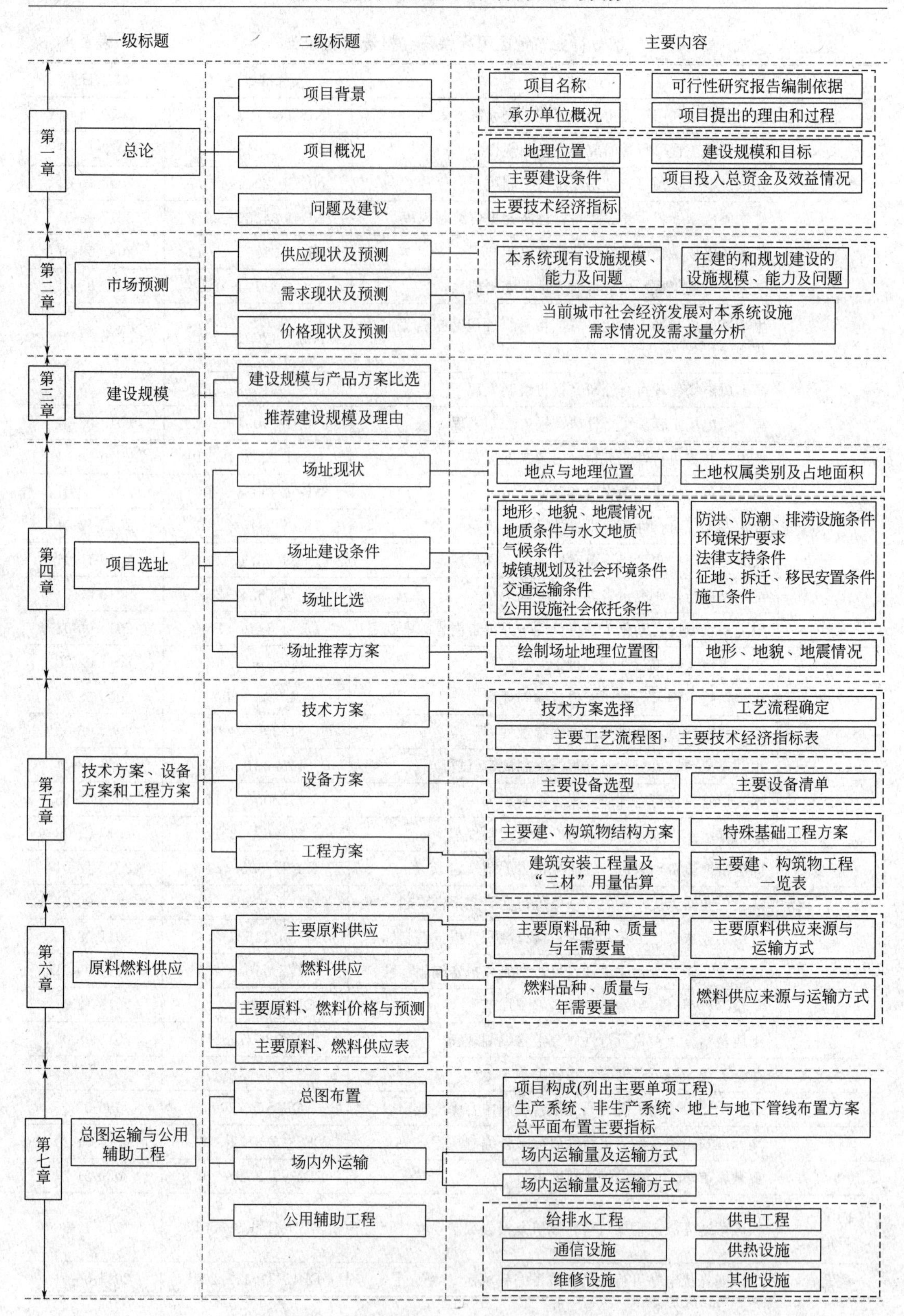

图 5-12 《未来社区项目可行性研究报告》(一)

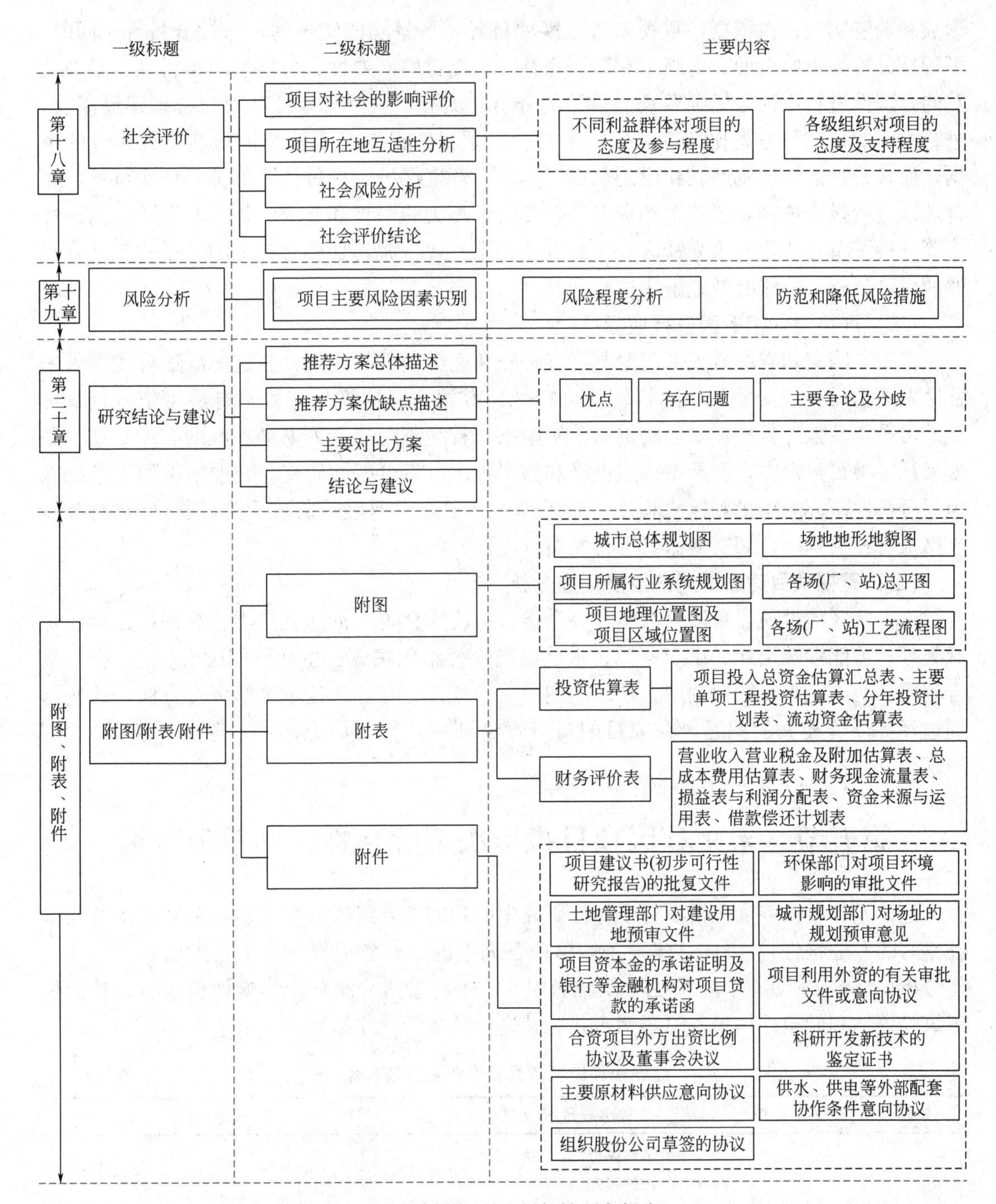

图 5-12　《未来社区项目可行性研究报告》(二)

四、未来社区可行性分析咨询实施要点

(一) 强化可行性研究报告质量

首先，未来社区为创新实践理念，其可行性研究报告应具有先进性、前瞻性，包括重视本地性分析，充分调研项目所在区位、城市的各方面特点和属性，为未来社区项目方案

形成和功能实现提供依据，重视未来社区项目各个场景功能实现的可行性分析等。同时，可行性分析报告要全面、清晰、有序、完整，对项目的必要性、可能性、可行性、经济效益的合理性进行论证，做到客观、科学的分析和测算，预测未来社区项目合理建设规模，进行准确的评述与方案比选等工作。未来社区项目建设的必要性和可行性是其建设的依据，而未来社区规划则是其建设的前提。其次，环境保护、投资估算等都要切实可行，要合理地进行投资估算，要清楚融资渠道，要符合相关的法规和要求。最后，财政、国民经济等分析评价方法要与未来社区建设的有关要求一致，尤其是要有充分的基础资料，有足够的风险分析，才能有效地解决这些问题。

（二）严格遵守相关国家行业标准

首先，国家和省级有关部门要制定、补充和完善相关的法规，制定出既适合我国未来社区发展的需要，又要与国际接轨的可行性研究报告，这样才能做到有法可依、有章可循、可操作性强。其次，要切实贯彻落实国家、省级制定的有关未来社区的有关法规。在未来社区项目建设中，要严格按照批准和施工程序进行可行性研究。要严格按照未来社区项目可行性研究的审批和建设程序开展工作。严把建设项目前期质量关，通过前馈控制，严格执行相关程序，切实地做好可行性研究。

（三）重视项目建设的周边经济环境分析

未来社区建设项目可以分为整合提升类、拆改结合类、拆除重建类、规划新建类、全域类等，可能涉及土地、矿产资源、水电供应、智慧化集成、生活休闲配套、“三废”综合利用、交通组织、能源利用、社区治理模式、教育配套、绿色建筑等多个方面。这些与周边经济环境相关的问题，在项目的可行性论证中，都要研究解决，避免“孤岛社区”出现。

第五节　未来社区项目投资决策综合性咨询单项咨询

建设条件单项咨询包括项目可行性研究中所列的重要组成内容（包括单独的章节或单独编写的专题报告），因此，建设条件单项咨询中的“业务成果”占了很大比重，具体工作分析如表 5-9 所示。同时，由于篇幅有限，本书将着重介绍环境影响评价报告、社会稳定风险评估和能源评估报告等案例，并对其进行具体的操作指导。

建设条件单项咨询咨询业务管理工作　　表 5-9

阶段	核心工作	输出产品/服务成果文件	服务质量
建设条件单项咨询	可研报告重要章节咨询	《环境影响评价报告》 《节能评价报告》 《社会稳定风险评估报告》 《水土保持方案报告》 《安全风险评价报告》 《地质灾害危险性评价报告》 《水资源论证报告》 《文物保护项目评价报告》 《压覆重要矿产资源评价报告》	1. 符合咨询服务合同的约定； 2. 符合行业标准要求

一、社会稳定风险评价咨询

未来社区项目社会稳定风险评价是指在项目进行或审批之前，对可能影响社会稳定的各种因素进行全面的评估论证，并对其进行科学的预测分析、风险评估、制定相应的对策等。《社会稳定风险评价报告》是我国社会稳定咨询工作的重要内容。

（一）社会稳定风险评价咨询业务流程分析

未来社区项目社会稳定风险评价咨询的工作流程如图 5-13 所示。

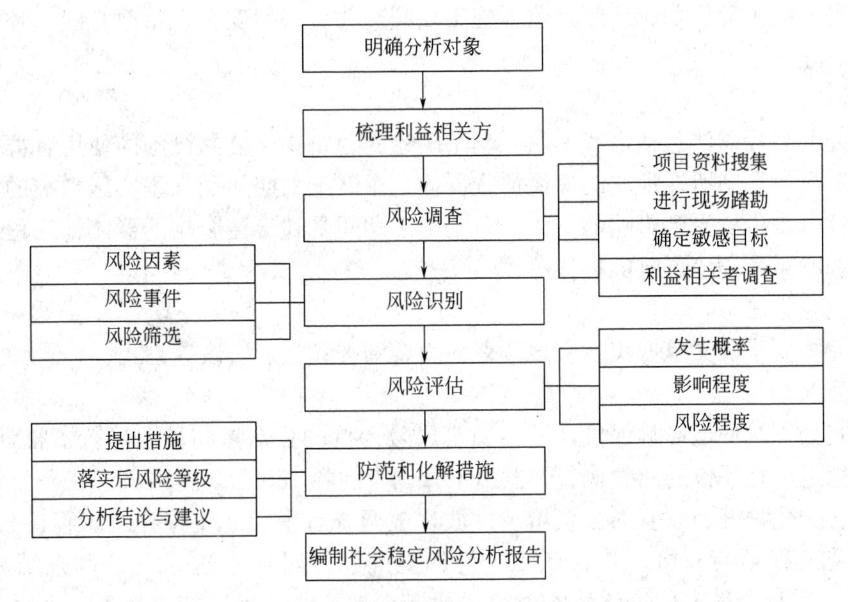

图 5-13　未来社区项目社会稳定风险评价咨询业务工作流程

（二）社会稳定风险评价咨询业务核心内容分析

首先，要对目标进行清晰的分析，在确定目标之后，根据目标的信息和特征，找到与目标相关的各方，并将其分为受惠者和受损者。为了方便地进行风险评估，可以将其划分为政府相关部门（包括执行重大问题的部门、上级部门、基层组织）、非政府组织（包括企业、事业单位）、居民个人等，并针对不同的利益群体，采用合适的风险调查方法，并制订相应的风险调查方案；其次，对利益相关者进行分析，包括受惠者和被害者；然后采用文献收集、访谈、现场观察和问卷调查等方式进行风险评价，采用比较分析、案例参考等方法进行风险识别；最后进行风险评价，制订相应的防范措施。

其中，风险评价的重点是分析、预测已经识别出的单因子的危险程度，进而对项目的整体风险进行评估。运用定性评价法和定量综合风险指数法，对工程项目进行综合评价。

综合分析和现实情况，形成《社会稳定风险评价报告》。该报告从项目概况、风险调查、风险识别、风险评估、风险防范和化解措施实施后的风险预测六个方面进行了论述。本书以城市轨道交通工程项目为例进行了研究。

1. 项目概况

某城市轨道交通建设项目，线路全长 40.0km，高架线长约 7.1km，地下线长约 32.9km，共设车站 29 座，其中高架站 5 座，地下站 24 座，共穿越 6 个城市行政区。

本工程建设项目具有以下特点：线路在旧城区穿越的地段道路狭窄，建筑物密集，沿线受区间穿越以及车站基坑开挖影响的利益相关者较多；大部分车站设置在城市道路交叉口，车站施工对道路的占用容易造成交通疏解压力；线路穿过市区、历史保护建筑物、河流、湖泊等，工程施工可能涉及较多的管线搬迁；车站基坑开挖容易引起周边建筑物发生破坏，施工产生的振动、噪声、废弃物会对周边环境造成一定的影响。

2. 风险调查

（1）调查范围

重点是沿线土地征用、房屋征收、施工期间交通、房屋安全、市政管线、环境等受影响的地区。

（2）调查对象

本研究的目标群体包括沿线车站、车站附近的建筑物、公共设施的使用者群体，如车辆段、停车场、车站所在地块的房屋征收群体、车站施工期间受工程实施影响的群体、管线搬迁导致日常生活受到影响的群体、车站施工期间受到交通影响的群体、工程运营期间受到振动和噪声等环境影响的群体等。

（3）调查方法

该研究主要采取文献搜集、实地考察、问卷调查和个别访谈等方式。

（4）公众参与

本研究分别对环境影响评价和社会稳定风险评价的公众参与情况进行了统计和分析，针对社会稳定风险评价的问卷调查共发出个人调查问卷150份，主要选择工程沿线不同年龄、性别、文化程度、职业的公众给予发放，被调查者生活或工作在本工程评价范围内，均为直接受工程影响人员。共收到135份调查问卷，回收率达90%。调查结果统计如表5-10所示。社会稳定风险评估的内容主要有土地征收、拆迁初步意见、市民比较关心的环境问题、交通安全问题等，更多的是市民的观点和诉求，而统计的数据仅供参考。从调查的统计数据来看，这一计划得到了广泛的支持。

公众参与个人问卷调查结果统计表　　表5-10

序号	问题	意见	人数(人)	百分比(%)
1	对本工程的态度	支持	79	59.40
		有条件支持	31	23.31
		不支持	16	12.03
		无所谓	7	5.26
2	工程建设和运营施工过程中较为担心的问题	征地拆迁	64	48.28
		施工对交通的影响	83	62.07
		施工对管线的影响	46	34.48
		大气、水、噪声、施工垃圾等污染	78	5862
		运营期噪声、振动、废气等污染	83	62.07
		电磁辐射及放射线	23	17.24
		其他	0	0

续表

序号	问题	意见	人数(人)	百分比(%)
3	如需征用房屋，希望采取的措施	房屋置换	55	41.38
		经济补偿	64	48.28
		其他	14	10.34

(5) 利益相关者汇总

经过调查和分析，本项目涉及利益相关者分布于不同层级和范图，如表 5-11 所示。

本项目利益相关者汇总　表 5-11

利益相关主体	与项目利害关系	在项目中的角色	对项目的态度	对项目的影响程度
某建设单位	项目业主	组织协调者	支持	很大
各区、街道征收补偿办公室	间接利益关联者	承担辖区内征地拆迁任务	支持	大
沿线受征地影响村民、企业和单位	项目直接受益者，也可能是直接受害者	推进或者阻碍项目的实施	支持也可能反对	大
沿线受拆迁影响企业、店铺和居民	项目直接受益者，也可能是直接受害者	推进或者阻碍项目的实施	支持也可能反对	大
施工期间受到工程实施影响的群体	项目直接或者间接受害者、中长期的受益者	形成有利或者不利的建设环境	有条件支持或反对	大
运营期间受到振动、噪声等环境影响的群体	项目直接或者间接受害者、中长期的受益者	形成有利或者不利的建设环境	有条件支持或反对	大
线路服务范围内存在交通需求的人口	项目直接受益者	形成有利或者不利的建设环境	支持，但存在疑虑	相对较小

3. 风险识别

按照发改办投资〔2012〕2873 号文件的规定，将风险因素划分为 8 大类 50 个项目，采用对照表法，对风险调查结果进行了分析梳理，归纳出 6 个风险类别 8 个主要风险因素，如表 5-12 所示。这些主要的危险因素充分反映了项目的利益相关者的观点和要求，突出了项目的主要矛盾，为项目的风险评估、风险预防与化解提供了有力的依据。

风险因素识别表　表 5-12

序号	风险类别	发生阶段	主要风险因素
1	政策规划和审批程序	项目前期	规划、环评、稳评公示过程中公众参与工作处理不当引发的风险
2	征地拆迁及补偿	项目前期	土地房屋征收过程中处理不当引起的风险
3	技术经济	施工期	施工过程中的区间盾构施工和车站基坑开挖造成周围土体变形，导致邻近建筑物倾斜、下沉、开裂引发的风险
4	征地拆迁及补偿	施工期	施工车辆碾压道路造成市政管线受到破坏引发的风险

续表

序号	风险类别	发生阶段	主要风险因素
5	生态环境影响	施工期	施工过程中盾构施工、基坑开挖及重型施工过程中产生的扬尘、振动、噪声等环境影响引发的风险
6	经济社会影响	施工期	施工过程中交通组织不当造成交通不通畅影响周边居民生活引发的风险
7	项目管理	施工期	项目管理、施工安全、卫生管理不当导致施工人员经济权益、安全健康受到威胁引发的风险
8	生态环境影响	运营期	运营期车辆运行产生的噪声和振动等环境影响引发的风险

4. 风险评价

通过风险程度判断法和综合风险指数法判定本项目采取措施前的初始整体风险等级评价具体如下：

(1) 风险程度评判法

本项目确定的主要风险因素及其程度汇总表见表5-13。根据风险因素的发生概率及影响程度，确定了项目的主要风险因素有8种，其中4种是大风险，另4种是普通风险。符合B级“1项重大或2至4项较大风险因素”的判断准则。

本项目主要风险因素及其程度汇总表 **表5-13**

序号	风险因素	风险概率(P)	风险影响(C)	风险程度(P×C)
1	规划、环评、稳评公示过程中，公众参与工作处理不当引发的风险	较高	较大	较大
2	土地房屋征收过程中处理不当引起的风险	较高	较大	较大
3	施工过程中的区间盾构施工和车站基坑开挖造成周围土体变形，导致邻近建筑物倾斜、下沉、开裂引发的风险	较高	较大	较大
4	施工车辆碾压道路造成市政管线受到破坏引发的风险	中等	较大	一般
5	盾构施工、基坑开挖及重型施工过程中产生的扬尘、振动、噪声等环境影响引发的风险	较高	中等	一般
6	施工过程中交通组织不当造成交通不通畅影响周边居民生活引发的风险	较高	中等	一般
7	项目管理、施工安全、卫生管理不当导致施工人员经济权益、安全健康受到威胁引发的风险	中等	中等	一般
8	运营期车辆运行产生的噪声和振动等环境影响引发的风险	较高	较大	较大

注：风险发生概率定量判断参考标准、风险影响程度定量判断参考标准均依据《重大固定资产投资项目社会稳定风险分析篇章编制大纲（试行）》得出。

(2) 综合风险指数法

采用综合风险指数法计算出本项目的综合风险指数为0.503，如表5-14所示，0.36<0.503<0.64，属于B级风险指数区间。

项目综合风险指数计算表（初始）　表 5-14

风险因素	权重	风险程度					风险指数
W	1	微小	较小	一般	较大	重大	$I\times R$
		0.04	0.16	0.36	0.64	1	
规划、环评、稳评公示过程中，公众参与工作处理不当引发的风险	0.127				√		0.081
土地房屋征收过程中处理不当引起的风险	0.124				√		0.079
施工过程中的区间盾构施工和车站基坑开挖造成周围土体变形，导致邻近建筑物倾斜、下沉、开裂引发的风险	0.129				√		0.083
施工车辆碾压道路造成市政管线受到破坏引发的风险	0.121			√			0.044
施工过程中盾构施工、基坑开挖及重型施工过程中产生的扬尘、振动、噪声等环境影响引发的风险	0.128			√			0.046
施工过程中交通组织不当造成交通不通畅影响周边居民生活引发的风险	0.122			√			0.044
项目管理、施工安全、卫生管理不当导致施工人员经济权益、安全健康受到威胁引发的风险	0.121			√			0.044
运营期车辆运行产生的噪声和振动等环境影响引发的风险	0.128				√		0.082
$\sum I\times R$	1						0.503

注：风险权重根据专家经验通过层次分析法计算得出。

同时，通过对利益相关者所在镇政府、居（村）委会等相关政府部门调查结果可知，本项目积聚上百人规模的风险事件可能性很小，但存在引发一般性群体性事件（如串联上访、聚众滋事、非法集会等）和极端个人事件的可能性。

结合上述风险程度判断法、综合风险指数法以及可能引发的风险事件评判的结果，本项目整体初始风险等级为B级（中风险），重点项目的实施可能引发一般性群体性事件项目必须实施降低风险的应对措施。

5. 风险防范和化解措施

根据本项目的风险因素及风险等级，参照同类项目常用的对策措施，本项目拟采取以下对策措施来减少和消除风险，如表5-15所示。

主要风险防范化解措施汇总表　表 5-15

序号	主要防范、化解措施	责任单位
1	建立构建风险管理协调联动工作机制和快速、灵敏的应急处置机制，落实风险预防化解工作职责	区政府
2	编制统一规划公示、环评公示以及建设施工阶段的宣传解答材料，对周边的利益相关者积极开展正面宣传和沟通协商	区政府或区建交委、建设单位

续表

序号	主要防范、化解措施	责任单位
3	确定合理的土地房屋征收范围,依法合规开展征收的各项工作,保障被征收人的切身利益	区规土局征地事务机构、区房保局、建设单位
4	做好基坑周边以及盾构范围内地下管线的影响分析与监护工作,减少施工对地下管线的影响	建设单位、设计单位、施工单位
5	规范基坑周边以及盾构影响范围内建筑物的检测与监测,减少基坑开挖及盾构施工对周边建筑物的影响	建设单位、设计单位、施工单位
6	加强施工组织与管理减少施工期对周边环境的影响	建设单位、施工单位
7	做好合同管理,确保农民工的合法权益做好施工质量安全管理,确保农民工的卫生与安全	建设单位、施工单位
8	积极与交警部门沟通,制定合理的施工期交通组织方案	建设单位、区交警部门
9	加强加大营运期环保投入及运营管理,减少运营期对周边环境的影响,构建与周边社区和谐共处的良好局面	项目运营单位

6. 落实措施后的预期风险等级

在采取相应的控制、降低影响等措施后，采用危险度评价方法和综合风险指标法对该工程实施后的总体风险进行了评估，并给出了相应的评价结果。具体如下：

(1) 风险程度判断法

通过上述风险预防与化解措施，项目 8 个风险因素中存在 1 个较大风险，4 个一般风险，3 个较小风险。本工程落实措施后整体预期风险为 C 级（低风险），如表 5-16 所示。

措施前后各风险因素变化对比表　　表 5-16

序号	风险因素	风险概率(P)	风险影响(C)	风险程度(P×C)
1	规划、环评、稳评公示过程中,公众参与工作处理不当引发的风险	较高→中等	较大	较大→一般
2	土地房屋征收过程中处理不当引起的风险	较高→中等	较大	较大
3	施工过程中的区间盾构施工和车站基坑开挖造成周围土体变形,导致邻近建筑物倾斜、下沉、开裂引发的风险	较高→中的	较大	较大→一般
4	施工车辆碾压道路造成市政管线受到破坏引发的风险	中等→较低	较大	一般
5	盾构施工、基坑开挖及重型施工过程中产生的扬尘、振动、噪声等环境影响引发的风险	较高→中等	中等→较小	一般→较小
6	施工过程中交通组织不当造成交通不通畅影响周边居民生活引发的风险	较高→中等	中等	一般→较小
7	项目管理、施工安全、卫生管理不当导致施工人员经济权益、安全健康受到威胁引发的风险	中等→较低	中等→较小	一般→较小
8	运营期车辆运行产生的噪声和振动等环境影响引发的风险	较高→中等	较大→中等	较大→一般

（2）综合风险指数法

计算出本工程措施后的综合风险指数为0.30<0.36，如表5-17所示，本工程措施后整体预期风险为C级（低风险）。

项目综合风险指数计算表（初始）　表5-17

风险因素	权重	风险程度					风险指数
W	1	微小	较小	一般	较大	重大	$I\times R$
		0.04	0.16	0.36	0.64	1	
规划、环评、稳评公示过程中，公众参与工作处理不当引发的风险	0.127			√			0.046
土地房屋征收过程中处理不当引起的风险	0.124				√		0.079
施工过程中的区间盾构施工和车站基坑开挖造成周围土体变形导致邻近建筑物倾斜、下沉、开裂引发的风险	0.129			√			0.046
施工过程中盾构施工、基坑开挖及重型施工车辆碾压道路造成市政管线受到破坏引发的风险	0.121			√			0.044
施工过程中产生的扬尘、振动、噪声等环境影响引发的风险	0.128		√				0.020
施工过程中交通组织不当造成交通不通畅影响周边居民生活引发的风险	0.122		√				0.020
项目管理、施工安全、卫生管理不当导致施工人员经济权益、安全健康受到威胁引发的风险	0.121		√				0.019
运营期车辆运行产生的噪声和振动等环境影响引发的风险	0.128			√			0.046
$\Sigma I\times R$	1						0.30

（三）未来社区社会稳定风险评价咨询

1. 制订评估方案

项目依据评估对象自身的特征，制订评估计划，并明确项目特定的要求和工作目标。

2. 组织调查论证

评估机构依据现实情况，通过公示、走访群众、问卷调查、座谈会、听证会等多种形式，对可能出现的不稳定因素进行预测和分析。

3. 确定风险等级

将社会稳定的重大风险事件分为A、B、C三个层次。公众反应强烈，有可能发生大规模群体性事件的，评定为A类；公众反应强烈，有可能引起一般群体性事件的，评定为B类；个别民众意见不一致，有可能引起个人矛盾纠纷的，评定为C类。对被评定为A、B类的，评价单位要制订相应的化解工作方案。

4. 形成评估报告

通过对评估结果的充分论证，评估对象将根据评估事项、风险分析、评估结论和应对措施，编写风险评估报告。

5. 集体研究审定

重要事项在执行之前，都要经过集体的讨论和批准。评估机构将评估报告和风险化解工作方案呈交集体讨论，并经全体会议讨论后，根据实际情况作出实施、暂缓实施和不实施的决策。对已经批准执行的重要项目，要密切监测项目的运行状况，及时调整风险，化解矛盾，保证项目的顺利完成。

(四) 未来社区社会稳定性风险评价要点

未来社区项目社会稳定性分析旨在分析预测项目可能产生的正面影响和负面影响。

1. 环境引发的风险

(1) 施工期间噪声影响

施工期间噪声主要包括机械噪声、施工作业噪声和施工车辆噪声。由于未来社区项目周边有村落，建设施工期间源自建筑材料运输车辆的发动机噪声、轮胎噪声和喇叭鸣笛噪声等均会对项目周边村民的生活产生一定程度的影响，尤其是夜间施工。

(2) 施工扬尘的影响

在施工过程中，运送的泥土一般会堆积在工地上持续几个月，直到完成。堆积如山的泥土，导致汽车行驶过程中尘土漫天，空气中的悬浮微粒浓度急剧增加，对城市的形象和风景造成了很大的影响。在雨天，雨水的冲刷和汽车的碾压，使得工地上的道路泥泞，难以行走。

项目施工过程中会对地形、植被、土壤结构等产生影响，弃土弃渣处理不当也会造成水土流失的现象。水土流失分为建设施工期和生产运行期两个时段，结合本工程具体分析，由于开挖、回填等原因，破坏了原有的地貌和植被，扰动了土壤表土结构，降低了土体抗蚀能力。开挖形成的大量废土弃于场地内，这些松散土极易随雨水流失。

2. 资金筹措引发的风险

目前国内存在重大项目因建设资金落实不到位，个别项目拖延支付工程款，使工程处于停工或半停工状态的情况。资金筹措引发的风险概率较低，影响程度较大，根据单因素风险等级判断方法，评估组认为资金筹措风险属于一般风险因素。

3. 交通影响引发的风险

(1) 施工期的交通影响

未来社区项目工程体量较大，施工期长，施工期将会对区域交通产生较严重的影响。

(2) 运营期的交通影响

未来社区项目规模较大，运营期必将吸引大量人口进入本区域，同时带动该区域商业发展，区域人流将随之增大，在节假日出行高峰期，对区域的道路将产生较大的交通压力。

4. 管理不当引发的风险

(1) 施工车辆管理不当

因施工影响道路的交通畅通，或施工车辆通行、建筑材料运输不文明、不科学，影响当地群众的生产生活而引发矛盾。

(2) 施工人员管理不当

项目施工期间需要大量外来施工人员，而外来施工人员生活习惯可能与当地群众不相同，且施工人员整体素质高低也大不相同，如果因此与当地群众沟通不畅，产生矛盾，会影响项目进展，进而引发风险。

（3）施工不当

如果项目实施不当，容易引发地面沉降等现象，会对周边建筑及道路等产生影响，引发不稳定因素。若地质勘查工作不到位，特别对地下建筑勘察不全面，将会影响工程方案的确定，不仅对实际施工缺乏指导作用，项目完工后也会存在安全隐患。

二、环境影响评价咨询

环境影响评价是指对规划和建设项目实施后可能造成的环境影响进行分析、预测和评估，制定预防或减轻不当影响的对策与措施，同时跟踪监测，因此环境影响评价咨询是采用多学科知识及经验、现代科学技术与管理方法，为政府以及相关投资单位提供智力型咨询、研究及信息，从而促进环境保护事业发展。

我国环境标准包括国家环境标准、地方标准以及环境保护部门标准。同时，我国现行的环境影响评估分为两大类：一是规划环评，二是建设工程。由于规划与建设项目处在不同的决策层面，其依据的是不同的环境影响评估工作。

（一）环境影响评价咨询业务流程分析

环境影响评价咨询工作流程一般包括前期准备/调研，分析论证、预测评价，从而进行环境影响评价报告编制。政府投资项目环境影响评价咨询业务具体工作流程如图 5-14 所示。

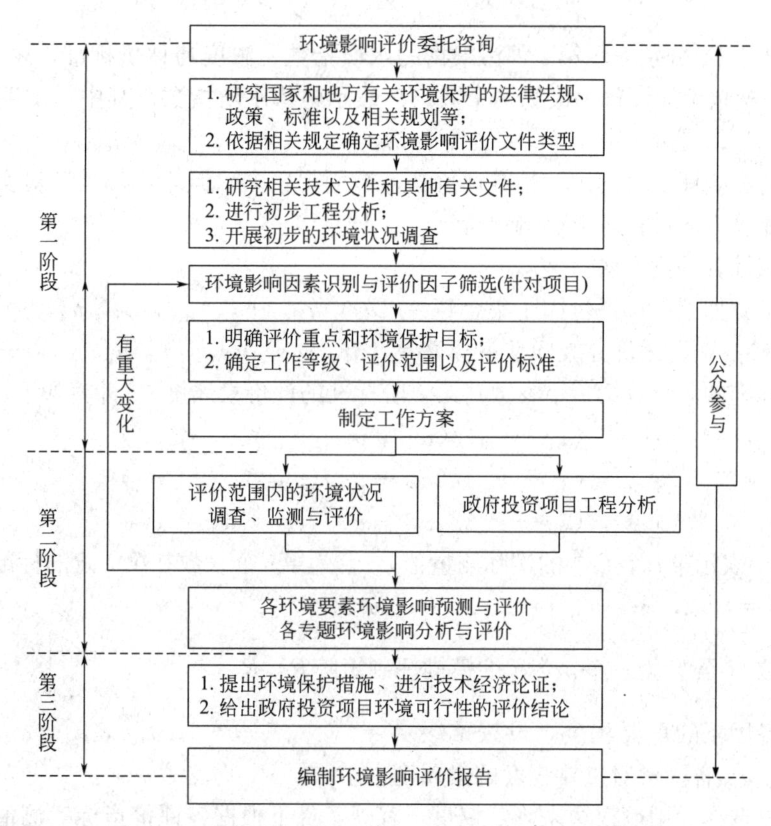

图 5-14　政府投资项目环境影响评价咨询业务工作流程

（二）环境影响评价咨询业务核心内容分析

未来社区项目环境影响评价的审批根据《中华人民共和国环境影响评价法》（2016 年 9 月 1 日施行）、环境影响报告书、报告表，依据国务院规定报到有审批权的环境保护行政主管部门审批。

环境影响评价是根据特定的评价目标，将人类活动对环境的影响进行整体评价，并对其进行定性和定量分析。环境影响评价的基本原则是依法评价、早期介入、完整及广泛参与。《环境影响评价分析报告》的编制应包括项目概况、环境保护目标、环境影响分析、评价结论、环境保护措施等部分。本书介绍其评价常用方法。

（1）指数评价法

因为指数评价法能够表示环境质量好坏，故常用其进行环境质量现状评价，具体方法原理及各方法的优缺点如下：

单因子指数：

$$P_i = \frac{C_i}{C}（i=1，2，3\cdots） \tag{5-1}$$

最大指数即内梅罗指数：

$$P_i = \sqrt{\frac{C_{i\max}^z + C_i^z}{2}}（i=1，2，3\cdots） \tag{5-2}$$

加权平均指数法：

$$P = \frac{1}{n}\sum_{i=1}^{n} W_i P_i = \frac{1}{n}\sum_{i=1}^{n} \frac{C_i}{C}（i=1，2，3\cdots） \tag{5-3}$$

式中：P_i、C_i 分别表示第 i 种污染物的水质指数、浓度与评价标准；W_i 代表第 i 种污染物权重；n 指参加评价污染物的个数；P 表示整体水质指数。其中，浓度单位为 mg/L。评价时，$P \leqslant 1$ 是指合格，$P > 1$ 为不合格。

在对环境影响评价过程中，指数评价法一般用得较多，但通常都是针对实际情况选择合适的指数评价方法进行环境影响评价。

（2）模糊综合评价方法

其具体步骤如下：设评价因子集合 $U=\{u_1, u_2, \cdots, u_m\}$，$u_1, u_2, \cdots, u_m$ 是参与评价的 m 个参数，设评价分级标准集合 $V=\{v_1, v_2, \cdots, v_m\}$，$v_1, v_2, \cdots, v_m$ 为与 u 相应的评价标准的集合。第 i 个参数对第 j 阶标准的评价隶属度 r_{ij} 计算如下：

一级
$$r_{i1} = \{(x_i - v_{i2})/(v_{i1} - v_{i2})(v_{i1} < x_i < v_{i2}) \tag{5-4}$$

二级
$$r_{i2} = \{(x_i - v_{i1})/(v_{i2} - v_{i1})(v_{i1} < x_i < v_{i2}) \tag{5-5}$$

三级
$$r_{i3} = \{(x_i - v_{i2})/(v_{i3} - v_{i2})(v_{i2} < x_i < v_{i3}) \tag{5-6}$$

式中，x_i 表示第 i 个参数的实际测量值，v_{ij} 为第 i 个参数在第 j 阶的标准规定下浓度限值（其中 $i=1, 2, \cdots, n$，$j=1, 2, \cdots, m$）。

评价参数 U 至 V 为一个 $m \times n$ 的模糊评判矩阵 R，$R=\begin{bmatrix} 11 & & 1n \\ \vdots & \ddots & \vdots \end{bmatrix}$。

为反映各因素的重要程度，设权重级 $A=\{a_1, a_2, \cdots, a_m\}$，$a_1, a_2, \cdots, a_m$ 为 $u_1, u_2, \cdots, u_m$ 各因素对重要程度的隶属度。

此处可以选择运用熵权法来确定权重，客观条件下根据各评价指标实测值来构成判断矩阵，规避各因子权重的主观性，具体计算步骤如下。

① 假设有 m 个被评价对象，对应的评价指标有 n 个，构建判断矩阵：

$$R=(x_{ij})_{\min}(i=1,2,\cdots,n,j=1,2,\cdots,m) \tag{5-7}$$

② 将判断矩阵 R 通过归一化，得到矩阵 B，B 的元素如下：

$$b_{ij}=\frac{x_{ij}-x_{\min}}{x_{\max}-x_{\min}} \tag{5-8}$$

$$b_{ij}=\frac{x_{\max}-x_{ij}}{x_{\max}-x_{\min}} \tag{5-9}$$

式（5-8）表示的是大者为优的收益性指标，式（5-9）则表示小者为优的成本性指标。上式中 $x_{\max}$、x_{mim} 分别表示不同事物在同一评价指标下的最满意者或是最不满意者。

③根据熵的概念定义，m 个评价事物，n 个评价指标的熵为：

$$H_i=-\left(\sum_{i=1}^{m}f_{ij}\ln f_{ij}\right)/\ln m(i=1,2,\cdots,j=1,2,\cdots,m) \tag{5-10}$$

式中，$f_{ij}=\dfrac{b_{ij}}{\sum\limits_{i=1}^{m}b_{ij}}$，显然当 $f_{ij}=0$ 时，$\ln f_{ij}$ 无意义，因此对 $f_{ij}=0$ 的计算加以修订，将其定义为：

$$f_{ij}=\frac{1+b_{ij}}{\sum\limits_{i=1}^{m}(1+b_{ij})} \tag{5-11}$$

④ 计算评价指标的熵权 w_i 和权重 W：

$W=(w_i)_{1\times n}W_i=\dfrac{1-H_i}{\sum\limits_{i=1}^{m}(1-H_i)}$，且满足

$$\sum_{i=1}^{n}w_i=1 \tag{5-12}$$

权重集 A 与模糊评判矩阵 R 相乘得到模糊综合评价 B，

$$B=W_g\times R_k=\{b_1,b_2,\cdots,b_m\}$$

式中，$b_j=\sum\limits_{i=1}^{n}w_i\times r_{ij}(i=1,2,\cdots,n,j=1,2,\cdots,m)$　(5-13)

最大的 b_j 所在的级别就决定了评价对象所处的级别。

近年来，由于模糊综合评价的优势日益突出，在环境影响评估中得到了广泛的应用，并取得了较为理想的评价结果。

本书以 A 污水处理厂一期（建设）和二期（建设）为例，编写了二期项目的环境影响报告的主要内容，并结合实例对其进行了详细介绍。

（1）项目概况

某市已有 A 污水处理厂（一期）1 座，设计的处理能力是 10000m^3/d，当前实际处理量为每天 0.8 万 t。污水处理厂主要是采用 CWSBR 生化处理工艺，处理效果较好，出水水质符合《城镇污水处理厂污染物排放标准》GB 18918—2002 中所要求的一级标准 B 标准。

二期污水处理厂厂址选在一期污水处理厂东侧，紧邻布置。二期污水处理厂的规模是 10000m^3/d。二期工程的主要受纳水体为同一条河流，出水水质符合《城镇污水处理厂污

染物排放标准》GB 18918—2002 的一级标准 A 标准。

（2）主要环境影响分析

此处对污水处理厂的建设和运营期的声环境、地表水环境、大气环境和固体废物环境的影响进行了系统的分析。因篇幅所限，本书此部分以声环境影响分析为例展开。

① 施工期对声环境影响

主要是噪声源，包括施工过程中的设备安装和调试噪声，混凝土浇筑时的振动噪声和机械噪声（例如起重机、汽车、挖掘机、扬声器、装载机）。施工机械噪声源强度见表 5-18。

施工机械噪声源强度 **表 5-18**

序号	设备名称	测点距离(m)	声级值 dB(A)	序号	设备名称	测点距离(m)	声级值 dB(A)
1	混凝土	5	79	5	装载机	5	90
2	搅拌机	5	94	6	汽车	5	90
3	挖掘机	5	84	7	电锯	5	88
4	推土机	5	77	8	卷扬机	5	75

② 运行期对声环境影响

噪声源主要是污水处理厂多种风机、水泵等运行时所产生噪声，其具体噪声源强度见表 5-19。

运营期主要设备噪声源强度 **表 5-19**

序号	设备名称	测点距离(m)	声级值 dB(A)	序号	设备名称	测点距离(m)	声级值 dB(A)
1	潜水排泵	5	88	4	污水泵	5	86
2	电动起重机	5	80	5	综合泵房送泵	5	90
3	鼓风机	5	92	6	空压机	5	90

（3）环境影响预测评价过程及结果（此处以水环境和大气环境为例）

① 水环境

在报告之前，应该以水环境的影响为基础，根据一期项目的运行情况，对废水处理后的废水进行监测（表 5-20），选择合适的方法进行评估。

排出水水质监测结果 **表 5-20**

监测	项目	pH 值	化学需氧量	悬浮物	氨氮	总氮	总磷	LAS	粪大肠菌群
监 1	8 月 30 日	6.89	41	9	4.17	14.9	0.333	0.090	210
	9 月 15 日	6.99	42	8	3.77	13.3	0.393	0.096	170
	10 月 21 日	6.99	39	6	3.49	14.2	0.270	0.084	260
	平均值	6.96	41	8	3.81	14.1	0.332	0.090	213
监 2	8 月 30 日	7.26	42	9	3.93	14.6	0.224	0.092	260
	9 月 15 日	7.12	41	8	3.89	9.49	0.244	0.088	220
	10 月 21 日	7.13	44	9	4.68	11.5	0.293	0.108	220
	平均值	7.17	42	9	4.17	11.9	0.254	0.096	233

续表

监测	项目	pH值	化学需氧量	悬浮物	氨氮	总氮	总磷	LAS	粪大肠菌群
监3	8月30日	7.03	44	7	4.05	13.7	0.323	0.094	210
	9月15日	7.19	45	9	3.81	11.0	0.353	0.086	220
	10月21日	7.13	43	8	3.45	11.8	0.264	0.090	170
	平均值	7.12	44	8	3.77	12.2	0.313	0.090	200

注：表中pH无单位，粪大肠菌群单位为“个/L”，其余单位均为“mg/L”。

依据《城镇污水处理厂污染物排放标准》GB 18918—2002一级标准，采用内梅罗指数法，对废水处理后的水质进行了综合评价。根据公式（5-2）$P_i=\sqrt{\frac{C_{i\max}^z+\overline{C}_i^z}{2}}$（$i=1$，2，3，…，$n$），评价结果如表5-21所示。

内梅罗指数法水质评价结果　**表5-21**

评价结果 项目	pH值	化学 需氧量	悬浮物	氨氮	总氮	总磷	LAS	粪大 肠菌群
执行标准	6～9	50	10	5	15	0.5	0.5	10^3
内梅罗值1	6.96	42	9	3.99	14.5	0.364	0.093	238
监测点1	6.96	0.840	0.9	0.798	0.967	0.782	0.186	0.238
内梅罗值2	7.22	43	9	4.43	13.3	0.274	0.102	247
监测点2	7.22	0.860	0.9	0.886	0.887	0.548	0.204	0.247
内梅罗值3	7.16	45	8	3.91	13.0	0.334	0.092	210
监测点3	7.16	0.900	0.8	0.782	0.867	0.668	0.184	0.210

注：上述表中，监测点结果显示均为评价后最终结果，用此种评价法评价时，$P\leqslant1$为合格，$P>1$则不合格。

内梅罗指数法较注重污染最大浓度，并将其作为处理的重点，但与标准比值1比较，其结果小于1时，其处理效果较好；反之，则不能满足要求。采用该方法对污水进行评价，既能清晰地认识各项指标的处理效果，又能更清晰地发现问题所在，并采取相应的措施，以最小的费用取得最好的处理效果。

从表中的数据可以看出，该评价指标都在1以下，达到了污水处理厂的排放标准。但在化学需氧量、氨氮、总氮、总磷，特别是水体悬浮物等方面仍有较大提高的余地，因此，应加强对上述因素的处理，减少其在水体中的含量，力求达到较好的效果。

② 大气环境

大气的质量是影响人类健康和生命安全的重要因素。本书通过对城市污水处理厂的主要大气污染因子的模糊综合评价，对一期工程中的主要大气污染进行了分析，并进行了第二阶段的预测和评估。

在模糊综合评价中，PM_{10}、SO_2、NO_x等因素都包含在内，故其评价因素为$U=\{PM_{10}、SO_2、NO_x\}$；表5-23按《环境空气质量标准》GB 3095—1996的规定，列出了各个因素的监控浓度。各影响因子监测浓度如表5-22、表5-23所示。

环境空气质量标准浓度限值 表 5-22

污染物名称	取值时间	浓度限值/($mg \cdot m^{-3}$)(标准状态)		
		一级标准	二级标准	三级标准
PM_{10}	年平均	0.04	0.10	0.15
SO_2	年平均	0.02	0.06	0.10
NO_x	年平均	0.05	0.05	0.10

各监测点评价指标实测浓度值 表 5-23

监测点编号	浓度限值/(mg/m^3)(标准状态)		
	PM_{10}	SO_2	NO_x
1	0.096	0.031	0.018
2	0.106	0.033	0.018
3	0.096	0.033	0.022
4	0.086	0.035	0.031
平均值	0.096	0.033	0.022

将此监测浓度值代入上述公式，得各因素模糊评价矩阵 R_1，R_2，R_3，R_4。

$$R_1=\begin{bmatrix} r_{11} & r_{13} & r_{13} \\ r_{21} & r_{22} & r_{23} \\ r_{31} & r_{32} & r_{33} \end{bmatrix}=\begin{bmatrix} 0.067 & 0.933 & 0 \\ 0.725 & 0.275 & 0 \\ 1 & 0 & 0 \end{bmatrix} R_2=\begin{bmatrix} 0 & 0.88 & 0.12 \\ 0.675 & 0.325 & 0 \\ 1 & 0 & 0 \end{bmatrix}$$

$$R_2=\begin{bmatrix} 0.067 & 0.933 & 0 \\ 0.675 & 0.325 & 0 \\ 1 & 0 & 0 \end{bmatrix} R_4=\begin{bmatrix} 0.233 & 0.767 & 0 \\ 0.675 & 0.325 & 0 \\ 1 & 0 & 0 \end{bmatrix}$$

由式（5-9）～式（5-12）确定各参数的权重矩阵 $W=$（0.4240.4240.153），则模糊综合评价矩阵如下：

$$B_1=W_g\times R_1=(00.4880.512);$$

$$B_2=W_g\times R_2=(0.0510.4390.510);$$

$$B_3=W_g\times R_3=(00.4670.533)$$

$$B_4=W_g\times R_4=(00.5160.484)$$

根据最大隶属度的原则，选取最大值作为模糊综合评判的依据，对 A 污水处理厂二期的大气环境影响进行了预测和评估，结果如表 5-24 所示。

大气环境影响评价结果 表 5-24

监测点	点 1	点 2	点 3	点 4
模糊综合评价级别	二级	二级	二级	一级

由于利用熵权值的方法，综合考虑了各方面对大气环境的影响，其评估结果更能反映出实际的大气环境情况，具有一定的适用性。该方法不但能直观地反映出各个影响因子的影响程度，而且能全面地反映其对大气环境的影响，并将各个影响因子综合考虑，达到了对大气环境影响的评估要求。

由此可以预计，该污水处理厂投入使用后，将会极大地改善该地区的水质，对改善当地的居住和投资环境和居民的饮水质量具有重要意义。

(4) 环境保护措施（以声环境为例）

① 施工期的噪声污染防治措施

施工过程中噪声多是阵发性和间歇性，流动性也较强，其主要来源于设备安装调试噪声、混凝土浇筑时的振动噪声、机械噪声等，一般会采用相应的降噪措施，降低噪声对环境的影响，比如施工车辆低速禁鸣、施工工期在建筑外设置围挡、合理安排施工时间、选用低噪声机械设备等，实施以上措施，基本不会对区域声环境造成较大影响，可以达到《建筑施工场界噪声限值》GB 12523—2011 的规定。

② 运营期的噪声污染防治措施

由于污水处理厂运行期间各种水泵、风机等运行时的噪声，所以在运行期间必须采取相应的降噪措施。在基础设计方面，采取了隔声包裹、安装施工垫、减振设施等措施，以低噪声的设备来设置泵房、锅炉房，以减少对工人和周边环境的影响。在安装风机、电机、水泵等设备的房间安装隔声板，以降低室内噪声的传播；对设备室、操作室、值班室、控制室的窗户、隔板等进行隔声处理，降低噪声对人体的影响；对厂区周围进行绿化，以减小噪声，达到工厂周围 300m 范围内无敏感区。经过以上措施的治理，厂界噪声均符合《工业企业厂界环境噪声排放标准》GB 12348—2008 二级标准，对周边环境和居民的日常生产和生活几乎没有什么影响。

总结：本项目是一项环境保护工程，对保护水资源、改善区域地表水、大气环境具有重要意义。本项目所采用的环境保护措施是切实可行和有效的，实现了污染物的达标排放；项目对周围环境质量的影响不大，不会使该地区的环境状况恶化，环境危险在可以接受的范围内。在全面落实本环境影响报告表提出的各项环保措施的基础上，严格执行“三同时”，并在运行期间持续强化对该项目的管理，结合一期数据，从环保角度来看，本项目的建设是可行的。

三、节能评价咨询

节能评价是指根据节能法规、标准，经各级人民政府发展改革部门管理，分析评价在我国境内建设的固定资产投资项目的能源利用是否科学、合理，并编制节能评价文件或填写节能登记表。通过项目节能评价文件审查同时形成审查意见，或者对节能登记表登记备案，使其作为审批、开工建设前置性条件及设计、施工和竣工验收的重要依据。

（一）节能评价咨询业务流程分析

未来社区项目节能评价咨询的工作流程如图 5-15 所示。

（二）节能评价咨询业务核心内容分析

节能评价咨询服务成果产品主要通过《节能评价报告》的形式与内容体现。《节能评价报告》基本框架及内容见表 5-25。

根据《节能评价报告》的内容，建筑类项目节能评价咨询工作的重难点主要有以下几个方面：对建设项目的选址、总平面布置、围护结构、电气、给水排水、暖通、绿色建筑方案等进行详细的分析，并评估其是否符合相关节能标准和规范要求。

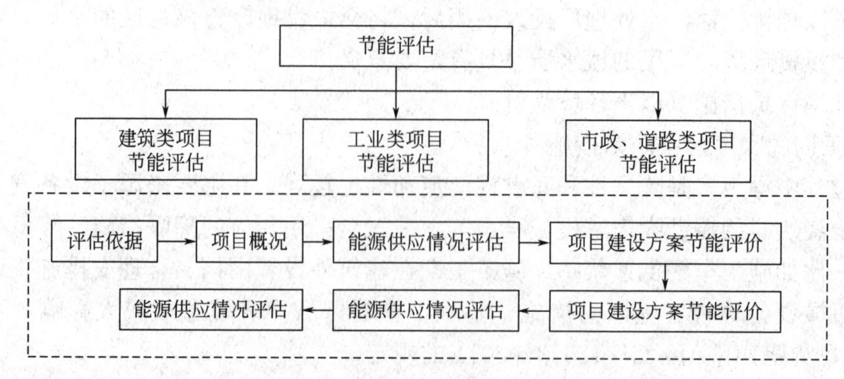

图 5-15　政府投资项目节能评价咨询业务工作流程

《节能评价报告》基本框架及内容　　**表 5-25**

标题	核心内容
评估依据	主要是搜集国家、省市和地方的能源和节能相关的法律、政策和规范，以及与建筑相关的行业规范、设备规范等
项目概况	详细深入调查节能评价包括的范围，并对项目概况进行梳理描述，①建筑类项目概况主要包括：项目建筑面积、主要业态和运行时间等信息；②工业类项目概况主要包括：厂房建筑信息、生产线信息、主要设备信息等；③市政、道路类项目概况主要包括：项目所涵盖的范围，如管线长度和道路长度等，项目的用能设备，如道路浇洒用水、照明用电，市政项目的冲洗用水等
能源供应情况评估	主要评价项目所在地新水、空调冷热水、天然气、电力和其他能源的供应情况，评估其是否能为项目提供所需的能源并满足项目的容量需求，若有不能满足需求之处，应及时提出
项目建设方案节能评价	主要包括对项目选址平面布置、围护结构、电气方案、给水排水方案、暖通方案以及绿色建筑等方面进行评估，分析上述方案是否符合相关节能政策和规范的要求；若有不符之处，应合理提出并给予恰当的建议
项目能源消耗和能效水平评估	依据方案确定所需的能源种类，估算其年消耗量并折算为标煤与相关政策进行对标，以及评估项目的主要用能设备，主要用能设备的能源利用效率等情况
节能措施评估	描述节能技术的措施以及节能管理措施，评价措施合理性
存在问题及建议	对项目能源使用、设备方案设计上存在问题，提出并给予适当建议

在建筑类项目节能评价工作中，以住宅、商业、办公为主要类型，既有单一业态，也有多种经营模式，因为不同业态的耗能类型、时间和特点不同，所以建筑工程节能评价咨询的难点通常为多种业态组合的大型项目整体能耗的估算。

比如某公建幼儿园及配套工程，包括幼儿园、配套公建、地下室三种功能建筑，每种功能建筑的工作时间和耗能种类都不一样，所以在估算时需对其进行分开计算，首先确定每种功能建筑的面积和耗能种类，进而确定其工作时间和主要用能项目。在本工程中，幼儿园的工作时间为每日 10 时，主要能源是电力、新水、燃气；公共建筑的能源利用从早上 8 时到晚上 6 时，主要是电能和新水的使用；地下室 24 小时的能源使用，主要是电能和新水的使用。项目用电量复核计算表见表 5-26。项目天然气用量复核计算表见表 5-27。

项目用电量复核计算表　表 5-26

用电项目		建筑面积 (m^2)	功率密度 (W/m^2)	有功负荷 (kW)	需要系数	同时系数	年运行天数	日运行天数	年耗电量 (10^4kWh)
幼儿园	照明	2730							2.04
	插座	2730							3.96
	空调(制冷)	2730							2.57
	空调(采暖)	2730							1.47
	给水排水	2730							0.28
	小计								10.31
配套公建	照明	1659							2.71
	插座	1659							5.09
	空调(制冷)	1659							3.90
	空调(采暖)	1659							1.67
	小计								13.37
地下室	照明								
	通风								
	室外								
	小计								
未预见用电		包括变压器、线路损耗、按以上用电的 5%估算							
总计									

项目天然气用量复核计算表　表 5-27

幼儿园食堂	就餐人数共 208 人(含幼儿和员工)。根据《全国民用建筑工程设计技术措施:暖通空调动力(2009 年版)》附录 D 典型商户用气量指标,幼儿园日托每人每年的用气量为 1256～1675MJ/座年,本次评估取 1500MJ/座年,全年预计用气量为 31200MJ,上海市天然气指标系数的统计口径为 1.3kgce/m^3,对应天然气热值为 38931kJ/m^3,预计全年用气量为 0.8 万 Nm^3
合计	以上天然气用量合计 0.8 万 Nm^3

从上述两个实例的评估表中可以看到，采用单向的能耗计算方法，可以清楚地看到该项目的能耗总量。

第六节　未来社区项目投资决策综合性咨询其他专项咨询

一、申报方案编制咨询

浙江省未来社区项目的申报方案编制前，需要先熟读其专属的政策支持，尤其在空间政策方面，有如下规定："改造更新类目满足原有居民利益、符合建设标准的前提下，探索改原有空间指标一刀切的简化管理，适当增加容积率，突破平面绿地阳制，提升开发强度，通过增量面积租售，基本实现资金平衡，让居民'搬得进，住得起，过得好'"计政策，为有的住宅设计中存在的一些公共空间瓶颈、绿化景观瓶颈、共享交通瓶颈等提供了很好的依据。

在未来社区申报方案的编制案例分析中，我们总结了如下经验：

第一，用已有场地资源画好红线，红线范围内需要科学地评估各项建设指标，同时为场景的打造创造条件，既要作出好设计，又要算好资金平衡账。

第二，适配九大场景。依托场地优势，充分进行九大场景和物理空间的适配性研究，集中精力落实好实施单元内的场景设计。

第三，打造亮特新。在不同地域的未来社区项目中，存在着不同的亮点、特色和创新点，需要不同的场景供应商提供支持，总的来说，大致向场景内容、地域文化、建筑空间、使用人群四个方面去深入挖掘。

随着未来社区建设的逐步推进，理论和实践的逐步完善，申报方案的编制也将与时俱进，绽放出更亮丽的光彩。

（一）未来社区申报要求简述

1. 未来社区创建要求

作为打造浙江省“两个高水平”建设“新名片”的未来社区，在开发建设模式上与传统社区有比较大的差异。这种差异体现在从项目前期谋划、方案编制到土地出让和建设审批都突出了“集成并联、简化规范”的特征，既强调前端规划设计层面的统筹性，又注重后期实施建设的一致性与落地性。在简化总体流程的基础上，提高了整体的建设效率与品质。

（1）坚持现代化属性、防止“一般化”倾向

未来社区强调的“未来”两字就是要在现有的生活方式、城市形象、建筑材料结构与设备、治理模式上有超前的理念和技术应用，引领未来生活方式的变革创新，因此要加强新教育、新医疗、新交通、新能源、新物流、新零售等方面的综合配套和服务支撑，重点聚焦数字化、突出新建造、融入新技术、推广新治理，构建面向现代化、面向未来的市民生活场景。

（2）坚持家园属性、防止“房地产化”倾向

要重视历史文化记忆的传承，加强历史文化遗产的保护，建设社区交流中心，建设公共文化空间，建设美好生活链圈，实现从造房子向造社区、造生活转变，打造有归属感、舒适感、未来感的美好家园。未来社区营造有别于传统房地产化的开发，以人为本的理念为出发点，实行带社区营造方案的土地出让，整合多个房地产开发商、数字开发商等。

（3）坚持民生属性、防止“贵族化”倾向

要把民生服务整合起来，推动创业创新，促进共建共享，把群众支持不支持、赞成不赞成、满意不满意作为衡量工作得失的基本标准，真正让老百姓“搬得进、住得起、过得好”。在创建过程中坚持“房住不炒”定位，合理限价出售出租，促进房地产市场健康发展。

（4）坚持普惠属性、防止“盆景化”倾向

在城市旧改新建与有机更新的整个过程中，要把未来社区建设理念和需求整合起来，丰富创造形式，鼓励百花齐放，加速由“试点”向全面推进。不局限于只打造某个示范区，而是探索出若干条针对不同类型社区可推广的社区营造路径，在创建过程中注重对传

统社区模式转型的引领性和示范性。

2. 未来社区创建类型

(1) 整合提升类

对总体建筑质量和环境质量都比较好，但距离“美好家园”的要求尚有一定距离的老旧小区，要进行整合提升改造。

(2) 全拆重建类

针对2000年以前建成、普遍采用多孔板建材、存在较大安全隐患的居民小区，进行全拆重建改造。

(3) 拆改结合类

对存在着质量和安全风险的老城区和居住环境优良的居民区，进行拆改结合的创建。

(4) 规划新建类

依托省重大发展平台，优先在人口集聚潜力大、公共交通便捷、地上地下空间复合开发、禀赋好的城市发展核心区中，开展规划新建类创建。

(5) 全域类

全域类即整个区域都纳入未来社区的创建范围。例如杭州城西科创大走廊，规划范围囊括全域390km^2。

3. 未来社区的指标体系

在设计品质方面，坚持以人民美好生活向往为中心，突出人本化、生态化、数字化设置九大场景创建评价指标体系，包含未来邻里、教育、健康、创业、服务和治理六类软场景及未来建筑、低碳和交通三类硬场景。

九大场景共分为33项指标，指标分为约束性和引导性两类内容。全拆重建类、规划新建类，以及拆改结合类中新建部分需参照33项指标内容，应约束性指标要求因地制宜落实引导性指标要求；整合提升类和拆改结合类中保留部分积极响应33项指标内容，全面满足数字化场景应用要求，因地制宜响应邻里、教育、健康、创业、治理服务等功能与业态要求，灵活开展建筑、低碳、交通等硬件环境提升。全域类参考此指标体系执行。

在进度管控方面，经浙江省政府同意公布的未来社区创建项目，原则上整合提升类年内基本完成创建工作；拆改结合类、规划新建类两年左右完成创建工作，当年年底前开工建设；全拆重建类考虑拆迁安置进度等因素，可放宽至三年左右，当年年底前完成政策处理。科学编排施工组织，推进邻里中心等公共配套集成空间优先建设，结合实际、阶梯式推动九大场景落地，有条件的要率先予以呈现。

（二）未来社区项目申报流程

在试点探索阶段，未来社区项目并非想做就能做，而必须实行先申报再建设的方式，由县（市、区）人民政府作为建设主体自愿申报。为申报流程编制的方案即申报方案设计深度大致等同于传统项目的方案设计。

1. 地方申报

未来社区建设主体以委托、招标等方式确定符合相关条件的设计单位。申报人编制《浙江省未来社区建设试点申报方案》，经过设区市评审、比选，同意后统一由市发展改革委上报，报送材料由申报表、申报方案、资金平衡表等主要内容构成。

2. 比选审核

在申报主体提交相关申报材料后，先由浙江省发展改革委组织专家对各主体提交的材料进行集中初审，初审后形成初审意见发回，由各主体组织设计单位对方案进行优化。优化后的方案再次提交给浙江省未来社区专家委员会审核后，选取候选试点进行现场踏勘。在勘察试点的各项规划条件和基础条件符合申报材料和未来社区的建设总体要求后，从候选试点中确定对外公示的名单。

3. 名单公布

未来社区试点创建项目公示名单确定，通过浙江省发展改革委官网公示7d，在收集各方意见并反馈之后，向公众公布最终的未来社区试点创建项目名单。

（三）未来社区项目申报方案要点解析

根据2018年度浙江省政府发布的《浙江省未来社区建设试点工作方案》，将“未来社区”的试点项目划分为规划新建类和改造更新类。在接下来的公告中，增加了“全域”的创建，根据“改造”的方式，形成“改造重建”“拆改”“整合提升”三种“创建”。浙江省发展改革委员会、省住房和城乡建设厅、《关于开展2021年度未来社区创建的通知》（浙发改基综函〔2021〕228号）中，明确了“整合提升”“全拆重建”“拆改结合”“规划新建”和“全域”5大未来社区创建类型。

1. 整合提升类未来社区前期咨询视角下未来社区项目申报方案要点

选取时初步判断建筑质量与环境品质，可通过轻手法的整治、加建等手段满足未来社区的基本要求，重点关注有无拓展腾挪的空间并进行相关配套设施的植入。以“三化九景”为中心，将社区现有经营资源进行整合，丰富高品质的社区公共服务，重新焕发生机。试点创建规划设计的内容包括但不局限于社区配套设施协调、立面改造、环境提升、停车空间、基础设施管线提升、场景系统策划、数字化方案、资金测算等。灵活地采取补建、购置、置换、租赁、改造等方式，充分响应各项指标要求，保障场景设施的普惠共享性，满足向社区全体群众开放要求，确保实现10分钟社区生活圈功能；按照硬景建筑的要求，对小区环境、硬件设施进行适当的更新和更新。同时，满足今后社区数字化建设的需要，全面实现“线上”场景智能化功能、全面覆盖服务应用实施单元、逐步覆盖规划单元、“查漏补缺”、优化软环境设施布局。

2. 全拆重建类未来社区前期咨询视角下未来社区项目申报方案要点

选取时重点关注是否存在危房及基础设施极度老旧、内涝、消防、通风等有较大安全隐患的问题。选择社区时综合考虑拆迁难度、资金平衡、居民意愿以及周边社区居民的信访问题。由于全拆重建类以3年为建设期限，先期可选择已计划拆迁或已部分启动拆迁的区域，节省政策研究时间，一期建设成熟后向周边社区推广。规划设计以建设具有浙江特色的高级改造形态为目标，系统性打造“三化九场景”体系，积极落实建设运营一体化，兼顾未来发展适度留白，实现“一次改到位”。试点申报方案规划设计的内容包括明确社区创建定位、目标和路径，展开总平面设计及空间布局，合理确定用地布局、建设总量、场景系统、数字化方案、资金方案等，地块容积率等开发强度指标应与控制性详细规划的调整相衔接，保证可落地性。

3. 拆改结合类未来社区前期咨询视角下未来社区项目申报方案要点

选取时重点关注社区建设2000年前后皆存在、相互混杂、社区中存在一些具有较大安全风险的建筑，整体协调仍在拆迁范围之内，拆除面积要小于保留面积。在满足以上条件的地区，将旧城改造与区域联动城市的有机更新结合起来，对“三化九景”的功能与业态进行系统性的移植。在试点项目的规划设计中，以“整体提升”为主，拆除部分参照“全面拆除改造”模式。

4. 规划新建类未来社区前期咨询视角下未来社区项目申报方案要点

重点选取浙江级的重大发展平台内（如浙江省四大新区），轨道交通站点覆盖、现状留白多、建设空间大的区域。要有系统地构建“三化九场景”体系，以投资、建设、经营一体化为基础，全面探索新型文化、新技术、新业态、新模式创新和应用，并逐步建立起“引领型”的城市社区规划和建设标准，为城市居民的生活方式转型提供一个良好的样板。规划设计重点在包括全拆重建类的基础之上应更加关注社区地上地下空间与城市其他区域的一体化设计，凸显规划新建类对于社区周边区域的统筹性和引领性。

5. 全域类未来社区前期咨询视角下未来社区项目申报方案要点

全域级别的未来社区只在条件更好、更独立的都市区域或主要的平台上进行，例如杭州城西科创大走廊、温州龙湾区、丽水水东双创新城等。制订了未来社区建设的中长期规划和实施计划，滚动实施、整体推进，包括综合提升、全拆重建、拆改结合、规划新建等。一方面，今后的全域社区建设要参照前四个模式单独建设，另一方面，要对建设工程群的公共服务功能进行统筹，突出建设共享和协同效应，构成“城市大脑”系统的完全“拓扑网络”。

（四）申报方案案例解析

以下以“宁波鄞州姜山未来社区”项目为例，具体解析申报方案编制。

1. 姜山未来社区概况

（1）宁波姜山镇

姜山镇位于鄞州南部，是宁波中心城区的南门户和鄞南地区的重要节点。镇域面积87.8km^2，常住人口达16.2万人，是鄞州区人口总数最多、经济总量最大的乡镇，也是全国重点镇、省级中心镇、宁波市卫星城市试点镇。

（2）城市化进程中内部功能组成的变化与升级

宁波姜山镇由原来承担低容量的居住和商业功能集镇转变为城市涵盖“产居商”复合功能的城市一部分，完美融合了未来社区中居住、创业、公共空间的功能组成。从前往后，可将其归纳为三大升级：

① 能级提升。宁波南部融城和宁波2025制造战略，加快了姜山镇承接宁波外溢人口的节奏，姜山未来社区试点建设将为产业人才量身定制高品质的社区生活和创业空间，给宁波都市圈卫星城市树立一个职住平衡、宜业、宜居、宜游的未来样板，从而让姜山一跃成为宁波都市圈的未来人才磁力中心，让年轻人才真正融入社区，融入宁波这座开放包容的城市。

② 邻里复兴。姜山镇区呈明显的东居西产格局，产城割裂明显。曾经繁华的水乡老镇如今衰败老化、市井消逝。宁波甬文化底蕴深厚，千百年来形成宁波老底子独特的市井文化，经过创新活化后应该成为姜山未来社区的标签。试点创建将恢复曾经的邻里街坊、市井繁华景象，延续原有居民之间浓浓的邻里情，为未来社区探索一条原生文化下的产、城、人、文协同发展新路径。

③ 普适推广。通过三张面向未来生活、工作和邻里的美好画卷来诠释三个能凸显姜山独特的未来社区创建题材，即产城融合、美丽田园和熟人文化，从而为全省大量的都市圈卫星城镇和中小城市提供可复兴、可持续的社区样板经验。

基于功能变化和创建意义，未来实施单元建成后与现状集镇有许多的变化。

(3) 从传统街巷居住形态向现代都市居住模式的改变

① 城市化进程带来的高容量要求

试点概况：项目规划单元总面积 124.33hm²，实施单元总面积 20.81hm²。新建面积约 56 万 m²。总投资 83.5 亿元（其中政府总投资 33.23 亿元，企业总投资 50.27 亿元），资金总流入 87 亿元，政府企业均实现资金平衡。直接受益居民数 5619 人，人才落户数 2272 人，综合指标 7891 人，折合 20hm²、7583 人。

② 姜山老镇原有集镇布局

规划区内房屋多建造于 20 世纪 80 年代末，建筑密度大，结构老化，多数房屋年久失修，年老居民无法自主修复房屋或者更换住地，整个社区老龄化问题严重，水乡活力不复存在。

虽然老旧破败，但从俯视整体以及深入街巷里弄细致走访了解，发现核心区十分罕见地保留着自己特有的城市肌理。

(4) 未来社区下的姜山布局

姜山未来社区申报方案是由高层居住组团＋创业配套组团＋底层商业组成的 Block 形态，将由原来的单一“商居”模式发展为“产居商”复合化未来模式。总结关键词是低容、高容、街道式商业、街区式商业、行列式布局、组团式布局。

姜山老镇原有功能组成是沿街档次较低商业＋二层居住，未来社区模式下“产居商”模式是居住＋商业＋创业＋公共服务功能。

街区提倡的首先是生活的便利性，通过在城市中心地段组团式开发得以实现，集合商业、居住、餐饮、文娱、交通等城市生活空间的有机组合，并在各部分之间建立一种相互依存、相互帮助的能动关系建筑群，以此来方便人们居住，降低生活成本，提高生活品质。

申报单元中实施单元的功能设定以安置组团为主，作为实施单元功能较单一，不利于资金平衡，所以需要优化以丰富其功能。

增加可售住宅和创业功能，优化实施单元内部与外部功能的互动，由此确定：

① 北侧确定为安置用地；

② 实施单元核心区，设置创业及配套中心联动其余地块；

③ 邻近老旧片区的地块作为老旧片区安置示范区；

④ 周边配套成熟的地块，受南部商务区人才外溢以及西部产业融合配套轴辐射，设置人才住宅。

2. 传统水乡居住环境演变机制

(1) 重点研究传统水乡的特点及未来社区的落位

通过姜山原有水乡肌理研究，延续水乡特色空间，留存水乡传统记忆，由此产生一系列水乡传统与未来社区水乡的对比。

① 水乡原始小桥河埠头—未来社区桥道系统河埠头改造；

② 水乡原始绿网—未来社区河道公园与节点广场营造；

③ 水乡白墙黑瓦—未来社区的建筑（保留、提炼）。

然后升级水乡邻里服务。

(2) 未来社区水乡邻里功能

保留传统技艺小店、基本生活型配套、引入文化文创健康等多层次服务设施，提炼水乡现代印象。完全复制传统不可取，比较好的方法是保留提炼元素，用现代手法营造新面貌。

(3) 重构、转换、嵌入以实现市井 Block 街区

重点研究申报方案的规划结构，即在姜山如画、坊问未来的总体规划定位下，以小街区密路网的规划指导为原则，形成“一心、两轴、六组团”的规划结构。

一心：未来社区中心；

两轴：南北向人民路城市轴，东西向水街文化轴；

六组团：三个安置住区组团，三个可售住宅组团。

1）未来社区核心区

通过连廊、平台等构筑物结合公共空间建筑打造丰富的立体开放空间，立体空间结构和功能复合为街区带来活力和多样性，多层次的公共空间不仅体现在功能的多样性，也反映在空间类型的丰富性。

2）未来社区双轴

双轴即水街“文化轴”和连廊串联“城市轴”。

① 文化轴

文化轴是老镇的肌理的延续，针对沿河两侧不同节点布置绿化公园、复古老街建筑、写意新中式建筑、活动广场，打造具有丰富性、功能性、互动性的沿河空间。水街商业需要与河道有良好的互动，互相映衬，形成良好的整体氛围。水街建筑风格以写意新中式为主，同时保留边家民宅，结合部分老宅片墙及构件，重构旧时街坊邻里感。

里坊重塑：坊即坊市，场景的植入，结合商业业态的布局，整体打造一条符合商业功能要求的延续老镇水街记忆的、体现现代化高密度新城复合型的商业坊市。

住宅立面：置入记忆符号，强调材料特色，并增加特色细部，以突出姜山未来社区特色。

② 城市轴

公共立体连廊、立体绿化、风雨连廊的模式布置，三管齐下，在追求实用性的同时，可有效控制成本。在功能上将过街天桥及过河天桥形成城市公共交通系统，形成起到遮风避雨及归家引导作用的风雨连廊。

③ 六组团

围合打造居住组团空间，融一幅传统与未来的邻里如画场景、市井与未来建筑的系统共生。利用建筑不同朝向，打造围合 Block 组团，营造未来感文化水街，延续传统。

邻里如画，人本优先。姜山老镇居民情感如旧，深厚的历史文化是潜藏于社区一砖一瓦间的宝贵财富。宁波文化造就这一方水土，数十年来大家积攒下亦商亦友的情谊成为未来邻里场景鲜活的素材。而这些不因为建筑的拆除而荡然无存。在某地块的原有水街原址上，经过系统性梳理，重新赋予它新的生命力。社区水街的规划重点有三点：

居民社区集会的有顶盖广场、风雨连廊和原有老业态的回迁恢复，这些有烟火气、有市井气息的空间和内容将成为未来社区生活场景中最亮的点。

强调社区邻里公共设施的可达性和覆盖率，提高全社区公共服务能力和均等化配置，形成3分钟邻里交互圈、5分钟即到生活圈、10分钟公共服务圈。

社区服务设施布局更多关注老年人、儿童等重点人群近距离步行要求，配置一批高标准的适老、适幼型公共活动空间和无障碍设施。

创业如画，产业雨林。姜山镇为宁波工业重镇，创业场景必须成为其优势场景。某地块中，沿人民路规划设计一座山形建筑群落和立体绿化系统，以热带雨林为设计概念，营造出充沛繁茂、丰富多样、充满活力的产业生态空间，雨林结构的设计通过三个部分得以体现：

地表层。连接城市交通，汇聚人流，集合了交通枢纽、商业街区以及托幼教育等多种功能，融合人性化的尺度，可以很容易地从邻近的城市街区到达，形成了一个丰富多样的城市公共客厅，便于人们在此分享和交流。

伞盖层。为创业团队的迅速发展提供理想的沃土，提供丰富的空间，可用于联合办公、对话交流、研讨会及体育活动。和四围的塔楼良好连接，创造出一种充满动力、共存相生、欣欣向荣的创业工作环境。

树冠层。分布于平台周围，提供相对私密的居住环境，配置满足年轻人才个性化需求的生活服务设施，真正做到工作、学习、生活、娱乐、休闲一站式创业群落。

健康如画，生态循环。姜山镇田园城镇的宜居生态将成为健康场景的优势基底，整个社区规划单元围绕全人群的全生命周期进行健康全场景的创建。

健康运动系统。通过空中连廊系统串联各地块，将社区居民引导到社区公园、健身设施，营造全民运动的良好气氛。

医疗诊疗系统。设置社区基础全科医院、健康国医馆和健康小屋并覆盖整个社区，运用数字技术建立社区居民健康档案和云上医院，对接宁波三甲医院，让居民享受名医在身边的未来健康服务。

适老养老系统。聚焦老龄化需求，在安置回迁地块和社区公共服务设施的适老化应用上做出特色，对失能失智老人和孤寡老人提供可穿戴设备和监控设备进行重点监护。

生态循环系统。将邻里、低碳、建筑三个场景叠加，在某地块的建筑架空层，运用气动垃圾管道技术进行垃圾智能化收集，同时融合邻里交往、儿童科普、健康运动等功能，形成多功能融合、多场景交互的未来社区生活。

(4) 申报方案编制思路

姜山未来社区申报方案的整体构思是要做到五区合一，即景区、住区、商区、园区、学区合一模式；产业对接，要依托轨道交通及交通干道衔接南部商务区产业人才，同时为老镇生活区东西两侧的功能过渡区域；水岸复兴，梳理、改造姜山河两岸水乡空间，重现繁华市井景象；绿廊串联，构建社区中央绿廊，活化老镇核心区与镇区主要生态空间串联，导入有活力的健康业态。

1) 三大创新亮点

① 经世创境。改变姜山产城分离的空间现状，打造高度产城融合的复合型未来社区，中有居，中有产。

② 邻墙里。水乡小尺度建筑与未来建筑的同框呈现，在社区更新的进程中保留最原始的水乡市井记忆。

③ 山水画廊。破解姜山镇区居住密度高、居住品质差的难题，在社区中央打造一条带状山水画廊公园，为社区内外的居民提供活动与休闲空间。

2）规划结构

在“一心双轴六组团”的大框架下，进一步细化“两带二核三中心”。

两带：千年水乡记忆带（邻里如画）、社区健康运动带（健康如画）。

二核：TOD城市活力核、社区健康活力核。

三中心：创业邻里中心、生活邻里中心、记忆传承中心。

3）设计理念

创业如画，经世创境：沿人民路为创业人群打造集生活、生产、休闲于一体的复合型创业空间。

邻里如画，邻墙里弄：沿姜山河打造古今融合的滨河界面，前排保留过去的市井记忆，后排展现充满未来感的建筑空间。

健康如画，山水画廊：构建一条穿越社区内部，连接两个城市主要开放空间的带状社区健康运动公园。

4）方案特色

留住市井文化记忆。原有人民路作为姜山老城镇各个村落之间交流互通的生活主轴，与水巷市集紧密地穿插在一起。人民路拓宽改造把人民路老街铺移植入地块内，实现人车分离。人民路作为交通干道拓宽，满足了未来交通发展需求，做到既保留又发展。

功能单元复合。街区细分，相互渗透；打造复合型人才公寓，即生产＋生活＋服务高度融合的创业空间；为特定产业人群提供独特的生活生产物理空间，满足多元化功能需求。功能单元复合体现了未来社区产业人群的生活方式。

“姜山”的未来社区。用保留老宅的更新改造并植入新的服务业态来作为未来社区的邻里空间。

生态绿廊。置入绿廊系统，贯穿社区，串联起各功能片区。通过绿廊，将未来社区多样配套功能有机地串联起来，往来互动更加便捷安全。

（5）实现市井Block街区特色

记忆留存，凝聚邻里人情，体现市井Block街区特色。

市井文化融合，实现邻里如画，人本为先。未来社区的人间烟火气需要历史沉淀的市井文化为基础，姜山老镇居民情感如旧，几十年来积攒下生活印记，成为未来邻里场景鲜活的素材。通过突出社区本地拥有的人文优势和街坊肌理，以市井味道和情感交互的公共空间系统，实现新居民和原住居民之间的友好融合和社区认同。

文化水街的意义。通过打造一条文化水街，通过留住充满邻里情的姜山老店，融入化礼堂、乐龄健康俱乐部等公共空间，用居民社区集会的有顶盖广场、口袋公园等活力点串联起一条具有市井烟火味的老街。复原老街原生态的多样生活，重构最具认同感的里弄空间，留住老街旧记忆，注入邻里新活力。

姜山邻里公园，保留时光的记忆。通过公园景观结合雕塑、互动景观墙等载体，留下时光辗转间姜山的历史文化印记。街坊剧场、乐玩天地、丛林探索、都市农园、长者乐园等全龄化的场地功能集聚不同人群，承载社区邻里日、草垛音乐节、节庆游园等邻里活动，致力于打造姜山文化精神地标，强化居民归属感，成为姜山邻里如画的一道靓丽风景。

3. 九大场景分布

（1）邻里场景

邻里如画，描绘市井烟火，在人本导向下，坚持生活方式“现代化”与人际关系“熟人化”并重，突出市井味、人情味、烟火味，留存住社区姜山老街等原有文化肌理和历史记忆，通过构建无处不在的交往空间，营造具有文化认同感、交互认同感、发展认同感的邻里场景。配置的场景空间有：

1）邻里开放有顶广场；

2）社区文化中心；

3）社区生态公园；

4）文化展示馆；

5）社区集会广场；

6）街道口袋公园；

7）组团共享空间。

（2）健康场景

健康如画，构建全龄全时健康系统，通过运动、医疗设施5～10分钟生活圈全覆盖提升社区健康服务供给能力，远程整合优质资源，为社区居民提供健康管理、治疗看护、日间照料、活力健身、康养助老等服务，让运动就在家身边、数字医养链到家。配置的场景空间有：

1）乐龄馆；

2）社区基层诊疗医院；

3）运动健康中心兼路演广场；

4）健康小屋；

5）户外组团健身点。

（3）教育场景

营造全龄共享学习社区，幼小资源全覆盖，通过全民学习中心为社区居民提供分时共享的丰富学习课程，依托数字化学习平台建立达人资源库，人人为师。在线学习场景空间有：

1）教育场景幼儿园；

2）共享幼托点；

3）幸福学堂；

4）全民学习中心。

（4）创业场景

创业如画，全民创业，人人有为，为青年创业人才提供丰富多样、充满活力的工作学习和生活空间，以及配套创业服务及人才政策，为原生中老居民提供市井创业场所，形成全民创业的活力氛围。配置的场景空间有：

1）社区双创空间；

2）创业空间；

3）创客学院；

4）人才公寓。

（5）建筑场景

营造社区品质建筑空间，实施垂直开发和功能复合利用，推进装配式技术、装修一体化、立绿化系统、管平台等系列建筑建造领域新技术的应用。同时，在人本化的设计理念下，保留原有姜山老街建筑风貌，植入开放的公共空间，文化与功能并行。配置的场景空间有：

1）欢乐老街邻里中心；

2）智轨 TOD；

3）底层架空共享空间。

（6）交通场景

管理有序、智慧共享的社区绿色交通体系，通过完善道路布局、交通组织、管控手段、技术用等方式，构建 10 分钟到达对外交通站点、30 分钟快递物流配送到户的“5—10—15 分钟生活圈”。配置的场景空间有

1）智慧配送中心；

2）智轨站点。

（7）低碳场景

多元协同、分类分级，构建绿色低碳社区，应用光伏储能、集中供热供冷、超低能耗建筑、智能垃圾分类、中水回收利用等技术，通过综合能源管理平台，实现社区能源供应降本增效，无废“净零”。配置的场景空间有：

1）地下能源中心；

2）餐厨垃圾集中处理中心；

3）气动垃圾收集点。

（8）服务场景

便利生活智慧社区服务，以基本物业服务居民零付费为准则，提升社区可持续运营能力，提供多元化的社区商业，构建社区安全应急预案以及智慧安防体系。配置的场景空间有：

1）智慧安防管理平台；

2）社区生活配套服务中心。

（9）治理场景

多元参与，智慧精细管理的社区治理模式，充分调动社区多元主体参与社区治理，以协商共议的模式，并依托社区数字化治理平台，提高社区治理精细化水平。配置的场景空间有：

1）党群服务中心；

2）居民自治俱乐部；

3）志愿者联络中心；

4）智慧公共服务中心。

二、基于容积率调控的资金自平衡方案编制

（一）容积率调控技术

1.“容积率”是一个空间容量指标，用于衡量空间的开发强度

“容积率”在我国的规划管理体系中是“Floor Area Ratio（FAR）”的中文定义，它与美国城市规划系统中的“楼面面积指标”相对应。由于我国在改革开放前多参照苏联的规划指标，没有“容积率”这个概念，所以，在改革开放以后，参考日本、中国台湾地区等的文献，将 FAR 直接翻译成“容积率”。1987 年，国家制定的《城市居住区规划设计规范》GB5C180—93 中，将“容积率”作为核心指标，1990 年在国家编制的《城市居住区规划设计规范》GB5C180—93 中又一次正式确立了“容积率”的核心指标地位。但是，美国城市规划管理中对建筑空间容量的表达，并不仅仅局限于“楼面面积指数”，也包括“楼层空间指标（Floor Space Index）”“地段率（Plot Ratio）”“建筑密度（Building Density）”等，这些都可以用来表示“容积率”。

2. 容积率是改革开放后借鉴美国城市开发控制模式引入的概念

在改革开放之前，我们参照苏联的规划模型，以“建筑密度”为城市建设容量指标。改革开放以后，随着房地产的发展，我国在借鉴美国的发展调控模式下，将“建筑密度”改为“容积率”。

3. 容积率调控是基于容积率经济属性的开发强度动态管理手段

容积率调控是一种动态的管理方式，即利用容积率的经济属性，通过政府严格控制发展强度，并以容积率作为激励因素，对存量地区的容积率进行二次协调的调整方法。

4. 容积率红利

容积率红利（Floor Area Ratio Bonus，FAR Bonus），亦称密度红利（Density Bonus）或容积率补偿，即政府利用容积率或建筑密度的利益属性，在资金有限的情况下，为了满足公共建设的需求，可以采取减少土地开发的法定容积率上限，以吸引开发商为其提供一定的公共空间和设施。容积率红利技术示意图如图 5-16 所示。

5. 容积率转移

容积率转移（Floor Area Ratio flow）是指在满足发展控制的前提下，通过容积率所带来的空间设计灵活性，使其在一定程度上保持原有的发展强度，并能随设计者的需求而变化，从而形成不同的空间形式。所谓的转移，就是在某一发展区域内空间容量位置的改变，不会有任何开发强度变化，也不会有任何的产权交易，如图 5-17 所示。

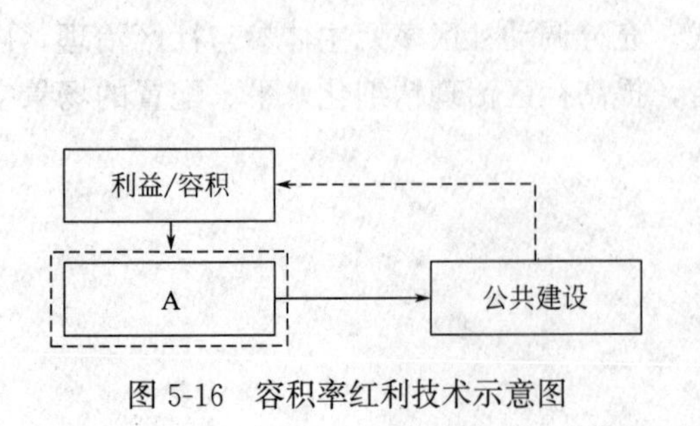

图 5-16　容积率红利技术示意图

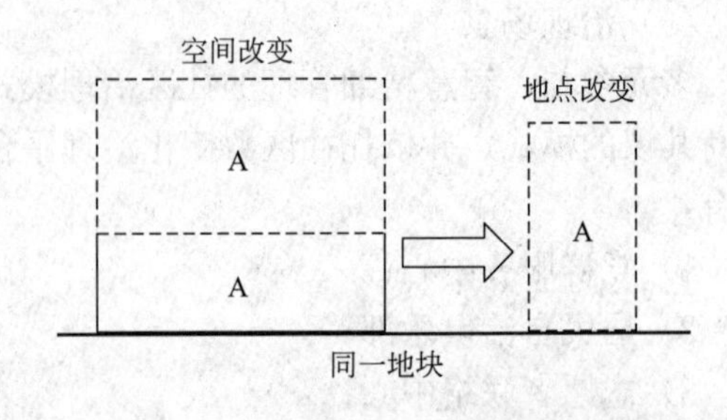

图 5-17　容积率转移技术示意图

6. 容积率转让

容积率转让技术需要在两个地区实施：容积率限制建设区与可获得额外容积率的高强度开发区，其中限制建设区被称为容积率送出区（Sending Area），是指城市中需要保护的，阻止改变现有用途的地区；高强度开发地区被称为容积率接收区（Receiving Area），是指在城市中具有巨大发展潜力的区域，能够接受额外的空间，以便进行更高效的发展。与容积率转移的概念相比较，容积率转让把容积率转移的范围扩展到了两个不同的产权人的土地，在进行容积率转让时，既要进行空间强度的转移，又要进行产权的转换，因此，容积率转让的概念不仅强调了容积率地点的“转移”，而且还强调了所有权人之间的产权“交易”，如图 5-18 所示。

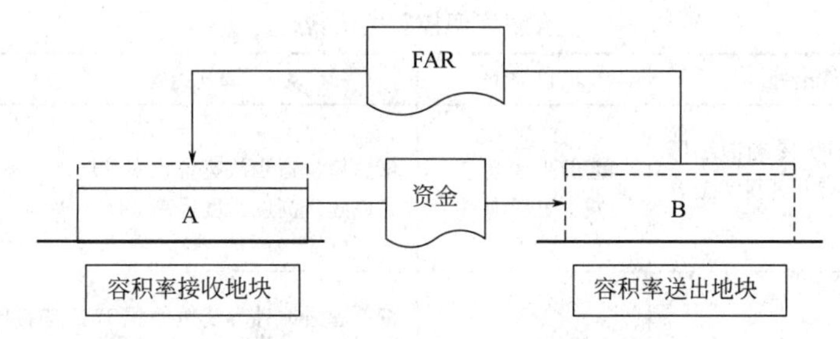

图 5-18　容积率转让技术示意图

7. 容积率储存

由于容积率的转让，土地拥有者很难在短期内找到适合的容许面积，所以地方当局要适时调整，扩大可供地的选择，以便允许迁出面积或跨越市区。容积率存储技术是对城市空间整体优化与保存的两个层次。一是发挥中间商的作用，为客户提供交易平台；通过由政府或政府指定的执行机构，建立一种交易信誉和价格机制，以决定面积分配地和接受地，并对容积率交易进行注册；二是通过对市场的调节，达到供需平衡。在房地产市场萧条时期，市场对容积率的需求减少，政府可以买家的身份，向迁出地区的土地所有者购买预先出让的容积率，并将其暂存，等到市场活跃时，再卖给开发商，以达到市场上的规模，稳固发展环境（图 5-19）。

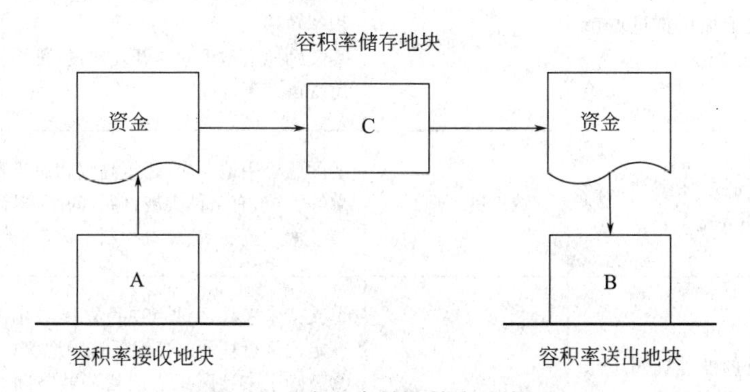

图 5-19　容积率转移技术示意图

容积率的理想值取决于两方面：一是总开发量，容积率越大、建设面积越大、获利越多；二是消费者的需求，容积率越高、环境质量降低，则消费者的需求降低，所以容积率的理想值介于这两者之间，通常以取值区间的形式出现。一般来说，政府部门编制与管理容积率就等于直接控制了开发商的回报率，间接影响空间形态的变化。目前容积率指标所蕴含的经济价值已经得到社会各界的认可，各城市政府部门在容积率的编制技术与容积率管理制度上不断探索，力求创新。

(二) 基于容积率调控的政策现状

容积率调控在我国的实际工作中，主要应用于城市更新、旧城改造等与拆迁相结合的未来社区项目工程建设模式类似的项目中，政府部门采取的措施往往会放宽对用地的开发力度、对地下空间的利用，从而促进公共项目的投资。容积率调控有关政策如表5-28所示。

容积率调控有关政策 表5-28

序号	文件出处	项目类型	调规内容	调控技术
1	《天津市老旧房屋老旧小区改造提升和城市更新实施方案》	老旧小区改造 城市更新项目	依法依规适当放宽容积率等规划指标，允许建筑高度适度提高	容积率红利
2	《重庆市城市更新管理办法》	城市更新项目	按不超过原计容建筑面积15%左右比例给予建筑面积支持，增设地上停车库不计算容积率	容积率红利
3	《徐州市城市更新改造指导意见》	城市更新项目	①允许按城市设计进行不同地块的容积率转移； ②可在原有地块建筑容量基础上适当增加建筑面积	容积率红利 容积率转移
4	《浙江省未来社区建设试点工作方案》	未来社区项目	①改造地块容积率分布，提高开发强度； ②地上地下增量开发面积	容积率红利 容积率转移
5	《无锡市关于加快推进城市更新的实施意见》	城市更新项目	①允许按城市设计进行不同地块的容积率转移； ②鼓励地上地下立体开发建设，科学利用城市地下空间	容积率红利 容积率转移
6	《南京市开展居住类地段城市更新的指导意见》	城市更新项目	适度放松用地性质、建筑高度和建筑容量等管控，有条件突破日照、间距、退让等技术规范要求、放宽控制指标	容积率红利
7	《关于高质量推进杭州市未来社区试点项目建设的实施意见》	未来社区项目	①支持未来社区试点项目立体绿化按一定比例折算计入公建项目绿地率； ②鼓励未来社区试点项目公共空间开放，防灾安全通道、架空空间和公共开敞空间、空中花园阳台绿化部分不计容积率	容积率红利

从以上政策可以看出，在我国的城市更新实践中，容积率控制技术已被广泛应用，其技术手段包括：容积率红利和容积率转移。根据我国的实际情况，对可开发土地的规模控制实行政府控制，从而有利于容积率调节技术运用于解决政府财政支持困难的开发项目，提高土地产权收益，弥补资金缺口。

从容积率调控技术的角度来看，美国首先采用了该技术，而我国在房地产开发兴起和美国的城市规划管理思想的基础上，采用了容积率调控技术来解决土地利用中出现的融资问题。在当前的政策背景下，我国房地产开发逐渐告别了大拆迁、大建设时期，对存量房地产开发和城市更新提出了更高的要求。在未来社区项目改建中，将会遇到一些问题，如容积率的调整及区域规划的布置。控制容积率的技术原理可以为合理规划城市土地，节约建筑投资，为今后的居住区建设提供更加经济的建筑方案。在实际工程中，已经有几个拆迁与改造相结合的发展项目，采用了容积率调控技术，实现了资金的自我均衡。

通过对表 5-28 中 7 个案例的总结分析，概括得到以下共性结论：

（1）容积率调控技术的基础工作程序，包括测算初始开发区域的容积率，划分开发项目的不同土地属性区域，测算容积率调控空间，对调整后的容积率与控制指标或基准容积率进行比较，对调整后的容积率进行经济性测算，最后确定容积率调控方案。

（2）为项目发展提供融资的土地一般为居住和商业用地，容积率转移和容积率红利调控技术通常伴随着开发项目区域内的用地属性变化而变化。

（3）在建设用地中，由于存在大量的非营利性用地，比如有历史建筑和非商业用地的用地，通常采用容积率调控技术。通过调整容积率，可以有效地解决非营利地区发展资金的不足，促进项目资金的均衡。

在未来社区的九个场景中，治理、服务、低碳、教育等场景与非营利性的建筑和设施有关，存在着巨大的资金缺口。容积率调控实例（表 5-29）表明，容积率调控技术可以帮助大范围的非营利地区在发展中的资金收支平衡，从而为未来社区提供资金支持。这也满足《浙江省人民政府关于印发浙江省未来社区建设试点工作方案的通知》（浙政发〔2019〕8 号）中提出的“确定土地容积率，提高土地开发强度，通过地上地下增量面积的合理加租售”以达到资金平衡的建议。

（三）基于容积率调控的未来社区资金自平衡方案

1. 拆改结合类未来社区项目产权划分

基于容积率调控技术，今后要想达到拆迁改造与社区资金的自我平衡，就需要考虑到未来社区物业管理与收益分配问题。

通过对未来社区建筑形态的定性分析，将其分为七大类，由此可以很直观地看出其投资属性。比如人才公寓、社区 SOHO 等房地产投资项目，属于未来社区的房地产投资咨询；而文化商业中心、健身馆等具有商业功能的建筑景观，则可以形成商业综合体，是未来的商业地产投资咨询；此外，物流配送设施、道路交通设施等也将成为未来社区基础设施的一项投资属性。因此，可以根据投资的性质，对未来的社区项目进行归类，见表 5-30。

容积率调控案例分析表 **表 5-29**

序号	项目名称	用地属性转化情况	容积率调控情况	调控技术	调控步骤	资金平衡方案
1	深圳市岗厦河园片区改造项目	居住用地→公共管理与公共服务用地＋商业用地	开发容积率从 3.2 调整为规划限制最值 4.5，全居住用地调整为商业 24.31%、住宅 53.56%、办公 15.13%、配套 4%	容积率红利	再开发影响因素分析→开发单元划分与法定控规一致性分析→白色地块：基础设施和公共设施、绿地等；灰色地块：商业、居住、体育、文化开发；综合发展地块：商业、服务业、公共设施、交通站点高度混合开发→再开发容积率测算与利润率分析→再开发容积率红利分配方案	在控规范围内提升片区容积率，调整拆赔比，再结合政府地价优惠和资金补贴实现资金平衡
2	佛山岭南天地旧城改造项目	居住用地＋历史文化街区→公共管理与公共服务用地＋商业用地	通过对历史文化街区向商业用地转移，原居住用地容积率提升，集中高容积率小区安置居民，整体片区容积率翻倍，绿地面积增加 8 倍	容积率红利 容积率转移	历史文化街区容积率测算→旧居民区容积率测算→规划设计与控规一致性分析→集中居住小区区域；商业区域；历史文化街区区域；公共设施及绿地区域→转移容积率差值测算→容积率红利分配→集中住宅小区容积率规划；商业地块容积率规划	历史文化风貌为背书进行商业融资，高经济容积率、高档商业住宅房产销售补充，转移容积率进行商业综合体开发招商引资
3	上海杨浦区黄兴绿地项目	绿地→商业住宅用地	在黄兴绿地周边地区选择合适地块，进行商品房开发建设，并适当提高商品房容积率，进行容积率奖励	容积率红利	绿地规划分析→绿地容积率与法定控规一致性分析→绿地转商品住宅→商品住宅收益估算→商品住宅容积率规划	政府于绿地周边地区选择合适地块，无偿提供给开发商进行商品房开发建设，并适当提高商品房容积率，开发商抽取利润进行绿地开发

续表

序号	项目名称	用地属性转化情况	容积率调控情况	调控技术	调控步骤	资金平衡方案
4	上海新天地太平桥地区改造项目	公共管理与公共服务用地→商业用地＋住宅用地	规划人工湖，将容积率转移至周边居住与商业用地，集中住宅小区提高容积率，增加开发强度	容积率红利 容积率转移	人工湖规划 → 旧居民区容积率测算 → 规划设计与控规一致性分析 → 人工湖区域 / 临湖住宅小区区域 / 商业街区域 / 公共设施及绿地区域 / 历史建筑区域 → 人工湖容积率转移至商业区域 → 商品住宅小区容积率奖励	规划建设中心开敞人工湖，将容积率转移到周边的居住用地与商务办公用地，开发商通过商品住宅溢价和商业租售实现平衡
5	美国旧金山中心区历史建筑保护项目	无	对指定城市中心区域历史建筑容积率进行转移，转移至受限未开发分区进行商业开发	容积率转让	历史建筑区域（FAR送出）→ FAR → 受限未开发区域（FAR接受）→ 资金支持 → 历史建筑区域	通过对历史建筑区域的容积率进行转移，使得先开发区域容积率得以解放，未开发区域基于历史建筑维护资金支持，实现平衡
6	嘉定老西门旧城改造项目	公共管理与公共服务用地→商业用地＋住宅用地	历史遗存和年代建筑区域作为容积率送出区，部分公共用地区域和原住宅和商业区域作为接收区域，接收容积率后地块容积率增长 0.96 和 1.58	容积率转移	原区域容积率测算 → 容积率送出区（历史遗存建筑 / 质量缺陷建筑）、容积率接收区（商品住宅区 / 商业区）→ 基准容积率比对 → 可移出容积率测算 → 容积率分配方案	将历史遗存建筑和质量缺陷建筑的容积率向商品住宅和商业区转移，在基准容积率范围内通过商品住宅销售和商业地产租售实现平衡

未来社区建设工程投资属性分析表 **表 5-30**

用地属性	未来社区建筑形式	投资属性	产权所属
居住属性	人才公寓、创业孵化用房、共享生活空间、社区 SOHO	商品住宅投资	项目公司
商业服务业设施属性	文化商业中心、儿童活动中心、养育托养所、书店、健身馆、医疗商场	产业投资	项目公司
公共管理与公共服务设施属性	幼儿园、社区服务中心、社区图书馆、老年大学、卫生服务中心	基础设施与公共服务投资	政府
物流仓储属性	物流配送设施		物业委员会
道路与交通设施用地属性	公交站、地铁车辆段、智能停车设施、充电站、社区风雨连廊		政府及物业委员会
公共设施属性	物联网、消防设施、安保及预警预防设施、光伏发电设施、海绵社区设施、垃圾回收站、高效热泵系统		政府
绿地与广场	空中庭院、屋顶景观公园、宅前空间公园、社区农场		物业委员会

依据上表，对 9 个场景项目的产权进行了划分，并对各个场景进行了优化，排除了直接投资的基础设施，具体见表 5-31。

未来社区九大场景产权分配分析表 **表 5-31**

对应场景	一级要素	产权所属	运营配置情况
P1 创业场景	P1.1 人才公寓	项目公司	建成后产权归项目公司，可作为商品房销售，可出租
	P1.2 创业孵化用房	项目公司	建成后产权归项目公司，可作为商品房销售，可出租
	P1.3 社区 SOHO	项目公司	建成后产权归项目公司，可作为商品房销售，可出租
	P1.4 众创空间	项目公司	建成后产权归项目公司，可作为商品房销售，可出租
P2 健康场景	P2.1 适老化住宅	项目公司或原业主	产权改建完成后归还原业主所属，新建住宅产权归项目公司，进行销售和出租
	P2.2 社区卫生服务中心	政府	产权归政府所属，可归项目公司或物业公司运营
P3 邻里场景	P3.1 社区文化礼堂	物业委员会或政府	产权归政府时政府主导地方特色文化宣传，产权归物业委员会时业主主导社区文化宣传
	P3.2 社区特色文化公园	物业委员会	物业公司负责维护
	P3.3 空中庭院	物业委员会	物业公司负责维护
P4 教育场景	P4.1 社区养育托管点	项目公司或物业委员会	产权归项目公司时社区养育托管点纳入社区商业范畴，引进高层次养育服务；产权归物业委员会时作为公益支出点，归物业公司维护
	P4.2 社区学堂	政府或物业委员会	若是政府出资建造的公共配套学校设施，则产权归政府所属，若是纳入未来社区改建工程，则纳入社区委员会由物业公司运营维护
P5 低碳场景	P5.1 社区多元能源协同供应工程	政府	产权归政府所属，由项目公司运营
	P5.2 社区雨水中水回收系统	政府	产权归政府所属，由项目公司运营

续表

对应场景	一级要素	产权所属	运营配置情况
P6 交通场景	P6.1 智能共享停车场	项目公司	作为停车位销售收入来源
	P6.2 社区慢行通道	物业委员会	归物业公司运营维护
	P6.3 社区智能物流配送	项目公司或物流服务公司	作为项目公司所属时，出售或出租给物流服务公司进行盈利
P7 治理场景	P7.1 社区服务大厅	物业委员会	物业用房
P8 服务场景	P8.1 社区智慧服务物联网平台	物业委员会	运用于基本的社区安防和智能管理
P9 建筑场景	P9.1TOD 社区综合体	项目公司	作为商业配套，利用商铺出租、出售进行运营盈利

在此基础上，结合表 5-31，提出了未来 9 个场景的产权配置，并进一步利用容积率调控的方法，对未来社区收益和产权比例进行调整，以形成一个可实现资金自平衡的建筑方案。

2. 基于容积率调控的收入来源分析

根据对容积率调控技术的机理分析，利用改变用地性质，可以使土地的容积率发生变化，使其具有更大的商业价值；为了增加项目所获得的利益，可以对特定的土地进行一定的激励。因此，可以根据容积率调整的收益来源包括以下几个方面：

(1) 基于容积率红利的商品住宅销售收入 E_1

首先，以杭州市为例，对拆迁、改造等未来社区项目的销售收入进行了分析。本书通过安居客对杭州市商品住房的销售价格进行了筛选，从中选出了三种主要的商品住房：80～100m^2、100～120m^2、120～150m^2，按照安居客的定价，将杭州市的商品住房平均售价分为 1 万元以下、1～15000 元、1.5 万～2 万元、2 万～3 万、3 万～4 万、4 万～5 万元、5 万元以上七个价格档位。取七个价格档位单位房价的中值代表该价格档位的平均水平 X_i，再取七个档位中值的平均数 $\overline{X_i}$ 代表杭州市房价的整体平均水平。计算过程如表 5-32 所示（单位：万元/m^2）。

房价水平区间分析表　　**表 5-32**

区间	≤1	[1,1.5]	[1.5,2]	[2,3]	[3,4]	[4,5]	>5	$\overline{X_i}$
X_i	0.85	1.33	1.75	2.45	3.66	4.54	5.27	2.84

由以上分析可以确定杭州的商品住宅销售价格平均水平在 28400 元/m^2。结合未来社区人才公寓等商品住宅的造价指标，可以得到容积率红利带来的单平方米收入增值区间为 [22900，23400] 元/m^2。

(2) 基于容积率转移的车位收入 M_1 及商品房销售收入 E_2

通过对现有小区进行容积率的调整，可以采用以下几种方式：将社区文化公园的容积率向商业建筑的地下空间迁移，或将容积率迁移到地下车库；原来的住宅用地面积被调整成新的商品住宅，从而车位和商品的销售也将增加。

经过市场调查发现，目前杭州市的车位价格一般都是由业委会和开发商联合进行市场调查来确定。以杭州市为例，杭州市小区车位价格区间在 [10，15] 万元/个。由此可以看出，由于容积率的转换，车位的销售收益增长是非常可观的。而由于容积率的变动，使得商品房的销售收益增加与杭州的平均房价是一致的。

(3) 基于容积率转移的商业产权销售 R_1

利用 TOD 开发理念，对未来社区进行改造，可以采用容积率的转换。社区内现有的交通枢纽可以利用 TOD 开发建设未来的社区商业综合体，从而提升地块开发强度，为未来的社区建设提供资金支撑。

未来社区商业综合体，除了基础的超市、餐厅、百货公司、电影院、KTV、健身、写字楼、宾馆、停车场等，还要考虑未来的九大场景，如儿童教育、医疗保健等。而对于以上业态的运营模式如表 5-33 所示。

商业综合体营收模式汇总表 **表 5-33**

序号	商业模式	资源获得方式	经营模式
1	整体租赁不售产权	自筹及后期租金	统一经营或整体经营管理
2	分零租赁不售产权	自筹	统一经营管理
3	零售产权、整体租赁返租模式	高收益高风险	统一经营管理
4	分零租赁,零售产权	零售资金	分散经营
5	零租零售与整租不售混合模式	产权出售和租金收益	混合经营

因此，商业综合体的经营收益大部分来自于出售和租赁的商用物业。本书结合杭州市房地产开发现状，对房地产开发商的租赁和产权转移进行了市场调研。此次调查的重心放在商业街店铺、写字楼配套商铺、社区底商商铺、购物百货中心商铺的销售与出租价格的研究上。调查结果如表 5-34 所示（面积区间单位：m^2、价格单位：万元/m^2）。

调查结果 **表 5-34**

商铺类型 \ 面积区间	[50,100]	[100,150]	[100,150]	[150,200]	[200,500]	≥500	$\overline{X}_i$
商业街店铺 X_1	[3,5]	[2,3.5]	[3,5]	[2,2.5]	[1.5,2.5]	[2,3]	2.92
写字楼配套商铺 X_2	[2.5,4]	[3.5,4.5]	[2,4]	[2,4]	—	—	3.31
社区底商商铺 X_3	[3.5,4.5]	[2.5,4]	[2.5,4]	[3.5,4.5]	[1.5,3.5]	—	3.4
购物百货中间商铺 X_4	5	3.6	2.5	2.5	—	—	3.4

通过中值均值分析得到杭州市商铺销售收入基本指标为：

$$X = \sum_{i=1}^{4} \overline{X}_i \div 4 = 3.26 \tag{5-14}$$

因此可以初步判断未来社区商业综合体的商铺产权销售收入约为 3.26 万元/m^2。同理市场调研得到的杭州商铺出租的日均租金分不同地段在［3，6］元/m^2/天，取中值 4.5 元/m^2/天作为租金收入的代表指标。

3. 拆改结合类未来社区资金自平衡模式

所谓的“拆改结合”，就是要用开发商和项目公司的资产来平衡小区的建设和开发。为了提高开发商的产权利益，应采用容积率转移、容积率红利等调控技术，综合开发地下空间。特别是商业服务业的建设、商品住宅的建设、基础设施的建设，在扣除了建设的费用后，还能得到一笔可观的收入，其中包含了商品住宅的销售、商业产权的租赁、车位的销售。利用这一收入，可以使其他建设费用、土地使用费、土地补偿费等部分支出达到自平衡。自平衡模式如图 5-20 所示。

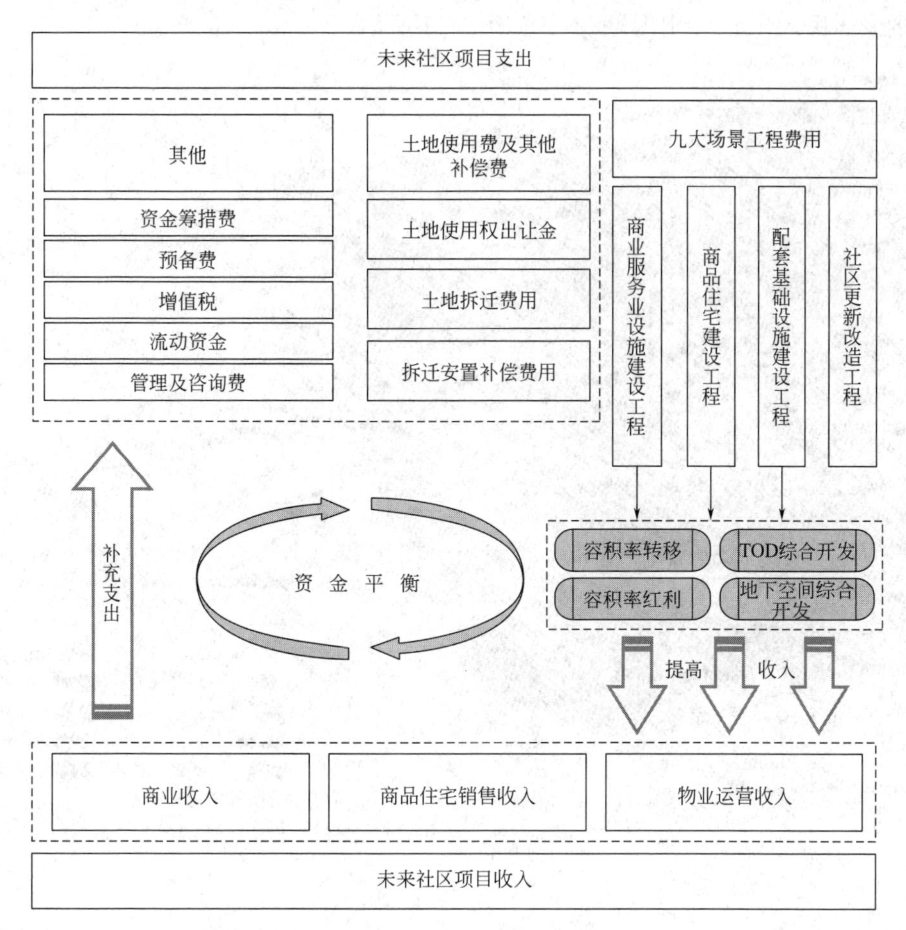

图 5-20　自平衡模式

通过构建的未来社区资金自平衡模型对以上方案进行验算，过程如下：

$$\sum_{i=0}^{9} Pi + I \leqslant M_0 + E_0 + R_0 + M_1 + E_1 + E_2 + R_1 \tag{5-15}$$

式中，M_0、E_0、R_0 分别为容积率调控技术影响之外的未来社区基本物业运营收入、商品住宅销售收入和商业产权销售收入。

（四）拆改结合类未来社区资金自平衡案例验算

1. A 项目概况

（1）项目范围和规模

A 项目占地约 67.7hm^2，涉及居民户数约 970 户，居住人口 3400 人。项目位于市区中心区和西城区副中心的交界处，具有良好的发展空间和良好的生态环境。但是，这一地区的医疗、娱乐、商业配套设施均位于项目的东面 2km 处，因此，A 地块作为市区的中心，需要重新规划，引入未来社区的理念，营造九大场景，将周围的风景资源连接起来，提高区域的生活质量，打造拆改结合的未来社区。

（2）土地利用现状

A项目是一项以拆改为主的未来社区项目，拆迁的土地以零售商业和部分老村庄为主，拆迁范围多为厂房、商住两用、大型棚屋等，建筑内部设计落后，改造范围集中在项目东边的老居民区。土地利用现状具体如图5-21所示。

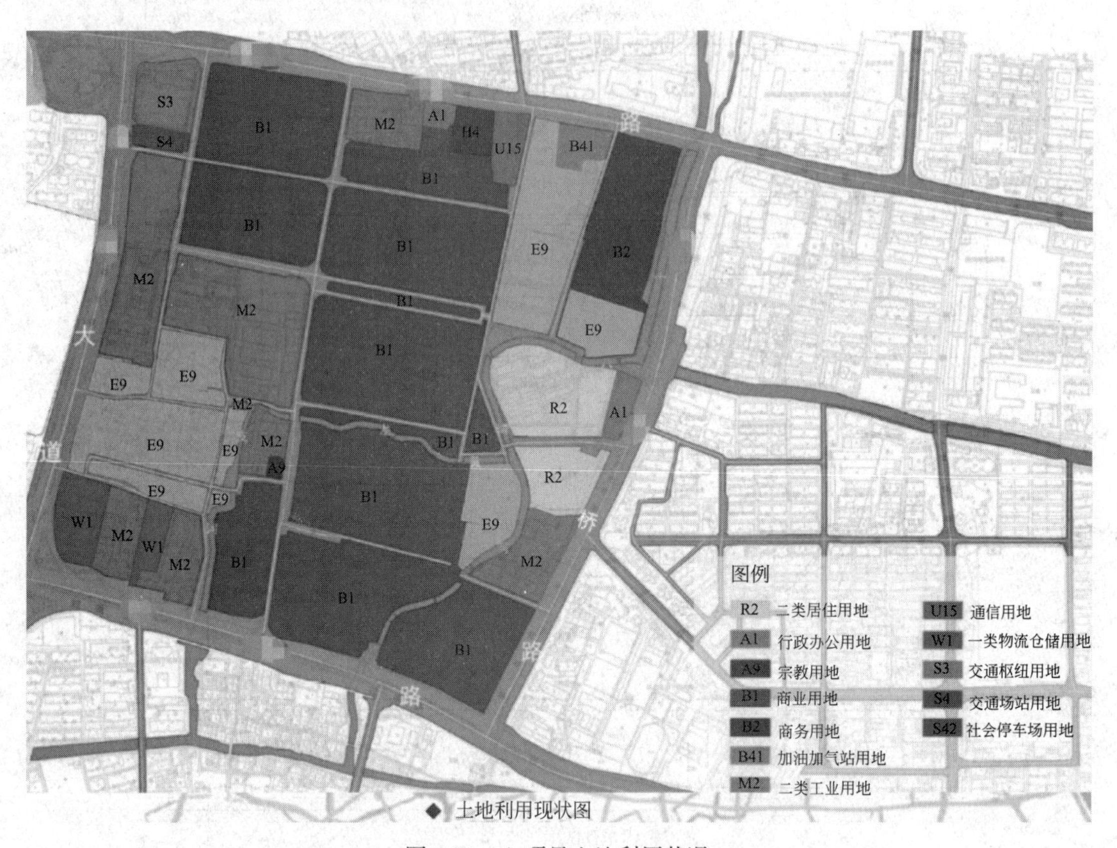

图5-21　A项目土地利用状况

经测算，A项目的总建筑面积为826000m²，其中住宅小区面积为9.04万m²，占建筑面积的10.9%，毛容积率为1.14；老厂房占地面积约150400m²，占总建筑面积的18.2%，毛容积率为1.04；零售商业建筑面积555300m²，占建筑面积的67.2%，毛容积率为2.10；农村老房子建筑面积为29748m²，占3.6%，毛容积率为1.05。拆迁面积达466700m²，约占房屋总面积的56.5%。以未来社区建设的“139”为总体方针和原则，即以满足人民美好生活向往为中心，突出“人本化、生态化、数字化”三维价值，构建以未来邻里教育、健康创业、建筑交通低碳、服务、治理等九大场景创新为重点的集成系统，引领生活方式变革。

（3）现用地规划情况

在整体规划上，项目规划充分体现了住宅用地的最佳居住和商业规划，以住宅用地为南向、商业配套用地为北向，重点打造创业、健康、教育三大未来场景，既实现了便捷的交通出行方式、便利的社区公共配套设施、低碳的居住生活方式和智慧的社区管理，也保证了地块的开发价值的最大化。

在公共设施的支持上，结合现有的公共服务功能、公共交通枢纽功能、商业功能、办公功能的统筹利用，打造未来社区公共设施综合体。同时，通过引进行政、社会管理等部门，充分利用已有的办公资源，建设行政副中心，凸显未来社区的创业和社会治理。

在对公共景观的塑造上，通过对河道的优化，确保河道流经每个居民点，从而形成一个优美的水系景观。沿城道设置公共建筑，可形成良好的城市街面景观，提升小区的整体风貌。

九大场景功能空间分布方面。该方案采取沿道路地块分散布置九个场景的设计思想，一方面有利于提升城路沿线未来社区公共中心区的辨识度，打造丰富的街区活动空间；另一方面，有利于北侧居住地块形成静谧、安全、高效的居住组团。具体的片区划分和场景体现如图 5-22 所示。

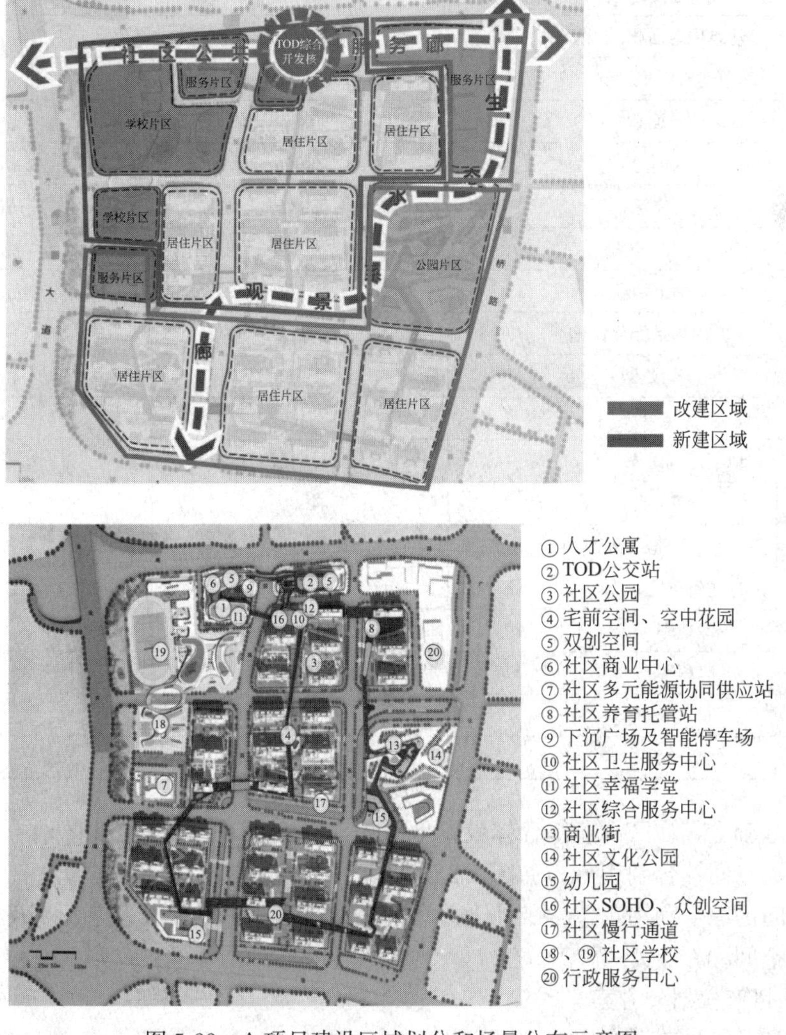

图 5-22　A 项目建设区域划分和场景分布示意图

整体布局结构为“一核两廊四片区”。“一核”是指 TOD 综合开发核，“双廊”是一个公共服务走廊，一个生态水系景观走廊；“四片区”分别是居住片区、服务片区、学校片区、区公园片区。总体布局坚持以人民满意为导向，注重科学规划引导，以空间的集约、高效利用，从增强对人才创业的支持等角度，对聚新未来社区进行了场景化的功能规划。结合 TOD 公交枢纽，将九大场景、人才公寓双创空间及商业集中布置在地块北侧，形成动静分离、聚散有致、层次分明的功能布局，其可以很好满足居民的生活、工作、购物和出行所有需求，吸引社区居民走出来融入社区生活。

（4）主要经济技术指标

项目规划技术经济指标表见表 5-34。

A 项目规划技术经济指标表 **表 5-34**

指标名称		数量	单位
总用地面积		6677263.49	m^2
能源供应中心用地面积		8560	m^2
建筑用地面积		276746	m^2
总建筑面积		1383785	m^2
地上建筑面积		973658	m^2
其中	双创空间	30000	m^2
	住宅	720320	m^2
	人才公寓	81764	m^2
	地上商业	27560	m^2
	九大场景配套设施	45618	m^2
	幼儿园	6400	m^2
	学校	62000	m^2
地下建筑面积		410127	m^2
其中	地下商业	4000	m^2
	地下停车场	406127	m^2
建筑密度		23.23	%
绿地率		30	%
容积率		3.35	—
总户数		8027	户
住宅户数		7001	户

在以上基础上，社区商业综合体设置地下停车位 1165 个，住宅社区地下停车位 5000 个。其他地下空间综合利用分布如图 5-23 所示。

地下空间的综合利用，包含了地下停车库、地下商业、地下垃圾转运处理中心，充分发挥了地下空间。

2. A 项目产权划分方案

A 项目的总用地面积 67.7hm^2，其中学校、安置房、地下室停车场、市政道路等均由政府一次性购买，其他配套设计及配套设施需无偿移交政府进行管理，A 项目所在地国土资源局对控规基于容积率转移和部分边角地红利进行调整，帮助 A 项目开发商实现资金平衡。在此政策背景下 A 项目采取的产权分配方案如表 5-35 所示。

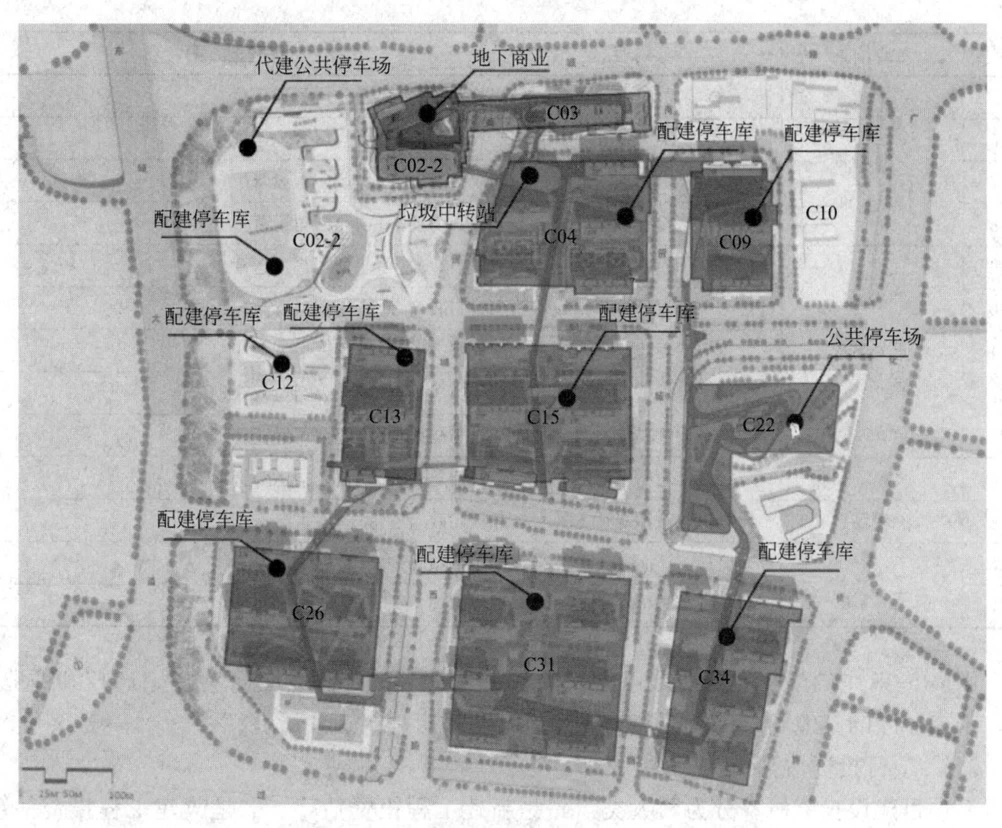

图 5-23 A项目地下空间综合利用分布

A项目产权分配表 **表 5-35**

序号	对应场景	产权内容	产权分配方案
1	邻里场景	文化交流中心	建成后移交居委会，产权归街道办，项目公司运营
2		社区文化公园	建成后移交居委会，产权归街道办，项目公司运营
3		居民住宅	改建住宅产权归原住居民，新建住宅产权归项目公司
4		物业用房	产权归物业委员会全体业主
5	教育场景	养育托管点	产权归居委会，项目公司运营
6		社区幸福学堂	产权归街道办，项目公司运营
7		幼儿园	产权归政府，政府管理运营
8		学校	
9	健康场景	社区卫生服务中心	产权归街道办，项目公司运营
10		社区室外活动设施	产权归物业委员会，项目公司运营
11		医疗商场	产权归项目公司
12	创业场景	双创空间	产权归项目公司
13		人才公寓	产权归项目公司
14		社区 SOHO	产权归项目公司

续表

序号	对应场景	产权内容	产权分配方案
15	交通场景	智能物流配送点	产权归政府,快递公司管理运营
16		TOD公交站	产权归政府,公交公司管理运营
17		社区道路	产权归街道办,物业公司运营
18		社区慢行通道	产权归街道办,物业公司运营
19	低碳场景	地下垃圾处理站	产权归政府,物业公司管理运营
20		社区多元能源协同供应中心	产权归政府,政府管理运营
21		光伏发电设施	产权归政府,政府管理运营
22		宅前空间	产权归居委会,物业公司运营管理
23		空中花园	产权归居委会,物业公司运营管理
24	服务场景	社区综合服务中心	产权归居委会,物业公司运营管理
25	治理场景	社区行政服务中心	产权归政府管理
26	建筑场景	TOD商业综合体	产权归项目公司
27		地下智能车库	产权归项目公司

由表5-35中的产权划分结果可见，项目公司拥有的产权主要分为住宅产权和商业产权，未来社区的其他场景产权都归物业委员会和政府局街道办所有。

3. A项目投资估算

A项目建设投资概算分为两大类：一是新建工程投资估算，二是改建工程投资估算。该项目的建设规模为20.71hm^2，新增建筑面积832563m^2，其中地下265015m^2，地面567548m^2。新建工程投资估算如表5-36所示。

A项目新建工程投资估算表 **表5-36**

序号	工程或费用名称	数量	单位	单价(元)	总价(元)
一	土地使用费	207100	m^2	26000	5384600000
二	工程费用	832563	m^2	—	4487423180
1	安置房	55520	m^2	5500	305360000
2	安置房地下空间	25200	m^2	5100	128520000
3	商业住宅	268230	m^2	5500	1475265000
4	人才住宅	38720	m^2	5500	212960000
5	住宅地下空间	108200	m^2	5100	551820000
6	社区SOHO大厦	72403	m^2	7500	543022500
7	社区SOHO大厦地下车库	27217	m^2	5100	138806700
8	创智地下商业	4000	m^2	7500	30000000
9	社区卫生服务中心	2355	m^2	10000	23550000
10	服务中心地下空间	1200	m^2	5100	6120000
11	TOD大厦	32770	m^2	12000	393240000
12	TOD大厦地下空间	13778	m^2	5100	70267800

续表

序号	工程或费用名称	数量	单位	单价(元)	总价(元)
13	总图及室外工程	832563	m^2	520	432932760
14	绿化	7644	m^2	700	5350800
15	道路	39756.35	m^2	1200	47707620
16	九大场景配套设施（物联网、多元能源供应系统）	1	套	2500000	2500000
17	光伏发电装置	20000	m^2	6000	120000000
三	工程建设其他费（除土地使用费及其他补偿费）				564381900
四	预备费				248327300
五	建设期利息				998192600
六	总投资				11682924980

新建工程投资估算均根据文章第四章的调研结果进行测算，以新建工程造价指标区间的最大值为基准，按照A项目所在城市的综合地价为最大值计算，并对投资估算进行了测算，以确保资金自平衡方案的可行性。此外，A项目的新建学校建设项目全部投入都是政府出资，故不列入该项目的投资估算；并且A项目的土地使用费包括了改造工程和新建工程的拆迁、安置补偿费用。

改造项目主要包括房屋改造、原有住宅楼、社区文化交流中心、社区幸福学堂、社区综合服务中心等九大场景配套用房及设施，住宅建筑面积542090m^2，新增改造地下空间，增设地下垃圾处理站、改造社区物流配送点等设施。由于改建项目的建设投资预算已列入了建设项目的投资概算，所以并未列入改建项目的投资估算。A项目的幼儿园和养育托管点规划在同一块土地上，所以对相同的功能场景进行了投资评估。具体投资估算如表5-37所示。

A项目改建工程投资估算表　　表5-37

序号	工程或费用名称	数量	单位	单价(元)	总价(元)
一	工程费用				1321457900
1	住宅	439614	m^2	220	96715080
2	住宅地下空间	230346	m^2	5100	1174764600
3	邻里文化交流中心	7500	m^2	550	4125000
4	社区幸福学堂	4540	m^2	500	2270000
5	物流配送点	300	m^2	4000	1200000
6	社区综合服务中心	1475	m^2	338	498550
7	社区文化公园	30000	m^2	300	9000000
8	物业用房	2200	m^2	205	451000
9	养育托管点(幼儿园)	1450	m^2	900	1305000
10	地下垃圾处理站	250	m^2	230	57500

续表

序号	工程或费用名称	数量	单位	单价(元)	总价(元)
11	社区行政服务中心	1000	m^2	500	500000
12	绿化	11466	m^2	700	8026200
13	九大场景配套设施（物联网、多元能源供应系统）	1	套	250	250
二	工程建设其他费				141095400
三	预备费				67071900
四	建设利息				249748200
五	总投资				1756828680

由此可见，新建工程的总投资约为116.83亿元，改建工程的投资约为17.57亿元，整个A项目拆改结合类未来社区工程总投资将达到134.40亿元。对A项目的投资代入式(5-1)模型中进行分析（单位：亿元）：

土地使用费：$P_0=53.85$

九大场景工程建设投资：$\sum_{i=1}^{9} P_i=80.55$

九大场景工程建设投资包含了九大场景工程费用及工程建设其他费、预备费、建设期利息。

4. A项目资金自平衡方案测算

A项目整体收入来源包括：新建工程商品住宅销售、人才公寓销售、社区商业综合体商铺销售、社区SOHO销售、地下车库销售、安置房回购、TOD基础设施回购、市政道路回购。A项目整体收入估算如表5-38所示。

A项目整体收入估算表 **表5-38**

序号	项目名称	单位	数量	单价(元/m^2)	总价(元)	备注
1	商品住宅	m^2	268230	28400	7617732000	
2	人才公寓	m^2	38720	26900	1041568000	
3	地上商铺	m^2	105173	32600	3428639800	沿街部分自持
4	地下商铺	m^2	4000	25000	100000000	
5	地下车库	m^2	2592	150000	388800000	部分自持出租
6	安置房	m^2	55520	20000	1110400000	
7	安置房地下空间	m^2	25200	5000	126000000	
8	TOD交通枢纽	m^2	3200	20000	64000000	
9	市政道路	m^2	39756	2000	79512000	
	总计收入				13956651800	

上述商品住房的估算是根据测算的杭州市的平均房价的中间值得出的，而店铺的销售额则是根据笔者的调查所得杭州市的平均价来计算。A项目的总体收益估计为139.57亿元。

A项目收入可以分为四类，通过对A项目四类收入来源的分析，解剖了四大收益来源中的哪一部分来自于容积率调整技术，进而分析了自平衡方案对未来拆改结合类社区建设的影响。

（1）A项目基于容积率红利的商品住宅收入E_1

A项目地块原控规规定，二类住宅用地的容积率不得超过2.5，而A项目地块在经过两次调整后，获得了一定的容积率分红，从而达到A项目的资金收支平衡。其中，人才公寓、社区SOHO的最高容积率达到3.0，C9地块的新建住房容积率达到2.94，C15的容积率达到3.07，而新建项目的其他新建住宅项目的容积率将达到3.0。此外，在新建项目中，一些地下停车场不会被计算在容积率内，将其纳入容积率的奖励。

由此，C9地块的建设用地面积21331m^2，加上0.44的容积率增长，商品住房的增量为9385.64m^2，如果按照杭州市商品房的平均售价计算，则将会使商品住宅的销售收入增加2.67亿元；同样，C15地块的建设用地面积为42650m^2，由于容积率红利，商业住宅的销售收入增加了6.90亿元；余下的C04地块，占地35452m^2，将容积率提高到3.0，与原有2.5的控制指标相比，将会增加5.03亿元，E_1等于14.6亿元。

（2）A项目基于容积率转移的住宅收入E_2

A项目的容积率转移，主要是由于A项目C02-2、C14-2地块的学校容积率向社区TOD大楼和人才公寓用地进行改造。C02地块两期的人才公寓平均占地面积13631m^2，原来的3.5容积率控制指标下，人才公寓的容积率提高了0.5，由此带来的人才公寓销售收入增值达2.1亿元。E_2等于2.1亿元。

（3）A项目基于容积率转移的商业收入R_1

与人才公寓同一地块，因TOD毗邻地区的学校容积率总体较低，部分容积率被转移到TOD、商务大楼的建设中，双大厦的高度限制在95m，双大厦的建筑面积达到150168m^2，占地面积26608m^2，自由容积率可达5.64；相较于3.5的原控规容积率，容积率转移带来的商业收入增值R_1达18.56亿元。

（4）基于容积率红利的地下车库销售收入M_1

为打造智能、便捷、安全的社区静态交通体系，A项目所在地建工程除商业用地地下空间不计入容积率的奖励，A项目新建工程销售车库的收入达到3.89亿元，还有部分非机动车位作为营业收入来源。将以上分析数据代入式（5-1）中，对A项目的资金平衡情况进行测算，计算过程如下（单位：亿元）：

$$M_0 + E_0 + R_0 + M_1 + E_1 + E_2 + R_1 - \sum_{i=0}^{9} P_i = I = 5.17 > 0$$

根据式（5-15）的测算，A项目整体收入和支出的平衡关系如图5-24所示。

从图5-24可以看出，容积率调控带来的增收收入对A项目来说非常可观，有效地解决了A项目资金风险，并最终使得A项目盈利5.17亿元。

三、未来社区选址咨询

（一）选址的影响因素

由于未来社区项目具有固定性、不可移动性和区位性等特殊属性，影响项目选址的因素主要体现在以下五个方面：

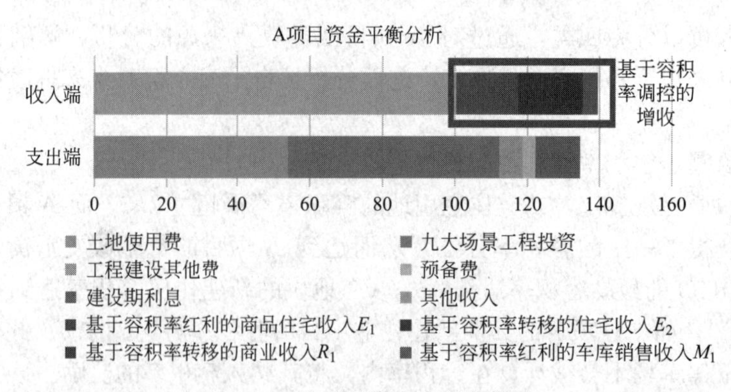

图 5-24 A 项目资金平衡分析图

（1）自然条件和环境因素。工程选址的主要因素有地形、地貌、气候、土壤、水文、旅游资源、地方矿产资源等，同时土地要素对任何项目的发展都有一定的限制。开发商在得到有关部门批准的土地时，就对地块的用途、面积、容积率等进行了限定和规定。因此，土地利用的地形特征、规模、形状等因素对未来社区建设具有重大的影响，这些都会反映在建筑和工程的后期运行费用上。

（2）基础设施的配备。基础设施是保证一个国家或区域的社会经济活动的基本公共服务体系，它把社会生产和人民的日常生活作为主要内容，也是一个社会和一个民族赖以生存发展、反映社会进步的基本物质条件。基础设施由硬件设施和软件设施两部分组成，硬件设施设备主要包括公路的数量与通达性、城市供水、供电及通信系统的完备；软件设施配置是指图书馆、博物馆、医院、学校、公园、健身器材等公共设施。配套设施的健全保证了土地的正常利用，若选地内的建设已完工，而基础设施还没有完工，则无法在预定的期限内收回土地，将会给项目带来重大的投资损失；其次，现在还没有完工的基础设施，在未来会有更多的风险。

（3）社会环境及人口因素。未来社区建设应与城市发展紧密联系，不仅要符合城市的整体规划，而且要符合城市发展的总体趋势。未来社区项目因其规模庞大，需要大量的社会、土地资源，因此需要充分利用有限的土地资源，并与经济发展布局、人口分布相协调。未来社区项目以人为中心，因此人的因素在项目选址、建设、运营中起着举足轻重的作用。人们既是社会的物质财富，又是其最终的消费对象。人口的数量和人口的规模是人口要素中的一个重要组成部分，它包括了常住人口和流动人口的比例以及人口的质量。

（4）经济的繁荣程度。“购买力”是指在购买货物和服务过程中，人们所拥有的货币支付能力。因此，一个项目的发展主要是由当地的消费水平、消费结构、劳动力素质、文化教育、科研机构等因素决定的。由于地理位置的差异，在生活习惯和行为习惯上也有地区差异。因此，在选择该项目时，应特别关注消费者的消费习惯，以确保其经营的可靠性与持续性。

（5）政策环境。国家层面所制定的土地政策对项目选址有很大的影响，尤其是近些年，在房地产行业迅速发展情况下，出现了房价快速上涨、空置率较高甚至房产过度金融化等不良现象。为了调控房价，政府会依据现状适时地出台新政策来引导市场。同时，项目能否高效地实施并命名，相关政策也是重要关注的因素之一。

城市发展潜力、大量外来人口的迁入、优美的城市景观，都会对项目区位的选择发挥锦上添花的增值作用。作为未来社区项目，应该从顾客的角度来考虑是否具有“隐性”的价值：周边环境、休闲广场、公园、城市绿地覆盖率等；小区周边治安、小区物业服务等都是影响项目选址的主要因素。未来社区建设项目选址评估是一个综合的评估，涉及很多的因素，要综合、科学地评估自身的特点、自身的优势以及所处的地理位置，选择合适的评估指标，进行调研研究，为今后的规划决策提供科学的依据。

（二）未来社区规划研究咨询

对任何项目建设方而言，必须对有关要素进行调查、分析，并根据自己的发展战略和资源优势，进行科学的论证，作出正确的投资决定。所以，从管理学的最优性角度来看，工程选址是一种基于各种影响因子的综合衡量过程，并不存在最佳地段，而是追求合理即可。

在遵循科学性、系统性、代表性和定性与定量相结合等原则的基础上，结合未来社区项目的具体实际，选取自然及环境、基础设施、社会人口、经济消费、政策及规划 5 个影响因素、25 个评价指标，得到未来社区项目选址的指标体系，见表 5-39。

未来社区项目选址的指标体系　表 5-39

影响因素	指标体系
自然及环境因素	地形地貌
	气候水文
	自然风光
	居住环境
	大气、噪声、水污染状况
基础设施因素	距市中心距离
	公共交通便利度
	城市交通通达性
	水、电、气、通信设施状况
	教育、文化、医疗、体育、设施状况
社会人口因素	人口流动状况
	人口密集程度
	人口结构及素质
经济消费因素	土地价格
	商业集聚程度
	居民消费水平
	人均可支配收入
	经济发展水平
	区域供应量
	区域入住率
	区域出租率
政策及规划因素	宏观政策
	道路及规划条件
	周边用地类型

（三）项目选址的决策分析

目前，关于项目选址的决策方法较多，例如层次分析法、模糊综合评价法和分级评分法等。根据未来社区项目选址的较为复杂的特点，各因素分级："好（大、多、高）"为（1）级，"较好（较大、较多、较高）"为（2）级，"较差（较小、较少、较低）"为（3）级，"差（小、少、低）"为（4）级，制定分级评分标准并进行分级评分，见表 5-40。

多因素分级评分法的分级评分标准　表 5-40

序号	评价项目	分级评分标准			
		(1)级	(2)级	(3)级	(4)级
1	地形地貌	90	75	60	45
2	气候水文	90	75	60	45
3	自然风光	90	75	60	45
4	居住环境	90	75	60	45
5	大气、噪声、水污染状况	90	75	60	45
6	距市中心距离	90	75	60	45
7	公共交通便利度	90	75	60	45
8	城市交通通达性	90	75	60	45
9	水、电、气、通信设施情况	90	75	60	45
10	教育、文化、医疗、体育、设施状况	90	75	60	45
11	人口流动状况	90	75	60	45
12	人口密集程度	90	75	60	45
13	人口结构及素质	90	75	60	45
14	土地价格	90	75	60	45
15	商业集聚程度	90	75	60	45
16	居民消费水平	90	75	60	45
17	人均可支配收入	90	75	60	45
18	经济发展水平	90	75	60	45
19	区域供应量	90	75	60	45
20	区域入住率	90	75	60	45
21	区域出租率	90	75	60	45
22	宏观政策	90	75	60	45
23	道路及规划条件	90	75	60	45
24	周边用地类型	90	75	60	45
25	人口素质	90	75	60	45
	合计	2250	1875	1500	1125

采用上述评分标准可获取各评价项目的分级评分，通过综合计算可得选址项目几个备选方案的综合评分值。根据综合评分值，可确定项目首选选址方案。如果方案的综合评分值极为相近，应做仔细比较分析，以获取对项目建设者更为合理的选址方案。

（四）选址咨询的服务流程

选址咨询的流程一般有五步：①根据未来社区建设要求，初步选定选址意向；②根据选址意向，进行调研和数据收集；③对调研获取及收集的数据信息进行整理后，开始评价指标分析；④确定方案分析结论，确定推荐方案；⑤协助确定项目用地规划条件设定。

基于流程，全过程工程咨询单位应当关注以下重点：

1. 成立专门的项目选址小组

未来社区项目与一般的安置房或房地产项目不同，具有普惠性、共享性、开放性等物性，需要有专门的规划管理程序来负责项目选址工作，打造人人都能有序参与治理、人人都能享有品质生活的“人民社区”。

如果项目选址小组要在最快的时间作出科学的应对，就需要全面了解项目选址的影响因素，充分结合当地特点和实际情况作出决定。

2. 注重效率和实施操作

未来社区建设项目必须在一定的时限内保质、保量地完成，因此，重视效率与执行是非常关键的。要使工程建设在一段时期内取得最佳的效果，就必须改变规划管理的思想，使工程建设的重心发生变化。项目的规划与选址，既要考虑空间的布置，把握住其中的主要矛盾，又要注意如何落实、运用等具体问题。

3. 合理利用多方面因素

在“人本化、生态化、数字化”的三大社区理念的指导下，选址规划的研究也应从三个方面加以考虑。从项目的选址到工程的施工，再到后期的运行，规划中的环境、文化、交通、景观等方面的考量，都要充分体现这三种思想。

未来社区项目选址时还要善于利用市场因素，对项目可能产生的经济效应进行分析。通过对周围区域可能形成的土地增值范围、增值潜力的土地经济分析，确定比较合适的选址方案。对项目选址的市场因素考虑，既要使城市的空间结构体现出合理的层次，也能使其获得较好的城市运营效益。此外，在选址规划研究中，要善于利用社会大众的力量，倾听各方的意见与建议，也是一个很好的保障。

第六章　未来社区项目工程建设全过程咨询

第一节　未来社区项目群管理咨询

一、未来社区项目群管理概述

（一）项目群管理

1. 项目群的概念

项目群一词源于对“Program”的翻译，目前对于项目群的定义没有统一标准。Ferns于1991年首先提出了“项目群”的概念，并认为“项目群”可以说是项目概念的扩展，但与“大项目”也有一定的不同。Ferns将项目群视为一种多个项目的协调式管理，由管理项目的整体组织与架构，以取得较单个项目更大的效益。Pellegrinelli把项目群看作是一个组织架构，它涵盖了已有项目和未来项目的框架，重点放在那些必须关注的活动上，以便获取一些主要利益。通过协同管理，项目群可以实现一个企业的共同战略目标，或达到比各子项目单独经营管理所能得到的收益和更多的商业价值。Gray将项目集群视为多个项目集合，其目的是达成协调管理或整合战略层面的报告。美国项目管理协会（PMI）出版的《项目集管理标准》将项目集界定为：项目集是经过协调管理，以便获取单独管理这些项目时无法取得的收益和控制的一组相关联的项目。项目集可能包括在项目集中各单个项目范围之外的相关工作。项目集由各种组件构成。PMI所指的项目集为“Program”，即等同于我们所说的项目群。

综合来看，项目群是一群需要协调的、相互关联的项目集群，它们之间有共同的组织资源，但需要进行分配，这样才能取得单个项目管理所不能达到的利益。总体上，从概念来看，项目群是项目的名词扩展，也是项目的集合，具有三大特征：多项目组成，战略目标统一，资源配置统一。

2. 项目群管理的概念

项目群管理（Program Management）是一个相对新兴的概念，它是项目管理的概念扩展，但它的含义并不十分清楚。目前，项目群管理的定义很多，其中最具有权威的观点来源于国外的组织和学者的定义。英国国家计算机与电信局（CCTA）将项目群管理定义为项目的一种并行管理，目的是获得从战略层次上指定的公司重要利益。美国项目管理协会（PMI）认为，项目群管理是指对项目群的整体管理，从而获得额外的收益，通常是节约成本，提高企业项目的品牌效应等。国外学者Shelley Gaddie对其定义突出了对企业的无形目标进行定量化的项目群管理方法论，是包括远景、责任、企业目标等的管理方法。

通过对以上项目群管理定义进行分析，得出了几个共同点：项目群管理要有一个共同的方面，从整体上进行管理能带来较单独管理更多的效益；项目资源共享利用；同时，安排多个项目进度管理。项目群管理的根本目的是通过多个项目管理的协同效应，从而达到单一项目管理所不能达到的项目管理意义。

3. 项目群管理与传统项目管理的关系

何清华教授认为，项目管理的三个层次分别为项目管理（Project Management）、项目群管理（Program Managenent）以及项目组合管理（Portfolio Management）。它们三者在项目导向型企业中的相互关系如图 6-1 所示。

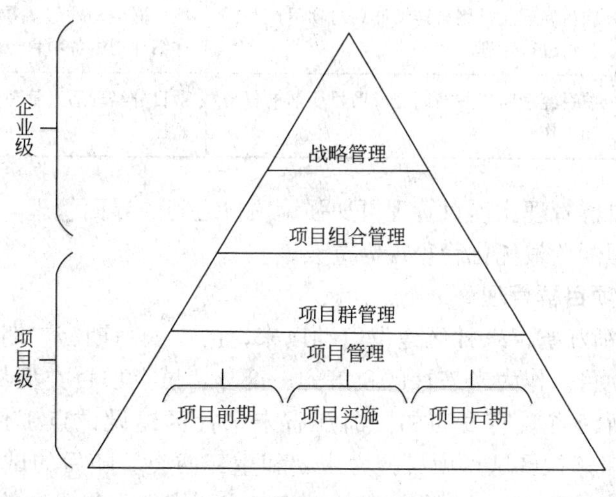

图 6-1　项目管理的三个层次

项目管理和项目群管理之间存在较大的差别，他们具有不同的管理和运行模式，具体见表 6-1。

项目管理与项目群管理的区别　表 6-1

序号	类别	项目管理	项目群管理
1	目标导向	以具体的项目目标为导向	以企业的战略为导向
2	管理核心	主要强调进度、成本、质量等成果	集中与协调、协作与资源配置
3	相似性	项目互无联系、互不相同	项目趋于相似性、关联性
4	关注重点	管理者重点关注项目内的工作界面	管理者重点关注项目间的界面
5	能力需求	项目管理和技术方面的技能	更广泛的管理和商业技能的经验
6	管理范围	范围较窄，有具体的交付物	范围较宽，为了满足组织对收益的期望，可以对范围作出调整
7	管理内容	进度、成本、质量、风险、采购和安全管理等	根据战略目标进行项目群范围定义，构建选择和动态组合管理
8	成功标准	是否符合预算，是否准时，是否交付了规定的产品	以收益管理来判断是否成功：投资收益率、新增生产能力、所实现的收益等

续表

序号	类别	项目管理	项目群管理
9	管理者层次	项目经理/项目部	高层管理者/企业决策者
10	管理对象	项目经理需要管理技术和专业人员等	项目群经理需要管理项目经理
11	管理角色	项目经理是团队协作者，使用知识和技能对团队进行激励	项目群经理是领导者，提供愿景和领导力
12	管理手段	项目经理通过制订详细计划对项目产品的交付进行管理	项目群经理通过高层计划对项目提供指导，详细计划由各项目经理编制
13	管理任务	项目经理监督并控制完成项目所需的任务和工作	项目群经理通过管理机制对项目和工作进行监控

综上所述，项目群管理比项目管理更加强调项目之间的界面管理，以企业战略目标为指引，将协调和资源配置最优化管理视为重点。

（二）未来社区项目群管理

自2019年3月浙江省未来社区建设启动以来，已进入一期、二期试点、综合开发第一阶段，共150个项目。作为未来社区政策的一部分，试点项目类型从大类过渡到细分。在2019年3月由浙江省政府发布的《浙江省未来社区建设试点工作方案》（浙政发〔2019〕8号）中，未来社区试点项目分为规划和重建两类。随后的试点申请通知增加了全球类别，并根据新方法开发了三种类型的创建：完全恢复、集成和整合。浙江省发展和改革委员会、省住房和城乡建设局于2021年3月发布的《关于开展2021年度未来社区创建的通知》（浙发改基综函〔2021〕228号）确定了未来社区建设的五种类型，即整合提升类、全拆重建类、拆改结合类、规划新建类和全域类。表6-2概述了五组未来社区项目的特点。

五类未来社区项目群对比分析　　　　**表6-2**

序号	类型	类型定位	类型建设重点	代表项目	项目建设重点
1	规划新建类	优先在人口集聚潜力大、公共交通便捷、地上地下空间复合开发禀赋好的城市发展核心区中创建	规划重点与难度在于如何立足投资建设运营一体化，全方位探索新文化、新技术、新业态、新模式的创新与应用，从而打造未来生活方式变革的美好家园示范标杆	舟山市岱山星浦未来社区	星浦未来社区在落实9大场景的基础上，以邻里场景、创业场景、建筑场景和治理场景4大特色场景作为载体，突出家园、产业、复合和数字化的特点
2	全拆重建类	针对20世纪70～90年代的老旧小区，综合考虑政策处理难度小、居民意愿高、改造需求强等因素选择	同规划新建类相似，其可依据未来社区创建评价指标体系系统性打造“三化九场景”，实现“一次改到位”，且需要在规划时考虑其方案特色和建设运营一体化的相关支持	绍兴上虞鸿雁未来社区	鸿雁未来社区的特色在于双创家园的打造、孝德文化的体现、“去房地产化”的样板打造和数字化应用这4方面。尤其重视创业场景，在硬件上建设孵化中心、创新工坊、创想工作室、创客学院、双创服务大厅和人才公寓等创业空间

续表

序号	类型	类型定位	类型建设重点	代表项目	项目建设重点
3	整合提升类	对整体建筑质量与环境品质较好、但离“美好家园”要求还有差距的存量社区开展创建	根据创建要求，整合提升类的保留部分应全面满足数字化场景应用要求；对于邻里、教育、健康、创业、服务、治理6大软场景，应完全响应约束性指标，并鼓励因地制宜地积极响应引导性指标；对于建筑、低碳、交通3大硬场景，可根据实际情况对部分约束性指标进行调整，力求对现状条件进行正向提升	杭州良渚文化村未来社区	良渚文化村未来社区的特色体现在其“生活、生产、生态”的三生融合和“德治、自治、法治”的三治融合上，并通过“未来邻里”“未来治理”“未来教育”“未来创业”4大特色场景的打造加以落实
4	拆改结合类	主要针对存在质量安全隐患的老旧小区与建筑环境品质较好的住宅小区、混杂的社区开展创建	保留部分参考“整合提升类”方式，拆建部分参考“全拆重建类”方式，并通过统一的线上未来社区智慧服务平台，叠加邻里中心和公共服务空间等线下设施，将旧改、新建区域整合于一体，实现线上线下服务设施全社区普惠共享，构建较完备的社区生活圈	杭州江干采荷荷花塘未来社区	采荷荷花塘未来社区以未来邻里、教育和健康3大特色场景作为载体，重点突出“智慧社区”“文教社区”和“共享社区”3大特色。在未来邻里特色场景打造上重点体现“智慧社区”，未来教育场景打造上重点体现“文教社区”，未来健康场景打造上重点体现“共享社区”
5	全域类	条件成熟且相对独立的城市区域或主要平台范围内，以全域响应未来社区建设理念、标准和模式，开展未来社区创建	规划要求系统制定未来社区创建中长期规划和实施计划，滚动实施、整体推进包含整合提升、全拆重建、拆改结合、规划新建等多类别创建项目群建设	杭州城西科创大走廊全域未来社区	城西科创大走廊全域未来社区在总体推进上采用“2大类生活圈、3大建设类别和3大建设层次”的推进策略。组织方式上采用“居住类生活圈”和“创产类生活圈”这两大类生活圈。建设类型上采用“规划新建类”“拆除重建类”和“改造提升类”这3大建设类别。建设标准上，一方面是采用“领先型”“示范型”和“基本型”社区这3大建设层次；另一方面是在9大场景33项指标的基础上完善5项大走廊个性化指标及落地策略

未来社区通常涉及多个不同的建设项目，如住房、学校等，包括场景系统、数字平台、文化景观的实施要求，以及其他技术或概念指导，如数字平台、绿色低碳、TOD等。共同的工作要素是复杂的。在实施期间将存在新的挑战，需要项目部采取一定行动。

未来社区项目建设难以通过单个项目部门的力量来完成，或在完成后，因地理位置的不同而难以复制工程招标、市场调研等成果。因此，从未来社区建设需求来看，未来社区项目必须进行系统设计，以解决项目实施中的问题，学习成熟的标准模型为目的，打破各种场景的信息和资源壁垒。通过项目群协作把个人技术和管理优势发挥到极致，确保未来社区项目的成功实施和验收。

鉴于未来社区项目群的覆盖面更广、建设周期更长、参与范围更广，工程咨询公司已开始研究项目群管理方法，以实现企业的战略目标，并通过引入有效的项目群管理法来提高其市场竞争力。在这方面，人力资源管理在项目群管理中的重要性日益明显，它在援助实现项目群的战略目标方面起到了积极的作用。在未来社区项目群的生命周期内，要实现未来社区项目的社会与经济价值的协调统一，就必须进行科学的人力资源配置，并构建符合未来社区项目小组需要的组织架构。

在项目管理领域，良好的组织结构直接影响项目的成败。在项目管理过程中，所有措施都基于组织措施，承担其他部门无法匹敌的职能，协调各项目部门的工作，提供业务信息，发布指令，协调项目和职能部门的工作进度。因此，为了优化不同项目群之间的资源分配，有必要建立一个基于科学的组织结构，并使其适应实际的项目群，以确保更稳定和有效地分配资源，更好地管理项目之间的资源。

企业需要项目管理的组织结构。在项目群的管理方面，传统的组织结构面临一系列问题，无法满足项目群管理的实际需要。所以，要在未来社区建设中，建立一个能够支撑整个管理流程的合理的组织结构。在项目群中，公司的内部资源管理工作将更加复杂，容易导致部门之间的冲突，甚至导致难以解决的资源冲突。在不同的组织模式下，其管理效率不同，几个项目同时进行，对管理水平提出了更严格的要求。

二、未来社区项目群管理办公室设计方案

（一）未来社区项目群管理目标分解

未来社区项目群管理目标除包括进度目标、质量目标和成本目标外，还应根据未来社区项目群特征和管理重点，考虑到其功能目标及人力资源配置目标。

1. 进度目标

在项目管理实践中，特别是在建筑项目中，必须制定项目进度指标，以定期和系统地指导项目的执行。未来社区项目小组往往规模较大，建设周期较长。所以，在为未来社区项目小组订立后续的任务时，必须为报建、设计、招采、施工、竣工验收及竣工结算这六个阶段的完成确定具体的时限，并根据每个阶段的要求确定项目执行标准。

2. 质量目标

未来社区项目群的所有相关专业都必须满足当前建筑工程施工质量验收常用规范和标准要求，九大场景也必须满足使用需求。同时，应按照项目群的具体质量要求，达到一次性质量验收通过的标准。

3. 成本目标

在未来社区项目群建设中，需要参照最近同类已建项目的施工方案，并结合相关的工程统计资料，对该项目群的造价进行预测。工程总造价包括土地费用、前期工程费、基础建设费用、建安工程费、财务费用、其他费用等。

4. 功能目标

与现有社区相比，未来社区项目可实现以下四个功能目标：

1）通过推广新的低碳建筑模式和新的低碳生活方式、节能和装配，包括与运输相关的多层和多层低碳建筑，实现低碳现代化，促进“碳达峰”“碳中和”，城市管理和景观设

计，如综合设计、无人驾驶和充电设施、废物回收和再利用以及空间绿化。

2）改善面向所有年龄段的教育和保健服务，特别注重社区一级的学前教育和老年人护理，以减少“少子老龄化”造成的社会负担。

3）工业现代化，增强社区创业能力，实现社区尺度的产城融合，为创新创业创造社会环境，促进个人生产和消费繁荣。

4）增强智慧，构建以智能管理体系为基础的数字孪生社区，实现“后疫情时代”社区智能自我组织功能，确保经济社会继续正常运行。

每个未来社区项目小组将根据其宏观环境确定不同的功能目标和满足不同的功能需要。

5. 人力资源配置目标

在控制人事费方面，参与项目的组织应合理地利用人力资源，并在科学上节省人力资源费用。项目管理小组主要由内部采购干事和外部人员组成。有经验的管理人员必须充分配备，以往项目的经验教训必须应用于新项目，以提高项目设计的效率，避免重复或人力资源短缺，并确保综合人员配置得到有效利用。

（二）未来社区项目群 PMO 设置原则

（1）以项目目标为中心的原则。未来社区项目群的成员应努力实现项目目标。

（2）按类别合理分配员工的原则。分配给未来社区项目的人力资源比例应合理，以确保能力与能力之间的平衡，减少或消除与提高人力资源效率相关的人力资源成本。

（3）有效精干的原则。有效和高效地利用资源是项目人力资源配置的重要原则，也是内部沟通和项目运营的重要要求。

（4）管理幅度的原则。监督范围是指可以直接管理的下属管理人员的最大数量。未来社区项目群的组织要求尽可能放松管理，减少管理层级，简化管理流程，提高效率。

（5）相互负责的原则。未来社区项目群各组织管理人员的角色和职责必须一致、协调并明确划分，以确保员工的管理职能得以履行。

（6）统一秩序的原则。未来社区项目群管理团队将从管理指令不一致导致的管理失误中吸取教训，在管理项目群时严格遵守团结一致的原则。

（7）信息交换的原则。未来社区项目群管理团队成员之间应多进行横向沟通和信息交流，以实现项目目标。

（三）未来社区项目群关键岗位需求

为了应对未来社区项目小组的任务和分工，并为了建立项目组织结构的不同组成部分，必须审查未来社区项目小组的一些关键职能和责任。

1. 项目管理办公室主任

全面负责项目运营和管理，保证系统和程序的高效执行，对项目的进度、质量、安全、成本进行控制，以保证商业目标的达成。协助项目经理完成工程进度控制、质量安全、消防安全及监理工作。同时，各项目部门和职能单位的日常工作都是由项目小组来完成。

2. 工程管理部门

根据国家或地方标准制定质量管理、规划等标准。

3. 政府通信部门

鉴于未来社区项目群将与政府各部门更密切的合作，有必要设立一个专门的政府联络部门，负责与政府各部门联络，特别是报批报建工作，以及建设工程规划，建设用地规划获得建筑许可证、销售许可证等。

4. 综合管理部门

未来社区含有九大场景建设，协调和管理工作量将很大。因此，综合管理层将负责制定项目小组管理流程，监测流程，以及利益攸关方和部门之间的协调和管理。该部门还负责工作人员培训、业绩评估等。

5. 数据创新部门

未来社区项目小组的主要目标之一是智慧升级。因此，在施工过程中应设立一个专门的信息部。该部将主要负责建立和运行未来社区指挥平台，制定数据管理标准，监测和跟踪数据。

6. 项目运营部门

未来社区项目不同于一般项目的主要特点是强调投资营地的全面建设，并将运营作为实施的主要方向。因此，需要成立一个专门的业务部门，它将在成立后负责未来社区的实际运营和管理，并与物业公司联合提供运营方面的技术支持。

7. 设计管理部门

提前规划和管理未来社区项目群尤为重要。在该小组中，设计机构必须根据进度计划提出要素，以监控未来社区项目群的规划和可行性，并协调后续项目管理活动。

8. 项目群后评价部门

鉴于中国未来社区项目群的建设仍处于初级阶段，咨询小组应充分考虑未来社区项目群项目评估的重要性和必要性，并在可能的情况下，项目评估办公室应对项目决策、实施和运营的各个阶段进行全面、系统的分析和总结，作为之后的未来社区建设的范例。

9. 职能部门

社区项目管理办公室还应根据项目小组的具体需要，包括人力资源部、财政部和技术支持部门的具体需要，设立职能支持单位。各职能部门继续在整个项目管理过程中发挥作用并与之合作。

10. 项目经理

未来社区项目小组将在不同的情景和地区建立。每个次级项目将指定一名项目管理员，由项目管理办公室直接领导，由职能单位间接领导，多方将合作协助项目群建设。

三、未来社区项目群管理办公室管理内容

（一）立项阶段

在成立未来社区项目群的初期，即成立项目管理办公室的初级阶段，团队的主要任务是确定未来社区项目的可行性，并与发展改革委、住房和城乡建设、国土资源等部门建立联系，获得项目规划许可，为项目群培训等提供组织支持。

1. 明确项目群战略目标及方向

在项目开始阶段，项目管理办公室必须确定未来社区项目所有参与者，特别是政府、社区和业主单位的建筑需求。根据各方的需要和项目小组的特点，为项目的实施制定发展理念发展方向和宏观规划，以确保项目立项与未来的项目实施活动相一致并取得成功。关于未来社区项目群，项目管理办公室还应提供资料，说明拆毁房屋后重建的现状、项目环境、项目执行过程中可能出现的工程和社会问题，以及它们的可行性和安全保障措施等。

关于未来社区项目群的发展方向，除了确定未来社区项目小组的经济目标外，还应考虑到其社会意义。

项目管理办公室应在未来社区项目群的初期阶段与各方业主进行及时的联系。政府部门、建设单位和数据服务作为三方业主，项目管理办公室的专项负责人应了解他们在项目开始阶段的特殊需要，特别是建设单位，他们是未来社区项目群的投资者和项目风险的主要承担者。在项目启动阶段，项目管理办公室的一项重要任务是与施工单位就项目构想、战略规划、功能定位、项目资源和执行达成共识。必须强调的是，这是项目初期的一项非常重要的工作，不仅影响到项目其他后续阶段的发展，而且影响到项目管理人员与业主之间的关系，以及未来社区项目群的成功前景。

2. 建立科学的项目群组织保障

今后，社区项目群的人力资源管理职能将由项目群管理办公室承担。这要求项目管理办公室能够学习参与项目实施的组织的具体做法，并充分考虑项目发展战略目标，以便人力资源管理配置能够发挥最有效的作用，确保所有员工通过科学部门获得所有必要的知识和技能。此外，项目组织内的其他非人力资源部门，尤其是部门负责人和系统经理，应特别关注人员配置团队的工作，了解和思考人力资源管理，项目群应注意负责分配项目人力资源的管理层。只有这样，才能逐步建立一个灵活有效的项目开发组织，并确保应对人力资源需求的战略成为实现项目开发目标的动态框架。

鉴于项目管理办公室设有人力资源经理和招聘经理职位，这要求人力资源经理在项目设计过程中逐步从经理转变为支持人员，并成为各组织的支持人员，与各部门进行更好和更深入的接触。同时，作为人力资源管理项目的执行者和人力资源规划的主要制定者，必须树立先进的人力资源管理理念。未来社区项目群的招聘主管将负责制定项目群所有类别员工的招聘、轮换和离职的具体管理流程，并为组织的新员工提供入职培训，这将有助于提高项目的整体效率。

3. 提供项目团队成员培训保障

培训的目的是提高工作人员的技能，掌握新技术和新工艺，以提高生产力。未来社区项目小组应采取的重要措施包括培训和提高现有社区项目群工作人员的技能。

（1）新入职人员的上岗培训。今后，未来社区项目群的新员工必须在到岗后一周内参加新员工培训，熟悉项目背景、职能定位、业务需求等，以尽快融入业务团队，熟悉并掌握工作。制定新的入职人员辅导制度，为新员工安排导师，全面指导新入职人员的工作，协调资源，解决新入职人员的问题，及时向新员工的直接上级提出反馈意见，帮助新员工适应工作环境，以便其快速成长，满足能力标准。

（2）项目人员的专项培训。未来社区项目管理办公室将为不同的工作人员群体提供不定期培训，以拓展和提高工作人员的技能。特别是，在未来社区建设和后续行动中会使用智能平台，应针对此项业务进行专项培训。

（3）项目参与者的外部培训。在每个季度，项目管理办公室都必须挑选高素质的项目人员来参观和熟悉未来社区的运营情况和社区的具体业务发展，并通过直观的案例研究提高团队成员的综合能力。然后，将获得的知识应用于未来社区项目群中，以便从中吸取有用的经验教训，并获得最大的好处。

（4）提高项目管理人员的素质。项目管理办公室的管理人员每季度应接受俱乐部和私人管理委员会的专门培训，通过集思广益提高他们的创造力。

4. 建立未来社区项目群管理系统

未来社区项目群管理系统由三部分组成：知识系统、单项目管理系统和项目群管理系统。

(1) 未来社区项目群管理的知识系统

未来社区项目群管理的知识体系包括三个组成部分：基本知识和方法、核心知识和方法以及管理实践知识。

项目群管理的基本知识和方法包括战略管理的理论和方法、组织管理的理论与方法、目标决策的理论与方法、标准与规范、软件等。

项目群管理的核心知识和方法分为两类：

1) 项目管理：包括项目和项目管理、计划和监测、项目生命周期理论、信息管理、未来社区概念和指标体系；

2) 系统项目管理的知识和方法：包括协同理论、系统分析法、系统评估法、网络计划图等。

项目群管理实践应用知识包括：关键链方法、精细化管理、统筹学、团队激励方法等。具体介绍如下：

(2) 未来社区项目群的单项目管理体系

未来社区项目群的单一项目管理系统包括一个管理要素系统和一个保证系统。

1) 管理要素体系：包括资源集成管理、进度管理、成本管理、质量管理、技术和工艺管理、物质资源管理、风险管理、人力资源管理、组织安全管理体系。参与的行为者包括：政府、建筑组织、数据所有者、咨询机构、监管机构、设备材料供应商、检查机构、专家咨询小组、分包商等。

2) 支持系统：包括项目管理方法论、过程系统、知识管理、优秀项目管理、精细管理、生命周期理论、系统工程、并行工作。

(3) 未来社区项目群的管理制度

未来社区项目管理系统的三个层次包括：

第一层：未来社区项目小组的总体规划。建立一个系统模型，通过采用战略管理和多用途决策的概念，确定目标和具体执行步骤；

第二层：综合项目群管理，主要基于综合项目群管理的概念；

第三层：描述项目实现路径，可分为项目群的管理要素，其中，包括：目标和决策管理、综合管理、人力资源管理、资源优化和平衡管理、流程管理、成本和合同管理、物资管理、通信管理等。

(二) 实施阶段

1. 未来社区项目群管理标准建设

未来社区项目群的不确定性因素多，因此在前期建设的未来社区项目群管理标准及流程需在其实施阶段根据实际情况加以完善。相关研究指出，一方面，国家必须加强适当的管理水平，并为未来社区制定适当的维护标准；另一方面，由咨询公司领导的项目管理办公室应建立未来社区管理的内部标准和流程体系，消除项目之间的“信息壁垒”和专业壁垒，有效控制未来社区项目的风险。如图 6-2 所示，图中描述的管理标准和流程是促进项目群成员和其他利益相关者关系的重要工具。

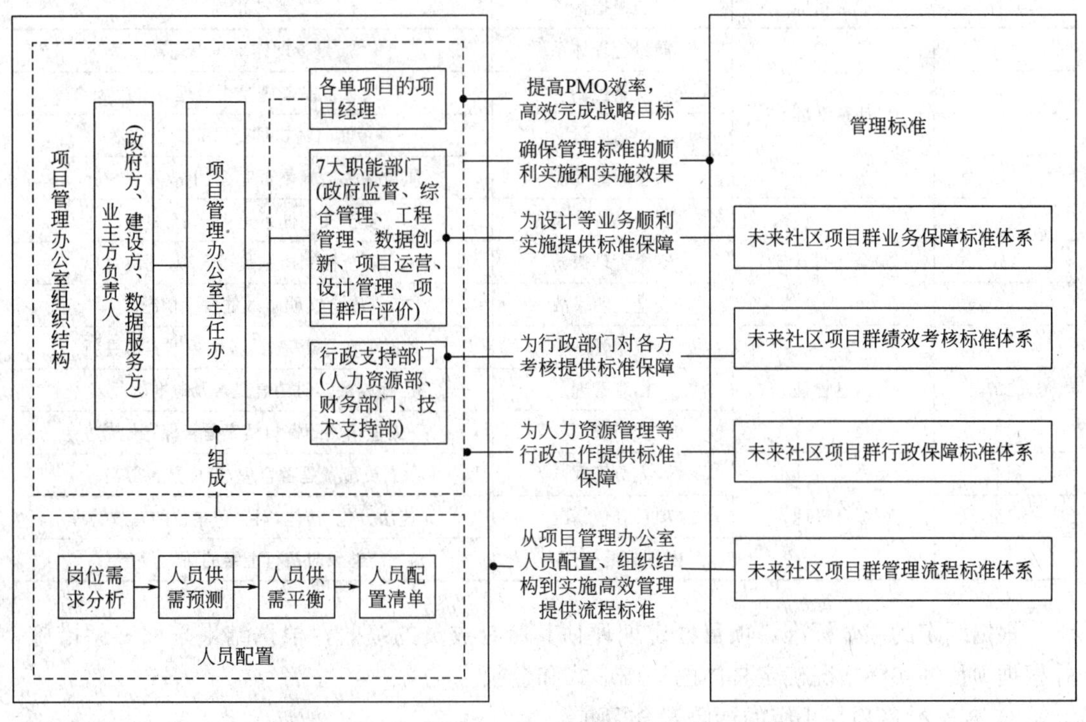

图 6-2　组织结构、人员配置和管理标准三者关系

（1）未来社区项目群管理标准

1）未来社区项目小组的业务标准

在为未来社区项目小组制定指导标准时，应遵循最高级别的“139”原则，根据这一原则，未来社区项目管理办公室应为设计项目小组制定标准。其中 9 项具体的发展标准应以未来社区建设指标框架为基础。

项目设计办公室安排申购人、技术支持部和项目经理进行集中讨论，然后记录项目标准并使其标准化，并为项目的实施提供指导。

2）未来社区项目群绩效考核标准

一方面，今后对未来社区项目小组工作的评价将为改进项目小组成员和参加者的业绩和创造竞争环境提供基础；另一方面，评价确定了每个参建单位的长处，并将评价结果作为继续合作的重要标准。项目管理办公室根据未来社区项目小组的目标和组成部分的分配情况，编制了一份评分表见表 6-3。

未来社区项目群考核评分表　　**表 6-3**

考核序号	一级指标	二级指标	考核指标
1	进度管理	进度计划	进度计划合理,符合建设要求
2		进度控制	进度控制措施完善,能够适时调整计划
3		进度完成情况	判断计划是否能够按时按质完成

续表

考核序号	一级指标	二级指标	考核指标
4	质量管理	质量管理体系	质量管理体系是否完善
5		质量控制	质量控制措施是否合理、到位
6		实物质量	是否实时随机抽查已完工程质量
7		质量问题控制	质量保障措施是否完善、事故发生情况
8	安全文明管理	安全文明体系	安全文明体系是否健全、完善
9		安全管理措施	安全控制措施是否合理、到位
10		安全文明事故	安全文明事故的发生情况
11	信息管理	数据管理	数据平台是否完善，各项数据实时更新
12		信息管理	工程相关实时信息是否及时准确反馈
13		资料管理	工程相关的资料档案是否保存规范
14	综合管理	人员管理	人员配置是否合理，管理是否得当
15		项目分包情况	无违法分包、转包，对分包单位的有效管理
16		团队成员执行力	能够及时执行上级的通知指令

根据既定的绩效标准，项目办定期评估其所有成员的绩效，根据结果采取奖惩措施，并根据项目的实际情况确定具体的薪酬形式和金额。

3）未来社区项目小组的行政安全标准

① 建立未来社区项目群月度联席会议制度

未来社区项目群各方将按月按期支付工程进度款根据这一周期，建议项目管理办公室建立一个未来社区项目小组每月举行联席会议的制度，并邀请所有项目小组成员每月参加联席会议。与会者包括客户代表、工程咨询公司、项目经理、设计师、施工单位和项目经理。项目管理办公室主任汇总和报告每个项目的每月执行情况和关键问题，并协调解决方案的制定和工作计划的调整。未来社区项目小组每月举行联席会议的制度将使项目管理办公室能够按照计划监测项目小组的业绩，并帮助业主在整个项目生命周期更好地纠偏，提高管理效率和质量。

② 建立未来社区项目群周小结会议制度

未来社区项目群月度联席会议将讨论共同的优先事项，并及时调整工作计划。在此基础上，项目管理办公室应牵头建立周小结会议制度，以未来社区项目群内的各项目为单位，每周召开例会以进一步加强管理。在项目管理办公室联合管理层组织的每周总结会议中，每个项目经理及其利益相关者将向项目经理报告项目周计划和工作计划的执行情况。如果存在需要双方协商解决的问题，项目管理办公室应及时解决问题，避免风险。

③ 建立未来社区项目群定期专题会议制度

为便于沟通，项目管理办公室应建立定期专题会议制度。与通常由项目管理办公室主办、专业工程主管和技术支持人员参加的专题会议不同，它以交流工程问题为主，就调整整体运营进行联合协商，以提高工作效率。

4）未来社区项目群管理流程标准

PMO 从项目过程规范开始实施标准化管理。由于未来社区项目群管理的责任在于项目经理，因此每个项目都选择一个他们认为适合项目具体目标的系统。为了完成 PMO 制定的标准工作，必须确保这一进程的中期规划和顺利进展。一旦项目办的规范工作完成，项目经理和相关人员将需要接受培训。项目过程规范不是一成不变的，需要根据公司的战略及时调整 PMO。

2. 建立未来社区项目群管理平台

未来社区项目小组的成员将是多方面的，项目管理办公室在管理和协调方面还有许多工作要做。在这方面，应根据未来社区项目小组信息系统的目标、结构和预期成果，为社区项目小组建立一个统一的管理信息系统。通过建立未来社区项目群管理平台，项目管理办公室可以对未来社区项目群的绩效和建设进行综合管理，并提供联合动态管理。根据对许多类似项目进行的案例研究，可以总结以下用于管理未来社区项目的“143”平台，如图 6-3 所示。

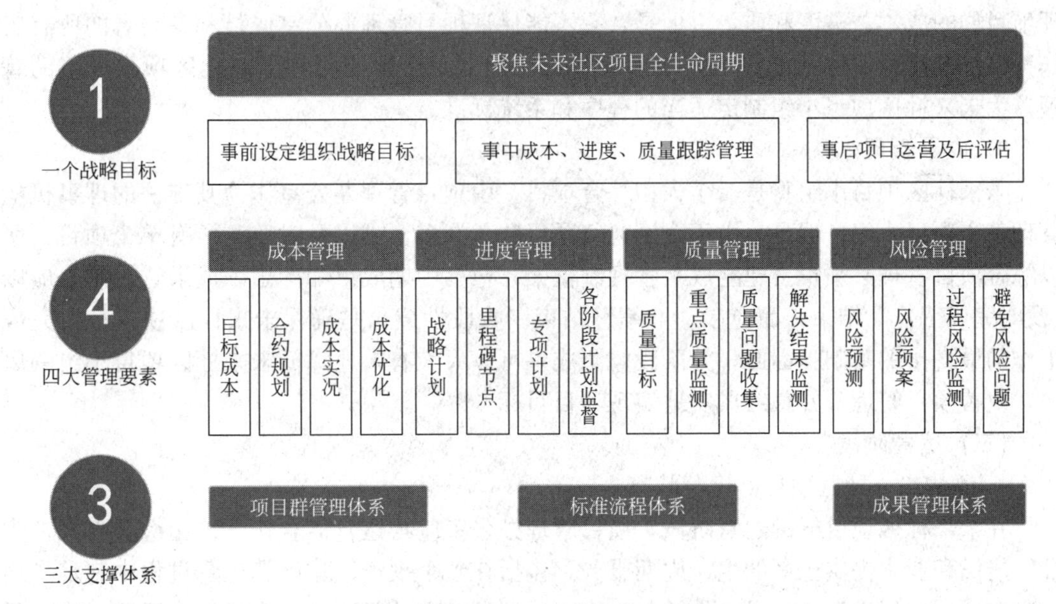

图 6-3　未来社区项目群管理平台

（1）一个战略目标

项目管理办公室应关注未来社区项目的整个生命周期，并在整个过程中建立三个阶段（前、中、后）的管理体系，以实现项目的战略目标。

（2）四大管理要素——成本、进度、质量、风险管理

在未来社区项目小组的管理中，成本、进展、质量和风险管理是最重要的管理优先事项。通过对这四个管理要素的监测，我们可以确保未来社区项目群的目标得以实现，项目取得成功，并最终实现项目的战略目标。

（3）三大支撑体系——项目群管理、标准流程、成果管理体系

1）项目群管理体系——知识体系、单项目管理体系和项目群管理体系

未来社区项目群管理的成功取决于项目群的管理体系。项目管理办公室应考虑建立一个符合未来社区项目群实际结构的综合项目群管理体系。未来社区项目的完整管理体系应包括三个主要子系统，即知识体系、个人项目管理体系和项目群管理体系。

知识体系应结合未来社区项目群的核心知识和管理方法、未来社区项目小组的核心知识与方法以及实践知识，相互补充，它们共同构成了未来社区项目群的完美知识体系。

单项目管理体系包括一个管理要素框架和一个安全管理框架，其中包括参与方和项目管理办公室在执行每个项目时必须考虑的关键要素。今后，社区项目群将包括九种方案，即住房、绿地、企业发展等。因此，要求项目管理办公室工作人员熟悉每个项目的优先事项和控制措施。成功管理单个项目是成功管理项目群的先决条件。

项目小组管理体系主要由三个层次组成：未来社区项目小组的总体规划、项目小组的综合管理及其项目小组的执行路径。这些知识体系和单一项目管理体系共同指导项目管理办公室根据社区项目小组今后的方向建立项目小组管理体系。

2）标准流程体系

在管理未来社区项目群时，项目管理办公室可以确保项目群的全面综合管理，有效管理项目群的成本、进度和质量。但是，它不能保证项目管理办公室成员和参与者的所有工作都按计划进行，也不能保证实现所有目标。因此，必须监测和限制社区项目小组的管理，为未来社区项目小组制定适当的程序和系统标准。

3）成果管理体系

未来社区项目小组将是一个大型综合项目，由项目管理办公室作为其唯一的理事机构管理整个项目小组。但是，由于个别建筑项目数量众多，难以及时监测所有单个项目，所以综合项目管理必须负责建立成果管理制框架，包括中期成果和产出。成果管理制不应以“及时完成工作”结束，而应以“业绩”结束。阶段性成果是确保未来社区项目小组完成工作的最直接的基础。因此，分阶段监测成果可以大大有效地降低未来社区项目小组的风险，改善项目管理，并最终成功地实现项目目标。

（三）运营阶段

1. 评估未来社区项目群运营状态

在未来社区项目群的运营阶段，项目管理办公室应与运营商合作，采用综合模式，为社区居民和业主提供全面的生命周期服务，包括在整个投资、建设和运营过程中制定平衡的融资计划，促进政府间成本效益分担机制，开发商和社区通过整合开发和运营，确保长期可持续的运营和财务平衡。根据这一分析，本书提出了以下两项具体措施：

（1）构建未来社区智慧服务平台

项目管理部门应与专业运营商合作，为居民提供全面数字化供给服务，提高居民生活质量，方便对项目公共运营的实时操作控制，确保及时反馈和纠正。

（2）创新未来社区运营“自平衡”理念

项目管理办公室应根据“自平衡”的概念协调和指导未来社区业务。未来社区业务费用包括基础物业费、社区商业运营费、人才公寓运营费用、九大场景的运营费用等；虽然业务收入包括租金、物业管理费、车辆营运收入和营运收入，但根据传统概念，很难在收支之间取得平衡。因此，必须努力吸引流量并设计社区商业项目，这些项目不仅可以带来稳定的收入，而且还可以提高其他情景的流量。

2. 主导未来社区项目群后评价工作

“项目后评价”是指专业小组对一个建筑项目在一段时间内的执行情况进行客观和系统的评估，以评估其目标是否已经实现，并核实项目的有效性和合理性。中国未来社区项目尚处于起步阶段，尚未对其总体建设过程进行全面分析。项目管理办公室必须设立一个项目后评价部门，将工作进行专业分类，然后审查和总结经验教训，并将其应用于新的和正在制定的社区项目。未来社区项目评价的具体内容如图 6-4 所示。

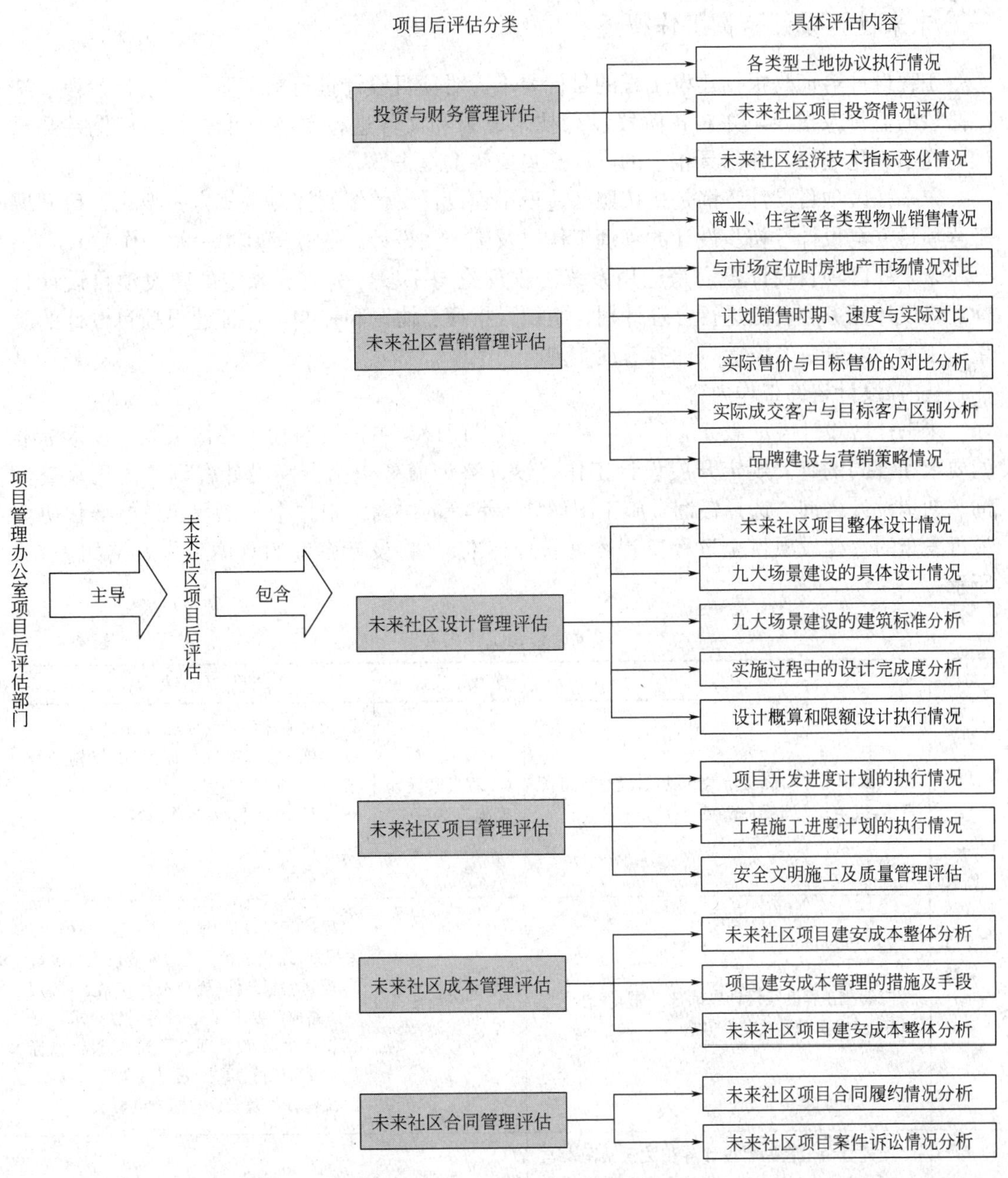

图 6-4　未来社区项目后评价具体内容

项目管理办公室对未来社区项目进行后续评价，具体评价六个方面，即财务、营销、设计、项目、费用和合同，并对存在缺陷的地方提出针对性的改进建议，以便能够优化后续项目。

第二节 未来社区设计咨询

一、未来社区设计咨询工作概述

工程设计咨询是根据建设工程的目标要求，对项目设计进行前期阶段、设计阶段、施工阶段的监督及指导，并对各阶段设计技术成果和文件进行复核及审查，纠正偏差和错误，提出优化建议，并出具相应的咨询意见或咨询报告。

未来社区项目设计咨询是指按照《建设工程设计文件编制深度的规定》要求，可开展工程项目方案设计、初步设计的管理工作以及施工图设计，或管理其中一类工作等。

未来社区项目设计咨询是应用系统工程理论与手段，为完成预定的建设项目设计目标，将设计任务和资源进行合理计划、组织、指挥、协调和控制，保证建设项目设计的质量、工期、安全、经济等目标有效地实现。

（一）设计咨询工作内容

未来社区设计咨询服务应确保项目小组或专门设计单位按照相关法律法规、技术标准的要求和合同的有关规定开展设计工作。设计咨询服务包括方案设计咨询、优化审查咨询、初步设计咨询、选择咨询、施工图设计咨询等的协商。根据中国工程建设标准化协会最近发布的《建设项目全过程工程咨询管理标准》，将设计咨询的具体工作总结如表 6-4 所示。

设计咨询工作内容　　表 6-4

阶段	内容	成果文件	成果文件编制内容
工程勘察设计管理策划	1. 应编制工程勘察设计实施规划，经总咨询师审核，报委托人批准后实施	《工程勘察设计实施规划》	1. 项目概述（名称、规模、范围、特点）； 2. 实施方案（项目目标、组织架构及分工、各参与方关系及职责）； 3. 项目阶段划分及工作内容； 4. 工作要求； 5. 沟通与协调程序
	2. 应编制工程勘察设计咨询任务书，经总咨询师审核，报委托人批准后实施	《设计咨询任务书》	1. 项目概况及周边条件（位置、规模、相关规划、地块现状及周边配套设施情况）； 2. 规划控制条件（规划设计控制条件、规划道路控制要求、配套功能设置要求）； 3. 设计要求（设计理念及意向、设计指标要求、设计深度要求、设计成果要求）； 4. 工作计划及设计时间节点要求
工程勘察设计管理实施	1. 应建立由工程勘察设计各相关人共同参与的协同管控机制，在工程勘察设计阶段，为委托人提供工程勘察设计的管理服务		
	2. 应对委托人的满意度情况进行全过程跟踪分析，对工程勘察设计咨询人的执行情况和咨询人自身承担的工程勘察设计的管理工作的执行情况进行全过程控制		

续表

阶段	内容	成果文件	成果文件编制内容
工程勘察设计管理实施	3. 应按照勘察任务书检查勘察工作实施情况，分析进度偏差，进行勘察质量控制，一般包括对勘察外业工作实施的规范性进行管控、对勘察内业工作成果的质量进行审核、对整体勘察工作进度进行监控		
	4. 应按照设计任务书检查设计工作实施情况，分析进度偏差，进行设计质量控制，一般包括对设计输入、设计评审、设计验证、设计输出、设计确认的控制等		
	5. 针对实施过程中发生的重大变化，及时对工程勘察设计的实施规划进行调整，经总咨询师审核，报委托人重新批准后实施		
	6. 负责沟通与协调与工程勘察设计有关的相关人之间的接口关系		
	7. 负责落实委托人按照工程勘察设计咨询合同的约定提供办公、交通、通信、生活等配套实施		
	8. 负责落实委托人在规定时间内应该完成的工程勘察设计咨询审批事项		
	9. 负责落实委托人按照合同约定应该支付的工程勘察设计咨询请款事项		
	10. 应组织工程勘察设计咨询人编制招标技术文件、参与投标文件的技术评审和技术谈判、审查和确认供应商图纸资料、协助处理采购过程中相关设计与技术问题、参与关键材料设备检验	参与编制《招标技术文件》	
	11. 组织工程勘察设计咨询人做好设计交底和图纸会审，说明设计意图，明确设计要求，提出新技术、新材料、新工艺、新产品对施工技术的要求	编制《设计交底文件》	《设计交底文件》应包含以下内容： 1. 施工图设计文件总体介绍； 2. 设计意图和设计特点以及应注意的问题； 3. 设计变更的情况以及相关要求； 4. 新设备、新标准、新技术的采用和对施工技术的特殊要求； 5. 对施工条件和施工中存在问题的意见； 6. 其他施工注意事项
	12. 督促工程勘察设计咨询人做好施工现场的技术服务工作，协助施工单位解决施工中遇到的与设计有关的质量和技术问题；按合同变更程序进行工程变更管理，审核变更并提出变更的审查意见和建议；根据施工需求组织或实施设计优化，组织关键部位的设计验收管理工作	编制变更审查意见与建议	

续表

阶段	内容	成果文件	成果文件编制内容
工程勘察设计管理实施	13. 组织工程勘察设计咨询人依据相关技术规程、设计技术指标等要求，编制工程调试方案和项目试运行技术文件		
	14. 对项目实施过程中的重大、关键性技术问题，应组织专题讨论和研究，提出解决方案或意见，并对处理过程进行监督和指导		
	15. 咨询工作应在全咨管理的数字化协同管理平台上开展，及时、准确、完整地将工程勘察设计过程中所形成的咨询成果文件进行收集、整理、编制、传递，并向总控部移交		
	16. 协助委托人进行国有资金项目有关工程勘察设计的审计，包括合同履行期间的过程审计和结算审计等		

此外，针对建筑项目的全专业精细化设计咨询工作内容整理如表 6-5 所示。

建筑全过程全专业精细化设计咨询 **表 6-5**

阶段	概述	专业	内容
第一阶段（方案和初步设计阶段）	结合建设方的具体要求，确定各专业的方案和对后面设计有较大影响的重要决定	建筑专业	总图：结合地形调整建筑、道路的布置和标高，减少挖填方量、道路的体量，节省投资； 设计好车道、消防及塔楼首层人员疏散； 自身土地资源及周边相关市政等方面资料的最大化利用； 容积率做足，对零误差报建与设计总建筑面积作出预判
			建筑方案：商业最大化，挖掘项目商业价值的合理最大化，从商业平面布局及层高等要求着手； 功能合理化：业态功能组合的合理化，对平面方案进行分析； 流线清晰化：从地上整体规划到地下车行流线，以及室内动线布置的合理化
			车位：综合车道布置、结构柱网布置和机电设备布置，实现停车率最大化
			节能：对可能影响节能的方案布置提出意见
			层建筑方案：提出层高建议，根据不同产品类型进行合理化分析
		结构专业	进行结构方案分析（主要包含超限、结构形式、层高等分析），并进行结构试算
			对地质勘察报告和安评报告提出意见
			编写《结构设计优化技术措施》并与设计院沟通
			基础选型和地下室底板分析报告
			地下室和上层梁板布置方式的经济性分析报告
			结构转换技术经济性分析报告
			其他项分析，如地面粗糙度

续表

阶段	概述	专业	内容
第一阶段（方案和初步设计阶段）	结合建设方的具体要求，确定各专业的方案和对后面设计有较大影响的重要决定	机电专业	项目的定位，机电系统的方式
			明确交付及验收标准，对各处所含机电系统的要求进行审查（如：为小租户预留应急电源、卫星电视、数字电视、排油烟、末端空调系统是否安装、电梯标准等）
			考虑业主营销部对项目的销售模式及物业管理方面的要求及项目的策划
			项目是否有绿色、节能认证
第二阶段（施工图完成阶段）	及时发现问题，避免后期改动太大；协助建设方及时回复设计过程中的设计方的疑问；协助设计方解决设计过程中遇到的难题；把握设计阶段的设计情况并发现新的问题	建筑专业	提前提供相对完善的地下车库平面图，以便进行车位优化
			提供商业、住宅无障碍设计内容，如坡道、出入口、车位、电梯等
			提供首层总图，图中须有地下室风井、楼梯等出地面内容
			建筑专业提供首层、标准层、屋面平面图，此平面要求： 1. 厨房、卫生间、阳台、空调位等套入给水排水专业水立管位置等内容。 2. 厨房、卫生间、阳台降板内容
			提供结构布置图，核对结构平面布置对建筑的影响
		结构专业	设计院提供具有代表性的板、梁和墙柱配筋方式（可以分阶段），对配筋方式提出意见
			进行第二次结构方案分析，如超限、增加型钢等情况
			进行基础施工图审核和优化
第三阶段（施工图后阶段）	结合设计任务书、国家施工图设计深度要求等，审查施工图设计完成情况；复核前面意见的落实情况；提出优化建议	全专业	根据《设计任务书》逐条审核施工图
			针对具体的施工图提出优化意见
			检查意见落实情况
			配合第三方审图，与甲方配合，同设计方沟通落实审图意见
			整理优化咨询报告并提交建设方

（二）工程设计咨询的工作重点

1. 方案设计阶段的咨询服务工作重点

（1）工程勘察设计咨询人应依据已批复的规划成果和项目立项阶段成果的要求，体现设计理念，实现建设意图，方案文件应作为初步设计的依据。

（2）以满足投资者需求为重点，提出对建筑整体方案的建议，并进行评选和优选。

（3）应组织专家对设计方案进行分析、优化，在功能、投资等方面提出意见和建议。

2. 初步设计阶段的咨询服务工作重点

（1）监督设计深度满足《建筑工程设计文件编制深度规定》的要求；

（2）应依据通过的方案设计成果及工程勘察报告，确定建设规模、各专业主要设计方案和工艺流程，进行限额设计和优化设计；

（3）将建设规模、建设功能、建设标准、工程投资控制在批复后的可行性研究报告的范围内。

3. 施工图设计阶段的咨询服务工作重点

(1) 组织施工图设计文件的审查工作，应依据审批后的初步设计文件，落实施工图设计合同及设计任务书的要求，施工图设计文件应满足施工招标投标、材料订货、主要设备加工和现场施工的要求。

(2) 工程勘察文件的审查工作应在施工图设计前完成。

(3) 对施工图设计文件的盖章、签署是否符合设计规范要求进行监督。

二、未来社区建设理念

(一) 未来社区发展概述

根据习近平总书记在浙江考察时提出的关于浙江发展的新目标和新定位，浙江的未来社区建设面临着建成人民美好家园的新的历史使命。浙江省发展改革委牵头了“浙江省未来社区建设和发展研究”，并持续深入，全面探索满足人民对美好生活向往的未来社区发展模式，推动以人为本的城市现代化进程。

美国德鲁克基金会（Drucker Foundation）与众多知名的管理专家共同提出了“未来社区”这一概念，他们对“未来社区”进行了探讨，并将其写入了《未来社区》一书。同时也从社区价值观、通信技术、全球化及创造力等方面对未来社区的发展进行了讨论。

在国外，对未来社区没有明确的定义，但在发达国家，对于未来社区的实践是存在的。未来社区建设的例子包括加拿大的Quaiside未来社区（码头边）、欧洲的Block模式、新加坡的Complex模式和日本共享住房。尽管优先事项和标准各不相同，但它们都是社区发展的重要基准。

我国在浙江省率先开展了对未来社区的研究。2019年1月，《浙江省政府工作报告》将“未来社区”列为推动长三角洲地区发展的十大标志性工程之一，并于2019年3月发布《浙江省未来社区建设试点工作方案》，其中明确提出，未来社区指的是以人民美好生活向往为中心、聚焦人本化、生态化、数字化三维价值坐标，以和谐共治、绿色集约、智慧共享为内涵特征，突出高品质生活主轴，构建以未来邻里、教育、健康、创业、建筑、交通、低碳、服务和治理九大场景创新为重点的集成系统，打造有归属感、舒适感和未来感的新型城市功能单元（简称“139”体系）。浙江省从2019年4～8月，经过专家初评、综合比选、专家联审等一系列措施，相继推出了24个未来社区试点方案；浙江省发展改革委于2019年10月启动了关于未来社区试点建设的专题调研，由此展开了今后社区建设与发展的先河。

未来社区代表着城市发展的新趋势。与传统社区相比，发生了以下变化：第一，社区功能结构发生了变化。传统社区大多以住宅功能区为主，未来社区将更加注重多功能融合、信息化、低碳智能发展等。未来社区交通流、能源流、废物流、信息流、自然降雨流等将更加智能化、环保，突出以人为本的核心理念。第二，建筑风格的改变。对未来社区多功能综合体的建设形式、建筑材料、建筑功能、建筑维护和安装方法进行现代化改造。第三，要改变建设模式。今后，社区规划将更多地纳入城市整体建设，采用新的建设方法、资本投资方法、建设管理方法等。

(二) 未来社区内涵特征

随着人类文明的发展，特别是科技领域的发展，国际社会不断更新其社区建设理念，例如生态社区、卫生社区、零碳社区、高智能社区、共享资源社区、高度灵活社区、绿色社区等理念精彩纷呈。未来社区是城市微单元，也是未来社会微型单元，体现了人们对更美好生活的共同愿景。未来社区的重要性不仅限于衡量时间上的“未来”，而且更在于价值维度上的“理想”。对2019年新加坡总体规划、2050年墨尔本计划、2050年纽约总体规划、雄安新区规划、上海15分钟社区生活圈等全球先进城市社区的研究比较了国内外未来社区的特点和优先事项见表6-6。

国内外未来社区的内涵特征及建设重点 **表6-6**

案例	内涵特征	建设重点
2019年新加坡总体规划	开放、包容、绿色	营造“宜居和包容的社区”；打造创新创业集群空间；传承地区历史和记忆，营建社区故事板、家园空间、遗产步道；改善公共交通和行人环境，开辟便捷和可持续的交通网络
2050年墨尔本规划	健康、活力	提高公共交通系统的可达性、安全性和运载能力，逐步升级交通系统；规划引领，制度保障，建立国家级就业新集群地；打造20分钟生活圈，创造活力社区网络，满足居民服务需求
2050年纽约总体规划	公平、健康、活力	提出8大策略（充满活力的民生、包容的经济、活力的街区、健康的生活、公平卓越的教育、宜人的气候、高效的出行、现代的基础设施）以及30项措施，致力于建设公正、可持续、具有韧性、多样性和包容性的社区
雄安新区规划	宜居、绿色、智慧	打造优美自然生态环境；构建社区、邻里、街坊三级15分钟宜居生活圈；构建新区便捷交通体系，建设绿色智慧新城
上海15分钟社区生活圈	安全、友好、舒适	围绕居住、就业、服务、交通和休闲等基本公共服务设施，构建宜居、宜业、宜游的15分钟社区生活圈，提高居民生活品质

由表6-6中内容可以看出，未来社区建设从满足城市人群全生活链的需求着手，以人的生活为出发点，反思人与人、人与自然、人与科技的关系，追求社会、环境和经济三者的有机联系，可归结为未来社区的三大内涵特征：人本化、生态化和数字化。

1. 人本化——以促进人的全面发展为本的社区营建理念

国内外的实践证明，科技进步对未来社区的发展起着举足轻重的作用，但是科技不应该是未来城市与社区发展的中心。真正的人民需要与科技、生态的和谐结合，是贯穿于城市各界的永恒基石。因此，未来社区的核心价值应该是人本化的。本书从马斯洛的需求层次理论其中提出的“自我实现”这一最高要求出发，应进一步推动未来社区政策方针，推动人类的全面发展。浙江未来社区建设应突出人口多样性，强调“人的需要”与“人的尺度”，强调社区在文化、教育、美学等方面的功能，激励人们的积极性，增强社会人文精神，推动人的全面发展，推动整个社会的发展。

2. 生态化——以集约化设计践行绿色TOD理念

根据新加坡的经验，在未来社区建设中，发展强度应被视为一种综合功能，将社会经济多样性、联系度、强度、活动等因素结合在一起，而不仅仅是体积等指标的数量。首先要树立TOD理念，强调轨道交通以土地利用密度为导向，在公交站周围布局推广“高密度”，形成有序逐步减少标准制定量的支点，提高土地利用强度，提高整体效率。其次要特别注意车站周围地区的综合管理，鼓励发展公共服务，并通过公共交通、火车站等设施减少未来的能源消耗。最后要有创造思维的“承载能力”，灵活利用立体空间，增加开放空间的丰富性和居民的舒适度，特别是通过立体绿化。

3. 数字化——建立实体生活和虚拟生活有序联动的社区形态

未来人们的生活方式具有高度的流动性、时段性和交往性，既满足日常生活的需要，又满足个人服务的需要，需要网络连接和独立场景体验。今后，社区的重点将是建立一个有效的人与人、人与物、物与物相互联通的网络。通过对先进技术的创新运用，可以促进社区资源和服务的共享、工作生活自由融合以及功能的多样性、远程互动、通信无处不在、持续智能服务等创新生活方式。以智能服务平台的“互联网+”信息技术为基础，促进政府、市场、社区的互动协商与服务交流，从而提升管理水平和效能。

总之，以人本化、生态化与数字化为核心理念的社区，将以改善居民的生活为目的，科学规划，精心布局，运用智能信息技术，绿色生态、节能环保理念，打造安全、健康、舒适的社区。高品质、舒适、社交、归属感的居住空间，是新时代人类居住环境的新要求。

（三）未来社区建筑形式指引

未来社区是以未来邻里、教育、健康、创业、建筑、交通、低碳、服务与治理九大场景创新为关键的综合体系，致力于创造具有归属感、未来感和舒适感的新型城市功能场景；而未来社区的建设与功能实现，则是建立在九个场景的基本建筑形式的基础之上，而未来社区建设的风险也是从九个场景的基本建筑形式的投资规划和建造中产生的。因此，在未来社区设计指引下，必须先对未来社区九大场景的基本建筑形式进行梳理。

1. 邻里场景

未来社区邻里场景建设的主要目的是打造具有特色的邻里文化，突出“社区”即“城市文化公园”的定位，立足于“城市乡愁记忆”和“社区历史文脉”，以和合文化为引领，坚持人文多样性、差异性和包容性，营造承载文艺表演、亲子互动、民俗节庆等活动的邻里交往空间。创建邻里互助共同生活体，制定邻里空间，建立邻里社区，充分发挥居家办公人员、志愿者、退休专家、自由职业者等群体的专业优势，为居民提供放心安全的服务，形成远亲不如近邻的邻里氛围。

通过对社区邻里文化相关建设项目资料和文献进行分析，已有研究主要集中在解决高层社区的邻里交流问题。一些学者提出高层社区存在：多围合式封闭的建筑空间使得楼内活动空间不足，居民缺乏沟通，高层离地式生活空间使得对地面环境感知减弱，降低了邻里场景的可达性，电梯式的上下出行方式不适宜邻里交流，高层住宅楼缺少共享设施等问题，导致邻里关系没有办法得到进一步促进。

未来社区邻里场景由文化主导建设，以保持文化多样性、包容性，为邻里之间的交流创造空间，开展民间节庆、艺术表演、亲子互动等活动。由于高层建筑存在上述的问题，大型高层建筑的社区邻里沟通难以实现，设计师们正在努力解决这些问题。典型的建筑形式旨在克服建筑邻里壁垒，包括以下建筑：

（1）北京 SOHO 现代城公寓

北京 SOHO 现代城市公寓配备了大型垂直天井，每六层居民都有一个公共空间。它看起来像一个多层的房子，繁忙的城市居民可以缓解日常生活和工作中的紧张和抑郁。这个空间也可以用作邻居之间的交流空间。老人们可以和孙子们交谈、散步、享受家庭幸福。同时，它减少了住户们的公摊面积。如图 6-5 所示。

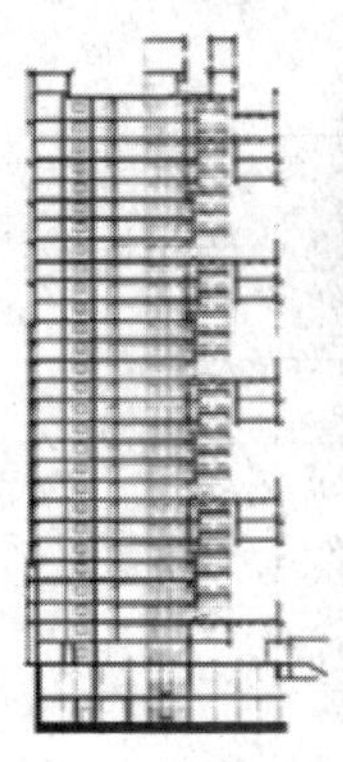

图 6-5　北京 SOHO 现代城空中庭院示意图

（2）北京当代 MOMA 空中庭院

北京当代 MOMA 有一个特殊的空中走廊设计，如图 6-6 所示。空中走廊采用走廊特色，通过空中游泳池、健美操中心、空中画廊、空中演播室、空中咖啡厅、空中美食、会所等交往空间的构建，打破人际交往障碍，满足人们的娱乐需求、空中休闲和生活交流。每个建筑的屋顶都有花园屋顶，不仅装饰了社区环境，而且让站在走廊和房子里的居民能够享受美妙的视觉体验，丰富了社区的空间和特色。

图 6-6　北京当代 MOMA 连廊式空中庭院

除了设计空间庭院，已有的研究都建立在社区文化与商业公园的理念之上，以强化当地的景观。按照社区中心的模式，在社区里设立一个社区密集活动区域，让人们进行沟通。这个理念可以帮助我们更好地完成对未来社区的设想，包括节日、艺术表演和亲子交流。

在社区内建立单一的购物、文化和娱乐商业空间，或在社区内使用集中和分散的布局来创建未来社区模式。新加坡新市镇中心、碧山社区中心等都是成功的例子。如图 6-7、图 6-8 所示。

广场位于中央型商业文化中心，用于社区间文化交流和社区文化展示，具有社区商业文化中心的重要功能。如图 6-9 所示。

广场上建了许多剧院，反映了人们的休闲和娱乐文化。广场的边界被高水平的人行道所限制。这个广场为一个细长的形状，连接台阶和坡道与道路。广场中心主要是大型活动

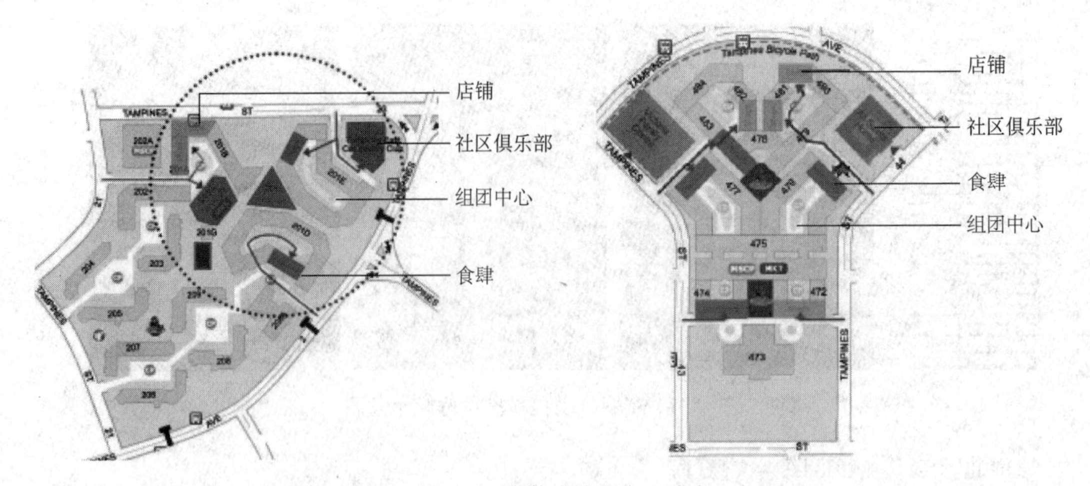

图 6-7 分散式社区中心分布

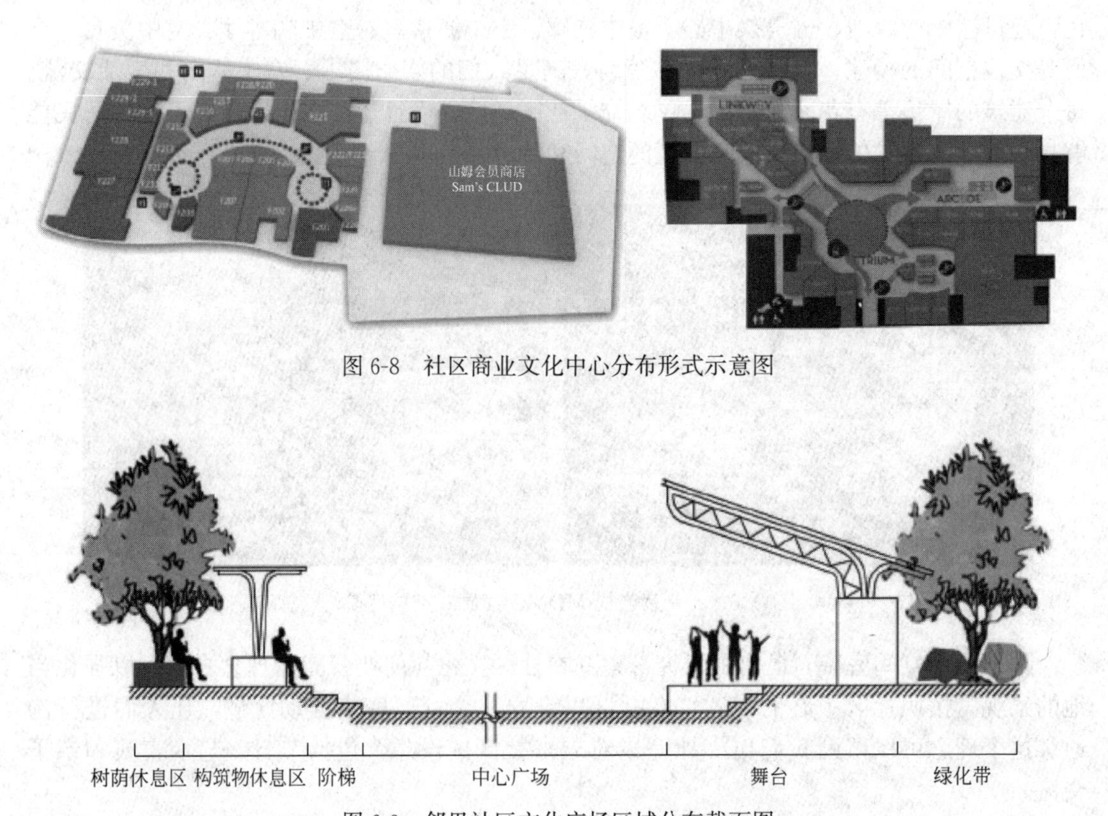

图 6-8 社区商业文化中心分布形式示意图

图 6-9 邻里社区文化广场区域分布截面图

的露天场所，如老人广场跳舞和儿童滑板；广场四周是树冠和树荫，人们可以在这里交流和学习，观察广场上人们的行为和活动。在软质铺地区域提供儿童游戏和娱乐场所，而且广场有一个高耸的舞台区域，位于一个独特的大顶棚下，便于活动。

2. 教育场景

根据刘楚家等学者的研究，居民对社区教育的需求主要集中在教育、职业培训、休闲、学前教育等方面。然而，同时也存在着一些形式主义、缺乏社区教育设施和教育水平低的问题。王英等学者从发展社区老龄化教育的角度审视了社区老龄化教育的需求。徐茹刚等人将社区理念与学校的空间环境相结合，为社区教育开辟了新前景。

从上述关于未来社区教育模式的研究可以看出，未来社区教育将把重点放在幼儿教育、青少年与老年人之间的文化交流场所等主流教育机构。未来社区的新概念还要求在社区教育框架内建立社区文化和民族文化交流模式；这一模式应以养育托管所、幼儿园、书店、社区图书馆和老年大学五种主要教育方案之间的相互作用为基础。

3. 健康场景

应浙江省发展改革委员会对未来社区的畅想，未来社区的健康场景将侧重于全民社区医疗服务和老年人家庭护理的应用。未来社区希望通过智能终端（如仪器）等，建立一个社区卫生管理模式，与线上线下相结合，促进社区一级的大数据共享。这符合现有社区保健服务的发展前景和方向。此外，在蒙罗维亚等地进行的社区保健研究也有助于提高人们对一些病的认识。同时，张健、延海等学者研究了社区卫生生活经验，发现现阶段社区卫生设施集中在社区卫生中心，没有其他与社区卫生服务相关的卫生设施。学者董恩洪、鲍云等认为，社区医疗机构应提前纳入医疗保险体系，社区医疗机构应与社区老年人护理机构合作，实现融入医疗体系的目标。

根据目前进行的研究，确定未来社区健康场景将以“机构＋社区＋家庭”模式为基础。而老年人护理和社区整体健康将是S社区健康发展的两个重要方向。作为未来使用互联网技术的起点，社区将需要共享医疗服务和可穿戴的私人医疗设备，建立公共卫生大数据分析系统，妥善解决保密问题。在社区一级监测老年人的健康数据，例如便携式设备、老年人护理院、老年人护理机构、智能终端等，这将大大加快社区健康数据库的更新。在社区商业化的背景下，也可以创造商业化的社区健康场景，从而形成社区医疗商场的概念；将特别关注消费者群体，以确保中度和慢性病患者以及老年人获得中等和高等保健。与此同时，社区今后将有共同的体育需求。根据科学家对社区体育需求进行的一项研究，社区中相当一部分人需要慢跑、健身、瑜伽和运动等运动。今后，公共卫生模式还将着眼于为当地居民提供设备齐全、成本效益高的社区体育设施。

4. 创业场景

在宏观上创造未来社区的创业场景，这就需要综合考虑当地的就业环境，为区域的经济发展积累人才资源，以及为创业创造有利的环境。从微观看，创业是推动社区经济发展、实现社区财务收支平衡的一种行之有效的方法。未来社区创业模式的主要理念是：结合区域产业的需要为其提供“双创”空间，为其提供企业孵化器、办公软硬件和共享办公区，并与未来的社区教育相融合，营造有利于社区创新创业的环境。

未来社区的创业场景可以与未来社区的邻里、教育、健康、低碳等场景相结合，为创业场景创造人才积累与创业环境，从而有效地提高社区的教育、医疗水平，提升社区作为城市中心单位的作用。

例如，腾讯打造的众创空间就是一个社区办公场景，结合了社区、生活和娱乐场景。这样的社区空间融合了社区内邻里、创业、健康场景，充分利用了居民的生活空间，如图6-10所示。

5. 交通场景

在未来的公共交通模式中，突出的是差异化、多样性和全过程，以构建“5分钟、

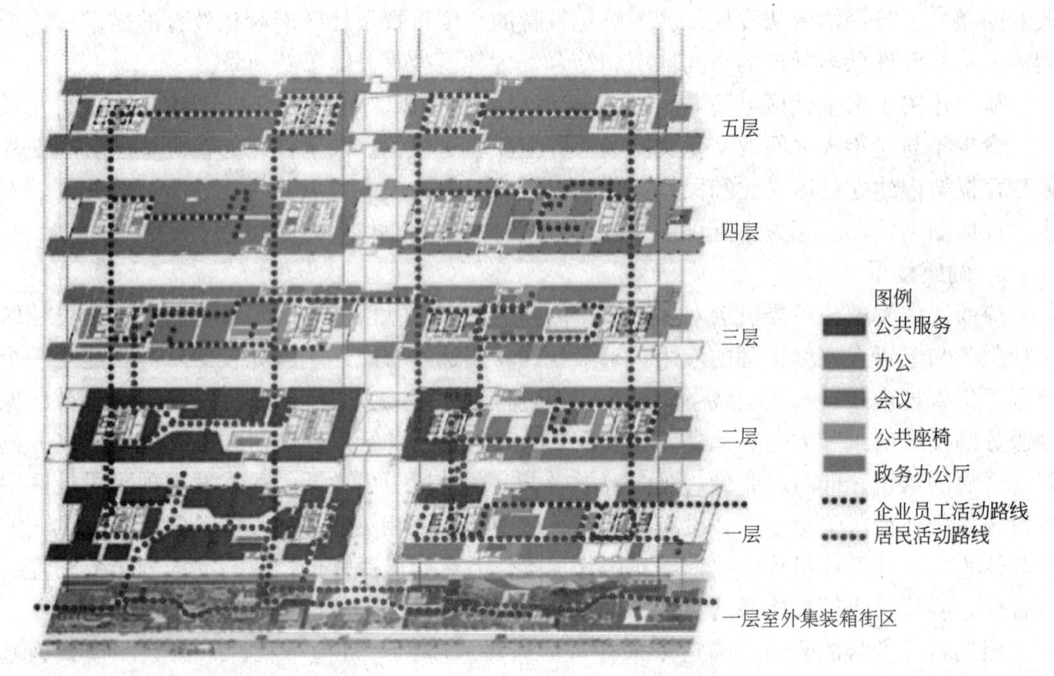

图 6-10 腾讯社区众创空间动线示意图

10 分钟和 30 分钟出行圈”，目标是实现 5 分钟停车时间，协调空间资源，创新停车合作管理机制，推动自动引导车辆（AGV）等智能停车技术的应用。改善社区新能源供应，储备交通线路，共同打造 5G 自动驾驶环境和智能交通条件。为了使人们能够在 10 分钟内到达外部交通站，创新街道道路分级，设计慢行交通，促进低碳出行，通过信息服务实现导航快捷，无缝连接交通，创造一个方便民众的出行圈。其目标是在 30 分钟内实现送货上门，利用智能数据技术，整合社区快递、零售和餐饮供应，打造“社区到家”一体化智能物流服务体系。

无论是浙江省发展改革委对于未来社区的规划畅想，还是已有研究对于未来社区交通场景的研究展望，公共交通发展都是以交通发展为导向的社区建设。学者们从主要公共汽车站和地铁站枢纽的角度研究了公共交通模型的构建。TOD 理论对社区建设有几个优点，符合未来社区发展的概念。

以宁波地铁 1 号线高桥站为例，这是一个集商务办公室、商务、休闲、住宿等功能于一体的 TOD 社区服务中心。这些功能在圆形布局规则中表示，越靠近位置，混合程度越高，宣传越多。商业、娱乐和其他公共服务，主要位于距离地铁站 100～150m 的地方，为人们提供最方便的服务。在距地铁站 300m 的范围内增加了商业办公型公寓，优先考虑小户型住宅，以确保这些住宅足够吸引人居住在该地区。如图 6-11 所示。

首先，TOD 社区规划符合未来社区 5～10 分钟生活圈服务需要理念，TOD 社区也适合未来社区融合教育、卫生、就业等功能场景。其次，TOD 的发展理念也可以充分利用地上地下的发展空间，提高土地利用效率，社区人口的综合规划和驱动也将有助于创造未来的低碳环境和社区智能管理。

6. 低碳场景

未来社区畅想的低碳场景是建设多能协同低碳能源体系，建立社区一级综合能源系

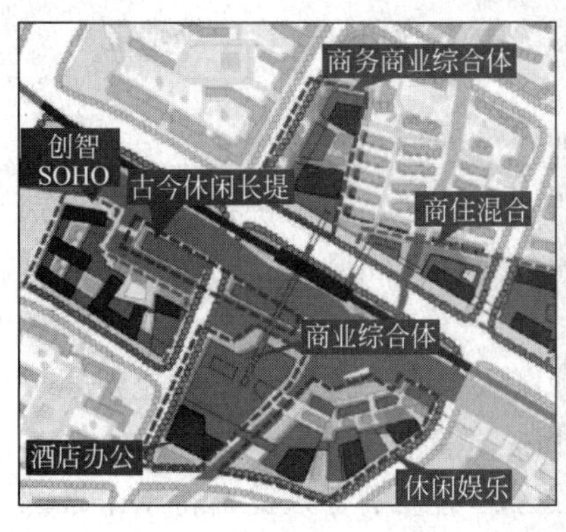

图 6-11　宁波地铁 1 号线高桥站点社区示意图

统，采用创新能源网络和微电网技术，推动建设能耗接近零的建筑。建立“光伏综合＋节能”供电系统，“热泵＋蓄冷储热”的集中供热（冷）系统，优化社区智能电网、燃气网、水网、热网布局，实现零碳能源利用率翻番。建立分级资源循环系统，建立海绵社区和节水社区，促进雨水和可再生水的使用。改善社区废物分类系统，完善废物收集和处置系统，促进废物分类和资源回收系统的“两网融合”，利用建筑垃圾建设无垃圾社区花园。创新共赢模式，引进综合能源服务供应商进行综合开发、投资、建设和运营，建立综合能源智能服务平台，实现投资者、用户和开发人员互利共赢，有效降低能源使用成本。如图 6-12 所示。

图 6-12　未来社区低碳场景示意图

社区一级的低碳情况相对复杂，涉及可再生能源的分配、低碳排放模式的选择、家庭废物管理以及社区一级家庭用水的管理和再利用。为了让居民在减少未来社区的碳排放方面发挥更大的作用，他们必须改变自己的一些生活方式。

未来社区需要构建智能能源管理平台，作为区域节能系统信息服务的基础，向社会提供节能公共信息，为行政决策提供数据库。该平台以海量数据、半高级云管理、BIM/CIM 模型和网络通信为基础，与数据采集系统和自动化管理系统相连接，提供在线能源监控、数据分析和平台综合管理。该平台包括能源计划管理、在线能源监测、能源数据分析、能源绩效管理、独立能源管理、综合报告管理、智能决策支持和收费管理等功能。

7. 服务和治理场景

未来社区的服务和治理场景主要围绕社区的物业管理、治安管理和社区邻里关系治理三个方面，未来社区将通过建立社区智慧平台，运用智能互联、数字身份识别、人脸识别等技术，提升物业服务效率，提高社区治安管理水平。通过对社区问题的及时、快速的反馈，确保了社区物业管理和服务的质量。

未来社区将会有越来越多的功能场景，因此，未来社区服务和治理水平将会比普通社区更高。未来社区治理和服务应该对标城市政府机关的相关职能，并在未来社区建设中，实现健康、低碳、创业、交通等功能的协调。在对未来社区的构想中有人提出将未来社区的服务和治理场景纳入其特色地标，并以高技术为基础，为社区整体提供服务和治理。它不仅是未来社区的地标，同时也是未来社区信息交流的枢纽。

8. 建筑场景

未来社区建筑场景既承载未来社区场景的功能性，更是对未来社区建筑风貌的一种体现。例如社区公园、太阳能光伏发电厂、屋顶花园等承载功能性的建筑场景；而社区地标建筑、社区商业中心等则是建筑风貌的体现。所以，未来社区建筑场景就是其他八个场景建筑形式的组合。借由以上九大场景建筑形式的辨识与归纳，并运用分类分析的方法，对未来社区建筑形式进行定性的分析，从而归纳、描绘出未来社区建筑场景的总体轮廓。

未来社区是一种城市居民区规划，其建筑形式的分类与社区的土地利用规划紧密相关，其建筑形式的功能性质与社区建筑用地性质有直接的关系。因此，在对未来社区的建筑形式进行定性的归类分析时，可以根据《城市用地分类与规划建设用地标准》GB 50137—2011 中对城市建设用地的分类，对未来社区建筑形式性质进行定性、分类。《城市用地分类与规划建设用地标准》GB 50137—2011 第 3.3 条指出，城市建筑用地可分为 R、A、B、M、W、S、U、G 八类，R 为居住用地、A 为公共管理与公共服务设施用地、B 为商业服务业设施用地、M 为工业用地、W 为物流仓储用地、S 为道路与交通设施用地、U 为公共设施用地、G 为绿地与广场用地。居住用地包括住宅用地及相应服务设施用地，公共管理与公共服务设施用地包括行政、教育、文化、卫生、体育等方面的用地；商业服务业设施用地则包含商业、商务、娱乐康体等设施用地内容，道路与交通设施用地则包括道路和交通设施等内容。《城市用地分类与规划建设用地标准》GB 50137—2011 虽是为城市用地总体规划制定的，但根据上述对未来社区的研究综述成果，可以将其与未来社区九大场景的规划内容进行匹配，从而将其类比城市建设用地属性进行定性分类分析。根据《城市用地分类与规划建设用地标准》GB 50137—2011，归纳出未来社区定性分类属性，如表 6-7 所示。

未来社区定性分类分析属性表　　　　**表 6-7**

属性编号	属性名称	属性内容
R	居住属性	住宅和相应服务设施
A	公共管理与公共服务设施属性	行政、文化、图书馆、学校、医疗卫生等
B	商业服务业设施属性	零售、批发、传媒、娱乐、运动、加油充电等
W	物流仓储属性	物流储存、中转、配送建筑及附属道路

续表

属性编号	属性名称	属性内容
S	道路与交通设施属性	道路、轨道、站点、停车等
U	公共设施属性	供水、供电、通信、排水防洪、垃圾回收等
G	绿地与广场属性	公园、广场、绿化植被等

资料来源：依据《城市用地分类与规划建设用地标准》GB 50137—2011 自行绘制

根据上述的属性分析表，将未来社区除建筑场景外的其他八大场景相关的建筑形式进行定性分类分析，其过程如图 6-13 所示。

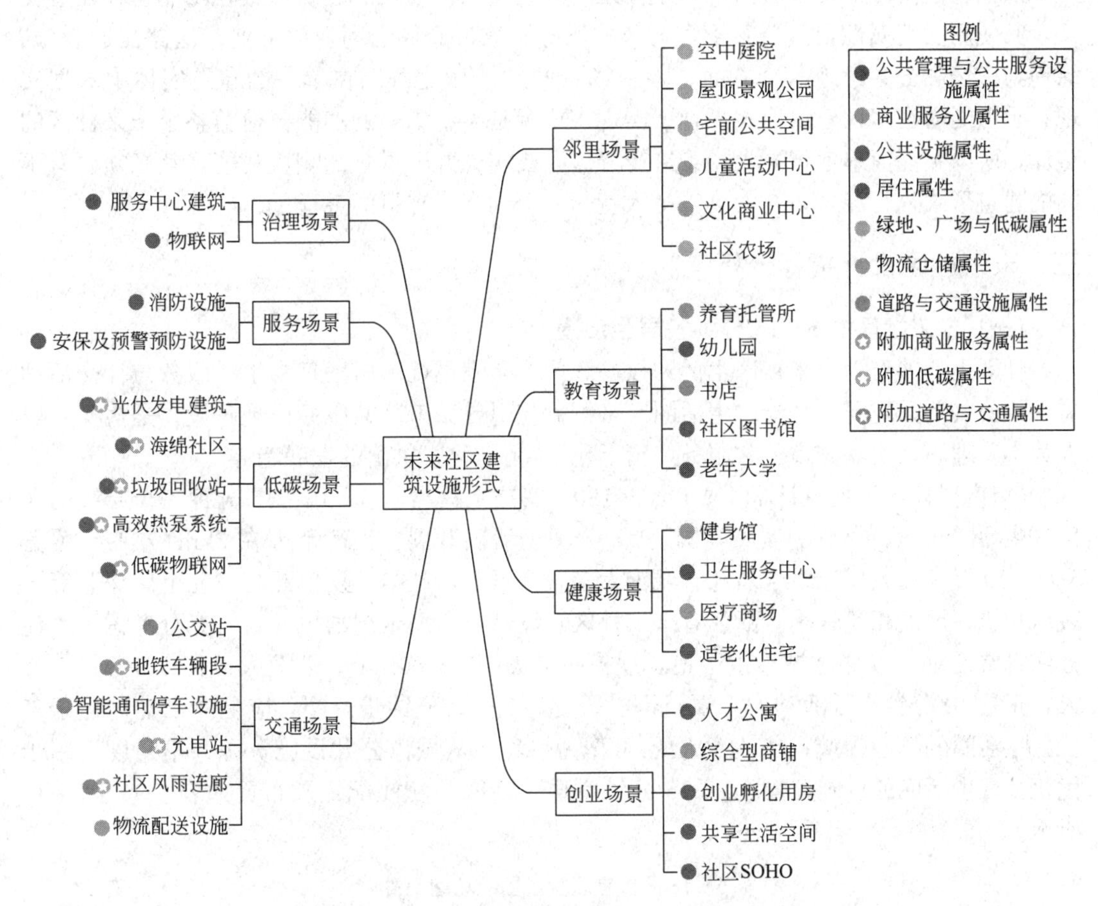

图 6-13　未来社区建筑形式定性分类分析

由图 6-13 可知，依据属性定性，对未来社区规划所涉及的建筑形式进行分类，得到未来社区建筑形式矩阵如表 6-8 所示。

未来社区建筑形式矩阵　**表 6-8**

属性编号	属性名称	未来社区建筑形式
R	居住属性	人才公寓、创业孵化用房、共享生活空间、社区 SOHO
A	公共管理与公共服务设施属性	幼儿园、社区服务中心、社区图书馆、老年大学、卫生服务中心
B	商业服务业设施属性	文化商业中心、儿童活动中心、养育托养所、书店、健身馆、医疗商场

续表

属性编号	属性名称	未来社区建筑形式
W	物流仓储属性	物流配送设施
S	道路与交通设施用地属性	公交站、地铁车辆段、智能通向停车设施、充电站、社区风雨连廊
U	公共设施属性	物联网、消防设施、安保及预警预防设施、光伏发电设施、海绵社区设施、垃圾回收站、高效热泵系统
G	绿地与广场	空中庭院、屋顶景观公园、宅前空间公园、社区农场

从上述定性分析可以看出，未来社区的九大场景所涉及的建筑形式在功能上存在着交叉，其使用功能属性包括公共管理与公共服务、物流仓储、商业服务业、道路交通设施、绿地与广场和公共设施六个方面。单一场景的指标功能可以在单一的建筑实体中规划实现，也可能需在多种建筑形式配合下实现；或者是某些场景的功能要覆盖整个未来社区的整体，所以不能简单地将九大场景进行分区，要实现九个场景的相应功能，就必须要有不同的建筑形式进行配合，九大场景植入就是一个动态、有机的过程。

三、未来社区设计指标分析

（一）未来社区的5～15分钟宜居生活圈

社区生活圈作为未来社区生活的核心载体，是满足社区居民日常生活服务与社交活动需求的公共活动空间。基于“生活圈”来配置与引导城市公共服务设施建设，是落实“以人为本”理念，实现城市公共服务“精细化”“精准化”供给的发展趋势。

《城市居住区规划设计标准》GB 50180—2018，提出了5、10、15分钟三个层级的居住区生活圈概念。上海的实践，围绕15分钟生活圈开展，一般范围在3km^{2}左右，覆盖5万～10万常住人口。由于浙江省城市大多较为紧凑，基本开发单元与“北上广深”等大城市相比，尺度相对较小。浙江省未来社区建设试点在划定规划单元时，充分考虑了避免社区日常活动频繁穿越城市主干道，规模一般为50～100hm^2，涉及人口在1.5万～3万人，正是10分钟步行活动的主要范围。因此，5～10分钟步行圈，应是浙江省构建未来社区生活圈的核心领域；15分钟圈层可作为参考，从城市公共设施资源共享角度，用于优化社区生活圈的设施配置。5～15分钟宜居生活圈的功能配置及布置如表6-9、图6-14所示。

5～15分钟宜居生活圈的功能配置 **表6-9**

分层	人口(万)	生活半径(m)	用地规模(hm^2)	功能配置
5分钟生活圈	0.45～0.75	300	10～25	幼儿园、便利店、菜场、小型绿地、小型商业设施
10分钟生活圈	1.5～2.0	500	50～100	小学、室内体育场馆、文化服务设施、社区公园
15分钟生活圈	4.5～7.5	1000	300～500	中学、社区行政设施、医疗卫生设施、大型超市

1. 未来社区“5～15分钟生活圈”的模块清单

基于以上对未来社区5～15分钟生活圈的研究，以满足高品质生活服务需要为导向，以实现各场景系统功能为目标，形成“18＋N”的标准模块清单（图6-15和表6-10）。

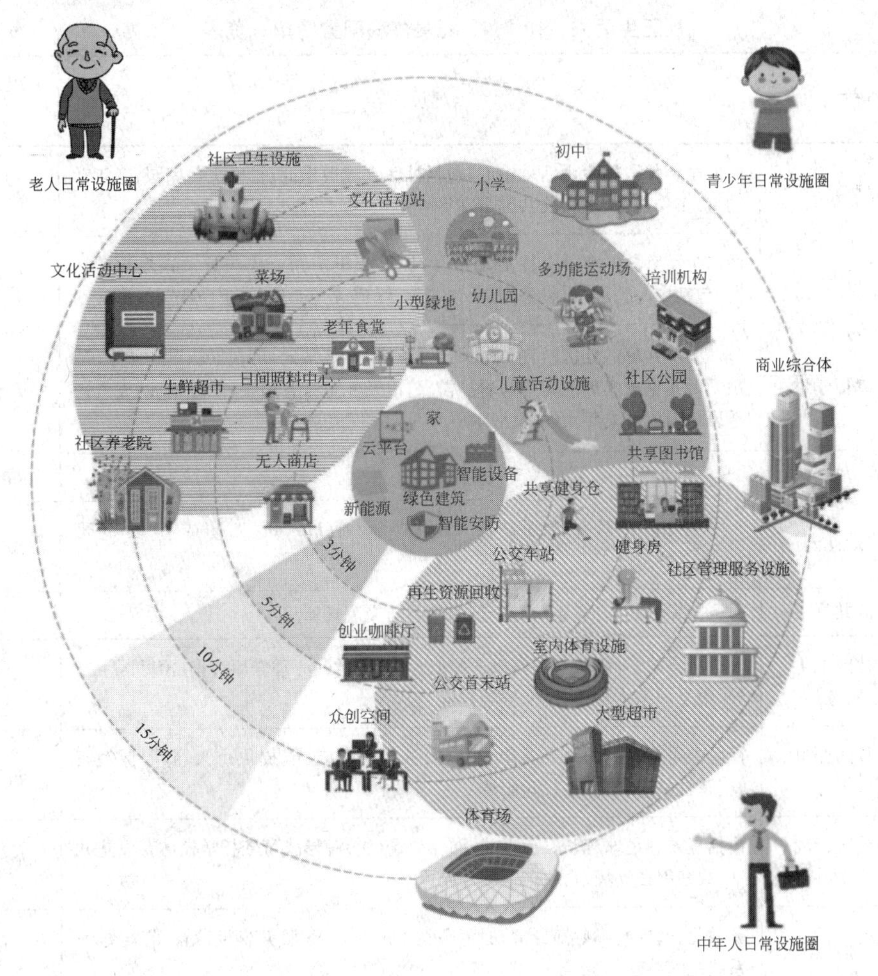

图 6-14　15 分钟宜居生活圈布置图

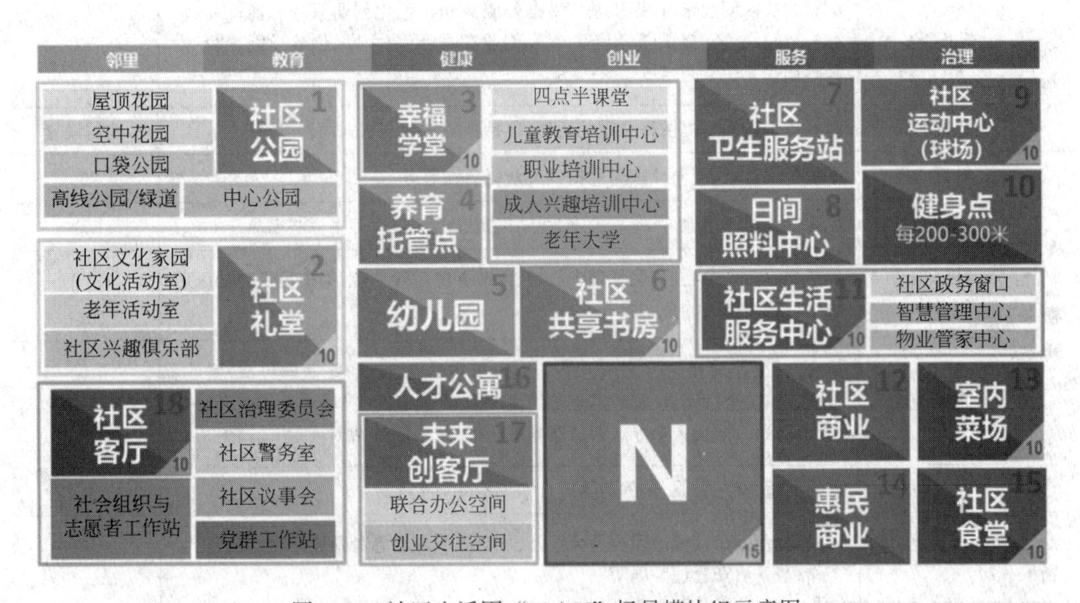

图 6-15　社区生活圈“18＋N”场景模块组示意图

社区生活圈“18＋N”场景模块配置清单一览表 **表 6-10**

场景	模块组	建设内容	建议最小面积（m^2/处）
邻里场景	社区礼堂	面向全年龄段的室内活动中心，包括社区兴趣俱乐部、社区文化家园、老年活动室、多功能大礼堂、公共健身室等	600～800
	社区公园	面向全年龄段的室外交往活动中心，提供邻里主题节庆与日常兴趣活动场所，包括中心公园、口袋公园、屋顶花园、绿道或天街公园、空中花园等形式	按需设置
教育场景	幸福学堂	“多龄段”共享的社区教育公益平台，“终身学习”基地，可包括四点半课堂，满足学龄儿童放学后的辅导与看护需求，以及儿童教育培训、职业培训、成人兴趣班培训以及老年大学等活动场所	1000
	养育托管点	0～3 岁幼儿托管、婴幼儿养育辅导	200～500
	幼儿园	3～6 岁学龄前教育，鼓励幼托一体化办学。宜设 9 班、12 班或 18 班，每班 30 座	2700～3200
	社区共享书房	社区图书室的“升级版”，复合型的学习与交流场所	200
健康场景	社区卫生服务站	现行服务站“升级版”，除基础医疗服务外，可增配心理健康咨询、家庭医生指导、康复训练指导、中医保健等功能	200～300
	日间照料中心	社区内居家养老的服务保障中心，服务半失能老人，提供个人照顾、保健康复、膳食供应、陪伴等日间服务	300～400
	社区运动中心	包括五人制足球、篮球、羽毛球、网球等场（馆）等形式可依托学校体育设施共享，或利用独立场地、屋顶空间等设置	按需设置
	健身点	分散化、就近的小型健身活动场所；按 200～300m 服务半径设置；宜与绿道系统统筹共建	300
创业场景	未来创客厅	就近的社区创业场所，提供基础性办公服务和特色化创业服务功能；由联合办公空间（办公、会议、配套等），以及创业咖啡、路演大厅、创新学院、共享设施等创业交往空间组成	300
	人才公寓	为各类引进人才提供高品质的居住，包括租赁式和产权式两种类型	按需设置
服务场景	社区食堂	平价公共食堂，面向社区居民提供大众化餐饮服务	200
	室内菜场	社区“菜篮子”基地，供应平价副食品、肉禽、蔬菜、果蔬等生活必需品	1500
	社区生活服务中心	包括物业管家中心、智慧管理中心、社区政务窗口等功能，集中提供与社区居民生活密切相关的公共服务	200
	惠民商业	早餐店、24 小时便利店、快递收发、药店、美容美发、文具店、家电维修、家政、裁缝、洗衣、金融网点、邮政网点等便民商业服务设施。鼓励多业态联合组建“生活驿站”，成为未来社区智慧服务平台的“线下服务站”	按需设置
	社区商业	连锁商超、特色餐饮、休闲购物等日常消费商业业态	按需设置
治理场景	社区客厅	居民自治商议、社区治理委员会办公、社会组织与志愿者开展活动、社区党群工作、警务治安管理等场所	150～200

续表

场景	模块组	建设内容	建议最小面积（m^2/处）
选配项（N）	区域性公共设施	中学、社区卫生服务中心、城市图书馆、城市体育中心、城市青少年文化活动中心等街道级以上公共设施；由城市统筹规划布置，一般按15分钟出行范围配置，服务5万人左右。此外，小学一般按10分钟圈层配置，但由于教育布点统一调配，也纳入选配模块	按需设置
	社区商业扩充模块	健康养生、医疗康复、运动健身、文化体验、品牌教育、休闲娱乐、时尚餐饮、大型连锁购物等中高端业态服务	按需设置

（1）18项公益性及惠民性场景模块组

公益性及惠民性场景模块组，是每个未来社区必配的基本模块选项。目前，围绕邻里、教育、健康、创业、服务和治理六大“软场景”，明确社区礼堂、幸福学堂、社区食堂、社区客厅、日间照料中心、社区共享书房、养育托管点等18个模块组构成的标准清单，每个模块组内又细分为若干子项。清单提供各模块组的基础功能要求，各地可按实际情况，自由组合、突出重点，因地制宜地确定具体场景配建方案。

（2）“N”项选配场景模块组

鉴于未来社区试点因选址不同，在周边发展环境、自身场地条件，以及资金平衡压力等方面有较大差异性，因此采用弹性的选配模块组方式，鼓励各地按需配建，在能力范围内最大化提高社区生活圈品质。选配项“N”主要包括两类：一类是区域性公共设施的入驻，如城市图书馆、地区文化活动中心等街道或城市级公共设施，按照上位规划要求选址在未来社区范围内，社区层面需做好衔接；另一类是社区商业模块的扩充导入，在满足基础性社区商业前提下，各地可根据商业环境与市场潜力，导入品牌连锁型的健康、休闲、娱乐、文化、教育等商业业态，实现个性化场景配置。

（二）未来社区“5～15分钟生活圈”建设数据

1. 用地与建筑指标

作为城市用地的主要组成部分，居住用地在国家标准和各地方城市规划中都受到严格的控制，且应满足《城市居住区规划设计标准》GB 50180—2018的规定。针对未来社区的“5～15分钟生活圈”，各级生活圈居住区用地应合理配置、适度开发，其控制指标应符合表6-11中的规定。

新建各级生活圈居住区需配套规划建造公共绿地，还应集中设置具备一定规模，并且可开展体育、休闲活动的居住区公园，公共绿地控制指标应符合表6-12的规定。

若旧区改建不能达到表6-12的要求，可采用多点布置、立体绿化等措施改善居住环境，但人均公共绿地面积不能少于对应控制指标的70%。居民街坊的绿化要与住宅建筑的布局相结合，设置集中绿地和宅边绿地。规划建设居住街坊的集中绿地时，应当按照以下规定进行：

（1）新区建设人均面积不得小于0.50m^2/人，旧区改建不得低于0.35m^2/人；

（2）宽度不应少于8m；

（3）在建筑物的标准日照阴影线以外的绿地，应设置老年人、儿童活动场所，绿地面积不得低于该区域的1/3。

"5～15 分钟生活圈"用地控制指标 **表 6-11**

类别	建筑气候区划	住宅建筑平均层数、类别	人均居住用地面积（m^2/人）	居住区用地容积率	居住区用地构成(%)				
					住宅用地	配套设施用地	公共绿地	城市道路用地	合计
15 分钟生活圈	Ⅰ、Ⅶ	多层Ⅰ类（4 层～6 层）	40～54	0.8—1.0	58～61	12～16	7～11	15～20	100
	Ⅱ、Ⅵ		38～51	0.8—1.0					
	Ⅲ、Ⅳ、Ⅴ		37～48	0.9—1.1					
	Ⅰ、Ⅶ	多层Ⅱ类（7 层～9 层）	35～42	1.0—1.1	52～58	13～20	9～13	15～20	100
	Ⅱ、Ⅵ		33～41	1.0—1.2					
	Ⅲ、Ⅳ、Ⅴ		31～39	1.1—1.3					
	Ⅰ、Ⅶ	高层Ⅰ类（10 层～18 层）	28～38	1.1—1.4	48～52	16～23	11～16	15～20	100
	Ⅱ、Ⅵ		27～36	1.2—1.4					
	Ⅲ、Ⅳ、Ⅴ		26～34	1.2—1.5					
10 分钟生活圈	Ⅰ、Ⅶ	低层（1 层～3 层）	49～51	0.8—0.9	71～73	5～8	4～5	15～20	100
	Ⅱ、Ⅵ		45～51	0.8—0.9					
	Ⅲ、Ⅳ、Ⅴ		42～51	0.8—0.9					
	Ⅰ、Ⅶ	多层Ⅰ类（4 层～6 层）	35～47	0.8—1.1	68～70	8～9	4～6	15～20	100
	Ⅱ、Ⅵ		33～44	0.9—1.1					
	Ⅲ、Ⅳ、Ⅴ		32～41	0.9—1.2					
	Ⅰ、Ⅶ	多层Ⅱ类（7 层～9 层）	30～35	1.1—1.2	64～67	9～12	6～8	15～20	100
	Ⅱ、Ⅵ		28～33	1.2—1.3					
	Ⅲ、Ⅳ、Ⅴ		26～32	1.2—1.4					
	Ⅰ、Ⅶ	高层Ⅰ类	23～31	1.2—1.6	60～64	12～14	7～10	15～20	100
	Ⅱ、Ⅵ		22～28	1.3—1.7					
	Ⅲ、Ⅳ、Ⅴ		21～27	1.4—1.8					
5 分钟生活圈	Ⅰ、Ⅶ	低层（1 层～3 层）	46～47	0.7—0.8	76～77	3～4	2～3	15～20	100
	Ⅱ、Ⅵ		43～47	0.8—0.9					
	Ⅲ、Ⅳ、Ⅴ		39～47	0.8—0.9					
	Ⅰ、Ⅶ	多层Ⅰ（4 层～6 层）	32～43	0.8—1.1	74～76	4～5	2～3	15～20	100
	Ⅱ、Ⅵ		31～40	0.9—1.2					
	Ⅲ、Ⅳ、Ⅴ		29～37	1.0—1.2					
	Ⅰ、Ⅶ	多层Ⅱ类（7 层～9 层）	28～31	1.2—1.3	72～74	5～6	3～4	15～20	100
	Ⅱ、Ⅵ		25～29	1.2—1.4					
	Ⅲ、Ⅳ、Ⅴ		23～28	1.3—1.6					
	Ⅰ、Ⅶ	高层Ⅰ类（10 层～18 层）	20～27	1.4—1.8	69～72	6～8	4～5	15～20	100
	Ⅱ、Ⅵ		19～25	1.5—1.9					
	Ⅲ、Ⅳ、Ⅴ		18～23	1.6—2.0					

注：1. 住宅用地容积率是指居住街坊内住宅建筑及其便民服务设施地上建筑面积之和与住宅用地总面积的比值；
2. 建筑密度是指居住街坊内，住宅建筑及其便民服务设施建筑基底面积与该居住街坊用地面积的比例（%）；
3. 绿地率是指居住街坊内绿地面积之和与该居住街坊用地面积的比例（%）。

公共绿地控制指标　　**表 6-12**

类别	人均公共绿地面积（m^2/人）	居住区公园		备注
		最小规模（hm^2）	最小宽度（m）	
15 分钟生活圈居住区	2.0	5.0	80	不含 10 分钟生活圈及以下级居住区的公共绿地指标
10 分钟生活圈居住区	1.0	1.0	50	不含 5 分钟生活圈及以下级居住区的公共绿地指标
5 分钟生活圈居住区	1.0	0.4	30	不含居住街坊内的绿地指标

注：居住区公园中的体育活动场地应占 10%～15%。

住宅建筑与相邻建、构筑物之间的间距，要综合考虑日照、采光、通风、管线埋设、视觉、卫生、防灾等方面的要求，在此基础上统筹决定，并须达到《建筑设计防火规范》GB 50016—2014 中的相关规定。

另外，住宅建筑的间距也要符合表 6-13 的要求；对于特定的情形，还应该遵守以下要求：

（1）老年人住宅建筑日照标准时间不得少于冬至日日照时数 2h；

（2）在原设计的建筑物之外增设其他设施，不得降低邻近居民住宅的日照标准，既有住宅建筑进行无障碍改造加装电梯除外；

（3）在旧区改建项目中，新建住宅建筑的日照标准不能少于大寒日日照时数 1h。

住宅建筑日照标准　　**表 6-13**

<table>
<tr><td>建筑气候区划</td><td colspan="2">Ⅰ、Ⅱ、Ⅲ、Ⅶ气候区</td><td colspan="2">Ⅳ气候区</td><td>Ⅴ、Ⅵ气候区</td></tr>
<tr><td>城区常住人口（万人）</td><td>250</td><td><50</td><td>250</td><td><50</td><td>无限定</td></tr>
<tr><td>日照标准日</td><td colspan="3">大寒日</td><td colspan="2">冬至日</td></tr>
<tr><td>日照时数（h）</td><td>≥2</td><td colspan="2">≥3</td><td colspan="2">≥1</td></tr>
<tr><td>有效日照时间带
（当地真太阳时）</td><td colspan="3">8～16h</td><td colspan="2">9～15h</td></tr>
<tr><td>计算起点</td><td colspan="5">底层窗台面（指距室内地坪 0.9m 高的外墙位置）</td></tr>
</table>

2. 配套设施

未来社区配套设施的配置要遵循"配套建设""方便使用""统筹开放""兼顾发展"的原则，其布置应当遵循集中和分散兼顾、独立和混合使用并重的原则，并遵守以下要求：

（1）15 分钟生活圈及 10 分钟生活圈居住区内的配套设施，应当按照其服务半径相对集中布置。

（2）15 分钟生活圈居住区配套设施中，街道办事处、文化活动中心、街道级社区服务中心等服务设施应联合建设，形成街道综合服务中心，其用地面积不应少于 $1hm^2$。

（3）5 分钟生活圈居住区内的配套设施，包括社区服务站、文化活动站（包括青少年、老年活动站）、老年人日间照料中心（托老所）、社区卫生服务站、社区商业网点等在内，应联合建设、集中布局，并形成社区综合服务中心，其用地面积不宜小于 0.3hm^2。

（4）旧区改造工程，要依据居住区不同层级的配套设施的承载能力，合理地确定居住人口规模和住宅建筑容积；在不匹配的情况下，要增加相应的配套设施，或者相应地控制住宅建筑增量。

居住区配套设施用地和建筑面积控制指标要根据居住区分级对应的居民规模来控制，并且应符合表 6-14 中的规定。

配套设施控制指标（m^2/千人） **表 6-14**

类别		15 分钟生活圈居住区		10 分钟生活圈居住区		5 分钟生活圈居住区		居住街坊	
		用地面积	建筑面积	用地面积	建筑面积	用地面积	建筑面积	用地面积	建筑面积
总指标		1600～2910	1450～1830	1980～2660	1050～1270	1710～2210	1070～1820	50～150	80～90
其中	公共管理与公共服务设施 A类	1250～2360	1130～1380	1890～2340	730～810	—	—	—	—
	交通场站设施 S类	—	—	70～80	—	—	—	—	—
	商业服务业设施 B类	350～550	320～450	20～240	320～460	—	—	—	—
	社区服务设施 R12、R22、R32	—	—	—	—	1710～2210	1070～1820	—	—
	便民服务设施 R11、R21、R31	—	—	—	—	—	—	50～150	80～90

未来社区中人流量较大的配套设施中，应当设置停车场（库），并满足以下规定：

（1）停车场（库）的停车位控制指标不得低于表 6-15 的规定；

（2）商场、街道综合服务中心的停车场（库）应采用地下停车场、停车楼或机械停车设施；

（3）配套建设的机动车停车场（库）应当具有安装公用充电设备的条件。

配建停车场（库）的停车位控制指标（车位/100m^2 建筑面积） **表 6-15**

名称	非机动车	机动车
商场	≥7.5	≥0.45
菜市场	≥7.5	≥0.30
街道综合服务中心	≥7.5	≥0.45

3. 道路

在未来社区居住区的道路规划设计，应当遵循安全便捷、尺度适宜、公共交通优先、步行友好的原则，同时要满足《城市综合交通体系规划标准》GB/T 51328—2018 中的相关要求。居住区的路网系统必须与城市道路交通系统有机结合，并遵循以下规定：

（1）居住区宜采用“小街区、密路网”的交通组织模式，路网密度不得低于 8km/km^2；城市道路的间距不宜大于 300m，以 150～250m 为宜，并与居民街坊布置相协调。

（2）居住区的步行系统应当是连续的、安全的、符合无障碍要求的，并且应当能够方便地与公交站点相连接；

（3）在适合自行车骑行的区域内，应建造连续不间断的非机动车道；

（4）旧区改建，应保留和利用有历史文化价值的街道。

此外，未来社区居住区的附属道路的规划设计应满足救护、消防、搬家等车辆的通达要求，并应符合下列规定：

（1）主要附属道路至少应有两个车辆通道连接城市道路，其人行道路面宽度不得小于 4.0m；其他辅路的路面宽度不宜小于 2.5m；

（2）人行出入口间距不宜超过 200m；

（3）最小纵坡度不应小于 0.3%，最大纵坡度应符合表 6-16 中的要求；机动车与非机动车混合同行的道路，其纵坡宜按照非机动车道要求或分段按要求进行设计。

附属道路最大纵坡控制指标（%）　　**表 6-16**

道路类别及其控制内容	一般地区	积雪或冰冻地区
机动车道	8.0	6.0
非机动车道	3.0	2.0
步行道	8.0	4.0

（三）配套设施规划建设控制要求

未来社区包含住宅建筑、生活服务配套设施、公共绿地和道路的生活空间，即是我们每个人每天都会进出的那些大大小小、规模不同、风格各异的城市居住区，而为契合日常生活需求让居民走出家门的足迹，圈定了我们生活圈居住区的空间范围。科学规划建设未来社区，从居民生活视角出发，为居民提供完善、便利、高效服务的配套设施，塑造安全、高质量、高品质的居住环境，让人民生活更安全、更便利、更舒适、更健康是新时代城市规划建设发展的基本。表 6-17 规定了 15 分钟生活圈居住区、10 分钟生活圈居住区，表 6-18 规定了 5 分钟生活圈居住区的配套设施规划建设。

四、未来社区九大场景建设通用要求

未来社区是以人本化（人与人和谐）、生态化（人与自然和谐）、数字化（人与科技和谐）的理念，以未来邻里、未来教育、未来健康、未来创业、未来建筑、未来交通、未来低碳、未来服务、未来治理等九大应用场景为载体，构建人民美好生活向往的新型人居空间。

（一）未来邻里场景

未来邻里场景是对 3 大价值坐标的“人本化”的落实，它所形成的是“人与人”（远亲不如近邻）、“人与社区”（心灵之家）、“人与社会”（邻里互助生活共同体）三重关系。

邻里场景由三部分组成：邻里印象、邻里精神、邻里机制。邻里印象是对邻里场景中空间结构的规划，分为城市文化公园、开放社区形态、邻里公共空间。它是以鲜明的地域

15 分钟生活圈居住区、10 分钟生活圈居住区配套设施规划建设控制要求　　表 6-17

类别	设施名称	单项规模		服务内容	设置要求
		建筑面积（m^2）	用地面积（m^2）		
公共管理与公共服务设施	初中	—	—	满足 12～18 周岁青少年入学要求	(1)选址应避开城市干道交叉口等交通繁忙路段； (2)服务半径不宜大于 1000m； (3)学校规模应根据适龄青少年人口确定，且不宜超过 36 班； (4)鼓励教学区和运动场地相对独立设置，并向社会错时开放运动场地
	小学	—	—	满足 6～12 周岁儿童入学要求	(1)选址应避开城市干道交叉口等交通繁忙路段； (2)服务半径不宜大于 500m；学生上下学穿越城市道路时，应有相应的安全措施； (3)学校规模应根据适龄儿童人口确定，且不宜超过 36 班； (4)应设不低于 200m 环形跑道和 60m 直跑道的运动场，并配置符合标准的球类场地； (5)鼓励教学区和运动场地相对独立设置，并向社会错时开放运动场地
	体育场(馆)或全民健身中心	2000～5000	1200～15000	具备多种健身设施、专用于开展体育健身活动的综合体育场(馆)或健身馆	(1)服务半径不宜大于 1000m； (2)体育场应设置 60～100m 直跑道和环形跑道； (3)全民健身中心应具备大空间球类活动、乒乓球、体能训练和体能检测等用房
	大型多功能运动场地	—	3150～5620	多功能运动场地或同等规模的球类场地	(1)宜结合公共绿地等公共活动空间统筹布局； (2)服务半径不宜大于 1000m； (3)宜集中设置篮球、排球、7 人足球场地
	中型多功能运动场地	—	1310～2460	多功能运动场地或同等规模的球类场地	(1)宜结合公共绿地等公共活动空间统筹布局； (2)服务半径不宜大于 500m； (3)宜集中设置篮球、排球、5 人足球场地
	卫生服务中心(社区医院)	1700～2000	1420～2860	预防、医疗、保健、康复、健康教育、计生等	(1)一般结合街道办事处所辖区域进行设置，且不宜与菜市场、学校、幼儿园、公共娱乐场所、消防站、垃圾转运站等设施毗邻； (2)服务半径不宜大于 1000m； (3)建筑面积不得小于 $1700m^2$

续表

类别	设施名称	单项规模		服务内容	设置要求
		建筑面积（m^2）	用地面积（m^2）		
公共管理与公共服务设施	门诊部	—	—	—	(1)宜设置于辖区内位置适中、交通方便的地段； (2)服务半径不宜大于 1000m
	养老院	7000～17500	3500～22000	对自理、介助和介护老年人给予生活起居、餐饮服务、医疗保健、文化娱乐等综合服务	(1)宜邻近社区卫生服务中心、幼儿园、小学以及公共服务中心； (2)一般规模宜为 200～500 床
	老年养护院	3500～17500	1750～22000	对介助和介护老年人给予生活护理、餐饮服务、医疗保健、康复娱乐、心理疏导、临终关怀等服务	(1)宜邻近社区卫生服务中心、幼儿园、小学以及公共服务中心； (2)一般中型规模为 100～500 床
	文化活动中心（含青少年活动中心、老年活动中心）	3000～6000	3000～12000	开展图书阅览、科普知识宣传与教育，影视厅、舞厅、游艺厅、球类、棋类，科技与艺术等活动；宜包括儿童之家服务功能	(1)宜结合或靠近绿地设置； (2)服务半径不宜大于 1000m
	社区服务中心（街道级）	700～1500	600～1200	—	(1)一般结合街道办事处所辖区域设置； (2)服务半径不宜大于 1000m； (3)建筑面积不应小于 700m^2
	街道办事处	1000～2000	800～1500	—	(1)一般结合所辖区域设置； (2)服务半径不宜大于 1000m
	司法所	80～240	—	法律事务援助、人民调解、服务保释、监外执行人员的社区矫正等	(1)一般结合街道所辖区域设置； (2)宜与街道办事处或其他行政管理单位结合建设，应设置单独出入口
	派出所	1000～1600	1000～2000	—	(1)宜设置于辖区内位置适中、交通方便的地段； (2)2.5 万～5 万人宜设置一处； (3)服务半径不宜大于 800m

续表

类别	设施名称	单项规模		服务内容	设置要求
		建筑面积（m^2）	用地面积（m^2）		
商业服务业设施	商场	1500～3000	—	—	(1)应集中布局在居住区相对居中的位置； (2)服务半径不宜大于 500m
	菜市场或生鲜超市	750～1500 或 2000～2500	—	—	(1)服务半径不宜大于 500m； (2)应设置机动车、非机动车停车场
	健身房	600～2000	—	—	服务半径不宜大于 1000m
	银行营业网点	—	—	—	宜与商业服务设施结合或邻近设置
	电信营业场所	—	—	—	根据专业规划设置
	邮政营业场所	—	—	包括邮政局、邮政支局等邮政设施以及其他快递营业设施	(1)宜与商业服务设施结合或邻近设置； (2)服务半径不宜大于 1000m
市政公用设施	开闭所	200～300	500	—	(1)0.6 万～1.0 万套住宅设置 1 所； (2)用地面积不应小于 $500m^2$
	燃料供应站	—	—	—	根据专业规划设置
	燃气调压站	50	100～200	—	按每个中低压调压站负荷半径 500m 设置；无管道燃气地区不设置
	供热站或热交换站	—	—	—	根据专业规划设置
	通信机房	—	—	—	根据专业规划设置
	有线电视基站	—	—	—	根据专业规划设置
	垃圾转运站	—	—	—	根据专业规划设置
	消防站	—	—	—	根据专业规划设置
	市政燃气服务网点和应急抢修站	—	—	—	根据专业规划设置

续表

类别	设施名称	单项规模		服务内容	设置要求
		建筑面积（m^2）	用地面积（m^2）		
交通场站	轨道交通站点	—	—	—	服务半径不宜大于 800m
	公交首末站			—	根据专业规划设置
	公交车站	—	—	—	服务半径不宜大于 500m
	非机动车停车场(库)	—	—	—	(1)宜就近设置在非机动车(含共享单车)与公共交通换乘接驳地区； (2)宜设置在轨道交通站点周边非机动车车程 15 分钟范围内的居住街坊出入口处,停车面积不应小于 $30m^2$
	机动车停车场(库)	—	—	—	根据所在地城市规划有关规定配置

5 分钟生活圈居住区配套设施规划建设要求　　**表 6-18**

设施名称	单项规模		服务内容	设置要求
	建筑面积（m^2）	用地面积（m^2）		
社区服务站	600～1000	500～800	社区服务站含社区服务大厅、警务室、社区居委会办公室、居民活动用房、活动室、阅览室、残疾人康复室	(1)服务半径不宜大于 300m； (2)建筑面积不得低于 $600m^2$
社区食堂	—	—	为社区居民尤其是老年人提供助餐服务	宜结合社区服务站、文化活动站等设置
文化活动站	250～1200	—	书报阅览、书画、文娱、健身、音乐欣赏、茶座等,可供青少年和老年人活动的场所	(1)宜结合或靠近公共绿地设置； (2)服务半径不宜大于 500m

续表

设施名称	单项规模		服务内容	设置要求
	建筑面积（m^2）	用地面积（m^2）		
小型多功能运动（球类）场地	—	770～1310	小型多功能运动场地或同等规模的球类场地	(1)服务半径不宜大于 300m； (2)用地面积不宜小于 800m^2； (3)宜配置半场篮球场 1 个、门球场地 1 个、乒乓球场地 2 个； (4)门球活动场地应提供休憩服务和安全防护措施
室外综合健身场地（含老年户外活动场地）	—	150～750	健身场所，含广场舞场地	(1)服务半径不宜大于 300m； (2)用地面积不宜小于 150m^2； (3)老年人户外活动场地应设置休憩设施，附近宜设置公共厕所； (4)广场舞等活动场地的设置应避免噪声扰民
幼儿园	3150～4550	5240～7580	保教 3～6 周岁的学龄前儿童	(1)应设于阳光充足、接近公共绿地、便于家长接送的地段；其生活用房应满足冬至日底层满窗日照不少于 3h 的日照标准；宜设置于可遮挡冬季寒风的建筑物背风面； (2)服务半径不宜大于 300m； (3)幼儿园规模应根据适龄儿童人口确定，办园规模不宜超过 12 班，每班座位数宜为 20～35 座；建筑层数不宜超过 3 层； (4)活动场地应有不少于 1/2 的活动面积在标准的建筑日照阴影线之外
托儿所	—	—	服务 0～3 周岁的婴幼儿	(1)应设于阳光充足、便于家长接送的地段；其生活用房应满足冬至日底层满窗日照不少于 3h 的日照标准；宜设置于可遮挡冬季寒风的建筑物背风面； (2)服务半径不宜大于 300m； (3)托儿所规模宜根据适龄儿童人口确定； (4)活动场地应有不少于 1/2 的活动面积在标准的建筑日照阴影线之外
老年人日间照料中心（托老所）	350～750	—	老年人日托服务，包括餐饮、文娱、健身、医疗保健等	服务半径不宜大于 300m

续表

设施名称	单项规模		服务内容	设置要求
	建筑面积（m^2）	用地面积（m^2）		
社区卫生服务站	120～270	—	预防、医疗、计生等服务	(1)在人口较多、服务半径较大、社区卫生服务中心难以覆盖的社区，宜设置社区卫生站加以补充； (2)服务半径不宜大于 300m； (3)建筑面积不得低于 120m^2； (4)社区卫生服务站应安排在建筑首层并应有专用出入口
小超市	—	—	居民日常生活用品销售	服务半径不宜大于 300m
再生资源回收点	—	6～10	居民可再生物资回收	(1)1000～3000m^2 设置 1 处； (2)用地面积不宜小于 6m^2，其选址应满足卫生、防疫及居住环境等要求
生活垃圾收集站	—	120～200	居民生活垃圾收集	(1)居住人口规模大于 500。人的居住区及规模较大的商业综合体可单独设置收集站； (2)采用人力收集的，服务半径宜为 400m，最大不宜超过 1km；采用小型机动车收集的，服务半径不宜超过 2km
公共厕所	30～80	60～120	—	(1)宜设置于人流集中处； (2)宜结合配套设施及室外综合健身场地（含老年户外活动场地）设置
非机动车停车场（库）	—	—	—	(1)宜就近设置在自行车（含共享单车）与公共交通换乘接驳地区； (2)宜设置在轨道交通站点周边非机动车车程 15 分钟范围内的居住街坊出入口处，停车面积不应小于 30m^2
机动车停车场（库）	—	—	—	根据所在地城市规划有关规定配置

文化为载体而打造的文化共同体。邻里精神是邻里场景中的情感精神纽带，分为邻里公约认同、邻里文化再生、邻里精神标识。它是国家精神、地区文化、社区文化等多重结合而维系人与人之间的价值精神。邻里机制是邻里场景中的互动运作模式，分为服务换积分、积分换服务、邻里综合服务。它是以个体意识，又发动个体意识，形成互帮互助的邻里关系。

未来邻里场景的目的是营造交往、交融、交心的人文环境，营造“远亲不如近邻”的未来邻里场景；希望能够解决的痛点主要有重房地产轻人文、邻里关系淡薄、缺乏文化沟通交流载体平台等问题。突出邻里特色文化、邻里开放共享、邻里互助生活三个方面的约束性指标落地。

（1）邻里特色文化：建设城市文化公园、社区文化设施和社区精神地标；

（2）邻里开放共享：建设“平台＋管家”管理单元、管理空间单元大小为80m×80m；

（3）邻里互助生活：建立邻里贡献积分机制（技能共享积分、环保积分、公益活动积分、贡献积分、声望积分、运动积分等）和社区邻里公约。

针对未来邻里场景，相关建设要求如表6-19所示。

（二）未来教育场景

未来社区学习场景的构建是理念、政策与实践相统一的系统工程，是顶层设计创新落地的过程。在理念上，要认识到终身学习的本质，把握学校、社会、家庭等多种教育类型在未来社区的发展特点与存在形态；在政策上，探索终身教育、终身学习、正式学习与非正式学习在未来社区的发展路径，为建设未来社区学习场景创造有利的运行机制和政策保障条件；在实践上，探索社区范畴内托育所、幼儿园、小学、中学、青少年学习机构、成人文化活动和文娱服务中心的资源整合，激活设计理念、打通物质资源、推出服务产品，形成城乡一体、社区间联动、社区内创生的学习共同体。

从时空的布局上来看，社区教育场景营造要拓宽各类资源的联系和整合渠道，让绿色、生态、智慧等元素在学习环境的设计中得到体现；在理念的落实上，要充分尊重社区各类人群的发展需求与时代特征；在学习场景运营过程中，可以寻求高频率、模块化的学习场景组合元素，探索构建可供多方选择的建设模板和社区营造范式，并最终形成兼具普遍性与规范性、共性与个性相结合的未来社区教育场景品牌。

未来社区教育场景的服务对象多样、办学形式多元。未来社区教育场景设置要统筹利用社区内外各类资源，通过政府、企业、社会组织和社区等主体创新工作方式，把社会资源转化为学习资源，把组织和个人的资源转化为社区公共学习资源，引领可预期和可期待的未来学习者的学习需求。

未来教育场景是以服务社区全人群教育需要，建立“终身学习”的未来教育场景为目标。希望解决的社区痛点包括托育难、入幼难、优质教育资源稀缺、覆盖人群少、课外教育渠道缺乏等问题。保证托育全覆盖、幼小扩容提质、知识在身边、幸福学堂全龄覆盖4方面约束性指标落地是该场景的关键意义。

（1）托育全覆盖：建设3岁以下养育托管点，并由专业托育员持证上岗；

（2）幼小扩容提质：与社区外义务教育资源衔接、扩大优质幼小资源覆盖面；

（3）幸福学堂全龄覆盖：功能复合型社区幸福学堂、分时段课程制度；

（4）知识在身边：数字化学习平台、社区达人资源库、共享学习机制。

对未来教育场景，相关建设要求如表6-20所示。

未来邻里场景建设通用要求　　表 6-19

序号	场景指标	指标性质	指标内容	要求	实施策略
1	邻里文化特色	约束性	打造社区特色文化户外场所；发掘、传承当地优秀传统文化，明确社区特色文化主题，丰富社区文化，构建社区文化标志；配套社区文化空间，其中新建类配置不小于 600m^2 的社区礼堂	基本要求	1. 明确社区特色文化户外场所位置和空间面积，且该场所应向所有社区居民开放，以游玩为主要功能，兼具生态、美化等作用，配套完善的服务设施； 2 明确社区特色文化主题，构建可视化的社区文化标志； 3. 旧改类与其他空间复合设置文化空间，新建类配置不小于 600m^2 的社区礼堂
				进阶要求	1. 社区特色文化空间，应依托地方生态基底，灵活设置街角广场、口袋公园等，设置代表当地人文精神的文化主体设施。公园突出传承、乐活、奋斗、山水等主题，与当地优质景观联动； 2. 完善社区公共空间双语标志标识； 3. 社区特色文化户外场所总面积不少于 3000m^2/万人的规模
		引导性	旧改类注重历史记忆的活态保留传承；新建类根据居民需求引入培育社区新文化；落地社区文化数字化场景	基本要求	1. 明确社区特色历史文化或新文化要素，将其融入社区的建筑风貌、公约机制、活动组织等软硬件建设中； 2. 数字社会“社区文化”多跨场景在社区落地并正常运行
				进阶要求	社区文化应突出当地生态人文基因特色(如山水文化、溇港文化、诗意田园文化茶文化、丝绸文化、书画文化、百坦文化、蘋洲、湿地、古镇等)
2	邻里开放共享	约束性	优化社区“平台＋管家”管理单元，统筹公共设施配套，打造宜人尺度的邻里共享空间	基本要求	1. 应明确社区管理单元范围，每个管理单元配置社区“管家”； 2. 社区邻里共享空间尺度宜人，明确空间面积空间落位、功能配置、空间属、运营主体及模式等
				进阶要求	1. 公共文化室内空间包括邻里中心、文化活动中心、共享书房等，室内面积总体不少于 1000m^2，单处建筑面积不得少于 200m^2； 2. 室内公共文化空间基本功能包括公共阅读、培训、文艺排练、文化交流、运动健身、文化展陈等； 3. 室内公共文化空间扩展配置学习空间、创客空间、非遗客厅、敬老互助、四点半课堂、党群服务、数字体验等个性化功能

续表

序号	场景指标	指标性质	指标内容	要求	实施策略
2	邻里开放共享	引导性	提升“5分钟生活圈”服务配套;建立多形式邻里服务与交往空间,鼓励多主体参与建设共享生活体系	基本要求	明确“5分钟生活圈”服务配套设施
				进阶要求	1. 明确并列出5分钟生活圈配套服务内容清单,重点关注邻里交往空间、文化户外活动场所、文化礼堂等配套服务; 2. 打造“邻里休闲游空间+沉浸式文化交流空间+多功能服务空间”的多层级、进阶多形式的“文化互动体验仓”。将当地悠久历史文脉融入居民日常生活要求中,丰富生活服务和交往互动形式;每一处体验仓面积为$20m^2$,一个社区不少于3处
3	邻里互助生活	约束性	制定社区邻里公约	基本要求	应制定居民共商共议的邻里公约;邻里公约通过与居民完成公约签约束性空巢、留守、失能、重残或与积分联动等方式,具有奖惩效用
		引导性	引导建立邻里社群社团组织;鼓励居民积极参与邻里活动,开展老年人精神文化活动;促进居民互助资源共享等		
4	邻里中心	约束性	因地制宜建设社区幸福邻里中心	进阶要求	因地制宜建设幸福邻里中心,幸福邻里中心建设重在整合,面积应不少于$500m^2$

未来教育场景建设通用要求 表6-20

序号	场景指标	指标性质	指标内容	要求	实施策略
1	托育全覆盖	约束性	按社区人口结构和规模,灵活配置3岁以下婴幼儿照护服务托育机构和社区照护驿站,要求设施完备,安防监控设备全覆盖	基本要求	可按《浙江省托育机构设置标准(试行)》规范配建有托幼点和要求配置社区照护驿站,明确空间面积、空间落位、功能配置、空间权属
				进阶要求	1. 新建幼儿园应该通过幼托一体方式落实普惠性幼托服务; 2. 婴幼儿照护服务托育机构和社区照护驿站的建筑面积和应达到$360m^2$,室外活动场地面积不少于$60m^2$
		引导性	通过公建民营、单位办托幼一体等方式举办托育机构,推动普惠托育服务全覆盖;探索家庭式共享托育等新模式	基本要求	提供全日托、半日托、计时托、临时托,或家庭式共享托育等多样化婴幼儿照护服务,满足其中2项
				进阶要求	鼓励增大照护驿站面积,其室内面积不低于$200m^2$,室外活动场地新建类不少于每个托位$3m^2$,旧改类不少于每个托位$2m^2$

续表

序号	场景指标	指标性质	指标内容	要求	实施策略
2	幸福学堂全龄覆盖	约束性	根据运营需求，合理配置功能复合型社区幸福学堂，满足多龄段需求	基本要求	应根据运营需求，合理配置一定面积的复合型社区幸福学堂，明确空间面积、空间落位、功能配置、空间权属、运营主体及模式
				进阶要求	幸福学堂应设置承载当地文化功能板块（如国学馆、微型青少年宫、菰城讲堂、湖州文创馆、唱享湖剧院等），建筑面积应不少于 $1000m^2$
3	知识在身边	约束性	打造数字化学习平台，设置专业技能等各类社区达人资源库；构建学习积分、授课积分等积分应用机制；配建社区共享书房	基本要求	应明确共享书房空间面积、空间落位、功能配置、空间权属、运营主体及模式，满足居民多龄段阅读需求
				进阶要求	高标准集中设置共享书房，其建筑面积不小于 $300m^2$
		引导性		基本要求	1. 对接大型连锁书店、城市图书馆等资源，共建社区共享书房； 2. 依托社区智慧服务平台，整合社区周边博物馆、美术馆、科技馆、户外营地等信息，开拓信息查看、线上预约、位置导航等功能
4	设立社区家长学校	引导性	学校教育和家庭教育两手抓，在家庭教育上对孩子家长进行指导和培训	基本要求	活动阵地完善，有专属或共享的家庭教育场所。面积不小于 $60m^2$

（三）未来健康场景

根据分析浙江省发布的《浙江省未来社区试点建设管理办法（试行）》《未来社区健康场景建设方案（试行）的通知》等文件，对于未来健康场景打造要求具体如下：

促进基本健康服务全覆盖。围绕着实现全民康养的目标，构建全生命周期健康电子档案系统，健全家庭医生签约服务体系。推动智能终端（如可穿戴式医疗设备等）的应用，探索线上到线下模式的社区健康管理模式，推动健康大数据的互联互通。创新社区健身服务模式，合理配置共享健身仓、虚拟健身器材、智慧健身绿道等设施。加强社区健康管理工作，普及营养膳食和理疗保健知识。

促进居家养老助残服务全覆盖。创新居家养老服务中心、多元化适老住宅、日间照料中心、老年之家、嵌入式养老机构等场所配置，并支持“互联网＋护理服务”等模式的实施。建设“名医名院”零距离服务体系。探索城市医院和社区医院合作合营，以远程诊疗、人工智能诊断等手段，增进优质医疗资源的普惠共享。

未来健康场景以面向全人群与全生命周期，构建“全民康养”未来健康场景为目标；解决的社区痛点包括社区医疗“看得起”但“看不好”、多元化健康需求难以满足、养老设施与服务缺失等问题。确保活力运动健身、智慧健康管理、优质医疗服务、社区养老助残等4方面约束性指标落地是该场景的关键意义。

（1）活力运动健身：5分钟步行圈内配置室内外健身点，15分钟步行圈内配置健身场馆、球类场地；

（2）智慧健康管理：社区卫生服务中心、居民电子健康档案、家庭医生服务；

（3）优质医疗服务：医联体、远程诊疗、双向转诊、中医保健服务；

（4）社区养老助残：适老化住宅、居家养老服务中心、养老机构租金减免政策。

对未来健康场景，相关建设要求如表6-21所示。

（四）未来创业场景

未来创业场景顺应未来生活与就业融合新趋势，构建“大众创新”场景，目的是解决适宜就业的办公设施与环境欠缺，缺乏人才公寓供给，初始创业成本高的三大痛点。

通过打造“小成本大创业”全要素共享、“24小时”集聚全时创业、“未来创客”触媒全民创业等创业载体，“实现创业·生活无界”。搭建“邻里圈”创业平台、“创业进社区”创客学院、“天使在身边”社区众筹平台，提升创业服务，“实现创业·服务无距”。创建“真金白银”鼓励社区就业、“定对象，重实绩”人才落户机制、“创者有其属”人才公寓建设，提供创业保障，实现创业机制无忧。该场景的关键意义是确保创新创业空间、创业孵化服务及平台、人才落户机制等3方面约束性指标落地。

（1）创新创业空间：300m^2以上社区双创空间、弹性共享的办公空间、复合优质的服务空间；

（2）创业孵化服务平台：创业者服务中心、社区创客学院、社区融资服务平台；

（3）人才落户机制：“定对象、限价格”人才落户机制、配建人才公寓、出售均价不高于周边均价。

对未来创业场景，相关建设要求如表6-22所示。

（五）未来建筑场景

未来社区建筑场景的系统设计思路，其可通过以下八项基本原则具体落实，相关建设要求如表 6-23 所示。

一是实施 TOD 导向的混合立体开发。围绕“TOD”站点（公共交通或者轨道交通），采用“混合开发”和“垂直城市”理念，对地上地下空间实施高效利用、集约开发，达成三方面目标：对外，实现与城市的便捷高效的换乘与接驳；对内，实现通勤范围内职住相对平衡；满足资金平衡，合理提升开发强度，并优化空间布局。重点可关注以下几个要点：混合开放，强调居住、商业、公共服务的优化配置与混合使用，以及原住居民与人才的混龄混居。立体开发：强调一体化利用地上地下空间，实现功能、业态、设施在“垂直方向”上的有机组织。

二是营造人本尺度的社区人居环境。以“小街区、密路网”为社区空间基底，叠加人行优先的慢行系统、“多层地表”畅行的无障碍系统、“融入周边、深入庭院”的游憩系统，构建一个“有趣且充满活力”的街巷体系，营造社区宜居氛围。

三是塑造有辨识度的社区风貌特色。通过“传承地方元素、延续城市肌理、保留社区记忆”等手段，因地制宜地把握建筑风格、景观设施、标志性建筑、街巷格局、植被绿化等要素，创造社区的特色风貌。

四是打造步行可达的社区生活圈。按照社区人群的使用频率特点，以 5～10 分钟步行距离为度量，采用“集中与分散”相结合方式，组织各类设施布局。以社区邻里中心为核心载体，打造“一站式”的日常生活服务中心和公共活动中心。

五是开辟共享融合的公共空间体系。建立由综合型的社区公共中心（邻里中心）、街坊共享空间、庭院邻里空间构成的三级公共空间体系。公共空间强调采用“功能跨界融合”和“预约错时利用”方式，实现弹性化利用。

六是建立复合、多元化的立体绿化体系。以“地面、屋顶、空中、立面”全方位绿化为主要内容，构建社区中央公园、天街（HighLine）公园、口袋公园、屋顶花园、垂直绿化、空中花园等多元化立体绿化体系。立体绿化可因地制宜选择构成形式，强调与其他场景的共享使用。

七是应用集成创新的社区建造技术。发挥社区 CIM 数字平台作用，采用“模块化设计”“装配式建造”“数字化管理”三位一体方式开展社区建设。重点在建筑产品上，推广立体绿化、装配式建筑与内装一体化、零碳技术等多种技术创新的集成。

八是制定协同创新的技术规范标准。按照以上各方面的设想，同步开展建设领域技术规范标准的协同性创新。借鉴国内外案例经验，探索在容积率、建筑高度、绿地率等指标管控规则上，合理优化现有规范标准要求。

（六）未来交通场景

对于社区而言，交通出行面向的主体即是人、车和物，必须以“人畅其行、车畅其道物畅其流”作为目标才能让居民满意。建设未来社区应该紧紧围绕“以人为本”的核心，结合 TOD（Transit-Oriented Development）MaaS（Mobility asaService）、智慧交通等发展理念，瞄准人、车、物的个性化交通需求，实现公共交通一体化、慢行交通便利化、智慧交通集成化、社区交通分级化和出行服务人性化，打造 5、10、30 分钟生活圈，构建一个“全对象、全过程、全覆盖”的可持续未来交通场景。对未来交通场景，相关建设要求如表 6-24 所示。

（七）未来低碳场景

未来社区针对我国能源供给方式单一、能源综合利用效率不高、资源利用方式粗放等痛点问题，提出做到多能集成、节约高效、供需协同、互利共赢，由此构建“循环无废”的未来社区低碳场景。

未来社区的低碳场景是指符合可持续发展思想，具有齐全的硬件与软件设施的社区组织，是人们以低碳生活为理念和行为标准，政府以低碳社会建设蓝图为理念建设的社区场景。它是通过构建气候友好的自然环境、基础设施、房屋建筑、生活方式和管理模式，减少能源资源消耗，实现低碳排放的社区场景。通过对未来社区的低碳建设，追求高质量、低成本的生活，减少气候变化的影响，实现可持续发展。保证多元能源协同供应、社区综合节能、资源循环利用等3方面约束性指标落地是该场景的关键意义。

（1）多元能源协同供应：光伏建筑一体化＋储能、集中供热（暖）供冷；

（2）社区综合节能：综合能源资源、智慧能源管理服务平台、提高社区节能率；

（3）资源循环利用：生活垃圾分类全覆盖、中水回用节水、生活垃圾源头减量。

对未来低碳场景，相关建设要求如表6-25所示。

（八）未来服务场景

未来社区所服务的不仅仅是一套房子、一栋楼、一个人，而是一群人、一个社区，众多社区服务平台的形成，以业主需求为根本的社区服务运营理念逐渐占据主导，传统社区“管物”的产业结构也正在被重置为“对人的服务”，完善社区服务场景建设，才是推动未来社区服务向个性化、精准化、多元化和可持续方向又好又快进行的最佳路径。

未来社区服务场景希望解决的社区痛点是老旧小区物业服务不足、物业收费与服务品质不匹配、便民惠民服务设施覆盖不全。其关键是要确保物业可持续运营、生活服务高性价比、安全防护无盲区3方面约束性指标落地。

（1）物业可持续运营：“平台＋管家”物业服务、基本物业服务居民零付费；

（2）生活服务高性价比：社区商业O2O、供应商遴选培育机制；

（3）安全防护无盲区：社区消防、安保应急机制，无盲区安全防护网。

对未来服务场景，相关建设要求如表6-26所示。

（九）未来治理场景

党的十九大报告提出“创新社会治理”和“推动社会治理重心向基层下移”理念，而社区治理是基层民主自治的基石，是推动地方政府职能转变的动力，是维护社会稳定的维稳器。未来社区治理场景围绕以居民需求为中心，将技术的智能与治理的智慧高度结合，通过社区治理体制和治理手段创新，实现共建、共治、共享的社区治理新格局。该场景的重点要确保社区治理体制机制、社区居民参与、精益化数字管理平台3方面约束性指标落地。

① 社区治理体制机制：党建引领社区综合运营体系，居委会、社区边界统一；

② 社区居民参与：社区自治机制，社会组织和志愿者队伍，联合调解机制；

③ 精益化数字管理平台：“基层治理四平台”整合优化，社区共享服务大厅，差别受理窗口。

对未来治理场景，相关建设要求如表6-27所示。

未来健康场景建设通用要求　　**表 6-21**

序号	场景指标	指标性质	指标内容	要求	实施策略
1	活力运动健身	约束性	15 分钟步行圈内配置健身场馆、球类场地等场所设施；5 分钟步行圈配置室内、室外健身点	基本要求	1. 应配建健身场馆、球类场地、室内、室外健身点等场所，按 GB 50180—2018 要求配置，实施单元配建健身场馆、球类场地确有困难的，可依托规划单元联动配建，并明确各场地空间面积、空间落位、功能配置、空间权属、运营主体及模式； 2. 应提供场馆、球场在线预约等服务
				进阶要求	1. 各类健身场馆、球类场地总建筑面积不小于 1300m²，宜集中设置； 2. 布局相结合，配建室外健身场地面积不少于 0.9m²/每户
		引导性	慢跑绿道成网或成环；配置智能健身绿道、全息互动系统等智能设施	基本要求	根据社区自身的条件和特点，建设成环连贯的慢跑绿道；绿道配置智能健身系统等智能设施
2	智慧健康管理	约束性	15 分钟步行圈内配置智慧化社区卫生服务站（智慧健康站），或智慧化社区卫生服务中心	基本要求	15 分钟步行圈内，应配置社区卫生服务中心或社区卫生服务站（智慧健康站），满足行业主管部门要求，并明确空间面积、空间落位、功能配置、空间权属、运营主体及模式
				进阶要求	1. 社区卫生评价服务站（智慧健康站）应完善家庭医生服务、配套特色中医药服务、配套心理健康服务、加强社区全科医生继续教育； 2. 社区卫生服务站（智慧健康站）宜结合街道办事处所辖区域进行集中设置，建筑面积不少于 270m²
3	社区养老助残	约束性	充分考虑回迁老年居民意愿，按需配建适老化住宅；公共服务设施实现无障碍；15 分钟步行圈内集约配置居家养老服务设施，建设社区老年食堂	基本要求	15 分钟步行圈内，应配置居家养老服务设施，并明确空间面积、空间落位、设备配置、空间权属、运营主体及模式
				进阶要求	应打造医养结合型居家养老服务设施，且建筑面积不少于 350m²
		引导性	旧改类未来社区，应建有嵌入式养老机构，配置护理型床位和失智症照护专区	基本要求	居家养老服务设施达到示范型，或配备护理型床位和失智症照护专区，或养老机构达到国家五星级认定标准
				进阶要求	适老化住宅的配建指标：居住区总计容面积大于 40 万 m² 的，按总计容面积 5%的标准配置：总计容面积小于 40 万 m² 的，按总计容面积 3%的标准配置

未来创业场景建设通用要求 表 6-22

序号	场景指标	指标性质	指标内容	要求	实施策略
1	创新创业空间	约束性	根据实际需求，配建弹性共享、复合优质、特色多元的社区众创空间	基本要求	实施单元范围内应配置社区众创空间，明确空间面积、空间落位、功能配置、空间权属、运营主体及模式；面积应不小于 300m^2；应配置可容纳 6～20 人的会议室，提供智能电视或投影仪等设备
				进阶要求	针对早期创业者而打造的、具有“零成本创业＋全线性辅导＋组合式创投＋生活配套齐全”特点的复合型双创空间。按需植入联合办公空间(办公、会议、配套等)，以及创业咖啡、创新学院等创业交往空间
		引导性	因地制宜建设社区众创空间，根据社区布局、业态等条件灵活设计空间产品，打造高性价比办公场所	基本要求	提供开放式工位独立或打包出租，提供时租、日租、月租等多种选项
				进阶要求	依托社区智慧平台实现线上预约、会议直播、路演直播、云打印、线上政务辅导等智慧办公服务
2	创业孵化服务及平台	约束性	依托社区智慧服务平台搭建创业者服务中心功能模块。提供全方位的创业指导、咨询服务等	基本要求	搭建线上创业者服务中心功能模块。提供创业指导、咨询服务等功能；提供办公空间预定、账单支付等基础功能。提供门禁管理网络连接等智能管理功能
		引导性	提供创业孵化的金融服务，建立社区创客学院；促进社区资源、技能、知识等全面共享	基本要求	提供创业孵化的金融服务
				进阶要求	合理设置创业相关的项目，引导创业者共享资源、技能、知识
3	落户机制	约束性	新建类可售住宅销售价格不高于周边均价	基本要求	合理限价，新建类可售住宅销售价格应低于周边新房均价
		引导性	按需配建人才公寓	进阶要求	配建由政府提供的人才公寓，或人才公寓由市场主体提供且租赁价格低于周边租赁均价

未来建筑场景建设通用要求　　　　表 6-23

序号	场景指标	指标性质	指标内容	要求	实施策略
1	CIM 数字化建设平台应用	约束性	新建类应用社区信息模型(CIM)平台，建立数字社区基底	基本要求	1. 新建类社区信息模型(CIM)平台系统架构完整，应与省级 CIM 平台对接；汇聚 BIW、实景等三维数据形成数字社区空间基底，具有社区规划设计、建设施工、运营管理全生命周期智慧管理案例； 2. 旧改类社区应以实景三维模型作为空间基底，服务社区运营管理
				进阶要求	1. 新建类住区 CIM 平台应强化项目全生命周期数字化管理，集成数字化规划设计、征迁、施工管理； 2. 通过全域新型基础设施支撑工程，助力全域覆盖物联感知体系的构建，布设各类传感器，提升数字治理和运维能力
		引导性	CIM 平台功能向城区拓展，运用到城区的联片开发建设	基本要求	CIM 平台应用范围扩大至规划单元，乃至更大范围的建设区域，具有支撑区域联片开发建设的应用案例
2	空间集约开发	约束性	新建类落实 TOD 加导向；实现土地混合利用、空间功能复合利用、地上地下综合开发；新建类基本实现资金平衡	基本要求	1. 新建类项目公共交通站点所在地块或相邻地块，应实现地上地下综合开发； 2. 单一性质用地应采用两种或两种以上跨地类的建筑与设施进行兼容性建设和使用，或单栋建筑进行混合功能开发； 3. 新建类项目应通过土地出让金返还等措施，推动实现资金平衡
				进阶要求	1. 以 TOD 为导向的开发强度梯级分布，科学合理确定地块容积率、建筑限高等规划技术指标； 2. 站点周边开发利用高效集约、功能复合，实现地上地下综合利用
		引导性	公共服务设施与交通站点无缝衔接	基本要求	1. 综合型公共服务设施到达公共交通站点的步行距离不超过 300m，或到达轨道交通站的步行距离不大于 500m； 2. 采用“站城一体化”模式，整合轨道交通站点或公交站点，与综合型公共服务设施复合建设 TOD 综合体
				进阶要求	因地制宜开展地下综合体、地下物流网、地下通道、地下综合管廊、地下防疫灾避系统等地下空间开发建设

续表

序号	场景指标	指标性质	指标内容	要求	实施策略
3	建筑特色风貌	约束性	注重延续历史文化记忆，加强历史文化遗存保护，建筑风貌体现地域文化特色；采用地面、平台与屋顶相结合方式，创新配置空中花园，打造多层次复合绿化系统	基本要求	1. 建筑风貌应体现地域文化特色； 2. 应注重延续历史文化记忆，在社区点缀布置体现当地历史、人文特色元素的雕塑、景观小品、路灯等“城市家具”，若存在历史文化遗存，应采取合理保护措施； 3. 应用包含地面绿化、平台绿化、屋顶绿化、空中花园等在内的形式打造立体多层次复合绿化系统，采用3种及以上形式
				进阶要求	鼓励旧改类项目结合民意需求，对立面进行立体绿化改造和共享空间营造
		引导性	基于地方风貌基底与城市肌理，建立完整风貌控制体系；打造社区文化标志建筑物（含构筑物）；合理配置花园阳台	基本要求	1. 建设遵循社区风貌控制要求； 2. 打造个性鲜明、富有特色的社区文化标志性建筑（构筑物）； 3. 配置公共空中花园阳台的层数与社区总楼层数的占比，或配置户内空中花园阳台的户数与社区总居住户数的占比达到20%～50%，或超过50%
				进阶要求	按照“5分钟见蓝绿”的要求，基于当地生态人文基地（如山水文化、诗意田园文化、茶文化、丝绸文化、书画文化、湿地、古镇等）和城市肌理，注重社区建设与当地整体风貌特色塑造相协调
4	绿色建筑与建筑工业化	约束性	新建建筑不低于绿色建筑二星级且不低于当地绿色建筑专项规划的星级建设要求；新建建筑应用建筑工业化（含内装）	基本要求	1. 新建建筑应达到GB/T 50378—2019中绿色建筑二星级且不低于当地绿色建筑专项规划的星级建设要求； 2. 实施单元内新建建筑应用装配式建筑（含内装），应符合DB33/T 1165—2019的要求
5	绿色建筑与建筑工业化	约束性	采用标准化设计、工厂化生产、装配化施工、一体化装修、信息化管理，并符合DB33/T 1165—2019要求	进阶要求	应依据当地部署，建设标准不低于当地的星级建设要求

续表

序号	场景指标	指标性质	指标内容	要求	实施策略
5	绿色建筑与建筑工业化	引导性	单体新建建筑绿色建材应用比例高于70%；新建建筑应用新材料、新技术、新工艺；鼓励对标健康建筑标准	基本要求	1. 单体新建建筑平均绿色建材应用率达到30%～50%； 2 新建建筑应用2项及以上新材料、新技术或新工艺，或社区公共建筑取得健康建筑标识认证
6	公共空间与建筑	约束性	灵活采取集中式或分布式布局，建设社区幸福邻里中心；利用新建建筑底层架空、保留建筑功能改造、各类户外场所复合利用等方式，合理配置社区共享空间	基本要求	1. 灵活采取集中式或分布式布局，建设综合型邻里中心，复合配置生活服务、社区活动、商业服务等功能； 2. 实施单元内新建建筑设置架空层、公共门厅等多层次共学空间，保留建筑开展功能改造、各类室内外场所复合利用
		引导性	推广建筑弹性可变房屋空间模式	进阶要求	户型设计避循“弹性可变房屋空间模式”

未来交通场景建设通用要求　　**表 6-24**

序号	场景指标	指标性质	指标内容	要求	实施策略
1	交通出行	约束性	步行10分钟内到达公交站点：做到“小街区、密路网”；打通社区内外道路，提高出行便捷性；构建智慧出行站点，提高出行舒适度	基本要求	1. 社区各地块主要人行出入口到达公共交通站点的步行距离应不超过500m； 2. 实施单元各道路交叉口平均间距应不超过300m； 3. 社区内部道路应与四周相邻城市道路有效连通
				进阶要求	1. 社区内部次干路及以下等级道路设计吸纳采用收窄车道、减小交叉口、转弯半径、收窄过街口、抬高人行横道、设置减速缓速带和限速标志等手段，来提高出行便捷性； 2. 未来社区应配建智慧公交站点，按港湾式停靠站标准进行建设，配套电子站牌，并达到适老化、无障化建设标准

续表

序号	场景指标	指标性质	指标内容	要求	实施策略
1	交通出行	引导性	社区路网空间全支路可达；社区对外公交站点慢行交通换乘设施全覆盖；建立交通信息发布系统和平台；提供定制公交等个性化出行服务	基本要求	1. 围绕轨道交通或公交站点100%布置自行车租赁； 2. 依托社区智慧服务平台，发布交通信息，或提供定制公交、摆渡车等个性化出行服务，提高居民出行便捷性
				进阶要求	1. 社区慢行出入口与公交站点之间应设有专门慢行通道，相应配置无障碍设施；条件允许情况下，应通过连廊、地下通道等形式保证慢行通道的连续不间断； 2. 未来社区文化宣传与当地公共交通结合，运用GPS定位系统，公共交通每经过一个社区，车内外屏幕就会相应滚动展示该社区特色文化。由社区提供宣传内容和运营方案，配合相关部门落实
2	智能停车	约束性	公共设施内建立智能停车系统，提供车位管理、停车引导等功能；利用社区周边公建配套，通过错时停车、共享停车提高车位利用率	基本要求	1. 社区的公共设施中应用智能车位引导系统；应依托社区智慧服务平台，提供车位信息发布、停车引导、无感停车、在线支付、反向寻车等在线服务功能； 2. 应创新车位共享管理机制，利用社区周边公建配套，实行分时共享、错峰共享停车模式
				进阶要求	统筹社区租售及公共车位资源，创新车位共享管理机制
		引导性	应用自动导引设备（AGV）、自主代客泊车系统（AVP）等智能停车技术	基本要求	应用自动导引设备（AGV）、自动辅助停车技术，或在封闭空间中应用自主代客泊车系统（AVB）
3	供能保障与接口预留	约束性	新建设为100%建设充电设施或预留安装条件；既有停车位开展充电设施改造	基本要求	1. 新建车位应100%预留充电设施建设安装条件； 2. 应实现非机动车充电停放设施全覆盖
		引导性	配建一定比例的公共充电车位；开展停车位充电设施改造；预留无人驾驶、智能交通运行等车路协同建设条件	基本要求	1. 新建类按规范配建公共车位，且100%为充电车位，旧改类公共车位进行充电设施改造或预留配电设备安装条件，占比应在40%以上； 2. 社区道路物理设施应结合物联网管控、交通流感应监测等需要布设路侧传感器，预留自动驾驶、智慧交通设施标准化接口

续表

序号	场景指标	指标性质	指标内容	要求	实施策略
4	社区慢行交通	约束性	建立安全、完整以及对所有人开放的步行环境	基本要求	1. 社区慢行网络可便捷出入社区内建筑，应符合无障碍通行要求，有充足的照明； 2. 道路设计应充分保障行人路权，与机动车道实行人车分流； 3. 设置慢行交通过街设施的路口占社区路口比例应不低于 80%
				进阶要求	1. 新建类构建地面—地下多维立体分层交通空间形态，统筹均匀布设地下车库出入口，保证社区车行出入口与机动车停车出入口的顺利连接，避免与社区地面慢行交通流线交叉干扰； 2. 对无条件进行地下空间拓空改造的老旧住宅区，推行组织单向交通、转向限制等交通微循环组织模式，实现社区内部机非交通流线无冲突
		引导性	建立安全、完整的自行车道网络；提高社区慢行交通网络密度；配置社区风雨连廊等	基本要求	1. 社区设置专用的自行车道网络； 2. 慢行交通网络密度达到 14km/km^2； 3. 社区每栋楼步行无风雨可到达社区出入口
				进阶要求	1. 当地环境优势，挖掘文化气氛，将其结合到社区慢行线路设计之中； 2. 道路设计充分保障行人路权，与非机动车、机动车分流
5	物流配送服务	约束性	设立智能快递柜、物流服务集成平台等智能物流设施；配置物流收配分拣和休憩空间	基本要求	1. 各网络管理单元内应集中配置智能快递柜，服务半径应覆盖 300m 范围内社区所有单元楼； 2. 依托社区智慧服务平台，建立物流服务集成模块，实现数据共享； 3. 应配置社区物流快件中转存储场地、收配分拣场所和作业人员休憩整备场所
				进阶要求	1. 基于快递分发、餐饮配送、食材代购等多种需求，依托社区智慧服务平台，搭建“社区—家庭”30 分钟物流智慧集成服务系统，配套开发线上留言、接单查询、定位搜索、寻路导航等功能模块； 2. 完善社区物流技术设施配套，新建类用房与社区公共用房、物业用房统一规划建设；旧改类利用存量空间整合、空间复合利用、一层空间或架空层空间改造等手段，挖掘空间用于社区物流快件中转存储场地和作业人员休憩场所
		引导性	采用智能配送模式，如末端配送机器人等	基本要求	配置并使用智能配送模式，覆盖超过 50%的社区楼幢
				进阶要求	配置物流快件中转存储场地、收配分拣场所和作业人员休憩整备场所，服务于社区（快递服务场所每百户 5m^2，不超过 8m^2）

未来低碳场景建设通用要求

表 6-25

序号	场景指标	指标性质	指标内容	要求	实施策略
1	多元能源协同供应	约束性	应用光伏发电等多种新能源技术，提高可再生能源利用比重	基本要求	1. 应用光伏发电、生物质能、地热能等多种新能源技术，建设分布式可再生能源供电系统；可再生能源发电应并入社区配电系统； 2. 社区公共建筑由可再生能源提供的生活热水比例应不低于 35%； 3. 社区公共建筑由可再生能源提供的空调用冷量和热量比例应不低于 35%； 4. 建成设置可再生能源能耗监测系统
		引导性	新建类进行互利共赢能源供给模式改革，引入综合能源资源服务商；公共建筑采用区域集中供热（暖）供冷；采用"热泵＋蓄冷储热"技术；预留氢能和燃料电池技术应用接口；构建近零碳能源利用体系	基本要求	1. 新建类所引入的综合能源资源服务商，可以整合能源生产、污水处理、废弃物回收处理等设施功能，协同生产供应热量、冷量、热水、中水等； 2. 多个单体公共建筑采用区域集中供热（暖）供冷，且区域集中供热（暖）供冷实现错峰运行； 3. 提高电气化水平，空调供热（暖）采用热煤机组替代锅炉，该装置提供的空调冷（热）量不应低于设计日空调冷（热）量的 30%
				进阶要求	区域集中供热（暖）供冷的区域能源站方案采用高效热泵，以及氢能、调峰等辅助手段，实现冬季供暖、夏季供冷、全年供应热水
2	社区综合节能	约束性	新建建筑采用被动式低能耗建筑技术，提高社区综合节能率	基本要求	1. 应符合省级备案方案中对本项指标的全部响应要求，符合被动式低能耗建筑技术要求； 2. 依托社区智慧服务平台，公共设施搭建智慧集成的能源管理及服务线上模块，对水、电、冷热能耗、燃气等能耗数据的实时采集、存储，对于各能耗监测点（照明、空调、电梯、排水、热水组、重点设备等）多种能耗进行监测
		引导性	创新能源互联网、微电网技术利用；布局智慧互动能源网；推广应用近零能耗建筑	基本要求	1. 形成由分布式电源、储能装置、能量转换装置、负荷和保护装置等组成的小型发配电的微电网系统，并利用信息技术和智能管理技术互联起来，以实现能量双向流动的能量对等交换与共享网络； 2. 推广应用近零能耗建筑，应建设符合 GB/T 51350—2019 要求的建筑
3	资源循环利用	约束性	生活垃圾分类全覆盖；绿化、环卫用水采用传统水源；新建类采用节水型洁具	基本要求	1. 绿化、环卫等公共用水采用非传统水源的用水量占其总用水量的比例应达到 40%； 2. 新建类所配置全部卫生器具的用水效率等级应达到 2 级及以上
				进阶要求	1. 垃圾分类居民参与率应达到 100%，垃圾分类准确率应达到 90%，生活垃圾回收利用率应达到 35%； 2. 公共区域所配置全部卫生器具的用水效率等级达到 2 级及以上
		引导性	落实海绵城市理念应用	进阶要求	年径流总量控制率 80%以上

未来服务场景建设通用要求　表 6-26

序号	场景指标	指标性质	指标内容	要求	实施策略
1	物业可持续运营	约束性	合理配置经营用房，用于保障全生命周期物业运营资金平衡	基本要求	1. 应明确社区可用于经营的空间面积、空间落位、业态功能、空间权属、运营主体及模式； 2. 经营性物业用房应当以可对外经营为原则，面积不少于跳层建筑面积的二分之一
2	社区商业服务供给	约束性	引入优质生活服务供应商，发展社区商业 O2O 模式，建立社区商业服务供商遴选培育机制；配置与居民日常生活密切相关的品质服务功能	基本要求	1. 应引入优质生活服务供应商，明确社区商业服务供应商引入标准，建立遴选培育机制； 2. 应配置与居民日常生活密切相关的品质服务功能，包括但不限于零购物、美食餐饮、休闲娱乐、生活服务、康体养生、文化教育等； 3. 应依托社区智慧服务平台，对接线上线下服务，发展社区商业 020 模式，实现家政服务、维修保养、美容美发等生活服务一键预约、线下体验、服务上门等
3	社区应急与安全防护	约束性	建立完善的社区消防、卫生防疫、安保等预警预防体系及应急机制，建立电动车禁入电梯智慧系统；构建盲区安全防护网	基本要求	应构建无盲区安全防护网，配置周界电子报警、高清智能监控等智能安防设施设备；公共区域应用物联网感知（烟雾、水浸、井盖、燃气泄漏传感器）等智能设备，设置报警阈值，动态监测预警情况，及时防范化解相关风险；社区智慧服务平台能够记录、识别设施设备运行数据，及时定位问题设备，实现智能派单，快速响应
		引导性	通过社区智慧服务平台预警救援、地图定位、一键式求助、联动报警等功能，实现突发事件零延时报警和应急救援	进阶要求	各住区出入口设置人脸识别安防系统

未来治理场景建设通用要求　表 6-27

序号	场景指标	指标性质	指标内容	要求	实施策略
1	社区居民参与	约束性	配置社区议事会、社区客厅等空间	进阶要求	社区议事会、社区客厅建筑面积应不少于 $80m^2$
2	精益化数字管理平台	约束性	配置社区服务空间	基本要求	应明确社区服务空间面积、空间落位、功能配置、空间权属
				进阶要求	社区服务空间建筑面积应不少于 $700m^2$

五、未来社区九大场景经济指标分析

（一）创业场景造价指标分析

创业场景住宅项目包括创业孵化用房、人才公寓、社区 SOHO 建设项目、共享生活空间等。人才公寓与创业孵化用房建设属于普通住宅房屋建设工程，住宅建设成本按成本费用用途划分为：土地成本、建安费用、前期费用、管理费用、配套费用、财务费用、销售费用等。基本住宅建筑建设成本构成如表 6-28 所示。

基本住宅建筑建设成本构成表 表 6-28

序号	建设成本	建设成本组成	成本说明
1	土地使用权取得费	土地成本	指因土地开发所发生的各项费用，包括征地费用、安置费用，建筑物拆迁补偿费用，或采用批租方式取得土地的批租地价
2	住宅开发直接成本	勘察设计费	指房屋开发前发生的规划、设计、可研以及勘察测绘、场地平整等费用
3		基础设施费	住宅房屋建设过程中发生的供水供电、供气、排污、排洪、通信、照明、绿化、环卫设施以及施工道路等基础设施费用
4		建筑安装工程费	住宅建设过程中按照安装工程施工图纸施工所发生的各项建筑安装工程费用和设备费用，包括建筑工程费、安装工程费、机电设备费等
5		建设工程配套费	包括增容配套费、住宅小区建设配套费
6		公共配套设施费	指不能有偿转让的公共配套设施费用，如锅炉房、水塔、公厕等设施的支出，可纳入社区建筑开发成本
7	开发期间间接费用	管理费及财务费用	住宅开发企业内部独立核算单位及开发现场所发生的各项间接费用，包括现场管理人员的工资、福利、折旧费用、修理费用等，还包括管理费用、财务费用、销售费用及资金利息
8		不可预见费用	包括基本预备费和涨价预备费
9		政府行政收费	手续费、押金、管理费、中标管理费、安全监督费、渣土费、夜间施工管理费、农民工保证金等
10	税金和利润	税金和利润	包括营业税、城市建设税、教育附加税和利润

而不同的未来社区商品住宅类型其成本价位也会因其成本构成不同而有所差异。未来社区对应的商品住宅种类可能包括创业孵化用房、人才公寓、社区 SOHO、共享生活空间等。以浙江省的商业住宅为例，从土地成本、住宅开发直接成本、开发期间间接成本、税费、利润等方面，分析了未来社区商业住宅的建设成本水平，见表 6-29 和表 6-30。

从表 6-30 可以看出，人才公寓和创业用房的建造费用主要来源于土地成本和住宅开发直接成本，由于住宅建设市场技术比较成熟，所以建筑市场的价格不会有很大的波动，在这两个成本中，住宅开发直接成本不会受到建筑市场的太大影响。但是，由于城市和城市地段的不同，商品住宅的土地成本存在很大的差别，因此，土地成本是一个影响社区商品住宅建设成本的很大因素。

人才公寓和创业用房建设成本均值估算表　表 6-29

序号	建设成本组成	成本数值	单位	备注
1	土地成本	—	元/m^2	根据浙江省重点城市地价监测情况数据匹配
2	住宅开发直接成本	3300		根据互联网显示的市场行情和文献案例数据进行估算所得，案例包括天地和苑公寓建设项目、凤凰广场项目等
2.1	勘察设计费	120		
2.2	基础设施费	260		
2.3	建筑安装工程费	2400		
2.4	建设工程配套费	380		
2.5	公共配套设施费	140		
3	开发期间间接费用	1770		
3.1	管理费及财务费用	1150		
3.2	不可预见费用	470		
3.3	政府行政收费	70		
4	税金	80		
2～4 项合计		5070		根据成本数值合计得

社区 SOHO 建设成本均值估算表　表 6-30

序号	建设成本组成	成本数值	单位	备注
1	土地成本	—	元/m^2	根据浙江省重点城市地价监测情况数据匹配
2	住宅开发直接成本	4910		根据互联网显示的市场行情和文献案例数据进行估算所得，案例包括望京 SOHO 项目等
2.1	勘察设计费	150		
2.2	基础设施费	260		
2.3	建筑安装工程费	4100		
2.4	建设工程配套费	400		
2.5	公共配套设施费	280		
3	开发期间接费用	2140		
3.1	管理费及财务费用	1100		
3.2	不可预见费用	970		
3.3	政府行政收费	70		
4	税金	80		
2～4 项合计		7130		根据成本数值合计得

由表 6-31 可以看出，与商业住宅（如人才公寓）相比，社区 SOHO 住宅的开发直接成本更高。一方面，SOHO 社区因其创意的居住空间、时尚的生活理念，对其建筑提出了更高的要求，造成其异型结构、时尚景观的多元化，同时也增加了开发与建造的费用；另一方面，SOHO 的居家办公和创新居住理念，常常要牺牲一定的容积率，以达到相应的室内动线需求，导致社区 SOHO 的直接开发成本比普通的商品住宅要高。

（二）健康场景造价指标分析

健康场景建设工程的主体内容包括卫生服务中心、健身馆、老年住宅、医疗商场等。其中，以 TOD 为基础的社区商业综合体是医疗商场、健身馆的集中体现，本书将在建筑场景对健身中心、医疗商场的建设项目成本进行分析。这一节将着重于卫生服务中心和适老化住宅项目的成本分析。

（1）适老化住宅工程费用分析

未来社区拆改结合类项目中，适老化住宅工程的建设成本主要反映在对现有住宅进行适老化改建。与一般住宅相比，适老化住宅的造价成本提高主要体现在房屋的适老化改造与适配方面。主要成本的增长点如表 6-31 所示。

适老化住宅成本增长点分析表　　**表 6-31**

序号	适配属性	适配项	适配要求	成本增长点
1	功能性	通行	1. 户门内外不宜有高差。有门槛时，应剔除门槛或设坡面调节。 2. 卧室与起居室（厅）不宜有高差，厨房、卫生间、阳台与相邻空间地面高差不应大于 15mm，并设坡面调节。室内地面和楼梯踏步面应平整。 3. 过道净宽不应小于 1.00m。 4. 房间连接节点空间应有直径不小于 1.50m 的轮椅回转空间	1. 门槛和坡度的改造； 2. 过道、房间空间要求导致的其他空间流失； 3. 室内地面平整系数要求导致楼面和楼梯踏板造价提高
2		储藏	1. 门厅应留有更衣、换鞋和存放助老辅具的开放式储藏空间，并设置座凳。 2. 卧室、厨房、卫生间应设置吊柜、壁柜、抽屉等，增加储藏空间。 3. 阳台可设置吊柜、储物柜、钩挂等，满足储藏功能	精装成品住宅装修成本增加
3		识别	1. 入户门牌颜色应鲜艳、易于识别。 2. 门厅应在易被老年人看到处设置提示板。 3. 地面与墙面、家具与墙面等应界线鲜明，色彩对比明显。 4. 楼梯踏步面应界限鲜明，不宜采用黑色、深色或带花的饰面材料。 5. 门把手、设备按钮、开关等操作部位与其他部位之间应色彩对比明显。 6. 开关面板和按键应宽大、易于操作，多个开关设置在一起应有标识说明	识别区域涂料成本的增加
4	适用性	台面	1. 起居室（厅）应增加台面面积，台面下预留轮椅接近或回转空间。 2. 厨房操作台尺寸长度不小于 2.1m；宽度不小于 0.5m。 3. 电炊操作台台面长度不应小于 1.20m，台前通行净宽不应小于 0.90m。 4. 洗脸台地位配置	无

续表

序号	适配属性	适配项	适配要求	成本增长点
5	适用性	橱柜	1. 采用推拉门或软件遮挡。 2. 吊柜对门，设置U形把手。 3. 吊柜地位配置	精装成品住宅装修成本增加
6		卫浴	1. 一律采用坐便器，高度不低于0.4m。 2. 浴缸与墙连接。 3. 采用杠杆式单把淋浴阀和软管淋浴器，设置坐姿淋浴装置	精装成品住宅装修成本增加
7		门窗	1. 门窗洞口宽度不小于1m，高度不低于2.m。 2. 户内宜采用推拉门，选择平开门时应向外开启。卫生间应采用推拉门。 3. 供老年人出入的门，门扇下方高0.35m处宜设护门材料。 4. 门窗把手应采用杆式，高度应方便老年人开启。 5. 采用外开窗时，宜设置关窗辅助装置。失智老年人家庭的外窗可开启范围内应采取防护措施	精装成品住宅装修成本增加
8	安全性	地面防滑	1. 室内地面和楼梯踏步面可铺设防滑砖、防滑贴、防滑地胶、防滑垫等，进行防滑处理。 2. 起居室（厅）可铺设地毯或木地板，满足防滑要求。 3. 室内地面摩擦系数不应低于0.5	1. 防滑设施导致的成本增加； 2. 摩擦系数要求导致的建设成本增加
9		安全扶手	1. 门厅应设置竖向扶手。 2. 过道应根据老年人行走路线，沿墙水平或竖向设置扶手。 3. 卧室扶手应在床周围沿墙或组合设置。 4. 厨房地柜扶手可根据老年人需要设置。 5. 卫生间浴缸、坐便器、洗脸台旁应设置助力扶手，淋浴位置旁应至少在一侧墙面设置助力扶手。 6. 对于没有活动障碍的老年人，可预留安装扶手的构造。 7. 对于完全瘫痪的老年人，可安装吊轨装置或设置可移动吊架，在卧室和卫生间进行转移	安全扶手的增设带来的成本增加
10		安全插座	应预留足够的强弱电插座和接口，卧室床头、厨房操作台、卫生间洗脸台、洗衣机、坐便器旁应设置电源插座。插座均为防水插座	防水插座增设带来的成本增加
11		报警装置	1. 应设置紧急求助报警装置，并符合以下要求：户门门头外应安装报警灯，并将呼叫信号直接传送至管理室、监护人或紧急联络电话；卧室和洗手间应设有紧急报警按钮，应以按钮与拉绳相结合的方式进行并配有明显标识，按钮与地面之间的距离宜为0.80～1.10m，拉绳末段距地不宜高于0.30m，厨房宜设置烟感报警装置；厨房使用燃气作为燃料时，必须安装燃气浓度检测报警和自动切断阀；建议采用室外报警型，将蜂鸣器装在房门外或管理室等位置，设置生活节奏异常感应器，将信号直接传送至管理室、监护人或紧急联络电话。 2. 应设置具备下列条件的紧急入侵警报设备：可在户门内、阳台、外窗等场所安装入侵检测报警设备，并将其信号直接传送至管理室、监护人或紧急联络电话；在联网接口中预留入侵警报系统和安全管理系统	增设适老化求助警报系统和相应的硬件设施带来的成本增加

续表

序号	适配属性	适配项	适配要求	成本增长点
12	舒适性	空调和采暖	应设中央空调系统，以地暖系统为主要辐射采暖系统	无
13		通风系统	厨房、卫生间应设置通风设施	无
14		采光	1. 增设转角镜子、透光窗。 2. 顶灯和局部照明结合的室内照明体系。 3. 内墙转弯、高度变化、易滑倒等地应保证光照。 4. 光照布局顺应活动流线	灯具增设带来的布线成本和精装成本增加
15		隔声	窗、户门、卧室墙、分户楼板提高隔声要求；户内排水管道、空调、机械换气装置位置远离起居室布置并增设隔声保护	更高的隔声要求带来的隔声材料成本增加

通过表6-31中对适老化住宅不同于普通住宅的成本增长点的分析，归纳出三类主要的成本增长点：适老属性导致的住房空间调整引起的成本增加、因适老设施而增加的精装成本、因适老属性而增加的建材用量。根据以往的调查研究数据，与普通住宅相比，适老化住宅的建安工程造价增加了3%～5%，也就是70～205元/m²。其中，与适老化配套相关的基础设施成本不包括在适老化住宅的建造成本中；由适老化需求导致的成本增加量，成品精装适老化住宅比毛坯房要高。

(2) 社区卫生服务中心

未来社区卫生服务中心的目标是建设高品质的医疗服务，与三甲医院合作合营成立医联体，为居民提供更好更高端的医疗服务。按照《社区卫生服务中心、站建设标准》（建标163—2013）的相关要求，其房屋建筑应当包含临床科室用房、预防保健科室用房、医技用房和其他科室用房。临床科室用房主要有全科、中医、康复、抢救、预检等诊室；预防保健科室用房主要有预防接种、儿童保健、妇幼保健、计划生育与健康教育等科室；医技用房和其他科室用房包括B超室、检验室、心电图室、消毒室、药房、治疗室、观察室、处置室、办公用房、健康信息管理室等。社区卫生服务中心业务用房建筑面积控制指标如表6-32所示。

社区卫生服务中心业务用房建筑面积控制指标表 **表6-32**

用房类别	服务人口数量			备注
	＜5万人	5万～7万人	＞7万人	
临床科室用房	259m²	339m²	419m²	
预防保健科室用房	194m²	234m²	276m²	
医技及其他科室用房	315m²	363m²	409m²	包括配药房、医护休息用房等
辅助用房	120m²	140m²	160m²	包括附属设施、设备机房等
其他建筑面积	512m²	624m²	736m²	包括楼道、阳台等
合计	1400m²	1700m²	2000m²	

对于社区卫生服务中心的技术经济指标建议，社区卫生服务中心站房屋平均建筑安装工程造价以同一建筑等级标准和结构形式为参照的住宅平均建筑安装成本的1.5～2倍确

定。对具有特殊用途的建筑，可以根据具体情况，对其建设安装成本进行相应的调整。所以，在估算拆改结合类未来社区卫生服务中心的投资造价指标时，如果需要对原来的社区卫生服务中心进行改造，其改造成本估算可以按住宅造价的 0.5～1 倍确定，如果是新建的，其估算可以按照 1.5～2 倍的价格进行。

（三）邻里场景造价指标分析

未来社区致力于将社区文化礼堂、特色文化花园作为文化标志，并且为了打破传统社区存在的沟通壁垒，未来社区将搭建宅前公共空间、空中花园等邻里场景，所以工程造价成本也将集中于此。

（1）社区文化礼堂

根据现有社区文化礼堂建设的相关要求，结合项目建设数据，对其投资额和建筑面积指标进行分析。云南省保山市出台了关于综合文化服务中心建设的相关规定，提出了根据社区常住人口数量来确定建筑面积。建议：社区常住人口＞2000 人，房屋建筑面积≥300m²；1000 人≤社区常住人口≤2000 人，房屋建筑面积≥200m²；社区常住人口＜1000 人，房屋建筑面积≥100m²。

已有社区文化礼堂工程项目投资数据统计如表 6-33 所示。

社区文化礼堂工程项目投资数据统计表　表 6-33

序号	项目名称	建设用地面积（m²）	建设投资（万元）	投资均值（元/m²）
1	石塘社区溪岙文化礼堂建设项目	1200	200	1667
2	渤海镇文化礼堂建设项目	420	100	2380
3	店口镇湄东社区综合服务中心建设项目	1540	205	1331
4	同山镇高城头社区解放自然村文化礼堂工程项目	433	113	2610
5	路井镇新民社区文化礼堂项目	680	220	3235
6	诸暨市枫桥镇枫社区文化礼堂建设工程项目	1098	214	1949
7	太湖街道新开河社区文化大礼堂工程项目	1021	180	1763
均值		2134 元/m²		

由表 6-34 统计的数据进行估算，社区文化礼堂的建设投资将在 2134 元/m² 左右。如果拆迁结合类未来社区项目需要拆除现有的建筑重新建成社区文化礼堂，那么成本投入将与建筑投资水平 2134 元/m² 持平；根据市场调研，如果后期对建筑装修改造，费用将保持在 427～533 元/m² 的价位，占新建重建类社区文化礼堂建设投资的 20%～25%。

（2）社区特色文化公园

由于综合性公园的最小服务半径和规模并未在风景园林的基本属于标准中并未有明确规定，则可以结合小区的布局，对其进行合理的规划。可以参考借鉴《城市居住区规划设计标准》GB 50180—2018 的第 4.0.4 条，此条为强制性条文，其规定：新建各级生活圈居住区应配套规划建设公共绿地，并应集中设置具有一定规模，且能开展休闲、体育活动的居住区公园；公共绿地控制指标应符合表 6-34 的规定。

公共绿地控制指标表 **表 6-34**

居住区规模类别	人均公共绿地面积（m^2/人）	居住区公园	
		最小规模（hm^2）	最小宽度（m）
15 分钟生活圈居住区	2.0	5.0	80
10 分钟生活圈居住区	1.0	1.0	50
5 分钟生活圈居住区	1.0	0.4	30

经市场调查、专家访谈，认为社区公园综合造价将在 200～300 元/m^2 范围内波动。工程包括园建工程、绿化工程和其他工程。

（3）空中庭院

未来社区空中庭院的建设有助于实现住宅小区的绿化目标，并为邻里间的沟通提供更多的空间。《江苏省城市居住区和单位绿化标准》中明确规定新建居住区绿地率不应小于30％，旧区改建的居住区绿地率不应小于 25％。本书拟借助此标准对未来社区居住区的空中庭院建设规模进行规划。根据居住区规划布局形式，对居住区内公园绿地的总指标进行统一安排。按照居住人口规模，对具体指标作出下列要求：

1）组团不少于 0.5m^2/人（其中属于绿色建筑的新建居住组团，指标不少于 1m^2/人）。

2）小区（含组团）不少于 1m^2/人；

3）居住区（含小区与组团）不少于 1.5m^2/人；

4）属于旧区改建的，指标可酌情降低，但不得低于相应指标的 70％。

空中庭院建设工程包括基本绿化工程、园路和园桥工程、园林景观工程以及相关措施项目工程，根据市场调查发现，空中庭院建筑所涉及的园林庭院工程的成本跨度很大，一般标准为 200 元/m^2，但由于园林景观在品质上有区别，复杂程度也有所不同，所以造价方面也存在差异，通常在 200～700 元/m^2 之间波动。

（四）教育场景造价指标分析

未来社区教育场景体现在以下几个方面：根据社区人口规模，设置育儿托儿所，引入公益性、高端、多层次的托儿机构；根据不同年龄层的教育需要配备 1000m^2 以上的功能复合型社区幸福学堂等。所以，今后在未来社区教育方面的建设规划将以“寄养中心”和“社区学校”为重点。

（1）社区养育托管点

根据《托儿所、幼儿园建筑设计规范》JGJ 39—2016（2019 年版）中的相关规定，托儿所室外活动场地人均面积不应小于 3m^2。在城市人口密集地区改造扩建的托儿所，如果确实场地有限，室外活动场地人均面积也不应小于 2m^2。社区托儿所的生活用房应该包括乳儿班、托小班、托大班，且各个班级都应设置公共活动区、配餐区、睡眠区、储藏区、清洁区，每个区域的最低使用面积应满足表 6-35（单位：m^2）的要求：

社区养育托管点区域面积指标表 **表 6-35**

序号	区域名称	乳儿班最小使用面积	托小班及以上班级最小使用面积
1	睡眠区	30	35
2	活动区	15	35

续表

序号	区域名称	乳儿班最小使用面积	托小班及以上班级最小使用面积
3	配餐区	6	6
4	清洁区	6	6
5	储藏区	4	4
6	卫生间	—	8

市场调研的结果显示，社区幼儿园托管所单方造价指标在 2000～3000 元/m² 之间波动。通过引进高端养育托儿服务，将其纳入基于 TOD 模式的商业综合体，可以打造多层次育儿服务，满足未来社区对于教育场景的布局设想。

（2）社区幸福学堂

参考《高等职业学校建设标准》相关规定，按照不同的学科类别，对教室建筑面积指标规定建议在 1.55～1.86m²/生，图书馆建筑面积指标规定建议在 1.65～2.20m²/生。对标上述建筑设计标准和建筑面积指标，未来社区可以确定社区幸福学堂的建筑规模，打造 1000m² 以上规模的社区复合型学堂。

为估算社区幸福学堂造价指标，对已有项目的投资数据进行统计，具体如表 6-36 所示。

社区学堂项目造价指标统计表　　表 6-36

序号	项目名称	建设用地面积（m²）	建设投资（万元）	投资均值（元/m²）
1	杭州市富阳区新登镇老年学堂建设工程项目	3000	735	2450
2	鼓楼党章学堂整体文化提升布展项目	2300	85	370
3	张集乡黄疃社区学校改造提升工程项目	4500	160	350
4	綦江区社区教育学院建设工程	14400	6500	4514
5	椰青园安置社区配套学校项目	66239	30478	4601
改造整治提升类均值		360 元/m²		
新建类造价指标区间		2450～4600 元/m²		

根据上述社区学堂建设或改造工程的投资指标，结合市场调查可以看出，社区学堂的改建费用将会在 360 元/m² 上下浮动，而新建类社区学堂学校改造成本会视规模而定，在 2450～4600 元/m² 之间浮动。

（五）低碳场景造价指标分析

未来社区的低碳场景主要表现在多能源协同供给体系构建、智慧垃圾分类体系建设、雨、中水的资源化利用三大领域。由于智慧垃圾分类系统基于物联网运行使用，所以将在物联网造价指标分析中进行阐述。

（1）社区多元能源协同供应

社区要实现多种能源的协调供给，可以通过搭建以氢能和燃料电池为原料的集中供热系统和光伏发电系统。目前，市场上的主流社区光伏发电系统都是在居民区的主要建筑区域安装太阳能电池板，建设能源站。中铁五勘测设计院和贝氏建筑事务所联合发布的社区能源协同供应方案提出：在综合居民楼楼顶安装太阳能板，为社区服务中心提供 15%的总用电负荷；另外通过在综合楼地下设置储能系统，可以使储能电池在晚上利用低谷电进行蓄电。

通过对某社区的光伏发电项目进行调研，该项目的系统建设指标如表 6-37 所示。

光伏发电工程系统建设指标表 **表 6-37**

序号	光伏发电建设指标	指标数值	单位
1	光电建筑面积	300000	m^2
2	采光面积	20000	m^2
3	峰值功率	2800	kW
4	每年发电量	3343600	度
5	使用寿命	25	年
6	年节约标煤	1109.6	t
7	年减碳排放量	584.4	t
8	总投资	11297.13	万元
①	其中:建筑工程费	36	万元
②	设备及工器具购置费	8308.35	万元
③	设备安装工程费	1660.40	万元
④	工程建设其他费	330.44	万元
⑤	基本预备费	516.44	万元
⑥	建设期利息	445.50	万元
	平均每平方米采光面积投资	5648.6	元/m^2

由于表 6-37 中数据为个别项目的基本数据，因此社区多元能源供应系统的造价指标将在 5000～6000 元/m^2（发电或供能面积）内波动。

(2) 社区雨水中水回收系统

社区雨水中水回收系统可以通过利用海绵城市设施完成。目前的社区海绵城市规划主要是通过社区绿地、道路，设置屋顶雨水罐等方式集水，实现景观水池、生活用水、绿地灌溉、消防用水等多场景的水资源回收利用。

按照由住房城乡建设部标定所组织上海市政工程设计研究总院（集团）有限公司编制的《城市公共设施造价指标案例（海绵城市建设工程）》中的有关造价指标数据进行估算，平均社区海绵城市改造的投资将在 20～30 元/m^2 范围内波动，虽然改造平方米单价基数小，但由于是对整个社区面积的改造，因此改造规模大、投资高，预计社区海绵城市改造工程的投资将达千万。

（六）交通场景造价指标分析

未来社区的交通场景体现在以下四个方面：社区慢行通道建设、智能共享停车场建设、智能物流配送服务搭建和基于 TOD 发展模式的交通枢纽建设。在建设方案的成本分析中，本书将重点分析基于 TOD 发展模式的交通枢纽建设。

(1) 智能共享停车场

智能停车场与一般停车场的区别在于智能停车管理系统功能的差异。智能停车管理系统包括停车信息综合服务、智能内部导航、智能收费管理、停车收费管理、帮助车主停车寻车等。其硬件部分包括车牌识别摄像机、LED 显示屏、语音模块、无线地磁传感器、无线超声波传感器、车位引导显示屏、充电桩、电动道闸、车辆检测器、出入口控制箱、自助缴费终端等。

通过市场调研，得出共享智能停车场造价指标数据如表 6-38 所示。

共享智能停车场造价指标调研统计表　表 6-38

序号	项目名称	建设投资（万元）	车位数	单位车位造价指标（万元/个）
1	正宁县智能化立体停车场建设项目	4000	537	7.45
2	宿松县城区机械智能停车场建设项目	3270	200	16.35
3	无锡老城区智能停车场工程项目	340	811	0.42
4	嘉峪关市城市主干道两侧和公共停车场停车设施智能化改造项目	798	289	2.76
5	库车县五一路停车场智能化停车设备购买及安装项目	1181	191	6.18
6	宿迁市某封闭停车场智能化改造项目	65	30	2.16
7	高岭智慧物流园货运停车场项目智能化工程	220	90	2.44

市场调查数据显示，新建智能停车场的成本在不同的城市有很大的差异，如果采用立体式机械化设计将会大幅增加造价；如果只对现有的停车场进行智能化改造，造价将在 20000～25000 元/个的区间内波动。

（2）社区慢行通道

社区道路区域的人性化建设通常体现在慢行通道的建设上。这些慢行通道一般采用钢廊架结构或混凝土结构，采用钢廊架结构的风雨连廊形式多、造价高，比如浙江医科大学医学院的风雨连廊，采用钢廊架结构，总建设面积 1200 余平方米，造价达 2700 元左右，整个院区总造价达 320 万元。而义务星光小学的风雨走廊采用金属廊架加玻璃，总建设面积 88m^2，预算造价 19.1 万元，折算后每平方米造价 2170 元。据此估算，社区慢行通道造价区间在 1500～2500 元/m^2。

（3）社区智能物流配送

社区智能物流系统目前仍处于试验阶段，目前主流的智能物流配送模式还是利用大数据分拣，以及无人自动智能化的快件配送，包括空中配送和地面配送两种方式。本书通过对当前主流的社区智能快递柜采购和安装成本进行市场调查发现，目前智能快递柜的售价区间在 3000～4000 元/台，且每一台代表社区内的一个快递站点，故可以根据社区内快递服务站点个数与快递柜的单价对社区智能物流配送系统造价进行估算。

（七）治理场景造价指标分析

未来的社区治理模式主要是通过创新机制、搭建数字化管理系统，进而建立智慧社区服务平台和服务大厅。由于建筑形式类似于住宅，所以造价指标也与其一致，其中主要差别在于设备购置方面，如图 6-16 所示。

通过市场调研，采购一套符合社区治理场景要求的相关设备价格在 20 万～50 万元/套区间内波动，如果需要采购多套，费用将折算叠加。

（八）服务场景造价指标分析

未来社区服务方案计划以社区智能服务平台为基础，构建“平台＋管家”的物业服务模式，合理分配经营用房，在社区应急和安全防护服务、商业服务和环境检测服务的共同作用下确保物业运营过程中资金保持平衡。在硬件设施上依靠社区物联网以满足对服务场

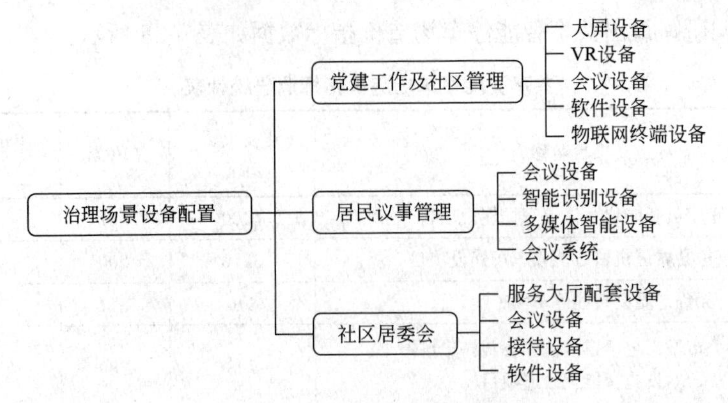

图 6-16 治理场景设备配置示意图

景的设想。

完整的社区物联网服务系统组成应包括健康医疗物联网、智能家居物联网、消防设施物联网、社区文化生活服务、安防物联网、环保物联网、交通物联网等。根据《消防设施物联网系统技术标准》J14149—2018、《物联网智能家居图形符号标准》GB/T 34043—2017、《联网社区文化生活服务系统技术框架》YD/D 3057—2016、《环保物联网总体框架》HJ 928—2017 等一系列有关标准规范，构建社区物联网基本架构如图 6-17 所示。

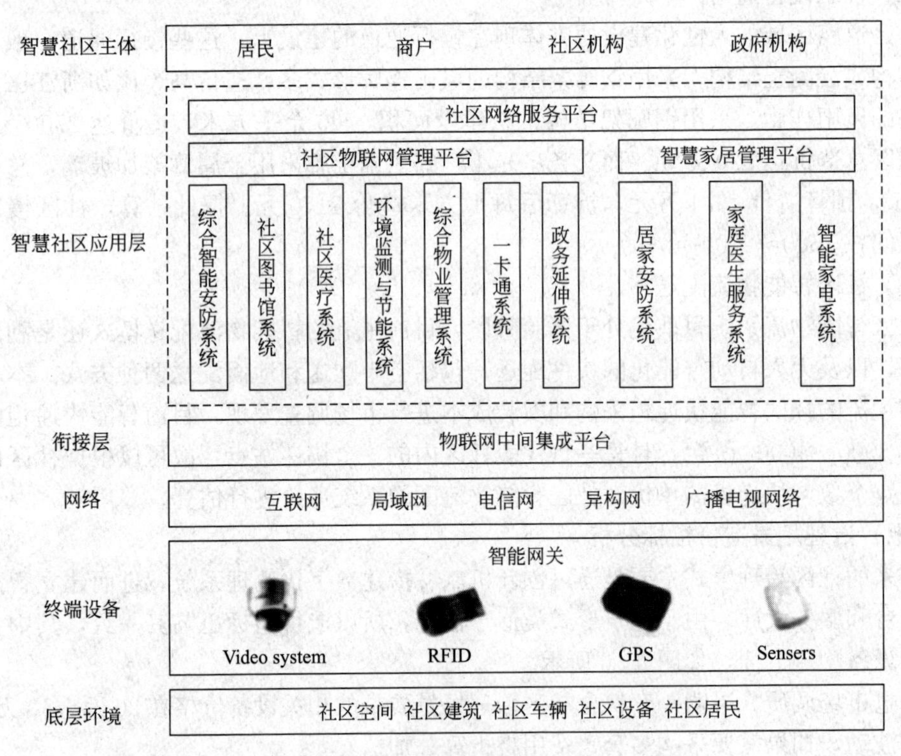

图 6-17 社区物联网基本架构

完整的社区物联网基本硬件设备包含硬件存储设备、定位硬件、摄影录像设备、弱电硬件、传感器、计算机等，设施功能齐全，其中社区物联网造价指标市场调研统计表如表 6-39 所示。

社区物联网造价指标市场调研统计表　**表 6-39**

序号	项目名称	单个小区建设投资(万元)
1	福建省数字鼓楼示范区智慧社区设备采购项目	86
2	张家口经济开发区老旧小区改造及数字化管理和平安智慧社区升级项目	210
3	广汉市城镇老旧小区改造—智慧社区建设项目	286
4	威海市文登区智慧社区项目	237
5	黄岛区智慧社区、智慧街区项目	282
6	“南奥新居”智慧社区改造项目	98
7	“金叶社区”智慧社区改造项目	98

福建省鼓楼数字示范区已完成了物联网设备的购置和安装，整个小区内的物联网设备投资达 86 万元；张家口经济开发区对 4 个老旧小区进行智能化物联网改造工程，单个小区的改造预算在 210 万元。根据测算，如果整个小区进行智能社区改造和物联网建设的基本造价指标将在 100 万～250 万元/m^2 的范围内浮动。

（九）建筑场景造价指标分析

未来社区的建筑场景主要表现为以下几个方面：保留具有历史文化特色的社区建筑风貌、在社区住宅等建筑中体现绿色建筑理念、以 TOD 开发为导向的空间集约化开发，所以造价也集中在这些方面。但是按照浙江省颁布的有关历史文化街区和历史建筑保护条例规定，其保护资金来源主要有上级专项补助、个人或单位捐赠、财政预算等，并不纳入未来社区造价指标分析。

以杭州市为例，在浙江省的政策背景下，以 TOD 开发模式为基础的商业综合体发展具有相应的开发规划指标限制，具体情况见表 6-40。

杭州商业综合体建设限制指标表　**表 6-40**

序号	限制指标	具体要求
1	容积率	容积率在满足日照、消防、交通、限高、相关设施配套和保证环境质量的前提下，可按宜高则高原则控制。其中以商业、办公建筑为主(即建筑面积不小于总建筑面积的 50%)的不应超过 10.0，居住建筑为主(即建筑面积不小于总建筑面积的 50%)的不应超过 5.0。交通功能的空中连廊面积可不计入容积率
2	建筑密度	建筑密度除住宅建筑不应大于 28%外，其他混合用地不应大于 70%，但同时必须满足绿地、停车、消防、后退、间距等其他要求
3	建筑间距	综合考虑日照、采光、通风、消防、防灾、视觉卫生、管线埋设、环保、安全等要求确定，但多层建筑之间不应小于 10m，高层建筑之间不应小于 15m
4	绿地率	绿地率可以跨地块在城市综合体整体范围内平衡(住宅用地除外)，其中建设用地不应低于 10%，非建设用地按 30%控制。建(构)筑物上部绿化覆土厚度不小于 0.5m 时可计算绿地面积。景观水面若与绿化或公共环境有机结合时可计入绿地，但面积不应超过绿地总面积的 30%
5	停车场	1. 机动车停车场：主要建筑功能的建筑面积占总建筑面积的 1/3～2/3 时，可按现行标准总和的不低于 90%、不足 90%但不低于 80%分两档配建，并分别按政府定价的 1.0、1.5 倍收取异地建设补偿金，其中结合地铁站的按不低于 80%配建，并统一按政府定价收取异地建设补偿金； 2. 非机动车停车场：公共自行车停车场地宜在靠近出入口的地面布置，规模不宜小于 150 辆，当与轨道站点结合时，则不应小于 200 辆，并可按 1∶3 计入非机动车停车配建面积

在以上指标限制下，基于TOD开发模式的未来社区商业综合体需要满足九大场景中的具有商业背景的功能性需求，具体要求如图6-18所示。

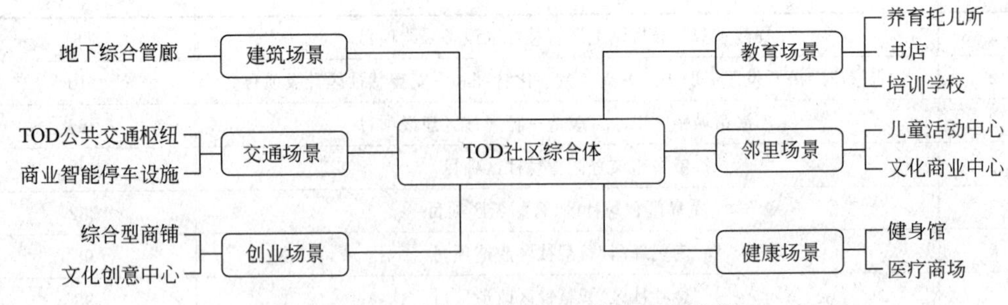

图6-18 TOD社区综合体九大场景功能示意图

未来社区的TOD模式商业综合体建设工程的基本投资包括地上、地下工程投资，本书收集调研的相关造价数据如表6-41所示。

商业综合体项目造价指标调研统计表 表6-41

指标内容	项目名称(单位:元/m²)						
	苏州中心广场	南京江北新区中心区CBD地下空间	广州珠江新城	杭州来福士	昌平区未来科技城	南宁江南万达广场	上海浦东新区东方金融广场
总造价	4086950996.79	11665453000.00	3322204300.00	812791704.53	561905653.49	260918323.87	854013300.00
建筑工程	11665453000.00	7993640000.00	1195778500.00	560052403.00	283069168.42	192459615.00	281846400.00
装饰工程	7993640000.00	747175000.00	386300000.00	11690557.00	129146915.32	11874232.00	22553800.00
安装工程	747175000.00	1095491000.00	570660000.00	124350694.00	56520678.31	16891194.89	167308500.00
其他	1095491000.00	1769912000.00	1095545800.00	116698050.53	11632363.45	17947210.00	330586000.00
措施项目费	1769912000.00	59235000.00	73920000.00	54863440.06	32839999.07	21746071.98	51718600.00
单方造价	9416.94	11970.70	7893.10	7853.58	7081.27	3084.14	7433.96

基于实际案例的单方造价指标数据，对未来社区商业综合体的单方造价进行估算，包含地上、地下工程的商业综合体的单方造价在7500～12000元/m²之间波动。

第三节 未来社区勘察咨询

一、勘察咨询工作内容

浙江省发展改革委印发的《浙江省未来社区试点建设全过程工程咨询服务指南（试行）》指出，未来社区项目工程勘察咨询是指根据赋码项目需要，开展工程勘察管理或工程勘察活动。

项目工程勘察咨询在决策阶段形成，如在《项目试点申报方案》《未来社区实施方案》《项目资金估算》等基础上，对拟建未来社区项目进行深入研究、综合分析、论证；在技术和经济上对拟建项目进行全面的安排；编制项目勘察设计文件并提供相关咨询服务。

在组织实施勘察设计咨询时，全过程工程咨询服务单位应当遵守下列原则：

(1) 具备与工程规模和业主委托内容相符的勘察设计资质，并按其自身资质证书许可范围内进行勘察设计工作。

(2) 在不具备相应资质的情况下，应根据合同规定或经发包人同意选择合适的单位进行勘察设计。

(3) 组织成立勘察设计咨询项目管理部门，对负责人及其管理职责与分工进行明确，并制定相应管理制度，配备相应资源，确定管理目标和流程。

二、勘察咨询工作要点

为保证未来社区建筑岩土工程勘察工作的质量，在实际工作中取得必要的勘察成果，应着重对此类工程的关键点进行探讨，主要有以下工作：

(1) 落实好勘察前的准备工作

为避免对后续工作开展造成不利影响，未来社区建筑岩土工程勘察作业计划在实施前就需要相关人员做好准备工作。具体表现为：①对勘察计划及任务书进行分析，确定勘察范围；②设计单位应在考虑勘察技术要求、进度要求等情况下，及时提供实践中所需的设计平面图；③勘察部门和作业人员应现场考察，检查勘测工具、了解勘测区域环境情况，确保充分准备。

(2) 明确实践中的勘察任务及目的

为提高未来社区建筑岩土工程勘察工作的潜在价值，使其更有针对性地开展，就必须明确在实践中的勘察任务和目标。其中，高层建筑岩土工程的勘察任务为：

① 勘察不良地质的深度、范围以及对建筑物的影响；

② 对建筑地基的深度、结构类型、地层分布以及工程特性进行勘察，以便高层建筑选址的确定；

③ 勘察地基内岩土层承载力状况以及变形模量；

④ 对地下水深度、分布状况等情况进行勘察；

⑤ 对地基范围内地质的抗震等级进行勘察，为高层建筑的土层剪切速度、场地类型等地震相关参数的设置提供参考信息。

三、勘察咨询工作的实施

（一）编审勘察文件

1. 编制依据

项目勘察阶段咨询服务的依据主要有：

(1) 经批准的项目建议书、可行性研究报告等文件；

(2) 勘察任务书；

(3)《建设工程勘察设计管理条例》(国务院令第 293 号令)(2015 年修订)；

(4)《工程建设项目勘察设计招标投标办法》(发展计划委员会 2003 年第 2 号令)(2013 年修订)；

(5)《建设工程勘察设计资质管理规定》(建设部 2006 年第 160 号令)(2015 年修订)；

(6)《建设工程勘察质量管理办法》(建设部 2002 年第 115 号令)(2007 年修订)；

（7）《实施工程建设强制性标准监督规定》（建设部 2008 年第 81 号令）（2015 年修订）；

（8）《岩土工程勘察规范》GB 50021—2001（2009 年版）；

（9）《岩土工程勘察文件技术审查要点》（2020 版）；

（10）其他相关专业的工程勘察技术规范标准。

2. 勘察方案的编审

勘察方案应由全过程工程咨询单位勘察专业工程师编制、设计专业工程师进行审查，编审主要包括以下内容：

（1）钻孔的位置、数量和间距是否满足初步设计或施工图设计的要求；

（2）钻孔深度应根据上部荷载与地质情况（地基承载力）确定；

（3）控制钻孔类别比例，主要是技术性钻孔的比例和控制性钻孔的比例；

（4）勘探与取样：包括采用的勘探技术手段、取样方法和措施等。

（5）原位测试：主要包括标贯试验、重探试验、波速测试、静力触探、平板载荷试验等。在勘察投标中，应明确此类测试的方法、目的、试验要求和数量。

（6）土工试验：应满足建筑工程设计与施工所需要的参数，如地基土强度验算时的三轴剪切试验、水质分析以及为基坑支护提供参数的剪切试验等。

（7）项目组织：包括机械设备、人员组织。

（8）方案的经济合理性。

通过对勘察方案的编制和审查，可以保证勘察成果满足设计需要、满足项目建设需要，为设计工作的开展提供真实的地质勘察资料。

3. 勘察文件的编审

勘察文件是勘察工作的成果性文件，需要充分利用相关的工程地质资料，做到内容齐全、论据充足、重点突出。此外，勘察文件应正确评价地基岩土条件、建筑场地条件和特殊问题，为工程设计和施工提供合理适用的建议。因此，全过程工程咨询单位要细致全面地做好工程勘察文件的编制与审查工作，为设计和施工提供准确的依据。

全过程工程咨询单位须按照国家和省市制定的工程勘察标准、技术规范和有关政策文件，组织专业技术力量和设备等，组织开展工程勘察工作，精心编制和审查工程勘察文件，重点做好以下几个方面的内容（表 6-42）：

（1）勘察文件是否符合委托任务书委托要求和合同规定；

（2）勘察文件是否符合勘察文件编制深度规定的要求；

（3）组织专家对勘察文件进行内部审查，以确保勘察成果的准确性和真实性，将问题及时反馈至地勘单位，并跟踪落实修改情况；

（4）检查勘察文件资料是否齐全，有无缺少实验资料、勘察工作量统计表、测量成果表、勘探点（钻孔）平面位置图、柱状图和岩芯照片等；

（5）工程概述是否表述清晰，工程项目、地点、规模、类型、荷载和拟采用的基础形式等各方面有无遗漏。

（6）勘察成果是否符合设计规范、满足设计要求。

全过程工程咨询单位审查合格后要将勘察文件报送当地建设行政主管部门，对勘察文件中涉及工程建设强制性标准的内容进行严格审查，并将审查意见及时反馈至专业咨询工程师（勘察），直至取得审查合格书。

房屋建筑工程勘察文件技术审查要点[①]　　表 6-42

序号	审查项目	审查依据	审查内容
1	基本规定		
1.1	基本要求	《岩土工程勘察规范》GB 50021—2001(2009 年版)	1.0.3 各项建设工程在设计和施工之前，必须按基本建设程序进行岩土工程勘察。 1.0.3A 岩土工程勘察应按工程建设各勘察阶段的要求，正确反映工程地质条件，查明不良地质作用和地质灾害，精心勘察、精心分析，提出资料完整、评价正确的勘察报告
1.2	勘察要求	《岩土工程勘察规范》GB 50021—2001(2009 年版)	4.1.11 详细勘察应按单体建筑物或建筑群提出详细的岩土工程资料和设计、施工所需的岩土参数；对建筑地基作出岩土工程评价，并对地基类型、基础形式、地基处理、基坑支护、工程降水和不良地质作用的防治等提出建议。主要应进行下列工作： 1 搜集附有坐标和地形的建筑总平面图，场区的地面整平标高，建筑物的性质、规模、荷载、结构特点、基础形式、埋置深度、地基允许变形等资料； 2 查明不良地质作用的类型、成因、分布范围、发展趋势和危害程度，提出整治方案的建议； 3 查明建筑范围内岩土层的类型、深度、分布、工程特性，分析和评价地基的稳定性、均匀性和承载力； 4 对需进行沉降计算的建筑物，提供地基变形计算参数，预测建筑物的变形特征； 5 查明埋藏的河道、墓穴、防空洞、孤石等对工程不利的埋藏物； 6 查明地下水的埋藏条件，提供地下水位及其变化幅度； 7 在季节性冻土地区，提供场地土的标准冻结深度； 8 判定水和土对建筑材料的腐蚀性。 4.9.1 桩基岩土工程勘察应包括下列： 1 查明场地各层岩土的类型、深度、分布、工程特性和变化规律； 2 当采用基岩作为桩的持力层时，应查明基岩的岩性、构造、岩面变化、风化程度，确定其坚硬程度、完整程度和基本质量等级，判定有无洞穴、临空面、破碎岩体或软弱岩层； 3 查明水文地质条件，评价地下水对桩基设计和施工的影响，判定水质对建筑材料的腐蚀性； 4 查明不良地质作用、可液化土层和特殊性岩土的分布及其对桩基的危害程度，并提出防治措施的建议； 5 评价成桩可能性，论证桩的施工条件及其对环境的影响
2	勘探点的布置		

① 本表内容均引自《岩土工程勘察规范》GB 50021—2001（2009 年版）等规范的内容。

续表

<table>
<tr><th>序号</th><th>审查项目</th><th>审查依据</th><th>审查内容</th></tr>
<tr><td>2.1</td><td>勘探点的布置原则</td><td>《岩土工程勘察规范》GB 50021—2001(2009年版)</td><td>4.1.16 详细勘察的勘探点布置，应符合下列规定：
1 勘探点宜按建筑物周边线和角点布置，对无特殊要求的其他建筑物可按建筑物或建筑群的范围布置；
2 同一建筑范围内的主要受力层或有影响的下卧层起伏较大时，应加密勘探点，查明其变化；
3 重大设备基础应单独布置勘探点；重大的动力机器基础和高耸构筑物，勘探点不宜少于3个；
4 勘探手段宜采用钻探与触探相配合，在复杂地质条件、湿陷性土、膨胀岩土、风化岩和残积土地区，宜布置适量探井。
4.1.17 详细勘察的单栋高层建筑勘探点的布置，应满足对地基均匀性评价的要求，且不应少于4个；对密集的高层建筑群，勘探点可适当减少，但每栋建筑物至少应有1个控制性勘探点</td></tr>
<tr><td>2.2</td><td>勘探点间距</td><td>《岩土工程勘察规范》GB 50021—2001(2009年版)</td><td>4.1.15 详细勘察勘探点的间距可按表4.1.15确定。
表 4.1.15　详细勘察勘探点的间距(m)<table><tr><th>地基复杂程度等级</th><th>勘探点间距</th><th>地基复杂程度等级</th><th>勘探点间距</th></tr><tr><td>一级(复杂)
二级(中等复杂)</td><td>10～15
15～30</td><td>三级(简单)</td><td>30～50</td></tr></table></td></tr>
<tr><td>2.3</td><td>勘探孔深度</td><td>《岩土工程勘察规范》GB 50021—2001(2009年版)</td><td>4.1.18 详细勘察的勘探深度自基础底面算起，应符合下列规定：
1 勘探孔深度应能控制地基主要受力层，当基础底面宽度不大于5m时，勘探孔的深度对条形基础不应小于基础底面宽度的3倍，对单独柱基不应小于1.5倍，且不应小于5m；
2 对高层建筑和需作变形验算的地基，控制性勘探孔的深度应超过地基变形计算深度；高层建筑的一般性勘探孔应达到基底下0.5～1.0倍的基础宽度，并深入稳定分布的地层；
3 对仅有地下室的建筑或高层建筑的裙房，当不能满足抗浮设计要求，需设置抗浮桩或锚杆时，勘探孔深度应满足抗拔承载力评价的要求；
4 当有大面积地面堆载或软弱下卧层时，应适当加深控制性勘探孔的深度；
5 在上述规定深度内遇基岩或厚层碎石土等稳定地层时，勘探孔深度可适当调整。
4.1.19 详细勘察的勘探孔深度，除应符合4.1.18条的要求外，尚应符合下列规定：
1 地基变形计算深度，对中、低压缩性土可取附加压力等于上覆土层有效自重压力20%的深度；对于高压缩性土层可取附加压力等于上覆土层有效自重压力10%的深度；
2 建筑总平面内的裙房或仅有地下室部分(或当基底附加压力 $p_0 \leqslant 0$ 时)的控制性勘探孔的深度可适当减小，但应深入稳定分布地层，且根据荷载和土质条件不宜少于基底下0.5～1.0倍基础宽度；</td></tr>
</table>

续表

序号	审查项目	审查依据	审查内容
2.3	勘探孔深度	《岩土工程勘察规范》GB 50021—2001(2009年版)	3 当需进行地基整体稳定性验算时，控制性勘探孔深度应根据具体条件满足验算要求； 4 当需确定场地抗震类别而邻近无可靠的覆盖层厚度资料时，应布置波速测试孔，其深度应满足确定覆盖层厚度的要求； 5 大型设备基础勘探孔深度不宜小于基础底面宽度的2倍； 6 当需进行地基处理时，勘探孔的深度应满足地基处理设计与施工要求；当采用桩基时，勘探孔的深度应满足本规范第4.9节的要求。 4.9.4 勘探孔的深度应符合下列规定： 1 一般性勘探孔的深度应达到预计桩长以下(3～5)d(d 为桩径)，且不得小于3m；对大直径桩，不得小于5m； 2 控制性勘探孔深度应满足下卧层验算要求；对需验算沉降的桩基，应超过地基变形计算深度； 3 钻至预计深度遇软弱层时，应予加深；在预计勘探孔深度内遇稳定坚实岩土时，可适当减小； 4 对嵌岩桩，应钻入预计嵌岩面以下(3～5)d，并穿过溶洞、破碎带，到达稳定地层； 5 对可能有多种桩长方案时，应根据最长桩方案确定
3	取样与测试	《岩土工程勘察规范》GB 50021—2001(2009年版)	4.1.20 详细勘察采取土试样和进行原位测试应满足岩土工程评价要求，并符合下列要求： 1 采取土试样和进行原位测试的勘探孔的数量，应根据地层结构、地基土的均匀性和工程特点确定，且不应少于勘探孔总数的1/2，钻探取土试样孔的数量不应少于勘探孔总数的1/3； 2 每个场地每一主要土层的原状土试样或原位测试数据不应少于6件(组)，当采用连续记录的静力触探或动力触探为主要勘察手段时，每个场地不应少于3个孔； 3 在地基主要受力层内，对厚度大于0.5m的夹层或透镜体，应采取土试样或进行原位测试； 4 当土层性质不均匀时，应增加取土试样或原位测试数量
4	室内试验	《岩土工程勘察规范》GB 50021—2001(2009年版)、《土工试验方法标准》GB/T 50123—2019、《工程岩体试验方法标准》GB/T 50266—2013	11.1.1 岩土性质的室内试验项目和试验方法应符合本章的规定，其具体操作和试验仪器应符合现行国家标准《土工试验方法标准》GB/T 50123—2019 和国家标准《工程岩体试验方法标准》GB/T 50266—2013 的规定。 11.1.2 试验项目和试验方法，应根据工程要求和岩土性质的特点确定
5	地下水		
5.1	勘察	《岩土工程勘察规范》GB 50021—2001(2009年版)	4.8.5 当场地水文地质条件复杂，在基坑开挖过程中需要对地下水进行控制(降水或隔渗)，且已有资料不能满足要求时，应进行专门的水文地质勘察。 7.1.1 岩土工程勘察应根据工程要求，通过搜集资料和勘察工作，掌握下列水文地质条件： 1 地下水的类型和赋存状态；

续表

序号	审查项目	审查依据	审查内容
5.1	勘察	《岩土工程勘察规范》GB 50021—2001(2009年版)	2 主要含水层的分布规律； 3 区域性气候资料，如年降水量、蒸发量及其变化和对地下水位的影响； 4 地下水的补给排泄条件、地表水与地下水的补排关系及其对地下水位的影响； 5 勘察时的地下水位、历史最高地下水位、近3～5年最高地下水位、水位变化趋势和主要影响因素； 6 是否存在对地下水和地表水的污染源及其可能的污染程度
5.2	水位	《岩土工程勘察规范》GB 50021—2001(2009年版)	7.2.2 地下水位的量测应符合下列规定： 1 遇地下水时应量测水位； 2 对工程有影响的多层含水层的水位量测，应采取止水措施，将被测含水层与其他含水层隔开
5.3	水土腐蚀性测试与判别	《岩土工程勘察规范》GB 50021—2001(2009年版)	12.1.3 水和土腐蚀性的测试项目和试验方法应符合下列规定： 1 水对混凝土结构腐蚀性的测试项目包括：pH值、Ca^{2+}、Mg^{2+}、Cl^-、SO_4^{2-}、HCO_3^-、CO_3^{2-}、侵蚀性CO_2、游离CO_2、NH_4^+、OH^-、总矿化度； 2 土对混凝土结构腐蚀性的测试项目包括：pH值、Ca^{2+}、Mg^{2+}、Cl^-、SO_4^{2-}、HCO_3^-、CO_3^{2-}的易溶盐(土水比1∶5)分析； 3 土对钢结构的腐蚀性的测试项目包括：pH值、氧化还原电位、极化电流密度、电阻率、质量损失； 4 腐蚀性测试项目的试验方法应符合表12.1.3的规定。 12.1.4 水和土对建筑材料的腐蚀性，可分为微、弱、中、强四个等级，并可按本规范第12.2节进行评价
5.4	地下水评价	《岩土工程勘察规范》GB 50021—2001(2009年版)	7.3.1 岩土工程勘察应评价地下水的作用和影响，并提出预防措施的建议
6	场地和地基的地震效应	《建筑抗震设计规范》GB 50011—2010(2016年版)	地震液化判别深度应符合《建筑抗震设计规范》GB 50011—2010(2016年版)第4.3.4条规定
6.1	划分有利、不利和危险地段	《建筑抗震设计规范》GB 50011—2010(2016年版)	4.1.9 场地岩土工程勘察，应根据实际需要划分的对建筑有利、一般、不利和危险的地段，提供建筑的场地类别和岩土地震稳定性(含滑坡、崩塌、液化和震陷特性)评价，对需要采用时程分析法补充计算的建筑，尚应根据设计要求提供土层剖面、场地覆盖层厚度和有关的动力参数
		《岩土工程勘察规范》GB 50021—2001(2009年版)	5.7.2 在抗震设防烈度等于或大于6度的地区进行勘察时，应确定场地类别。当场地位于抗震危险地段时，应根据现行国家标准《建筑抗震设计规范》GB 50011的要求，提出专门研究的建议

续表

序号	审查项目	审查依据	审查内容
6.2	地震动参数	《建筑抗震设计规范》GB 50011—2016	1.0.4 抗震设防烈度必须按国家规定的权限审批、颁发的文件(图件)确定
		《岩土工程勘察规范》GB 50021—2001(2009 年版)	5.7.1 抗震设防烈度等于或大于 6 度的地区,应进行场地和地基地震效应的岩土工程勘察,并应根据国家批准的地震动参数区划和有关的规范,提出勘察场地的抗震设防烈度、设计基本地震加速度和设计地震分组
6.3	场地类别	《建筑抗震设计规范》GB 50011—2016	4.1.2 建筑场地的类别划分,应以土层等效剪切波速和场地覆盖层厚度为准。 4.1.6 建筑的场地类别,应根据土层等效剪切波速和场地覆盖层厚度按表 4.1.6 划分为四类,其中Ⅰ类分为$Ⅰ_0$、$Ⅰ_1$两个亚类。当有可靠的剪切波速和覆盖层厚度且其值处于表 4.1.6 所列场地类别的分界线附近时,应允许按插值方法确定地震作用计算所用的特征周期
6.4	液化判别	《岩土工程勘察规范》GB 50021—2001(2009 年版)	4.3.2 地面下存在饱和砂土和饱和粉土时,除 6 度外,应进行液化判别;存在液化土层的地基,应根据建筑的抗震设防类别、地基的液化等级,结合具体情况采取相应的措施。 4.3.4 当饱和砂土、粉土的初步判别认为需进一步进行液化判别时,应采用标准贯入试验判别法判别地面下 20m 深度范围内土的液化;但对本规范第 4.2.1 条规定可不进行天然地基及基础的抗震承载力验算的各类建筑,可只判别地面下 15m 深度范围内土的液化。当饱和土标准贯入锤击数(未经杆长修正)小于或等于液化判别标准贯入锤击数临界值时,应判为液化土。当有成熟经验时,尚可采用其他判别方法
		《建筑抗震设计规范》GB 50011—2010(2016 年版)	5.7.8 地震液化的进一步判别应在地面以下 15m 的范围内进行;对于桩基和基础埋深大于 5m 的天然地基,判别深度应加深至 20m。对判别液化而布置的勘探点不应少于 3 个,勘探孔深度应大于液化判别深度。 5.7.10 凡判别为可液化的场地,应按现行国家标准《建筑抗震设计规范》GB 50011 的规定确定其液化指数和液化等级。 勘察报告除应阐明可液化的土层、各孔的液化指数外,尚应根据各孔液化指数综合确定场地液化等级
7	不良地质作用		
7.1	基本要求	《高层建筑岩土工程勘察标准》JGJ/T 72—2017	8.1.2 对于存在不良地质作用,经技术经济论证能治理的高层建筑场地,应提出防治方案建议。经论证属于滑坡、崩塌、泥石流等地质灾害的危险区域,不应建造高层建筑

续表

序号	审查项目	审查依据	审查内容
7.2	岩溶	《岩土工程勘察规范》GB 50021—2001(2009 年版)	5.1.1 拟建工程场地或其附近存在对工程安全有影响的岩溶时,应进行岩溶勘察
7.3	滑坡		5.2.1 拟建工程场地或其附近存在对工程安全有影响的滑坡或有滑坡可能时,应进行专门的滑坡勘察
7.4	危岩和崩塌		5.3.1 拟建工程场地或其附近存在对工程安全有影响的危岩或崩塌时,应进行危岩和崩塌勘察
7.5	泥石流		5.4.1 拟建工程场地或其附近有发生泥石流的条件并对工程安全有影响时,应进行专门的泥石流勘察
7.6	采空区		5.5.1 本节适用于老采空区、现采空区和未来采空区的岩土工程勘察。采空区勘察应查明老采空区上覆岩层的稳定性,预测现采空区和未来采空区的地表移动、变形的特征和规律性;判定其作为工程场地的适宜性
7.7	地面沉降		5.6.2 对已发生地面沉降的地区,地面沉降勘察应查明其原因和现状,并预测其发展趋势,提出控制和治理方案。对可能发生地面沉降的地区,地面沉降勘察应预测发生的可能性,并对可能的沉降层位做出估计,对沉降量进行估算,提出预防和控制地面沉降的建议
7.8	活动断裂		5.8.1 抗震设防烈度等于或大于 7 度的重大工程场地应进行活动断裂(以下简称断裂)勘察。断裂勘察应查明断裂的位置和类型,分析其活动性和地震效应,应评价断裂对工程建设可能产生的影响,并提出处理方案。对核电厂的断裂勘察,应按核安全法规和导则进行专门研究
8	特殊性岩土		
8.1	湿陷性土	《岩土工程勘察规范》GB 50021—2001(2009 年版) 《湿陷性黄土地区建筑规范》GB 50025—2018	6.1.3 湿陷性土场地勘察,除应遵守本规范第 4 章的规定外,尚应符合下列要求: 1 勘探点的间距应按本规范第 4 章的规定取小值。对湿陷性土分布极不均匀的场地应加密勘探点; 2 控制性勘探孔深度应穿透湿陷性土层; 3 应查明湿陷性土的年代、成因、分布和其中的夹层、包含物、胶结物的成分和性质; 4 湿陷性碎石土和砂土,宜采用动力触探试验和标准贯入试验确定力学特性; 5 不扰动土试样应在探井中采取; 6 不扰动土试样除测定一般物理力学性质外,尚应作土的湿陷性和湿化试验; 7 对不能取得不扰动土试样的湿陷性土,应在探井中采用大体积法测定密度和含水量; 8 对于厚度超过 2m 的湿陷性土,应在不同深度处分别进行浸水载荷试验,并应不受相邻试验的浸水影响。 6.1.4 湿陷性土的岩土工程评价应符合下列规定: 1 湿陷性土的湿陷程度划分应符合表 6.1.4 的规定; 2 湿陷性土的地基承载力宜采用载荷试验或其他原位测试确定; 3 对湿陷性土边坡,当浸水因素引起湿陷性土本身或其与下伏地层接触面的强度降低时,应进行稳定性评价。

续表

序号	审查项目	审查依据	审查内容
8.1	湿陷性土	《岩土工程勘察规范》GB 50021—2001(2009年版) 《湿陷性黄土地区建筑规范》GB 50025—2018	4.1.1 湿陷性黄土场地的岩土工程勘察应查明或试验确定下列岩土参数,应对场地、地基作出岩土工程评价,并应对地基处理措施提出建议。 1 建筑类别为甲类、乙类时,场地湿陷性黄土层的厚度、下限深度; 2 自重湿陷系数、湿陷系数及湿陷起始压力随深度的变化; 3 不同湿陷类型场地、不同湿陷等级地基的平面分布。 5.7.1 湿陷性黄土场地上的建筑物,符合下列条件之一时,宜采用桩基: 1 采用地基处理措施不能满足设计要求的建筑; 2 对整体倾斜有严格限制的高耸结构: 3 对不均匀沉降有严格限制的建筑和设备基础; 4 主要承受水平荷载和上拔力的建筑或基础; 5 经技术经济综合分析比较,采用地基处理不合理的建筑
8.2	红黏土	《岩土工程勘察规范》GB 50021—2001(2009年版)	6.2.4 红黏土地区勘探点的布置,应取较密的间距,查明红黏土厚度和状态的变化。 6.2.8 红黏土的岩土工程评价应符合下列要求: 1 建筑物应避免跨越地裂密集带或深长地裂地段; 2 轻型建筑物的基础埋深应大于大气影响急剧层的深度;炉窑等高温设备的基础应考虑地基土的不均匀收缩变形;开挖明渠时应考虑土体干湿循环的影响;在石芽出露的地段,应考虑地表水下渗形成的地面变形; 3 选择适宜的持力层和基础形式,在满足本条第2款要求的前提下,基础宜浅埋,利用浅部硬壳层,并进行下卧层承载力的验算;不能满足承载力和变形要求时,应建议进行地基处理或采用桩基础
8.3	软土	《软土地区岩土工程勘察规程》JGJ 83—2011	5.0.5 现场勘察时,应测量地下水位,水位测量孔的数量应满足工程评价的需求,并应符合下列规定: 1 当遇第一层稳定潜水时,每个场地的水位测量孔数量不应少于钻探孔数量的1/2,且对单栋建筑物场地,水位测量孔数量不应少于3个; 2 当场地有多层对工程有影响的地下水时,应专门设置水位测量孔,并应分层测量地下水位或承压水头高度
		《岩土工程勘察规范》GB 50021—2001(2009年版)	6.3.2 软土勘察除应符合常规要求外,尚应查明下列内容: 1 成因类型、成层条件、分布规律、层理特征、水平向和垂直向的均匀性; 2 地表硬壳层的分布与厚度、下伏硬土层或基岩的埋深和起伏; 3 固结历史、应力水平和结构破坏对强度和变形的影响; 4 微地貌形态和暗埋的塘、浜、沟、坑、穴的分布、埋深及其填土的情况; 5 开挖、回填、支护、工程降水、打桩、沉井等对软土应力状态、强度和压缩性的影响; 6 当地的工程经验。

续表

序号	审查项目	审查依据	审查内容
8.3	软土	《岩土工程勘察规范》GB 50021—2001(2009年版)	6.3.7 软土的岩土工程评价应包括下列内容： 1 判定地基产生失稳和不均匀变形的可能性；当工程位于池塘、河岸、边坡附近时，应验算其稳定性； 2 软土地基承载力应根据室内试验、原位测试和当地经验，并结合下列因素综合确定： 1)软土成层条件、应力历史、结构性、灵敏度等力学特性和排水条件； 2)上部结构的类型、刚度、荷载性质和分布，对不均匀沉降的敏感性； 3)基础的类型、尺寸、埋深和刚度等； 4)施工方法和程序。 3 当建筑物相邻高低层荷载相差较大时，应分析其变形差异和相互影响；当地面有大面积堆载时，应分析对相邻建筑物的不利影响； 4 地基沉降计算可采用分层总和法或土的应力历史法，并应根据当地经验进行修正，必要时，应考虑软土的次固结效应； 5 提出基础形式和持力层的建议；对于上为硬层，下为软土的双层土地基应进行下卧层验算
8.4	混合土	《岩土工程勘察规范》GB 50021—2001(2009年版)	6.4.2 混合土的勘察应符合下列要求： 1 查明地形和地貌特征，混合土的成因、分布，下卧土层或基岩的埋藏条件； 2 查明混合土的组成、均匀性及其在水平方向和垂直方向上的变化规律； 3 勘探点的间距和勘探孔的深度除应满足本规范第 4 章的要求外，尚应适当加密加深； 4 应有一定数量的探井，并应采取大体积土试样进行颗粒分析和物理力学性质测定； 5 对粗粒混合土宜采用动力触探试验，并应有一定数量的钻孔或探井检验； 6 现场载荷试验的承压板直径和现场直剪试验的剪切面直径都应大于试验土层最大粒径的 5 倍，载荷试验的承压板面积不应小于 $0.5m^2$，直剪试验的剪切面面积不宜小于 $0.25m^2$。 6.4.3 混合土的岩土工程评价应包括下列： 1 混合土的承载力应采用载荷试验、动力触探试验并结合当地经验确定； 2 混合土边坡的容许坡度值可根据现场调查和当地经验确定。对重要工程应进行专门试验研究
8.5	填土	《岩土工程勘察规范》GB 50021—2001(2009年版)	6.5.2 填土勘察应包括下列内容： 1 搜集资料，调查地形和地物的变迁，填土的来源、堆积年限和堆积方式； 2 查明填土的分布、厚度、物质成分、颗粒级配、均匀性、密实性、压缩性和湿陷性； 3 判定地下水对建筑材料的腐蚀性。 6.5.5 填土的岩土工程评价应符合下列要求： 1 阐明填土的成分、分布和堆积年代，判定地基的均匀性、压缩性和密实度；必要时应按厚度、强度和变形特性分层或分区评价；

续表

序号	审查项目	审查依据	审查内容
8.5	填土	《岩土工程勘察规范》GB 50021—2001(2009年版)	2 对堆积年限较长的素填土、冲填土和由建筑垃圾或性能稳定的工业废料组成的杂填土，当较均匀和较密实时可作为天然地基；由有机质含量较高的生活垃圾和对基础有腐蚀性的工业废料组成的杂填土，不宜作为天然地基； 3 填土地基承载力应按本规范第4.1.24条的规定综合确定； 4 当填土底面的天然坡度大于20%时，应验算其稳定性
8.6	多年冻土	《岩土工程勘察规范》GB 50021—2001(2009年版)	6.6.3 多年冻土勘察应根据多年冻土的设计原则、多年冻土的类型和特征进行，并应查明下列内容： 1 多年冻土的分布范围及上限深度； 2 多年冻土的类型、厚度、总含水量、构造特征、物理力学和热学性质； 3 多年冻土层上水、层间水和层下水的赋存形式、相互关系及其对工程的影响； 4 多年冻土的融沉性分级和季节融化层土的冻胀性分级； 5 厚层地下冰、冰椎、冰丘、冻土沼泽、热融滑塌、热融湖塘、融冻泥流等不良地质作用的形态特征、形成条件、分布范围、发生发展规律及其对工程的危害程度。 6.6.6 多年冻土的岩土工程评价应符合下列要求： 1 多年冻土的地基承载力，应区别保持冻结地基和容许融化地基，结合当地经验用载荷试验或其他原位测试方法综合确定，对次要建筑物可根据邻近工程经验确定； 2 除次要工程外，建筑物宜避开饱冰冻土、含土冰层地段和冰椎、冰丘、热融湖、厚层地下冰，融区与多年冻土区之间的过渡带，宜选择坚硬岩层、少冰冻土和多冰冻土地段以及地下水位或冻土层上水位低的地段和地形平缓的高地
8.7	膨胀岩土	《膨胀土地区建筑技术规范》GB 50112—2013	4.3.1 场地评价应查明膨胀土的分布及地形地貌条件，并应根据工程地质特征及土的膨胀潜势和地基胀缩等级等指标，对建筑场地进行综合评价，对工程地质及土的膨胀潜势和地基胀缩等级进行分区
		《岩土工程勘察规范》GB 50021—2001(2009年版)	6.7.4 膨胀岩土的勘察应遵守下列规定： 1 勘探点宜结合地貌单元和微地貌形态布置；其数量应比非膨胀岩土地区适当增加，其中采取试样的勘探点不应少于全部勘探点的1/2； 2 勘探孔的深度，除应满足基础埋深和附加应力的影响深度外，尚应超过大气影响深度；控制性勘探孔不应小于8m，一般性勘探孔不应小于5m； 3 在大气影响深度内，每个控制性勘探孔均应采取Ⅰ、Ⅱ级土试样，取样间距不应大于1.0m，在大气影响深度以下，取样间距可为1.5～2.0m；一般性勘探孔从地表下1m开始至5m深度内，可取Ⅲ级土试样，测定天然含水量。 6.7.8 膨胀岩土的岩土工程评价应符合下列规定：

续表

序号	审查项目	审查依据	审查内容
8.7	膨胀岩土	《岩土工程勘察规范》GB 50021—2001(2009年版)	1对建在膨胀岩土上的建筑物，其基础埋深、地基处理、桩基设计、总平面布置、建筑和结构措施、施工和维护，应符合现行国家标准《膨胀土地区建筑技术规范》GB 50112的规定； 2一级工程的地基承载力应采用浸水载荷试验方法确定；二级工程宜采用浸水载荷试验；三级工程可采用饱和状态下不固结不排水三轴剪切试验计算或根据已有经验确定； 3对边坡及位于边坡上的工程，应进行稳定性验算；验算时应考虑坡体内含水量变化的影响；均质土可采用圆弧滑动法，有软弱夹层及层状膨胀岩土应按最不利的滑动面验算；具有胀缩裂缝和地裂缝的膨胀土边坡，应进行沿裂缝滑动的验算
8.8	盐渍岩土	《盐渍土地区建筑技术规范》GB/T 50942—2014	4.1.1盐渍土地区的岩土工程勘察应符合下列规定： 1收集当地的气象资料和水文资料； 2调查场地及附近盐渍土地区地表植被种属、发育程度及分布特点； 3调查场地及附近盐渍土地区工程建设经验和既有建(构)筑物使用、损坏情况； 4查明盐渍土的成因、分布、含盐类型和含盐量； 5查明地表水的径流、排泄和积聚情况； 6查明地下水类型、埋藏条件、水质、水位、毛细水上升高度及季节性变化规律； 7测定盐渍土的物理和力学性质指标； 8评价盐渍土地基的溶陷性及溶陷等级； 9评价盐渍土地基的盐胀性及盐胀等级； 10评价环境条件对盐渍土地基的影响； 11评价盐渍土对建筑材料的腐蚀性； 12测定天然状态和浸水条件下的地基承载力特征值； 13提出地基处理方案及防护措施的建议。 4.4.4水试样和土试样腐蚀性的测试项目和测试方法应符合下列规定： 1土试样的检测项目应符合本规范第4.1.6条的规定； 2水试样的检测项目应符合本规范第4.1.7条的规定； 3水、土对钢结构的腐蚀性应增加检测：氧化还原电位、极化电流密度、电阻率和质量损失等； 4各检测项目的试验方法应符合现行国家标准《土工试验方法标准》GB/T 50123的规定
		《岩土工程勘察规范》GB 50021—2001(2009年版)	6.8.4盐渍岩土的勘探测试应符合下列规定： 1除应遵守本规范第4章规定外，勘探点布置尚应满足查明盐渍岩土分布特征的要求； 3工程需要时，应测定有害毛细水上升的高度；

续表

序号	审查项目	审查依据	审查内容
8.8	盐渍岩土	《岩土工程勘察规范》GB 50021—2001(2009年版)	4 应根据盐渍土的岩性特征，选用载荷试验等适宜的原位测试方法，对于溶陷性盐渍土尚应进行浸水载荷试验确定其溶陷性； 5 对盐胀性盐渍土宜现场测定有效盐胀厚度和总盐胀量，当土中硫酸钠含量不超过1%时，可不考虑盐胀性； 6 除进行常规室内试验外，尚应进行溶陷性试验和化学成分分析，必要时可对岩土的结构进行显微结构鉴定； 7 溶陷性指标的测定可按湿陷性土的湿陷试验方法进行。 6.8.5 盐渍岩土的岩土工程评价应包括下列内容： 1 岩土中含盐类型、含盐量及主要含盐矿物对岩土工程特性的影响； 2 岩土的溶陷性、盐胀性、腐蚀性和场地工程建设的适宜性； 3 盐渍土地基的承载力宜采用载荷试验确定，当采用其他原位测试方法时，应与载荷试验进行对比； 4 确定盐渍岩地基的承载力时，应考虑盐渍岩的水溶性影响； 5 盐渍岩边坡的坡度宜比非盐渍岩的软质岩石边坡适当放缓，对软弱夹层、破碎带应部分或全部加以防护； 6 盐渍岩土对建筑材料的腐蚀性评价应按本规范第12章执行
8.9	风化岩和残积土	《岩土工程勘察规范》GB 50021—2001(2009年版)	6.9.2 风化岩和残积土的勘察应着重查明下列内容： 1 母岩地质年代和岩石名称； 2 按本规范附录A表A.0.3划分岩石的风化程度； 3 岩脉和风化花岗岩中球状风化体(孤石)的分布； 4 岩土的均匀性、破碎带和软弱夹层的分布； 5 地下水赋存条件。 6.9.6 风化岩和残积土的岩土工程评价应符合下列要求： 1 对于厚层的强风化和全风化岩石，宜结合当地经验进一步划分为碎块状、碎屑状和土状；厚层残积土可进一步划分为硬塑残积土和可塑残积土，也可根据含砾或含砂量划分为黏性土、砂质黏性土和砾质黏性土； 2 建在软硬互层或风化程度不同地基上的工程，应分析不均匀沉降对工程的影响； 3 基坑开挖后应及时进行检验，对于易风化的岩类，应及时砌筑基础或采取其他措施，防止风化发展； 4 对岩脉和球状风化体(孤石)，应分析评价其对地基(包括桩基)的影响，并提出相应的建议
8.10	污染土	《岩土工程勘察规范》GB 50021—2001(2009年版)	6.10.4 污染土场地和地基的勘察，应根据工程特点和设计要求选择适宜的勘察手段，并应符合下列要求： 1 以现场调查为主，对工业污染应着重调查污染源、污染史、污染途径、污染物成分、污染场地已有建筑物受影响程度、周边环境等。对尾矿污染应重点调查不同的矿物种类和化学成分，了解选矿所采用工艺、添加剂及其化学性质和成分等。对垃圾填埋场应着重调查垃圾成分、日处理量、堆积容量、使用年限、防渗结构、变形要求及周边环境等； 2 采用钻探或坑探采取土试样，现场观察污染土颜色、状态、气味和外观结构等，并与正常土比较，查明污染土分布范围和深度；

续表

序号	审查项目	审查依据	审查内容
8.10	污染土	《岩土工程勘察规范》GB 50021—2001(2009年版)	3 直接接触试验样品的取样设备应严格保持清洁，每次取样后均应用清洁水冲洗后再进行下一个样品的采取；对易分解或易挥发等不稳定组分的样品，装样时应尽量减少土样与空气的接触时间，防止挥发性物质流失并防止发生氧化；土样采集后宜采取适宜的保存方法并在规定时间内运送试验室。 6.10.10 污染土评价应根据任务要求进行，对场地和建筑物地基的评价应符合下列要求： 1 污染源的位置、成分、性质、污染史及对周边的影响； 2 污染土分布的平面范围和深度、地下水受污染的空间范围； 3 污染土的物理力学性质，污染对土的工程特性指标的影响程度； 4 工程需要时，提供地基承载力和变形参数，预测地基变形特征； 5 污染土和水对建筑材料的腐蚀性； 6 污染土和水对环境的影响； 7 分析污染发展趋势； 8 对已建项目的危害性或拟建项目适宜性的综合评价
9	边坡工程		
9.1	一般规定	《建筑边坡工程技术规范》GB 50330—2002	4.1.1 一级建筑边坡工程应进行专门的岩土工程勘察；二、三级建筑边坡工程可与主体建筑勘察一并进行，但应满足边坡勘察的深度和要求；大型的和地质环境条件复杂的边坡宜分阶段勘察；地质环境复杂的一级边坡工程尚应进行施工勘察
9.2	勘察工作布置	《岩土工程勘察规范》GB 50021—2001(2009年版)	4.7.4 勘探线应垂直边坡走向布置，勘探点间距应根据地质条件确定。当遇有软弱夹层或不利结构面时，应适当加密。勘探孔深度应穿过潜在滑动面并深入稳定地层2～5m。除常规钻探外，可根据需要，采用探洞、探槽、探井和斜孔
9.3	工作与评价要求	《岩土工程勘察规范》GB 50021—2001(2009年版)	4.7.1 边坡工程勘察应查明下列内容： 1 地貌形态，当存在滑坡、危岩和崩塌、泥石流等不良地质作用时，应符合本规范第5章的要求； 2 岩土的类型、成因、工程特性，覆盖层厚度，基岩面的形态和坡度； 3 岩体主要结构面的类型、产状、延展情况、闭合程度、充填状况、充水状况、力学属性和组合关系，主要结构面与临空面关系，是否存在外倾结构面； 4 地下水的类型、水位、水压、水量、补给和动态变化，岩土的透水性和地下水的出露情况； 5 地区气象条件(特别是雨期、暴雨强度)，汇水面积、坡面植被，地表水对坡面、坡脚的冲刷情况； 6 岩土的物理力学性质和软弱结构面的抗剪强度

续表

序号	审查项目	审查依据	审查内容
9.3	工作与评价要求	《建筑边坡工程技术规范》GB 50330—2013	4.2.2 边坡工程勘察应查明下列内容： 1 场地地形和场地所在地貌单元； 2 岩土时代、成因、类型、性状、覆盖层厚度、基岩面的形态和坡度、岩石风化和完整程度； 3 岩、土体的物理力学性能； 4 主要结构面(特别是软弱结构面)的类型、产状、发育程度、延伸程度、结合程度、充填状况、充水状况、组合关系、力学属性和与临空面的关系； 5 查明地下水水位、水量、类型、主要含水层分布情况、补给及动态变化情况； 6 查明岩土的透水性和地下水的出露情况； 7 不良地质现象的范围和性质； 8 地下水、土对支护结构材料的腐蚀性； 9 坡顶邻近(含基坑周边)建(构)筑物的荷载、结构、基础形式和埋深，地下设施的分布和埋深
		《房屋建筑和市政基础设施工程勘察文件编制深度规定》(2010 年版)	7.3.2 边坡稳定性评价应包括如下内容： 1 边坡的破坏模式和稳定性评价方法； 2 稳定性验算的主要岩土参数、取值原则、取值依据； 3 稳定性验算以及验算结果评价； 4 边坡对相邻建(构)筑物的影响评价以及防护措施建议； 5 边坡防护处理措施和监测方案建议； 6 边坡治理设计与施工所需的岩土参数； 7 护坡设计与施工应注意的问题
10	岩土参数		
10.1	统计范围	《房屋建筑和市政基础设施工程勘察文件编制深度规定》(2010 年版)	4.4.3 岩土参数统计应符合所依据的技术标准，并符合下列要求： 1 岩土的物理力学性质指标，应按岩土单元分层统计； 2 应提供岩土参数的统计个数，平均值、最小值、最大值； 3 岩土层的主要测试指标(包括孔隙比、压缩模量、黏聚力、内摩擦角、标准贯入试验锤击数、圆锥动力触探锤击数、岩石抗压强度等)应提供统计个数、平均值、最小值、最大值、标准差、变异系数等； 4 必要时提供参数建议值
10.2	岩土测试指标统计	《岩土工程勘察规范》GB 50021—2001(2009 年版)	14.2.2 岩土参数统计应符合下列要求： 1 岩土的物理力学指标，应按场地的工程地质单元和层位分别统计； 3 分析数据的分布情况并说明数据的取舍标准

续表

序号	审查项目	审查依据	审查内容
11	岩土工程分析评价和成果报告		
11.1	岩土工程分析评价	《岩土工程勘察规范》GB 50021—2001(2009年版)《房屋建筑和市政基础设施工程勘察文件编制深度规定》(2010年版)	14.1.3 岩土工程分析评价应在定性分析的基础上进行定量分析。岩土体的变形、强度和稳定应定量分析；场地的适宜性、场地地质条件的稳定性，可仅作定性分析。 4.5.2 岩土工程分析评价应包括下列内容： 1 场地稳定性、适宜性评价； 2 特殊性岩土评价(本规定第7章)； 3 地下水和地表水评价； 4 岩土工程参数分析； 5 地基基础方案分析； 6 根据工程需要进行基坑工程分析； 7 其他岩土工程相关问题的分析、评价。 4.5.6 地基基础分析评价应在充分了解拟建工程的设计条件前提下，根据建筑场地工程地质条件，结合工程经验，考虑施工条件对周边环境的影响、材料供应以及地区工程抗震设防烈度等因素，对天然地基、桩基础和地基处理进行评价，提出安全可靠、技术可行、经济合理的一种或几种地基基础方案建议
11.2	天然地基	《房屋建筑和市政基础设施工程勘察文件编制深度规定》(2010年版)	4.5.7 天然地基评价应包括下列内容： 1 采用天然地基的可行性； 2 天然地基均匀性评价； 3 建议天然地基持力层； 4 提供地基承载力； 5 存在软弱下卧层时，提供验算软弱下卧层计算参数，必要时进行下卧层强度验算； 6 需进行地基变形计算时，提供变形计算参数
11.3	桩基础	《房屋建筑和市政基础设施工程勘察文件编制深度规定》(2010年版)	4.5.8 桩基础评价应包括下列内容： 1 采用桩基的适宜性； 2 可选的桩基类型、桩端持力层建议； 3 桩基设计及施工所需的岩土参数； 4 对欠固结土及有大面积堆载、回填土、自重湿陷性黄土等工程，分析桩侧产生负摩阻力的可能性及其影响； 5 需要抗浮的工程，应提供抗浮设计岩土参数； 6 分析成桩可行性、挤土效应、桩基施工对环境的影响以及设计、施工应注意的问题等内容

续表

序号	审查项目	审查依据	审查内容
11.4	地基处理	《房屋建筑和市政基础设施工程勘察文件编制深度规定》(2010年版)	4.5.9 地基处理评价应包括下列内容： 1 地基处理的必要性、处理方法的适宜性； 2 地基处理方法、范围的建议； 3 根据建议的地基处理方案，提供地基处理设计和施工所需的岩土参数； 4 评价地基处理对环境的影响； 5 提出地基处理设计施工注意事项建议； 6 提出地基处理试验、检测的建议
11.5	基坑工程与地下水控制	《岩土工程勘察规范》GB 50021—2001(2009年版)	4.8.11 岩土工程勘察报告中与基坑工程有关的部分应包括下列内容： 1 与基坑开挖有关的场地条件、土质条件和工程条件； 2 提出处理方式、计算参数和支护结构选型的建议； 3 提出地下水控制方法、计算参数和施工控制的建议； 4 提出施工方法和施工中可能遇到的问题的防治措施的建议； 5 对施工阶段的环境保护和监测工作的建议
11.6	成果报告	《岩土工程勘察规范》GB 50021—2001(2009年版)	14.3.3 岩土工程勘察报告应根据任务要求、勘察阶段、工程特点和地质条件等具体情况编写，并应包括下列内容： 1 勘察目的、任务要求和依据的技术标准； 2 拟建工程概况； 3 勘察方法和勘察工作布置； 4 场地地形、地貌、地层、地质构造、岩土性质及其均匀性； 5 各项岩土性质指标，岩土的强度参数、变形参数、地基承载力的建议值； 6 地下水埋藏情况、类型、水位及其变化； 7 土和水对建筑材料的腐蚀性； 8 可能影响工程稳定的不良地质作用的描述和对工程危害程度的评价； 9 场地稳定性和适宜性的评价
		《房屋建筑和市政基础设施工程勘察文件编制深度规定》(2010年版)	2.0.1 岩土工程勘察文件应根据工程与场地情况、设计要求确定执行的现行技术标准编制。同一部分涉及多个技术标准时，应在相应部分进一步明确依据的技术标准。 2.0.4 勘察报告应根据工程特点和设计提出的技术要求编写，应有明确的针对性，详细勘察报告应满足施工图设计的要求

续表

序号	审查项目	审查依据	审查内容
11.6	成果报告	《房屋建筑和市政基础设施工程勘察文件编制深度规定》(2010 年版)	2.0.5 勘察报告签章应符合下列要求:①勘察报告应有完成单位公章,法定代表人、单位技术负责人签章,项目负责人、审核人等相关责任人姓名(打印)及签章,并根据注册执业规定加盖注册章;②图表应有完成人、检查人或审核人签字;③各种室内试验和原位测试,其成果应有试验人、检查人或审核人签字;④当测试、试验项目委托其他单位完成时,受托单位提交的成果还应有该单位印章及责任人签章;⑤其他签章管理要求。 2.0.8 岩土工程勘察报告文字部分应包括下列内容:①工程与勘察工作概况;②场地环境与工程地质条件;③岩土参数统计;④岩土工程分析评价;⑤结论与建议。 4.2.1 工程与勘察工作概况应包括下列内容:①拟建工程概况;②勘察目的、任务要求和依据的技术标准;③岩土工程勘察等级;④勘察方法及勘察工作完成情况;⑤其他必要的说明。 4.3.1 场地环境与工程地质条件主要包括以下内容:①根据工程需要叙述气象和水文情况;②根据工程需要叙述区域地质构造情况;③场地地形、地貌;④不良地质作用及地质灾害的种类、分布、发育程度;⑤场地各层岩土的年代、类型、成因、分布、工程特性,岩层的产状、岩体结构和风化情况;⑥埋藏的河道、浜沟、池塘、墓穴、防空洞、孤石及溶洞等对工程不利的埋藏物的特征、分布;⑦地下水和地表水。 4.6.1 结论与建议应有明确的针对性,并包括下列内容:①岩土工程评价的重要结论的简明阐述;②工程设计施工应注意的问题;③工程施工对环境的影响及防治措施的建议;④其他相关问题及处置建议
12	图表	《房屋建筑和市政基础设施工程勘察文件编制深度规定》(2010 年版)	9.1.3 勘察报告图件应有图例,图表应有图表名称、项目名称,图件应采用恰当比例尺,平面图应标识方向。 9.1.5 勘察报告应包括下列图表: 1 勘探点平面位置图; 2 工程地质剖面图; 3 原位测试成果图表; 4 室内试验成果图表; 5 探井(探槽)展示图; 6 物理力学试验指标统计表

（二）审核岩土勘察内容

岩土工程勘察文件审查的重点内容有岩土的工程特征、岩土层分布、是否查明地下水条件，对重要岩土工程问题，如地基承载力和变形特性、不良地质作用、场地地震效应等是否正确评价，其中具体审查标准应遵循《岩土工程勘察文件技术审查要点》，详见表 6-43。

第四节　未来社区招标咨询

一、未来社区招标咨询概述

浙江省发展改革委印发的《浙江省未来社区试点建设全过程工程咨询服务指南（试行）》指出，根据赋码项目需要，按照国家、省市地方现行有关规定，组织建立招标（采购）管理制度，规定管理与控制的程序和方法，并确定招标采购流程以及具体实施方式，协助项目建设单位开展招标（采购）工作。《建设项目全过程工程咨询管理标准》T/CECS 1030—2022 指出，工程招标采购的管理一般包括组织工程招标采购的策划、招标、评标、定标等工作，并协助委托人进行合同谈判、签约、履约等工作等。

招标咨询就是指全过程工程咨询单位在明确发包人委托招标代理的事项，约定双方的权利和义务的前提下，协助发包人在招标前根据其实质需求和招标项目需实现的目标，结合该项目情况和特点，分析招标重点要素，从而共同确定项目招标方案的过程。项目招标策划阶段是项目招标工作策划、投标条件设置和合同条款建立的关键阶段，对合同实施有决定性的意义。

二、招标采购管理的目标

1. 目标一：把控招标计划，有效实施管理

随着社会发展，行业之间的竞争日趋激烈，对于建筑工程项目而言，项目施工范围广、数量多，因此在施工前必须做好招标采购工作，对包括工程勘察设计类、材料设备类、咨询服务类、施工类等项目种类进行筹备，对招标采购实行严格的计划管理，确保在工期范围内完成建设，以保证施工的顺利进行，并且由于计划管理的合理性和科学性对建筑项目计划的实施有直接影响，所以招标工作必须严格按照招标计划规定进行。

招标采购阶段全过程工程咨询单位应根据建筑工程项目的工期和难易程度制定招标计划，并对可能出现的各类问题做好预见性的准备，加强对招标采购设计环节的关注，确保招标采购进度的合理安排。由于招标采购方案涉及范围广、可行性强、准确性高，因此必须加强对招标方案编制的管控。招标采购将确保项目按时完成作为最终目标，将项目现场作为最终服务对象，所以必须保证建筑项目招标的完整性，避免因项目缺失造成招标损失。另外，还要确保招标计划时间的充沛，招标工作内容繁杂、要求细致，因此在招标计划中应做好时间预留，随时准备应对各种突发事件，以保证招标工作的效率和质量。

2. 目标二：提高监控力度，保障工作开展

加强对招标质量的监督，确保招标采购工作的顺利进行，比如：选择施工能力强、施工方法科学、施工信誉较好的施工单位，从而提高建筑工程项目管理水平。

（1）明确招标方式

招标采用公开招标、邀请招标、询价采购等方法，在采购过程中遵循公平、公开、公正的原则，保证供应商之间合法、合理的竞争，并通过竞争来确定最合适的供应商，从而实现多种招标模式的组合，不仅提高了采购效率和采购质量，又能对采购成本进行良好的把控。

（2）完善投标资质

在选定了合格的供应商后，要进一步完善招标资质，并严格控制投标资质的设立。如果投标资质设立过高，将对项目资源供应的安全性造成一定的威胁，从而无法有效地控制采购成本；如果设立过低，将会导致投标局面出现混乱，从而对招标质量造成负面的影响。因此，要根据市场行情来设立投标资质，充分考虑可能出现的各种问题，满足投标资质的要求，进而提高采购物资质量，确保采购费用合理使用。

三、招标采购管理的工作内容

工程项目的招标投标管理中关键的主体是全过程工程咨询单位，旨在为发包人提供服务，接受发包人的监督。同时，对下一级各单位分别进行招标，如表 6-43 所示，签订勘察、设计、监理、施工、设备材料采购等全过程工程合同，在这一层次内，工程项目情况基本类似于一般建设项目。

全过程工程咨询项目招标投标管理各参与方职责分配表 **表 6-43**

序号	参与方 / 工作内容	各参与单位职责分工				
		委托方	全过程工程咨询单位	招标代理机构	投标单位	招标投标监督部门
1	具备招标条件	审核	审核	审核		行政监督
2	编制招标(资格预审)文件	合同监督	审核	组织		行政监督
3	发布招标(资格预审)公告	合同监督	审核	组织		行政监督
4	发售招标(资格预审)文件	合同监督	审核	组织		行政监督
5	资格预审	合同监督	审核	组织		行政监督
6	勘察现场	合同监督	审核	组织	参与	行政监督
7	投标答疑	合同监督	审核	组织	参与	行政监督
8	开标	合同监督	审核	组织	参与	行政监督
9	评标	合同监督	审核	组织		行政监督
10	中标公示	合同监督	审核	组织		行政监督
11	发中标通知书	合同监督	审核	组织		行政监督
12	签订承包合同	合同监督	审核	参与		行政监督

图 6-19 为招标采购管理的工作内容及程序。

招标采购管理贯穿于工程项目全生命周期的各阶段：项目准备阶段、项目施工前期阶段（设计招标或筛选、初步设计、施工图设计、设备采购及招标等）、项目实施阶段（施工配合、设计变更及施工、监理协调等）、项目运营阶段（总结评估、售后服务等）。

全过程工程咨询单位在招标采购阶段的项目管理工作，通过前期协助招标人制定招标

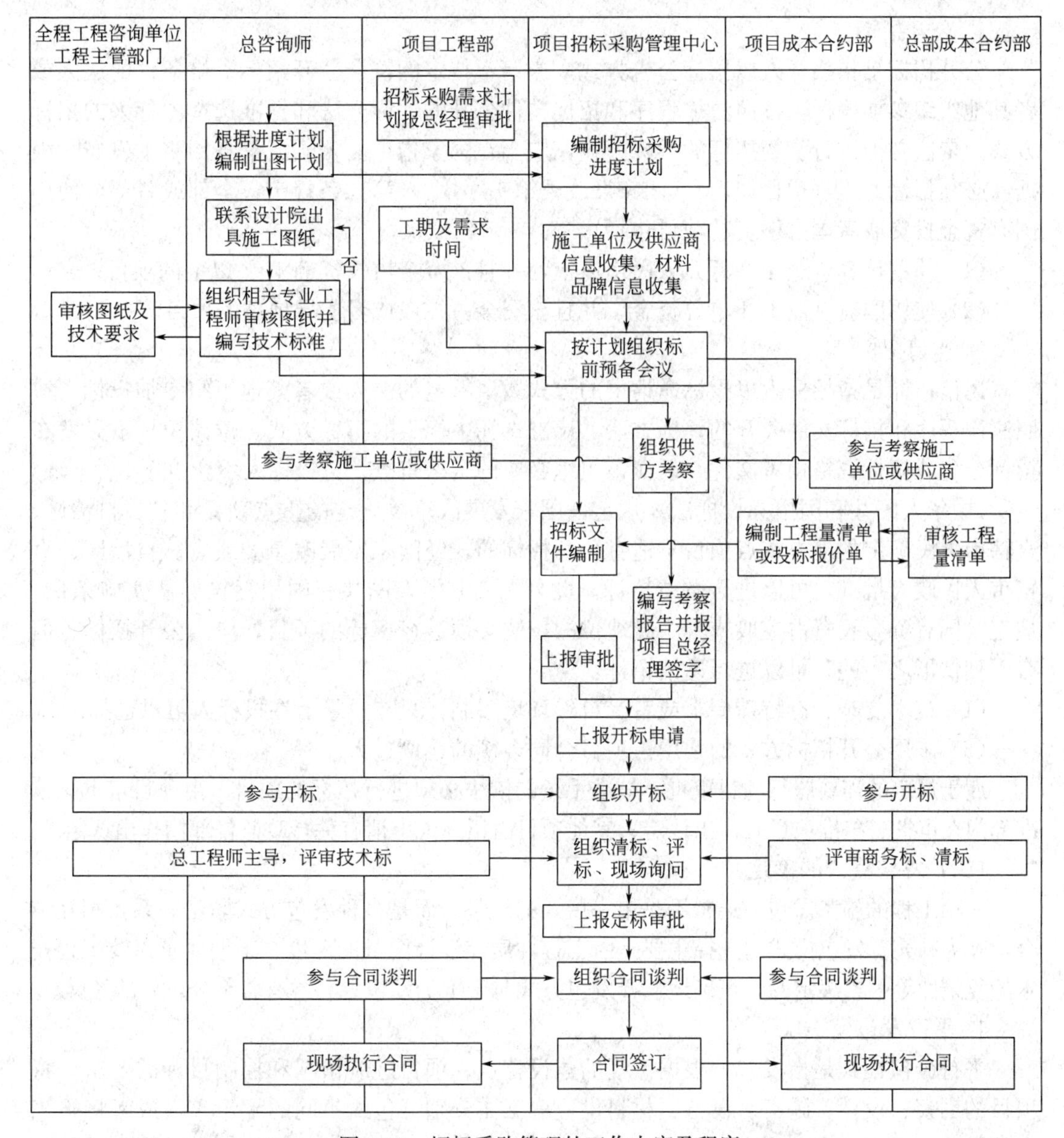

图 6-19　招标采购管理的工作内容及程序

采购管理的制度，组织策划招标采购流程，管理招标采购的过程，同时，对招标投标的合同进行管理。在本阶段中，全过程工程咨询单位须严格执行有关法律法规和政策规定的程序和内容，规范严谨组织项目招标采购。

四、招标采购咨询的实施

（一）招标方式的选择

全过程工程咨询单位应分析建设项目的复杂程度、项目所在地自然条件、潜在承包人情况等，并根据法律法规的规定、项目规模、发包范围以及投资人的需求，确定是采用公开招标还是邀请招标。两种招标方式具体内容如下：

1. 公开招标

公开招标是指招标人以招标公告方式，邀请不特定的符合公开招标资格条件的法人或者其他组织参加投标，按照法律程序和招标文件公开的评标方法和标准选择中标人的招标方式。依法必须进行货物招标的招标公告，应当在国家指定的报刊或信息网络上发布。根据《必须招标的工程项目规定》（国家发改委第16号令）第二条规定：全部或者部分使用国有资金投资或者国家融资的项目包括：

（1）使用预算资金400万元人民币以上，并且该资金占投资额10%以上的项目；

（2）使用国有企业事业单位资金，并且该资金占控股或者主导地位的项目。

2. 邀请招标

邀请招标是指招标人以投标邀请书的方式邀请特定的法人或者其他组织参加投标，按照法律程序和招标文件公开的评标方法、标准选择中标人的招标方式。邀请招标不必发布招标公告或招标资格预审文件，但应该组织必要的资格审查，且投标人不应少于3个。

《中华人民共和国招标投标法》规定，国家发展改革委确定的重点项目和省、自治区、直辖市人民确定的地方重点项目不适宜公开招标的，经国家发展改革委或省、自治区、直辖市人民政府批准，可以进行邀请招标。此外，《中华人民共和国招标投标法实施条例》规定，国有资金投资占控股或者主导地位的依法必须进行招标的项目，应当公开招标；但有下列情形之一的，可以进行邀请招标：

（1）技术复杂、有特殊要求或者受自然环境限制，只有少量潜在投标人可供选择。

（2）采用公开招标方式的费用占项目合同金额的比例过大。

属于规定的需要履行项目审批、核准手续的依法必须进行招标的项目，由项目审批、核准部门在审批、核准项目时作出认定；其他项目由招标人申请有关行政监督部门作出认定。

（二）发包模式的确定

一项工程的施工发包，通常不是单一模式的发包，而是多种发包方式紧密联系，相互结合，互为补充。发包模式的选择主要是由工程性质、设计图纸的深度、工期要求以及工程技术的复杂性等因素决定的。正确地选择发包方式对于维护发包方利益有着十分重要的意义。

1. 平行发包模式

平行分包模式是指发包方根据工程的建设特点、项目进展情况和控制目标的要求，将项目的勘察、设计、施工、设备、材料供应等工作分别分包给不同的承包人（或者将施工中的土建、机电安装、装修等项目分别发包给不同的承包人），并签订合同，各承包人（供应商）是相互独立和平行的。这种平行发包模式有利于扩大发包人选择承包人的范围，使发包人可以对不同的承包人分别进行考评，并择优确定。另外，发包人可以按照设计、施工进度将整个工程划分为若干个可独立发包的单元，并根据工程的实际需要，对承包人进行逐步确定，组织方式较为灵活，并且由于发包人是针对一个工程项目签订了多份合同，使得每份合同的项目内容单一、价值较小，也降低了发包人的合同风险。同时由于各承包人之间会发生工作任务交接，其中涉及已完工程界面和质量的考评，这将有利于发包人对项目质量进行不间断的控制。但是，这种平行发包模式也存在不足之处，发包人采用平行发包模式需要根据不同工作选择不同的承包人，签订多份合同，从而导致招标工作量大、签约成本高、合同管理困难。而且发包人作为每份合同的责任主体和履约主体，对整个工程项目的质量、工期、安全和造价都负有责任，还承担着各承包人之间的组织和协调工作。如果发包人的管理能力不强，不能很好地处理各承包人之间的工作衔接和协调，就会导致承包人窝工，甚至导致工期延误，这种责任需要由发包人承担。因此，平行发包模式对发包人的管理能力要求很高，同时也决定了这种模式通常适用于拥有较强管理能力的发包人。

2. 工程总承包模式

工程总承包一般就是指 EPC（设计 Engineering、采购 Procurement、施工 Construction 的组合，即交钥匙总承包或者设计—采购—施工总承包)。《房屋建筑和市政基础设施项目工程总承包管理办法》第 3 条规定："本办法所称工程总承包，是指承包单位按照与建设单位签订的合同，对工程设计、采购、施工或者设计、施工等阶段实行总承包，并对工程的质量、安全、工期和造价等全面负责的工程建设组织实施方式。"根据该方法，工程总承包不包含勘察。

在工程总承包模式下，总承包人需要对工程项目的质量、工期、安全和造价负责，也就减轻了发包人日常管理的工作量，但由于增加了中间管理层次，使得发包人对于整个项目的管理效率和力度降低，可能会出现指挥不动的情况。因为整个项目由总承包人组织实施并承担责任，总承包人可能会向发包人收取较高的总包管理费，所以整个工程项目的造价相对会更高。

3. 总包加指定分包模式

它实际上是"平行发包模式"与"工程总承包模式"相结合的产物，它是指总承包人按照发包人的指示，将所承包工程中主体结构以外的某些专业工程交由发包人指定的分包人施工，但是总承包人对包括指定分包工程在内的全部承包工程的质量、安全、工期、造价承担责任的一种工程承包形式。

这种模式的优点在于：发包人保留了某些重要专业工程设备材料采购工作。自主选择分包人的权利将有利于发包人对于整个项目的进度、质量、安全和造价进行控制。但是需要注意的是，发包人应规避直接指定分包的嫌疑。

（三）项目标段的划分

未来社区项目在招标前应对总、分包工程界面接口作出事先约定，并在总分包合同中明确规定其工作内容和职责。另外，业主应当明确其委托给项目总承包方的职责。不论合同文件中规定的不可或缺的各专业分包工作范围之外的工作是否在界面划分中有所说明，总承包方都应当执行和完成，承担相应的责任，这样既可以保证总包和分包的各项工作有章可循，也能降低管理过程中的随意性。

依法必须招标的项目，在施工招标过程中划分标段进行招标很有必要。对于未来社区建设工程，标段可以分为以下几种：

（1）按区域划分标段

未来社区施工项目占地面积大、建筑单体多、专业技术要求高，如果只由一家施工单位完成，施工机械、劳动力和管理水平都会受到制约。因此，通过将项目分标段实施，虽然造成投资的相对增加，但却能缩短工期，加速资金周转，使整体造价得到控制。

（2）按施工界面划分标段

对于精装修工程这样工程性质与专业不同的部分，可以根据其楼层位置以及使用功能的不同分标段实施，比如幕墙装饰、防水工程、保温工程等。通过划分标段施工，不仅发挥了各专业施工单位的专长，还可以促进竞争，进而缩短工期。

对于大型园林绿化工程这样与主体工程建设关联较少、专业特色鲜明且计价依据也有所不同的部分，也可以分标段实施。通过将这些工程分包给不同的承包商，既能确保工程的质量和进度，又适当降低造价。

（3）按投资规模划分标段

对于投资规模较大、复杂的工程，如地铁、铁路工程，通常采用分标段施工。一方面减轻资金压力，另一方面又能使各标段同步施工，加快施工进度。

（四）招标采购阶段评标办法

评标作为招标投标活动中的核心环节，评标活动的质量直接影响着评标结果的精准性和科学性，从世界范围来看，经评审的低价中标法和综合评标法在国际工程中备受青睐并被广泛应用，针对不同类型的项目，应选择合适的评标办法。

1. 评标办法的设置原则

（1）全面考核承包商

在评标过程中，首先，要从资信、技术、商务三个方面进行全面的评估和考察。其中，资信内容主要包括资质及业绩、财务状况、奖惩情况、诉讼情况、项目团队资质和履历、在施工工程情况等；技术内容主要包括人员、材料等资源状况及配置、技术方案、施工组织设计、总包服务及分包管理措施、对招标文件的完整性和响应性、环境保护措施、安全文明施工措施、质量保修期措施等；商务内容主要包括保函、投标报价、付款条件响应等。

（2）突出重点

在设计评标方式时，要根据不同工程项目的具体情况，找出能有效牵制的关键，并重点突出其审查要求。由于工程项目的唯一性，不同的工程具有独有的特征，例如总承包配合与协调、缺陷责任等，都有可能单独或同时成为重点。

（3）量化比较

在评标准则的制定上，应尽量做到对评标内容、评标因素及其权重的定量化，并给出相应的加权计算方法。在资格审查及初步评审阶段，尽量使用定性评价；在详细评审阶段，尽量使用定量评价。通过两者相结合的方式，客观、公正地确定评标结果。

2. 不同评标办法的选择

（1）综合评标法

综合评标法是按照《中华人民共和国招标投标法》的相关规定，以“能够最大限度地满足招标文件中规定的各项综合评价标准”为原则，对中标者的标书设计的评标方案。在采用综合评标法进行评标时，由招标人根据招标文件的规定，确定资信、技术、商务三者的权重，并由评审员根据各自的比例分数，对投标入围者进行评分、比较、评估。

综合评标法的最大优点是其全面性和可比性。由于在评估时需要重新对各种指标制定比例，所以在指数选择、影响因素注意、设置比例方面需要根据实际情况而定。制定方案、组织规划、人员材料设备的资源配置、质量保修措施、时间安排等有关环节以及主要业绩和企业荣誉、项目经理和主要项目团队履历、财务状况等软件问题，这些内容都可以在综合量化表格中得到充分体现，可见其评标办法具有全面性。评委们经过综合衡量后进行评分，并按照分值大小来排序，通过具体的量化来确定评标的结果，使结果更具说服力。

然而综合评估法也有一定的劣势。首先，综合评标法不利于精确监管。由于要考虑商业与技术内容的联系以及诸多因素的影响，且各种标准和条件制定需要依靠人力，所以制定标准的前期工作既烦琐又困难。其次，其不利于客观评定。评委具有很强的自主性和主观性。由于技术标的评定是一个不断推进的过程，且很容易受到主观因素的影响，另外有些评分标准的设定并不科学，在评判时间紧张的时候，评委无法对信息进行系统的分析、掌握和对比，仅凭个人的主观感觉进行评分，从而影响了整个评标过程的公平性。最后，该方法不利于价格发现。

综合评标法更侧重于评价投标人的综合能力，在评价指标中，一般情况下，工程报价的得分并不占绝对优势，甚至一些投标人按照评标办法规定的技术公式计算出商务标报价等值技术分，从而导致了较高的中标价格，这不但没有减少投资，反而加重了项目负担。

（2）经评审的低价中标法

经评审的低价中标法是按照《中华人民共和国招标投标法》规定，中标人的标书一定要满足“能够满足招标文件的实质性要求，并且经评审的投标价格最低；但是投标价格低于成本的除外”这一规定设计的评标方案。市场经济环境下，这种方法有利于市场竞争自由、公正。首先，采用这种评标方法可以有效降低工程项目投资。评审委员会在评标时，力求找出符合技术要求和最低报价的投标人，并在保证质量的基础上进行价格判断，这是一种低价导向型的评标方法。因此，采用这种评标方法，既可以使投标人以低价完成施工，又可以节约投资，提高整个工程的经济效益。其次，这种方法不容易被人为控制或暗箱操作。通过评审的低价竞标方法不需要人为地设定许多限制条件和权重，这样可以最大限度地降低评委主观意识对评审结果的影响，使得评审过程更加公正。

然而该模式也存在一定弊端。有些建筑公司技术水平较低，整体实力较弱，却能以低价中标，获得工程承包权，扰乱了市场的正常竞争。另外在使用此方式时也很难界定尺度。建设项目成本与工程技术要求、施工难度、工期、质量保证期有很大关系，还会受到经济、市场等因素影响。由于企业定额、行业定额因地而异、因人而异，所以对于价格的衡量没有确切的定量指标，评标委员会成员只能按照自己的专业知识，根据项目预估成本以及类似经验进行评标，难免出现偏差。而且，在招标过程中，投标人更倾向于采用“不均衡报价”等手段，从而导致了某些不合理的低价项目。此外，该评标办法的技术审核容易流于形式。不同项目、不同投标人的投标文件内容大同小异，甚至雷同的情况频繁出现，所以在时间不够宽裕的时候，评标委员会根据主观偏好对技术标进行评审，使其流于形式。

第五节　未来社区造价咨询

一、未来社区造价咨询工作概述

未来社区的全过程造价咨询服务是在接受项目投资人委托后，咨询机构提供各类工程造价信息咨询服务，进行可行性研究、投资评估、投资决策、项目经济评价、项目预算、方案评价、竣工决算以及投标报价的编制与审核。在中国工程造价管理协会于 2017 年 8 月 25 日发布的《建设项目全过程造价咨询规程》CECA/GC 4—2017 中，全过程造价咨询被定义为“工程造价咨询企业接受委托，依据国家有关法律、法规和建设行政主管部门的有关规定，运用现代项目管理的方法，以工程造价管理为核心、合同管理为手段，对建设项目各个阶段、各个环节进行计价，协助建设单位进行建设投资的合理筹措与投入，控制投资风险，实现造价控制目标的智力服务活动"，由此可见，各阶段工程造价管理是全过程造价咨询的核心。

全过程造价咨询控制整个建设项目的总投资，包括建设工程项目全生命周期的成本或造价管理。在建设前期，需要对招标文件、招标控制价、工程量清单进行编制与审核。而在施工阶段和后期的竣工验收及结算阶段主要包含下列工作内容：编制资金使用计划、进度款方案审核、工程变更签证和索赔的审核，以及运用经济法律知识和自身专业知识，为业主提供具有科学性和合理性的投资与管理建议。

运用全过程造价咨询理论，一方面对工程项目进行整体把控，保证造价合理；另一方面加强风险管控、减少投资偏差。由于工程造价管理工作的专业性和复杂性，大多投资商都选择委托专门的咨询机构进行项目造价管理。

造价咨询管理的总体目标是项目实际结算总造价应控制在批复概算内。认真履行造价咨询职责，建立起覆盖本项目实施范围以内的全过程造价咨询控制体系，开展全过程造价管理工作，配合委托方将项目总投资控制在预算范围之内，最大限度地提高投资效益，同时，协助业主做好施工阶段的全过程工程造价管理，包括事前、事中和事后管理。

二、未来社区全过程造价咨询工作内容

《浙江省未来社区试点建设全过程工程咨询服务指南（试行）》指出，工程造价咨询机构根据项目需要，按照《建设工程设计文件编制深度的规定》要求，可开展工程项目方案设计、初步设计的管理工作，以及施工图设计的管理工作等其中一类工作。

中国工程建设标准化协会最新颁布的《建设项目全过程工程咨询管理标准》T/CECS 1030—2022 进一步明确了造价咨询的管理内容，即：

（1）组织投资估算的编制和评审。

（2）编制和评审经济评价。

（3）对初步设计概算进行编制、审核、调整。

（4）编制、评审施工图预算。

（5）进行方案比选、限额设计，对设计的造价咨询进行优化。

（6）组织工程量清单与招标控制价的编制和评审。

（7）处理施工过程中变更、签证和索赔问题。

（8）提出施工优化建议。

（9）组织竣工结算的审核。

（10）组织项目竣工决算的编制和评审。

（11）组织工程投资造价信息咨询。

造价咨询单位应依据委托人要求和委托人已经批复的项目各阶段相关成果编制工程投资造价任务书，一般包括以下内容：项目概况、造价文件编制深度要求、造价依据和范围、成果性目标、控制性指标、提交成果的内容和时间等。

编制竣工决算应遵循合法性、全面性、有效性原则，做到独立、客观、公正，不得损害社会公共利益和他人的合法权益，确保竣工决算文件的完整性、逻辑性、真实性、准确性。竣工决算的编制和审核尚应符合财政部门的相关规定。

三、造价咨询工作的实施

（一）项目决策阶段造价咨询服务

1. 编制并审核投资估算

作为确保投资主体进行投资可行性分析的重要手段，投资估算可以有效地提高投资的资金安全性和投资回报。在进行投资评估时，可以采用多种方法，如指标估算法、系数估计法、生产能力指数法等。投资估算主要包括建设投资与流动资金两大类，其中建设投资分为静态投资和动态投资。

从建设项目规划阶段、项目建议书阶段、初步可行性研究阶段到可行性研究阶段，项目决策分析与评价的这四个阶段对于投资估算编制的精度要求逐步提高。

为提高项目决策阶段投资估算的准确性，造价咨询服务机构应从宏观角度出发与委托人进行沟通。在投资估算报告编制和审核完成后，还应邀请机构内部造价人员和业内著名专家对报告进行评估。

2. 决策阶段方案经济比选

由于同一个建筑项目采用不同的估算方法，最终投资方案也会不同，所以造价咨询服务机构应根据实际情况，对每一种方案的经济性进行分析比较，最终给出最科学的投资方案。

3. 做好可行性研究报告

最后根据工程的实际情况编制可行性研究报告，着重对拟建工程的技术经济进行评估，对投资风险方面进行分析。

在进行可靠性分析时，首先对拟建项目进行充分调研，对可行的项目方案进行技术经济论证，并对其技术水平的先进性、适应性、经济构成和运行规划等进行科学的分析，然后根据已完成的工程项目的经验，预测和评价该项目的经济效益和社会效益，确定其是否适合投资，并确定最佳投资方案，为委托人决策提供参考。

（二）设计阶段造价咨询服务内容

1. 编制、审核设计概算

设计概算内容包含三级，分别是单位工程概算、单项工程综合概算、建设项目总概算，由单一到整体、局部到整体，最后形成完整的内容。

在编制设计概算时，工程造价咨询服务机构的工作主要涉及下列内容：建设工程项目总概算、单项工程综合概算、单位工程综合概算、预备费以及流动资金、工程建设其他费等。

在设计概算的编制中，通常会先编制设计概算再汇总，所以单位工程设计概算是设计概算编制的一个重要依据。另外，编制常采用概算定额法和指标法，但是具体要根据资料完整性、概算要求精度、设计深度来确定。如果在设计过程中由于深度不够，只能提供建设规模和地点、建筑和机构整体方案时可以根据以往的工程概算数据，在分析、调整系数后完成概算编制。

最后，设计概算编制完成后还要审查其合理性，比如工程造价指标是否合理；概算文件中各项目有没有多算、漏算、重算；设计概算文件是否完整等。

2. 设计方案比选优化

整个项目造价中设计费用所占比重较小，但是在设计阶段，特别是设计方案对总成本的影响相对较大。在对设计方案进行比较和优化时，造价咨询机构应合理应用价值工程原理。从工程方案层面来看，价值工程当中所描述的价值属于比较价值的一种，可以衡量方案的有效程度，但它并不是方案的使用价值，也不是其所具有的经济价值，而是方案所具备的功能与获得该功能所花费的全部费用比值。

造价咨询服务机构在优化设计方案时应注意以下两个方面，一方面是设计竞标方式比选设计方案。通过公开招标吸引更多的设计单位参加招标投标，从经济性、美观性等多角度出发选取安全可靠、功能全面的设计方案，然后通过评价方案优缺点选择最佳方案或通过方案组合确定最合理方案。另一方面，在进行优化时，应把注意力集中在设计过程上，而非只注重设计成果，在进行设计时，应尽量综合考虑工程成本的影响因素，结合技术因素和经济因素，并使项目工程师协助设计人员对设计方案进行经济分析和技术论证，以期合理控制造价。

（三）发承包阶段造价咨询服务内容

1. 工程量清单的编制与审核

作为整个招标文件中一项重要的组成部分，招标工程量清单一般是另册装订发放，受委托的咨询企业应当具备对应资质。在编制工程量清单过程中要将单位工程或者单项工程作为单位进行编制，包含分部分项与单价措施项目清单、总价措施项目清单、其他项目清单、税前项目清单以及规费和税金项目清单。另外，在编制过程中需要遵循《建设工程工程量清单计价规范》GB 50500—2013、《建设工程工程量计算规范》GB 50854～GB 50862以及其他地方政府颁布实施的具体细则。

还需要注意的是，如果清单项目没有在计算规范中，需要按照补充清单项目列项，以满足计价要求为原则对项目特征进行描述，并按照工程项目实际情况进行计量。在施工过程中，如果由于多重因素影响导致材料与设备价格发生变化，应参考《承包人提供的主要材料和设备一览表》。

2. 最高投标限价的编制与审核

造价咨询机构在编制最高投标限价时，通常会参考招标文件、工程量清单、施工设计图纸、补充资料、常规施工组织设计等方面的资料，使最高投标限价符合招标工程量清单的实际要求。

在编制过程中，造价咨询机构也应注意以下几个方面：单价措施与总价措施需要以不同的报表分别列出；不可竞争费按规定计算；在确定工程总承包服务费时，根据工程实际，按照有关规定进行计算。

（四）实施阶段造价咨询服务内容

1. 编制资金计划

造价咨询服务机构根据合同约定和项目的实际情况等，编制资金计划，但是这并不意味着不可以变更，可以在综合考虑业主的资金情况和项目的实际进度后作出相应调整。在编制过程中，既要确保项目施工组织设计的完整性，又要合理地确定合同价款。

2. 审核项目的工程量与工程款变更

建筑工程项目建设周期长，涉及专业多，还有自然因素的作用，这些都会影响施工。造价咨询服务机构必须根据工程项目的具体情况来确定是否有必要进行变更，如有必要，应立即予以处置。变更后，要及时进行相应的施工变动，并将有关的资料整理好。同时，在变更完成后，还要对整个施工项目进行重新评估，对可能出现的问题制订相应的应对措施。

3. 询价与核价工作

造价咨询服务机构对施工材料、机械台班和使用设备进行询价和核价，为业主提出意见。因此，在施工过程中，一定要提前为材料采购、生产、进场预留时间，避免后期进度计划发生调整。此外，在确定了建材及施工设备厂家后，将厂家、市场信息、厂家评测全部反馈给业主，以供业主参考。

4. 签证与索赔工作

业主违反合同约定、合同本身存在问题、不可抗力等都有可能导致签证和索赔发生，造价咨询服务机构必须清楚造成签证和索赔的原因，通过仔细分析，作出积极回应，从而确保施工正常进度。在业主面临签证或索赔的情况下，造价咨询服务机构应协助业主搜集相关的资料和证据，将损失降至最低。

(五) 竣工阶段造价咨询服务内容

1. 结算审核

竣工结算阶段，全过程工程造价咨询服务工作的重点是审核施工单位提交的结算文件，具体包括下列内容：

对相关造价材料进行有效整理：①收集项目过程资料；②收集并熟悉招标投标文件、材料与设备采购合同、竣工验收单、施工合同及补充协议；③收集竣工图纸、施工方案、签证齐全的变更单以及具体的索赔情况等；④根据竣工图、现场签证、变更等资料，进行现场勘察，并进行工程量核算，组价取费。

出具审核报告：①结算审核初稿编制完成后，由施工方、委托方、造价咨询人员三方核对，并对不合理的地方进行相应的调整；②造价咨询服务机构内部审核人员对结算的初步成果文件进行检查并复核；③对于审核通过的成果文件，由企业主管予以批准；④三方在最终成果文件上进行签字盖章。

造价咨询服务机构应对竣工结算资料的准确性和真实性进行仔细核查，并对设计文件、施工方合同、签证与变更等进行全面审核，去除与实际不符的签证、计量环节的成本，并按清单计价规范进行工程量清单编制。同时还需审核采购的材料数量、实际使用数量、审核过程中是否存在偏差等。

造价咨询服务机构应及时发现高取费、高套定额、工程量较大的情况，排除因不合理施工或技术措施而导致的成本浪费情况，并按照合同对所有资料逐一审查并进行存档。

2. 收集资料开展结算后评估工作

要尽可能地搜集到在项目中形成的各种材料，如设计文件及图纸、招标文件、投标书及报价、会议纪要等。此外，造价咨询服务机构应开展结算后评估工作。通过评估并分析造价与价格指标、工程量指标，以评价项目造价管控效果，对整个造价咨询工作进行总结，为今后类似项目提供基础数据。

四、工程造价咨询工作的质量要求

为强化行业自我管理，规范工程造价咨询成果文件的深度要求和格式，以提升成果质量，中国建设工程造价管理协会依据国家相关法律法规、规章和规范性文件，组织有关单位编制了《建设工程造价咨询成果文件质量标准》CECA/GC 7—2012，该标准规定了各类造价咨询业务的质量评定标准，其目的是：确保工程造价咨询单位出具的各阶段工程造价咨询成果文件质量满足国家或行业工程计价的相关规定、规范、标准的要求。另外，对于具体的工程咨询质量精度标准，应在合同中进行约定。具体要求如表 6-44 所示。

工程造价咨询工作服务要求 表 6-44

质量管理及评定	质量管理要素			质量评定		
	咨询项目细分	工程项目划分	咨询服务过程要求	格式要求	编制方法、深度	质量要求
投资估算	投资估算文件应按投资估算的编制办法、标准或惯例进行编制，应按专业类型对建设项目进行合理的划分，分别编制单项工程投资估算表、投资估算汇总表	1. 房屋建筑工程应按主要建筑工程、附属建筑工程、室外工程进行单项工程划分，并依次列项，其单项工程应按土建工程、装饰工程、给排水工程、电气工程、弱电工程、采暖通风工程等进行单位工程的划分。 2. 工业或生产性建设项目应按主要生产系统、辅助生产系统、公用和福利设施、外部工程进行单项工程项目划分，并依次列项，其单项工程应按土建工程（包括：给排水工程、照明工程、采暖通风工程）、工艺管道工程、工艺金属结构工程、工艺设备安装工程、保温筑炉工程、电气安装工程等划分	1. 项目建议书阶段，可以采用系数估算法、生产能力指数法、指标估算法等方法进行估算；在可行性研究阶段应采用指标估算法。 2. 项目建议书阶段建设项目的投资估算的编制应将项目分解到单项工程，采用适宜的方法，确定各单项工程的费用后编制投资估算汇总表。 3. 可行性研究阶段建设项目的投资估算的编制，应首先进行项目的合理分解，以单项工程为主要对象，套用规模、形式、标准相当的单位工程投资估算指标，并应依据估算编制期与指标编制基期的价格水平进行价差调整，然后分别计算各单位工程的费用，汇总单项工程费用，编制单项工程投资估算表，最后编制投资估算汇总表	投资估算成果文件的格式应符合成果文件的组成和要求的相关规定	投资估算的编制方法、深度等应符合《建设项目投资估算编审规程》CECA/GC 1—2015 的有关规定	1. 在相同口径下，项目建议书阶段与可行性研究阶段的建设项目投资估算或评估审定的投资估算综合误差率应小于 20%。 2. 在相同口径下，可行性研究阶段建设项目的投资估算与初步设计概算或评估审定的投资估算的综合误差率应小于 10%
设计概算	设计概算文件应按地方政府和行业主管部门颁发的设计概算的编制办法、标准进行编制，应对建设项目进行合理的划分和分解，分别编制总概算表、综合概算表、单位工程概算表等	1. 房屋建筑工程应按主要建筑工程、附属建筑工程、室外工程进行的单项工程划分，并依次列项，其单项工程应按土建工程、装饰工程、给排水工程、电气工程、弱电工程、采暖通风工程等进行单位工程的划分，土建工程可以进一步按照建筑与结构、地上与地下等划分。 2. 工业或生产性建设项目应按主要生产系统、辅助生产系统、公用和福利设施、外部工程进行单项工程项目划分，并依次列项，其单项工程宜按土建工程（包括：给排水工程、照明工程、采暖通风工程）、工艺管道工程、工艺金属结构工程、工艺设备安装工程、保温筑炉工程、电气安装工程等划分	1. 对于在项目扩初设计阶段尚未明确的工程，在进行设计概算时可采用指标法、定额法等，也可以参考可行性研究报告中的项目估算金额，将其作为概算编制基数。 2. 扩初设计阶段建设项目的单位工程概算的编制应将项目分解到分部分项工程，采用适宜的方法，确定各单位工程的费用后编制综合概算表、总概算表。 3. 建设项目的设计概算的编制，应首先进行项目的合理分解，并以单位工程为主要对象，分别计算各分部分项工程的费用，套用定额、按项目所在地工程造价管理机构发布的价格信息，然后汇总单位工程费用为单项工程费用，编制单项工程概算表，最后编制设计概算汇总表	工程概算成果文件的格式应符合成果文件的组成和要求的相关规定	工程概算的编制方法、编制深度等应符合《建设项目设计概算编审规程》CECA/GC 2—2015 的有关规定	1. 在相同口径下，建设项目的扩初设计阶段工程概算与施工图设计阶段的工程施工图预算的综合误差率应在±5%之内。 2. 相同口径下，在同一成果文件中，综合计算的各种累计误差与误差修正后的设计概算相比，误差率应在±5%之内。 3. 设计概算的过程文件内容应完备，记录真实、有依据

续表

质量管理及评定	质量管理要素			质量评定		
	咨询项目细分	工程项目划分	咨询服务过程要求	格式要求	编制方法、深度	质量要求
施工图预算	施工图预算文件应按工程项目所在地工程造价管理机构或行业主管部门颁发的施工图预算的编制办法、标准或惯例进行编制，应对建设项目进行合理的划分和分解，分别编制工程总预算汇总表、单项工程施工图预算汇总表、单位工程施工图预算书等	1. 民用或公共建筑工程应按主要建筑工程、附属建筑工程、室外工程、红线外工程进行的单项工程划分，并依次列项。其单项工程应按土建工程、装饰工程、给排水工程、电气工程、弱电工程、采暖通风工程等进行单位工程的划分。 2. 工业或生产性建设项目应按主要生产系统、辅助生产系统、公用和福利设施、厂区总图竖向布置和综合管网线路、厂区外工程进行单项工程项目划分，并依次列项。其单项工程应按土建工程(包括：给排水工程、照明工程、采暖通风工程)、工艺管道工程、工艺金属结构工程、工艺设备安装工程、保温筑炉工程、电气安装工程等划分	施工图预算书的编制，应首先根据施工图设计的子项和单位工程图纸，按定额规定的计量原则认真计算分部分项工程量、合理套用定额子目、选定取费标准、调整价差等，分别计算各单位工程的费用，然后汇总单项工程费用，编制单项工程施工图预算表，最后编制工程总预算汇总表	施工图预算成果文件的格式应符合成果文件的组成和要求的相关规定	施工图预算的编制方法、编制深度等应符合《建设项目施工图预算编审规程》CECA/GC 5—2010的有关规定	1. 相同口径下，在同一成果文件中，因工程量计算有误导致的累计误差与误差修正后的施工图预算相比，误差率应在±1%之内。 2. 相同口径下，在同一成果文件中，因定额子目套取有误导致的累计误差与误差修正后的施工图预算相比，误差率应在±2%之内。 3. 相同口径下，在同一成果文件中，因单价构成依据不足或无合理解释，或单价调整错误、甲供材料扣除错误等导致的累计误差与误差修正后的施工图预算相比，误差率应在±3%之内。 4. 相同口径下，在同一成果文件中，因取费程序、取费基数、取费标准有误导致的累计误差与误差修正后的施工图预算相比，误差率应在±1%之内。 5. 相同口径下，在同一成果文件中，综合计算的各种累计误差与误差修正后的施工图预算相比，误差率应在±5%之内

续表

质量管理及评定	质量管理要素			质量评定		
	咨询项目细分	工程项目划分	咨询服务过程要求	格式要求	编制方法、深度	质量要求
工程量清单	工程量清单应按照现行的《建设工程工程量清单计价规范》GB 50500—2013 中规定的方法进行编制，应由分部分项工程量清单、措施项目清单、其他项目清单、规费项目清单、税金项目清单组成	工程量清单的章节和清单项目设置在满足现行《建设工程工程量清单计价规范》GB 50500—2013 的所有要求的前提下，应根据工程具体情况考虑按地上/地下、各专业、分部工程、分项工程等分别设置清单章节	1. 工程量清单的工程量计算规则应执行现行《建设工程工程量清单计价规范》GB 50500—2013 中的规定。 2. 工程量清单中涉及的材料暂估单价/专业工程暂估价/暂列金额应经招标人确认	工程量清单成果文件的格式应符合成果文件的组成和要求的相关规定	工程量清单的编制应符合现行的《建设工程工程量清单计价规范》GB 50500—2013 的有关规定	1. 相同口径下，在同一成果文件中，清单漏项或重复性清单列项的项目数量与所有清单列项项目数量相比，误差率应在 3%之内。 2. 相同口径下，在同一成果文件中，清单描述的失误的项目数量与所有清单列项项目数量相比，误差率应在 3%之内。 3. 相同口径下，在同一成果文件中的单项子目，因工程量计算有误与误差修正后的工程量相比，误差率应在±5%之内。 4. 工程清单编制的过程文件内容应完备，记录真实
招标控制价			1. 招标控制价应当依据招标控制价编制委托合同、建设工程工程量清单计价规范、招标文件(包括工程量清单)及其补遗文件、招标施工图、施工现场地质水文情况等资料、与建设项目相关的标准规范和技术资料、国家或招标工程所在地省级行业建设主管部门颁发的计价定额和办法、国家或招标工程所在地省级行业建设主管部门颁发的工期定额、招标工程所在地工程造价管理机构发布的工程造价信息和影响招标控制价的其他相关资料等进行编制。	招标控制价成果文件组成及相关计价表格应按成果文件的组成和要求的相关规定		1. 相同口径下，在同一成果文件中，因采用的计价定额、取费标准有误，套用消耗量定额项目错项、漏项、重项，计价程序、取费基数有误导致的累计误差与误差修正后的招标控制价相比，误差率应在±2%之内。

续表

质量管理及评定	质量管理要素			质量评定		
	咨询项目细分	工程项目划分	咨询服务过程要求	格式要求	编制方法、深度	质量要求
招标控制价			2. 招标控制价的编制范围应当与招标文件中的招标范围一致，应当满足招标人对招标工程的质量、工期要求，应当涵盖招标文件要求投标人承担的一切相关责任、义务及风险。 3. 招标控制价中的材料、机械、人工等价格应当参照招标工程所在地市级及以上行业建设主管部门发布的市场价格信息并结合市场行情确定，应当反映招标控制价编制期的工程所在地市场价格水平。 4. 招标控制价应当综合考虑招标工程的自然地理条件和施工现场条件等因素，将由于自然条件和施工现场条件导致施工因素变化的费用计入招标控制价内	招标控制价成果文件组成及相关计价表格应按成果文件的组成和要求的相关规定		2. 相同口径下，在同一成果文件中，因材料、机械、人工等价格未按照招标工程所在地市级及以上行业建设主管部门发布的市场价格信息进行确定，或未能提供有效合理的市场价格调查依据证明，该等价格可以通过市场正常采购渠道取得，或未按招标文件给定的材料暂估单价计入综合单价导致的累计误差与误差修正后的招标控制价相比，误差率应在±3%之内。 3. 相同口径下，在同一成果文件中，因对于招标工程的自然地理条件和施工现场条件导致的施工因素变化费用考虑不足导致的累计误差与误差修正后的招标控制价相比，误差率应在±3%之内。 4. 相同口径下，在同一成果文件中，综合计算的各种累计误差与误差修正后的招标控制价相比，误差率应在±5%之内。 5. 招标控制价的过程文件应内容完备，并记录真实

续表

质量管理及评定	质量管理要素			质量评定		
	咨询项目细分	工程项目划分	咨询服务过程要求	格式要求	编制方法、深度	质量要求
竣工结算审查	工程结算审查应按《建设项目工程竣工结算编制规程》CECA/GC 9—2013 及惯例进行，并应分别编制分部分项（措施、其他、零星）工程结算审查对比表、单位工程结算审查汇总对比表、单项工程结算审查汇总对比表、工程结算审查汇总对比表等		1. 结算审查应根据施工发承包合同约定的结算方法进行，不得采取重点审查、抽样审查、经验审查、分析比较审查等方式，应根据不同合同类型采取不同方法。 2. 结算审查应首先审查结算的递交程序和资料的完备性和符合性，并审查发承包合同及其补充合同的合法性和有效性，然后根据合同约定的计价方法分别计算并编制各专业的分部分项工程结算审查对比表，然后汇总单位工程结算审查汇总对比表，编制单项工程结算审查汇总对比表，最后编制结算审查汇总对比表	结算审查成果文件的格式应符合成果文件的组成和要求的相关规定	结算审查成果文件的编制方法、深度应符合《建设项目工程竣工结算编制规程》CECA/GC 9—2013 的有关规定	1. 相同口径下，在同一成果文件中，因工程量计算有误，取费程序、取费基数、取费标准有误导致的累计误差与误差修正后的结算审查结论性金额相比，误差率应在±3%之内。 2. 在相同口径下，在同一成果文件中，因单价构成依据不足或无合理解释，或单价调整错误、甲供材料扣除错误等导致的累计误差与误差修正后的结算审查结论性金额相比，误差率应在±3%之内。 3. 在相同口径下，在同一成果文件中，因工程签证、工程索赔计价不合理或缺乏相应证据支持导致的累计误差与误差修正后的结算审查结论性金额相比，误差率应在±2%之内。 4. 相同口径下，在同一成果文件中，综合计算的各种累计误差与误差修正后的结算审查结论性金额相比，误差率应在±5%之内。 5. 结算审查的过程文件应内容完备并记录真实

续表

质量管理及评定	质量管理要素			质量评定		
	咨询项目细分	工程项目划分	咨询服务过程要求	格式要求	编制方法、深度	质量要求
计量与支付审核报告			1. 工程计量支付审核报告应依据施工承包合同中工程款支付(包括工程预付款及工程进度款)相关约定及监理公司的工程形象进度确认单进行编制。 2. 工程计量支付的审核中需要控制每期付款金额与工程款总额的关系，原则上不应超过工程款总额	成果文件的格式应符合成果文件的组成和要求的相关规定	工程计量支付审核报告的编制方法、编制深度等应符合《建设项目全过程造价咨询规程》CECA/GC 4—2017的有关规定	相同口径下，在同一成果文件中，将综合计算的各项累积误差与已修正的工程款支付审计报告的结论金额比较，误差率应在±5%之内
工程索赔审核			1. 工程索赔审核报告应重点审核索赔理由的正当性、索赔要求的合理性、索赔证据的有效性，索赔提出时间的有效性。 2. 索赔证据应具备真实性、全面性、关联性、及时性及具有法律证明效力	成果文件的格式应符合成果文件的组成和要求的相关规定	编制方法、编制深度等应符合《建设项目全过程造价咨询规程》CECA/GC 4—2017的有关规定	相同口径下，在同一成果文件中，将综合计算的各项累积误差与已修正的工程款支付审计报告的结论金额比较，误差率应在±10%之内
造价纠纷鉴定			1. 鉴定的范围、内容应与鉴定委托相一致。鉴定成果文件所表达的内容和范围必须严格依照委托书的要求，不能做出与委托不符的鉴定表述。 2. 在合同约定有效的条件下，鉴定成果文件中表述采用的鉴定方法应按照当事人的合同约定。除非另有约定，不得以一种计价方法推翻另一种计价方法的计价结论，也不得修改计价条件推翻原计价条件下的结论。	工程造价经济纠纷鉴定成果文件的格式应符合成果文件的组成和要求的相关规定		1. 鉴定的范围、内容应与鉴定委托相一致。鉴定成果文件所表达的内容和范围必须严格依照委托书的要求，不能做出与委托不符的鉴定表述。 2. 在合同约定有效的条件下，鉴定成果文件中表述采用的鉴定方法应采用当事人的合同约定。

续表

质量管理及评定	质量管理要素			质量评定		
	咨询项目细分	工程项目划分	咨询服务过程要求	格式要求	编制方法、深度	质量要求
造价纠纷鉴定			在合同约定有效的情况下，鉴定结果文件中所使用的鉴定方法，应当按照双方的约定来确定。除非双方另行商定，否则不能以一种计价方式来否定其他计价方式的计价结论，或为推翻原计价条件下结论更改计价条件。 3. 对当事人合同无效或约定不明而未确定计价方法的鉴定，根据国家法律法规和建设行政主管部门的有关规定，受托人可以依据事实，自行选取适用的计价方法形成鉴定结果，并在成果文件中表述理由。 4. 鉴定成果文件应当按照单项工程、单位工程、分部分项工程的划分原则分别计算后进行汇总，不得混编混算	工程造价经济纠纷鉴定成果文件的格式应符合成果文件的组成和要求的相关规定		3. 对因合同无效、依据不足、事实不清且当事人无法达成和解而使鉴定机构自行选定鉴定方法时，鉴定机构应当在鉴定报告中逐项说明结论或不能得出结论的原因，必要时做出估价或估价范围供委托人参考。 4. 相同口径下，在同一成果文件中，将综合计算的各种累计误差与修正后的工程造价经济纠纷鉴定成果文件的结论性金额相比，综合误差率应小于±5%

第六节　未来社区工程监理

一、未来社区监理工作内容

未来社区全过程工程咨询模式下的监理不同于传统模式的工程监理，传统模式的工程监理多数仅限于工程施工阶段，偏重于工程现场的进度、质量、安全文明施工、投资、信息档案和项目的协调管理。全过程工程咨询模式下的工程监理需要转变思路，工程监理工作同样贯穿于项目实施的全过程。浙江省发展改革委印发的《浙江省未来社区试点建设全过程工程咨询服务指南（试行）》指出，工程监理是根据赋码项目需要，从事工程监理或施工项目管理服务活动，也可开展工程监理与项目一体化服务活动。中国工程建设标准化协会最新颁布的《建设项目全过程工程咨询管理标准》中规定："咨询单位应依据全咨管理合同，对合同中约定的工程监理服务和工程施工的其他活动进行策划、执行、监督和控制，保证工程建设目标。工程监理人可采用多种组织方式，如咨询人具有相应资信、资质条件与工程监理相应服务能力时宜优先由咨询人实施；也可由咨询人协助委托人委托一家或多家具备相应资格条件的监理服务单位共同实施，其中联合体成员中牵头单位应对服务成果承担总体责任，联合体成员应依据分工承担相应责任。"根据《建设项目全过程工程咨询管理标准》，现将工程监理服务内容整理如表6-45所示。

工程监理服务内容　表6-45

阶段	内容	交付成果
工程监理服务管理策划	工程部应编制工程监理实施规划，经总咨询师审核，报委托人批准后实施	《工程监理实施规划》
	工程监理实施规划应将工程监理人的项目组织、风险管理、合同管理、过程控制、资源管理、竣工验收、项目考核、项目文化建设及信息化建设等内容，从管理制度标准化、人员配备标准化、现场管理标准化和过程控制标准化等方面进行要求和规范	
	工程部应编制工程监理服务任务书，经总咨询师审核，报委托人批准后实施	《工程监理服务任务书》
	工程监理人应配合工程部的工作安排，协助完成全咨管理规划大纲、全咨管理实施规划和工程监理服务实施规划的编制工作	
工程监理服务管理实施	应建立由工程施工阶段各相关人共同参与的协同管控机制，在工程建设阶段，为委托人提供工程施工期间的管理服务	
	应对委托人的满意度情况进行全过程跟踪分析，对工程监理人的执行情况和咨询人自身承担的工程施工管理工作的执行情况进行全过程监督和控制	
	应针对实施过程中发生的重大变化，及时对工程监理实施规划进行调整，经总咨询师审核，报委托人重新批准后实施	
	应负责沟通与协调工程施工有关的相关人之间的接口关系	
	应负责落实委托人按照全咨管理合同和工程监理合同的约定提供的办公、交通、通信、生活等配套实施	
	应负责落实委托人在规定时间内应该完成的工程监理服务审批事项	

续表

阶段	内容	交付成果
工程监理服务管理实施	应负责落实委托人按照合同约定应该支付的工程监理服务请款事项	
	应在对工程监理管理的基础上，加强对工程施工的绿色建造与环境以及风险的监督和控制	
	应对可能发生的重大变更进行预测和影响分析，并及时提出应对意见和建议	
	监理人员的工作应在全咨管理的数字化协同管理平台上开展，及时、准确、完整地将工程施工过程中所形成的咨询成果文件进行收集、整理、编制、传递，并向总控部移交	
	应组织工程监理人协助委托人进行国有资金项目有关项目建设阶段的审计，包括合同履行期间的过程审计和结算审计等	

二、监理工作的任务

国家对于工程监理的角色功能，在制度设计上寄予了厚望。但从近年来工程监理的制度发展来看，建设监理的角色职能并未完全发挥，所谓的“四控、两管、一协调”主要仍集中在施工阶段的质量安全控制。这里主要就实务中的建设监理任务内容进行进一步说明。

1. 成本控制

工程监理对成本进行全面把控，通过控制成本对工程价格进行有效保障，一般工程成本包括直接成本、间接成本、税金等。其中直接成本主要是指人员的工资、奖金、差旅费、通信费、交通费等，这是必须要保证的，此外还包括一部分现场检测设备费用。间接成本主要包括员工的社会保障、福利、公积金等，行政管理人员还需要列支工资、津贴等。监理单位应从全局的角度对成本进行控制，实现在直接成本无法控制的情况下，对间接成本进行控制，确保造价在合理范围内。

2. 进度控制

工程监理能够对工程整体进度进行把握，通过对进度的控制，有效确保合同的推进执行。工程的进度必须要符合合同要求。监理工程师全方位做好进度控制，从根本上推动工程建设顺利开展，要对工程的各个流程进行控制，土建、设备安装、给水排水、供暖通风、道路、绿化、电气等工程均需要全面把握好进度，使工作满足进度需要，要合理控制、按照计划推进，使各个环节进度都在可控范围内，这样才能实现整体进度一致。监理单位需要全面对各单位做好协调，对影响进度的因素快速解决，科学控制，不断推动工程顺利建设。

3. 质量控制

在各个阶段都应进行质量控制，在工程设计阶段应选择技术工艺，确保建设条件符合要求，监理单位也应组织专业人员审核、检测资料，以保证人、材、机符合建设条件要求，并对影响质量的因素进行合理控制，确保达到设计目标。工程质量不达标，不仅会影响利润，还影响企业形象，因此必须严格把控质量关，将质量控制贯穿项目建设全过程。

4. 安全控制

建设监理的施工安全控制包括两重目标，即一方面保证工程建筑物本身的安全，包括工程建筑物的质量是否达到了合同要求，是否存在各类质量安全意外风险；另一方面保障施工过程中相关人员的安全，包括：人员自身的安全规范，如安全教育、行为规范、劳保品佩戴等；物品的安全管理，如建筑材料的堆放、保险防护设置等；安全操作规程管理，如起重作业、焊接作业等；施工环境的管理，如危险品存放地、高压线等风险应对。

5. 信息管理

监理信息管理是对项目施工过程中所产生的各种资料进行收集、加工、整理、储存、传递和应用的一系列工作的总称。信息管理的目的就是让决策者能够在信息流通的情况下，及时获取相关信息，从而更好地进行决策。

在信息管理方面，监理单位要建立规范的程序，按照信息收集、整理、使用、存储、传递的流程建立体系，由专门部门负责归纳整理；有效地管理业主、监理单位、建设单位等其他方面的资料，做好现场记录和反馈、会议纪要。建立完善的报告制度，对各类报表进行标准化和规范化。

6. 合同管理

合同管理是指对项目有关的各类合同进行科学的管理，包括拟定条件、协商、签订、履行情况的检查与分析等。建设监理合同管理工作主要遵从事前预控、及时纠偏、充分协商、公正处理四大原则。有效的合同管理工作有助于实现项目建设“四大控制”。

（1）事前预控。通过预先分析和调查等方法，对合同履行过程中的潜在问题进行预警，避免出现与合同约定的偏差；

（2）及时纠偏。及时跟进合同履行和施工中出现的问题，并以《监理工程师通知单》《监理工程师联系单》等方式督促其对违反合同规定的行为进行纠正；通过对设备合同履行情况的了解，及时跟进供应商的供货计划，以最大限度地减少因设备到达时间提前或滞后而造成的影响；

（3）充分协商。在处理过程中，要充分征求各方的意见，并与当事人进行充分的协商；

（4）公平处理。严格遵守合同相关条款及监理程序，合理公正地处理其他合同事宜。

7. 工作协调

工作协调主要是指施工阶段项目监理机构组织协调工作。工程项目建设是一项复杂的系统工程。在系统中活跃着建设单位、监理单位、勘察设计单位、承包单位、政府行政主管部门以及与工程建设有关的其他单位，建设监理需要联结调和所有活动及力量，促使各方协同一致，实现上述管理目标。

从协调主体分类，监理协调工作分为系统内部协调和系统外部协调两方面。

对于内部协调而言：一是要对业主与承包商之间的关系进行协调，工程施工中合同纠纷、矛盾在所难免，因此，监理必须站在公平的立场上，重点从技术层面上进行调解，争取达成共识；二是与设计单位进行协调，在施工前，通过图纸会审和设计交底解决设计的问题。

对于系统外部的组织协调：主要是采取主动沟通、联系的方式协调政府部门之间的关系，例如质监站、安监站等，争取各方的支持。

三、工程监理工作依据

为了使工程监理工作标准化，仅靠《建设工程监理规范》GB/T 50319—2013 这一国家标准很难实现。为保证工程监理制度有效实施，项目监理机构设施配置和人员配置标准、项目监理机构考核标准也是工程监理工作标准体系的重要内容。本书整理了监理工作的相关标准，具体如表 6-46 所示。

工程监理工作标准体系 **表 6-46**

标准维度	标准名称	标准类别
专业工程监理工作标准	房屋建筑工程监理规程	行业标准或团体标准
	城市轨道交通工程监理规程	
	地下综合管廊工程监理规程	
	装配式建筑工程监理规程	
	市政道路工程监理规程	
	市政桥梁工程监理规程	
工程监理工作任务标准	建设工程质量控制规程	团体标准
	建设工程造价控制规程	团体标准
	建设工程进度控制规程	团体标准
	建设工程合同管理规程	团体标准
	建设工程安全生产管理规程	团体标准
	建设工程文件资料管理规程	团体标准
工程监理人员职业标准	总监理工程师职业标准	团体标准
	专业监理工程师职业标准	团体标准
	监理员职业标准	团体标准
其他	项目监理机构人员配置标准	团体标准
	项目监理机构设施配置标准	团体标准
	项目监理机构考核标准	团体标准

注：公路工程、铁路工程、电力工程、水利水电工程等可由相应行业主管部门或行业协会发布行业标准或团体标准。

四、工程监理工作的实施

建筑工程的施工监理主要包括对施工的前、中、后期进行的科学监理。因此在不同的项目中所体现出的具体表达形式也存在着细微的差异。工程监理工作开展前，应确定工程监理机构人员，合理划分监理岗位，明确各部门人员的工作职责，负责监理规划的编制，监督实施细则的审核，并对监理机构的日常工作进行管理。

（一）成本控制方法及措施

施工监理的投资控制，即以合同价款或投资额为投资控制目标值，通过对项目建设中的项目投资实际值和目标值进行对比，找出偏差进行分析，并采取措施予以控制，进而实现投资控制目标。具体措施如下。

1. 做好工程计量的工作

工程计量是指项目监理工程师按照承包合同和设计文件中有关工程量计算的规定，对承包方申报的已完工程的工程量进行审核。为做好工程计量工作，应注意以下方面：

（1）工程计量依据

依据工程合同约定，由建设单位提供的设计施工图纸（包含设计修改通知单、工程变更通知单、工程洽商和对应的量表）确定的建筑物设计边线以及合同规定的应当增加或扣除计量的范围，按照经监理批准或合同约定的计量单位和计量方式进行。在接到工程项目后，要按照合同约定和各自的特点，制定相应可行的计量和支付方式，对工程款申报规范化。

（2）工程计量原则

未按工程合同规定，未通过工程质量检验或未按设计要求完成的项目和工作，不得进行计量。由总承包单位施工或由于其承担的风险和责任而增加的工程量，不予计量。

（3）工程计量程序

工程施工前承包方应对原始地形地貌及时测验，将测绘成果交由监理工程师审核批准。在单位工程或分项工程完成后，也应及时向监理工程师申报工程量。最后，双方共同完成工程计量量测或由承包方提交测量记录和结果，经监理部门复测审核后予以确认。

（4）工程量的批准

根据合同规定，在进行合同支付签证前，监理工程师应及时审查和批准工程计量范围、计量项目、计量方式与方法和计量成果等的准确性和有效性，以及工程质量合格签证的报批。在工程计量出现争议时，监理单位对于通过审查且无争议的部分应及时批准，对有争议的部分进行专项处理。

2. 控制变更及其费用

工程实施过程中，对于变更的项目单价，可以依据合同和招标文件中已有的单价进行确定，如果没有类似的价格，且与施工方就单价核准存在争议但无可依据的标准时，可以咨询造价站的专业人士。通常情况下，变更分为设计变更、施工变更和进度变更。

（1）设计变更控制

由于招标时的设计深度等原因，在项目进行过程中，对设计进行了一定的更改，因此费用也应进行相应的调整。对此类变更要进行事前控制，及早发现问题并及时修改，避免施工后发生设计变更，造成更大的损失。

（2）施工变更控制

施工变更是指由于施工方法和方案的变化而产生的变更，这种变更所带来的费用一般是不予支付的，但在某些情况下需要加以考虑。

（3）进度变更控制

每个项目施工都存在一个合理的时限，即合理工期。项目的进度要求是在投标时提出来的，但由于各种因素的影响，工程进度发生了很大的变化，所以监理方必须对造成进度变化的原因进行分析，是承包方原因还是其他方面。如果是由于前者的进度变化（赶工期）导致的费用增加将不予支付，而如果是后者，就应当支付。

（二）进度控制方法及措施

1. 进度控制的事前控制措施

（1）对监理机构中负责进度控制的人员以及具体控制任务和职责分工进行落实；

（2）对项目实施总进度计划进行审查，审核其与总进度指标是否一致，以及与施工方案是否协调、合理；

(3) 制订进度控制协调工作体系，包括会议召开时间、参与人员等；

(4) 分析影响工程进度的各种干扰和危险因素，并采取相应的补救措施；

(5) 对施工单位提出的施工方案进行审查，使人力、设备、施工方法等保障进度计划的实现。

(6) 检查监督施工单位制定的材料和设备的采、供计划；

(7) 协助完善外部程序，按期拆除现场障碍物，落实现场临时供电、供水、施工道路等，为施工方提供施工现场、创造必要的施工条件；

(8) 协助完成项目的资金保障工作，及时支付项目进度款。

2. 进度控制的事中控制措施

(1) 建立记录施工进度的监理日志，每天如实记录每日形象部位和已完工的实物工程量，以及影响施工进度的内、外、自然和人为的各类因素；

(2) 对施工单位每周或每月、每季度的进度报告进行审核，其中重点核查实物工程量完成情况与形象进度、实际进度与计划进度的偏差。

(3) 按时完成符合合同规定的现场质量项目的计量验收工作；

(4) 处理有关计量和进度方面的签证；

(5) 实行项目进度动态管理，发现偏差后及时组织施工单位进行原因分析、讨论解决办法，并督促施工方进行整改；

(6) 对工程进度款支付签署计量和进度方面的认证意见，并采取经济奖惩措施；

(7) 组织现场协调会，对进度管理控制方面的问题，如总图管理问题、施工不能解决的内外问题或现场重大事宜等，进行及时的协调；

(8) 及时收集施工方提供的相关进度表，掌握设计、设备材料的供应状态，并加强对项目的跟踪和验收，定期上报项目进展。

3. 进度控制的事后控制措施

当实际进度与计划进度出现偏差时，在分析原因后，采取下列措施：

(1) 制订应对措施，确保工程总工期不突破；

1) 技术措施：如采用新工艺，减少技术间歇期、缩短工艺时间、实行平行流水立体交叉作业等；

2) 组织措施：如增加工作人数和作业队数、采用高效机械施工等；

3) 经济措施：如提高单价、实行经济包干和经济奖惩等措施；

4) 其他措施：如改善劳动条件和外部配合条件、实施强有力的调度等措施；

(2) 制订补救措施，以应对总工期突破问题；

(3) 根据新的施工条件调整施工进度、材料设备和资金供应计划等，组织新的协调平衡。

(三) 质量控制方法及措施

1. 实施前质量控制

(1) 审查工程项目部提交的《工程开工报审表》及相关资料，并经项目监理部或项目法人批准。

随《工程开工报审表》报审的资料应包括：施工组织设计及《施工组织设计报审表》，施工进度计划及《施工进度计划报审表》《特殊工种作业人员统计表》，专业施工组织设计或作业指导书及《专业施工组织设计/重大施工技术方案报审表》《施工质量检验项目划分报审表》《主要测量、计量器具检验统计表》《施工机械安全检查资料及施工机具配置一览表》。

（2）审查开工报审材料

对工程项目开工报审资料的审查要点包括：工程管理办法是否可行，各项管理制度是否健全，各级管理人员职责是否明确；工程项目部组织机构是否健全、管理人员（包括行政、技术、质量、安全、计划、材料）是否到位；施工方案（措施）是否可靠，是否能保证施工质量和施工安全；施工进度计划是否满足项目法人里程碑工期要求；主要材料的质量是否满足工程质量要求，材料准备是否满足连续施工要求；主要测量、计量器具应经定检合格，具有定检合格证和检验文件且在定检周期范围内；特殊工种的培训和持证上岗情况；规范、图集是否已备齐。施工质量检验项目划分应当包括整个合同的所有内容，不得出现重复和遗漏，设备的配备必须符合连续施工和工期的要求。

（3）审查开工条件

单位工程开工应具备的条件包括：工程施工进度计划编制完成并通过审查；施工组织设计或施工方案（措施）已通过审查；设计交底及图纸会审已完成；资金已到位；主要劳力、材料、机具、设备已到位并满足计划需要；供货商资质及主要材料质量均经审查检验；施工现场已满足开工条件。

（4）单位工程开工报告的批准

开工报告由监理单位按照以上评审要点组织评审，如果达到以上各项要求，则该项目已具备正式开工的条件，由项目总监审核通过、报项目法人审定同意后，由项目总监下达开工命令。

2. 工程施工过程中质量控制

（1）质量控制的原则

质量控制的重点是工序控制，它不仅能保证操作人员对操作作业的控制，还为控制工序质量创造条件。通过控制影响施工质量的关键工序，进而加强工程项目部工序协调控制。

（2）项目监理部在质量控制中的任务

1）对需要旁站监督的项目进行旁站监督，检查施工方案、安全和技术措施与报审技术文件要求是否具有一致性，并对施工质量进行检查，对不合规范的行为进行整改。另外，竣工后，对符合验收要求的项目进行监理签证；

2）在隐蔽工程竣工后，由施工单位进行三级自检，并在隐蔽前 24h 或 48h 向项目监理处提交《工程质量报验单》，经监理验收后，方可进行隐蔽。未经验收或验收不合格而私自进行隐蔽造成的一切后果由工程项目部承担；

3）在施工现场，对操作人员是否按照设计图纸、规范、技术标准、施工工艺和作业指导书操作，并进行重点检查；

4）施工过程中对特殊工种人员持证上岗情况进行现场检查；

5）检查施工是否依据已批准的设计或设计变更文件进行；

6）在处理工程质量事故时，检查施工是否符合批准的处理要求；

7）对于施工现场不按设计、规范施工的现象和不安全因素，通过采取现场巡视检查、发监理工作联系单、整改通知单、停工通知单等方式督促其加以整改；

8）工程项目部应当向监理提交技术交底记录、作业指导书、施工技术措施以及质量体系程序文件，监理负责定期或不定期的审查，必要时参加重要工程交底会议；

9）检查工程交底是否符合设计规范，是否能指导施工，是否满足施工需要；

10）检查交底人、接受人是否签字、是否按照审定的施工方案和施工技术措施进行技术交底。

3. 事后质量控制

定期或在重要工序完成后，组织召开质量分析会议，通报施工过程中出现的质量问题，分析质量问题产生的原因，制订预控措施，以避免其他部位施工再次发生同样的问题。

（四）安全控制方法及措施

（1）在工程开工之前，施工方要建立一个完善的安全管理制度，以确保其正常运行。工程项目部对施工人员进行技术交底和安全交底，项目监理部门对项目部的施工措施进行审查，并对其进行安全检查。

（2）在施工人员上岗之前，必须对其进行安全教育和考核，另外在施工期间，也要定期组织安全学习，由项目监理部定期或不定期检查。

（3）在施工之前，要采取切实、有效的安全措施，如果没有足够的安全准备，不能进行施工。

（4）安全用具应有产品合格证书、检验报告，并按照要求进行检验，检验报告要有记录，对不合格的安全器具要有明确的标识，并分开存放，不准使用。

（5）所有工人都要按照技术规范穿戴劳动防护装备，高空作业工人必须定期进行体检，不合格者不得从事高空工作。

（6）施工单位应安排人员对用电情况进行监督，对不符合安全标准的电器进行替换，以保证用电的安全。现场临时用电的配电箱应采用一机、一闸、一漏、一箱制，禁止用同一开关直接对两台及以上用电设备（包括插座）进行控制，并规定开关箱的开关柜在各种条件下通过使用电设备电源隔离。如有违反现场用电规定，按照项目的有关规定进行。

（7）危险源识别与风险评价是构建职业健康安全管理系统的重要环节和基础。评估以识别为依据，以控制风险为终极目标。而危害源则是可能造成人员伤亡、疾病、财产损失和工作环境破坏的原因。造成危险源的原因包括：工作人员的不安全行为，不安全的环境条件，不安全的机器设备状态等。

（8）在识别危险源时，应充分考虑其性质和根源；

1）安装水管电锤的冲击与撞击的机械伤害；人机工程因素；水管加工机械设备的腐蚀；焊接缺陷；起重伤害；高空坠落；有毒有害物质、气体的泄漏及辐射等。

2）可能造成环境污染和生态破坏的活动、过程、产品和服务：原材料、能源的消耗和污染物的处置排放。人员从高处坠落；头上空间不足；在平地上滑倒/跌倒；工具、材料从高处坠落等。

3）下列任何一种情况都应当被判定为重大危险源：

① 不符合法律法规和其他要求的；

② 相关方提出合理要求和抱怨的；

③ 已发生过意外，未采取有效的预防和控制措施的；

④ 未采取适当的控制措施而直接观测到的。

（9）对主要危险源及其所引起的危害进行控制，采取以下几种控制措施：

1）减少或消除危险源；

2）改进技术和工艺、材料；

3）强化施工管理过程；

4）改进施工方法；

5）提供和使用安全防护用品，如手电筒、绝缘鞋等。

（10）控制方式通过准备应急预案和响应程序、制订运行控制程序、制订目标和管理计划，最大限度地减少由主要危险源引起的安全隐患。

（11）深基坑等危大工程安全管理

1）督促施工单位根据招标文件、设计文件，结合现场实际及时梳理出项目完整的危大工程清单，报监理审查。

2）要求各施工单位按照进度计划，提前制订并完善危大工程专项施工方案和紧急救援预案。

3）经施工单位技术负责人和监理工程师审核签字并加盖公章后，才可实施专项施工方案。对于规模较大的危大工程，施工单位必须提前组织进行专家论证。

4）危大工程专项方案未报审或报审未通过，施工单位均不得擅自进行施工；危大工程施工之前应通知监理、业主到场进行监督、检查。

5）在危大工程施工场地醒目的地方张贴危险品名称、时间和相关责任人，并在危险区设立安全警示标识。

6）在实施专项工程方案之前，编制人、技术负责人必须对现场管理人员进行方案交底；现场管理人员再对操作人员进行安全技术交底，并由双方和安全生产管理人员共同签字确认。

7）对于危大工程施工作业人员应进行登记备案，由项目负责人在工地上履行职责，项目专职安全生产管理人员对方案实施情况现场监督。

8）危大工程实施或重要节点完成后，须报请业主、监理、设计等单位进行验收；通过验收后，在进行下一步工序前，还应由工程技术主管和总监理工程师签字确认。

9）施工单位应将专项施工方案及审核、交底、现场检查、验收及整改等相关资料纳入档案管理。

参考文献

[1] 王嘉，白韵溪，宋聚生．我国城市更新演进历程、挑战与建议［J］．规划师，2021，37（24）：21-27.

[2] 张松．积极保护引领上海城市更新行动及其整体性机制探讨［J］．同济大学学报（社会科学版），2021，32（06）：71-79.

[3] 唐燕．我国城市更新制度建设的关键维度与策略解析［J］．国际城市规划，2022，37（01）：1-8.

[4] 梅耀林，王承华，李琳琳．走向有机更新的老旧小区改造——江苏老旧小区改造技术指南编制研究［J］．城市规划，2022，46（02）：108-118.

[5] 曹可心，邓羽．可持续城市更新的时空演进路径及驱动机理研究进展与展望［J］．地理科学进展，2021，40（11）：1942-1955.

[6] 彭显耿，叶林．城市更新：广义框架与中国图式［J］．探索与争鸣，2021（11）：99-109＋179.

[7] 程慧，赖亚妮．深圳市存量发展背景下的城市更新决策机制研究：基于空间治理的视角［J］．城市规划学刊，2021（06）：61-69.

[8] 刘佳燕，邓翔宇，霍晓卫，等．走向可持续社区更新：南昌洪都老工业居住社区改造实践［J］．装饰，2021（11）：20-25.

[9] 赵万民，李震，李云燕．当代中国城市更新研究评述与展望——暨制度供给与产权挑战的协同思考［J］．城市规划学刊，2021（05）：92-100.

[10] 丁焕峰，张蕊，周锐波．城市更新是否有利于城乡融合发展？——基于资源配置的视角［J］．中国土地科学，2021，35（09）：84-93.

[11] 李海，盘劲呈，杨倩．大型体育赛事助推城市更新的内在逻辑、现实困境与策略选择——基于全运会举办城市视角［J］．西安体育学院学报，2021，38（05）：520-526.

[12] 徐文舸．我国城市更新投融资模式研究［J］．贵州财经大学学报，2021（04）：55-64.

[13] 刘彩霞，陈安平．城市更新的溢价效应——来自城中村改造的准自然实验［J］．中国经济问题，2021（04）：78-90.

[14] 赵燕菁，宋涛．城市更新的财务平衡分析——模式与实践［J］．城市规划，2021，45（09）：53-61.

[15] 何雨．重构与再生：城市更新的演进逻辑、动力机制与行动框架［J］．现代经济探讨，2021（06）：94-100.

[16] 戴小平，许良华，汤子雄，等．政府统筹、连片开发——深圳市片区统筹城市更新规划探索与思路创新［J］．城市规划，2021，45（09）：62-69.

[17] 王书评，郭菲．城市老旧小区更新中多主体协同机制的构建［J］．城市规划学刊，2021（03）：50-57.

[18] 叶林，彭显耿．中国城市更新的“回应—驱动”模式分析——基于广州市“三旧”改造的考察［J］．东岳论丛，2021，42（05）：76-87＋192.

[19] 王世福，易智康．以制度创新引领城市更新［J］．城市规划，2021，45（04）：41-47＋83.

[20] 陈元欣，陈磊，李京宇，等．体育场馆促进城市更新的效应：美国策略与本土启示［J］．上海体育学院学报，2021，45（02）：78-89.

[21] 党云晓，湛东升，谌丽，等．城市更新过程中流动人口居住—就业变动的协同机制研究——以北京为例［J］．地理研究，2021，40（02）：513-527.

[22] 李利文．中国城市更新的三重逻辑：价值维度、内在张力及策略选择［J］．深圳大学学报（人文社会科学版），2020，37（06）：42-53.

[23] 田莉，陶然，梁印龙．城市更新困局下的实施模式转型：基于空间治理的视角［J］．城市规划学

刊，2020（03）：41-47.
[24] 王丽艳，薛颖，王振坡．城市更新、创新街区与城市高质量发展 [J]. 城市发展研究，2020，27（01）：67-74.
[25] 杨震．城市设计与城市更新：英国经验及其对中国的镜鉴 [J]. 城市规划学刊，2016（01）：88-98.